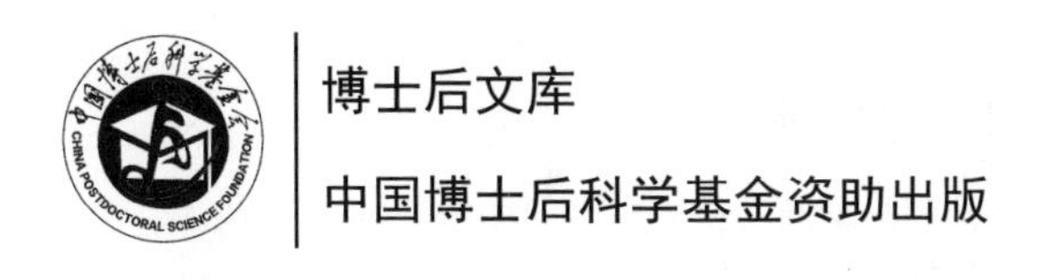

煤矿粉尘源头抑制与精准防控基础研究及关键技术

王和堂 著

国家自然科学基金项目（51874290、51504249）
国家重点研发计划项目（2017YFC0805200） 共同资助
中国博士后科学基金项目（2018T110574、2016M590520）

科学出版社
北京

内 容 简 介

本书是以煤矿粉尘源头抑制与精准防控为内容的学术专著，介绍了煤矿源头抑尘与精准降尘的内容体系和最新研究成果。全书共分为7章。其中，第1章介绍煤矿粉尘的危害、防治形势和源头防控理论与技术的发展现状；第2～5章为基础研究部分，主要涉及煤岩截割产尘机理、矿井采掘工作面粉尘时空分布演化规律、煤尘润湿特性及改善原理、矿山抑尘泡沫基础特性等内容；第6、7章介绍泡沫源头抑尘技术、综掘/综采工作面粉尘精准防控关键技术等内容。

本书可供安全科学与工程、矿业工程、环境科学与工程、职业卫生工程等相关专业的高校师生、科研人员和工程技术人员参考使用。

图书在版编目（CIP）数据

煤矿粉尘源头抑制与精准防控基础研究及关键技术/王和堂著. —北京：科学出版社，2022.1

（博士后文库）

ISBN 978-7-03-070355-2

Ⅰ. ①煤…　Ⅱ. ①王…　Ⅲ. ①煤尘-防尘-研究　Ⅳ. ①TD714

中国版本图书馆 CIP 数据核字（2021）第 218749 号

责任编辑：李涪汁　沈　旭/责任校对：王萌萌
责任印制：师艳茹/封面设计：许　瑞

科学出版社 出版
北京东黄城根北街 16 号
邮政编码：100717
http://www.sciencep.com
中国科学院印刷厂 印刷

科学出版社发行　各地新华书店经销
*
2022 年 1 月第　一　版　开本：720×1000　1/16
2022 年 1 月第一次印刷　印张：27
字数：541 000

定价：199.00 元

（如有印装质量问题，我社负责调换）

《博士后文库》编委会名单

《博士后文库》序言

1985 年，在李政道先生的倡议和邓小平同志的亲自关怀下，我国建立了博士后制度，同时设立了博士后科学基金。30 多年来，在党和国家的高度重视下，在社会各方面的关心和支持下，博士后制度为我国培养了一大批青年高层次创新人才。在这一过程中，博士后科学基金发挥了不可替代的独特作用。

博士后科学基金是中国特色博士后制度的重要组成部分，专门用于资助博士后研究人员开展创新探索。博士后科学基金的资助，对正处于独立科研生涯起步阶段的博士后研究人员来说，适逢其时，有利于培养他们独立的科研人格、在选题方面的竞争意识以及负责的精神，是他们独立从事科研工作的"第一桶金"。尽管博士后科学基金资助金额不大，但对博士后青年创新人才的培养和激励作用不可估量。四两拨千斤，博士后科学基金有效地推动了博士后研究人员迅速成长为高水平的研究人才，"小基金发挥了大作用"。

在博士后科学基金的资助下，博士后研究人员的优秀学术成果不断涌现。2013 年，为提高博士后科学基金的资助效益，中国博士后科学基金会联合科学出版社开展了博士后优秀学术专著出版资助工作，通过专家评审遴选出优秀的博士后学术著作，收入《博士后文库》，由博士后科学基金资助、科学出版社出版。我们希望，借此打造专属于博士后学术创新的旗舰图书品牌，激励博士后研究人员潜心科研，扎实治学，提升博士后优秀学术成果的社会影响力。

2015 年，国务院办公厅印发了《关于改革完善博士后制度的意见》（国办发〔2015〕87 号），将"实施自然科学、人文社会科学优秀博士后论著出版支持计划"作为"十三五"期间博士后工作的重要内容和提升博士后研究人员培养质量的重要手段，这更加凸显了出版资助工作的意义。我相信，我们提供的这个出版资助平台将对博士后研究人员激发创新智慧、凝聚创新力量发挥独特的作用，促使博士后研究人员的创新成果更好地服务于创新驱动发展战略和创新型国家的建设。

祝愿广大博士后研究人员在博士后科学基金的资助下早日成长为栋梁之才，为实现中华民族伟大复兴的中国梦做出更大的贡献。

中国博士后科学基金会理事长

前　言

煤矿粉尘是煤矿建设和生产过程中产生的各类固体微细颗粒的总称，其主要危害可归结为对安全、健康、环境三个方面的负面影响。一是可发生煤尘爆炸事故，我国 60%以上煤矿的煤尘具有爆炸危险性，1949～2010 年曾发生 14 起死亡百人以上的煤尘爆炸或瓦斯煤尘爆炸特大事故，近十年发生了 3 起煤尘爆炸重大事故、1 起瓦斯煤尘爆炸重大事故和 1 起煤尘爆炸较大事故，造成重大人员伤亡和经济损失。二是常导致尘肺病等职业病，严重损害煤矿工人的身心健康。截至 2020 年底，我国累计报告职业性尘肺病 90.3 万例，其中约 50%的尘肺病例分布在煤炭行业，居各行业之首。三是污染矿内及矿区周边大气，煤矿粉尘在矿内或矿区周边大气中形成固态气溶胶，造成空气污染，破坏矿内和矿区周边环境，制约美丽矿山和生态文明建设。因此，防治煤矿粉尘对于保障煤矿安全生产、保护工人职业健康和矿区生态环境具有重大意义，是煤炭工业安全、健康、绿色发展的重大需求，也是矿业安全科技工作者应当担负的重要使命之一。

粉尘防治与职业健康是作者钟爱的研究领域和愿意为之奋斗终生的事业。作者自 2008 年起一直从事矿山粉尘防治的研究工作，并坚持理论密切联系实际的原则，深入国内神东、淮北、平顶山、淮南、枣庄、潞安、榆林、兖州、徐州等十多个矿区和加拿大最大的露天煤矿 Highvale Mine 进行了科研实践或调研考察。为适应新形势下煤矿粉尘防治的紧迫需求，作者基于长期的思考和实践，特别是基于对煤矿粉尘防治现状、存在问题和发展趋势的研判，提出了煤矿粉尘源头抑制与精准防控的学术思想。近年来，作者在国家重点研发计划、国家自然科学基金、中国博士后科学基金等科研项目和中国科协青年人才托举工程、江苏高校“青蓝工程”等人才计划支持下，开展了煤矿源头抑尘和精准降尘的基础研究和关键技术研发，取得了一系列创新性成果。基于这些研究成果，作者在 *Powder Technology*、*Fuel Processing Technology*、*Process Safety and Environmental Protection*、《煤炭学报》等国内外重要期刊上发表学术论文 68 篇（其中 SCI 收录 45 篇、EI 收录 5 篇），获国家授权发明专利 22 件，成果在全国十多个矿区成功应用，对保障煤矿安全生产、保护从业人员职业健康和矿区生态环境做出了重要贡献，取得了显著的社会、经济和环境效益。在以上成果的支撑下，作者作为主要完成人获省部级科学技术奖一等奖 1 项、二等奖 2 项，全国性行业协会科学技术奖一等奖 2 项、二等奖 1 项。

作者通过系统梳理、归纳、总结、凝练以上创新成果，同时参考借鉴国内外相关文献资料，完成了本书的写作。全书共分 7 章。第 1 章是绪论，介绍煤矿粉尘危害与防治形势、煤矿粉尘源头防控理论与技术发展现状。第 2～5 章为基础研究部分。第 2 章介绍煤岩截割产尘机理的研究工作及成果，主要包括煤岩截割产尘机理“粉化核”假说、自主研制的截齿截割破碎煤岩产尘模拟实验系统、煤的理化性质对产尘特性的影响及作用机制、截齿截割参数对产尘特性的影响及作用机制。第 3 章介绍综掘/综采工作面粉尘时空分布演化规律的研究工作及成果，主要包括煤矿井尘源点分布、粉尘受力和运动特性，综采工作面气载粉尘时空分布数值模拟，综掘工作面风流-粉尘气固两相流动特性及粉尘区域聚集特性。第 4 章介绍煤尘润湿特性及其改善原理的研究工作及成果，主要包括煤尘化学性质对其润湿性的影响、呼吸性煤尘的润湿特性、分子动力学模拟煤尘润湿微观过程、表面活性剂润湿煤尘的机理、阴-非离子表面活性剂协同润湿性能的机理、物理磁化对降尘剂（表面活性剂）性能的影响及减小其用量的机理。第 5 章介绍矿山抑尘泡沫基础特性研究工作及成果，主要包括水溶性聚合物对抑尘泡沫形态特征的影响，发泡剂浓度、温度、界面扩张流变特性对抑尘泡沫性能的影响，抑尘泡沫性能定量评估方法与准则，硬水条件下阴离子表面活性剂起泡性能改善方法，水溶性聚合物、表面活性剂和磁化技术改善抑尘泡沫性能的原理与方法。第 6、7 章为关键技术研发部分。第 6 章介绍源头抑制煤矿粉尘的泡沫抑尘技术的研究工作及成果，主要包括自吸空气式泡沫制备技术、抑尘泡沫定向射流精准喷射技术、综采工作面和综掘工作面的泡沫源头抑尘现场应用及效果考察。第 7 章介绍采掘工作面粉尘精准防控技术的研究工作及成果，主要包括实心锥喷嘴中低压喷雾雾化特性、典型水基降尘介质喷雾特性、压水驱动的表面活性剂自动添加装置、压入式通风对外喷雾流场的扰动规律、以梯级雾化分区防尘降尘为核心的综掘工作面粉尘精准防控技术和以泡沫源头抑尘为核心的综采面粉尘分源立体防控技术。

值本书付梓之际，作者要特别感谢恩师王德明教授十余年来给予的教导、培养和关怀；是王老师带我走进矿山粉尘防治科学研究的前沿领域，本书的许多研究思路亦是直接得益于王老师的启发和指引。同时，作者还要感谢博士后合作导师湛含辉教授在博士后研究期间提供的帮助。应当指出的是，本书的研究工作得以完成绝非作者一人之功，是课题组成员共同努力的结果。与作者合作的韩方伟博士、陆新晓博士、周文东博士、徐超航博士、胡胜勇博士、王庆国博士、朱小龙博士等都具有很强的创新能力，书中一些成果同样凝聚了他们的创造性劳动；作者指导的章琦、魏晓宾、杜云贺、韩涵、张晨阳、左天林、刘焱、赵侠、何军、程思思、朱卓琦等研究生和郭王彪、李佳、王晨、张林、贺胜、轩吴凡、陈馨蒉、李星诚、范岚、张瑜、王豪杰等本科生也为本书的完成付出了艰辛劳动。在此，向他们表示衷心的感谢。

本书研究工作得到了国家自然科学基金项目（51874290、51504249）、国家重点研发计划项目（2017YFC0805200）、中国博士后科学基金项目（2018T110574、2016M590520）资助，本书出版得到了中国博士后科学基金优秀学术专著出版资助，在此表示感谢。科学出版社在本书出版过程中给予了大力支持，李涪汁等编辑在排版、校稿等过程中付出了辛勤劳动，在此一并敬致谢忱。

王和堂

2021 年 10 月

于中国矿业大学南湖校区

目　录

第1章 绪　　论

煤炭是我国的主要能源和重要的工业原料，但煤矿建设和生产过程中产生的粉尘直接威胁矿井安全生产，损害职工身心健康，破坏矿区生态环境。煤矿粉尘防治是实现煤炭工业安全、健康、绿色发展的重大需求和紧迫任务。本章扼要介绍煤矿粉尘的危害与防治形势、煤矿粉尘源头防控理论与技术发展现状。

1.1 煤矿粉尘的危害及其防治形势

煤矿粉尘是煤炭开采活动中最主要的职业病危害因素。煤矿工人长期吸入高浓度粉尘可导致肺部组织发生不可治愈性的纤维性病变——尘肺病，使其痛苦终生，直至因尘肺病而失去生命。尘肺病是煤矿工人最主要、最严重的职业病，广泛存在于世界各主要产煤国。美国煤矿1970～2004年因尘肺病共计造成69337人死亡[1]，仅2000～2013年因矿工尘肺病造成的经济损失超过56.7亿美元[2]。澳大利亚在2016年筛查了248名煤矿工人，其中7.3%患有初期尘肺病[3]。1990～2013年，全球范围内因尘肺病引起的死亡人数迅速增加[4]，其中大部分尘肺病患者来自采矿业。我国是世界上接触粉尘和患尘肺病人数最多的国家。截至2018年底，我国累计报告职业性尘肺病87.3万例，约占报告职业病病例总数的90%，其中一半以上来自煤矿从业人员[5]。煤炭行业每年新增尘肺病例万余例，如2015年和2016年新增煤矿尘肺病患者分别为14152例和16658例，分别占当年新增尘肺病总数的54.26%和59.51%[6]；每年因尘肺病死亡的人数高于同期其他各类生产事故死亡人数总和，如2012年煤矿事故死亡人数低于1400人，而尘肺病死亡则多达1800人[1]。因此，粉尘防治是煤矿职业健康工作的核心。随着中国特色社会主义进入新时代，党和政府把人民健康放在优先发展的战略地位[7]。《“健康中国2030”规划纲要》明确要求“推进职业病危害源头治理”[8-10]，国务院发布《国务院关于实施健康中国行动的意见》要求实施职业健康保护行动，到2022年和2030年，接尘工龄不足5年的劳动者新发尘肺病报告例数占年度报告总例数的比例实现明显下降，并持续下降[8-10]。原国家安全生产监督管理总局印发的《职业病危害治理“十三五”规划》将“煤矿粉尘综合治理工程”明确为六大重大工程之一[11]。

煤尘爆炸是煤矿中最严重的灾害之一，常造成重大人员伤亡[12]。因瓦斯爆炸冲击波使沉积煤尘飞扬而诱发的瓦斯煤尘爆炸威力更大，破坏性极强，造成的人员伤亡和财产损失更加严重[13]。世界上单次死亡人数超过 300 人的 18 起特大矿难中，16 起是煤尘或瓦斯煤尘爆炸事故，占死亡人数的 91.6%[14]。我国国有重点煤矿中 80%以上煤矿的煤尘具有爆炸危险性[15]。据统计，中华人民共和国成立以来发生的 25 起死亡 100 人以上的煤矿事故中，有 14 起是煤尘或瓦斯煤尘爆炸事故，共导致 2359 人死亡，占总死亡人数的 59.7%[16]。2019 年 1 月 12 日，陕西省榆林市神木市百吉矿业有限责任公司李家沟煤矿发生煤尘爆炸事故，造成 21 人死亡，直接经济损失 3788 万元[17]。因此，粉尘防治也是煤矿安全生产工作的重中之重。

煤矿粉尘还是井下（矿区）大气的主要气溶胶污染物之一。煤矿采掘、运输、爆破、钻孔等生产环节均会产生大量粉尘，这些微小固体颗粒悬浮于大气中，形成固态分散性气溶胶，给大气环境造成严重污染。其中露天煤矿开采中的粉尘主要表现为对矿坑内和矿区周边大气的污染，井工煤矿开采中的粉尘主要表现为对井巷内和回风井出口地面大气的污染，这些污染严重影响矿山形象，制约美丽矿山、绿色矿山建设。因此，粉尘防治还是煤矿环境保护的紧迫任务之一。

为防治煤矿粉尘灾害，国内外过去主要采用通风排尘、喷雾降尘、煤层注水、除尘风机等技术。这些技术明显降低了煤矿作业场所的粉尘浓度，但与各国对粉尘容许浓度做出的高标准要求[18-20]相比，还有一定差距。尤其是随着综采放顶煤、综采一次采全高、大断面岩巷综掘等现代化开采技术的发展应用和开采强度、开采深度的增加，产尘量及呼吸性粉尘比例迅速增加，防治难度加大、防治形势日益严峻，仅依靠传统防尘降尘理论与技术难以满足煤矿粉尘高标准防治的紧迫要求。因此，充分挖掘现有技术潜能的同时，研究煤矿粉尘防治新理论与新技术，对于实现我国煤矿粉尘防治形势的持续根本好转具有十分重要的理论意义和现实意义。

在这样的背景下，作者基于在煤矿粉尘防治领域较长时期的研究与实践，提出“煤矿粉尘源头抑制和精准防控”的研究内容，并以之为指引开展基础研究和技术研发工作，以丰富和发展煤矿粉尘防治理论与技术体系。

1.2 煤矿粉尘源头防控理论与技术发展现状

本书研究工作主要涉及煤岩产尘机理、采掘工作面粉尘运移分布规律、煤尘润湿性与改善方法、抑尘泡沫特性、矿山泡沫抑尘技术和采掘工作面综合防尘技术等方面。下面围绕这几个方面的研究现状进行阐述与分析。

1. 煤岩产尘机理

采掘机械截割煤岩是煤矿粉尘产生的主要根源，20 世纪 80 年代以来，国内外在机械破碎煤岩及产尘方面做了一些探索。美国宾夕法尼亚州立大学帕克分校Zipf 和 Bieniawski[21]采用应变能密度理论计算采动影响下的煤体破碎尺寸及临界裂缝长度和方向，模拟了煤体受不同尺寸截割头垂直加载后的破碎情况。西弗吉尼亚大学 Khair 等[22]在实验室设计了镐形截齿旋转割煤装置，用以模拟现场截割条件，探究工作参数与破碎煤块粒径分布之间的关系。波兰学者 Rojek 等[23]利用离散元 2D 和 3D 模型模拟截割破碎过程，结果表明，3D 模型模拟结果与实验结果匹配程度较高，能够较好地预测切割应力变化。我国在煤岩产尘机理上的研究起步较晚，康天合等[24,25]以晋东南某矿低级无烟煤为研究对象，通过改变冲击高度和次数，进行了重锤冲击产尘实验研究，分析了该无烟煤冲击产尘粒径的分布规律，得出该煤样冲击产尘的质量与粒径之间存在明显的分形特征。Baafi 和 Ramani[26]利用哈氏可磨性装置或破碎机进行的测试，研究了煤质对产尘量的影响。Organiscak 和 Page[27]选取烟煤进行的实验表明，磨削过程（多道次破碎）哈氏可磨性指数（Hardgrove grindability index, HGI）与气载粉尘浓度呈正相关关系，而轧辊破碎过程（单程破碎）HGI 与产尘量呈负相关或无确切关系。Srikanth 和 Ramani[28]进行的单次破碎实验，分别讨论了呼吸性粉尘生成率与水分、挥发分及与固定碳含量、燃料比（固定碳/挥发分）、湿燃料比（燃料比/水分）、镜质组反射率等煤性质的关系。黄声树等[29]进行的重锤冲击产尘实验结果表明，水分含量越高，煤的产尘能力越低。赵文彬等[30]对某焦煤样品的单轴抗压强度测试与落锤冲击产尘实验结果显示，焦煤抗压强度越小，产尘越多。由上可知，国内外在煤岩机械破碎及产尘方面取得了一定进展，但对煤岩破碎产尘过程、煤岩产尘影响因素和作用机制的认识还不清楚，制约了源头减尘和精准降尘目标的实现。

2. 采掘工作面粉尘运移规律

国内外学者主要采用三种方法来研究矿井粉尘的运移规律，即物理模拟实验、数值模拟和现场实测。谭聪等[31]建立综采工作面的实验模型，研究了在采煤、支架移动、放煤和运输过程中产生的不同水分含量粉尘的浓度分布模式，同时，采用实验模型分析不同风速下采煤过程中粉尘浓度的变化[32]。聂百胜等[33]分析了 PM_{10} 和 $PM_{2.5}$ 粉尘颗粒物占总粉尘颗粒物的比例，揭示了粉尘浓度的分布规律。在采掘空间，掘进或割煤产生的粉尘随通风风流的扩散过程属于气-固两相流的范畴。相较于相似实验存在模型简化、耗时长等缺点，现场实测易受到生产和地质条件等因素影响，而数值模拟因高效性和灵活性被广泛地用于研究煤矿中粉尘和风流的分布规律[34,35]。刘荣华等[36]基于气-固两相流理论建立了割煤过程中的粉尘扩散模型，研究了综采工作面采煤机周围气流场和粉尘浓度的分布规律。谭聪等[37]采用欧拉-拉格朗日方法，模拟了综采工作面的粉尘扩散，分析了风速、刮板输送机转速和滚筒转速对切煤过程中粉尘扩散的影响。Cai 等[38,39]基于计算流体力学离散颗粒模型（CFD-DPM）的气流-粉尘耦合方法研究了综采工作面中多个污染源的扩散和污染，并分析了不同位置的粉尘粒径分布情况。杜翠凤等[40]利用 FLUENT 软件研究了长压短抽式通风条件下的综掘工作面粉尘分布规律。程卫民等[41]研究了配有附壁风筒综掘工作面的风流及粉尘的分布。周刚等[42]利用 FLUENT 软件研究了大采高综采工作面风流-呼吸性粉尘耦合运移规律。Hu 等[43]研究了综掘工作面在不同通风速度下粉尘的扩散规律，探究了风流的流动状态和粉尘分布特性。为了更好地掌握采掘面粉尘动态分布状况，有必要围绕综掘和综采工作面气载粉尘时空分布规律做进一步研究。

3. 煤尘润湿特性与改善方法

湿式降尘作为目前控制煤尘最常用的技术手段之一[44]，其降尘效率与煤体和溶液性质息息相关。煤尘的高疏水性导致湿式降尘方法难以有效润湿煤尘[45]，因此开展了大量煤与溶液性质方面研究。通常认为，增加水分含量可以改善煤尘的润湿性，固定碳含量的增加会使煤尘更加疏水[46]，而胡夫[47]发现水分含量对润湿性影响很小，灰分和挥发分对煤尘润湿性的影响也存在一些变化[48]。此外，煤尘表面化学结构也是影响煤尘润湿性的重要因素。程卫民等[49]发现芳香族基团和羟基是影响煤尘湿润性的两个主要因素，而高建广和杨静[50]发现酚羟基和固定碳的含量决定了其润湿性。此外，有证据表明煤尘中的矿物质含量对润湿性有重要影响[51]。一些研究者发现，可以通过粒度分布的分形维数来评估煤尘的表面轮廓，并且分形维数越大，煤表面越粗糙[52]。此外，Li 等[53]提出，将分形维数作为定量参数可以比粉尘平均直径（D_{50}）更能全面地评估粉尘的粒径分布特征。为提高喷雾等湿式降尘效率，采用在水中添加表面活性剂的方法来降低水的表面张力，提高水的雾化质量和润湿性[54]。Kilau 和 Voltz[55]研究了阴离子表面活性剂和聚环氧乙烷体系的粉尘润湿模型，发现吸附层体系的双层结构提高了煤表面的亲水性。Kilau 和 Pahlman[56]又研究了多种多价阴离子的钠盐和钾盐对硫酸钠阴离子表面活性剂粉尘润湿性能的影响，同时分析了多价阴离子电解质增强阴离子表面活性剂降尘能力的机理。Zhou 等[57]研究了四种表面活性剂与粉尘的接触角，结果表明，阴离子表面活性剂在四种表面活性剂中具有最小的接触角。为提高表面活性剂溶液效率，一些研究人员研究了表面活性剂和磁场之间的协同作用[58]。但过去的研究还缺少对呼吸性煤尘润湿特性的专门研究，关于表面活性剂润湿煤尘的机理和磁化改善降尘剂（表面性活性剂）性能的机理还认识不清，制约了煤尘润湿性的改善。

4. 抑尘泡沫特性

泡沫抑尘是实现粉尘源头抑制的有效途径。研究表明，泡沫抑尘效率可提高

30%以上，用水量比常规喷雾降低 70%以上[59,60]。而泡沫抑尘效果在很大程度上取决于泡沫性能，如泡沫润湿性、泡沫发泡性和泡沫稳定性等。对此，相关学者进行了一些研究。Han 等[61]采用高速摄影仪通过沉降实验探究了煤尘颗粒与泡沫之间的关系。Ren 等[62]研究发现，泡沫的稳定性是影响粉尘治理效果的关键因素，并确定了不同发泡倍数的泡沫中粉尘颗粒与泡沫排液率的关系。Ren 和 Kang[63]研制出一种具有高泡沫膨胀性和润湿性的新型发泡剂，实验结果表明，该新型发泡剂能迅速降低固液材料的表面张力，且具有良好的发泡和润湿能力。膨胀流变性是泡沫的重要性质之一，主要指界面黏弹性，它提供了发泡剂分子在界面上吸附行为的信息[64]。由于发泡剂分子在膜上处于动态变化，它指示液膜的硬度和韧性（影响其抗干扰能力），并作用于发泡和泡沫排液过程，进而影响发泡性和稳定性[65]。Wang 等[66]讨论了表面电位和表面性质对稳定性的影响。Dou 和 Xu[67]比较了添加羧甲基纤维素钠和高吸水性聚合物对表面活性剂润湿煤尘特性的影响。目前抑尘泡沫使用成本较高的主要原因是发泡剂的添加比例较高、泡沫使用量偏大。作者认为，研究抑尘泡沫形态特征、抑尘泡沫性能评估方法、抑尘泡沫性能改善原理与方法是实现抑尘泡沫降本增效的关键。

5. *矿山泡沫抑尘技术*

泡沫抑尘是源头抑制粉尘的有效手段。但目前大多数泡沫发生器需要使用压缩空气来产生泡沫[68,69]，传统发泡剂添加还需要计量泵等，大大增加了其复杂性。此外，传统泡沫发生器的能量利用方式粗放，气液介质发泡过程的能量损失大，导致泡沫出口能量不足，且泡沫生成效率低[70]。抑尘泡沫技术中发泡剂小比例稳定添加是一个难点问题，尽管传统的喷射泵是许多工业领域中广泛使用的试剂添加设备[71]，但它不能在出口压力波动期间提供恒定的流量比（一次流量与吸入流量之比）[72]。在泡沫系统中，抑尘发泡剂的浓度通常低于 2%[73]，因此，抑尘发泡剂的添加精度会严重影响泡沫技术的有效性和成本。当前几乎所有的泡沫发生器都采用水平流体流动，由于空气和液体之间的密度差异，在重力作用下，水平泡沫发生器的混合过程在开始阶段会出现分层流动的现象（上层空气更多，下层液体更多）[74]，即使采用不同的内部结构，包括旋流叶片、多孔结构、网孔等来增强空气/溶液的混合作用[75]，也无法有效地将顶部的气相分散到底部的液相中，由此带来一部分空气无法参与产泡的问题，导致泡沫膨胀率较低、尺寸不均。与网式和孔隙式泡沫发生器相比，挡板式泡沫发生器虽然相对先进，但存在气液作用过程阻力大、泡沫出口能量低和产泡能力弱的不足。泡沫喷嘴是实现泡沫高效抑尘的关键，常规喷嘴喷射的泡沫无法有效包裹和封闭尘源，目前已经开发出锥形[76]和弧形[77]泡沫喷嘴。泡沫抑尘包括水和空气的供给、发泡剂的添加、气液介质相互作用成泡及泡沫定向喷射四个环节，取消压风管路、发泡剂稳定自动添加、气液作用高效低阻产泡及定向精准喷射是泡沫抑尘技术的重要发展方向。

6. 采掘工作面综合防尘降尘技术

国内外过去主要采用通风排尘、煤层注水、喷雾降尘、除尘风机等措施实现煤矿防尘降尘。通风排尘通过新鲜风流稀释排出的粉尘，降低巷道粉尘浓度，是井下最基本的防尘措施，其易于施行，成本较低，风速在一定程度内增大，有助于携带大颗粒粉尘，增强稀释作用。但过高的风速会引起二次扬尘，且井巷局部风速不稳定，排尘能力有限，几乎不可能将粉尘浓度控制在国家标准要求之下。煤层注水是通过注水钻孔提前注入高压水预先润湿煤体，增加煤体水分，增强塑性，减弱脆性，将煤体内的原生粉尘黏结为大颗粒粉尘，减少煤炭开采过程中浮游粉尘的产生，具有良好的减尘效果。但我国煤层赋存地质条件复杂，低孔隙度、低渗透性、高地应力的难注水煤层多，煤层注水面临“水注不进”的困境，此外注水工艺也较为复杂。喷雾降尘是利用水雾润湿新生或者沉积粉尘，使粉尘颗粒凝并、沉降，从而减少空气中的粉尘浓度，是煤矿普遍采用的技术措施。但掘进机内喷雾喷嘴易堵塞和旋转密封漏水的难题至今未能解决，该法普遍被废置不用；传统外喷雾因水雾粒径小、远距离喷雾聚焦尘源困难，难以实现源头抑尘，降尘效率较低。除尘风机是利用抽出式通风将含尘气流吸入除尘器中实现净化，可分为湿式和干式两类，除尘效率较高，适用于低瓦斯和抽出式通风的掘进工作面，但我国突出矿井、高瓦斯矿井众多，掘进面普遍采用压入式通风，故除尘风机的应用受到很大限制；使用除尘风机时需采用“长压短抽”混合式通风，因受压入式通风制约，其处理风量有限，导致收尘率低，且压入、抽出风量的调控较为复杂。针对这些问题，作者认为，在充分利用现有技术的同时，将粉尘防治重心前移，采用基础研究—技术装备研发—工程应用的技术路线，开展煤矿粉尘源头抑制与精准防控研究是重要发展方向之一。

参考文献

[1] Colinet J F, Rider J P, Listak J M, et al. Best Practices for Dust Control in Coal Mining[M]. Pittsburgh: Department of Health and Human Services, Centers for Disease Control and Prevention, National Institute for Occupational Safety and Health, 2010.

[2] Kollipara V K, Chugh Y P, Mondal K. Physical, mineralogical and wetting characteristics of dusts from interior basin coal mines[J]. International Journal of Coal Geology, 2014, 127: 75-87.

[3] Xu G, Chen Y, Ekateen J, et al. Surfactant-aided coal dust suppression: A review of evaluation methods and influencing factors[J]. Science of the Total Environment, 2018, 639: 1060-1076.

[4] Mortality G B D, Collaborators C. Global, regional, and national age-sex specific all-cause and cause-specific mortality for 240 causes of death, 1990-2013: A systematic analysis for the Global Burden of Disease Study 2013[J]. Lancet, 2015, 385(9963): 117-171.

[5] 王国菁. 2018 年我国累计报告职业病 97.5 万例 尘肺病占 90%[EB/OL]. 人民网[2019-2-13]. http:// health.people.com.cn/n1/2019/0731/c14739-31267757.html.
[6] 中华人民共和国国家卫生健康委员会. 2015—2016 年全国职业病报告情况[EB/OL]. [2017-4-6]. http://www.niohp.net.cn/jbjcbg/201804/t20180404_162101.htm.
[7] 袁亮. 煤矿粉尘防控与职业安全健康科学构想[J]. 煤炭学报, 2020, 45(1): 1-7.
[8] 中共中央, 国务院. "健康中国 2030"规划纲要[EB/OL]. [2016-9-13]. http://www.gov.cn/gongbao/content/2016/content_5133024.htm.
[9] 国务院. 国务院关于实施健康中国行动的意见[EB/OL]. [2019-4-23]. http://www.gov.cn/zhengce/content/2019-07/15/content_5409492.htm.
[10] 中华人民共和国国家卫生健康委员会规划发展与信息化司. 健康中国行动(2019—2030 年)[EB/OL]. [2019-5-30]. http://www.chinanutri.cn/fgbz/fgbzfggf/202006/t20200622_217455.html.
[11] 国家安全监管总局. 职业病危害治理"十三五"规划[EB/OL]. [2017-11-30]. http://www.bengbu.gov.cn/public/29571/45082921.html.
[12] 王德明. 矿井通风与安全[M]. 徐州: 中国矿业大学出版社, 2012.
[13] 贾齐林, 吴蒸, 沈虎, 等. 基于瓦斯煤尘爆炸的矿井紧急避险系统研究[J]. 西安科技大学学报, 2016, 36(6): 787-792.
[14] 王和堂. 自吸空气发泡剂旋流产泡机理及抑尘技术研究[D]. 徐州: 中国矿业大学, 2014.
[15] 刘贞堂. 瓦斯(煤尘)爆炸物证特性参数实验研究[D]. 徐州: 中国矿业大学, 2010.
[16] 国家煤矿安全监察局. 建国以来煤矿百人以上事故案例汇编[M]. 徐州: 中国矿业大学出版社, 2007.
[17] 陕西煤矿安全监察局. 陕西省榆林市神木市百吉矿业有限责任公司"1·12"重大煤尘爆炸事故调查报告[EB/OL]. [2020-01-15]. http://www. smaj. gov. cn/3-5063-content. aspx.
[18] 中华人民共和国国家卫生健康委员会. 工作场所有害因素职业接触限值 第 1 部分: 化学有害因素: GBZ 2.1—2019[S].
[19] Jones S A. Lowering miners' exposure to respirable coal mine dust, including continuous personal dust monitors[R]. Department of Labor, Mine Safety and Health Administration: Federal Register, 2014, (1): 802-814.
[20] Perret J L, Plush B, Lachapelle P, et al. Coal mine dust lung disease in the modern era[J]. Respirology, 2017, 22(4): 662-670.
[21] Zipf R K, Bieniawski Z T. Estimating the crush zone size under a cutting tool in coal[J]. International Journal of Mining and Geological Engineering, 1988, 6(4): 279-295.
[22] Khair A W, Reddy N P, Quinn M K. Mechanisms of coal fragmentation by a continuous miner[J]. Mining Science and Technology, 1989, 8(2): 189-214.
[23] Rojek J, Oñate E, Labra C, et al. Discrete element simulation of rock cutting[J]. International Journal of Rock Mechanics and Mining Sciences, 2011, 48(6): 996-1010.
[24] 郑钢镖, 康天合, 翟德元, 等. 无烟煤冲击产尘粒径分布规律的试验研究[J]. 煤炭学报, 2007, 32(6): 596-599.
[25] 柴肇云, 康天合, 李清堂. 低级无烟煤冲击产尘特性的试验研究[J]. 矿业研究与开发, 2008, 28(4): 60-63.

[26] Baafi E Y, Ramani R V. Rank and maceral effects on coal dust generation[J]. International Journal of Rock Mechanics and Mining Sciences and Geomechanics Abstracts, 1979, 16(2): 107-115.

[27] Organiscak J A, Page S J. Laboratory investigation of coal grindability and airborne dust[J]. Journal of the Mine Ventilation Society of South Africa, 1993, 46: 98-105.

[28] Srikanth R, Ramani R V. Single-breakage studies to determine the relationships between respirable dust generation and coal seam characteristics[J]. Applied Occupational and Enviromental Hygiene, 2011, 11(7): 662-668.

[29] 黄声树, 王晋育, 冉文清. 煤的湿润效果与产尘能力的关系研究[J]. 煤炭工程师, 1996, 2: 2-5, 15, 48.

[30] 赵文彬, 乔善成, 王金凤, 等. 焦煤产尘粒径分布特征与产尘规律分析[J]. 煤炭科学技术, 2016, 44(6): 164-168.

[31] 谭聪, 蒋仲安, 王明, 等. 综放工作面多尘源粉尘扩散规律的相似实验[J]. 煤炭学报, 2015, 40(1): 122-127.

[32]时训先, 蒋仲安, 周姝嫣, 等. 综采工作面粉尘分布规律的实验研究[J]. 煤炭学报, 2008, 10: 1117-1121.

[33] 聂百胜, 李祥春, 杨涛, 等. 工作面采煤期间 $PM_{2.5}$ 粉尘的分布规律[J]. 煤炭学报, 2013, 38(1): 33-37.

[34] Wu D J, Norman B F, Schmidt M, et al. Numerical investigation on the self-ignition behavior of coal dust accumulations: The roles of oxygen, diluent gas and dust volume[J]. Fuel, 2017, 188: 500-510.

[35] Lyu X J, You X F, He M, et al. Adsorption and molecular dynamics simulations of nonionic surfactant on the low rank coal surface[J]. Fuel, 2018, 211: 529-534.

[36] 刘荣华, 李夕兵, 施式亮, 等. 综采工作面隔尘空气幕出口角度对隔尘效果的影响[J]. 中国安全科学学报, 2009, 19(12): 128-134, 205.

[37]谭聪, 蒋仲安, 陈举师, 等. 综采割煤粉尘运移影响因素的数值模拟[J]. 北京科技大学学报, 2014, 36(6): 716-721.

[38] Cai P, Nie W, Chen D W, et al. Effect of air flowrate on pollutant dispersion pattern of coal dust particles at fully mechanized mining face based on numerical simulation[J]. Fuel, 2019, 239: 623-635.

[39] Cai P, Nie W, Hua Y, et al. Diffusion and pollution of multi-source dusts in a fully mechanized coal face[J]. Process Safety and Environmental Protection, 2018, 118: 93-105.

[40] 杜翠凤, 王辉, 蒋仲安, 等. 长压短抽式通风综掘工作面粉尘分布规律的数值模拟[J]. 北京科技大学学报, 2010, 32(8): 957-962.

[41] 程卫民, 聂文, 姚玉静, 等. 综掘工作面旋流气幕抽吸控尘流场的数值模拟[J]. 煤炭学报, 2011, 36(8): 1342-1348.

[42] 周刚, 张琦, 白若男, 等. 大采高综采面风流-呼吸性粉尘耦合运移规律 CFD 数值模拟[J]. 中国矿业大学学报, 2016, 45(4): 684-693.

[43] Hu S Y, Liao Y, Feng G R, et al. Influences of ventilation velocity on dust dispersion in coal roadways[J]. Powder Technology, 2020, 360: 683-694.

[44] Cybulski K, Malich B G, Wieczorek A, et al. Evaluation of the effectiveness of coal and mine dust wetting[J]. Journal of Sustainable Mining, 2015, 14(2): 83-92.
[45] 王德明. 矿尘学[M]. 北京: 科学出版社, 2015.
[46] 罗根华, 李博, 丁莹莹, 等. 煤尘化学组成及结构参数对煤尘润湿性的影响规律[J]. 大连交通大学学报, 2016, 37(3): 64-67.
[47] 胡夫. 煤质成分对煤尘亲水性能的影响研究[J]. 矿业安全与环保, 2014, 41(6): 19-22.
[48] 傅贵, 秦凤华, 阎保金. 我国部分矿区煤的水润湿性研究[J]. 阜新矿业学院学报(自然科学版), 1997, 6: 666-669.
[49]程卫民, 徐翠翠, 周刚. 煤尘表面碳、氧基团随变质增加的演化规律及其对润湿性的影响[J]. 燃料化学学报, 2016, 44(3): 295-304.
[50] 高建广, 杨静. 基于多元逐步回归的煤尘润湿性研究[J]. 煤矿安全, 2012, 43(1): 126-129.
[51] Gosiewska A, Drelich J, Laskowski J S, et al. Mineral matter distribution on coal surface and its effect on coal wettability[J]. Journal of Colloid and Interface Science, 2002, 247(1): 107-116.
[52] Quan Y Y, Jiang P G, Zhang L Z. Development of fractal ultra-hydrophobic coating films to prevent water vapor dewing and to delay frosting[J]. Fractals, 2014, 22(3): 1440002.
[53] Li Q Z, Lin B Q, Zhao S, et al. Surface physical properties and its effects on the wetting behaviors of respirable coal mine dust[J]. Powder Technology, 2013, 233: 137-145.
[54] Padday J F. Adhesion of dust and powder[J]. Powder Technology, 1971, 3(4): 171.
[55] Kilau H W, Voltz J I. Synergistic wetting of coal by aqueous solutions of anionic surfactant and polyethylene oxide polymer[J]. Colloids and Surfaces, 1991, 57(1): 17-39.
[56] Kilau H W, Pahlman J E. Coal wetting ability of surfactant solutions and the effect of multivalent anion additions[J]. Colloids and Surfaces, 1987, 26: 217-242.
[57] Zhou G, Qiu H, Zhang Q, et al. Experimental investigation of coal dust wettability based on surface contact angle[J]. Journal of Chemistry, 2016: 1-8.
[58] Ding C, Nie B S, Yang H, et al. Experimental research on optimization and coal dust suppression performance of magnetized surfactant solution[J]. Procedia Engineering, 2011, 26: 1314-1321.
[59] Wang H T, Wang D M, Ren W X, et al. Application of foam to suppress rock dust in a large cross-section rock roadway driven with roadheader[J]. Advanced Powder Technology, 2013, 24 (1): 257-262.
[60] Wang Q G, Wang D M, Wang H T, et al. Optimization and implementation of a foam system to suppress dust in coal mine excavation face[J]. Process Safety and Environment Protection, 2015, 96: 184-190.
[61] Han F W, Zhang J Y, Zhao Y, et al. Experimental investigation on the interaction process between coal particles and foam[J]. AIP Advances, 2019, 9(1): 15023.
[62] Ren W X, Shi J T, Guo Q, et al. The influence of dust particles on the stability of foam used as dust control in underground coal mines[J]. Process Safety and Environmental Protection, 2017, 111: 740-746.
[63] Ren W X, Kang Z H. Experimental study on additive of the foam technology for dust control in underground coal mines[J]. Advanced Materials Research, 2012, 1601: 430-432.

[64] Liu K, Yin H, Zhang L, et al. Effect of EO group on the interfacial dilational rheology of fatty acid methyl ester solutions[J]. Colloids and Surfaces A: Physicochemical and Engineering Aspects, 2018, 553: 11-19.

[65] Singh R, Mohanty K K. Synergy between nanoparticles and surfactants in stabilizing foams for oil recovery[J]. Energy Fuel, 2015, 29(2): 467-479.

[66] Wang J, Nguyen A V, Farrokhpay S. Effects of surface rheology and surface potential on foam stability[J]. Colloids and Surfaces A: Physicochemical and Engineering Aspects, 2016, 488: 70-81.

[67] Dou G, Xu C. Comparison of effects of sodium carboxymethylcellulose and super absorbent polymer on coal dust wettability by surfactants[J]. Journal of Dispersion Science and Technology, 2017, 38: 1542-1546.

[68] Page S J, Volkwein J C. Foams for dust control[J]. Engineering and Mining Journal, 1986, 107(10): 50-52, 54.

[69] 中国煤炭工业劳动保护科学技术学会. 矿井粉尘防治技术[M]. 北京: 煤炭工业出版社, 2007.

[70] Park C K. Abatement of Drill Dust by the Application of Foams and Froths[D]. Montreal: McGill University, 1971.

[71] Cheng W M, Hu X M, Xie J, et al. An intelligent gel designed to control the spontaneous combustion of coal: Fire prevention and extinguishing properties[J]. Fuel, 2017, 210: 826-835.

[72] Zhu X L, Wang D M, Xu C H, et al. Structure influence on jet pump operating limits[J]. Chemical Engineering Science, 2018, 192: 143-160.

[73] Lu X X, Wang D M, Shen W, et al. A new design of double-stage parallel adding equipment used for dust suppression in underground coal mines[J]. Arabian Journal for Science and Engineering, 2014, 39(11): 8319-8330.

[74] Lu X X, Wang D M, Shen W, et al. Experimental investigation of the pressure gradient of a new spiral mesh foam generator[J]. Process Safety and Environmental Protection, 2015, 94: 44-54.

[75] Lu X, Wang D, Xu C, et al. Experimental investigation and field application of foam used for suppressing roadheader cutting hard rock in underground tunneling[J]. Tunnelling and Underground Space Technology Incorporating Trenchless Technology Research, 2015, 49: 1-8.

[76] Wang H T, Wang D M, Wang Q G, et al. Novel approach for suppressing cutting dust using foam on a fully mechanized face with hard parting[J]. Journal of Occupational and Environmental Hygiene, 2014, 11(3): 154-164.

[77] Han F W, Wang D M, Jiang J X, et al. A new design of foam spray nozzle used for precise dust control in underground coal mines[J]. International Journal of Mining Science and Technology, 2016, 26(2): 241-246.

第2章　煤岩截割产尘特性及影响机制研究

产尘是煤岩破碎过程的固有特性。现代化煤矿普遍采用综合机械化采掘技术，采掘机械截割破碎煤岩产尘是矿井粉尘的最主要根源。掌握煤岩截割产尘机理是科学、高效、低耗化防治煤矿粉尘的基础和前提。研究煤岩产尘机理/特性及影响机制对于煤矿粉尘源头抑制和精准防控具有重要意义。本章以综掘工作面截割产尘为研究对象，介绍掘进机截割煤岩产尘机理的“粉化核”假说、截齿截割破煤产尘模拟实验、煤体理化性质和截齿截割参数对产尘特性的影响机制。

2.1　综掘工作面煤岩截割产尘机理分析

煤矿掘进机的破岩工具普遍为镐形截齿，其破岩方法为滚压破岩，即依靠截割头滚动带动截齿产生冲击压碎和剪切碾碎作用而破碎煤岩，与凿岩机冲击破岩方式和采煤机切削破岩方式皆有很大区别。现有研究多局限于以落锤法模拟冲击产尘，其结果不适用于掘进机破碎产尘。因此，研究镐形截齿滚压-剪切破碎煤岩产尘过程及特性，揭示综掘工作面煤岩产尘机理，对于克服除尘技术研发与应用的盲目性，提高综掘工作面粉尘防治的科学性，具有重要的指导意义。

2.1.1　煤岩截割产尘机理的“粉化核”假说

作者对淮北、淮南、神东、枣庄、平顶山、兖州、开滦、潞安等大型矿区的大量现场调研结果表明，我国国有重点煤矿应用的掘进机大多数是部分断面掘进机中的纵轴式掘进机，普遍为镐形截齿。结合岩石破碎学理论研究和现场实地观察，得出掘进机镐形截齿的破岩方法不同于滚筒采煤机刀形截齿的切削破煤和凿岩机钻具的冲击破岩，而是属于滚压破岩的结论。

基于以上认识，作者提出掘进机截齿破碎煤岩产尘的“粉化核”假说，即当镐形截齿侵入煤体时，煤体破碎及产尘过程可以被分为压碎区形成、粉化核形成、裂纹萌生与发展、自由面形成、粉化核应力解除5个步骤，如图2.1所示。

1. 压碎区形成

截齿齿尖最前端接触并挤压煤块表面，在接触部分形成较高的压应力并向煤体内部、周围传递，应力大小分布从齿尖接触点向周围随距离的增加而递减。煤是一种脆性材料，但在形变较小时具有一定的弹性特性，因此齿尖侵入较浅时会发生较小范围的弹性形变，但当煤体所受压应力、拉应力大于其抗压及抗拉强度后迅速发生塑性形变，形成压碎区。

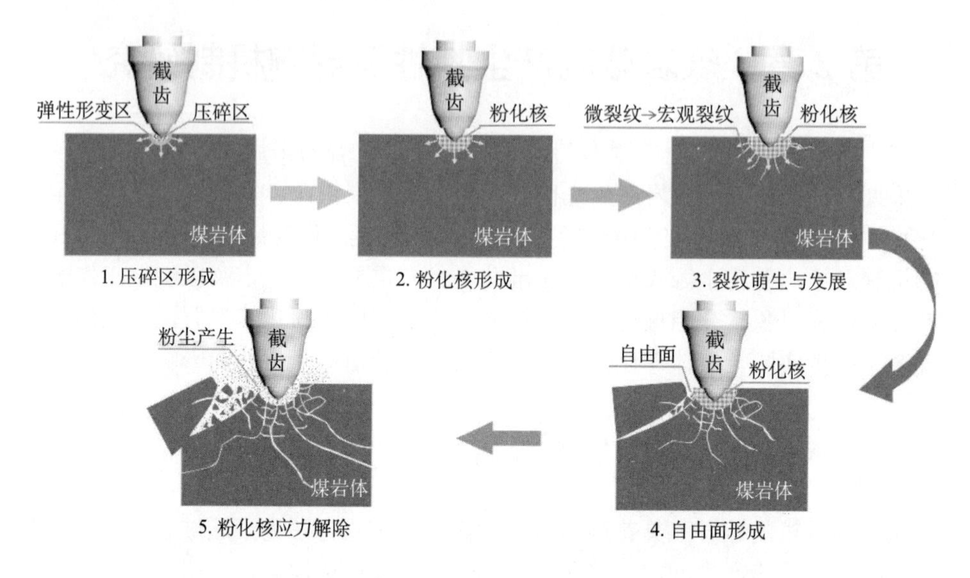

图 2.1 煤岩截割产尘机理的“粉化核”假说示意图

2. 粉化核形成

由于截齿侵入初期，压碎区体积较小，这部分已破碎的煤体很难被排出截齿作用范围，随截齿的移动塑性区煤体被持续压缩、积蓄能量，进而形成高密度粉化核。高密度粉化核能够将能量及应力传递至周围煤体，导致周围煤体的破碎、粉化，使粉化核体积扩大。需要注意的是，粉化核是镐形截齿侵入截割过程中的首要尘源[1]。

3. 裂纹萌生与发展

当截齿侵入煤体至一定深度时，粉化核以外的煤体会受到经粉化核传递出的应力及能量作用，当其受到的应力超过极限强度后，微裂纹开始在粉化核与外围未发生破碎的煤体弹性区交界处萌生，进而形成多条相互独立的微小裂纹并相互合并、扩展，形成宏观裂纹。由于煤岩体内部裂纹扩展速度非常快，因此从微裂纹萌生到宏观裂纹扩展这一过程往往十分迅速。

4. 自由面形成

宏观裂纹迅速向外扩展，当成为贯通裂隙后，裂纹所处的煤体表面与空气相接触形成新自由面。

5. 粉化核应力解除

随着多条宏观裂隙迅速扩展形成新自由面，煤体上将产生多处大体积碎块的崩落。与此同时，粉化核的应力约束状态被解除，聚集的能量突然释放将粉化核抛出，其中含有的大量微小颗粒物被释放到空气中形成粉尘。

从能量的角度分析，可以将截齿施加荷载及煤体破碎变化视为一个能量转化系统，受截齿侵入后煤体的破碎产尘过程可以看作由截齿向煤块施加外界能量，煤体存储、耗散能量，最终将存储的能量释放出来的过程。从外界输入煤体系统的能量以机械能（外力所做的功）和与环境温度有关的热能为主，而本研究主要是常温下截齿截割过程，可忽略热能。由于煤属于脆性材料，能量被煤体吸收后，小部分被煤体存储为弹性形变能，如果此时卸载，那么这部分能量将被释放出来，属于可逆阶段；如果向煤体输入的能量持续增加，煤体度过短暂的弹性形变期后将主要以塑性形变能和损伤能的形式消耗这些能量，并用于形成粉化核、塑性区，与此同时煤体内部结构相互摩擦产生热能释放到外界，这部分属于不可逆过程；如果截齿持续侵入，当向煤体施加的能量总量超过其能量存储极限时，煤体将发生大范围宏观破坏并把存储的能量以动能、表面能、摩擦热能等形式释放出去。可以看出，能量转化过程与破碎产尘的物理过程有较好的对应关系，能量存储阶段对应初期受压弹性形变阶段，能量耗散对应压碎区、粉化核形成及裂纹萌生发展阶段，而能量释放则对应于粉化核应力解除阶段。

2.1.2　塑性破碎区空腔扩展模型

根据上述假说，塑性破碎区（粉化核）是截割过程的首要尘源，而计算出这一区域的体积后就可对产尘量的多少有更直观的评估。本书采用空腔扩展模型（CEM，图 2.2）[2]来描述煤岩体在截齿齿尖侵入过程中的破碎区尺寸和截齿受力变化趋势。该模型建立之前需要进行一些假设以方便计算和推导。

假设煤块的初始状态无外加应力作用（如围压等），弹-塑性区交界面的位置与齿尖和煤体的接触半径相关，塑性区体积变化包括侵入的截齿及其他非弹性体积变化而替代的煤体体积。中心粉化核内部的静水应力状态为$\sigma_{ij}=-\delta_{ij}p$。塑性区屈服准则服从$F(\sigma_{ij})=0$，以莫尔-库仑准则及塑性势能为基础

$$F=\sigma_r-K_p\sigma_\theta-\sigma_c \tag{2.1}$$

式中，σ_r为径向应力，MPa；K_p为被动系数，$K_p=(1+\sin\varphi)/(1-\sin\varphi)$，$\varphi$为内摩擦角，(°)；$\sigma_\theta$为环向应力，MPa；$\sigma_c$为单轴抗压强度，MPa。

$$G=\sigma_r-K_d\sigma_\theta \tag{2.2}$$

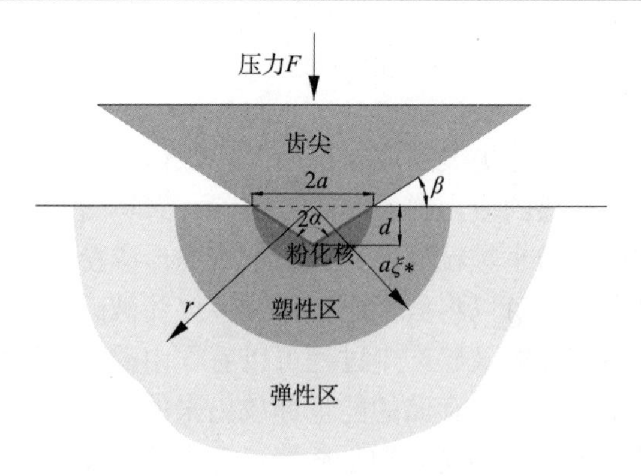

图 2.2　塑性区体积模型

a 表示齿尖与煤体的接触半径；d 表示截齿钻入深度；β 表示截齿边缘与煤样的夹角；ξ 是无量纲参数，$\xi=r/a$，*代表弹性区与塑性区交界点，r 表示极坐标半径；α 表示齿尖半锥角

式中，K_d 为膨胀因子，$K_d=(1+\sin\psi)/(1-\sin\psi)$，$\psi$（$\varphi\geqslant\psi\geqslant0$）为剪胀角，(°)。

侵入截齿应为钝截齿，即半锥角大于 45°，否则侵入过程中容易出现煤岩体被截齿尖（半锥角小于 45°）“挤出”的现象。如图 2.3 所示，截齿齿尖半锥角 $2\alpha<90°$，大三角形为已侵入煤岩体的截齿齿尖部分，齿尖两侧小三角区域是被“挤出”的煤岩体，其体积约等于齿尖侵入的体积。

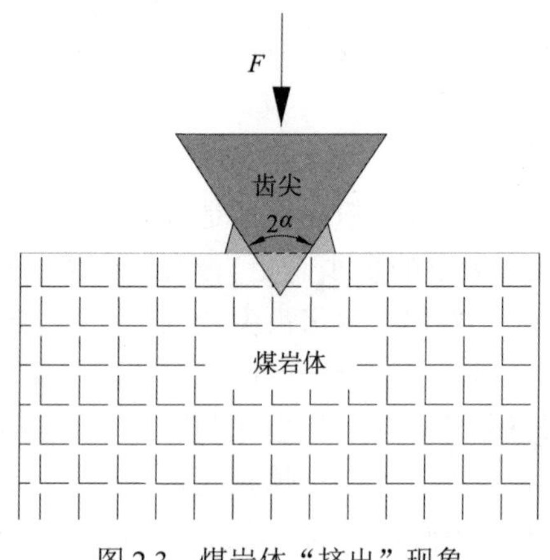

图 2.3　煤岩体“挤出”现象

1. 空间及物质导数

采用欧拉法计算以极坐标的半径 r 和时间变量为函数的速度、应力及应力率场。由于本研究中的侵入状态可以认为是准静态加载，即与时间无关，因此这里的时间变量可以用其他随时间单调变化的参数来代替，这里采用截齿齿尖与煤体的接触半径 a 来代替时间变量。引入一个新的无量纲极坐标 $\xi=r/a$，根据新的坐

标系可以先对空间导数进行极坐标变换：

$$\left.\frac{\partial}{\partial r}\right|_a=\frac{1}{a}\left.\frac{\partial}{\partial \xi}\right|_a \tag{2.3}$$

同时，拉格朗日物质时间导数（记为$(\dot{u})$）用欧拉时间导数表示：

$$(\dot{u})=\frac{\partial}{\partial a}+v\frac{\partial}{\partial r}=\frac{\partial}{\partial a}+\frac{v}{a}\frac{\partial}{\partial \xi} \tag{2.4}$$

式中，v 为极坐标下质点的速度（在 a 位置上的质点径向位置的变化率），m/s。

引入在某一固定点 ξ 上的时间导数运算符 D/Da：

$$\frac{D}{Da}=\frac{\partial}{\partial a}+\frac{\xi}{a}\frac{\partial}{\partial \xi} \tag{2.5}$$

联立式（2.4）和式（2.5）可以得到拉格朗日物质时间导数：

$$(\dot{u})=\frac{D}{Da}+\frac{1}{a}(v-\xi)\frac{\partial}{\partial \xi} \tag{2.6}$$

在自相似问题中，$D/Da=0$。

2. *应力场*

塑性区应力场满足摩尔-库伦屈服条件，即

$$\sigma_r-h=K_p(\sigma_\theta-h),\quad 1\leqslant\xi\leqslant\xi_* \tag{2.7}$$

式中，$h=\sigma_c/(K_p-1)$，以拉应力方向为正方向，径向应力和最大压应力相关。同时，径向应力、环向应力还满足平衡方程：

$$\frac{\mathrm{d}\sigma_r}{\mathrm{d}\xi}+n\frac{\sigma_r-\sigma_\theta}{\xi}=0 \tag{2.8}$$

式中，n 是截齿尺寸指数（楔形侵入 2D 问题中 n 取 1，圆锥或球体侵入等对称 3D 问题中 n 取 2）。在边界条件$\sigma_c=-p$、$\xi=1$ 的条件下联立式（2.7）和式（2.8）可得

$$\begin{aligned}\sigma_r&=h-(p+h)\xi^{n(1-K_p)/K_p}\\ \sigma_\theta&=h-\frac{1}{K_p}(p+h)\xi^{n(1-K_p)/K_p}\end{aligned} \tag{2.9}$$

式中，p 为齿尖下方压实核内的均匀静水压强，MPa。

在弹性区中，$\xi=\xi_*$，应力可以根据拉梅解给出

$$\begin{aligned}\sigma_r&=\sigma_r^*\left(\frac{\xi_*}{\xi}\right)^{n+1}\\ \sigma_\theta&=-\frac{\sigma_r^*}{n}\left(\frac{\xi_*}{\xi}\right)^{n+1}\end{aligned} \tag{2.10}$$

式中，σ_r^*为弹-塑性交界面上的径向应力，MPa。

将$\xi=\xi_*$位置上的应力连续性条件应用于式（2.9）或式（2.10）中，就可以将侵入压强p与弹-塑性边界ξ_*联系起来：

$$\xi_* = \left[\frac{K_p + n}{(n+1)K_p}\frac{p+h}{h}\right]^{\frac{K_p}{n(K_p-1)}} \tag{2.11}$$

或者写为

$$p = (n+1)\frac{K_p S_o^l}{K_p - 1}\xi_*^{\frac{n(K_p-1)}{K_p}} - h \tag{2.12}$$

式中，S_o^l为极限偏应力，MPa。

$$S_o^l = \frac{K_p - 1}{K_p + n}h \tag{2.13}$$

将式（2.12）代入式（2.10）中，塑性区的应力状态可写为

$$\begin{aligned} \sigma_r &= h - \frac{(n+1)K_p S_o^l}{K_p - 1}\left(\frac{\xi_*}{\xi}\right)^{n(K_p-1)/K_p} \\ \sigma_\theta &= h - \frac{(n+1)S_o^l}{K_p - 1}\left(\frac{\xi_*}{\xi}\right)^{n(K_p-1)/K_p} \end{aligned} \tag{2.14}$$

从式（2.14）中可以看出，弹-塑性交界面上的径向应力和环向应力都应为常数：

$$\begin{aligned} \sigma_r^* &= h - \frac{(n+1)K_p S_o^l}{K_p - 1} \\ \sigma_\theta^* &= h - \frac{(n+1)S_o^l}{K_p - 1} \end{aligned} \tag{2.15}$$

3. 速度场

将塑性变形的非关联流动法则假设为式（2.16）：

$$n\dot{\varepsilon}_\theta^p = -K_d\dot{\varepsilon}_r^p \tag{2.16}$$

将弹性和塑性应变率之和记为总应变率并用速度表示为

$$\dot{\varepsilon}_r = \frac{\mathrm{d}v}{\mathrm{d}r} \quad 和 \quad \dot{\varepsilon}_\theta = \frac{v}{r} \tag{2.17}$$

在弹性区内则有

$$K_d\frac{\mathrm{d}v}{\mathrm{d}r} + n\frac{v}{r} = K_d\dot{\varepsilon}_r^e + n\dot{\varepsilon}_\theta^e \tag{2.18}$$

将式（2.18）利用 $\xi = r/a$ 坐标变换可得

$$K_d \frac{\mathrm{d}v}{\mathrm{d}\xi} + n\frac{v}{\xi} = a\left(n\dot{\varepsilon}_\theta^e + K_d\dot{\varepsilon}_r^e\right) \tag{2.19}$$

对式（2.19）右边采用连续性法则和屈服条件可以得出

$$n\dot{\varepsilon}_\theta^e + K_d\dot{\varepsilon}_r^e = \frac{\omega\dot{\sigma}_r}{2G} \tag{2.20}$$

式中，$\omega = \dfrac{\left(K_p - 1\right)\left(K_d - 1\right) + \left(1 - 2v\right)\left[\left(K_p + 1\right)\left(K_d + 1\right) - \left(n - 1\right)K_p K_d\right]}{\left(3 - n\right)\left(1 + v\right)^{n-1} K_p}$；$G$ 为剪切模量，GPa。

采用式（2.6）中的求导法则，式（2.14）中塑性区的径向应力变化率即为

$$\dot{\sigma}_r = \frac{n\left(n+1\right)S_o^l}{a}\left(\frac{v}{\xi} - 1\right)\left(\frac{\xi_*}{\xi}\right)^{n\left(K_p - 1\right)/K_p} \tag{2.21}$$

将式（2.20）和式（2.21）代入控制方程（2.19）可得

$$K_d \frac{\mathrm{d}v}{\mathrm{d}\xi} + n\frac{v}{\xi}\left[1 - \omega\kappa\left(\frac{\xi_*}{\xi}\right)^{n\left(K_p - 1\right)/K_p}\right] = -n\omega\kappa\left(\frac{\xi_*}{\xi}\right)^{n\left(K_p - 1\right)/K_p} \tag{2.22}$$

式中，κ 是小量，远小于 1，

$$\kappa = \frac{\left(n+1\right)}{2}\frac{S_o^l}{G} \tag{2.23}$$

式（2.22）的一阶解为

$$v = \left\{A\xi^{-n/K_d} + \left(\eta\kappa\right)^{-a}\xi_*\left(\frac{\xi_*}{\xi}\right)^{-n/K_d}\Gamma\left[1 + \alpha, \eta\kappa\left(\frac{\xi_*}{\xi}\right)^{n\left(K_p - 1\right)/K_p}\right]\right\} \cdot \exp\left[\eta\kappa\left(\frac{\xi_*}{\xi}\right)^{n\left(K_p - 1\right)/K_p}\right] \tag{2.24}$$

式中，A 为积分常数；$\eta = \dfrac{\omega K_p}{\left(1 - K_p\right)K_d}$；$\alpha = \dfrac{K_p\left(K_d + n\right)}{nK_d\left(1 - K_p\right)}$；$\Gamma\left(\alpha, z\right) = \int_z^\infty t^{\alpha - 1}\exp\left(-t\right)\mathrm{d}t$，其中 z 为应力变化。

在 ξ=1 时的速度边界条件认为塑性区体积膨胀与截齿齿尖侵入体积相同。令 $\mathrm{d}V_I$ 和 $\mathrm{d}V_C$ 分别为截齿侵入体积变化及因接触半径 $\mathrm{d}a$ 的增加而引起的压实核体积变化。可以看出，在 ξ=1 处的速度为

$$v\left(1\right) = \frac{\mathrm{d}V_I}{\mathrm{d}V_C} = \frac{2^{3-2n}}{\pi^{2-n}}\tan\beta \tag{2.25}$$

为了得到弹-塑性边界上的速度表达式（在 $\xi = \xi_*$ 处 $v = \dot{u}$），利用式（2.4）中

的拉格朗日-欧拉时间导数变换可得

$$v=(\dot{u})=\frac{\partial u}{\partial a}+v\frac{\partial u}{\partial r} \Rightarrow v=\frac{\dfrac{\partial u}{\partial a}}{1-\dfrac{\partial u}{\partial r}} \tag{2.26}$$

式中，u 是当齿尖与煤体的接触半径为 a 时，在位置为 r 处的质点的位移，m。在弹性区内，因截齿持续侵入引起的径向位移场可以通过拉梅解给出：

$$u=\frac{\kappa r}{n+1}\left(\frac{a\xi_*}{r}\right)^{n+1}=\frac{a\kappa\xi_*}{n+1}\left(\frac{\xi_*}{\xi}\right)^{n+1} \tag{2.27}$$

根据式（2.26）和式（2.27），弹-塑性交界面上的径向速度为

$$v(\xi_*)=C\xi_* \tag{2.28}$$

$$C=\frac{(n+1)\kappa}{n\kappa+n+1} \tag{2.29}$$

将式（2.28）代入式（2.24）可以得到常数 A 的表达式

$$A=\xi_*^{(K_d+n)/K_d}\left\{C\exp(-\eta\kappa)-(\eta\kappa)^{-\alpha}\Gamma[1+\alpha,\eta\kappa]\right\} \tag{2.30}$$

以及塑性区速度场表达式

$$v(\xi)=\exp\left[\eta\kappa\left(\frac{\xi_*}{\xi}\right)^{n(K_p-1)/K_p}\right]\xi_*\left(\frac{\xi_*}{\xi}\right)^{n/K_d}\cdot\left(C\exp(-\eta\kappa)+(\eta\kappa)^{-\alpha}\left\{\Gamma\left[1+\alpha,\eta\kappa\left(\frac{\xi_*}{\xi}\right)^{n(K_p-1)/K_p}\right]-\Gamma[1+\alpha,\eta\kappa]\right\}\right) \tag{2.31}$$

或者用积分形式表示为

$$v(\xi)=\left[C\exp(-\eta\kappa)-\eta\kappa\int_1^{\left(\frac{\xi_*}{\xi}\right)^{n(K_p-1)/K_p}}t^{\alpha}\exp(-\eta\kappa t)\mathrm{d}t\right]\cdot\exp\left[\eta\kappa\left(\frac{\xi_*}{\xi}\right)^{n(K_p-1)/K_p}\right]\xi_*\left(\frac{\xi_*}{\xi}\right)^{n/K_d} \tag{2.32}$$

由于 κ 是小量，可以将速度场以 κ 一阶展开

$$C\exp(-\eta\kappa)\sim\kappa+O(\kappa^2)$$

$$\eta\kappa\int_1^{\left(\frac{\xi_*}{\xi}\right)^{n(K_p-1)/K_p}}t^{\alpha}\exp(-\eta\kappa t)\mathrm{d}t\sim\frac{\eta\kappa}{1+\alpha}\left[\left(\frac{\xi_*}{\xi}\right)^{n(K_p-1)(1+\alpha)/K_p}-1\right]+O(\kappa^2)$$

最终可以得到速度 $v(\xi)$ 的一阶展开表达式

$$v(\xi)\sim\kappa\left\{1-\mu\left[\left(\frac{\xi_*}{\xi}\right)^{n(K_p-1)(1+\alpha)/K_p}-1\right]\right\}\xi_*\left(\frac{\xi_*}{\xi}\right)^{n/K_d} \tag{2.33}$$

式中，$\mu=\dfrac{\eta}{1+\alpha}=\dfrac{n\omega K_p}{(1-n)K_pK_d+n(K_d+K_p)}$。

4. *破碎区体积及侵入力*

在得到速度表达式后，弹-塑性边界的比例尺寸可以通过联立式（2.25）及式（2.33）的一阶展开表达式得到

$$(1+\mu)\xi_*^{(K_d+n)/K_d}-\mu\xi_*^{n(K_p-1)/K_p}=\gamma \tag{2.34}$$

$$\gamma=\frac{2^{3-2n}\tan\beta}{\pi^{2-n}\kappa} \tag{2.35}$$

需要注意的是，这里得到的 ξ_* 并不是塑性破碎区的真实尺寸，其真实半径为

$$r_*=\xi_*a=\xi_*d/\tan\beta \tag{2.36}$$

将式（2.34）代入式（2.36）中可得

$$r_*=\frac{\xi_*dC}{\left[(1+\mu)\xi_*^{\frac{K_d+2}{K_d}}-\mu\xi_*^{\frac{2K_p-2}{K_p}}\right]} \tag{2.37}$$

式中，$C=\dfrac{G(K_p+2)}{3\sigma_c}$。

当确定了弹-塑性交界面位置后，侵入压强就可以根据式（2.12）计算出来，而侵入力 F 则可以通过式（2.38）计算

$$F=(3-n)\pi^{n-1}pa^n=\frac{(3-n)\pi^{n-1}pd^nC^n}{\left[(1+\mu)\xi_*^{\frac{K_d+2}{K_d}}-\mu\xi_*^{\frac{2K_p-2}{K_p}}\right]^n} \tag{2.38}$$

2.2　单截齿破煤产尘模拟实验系统

掘进机割煤产尘是一个大尺度的、复杂的过程。煤矿综掘工作面通常为断面面积为 10～20m^2 的受限空间，且装备的掘进机、运输机、支护设备等占用了大量空间，不同煤层条件和不同截割条件下的产尘特性差异很大，在掘进作业现场开展长时间测试是不现实的。建设全尺寸产尘实验系统虽能真实地模拟产尘过程，

但需要的掘进机和大尺度煤体很难获取，建设周期长、难度大、成本高昂[3]，即使投入大量人力物力财力建成，其实验也耗时耗力，效率较低。

根据长期在煤矿综掘工作面现场调研和观测经验，截齿侵入煤岩体时截割受力过程（即截齿与煤岩体的接触过程）并非连续、线性变化的[4,5]，而是跳跃式的波动断续变化过程[6]，即随着截割力的增大煤块开始发生破碎。当到达截割力峰值时，与截齿接触的煤岩体突然发生大范围破碎，导致截割力瞬间大幅下降，此时截齿几乎不会与煤岩体接触。基于上述认识，可以将非连续截割过程以截割力从波谷到峰值为一个小单元，进行分段简化，每个单元内都包含从截齿与煤体接触到煤体发生大范围破碎的完整截割-破碎过程。因此，可以针对一个单元进行细致研究，以小见大，多个波谷-峰值单元相互衔接就能推演连续截割过程。这就意味着，采用小尺度的单截齿破煤实验系统可以相对真实地模拟掘进机割煤产尘过程，从而简化掘进机大尺度截割的复杂条件，提高研究效率、降低研究成本。

为此，作者开发了采用镐形截齿作为截割破碎工具的截割产尘模拟实验系统。如图 2.4 所示，该系统包含压力加载模块、裂纹观察模块、粉尘收集模块，能够实现截割全过程中截齿受力、截齿位移、环境风速、煤岩样品裂纹扩展等的实时监测和粉尘准确收集。压力加载模块由最大公称压力为 100kN 的压力机和固定在加载部件上的截齿组成，能够实现 1～25mm/s 的 50 级变速加载。裂纹观察模块由 Phantom® v211 全数字高速动态分析仪和补光构件组成，能够以 1028 像素×800 像素的分辨率

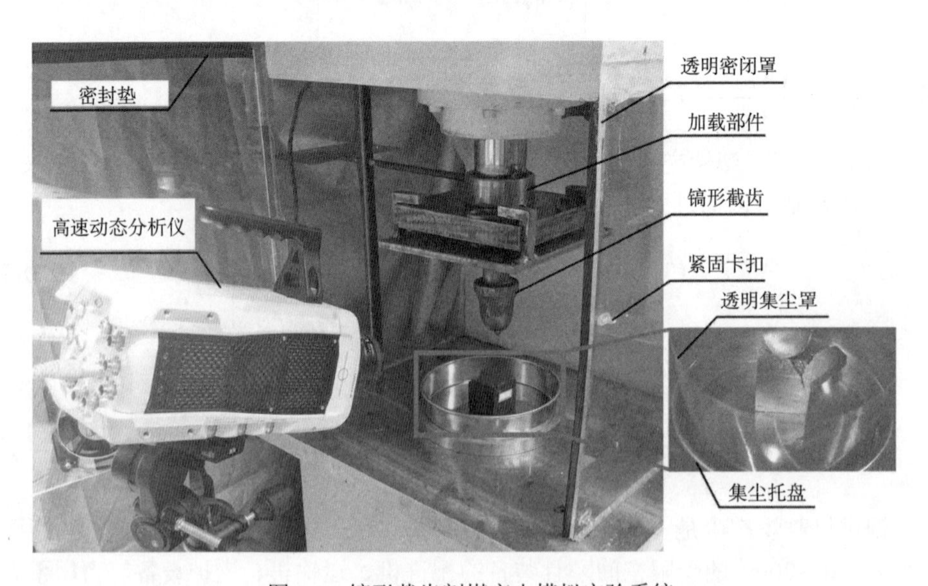

图 2.4　镐形截齿割煤产尘模拟实验系统

和 1/2190s 的快门速度捕捉煤块破碎产尘的瞬间状态。粉尘收集装置包括集尘托盘和透明集尘罩，集尘托盘内径为 194mm，集尘罩外径为 192mm（略小于集尘托盘内径），高为 195mm（略小于截齿长度与煤块高度之和），能够避免煤岩样品破坏瞬间产生的粉尘、碎块向外迸出，提高粉尘收集效果。托盘和集尘罩均做防静电处理，防止吸附粉尘，影响测试结果。截割工作台四周采用透明密闭罩密封，避免外界气流扰动影响粉尘沉降或者将粉尘吹散至集尘罩以外。

实验开始前先彻底清洗截齿、固定架、托盘和透明集尘罩，尽可能保证其表面无粘黏粉尘；用酒精纱布擦拭煤块、透明玻璃板内部及实验台表面，清除原有的沉积粉尘。将截齿通过固定架固定在加载部件下方，煤块上表面中心点位于镐形截齿齿尖正下方，煤块放在防静电托盘中。开始加载时截齿以某一速度均匀下降，直至侵入煤块使其产生大碎块后停止。停止加载后静置一段时间（t），待粉尘尽可能多地沉降到托盘上以后，把截齿恢复至初始位置，缓慢取出托盘和煤块，将齿尖表面、托盘上、煤块上的粉尘过 160 目（孔径约 96 μm）不锈钢筛后收集起来。采用精度为 0.0001 g 的高精度天平称量粉尘质量，然后再放入粒径分析仪中测定粒径分布。每次实验前都采用精度为 0.01 g 的天平测定实验所用煤块的质量。加载停止后的静置时间（t）通过以下方式推导得出。

由于该产尘模拟实验系统四周配有密闭罩密封，截割产尘实验环境可以认为在静止空气中进行。粉尘颗粒在静止空气中沉降时主要受自身重力、空气浮力及阻力三种形式力的作用，如图 2.5 所示[7,8]。

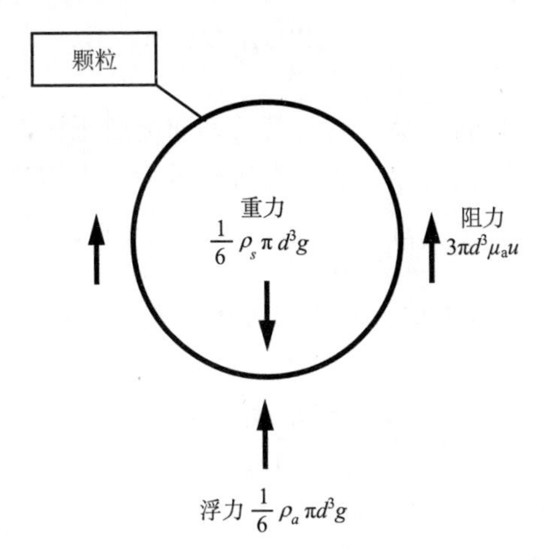

图 2.5　粉尘在静止空气中的受力分析

假设粉尘是直径为 d（m）、密度为 ρ_s（kg/m^3）的球形颗粒，则所受重力为

$$G=\frac{1}{6}\rho_s\pi d^3g \tag{2.39}$$

式中，G 为颗粒所受重力，N；g 为重力加速度，m/s^2。

颗粒受到的浮力（F_f）大小与其排开空气的重力数值相同、方向相反，即

$$F_f = \frac{1}{6}\rho_a \pi d^3 g \tag{2.40}$$

式中，ρ_a 为空气密度，kg/m^3。

由于空气的黏性，颗粒将受到一定的摩擦阻力（空气阻力）

$$\text{Drag} = C_{\text{D}} A_b \rho_a \frac{u_s^2}{2} \tag{2.41}$$

式中，Drag 为颗粒沉降时所受空气阻力，N；C_{D} 为无量纲空气阻力系数；u_s 为颗粒的沉降速度，m/s；A_b 为投影域，$A_b=\pi d^2/4$，m^2。

流动阻力系数与雷诺数有关[7]

$$C_{\text{D}} = \frac{K}{Re^{\varepsilon}} \tag{2.42}$$

式中，K 和ε为实验常数。

速度为 0 的静止空气属于层流区，K=24，$\varepsilon = 1$。式（2.42）可以写为

$$C_{\text{D}} = \frac{24}{Re} = \frac{24\mu_a}{\rho_a u_s d} \tag{2.43}$$

式中，μ_a 为空气的动力黏度系数，N·s/m^2。

将 A_b 和式（2.43）代入式（2.41）可得

$$\text{Drag} = \frac{24\mu_a}{\rho_a u_s d}\frac{\pi d^2}{4}\rho_a \frac{u_s^2}{2} = 3\pi\mu_a d u_s \tag{2.44}$$

颗粒沉降过程中受到的摩擦阻力与其运动速度成正比，因此当颗粒沉降速度增加到一定值时，摩擦阻力与浮力的合力将与重力大小相等，方向相反：

$$3\pi\mu_a d u_s + \frac{1}{6}\rho_a \pi d^3 g = \frac{1}{6}\rho_s \pi d^3 g \tag{2.45}$$

此时，沉降速度达到最大值并开始做匀速沉降。此时的沉降速度又被称为“自由沉降速度”（u_t）：

$$u_t = \frac{d^2 g(\rho_s - \rho_a)}{18\mu_a} \tag{2.46}$$

式（2.45）和式（2.46）即为著名的斯托克斯公式。

颗粒的沉降时间为

$$t = \frac{H}{u_t} \tag{2.47}$$

式中，H 为颗粒的沉降高度，m。

根据式（2.46）可以看出，颗粒粒径越小沉降速度越慢，沉降时间也就越长。

本节采用的激光粒度分布仪可测的最小粒径为 1.02μm，为方便计算，这里取颗粒直径为 10^{-6}m。在 20℃室温环境下空气密度为 1.205kg/m^3，和煤尘颗粒密度（约 1300kg/m^3）相比，可以忽略不计；动力黏度系数为 17.9×10^{-6}N·s/m^2。重力加速度为 9.8m/s^2。实验所用煤块高 0.04～0.05m，截齿长约 0.15m，因此粉尘沉降高度最大为 0.2m。计算可得，$t \approx 1.4$h。静置时间设置为 2h。

此外，为了保证产尘模拟实验系统所用实验煤样的代表性，综合考虑我国煤炭种类及分布，从 8 个大型煤炭基地中的 10 个矿区共计 16 座煤矿的煤巷掘进工作面选取了煤样，一共包含有 9 个煤种，如表 2.1 所示。

表 2.1　产尘模拟实验系统所用实验煤样的煤种及产地

煤样（煤矿）	煤种	矿区	煤炭基地
古汉山	无烟煤	焦作	河南
白庄	无烟煤	焦作	河南
白胶	无烟煤	芙蓉	云贵
杨庄	瘦煤	淮北	两淮
袁庄	1/3 焦煤	淮北	两淮
恒昇	气肥煤	汾西	晋中
唐口	气煤	济宁	鲁西
邹庄	气煤	淮北	两淮
黄陵二号井	弱黏煤	黄陵	黄陇
崔家沟	弱黏煤	铜川	黄陇
恒益	不黏煤	府谷	神东
尔林兔	不黏煤	神东	神东
补连塔	不黏煤	神东	神东
亿源	长焰煤	府谷	神东
汇能	长焰煤	府谷	神东
大雁三矿	褐煤	大雁	蒙东

2.3　煤体理化性质对产尘特性的影响机制

煤体自身特性（煤的化学组成、孔隙结构、脆性等）是影响其截割产尘的内因。过去关于这方面的基础性研究还比较缺少，且采用的破碎机或重锤冲击法等实验装置无法模拟掘进机截齿破煤产尘过程。因此，本节采用自行研制的镐形截齿割煤产尘系统，结合工业分析仪、低场核磁共振仪、电液伺服压力机等仪器，分别研究煤的化学组成（工业分析组分）、孔隙结构、脆性对产尘特性的影响。

2.3.1　工业分析组分对产尘特性的影响

1. 实验仪器

1）煤工业分析仪

根据我国《煤的工业分析方法　仪器法》标准[9]，采用湖南三德科技股份有限公司 SDTGA8000 型工业分析仪测定煤样的水分、固定碳、挥发分和灰分含量，采用该分析仪测定时将煤样分为两组，一组用于水-灰联测，一组用于挥发分测定，样品挥发分的真实含量为仪器测定值减去水分值。根据实验步骤完成截割产尘实验后，将余下的碎煤块放入破碎机中破碎产生大量粉尘，过 80～200 目筛用于测定煤的工业分析组分。

2）粉尘粒径分布测试仪

为了准确、高效地得出实验中产生粉尘的粒径分布特性，采用济南微纳颗粒仪器股份有限公司 Winner2000 型激光粒度分析仪来测定粉尘粒径分布曲线。该仪器采用激光散射的原理测量粉尘粒径大小，此原理是目前比较常见且成熟的粒径测定方法[10]。测定前，先打开激光粒度分析仪预热 10～15min；向样品池内倒入 50mL 无水乙醇，开启内循环泵运行 10～15min，清洗内部管路；多次重复内循环操作，直至样品池内无可见杂质为止。测定时，先向样品池内加入 200mL 无水乙醇，然后放入实验收集到的粉尘，先开启超声及搅拌功能使粉尘在样品池内完全分散开，然后打开循环泵开始测量粒径。每组粉尘样品至少测定 10 次，从粒度分析仪专用软件中调出测定结果，删去明显异常值后取平均值。

2. 实验煤样

实验煤样取自我国 4 个大型煤炭基地的 10 个煤矿，如表 2.2 所示。

表 2.2　实验煤样和煤种

煤样（煤矿）	煤种	矿区	煤炭基地
杨庄	瘦煤	淮北	两淮
袁庄	1/3 焦煤	淮北	两淮
恒昇	气肥煤	汾西	晋中
邹庄	气煤	淮北	两淮
黄陵二号井	弱黏煤	黄陵	黄陇
崔家沟	弱黏煤	铜川	黄陇
恒益	不黏煤	府谷	神东
尔林兔	不黏煤	神东	神东
补连塔	不黏煤	神东	神东
汇能	长焰煤	府谷	神东

3. 实验结果

表 2.3 给出了实验煤样的粉尘粒径分布的测定结果。对于呼吸性粉尘，其粒径尺寸和粒度分析仪的可识别尺寸相差仅 0.04μm，误差为 0.57%，因此可以直接采用可识别的 7.11μm 作为呼吸性粉尘的替代尺寸。对于 $PM_{2.5}$ 的颗粒尺寸，由于相差较大（误差为 8%），有必要对其采取进一步计算以获得更加准确的占比值。从图 2.6（c）可以看出，不同煤样的累计分布曲线在 2.22μm 和 2.7μm 之间均匀上升，因此近似认为粉尘粒径在 2.22～2.7μm 区间内是均匀分布的。$PM_{2.5}$ 的累计分布值可以按照式（2.48）计算。

$$CP_{2.5} = CP_{2.22} + (2.5 - 2.22) \div (2.7 - 2.22) \times (CP_{2.7} - CP_{2.22}) \tag{2.48}$$

式中，$CP_{2.5}$ 为 $PM_{2.5}$ 的累计占比，%；$CP_{2.22}$ 为粒径小于 2.22μm 的颗粒累计占比，%；$CP_{2.7}$ 为粒径小于 2.7μm 的颗粒累计占比，%。

表 2.3　实验煤样的粉尘粒径分布占比结果　（单位：%）

粒径/μm	杨庄	袁庄	恒昇	邹庄	黄陵二号井	崔家沟	恒益	尔林兔	补连塔	汇能
1.02	0	0	0	0	0	0	0	0	0	0
1.24	0.16	0.16	0.17	0.10	0.24	0.10	0.12	0.11	0.11	0.07
1.51	0.13	0.16	0.28	0.41	0.57	0.22	0.21	0.21	0.26	0.18
1.83	0.33	0.77	0.50	0.59	1.17	0.44	0.50	0.17	0.50	0.35
2.22	0.40	0.63	0.92	1.05	1.20	0.82	0.42	0.53	0.75	0.51
2.70	0.45	1.01	1.18	0.96	1.03	1.17	0.96	0.54	0.94	0.57
3.28	0.42	1.16	1.29	1.09	1.15	1.32	1.21	0.46	1.08	0.59
3.98	0.43	0.96	1.45	1.22	1.1	1.49	1.38	0.6	1.33	0.66
4.83	0.50	0.71	1.49	1.52	1.22	1.59	0.93	0.45	1.62	0.81
5.86	0.63	2.20	1.82	2.86	2.8	2.41	1.18	1.06	2.07	1.06
7.11	0.68	3.09	1.92	3.04	3.68	3.41	1.43	1.35	2.52	1.32
8.64	0.78	5.51	2.57	2.52	2.27	4.46	1.75	4.17	3.13	1.68
10.48	0.98	4.81	3.05	2.88	1.43	5.04	1.99	3.65	3.76	2.09
12.73	1.13	3.32	4.20	3.30	1.79	5.43	2.30	5.49	4.47	2.45
15.45	1.14	2.72	5.63	3.64	1.88	5.69	2.64	4.65	4.86	2.63
18.75	1.09	2.78	7.03	4.09	3.07	6.53	3.17	2.61	5.33	2.83
22.76	1.26	3.74	8.43	4.54	4.75	7.91	3.64	4.76	6.33	3.15
27.63	1.64	6.18	11.11	5.72	5.82	10.00	3.91	6.85	8.29	3.64

续表

粒径/μm	杨庄	袁庄	恒昇	邹庄	黄陵二号井	崔家沟	恒益	尔林兔	补连塔	汇能
33.54	3.36	7.96	13.97	7.15	8.73	11.68	4.84	8.63	9.84	4.20
40.72	4.13	7.53	14.24	7.43	6.11	11.22	5.43	8.36	11.50	4.18
49.43	4.19	8.04	10.71	8.69	8.97	8.85	5.80	8.58	11.59	6.13
60.00	8.27	9.73	5.39	8.52	11.88	5.19	8.06	10.05	9.70	9.06
72.84	13.30	11.81	1.96	9.45	12.54	2.73	10.83	11.76	6.24	12.80
88.42	20.34	9.63	0.30	8.59	9.55	1.29	14.18	9.50	2.62	14.77
107.30	19.04	4.64	0.19	7.76	3.47	0.70	13.07	4.79	1.04	13.69
120.00	14.79	0.75	0.10	2.88	3.58	0.31	10.05	0.67	0.12	10.58

根据表 2.3 绘制的粉尘粒径累计分布曲线如图 2.6 所示。杨庄矿的粉尘粒径累计占比变化在 7.11μm（累计占比为 4.13%）之前都比较平缓，直到 27.63μm 时，累计占比才从 12.15%迅速增加到 130.29μm 处的 100%。这说明杨庄矿产生的粉尘中大颗粒粉尘所占的比例较大，也就是说杨庄矿截割过程中的粉尘危害性可能比本研究中其他 9 个矿的危害性小。尔林兔和汇能两矿产生的呼吸性粉尘累计占比同样较少，分别为 5.48%和 6.12%。但是对于尔林兔煤矿，粉尘累计占比曲线从 7.11μm 到 15.45μm 有一个非常明显的上升趋势，累计占比从 5.48%上升到 23.44%，增幅达 18%。同时，尔林兔煤矿的粉尘累计曲线在 15.45μm 以后和黄陵二号井、邹庄及袁庄矿比较相近，但是，不同点在于黄陵二号井的呼吸性粉尘累计占比是最高的，达到了 14.16%，紧随其后的是崔家沟和邹庄煤矿，分别为 12.97%和 12.84%。这三座煤矿的呼吸性粉尘累计占比均是杨庄矿的三倍，此外，它们产生的 $PM_{2.5}$ 累计占比也非常高。

通过图 2.7 粉尘粒径分布曲线可以看出，不同样品产生的粉尘粒径分布曲线差别较大。图 2.8 中杨庄矿粒径占比最大的是 88.42μm，达到了 20.34%。类似的，汇能、恒益产生的 88.42μm 粒径粉尘占比也是最大的，分别为 14.77% 和 14.18%。相反的，恒昇 88.42μm 粒径粉尘占比为 0.30%，仅是杨庄的百分之一，但恒昇 33.54μm 粒径粉尘占比与其他矿相比则最高，达到了 13.97%。袁庄和尔林兔产生的 88.42μm 粒径粉尘占比仅为杨庄的二分之一，而 49.43μm 的粉尘占比则是杨庄的两倍。总体上来看，袁庄、黄陵二号井、尔林兔三个煤矿的粉尘粒径分布曲线比较类似，可以近似看作负偏态分布。在图 2.7（b）中，大部分样品的粒径分布曲线呈现出递增的趋势。黄陵二号井在 7.11μm 处的粒径占比最高，达到了 3.68%，是杨庄矿的 5 倍。

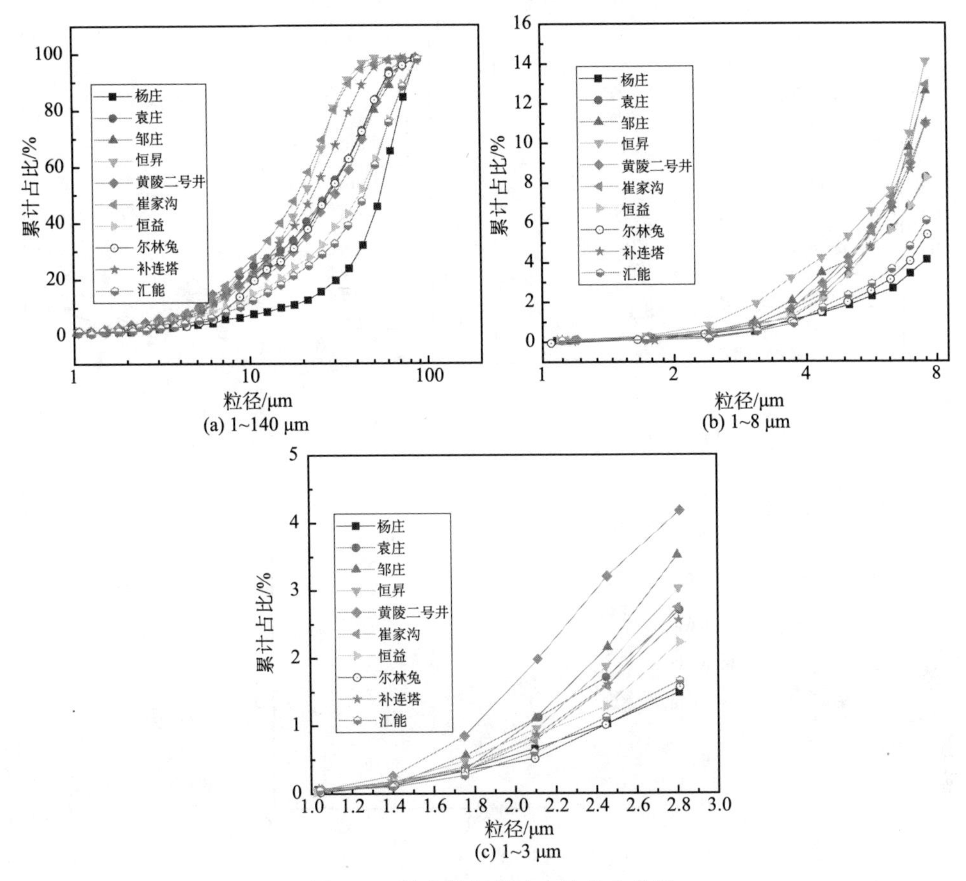

图 2.6　粉尘粒径累计占比分布曲线

表 2.4 给出了实验用煤样和截割后产生全尘的质量。为了消除煤样大小对粉尘产生情况的影响，采用“产尘率（MRD）”这一概念量化产尘的多少。本节将粉尘细分为全尘、呼吸性粉尘和 $PM_{2.5}$（细颗粒物），其中全尘产尘率（R_{td}, g/t）可以用下式计算出来。

$$R_{td} = m_{td} \div M \times 10^6 \tag{2.49}$$

式中，m_{td} 为全尘的质量，g；M 为煤样的质量，g。

本研究中采用激光粒度分析仪测到的粒径分布为颗粒的体积分布，为方便计算，假设粉尘密度相同，所以质量占比可以等价于体积占比。呼吸性粉尘和 $PM_{2.5}$ 的产尘率分别根据式（2.50）和式（2.51）计算：

$$R_{rd} = R_{td} \times CP_{7.07} \tag{2.50}$$

$$R_{PM_{2.5}} = R_{td} \times CP_{2.5} \tag{2.51}$$

式中，R_{rd} 为呼吸性粉尘产尘率，g/t；$R_{PM2.5}$ 为 $PM_{2.5}$ 产尘率，g/t。

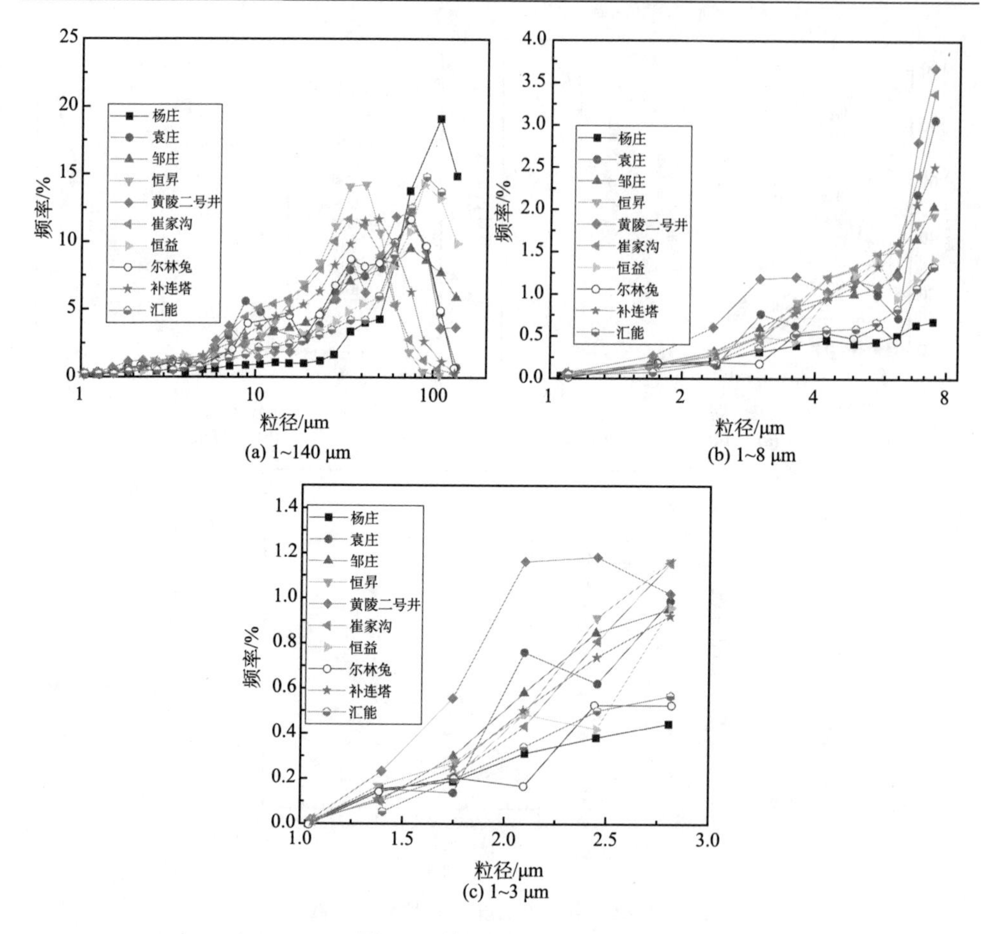

(a) 1~140 μm

(b) 1~8 μm

(c) 1~3 μm

图 2.7　粉尘粒径分布曲线

表 2.4　煤样试块和产生粉尘的质量

煤样（煤矿）	煤样试块质量 M/g	全尘质量 m_{td}/g	产尘率/（g/t）		
			全尘	呼吸性粉尘	$PM_{2.5}$
杨庄	165.22	0.0145	87.76	3.62	1.12
袁庄	184.13	0.0325	203.86	22.12	4.71
恒昇	161.96	0.0151	93.23	10.27	2.44
邹庄	166.93	0.0732	438.50	56.30	11.88
黄陵二号井	170.73	0.0318	210.71	29.84	7.96
崔家沟	167.50	0.0587	350.46	45.45	7.92
恒益	175.92	0.0212	120.51	10.05	2.18

续表

煤样（煤矿）	煤样试块质量 M/g	全尘质量 m_{td}/g	产尘率/（g/t）		
			全尘	呼吸性粉尘	$PM_{2.5}$
尔林兔	173.52	0.0225	114.45	6.27	1.53
补连塔	173.74	0.0286	164.61	18.40	3.57
汇能	174.24	0.0159	91.25	5.58	1.31

煤样的工业分析结果如表 2.5 所示。水分含量从 1.83%到 9.32%不等，固定碳含量从 48.99%到 60.61%不等，灰分含量从 4.72%到 12.09%不等。整体来看，煤阶越高的煤固定碳含量越大，同时挥发分含量相对较低。灰分含量的变化趋势和煤种的关系并不明显。

表 2.5　煤样的工业分析结果　[单位：%（空气干燥基）]

煤样（煤矿）	工业分析组分			
	水分（Mad）	固定碳（Fcad）	挥发分（Vad）	灰分（Aad）
杨庄	8.57	48.99	30.35	12.09
袁庄	4.96	56.34	31.04	7.66
恒昇	3.94	59.12	26.25	10.69
邹庄	1.83	58.35	29.50	10.32
黄陵二号井	2.38	57.18	29.68	10.76
崔家沟	5.19	60.61	26.41	7.79
恒益	7.65	49.02	38.61	4.72
尔林兔	9.32	49.09	35.13	6.46
补连塔	7.03	55.47	31.44	6.06
汇能	4.63	50.27	34.91	10.19

4. 水分对粉尘产生特性的影响

根据表 2.3 和表 2.5 中的结果绘制水分含量对 $PM_{2.5}$ 和呼吸性粉尘累计占比的影响如图 2.8 所示。可以看出，水分和 $PM_{2.5}$ 以及呼吸性粉尘的累计占比均为负相关关系，决定系数（R^2）分别为 0.65 和 0.57，也就是当水分含量增加时细微粉尘产生的比例将会变少。煤体自身水分含量对破碎过程中粉尘产生的抑制作用还体现在产尘率的降低上，图 2.9 说明水分与全尘产尘率相互关系的决定系数较低，仅为 0.41，而水分与呼吸性粉尘和 $PM_{2.5}$ 产尘率相互关系的决定系数分别为 0.5 和 0.64。

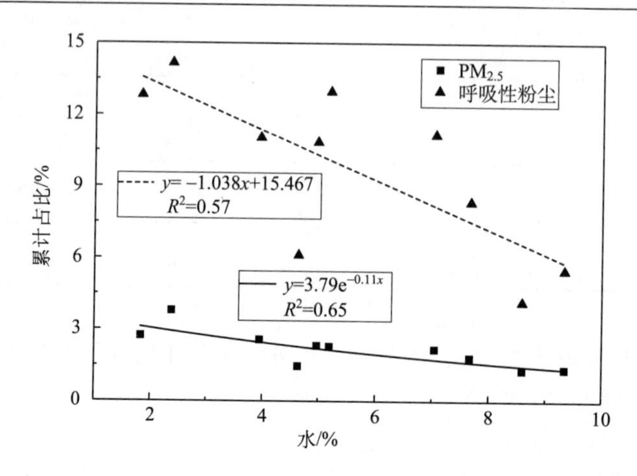

图 2.8　水分对 $PM_{2.5}$ 及呼吸性粉尘累计占比的影响

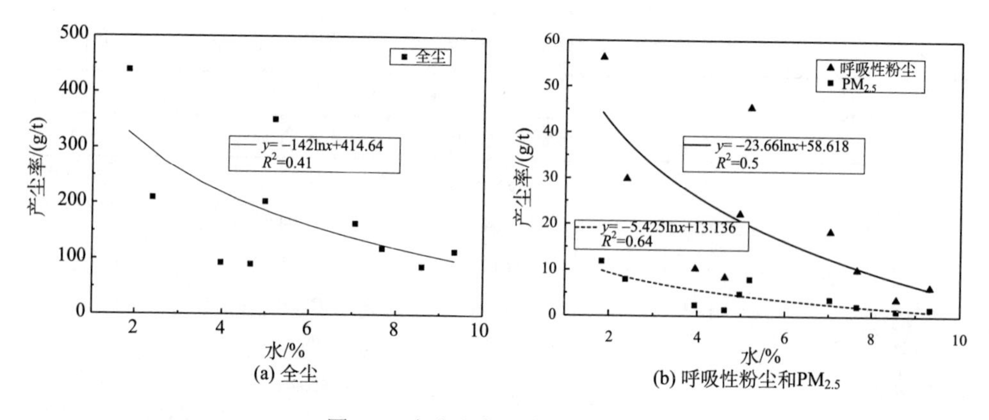

(a) 全尘　　(b) 呼吸性粉尘和 $PM_{2.5}$

图 2.9　水分和产尘率的相关关系

煤中的水分包含自由水和结晶水。通过工业分析仪的加热过程得到的是自由水含量，它们通过吸附或者黏结作用存在于煤的表面或孔隙、裂隙表面，可以预先润湿存在于煤体孔隙、裂隙内部的原生粉尘。这也是煤层注水技术能够抑制粉尘产生的重要依据之一[11,12]。此外，煤中水分还可能对煤体内部结构产生侵蚀作用，改变煤自身的微观结构，影响力学性质[10,13]，导致煤体强度及对外加能量的存储能力降低[14]，使煤体较容易被破坏，令核体积减小。核是截齿截割过程中新生粉尘的主要源头[1]，因此粉尘产生量随粉化核体积减小而降低。根据能量密度理论[1]，形成粒径小于 10μm 的颗粒的前提是提供足够大的局部应力，使煤体产生长度小于 10μm 的微裂隙；其次，微裂隙的数量密度要足够大，且相邻裂隙的间距小于 10μm，才能形成特征尺寸小于 10μm 的细微碎块，即粉尘。因此，当煤体能够存储的能量减小时，截割破碎过程中形成的新裂纹数量、密度都会随之减小，无法产生足够的微裂纹形成细微粉尘。另外，水分含量较多表明煤体内部可能存在较多的孔隙或者微裂隙，这会使煤体的破坏路径沿着原生裂隙发展而不会形成更多新的断裂面，因此煤体也更容易破碎。

5. 固定碳对产尘特性的影响

从图 2.10 可以看出，$PM_{2.5}$ 和呼吸性粉尘累计占比均随固定碳含量增加而上升。尤其是呼吸性粉尘累计占比，决定系数达到 0.81。杨庄矿煤样产生的呼吸性粉尘和 $PM_{2.5}$ 累计占比分别为 4.13%和 1.02%，这二者均是所研究的 10 个煤矿中最低的。相反的，黄陵二号井固定碳含量很高，为 57.18%，其呼吸性粉尘和 $PM_{2.5}$ 累计占比则分别为 14.16%和 3.18%，是杨庄矿的三倍左右。固定碳含量和产尘率为正相关关系（图 2.11），固定碳含量与全尘产尘率的决定系数为 0.48，与呼吸性粉尘及 $PM_{2.5}$ 产尘率的决定系数分别为 0.68 和 0.67。

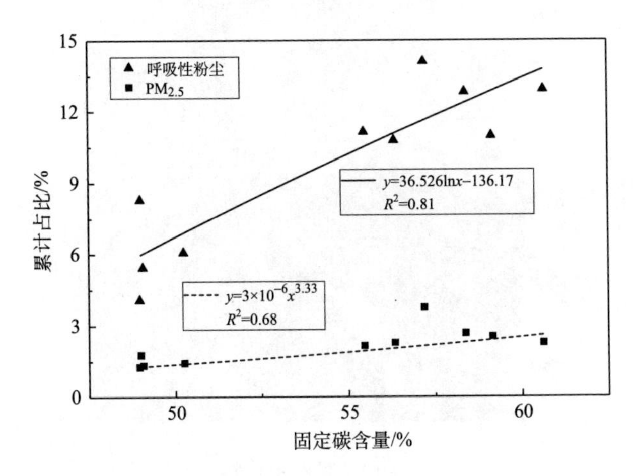

图 2.10　固定碳含量对 $PM_{2.5}$ 及呼吸性粉尘累计占比的影响

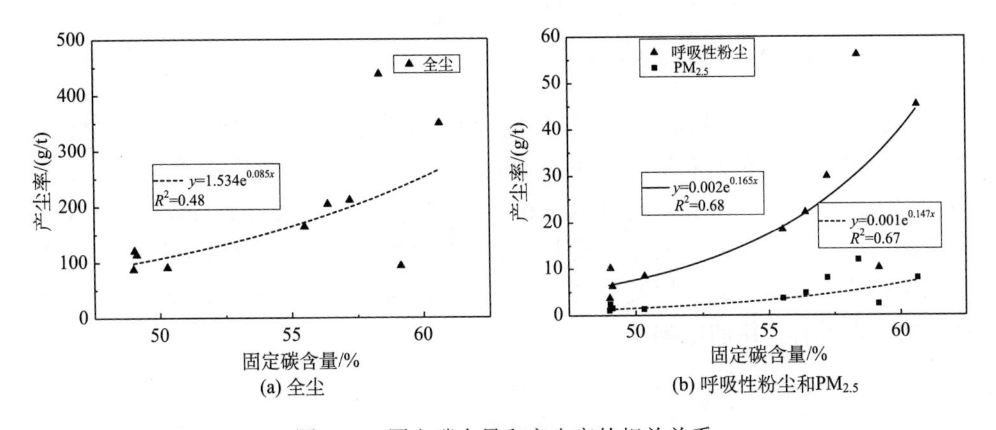

图 2.11　固定碳含量和产尘率的相关关系

一般来说，煤中固定碳含量越高强度也越大[15]，也就是说煤体可以吸收的变形能越多，这就使得截齿齿尖附近的高应力集中区域内形成的新裂纹数量、密度增加，因此细微颗粒粉尘占比上升。同时，粉化核的体积也随之变大，产生更多的粉尘。McCunney 等[16]的研究表明，矿工尘肺病发病率随固定碳含量增加而上升。此外，实验中发现高密度粉化核可能会黏结在截齿齿尖上，如图 2.12 所示。粉化核中含有的细微颗粒粉尘原本应该在煤体破碎应力解除瞬间随能量释放过程一同释放出去，但此时却相互黏结在一起，形成较大的块体。这可能是 $PM_{2.5}$ 累计占比及全尘产尘率变化趋势和固定碳含量相关性不高的一个重要原因。但是这不影响细微颗粒粉尘随固定碳含量升高而增大的事实。

图 2.12　黏结粉化核

6. 挥发分对产尘特性的影响

如图 2.13 所示，挥发分含量与 $PM_{2.5}$ 和呼吸性粉尘累计占比呈较弱的负相关关系，决定系数分别为 0.3 和 0.33。产尘率和挥发分呈弱负相关关系（图 2.14），与全尘的决定系数为 0.19，与呼吸性粉尘及 $PM_{2.5}$ 产尘率的决定系数分别为 0.25 和 0.26。挥发分中的很多成分可能不是煤种的原生产物[17]，需要在高温下经过化学反应才能生成。因此，挥发分这一成分可以用来描述煤的氧化程度，但对粉尘产生情况很难有直接的影响。

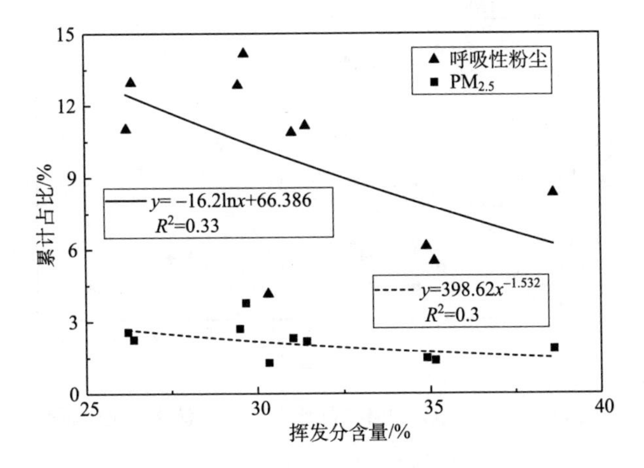

图 2.13　挥发分含量对 $PM_{2.5}$ 和呼吸性粉尘累计占比的影响

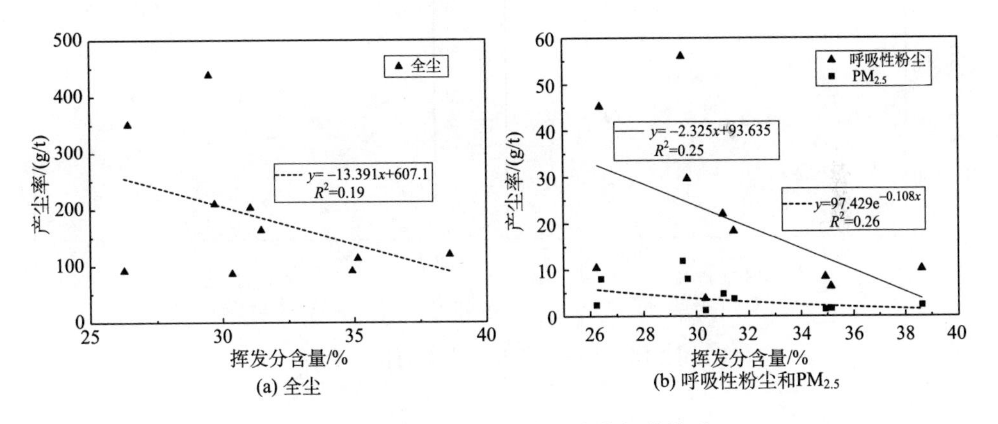

图 2.14　挥发分含量和产尘率的相关关系

7. 灰分对产尘特性的影响

从图 2.15 和图 2.16 可以看出，灰分对产尘特性影响很小。Organiscak 等[18]认为灰分对粉尘产生有抑制作用，但是他们直接从皮带运输机上选取煤样，这些样品可能包含夹矸或者顶、底板岩石，而它们的灰分含量往往高于煤。同时，采煤工作面现场割煤过程中很难精准控制采煤机割煤位置，在滚筒行进过程中很容易截割到岩石，而岩石的产尘强度远大于煤[19]，这种产尘量突然的增加会严重影响现场测试的准确性。

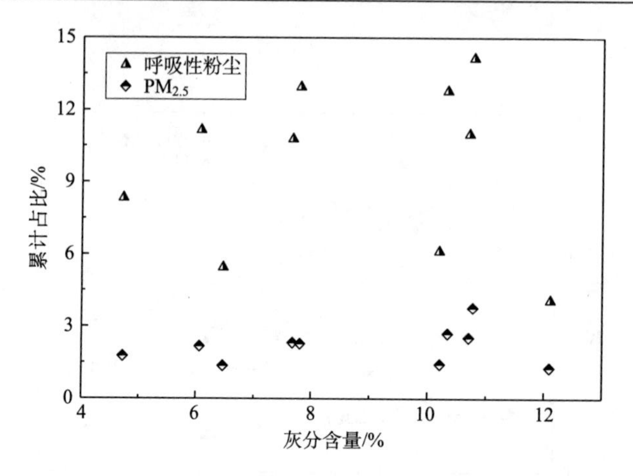

图 2.15　灰分含量对 $PM_{2.5}$ 及呼吸性粉尘累计占比的影响

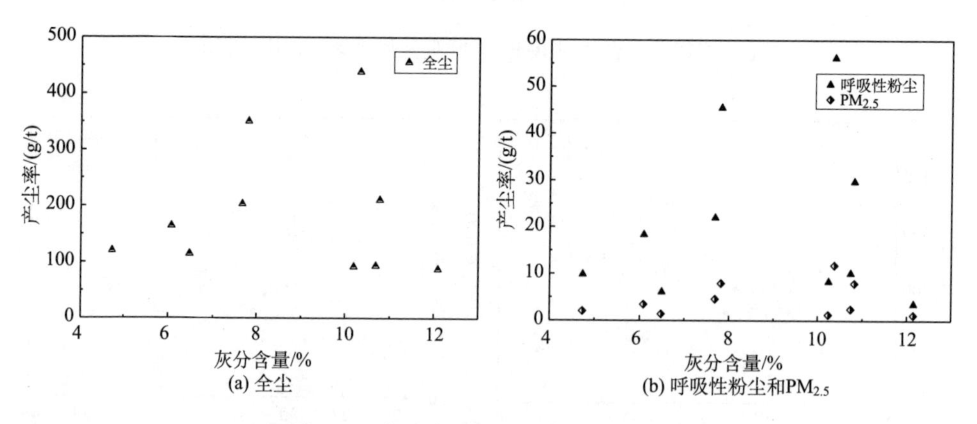

图 2.16　灰分含量与产尘率的相关关系

2.3.2　煤孔隙特征对产尘特性的影响

煤内部含有复杂的孔裂隙结构[20]，对粉尘产生特性的影响主要分为两个方面：一方面是由于孔裂隙在生成的过程中表面会附着粉尘[8]，这些粉尘被称为“原生粉尘”，也是煤层注水技术的首要作用对象[7]；另一方面是孔裂隙结构对煤体的物理力学性质有很大影响[21-26]，煤块的破碎产尘过程本质上是煤块物理形态的宏观变化过程[27]。但是，当前鲜有关于煤孔裂隙发育情况对截割产尘影响的研究。

1. 实验设计

1）孔裂隙率测定

核磁共振测定实验之前，可以先通过真空饱水法测定煤样的孔隙率，饱水煤样的内部空间被水充满后，水的体积即可代表孔裂隙的体积。

首先，将煤样放入真空恒温箱中，在真空压力为–0.1MPa、温度为 60℃的条件下干燥 24h，直至样品质量变化小于 0.1%[28]；当样品温度冷却至室温后记录下此时的样品质量（M_{dry}）。接着，将干燥后的样品放入真空饱水机中加蒸馏水淹没，在真空压力为–0.1MPa 的条件下浸泡 24h，直至饱水状态没有明显的气泡冒出[29]。然后，采用排水法测定样品的体积（V_c），并记录下此时饱水样品的质量（M_{sat}）。最后，立刻将饱水后的样品放入核磁共振仪中测定其 T_2 谱图。

孔隙率利用下式计算[30]：

$$\phi = V_{pore} / V_c = V_{water} / V_c = \left(M_{water} / \rho\right) / V_c = \left[\left(M_{sat} - M_{dry}\right)\rho\right] / V_c \tag{2.52}$$

式中，ϕ为孔隙率，%；V_{pore} 为孔的体积，cm^3；V_c 为煤样的体积，cm^3；V_{water} 为被煤体吸入水的体积，cm^3；M_{water} 为被煤体吸入水的质量，g；M_{sat} 为饱水后煤样的质量，g；M_{dry} 为干燥后煤样的质量，g；ρ 为水的密度，为方便计算，本研究取 $1g/cm^3$。

综合考虑之后，本节采用苏州纽迈分析仪器股份有限公司 MesoMR23-060h-i 型低场强核磁共振仪进行测定（图 2.17）。其具体参数设定如下：核磁场强为 0.5T，核磁共振频率为 21MHz，相应磁场强度为 0.5T，回波时间为 0.15ms，等待时间为 4000ms，回波数为 10000，扫描次数为 32，环境温度为 26.0℃。

图 2.17　低场强核磁共振仪（MesoMR23-060h-i 型）

2）实验煤样

实验所用煤样取自我国 4 个大型煤炭基地的 8 个煤矿，如表 2.6 所示。为了消除不同样品尺寸对产尘结果的影响，煤样被切割为多个边长 40.0mm 的立方体，分别用于核磁共振及截割产尘模拟实验。

表 2.6　煤孔裂隙实验中煤样种类及产地

煤样（煤矿）	煤种	矿区	煤炭基地
杨庄	瘦煤	淮北	两淮
袁庄	1/3 焦煤	淮北	两淮
恒昇	气肥煤	汾西	晋中
唐口	气煤	济宁	鲁西
恒益	不黏煤	府谷	神东
尔林兔	不黏煤	神东	神东
补连塔	不黏煤	神东	神东
汇能	长焰煤	府谷	神东

2. 实验结果

1）煤样的孔隙特征

测定的饱水状态煤样 T_2 时间分布从 0.1ms 到 10000ms。根据 Hodot[31]的研究，煤中的孔隙可以根据孔径的大小划分为微孔（孔径小于 100nm）、中孔（孔径介于 100～1000nm）和大孔（或微裂隙，孔径大于 1000nm）。根据前人研究结论[30]，可以直接从 T_2 谱图中看出不同孔径孔的分布情况：T_2 时间小于 10ms 的部分对应微孔，10～100ms 的部分对应中孔，大于 100ms 的部分对应大孔或微裂隙。因此，孔隙分布可以根据 T_2 谱图划分为 3 个部分，如图 2.18 所示。T_2 谱图中的双峰或三峰分布曲线代表孔隙结构的不同特征。整体看来，三峰分布的煤样中第一个峰值均明显高于其余两峰，且第一个峰值基本处在 0.1～1ms，第二个峰存在于 10ms 左右，第三个峰处于 100～1000ms。除了恒昇煤矿和唐口煤矿煤样，其余 6 种煤样的 T_2 谱图分布基本类似，即微孔最为发育，其次是中孔，大孔最少。虽然唐口煤矿煤样的微孔也比较发育，但其峰值对应的振幅较低，说明孔隙率可能相对较小。恒昇煤矿煤样的 T_2 谱图呈双峰分布，峰值分别位于 0.1～1ms 和 10ms 附近，且两个峰值的振幅均在 10～20nm，这说明其微孔和中孔发育程度相差不大。

煤样的孔隙率测定结果如表 2.7 所示，孔隙率范围从 0.75%到 12.76%。例如唐口煤矿，最大 T_2 振幅为 46.03nm，孔隙率仅为 0.75%；相对而言，袁庄矿 T_2 曲线较高，孔隙率为 11.81%。

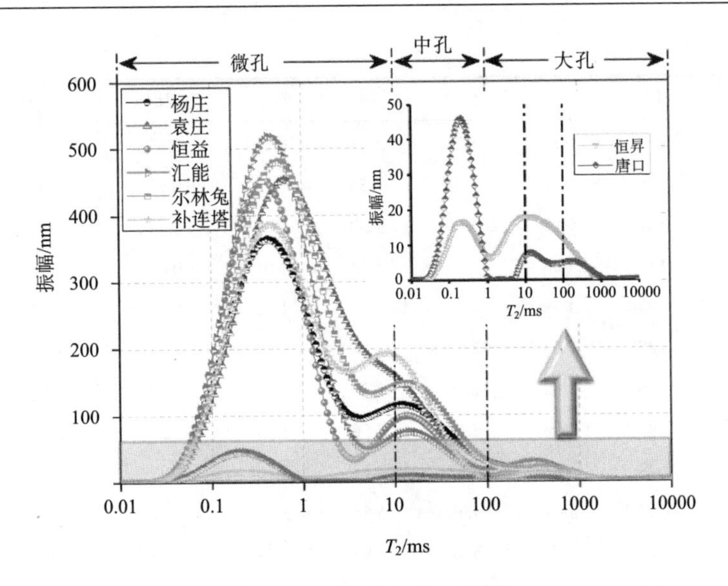

图 2.18　孔隙分布的 T_2 谱图

表 2.7　孔隙率测定结果

煤样（煤矿）	M_{dry}/g	M_{sat} /g	V_c/cm^3	M_{water}/g	ϕ/%
杨庄	85.35	91.73	64.10	6.38	9.95
袁庄	95.42	103.26	66.40	7.84	11.81
恒昇	93.04	94.15	73.22	1.11	1.52
唐口	89.90	90.41	68.03	0.51	0.75
恒益	86.30	92.21	70.90	5.91	8.34
尔林兔	97.72	106.23	66.71	8.51	12.76
补连塔	91.78	100.12	66.20	8.34	12.60
汇能	90.50	96.53	61.83	6.03	9.75

2）产尘特性

采用 Winner2000 型激光粒度分析仪测定粉尘粒径分布结果，如表 2.8 所示。

表 2.8　煤孔裂隙实验中煤样粉尘粒径分布结果　（单位：%）

粒径/μm	杨庄	袁庄	恒昇	唐口	恒益	尔林兔	补连塔	汇能
1.02	0	0	0.06	0.08	0	0	0	0
1.24	0.16	0.14	0.16	0.24	0.14	0.09	0.13	0.07
1.51	0.2	0.35	0.47	0.56	0.30	0.26	0.41	0.16
1.83	0.35	0.62	0.86	0.99	0.57	0.48	0.73	0.39

续表

粒径/μm	杨庄	袁庄	恒昇	唐口	恒益	尔林兔	补连塔	汇能
2.22	0.33	0.82	1.29	1.38	0.85	0.67	1.03	0.41
2.7	0.49	0.92	1.48	1.56	1.02	0.69	1.04	0.49
3.28	0.42	0.93	1.46	1.58	1.00	0.64	0.96	0.83
3.98	0.54	1.06	1.44	1.74	1.01	0.62	0.98	0.75
4.83	0.73	1.29	1.63	1.98	1.02	0.69	1.17	0.97
5.86	0.89	1.66	2.06	2.07	1.27	0.82	1.58	1.05
7.11	0.96	1.62	2.49	2.56	1.37	0.99	1.91	1.12
8.64	0.88	2.90	3.11	3.58	1.39	1.29	2.40	1.79
10.48	0.98	3.13	3.83	4.45	1.70	1.59	3.01	2.05
12.73	1.27	3.74	4.66	5.35	2.34	1.87	3.61	2.81
15.45	1.16	4.1	5.52	5.93	2.73	2.13	3.88	2.31
18.75	0.97	4.65	6.75	7.68	3.06	2.64	4.39	2.93
22.76	1.29	5.50	7.59	8.25	3.73	3.03	5.54	3.28
27.63	1.67	6.63	9.04	10.70	5.81	3.32	7.35	3.37
33.54	3.54	7.86	11.11	12.86	7.89	4.75	8.47	4.70
40.72	4.76	8.87	11.29	12.01	7.69	5.36	9.00	4.16
49.43	7.14	10.24	8.6	8.55	9.53	5.79	10.56	7.86
60.00	10.59	9.41	4.72	3.90	9.26	8.14	9.86	8.93
72.84	11.42	8.28	2.90	1.26	10.87	11.75	8.78	12.81
88.42	17.52	6.26	2.94	0.34	9.61	15.94	5.68	13.32
107.33	17.19	5.25	2.59	0.24	8.93	14.90	4.47	12.21
120.00	14.55	3.77	1.95	0.16	6.91	11.55	3.06	11.23

根据表 2.8 中的结果绘制粉尘粒径累计占比分布曲线如图 2.19 所示。唐口煤矿产生的粉尘累计占比一直是 8 种煤样中最高的，而杨庄煤矿的累计占比分布曲线从 3.28μm 开始一直处于最低的位置，这说明杨庄煤矿产生了较多的大颗粒粉尘。在 27.63μm 之前，杨庄煤矿的粉尘粒径累计占比曲线上升都比较平缓，直到 33.54μm 以后才出现明显的增加。恒昇煤矿产生粉尘的累计占比曲线一直保持在第二高的位置，且其增长趋势和唐口煤矿类似。袁庄煤矿累计占比曲线的变化情况和补连塔煤矿的曲线非常相近。

根据表 2.8 中的结果绘制的粉尘粒径分布曲线如图 2.20 所示，这些曲线整体上可以被近似看作负偏态分布。杨庄、汇能和尔林兔煤矿的曲线峰值出现在 88.42μm，而恒昇和唐口煤矿的峰值分别出现在 40.72μm 和 33.54μm。从这里可以

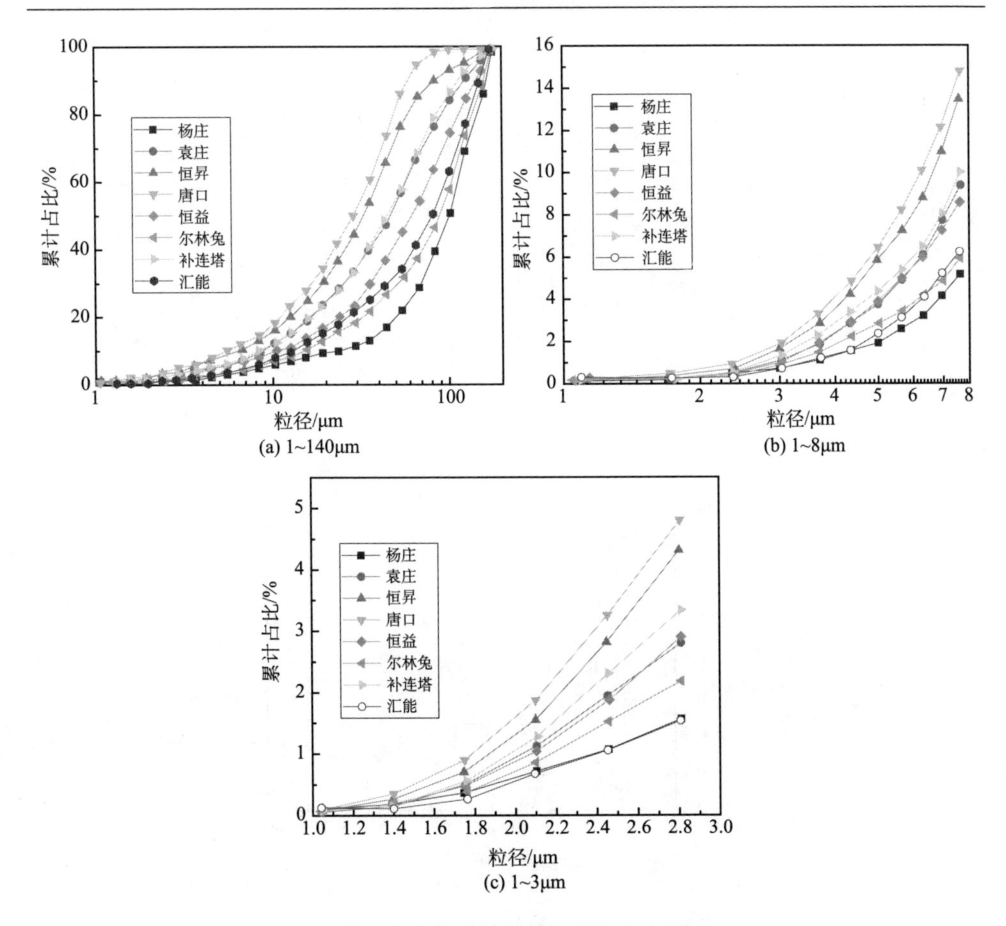

图 2.19　粉尘粒径累计占比分布图

明显看出，杨庄、汇能和尔林兔煤矿产生的粉尘粒径整体上大于恒昇和唐口煤矿。例如，杨庄煤矿粒径为 88.42μm 的粉尘占比为 17.52%，几乎是恒昇煤矿（2.94%）的 6 倍。而恒昇煤矿粒径为 40.72μm 的粉尘占比为 11.29%，是杨庄煤矿的 2 倍。对于粒径小于 49.43μm 的粉尘，杨庄煤矿的分布曲线和其他 7 个煤矿相比基本是最低的。唐口煤矿的曲线在 40μm 之前则一直是最高的，说明唐口煤样产生的细微粉尘颗粒更多。

表 2.9 给出了截割产尘实验中煤样和粉尘的质量，可以看出，唐口煤矿的全尘产尘率最小，每截割一吨煤会产生 87.76g 粉尘，但其呼吸性粉尘和 $PM_{2.5}$ 产尘率较高，分别达到了 12.94g 和 3.65g。杨庄煤矿的 $PM_{2.5}$ 和呼吸性粉尘产尘率则是最低的，97.22g/t 的全尘中包含 4.93g/t 呼吸性粉尘和 1.29g/t $PM_{2.5}$。袁庄煤矿由于呼吸性粉尘和 $PM_{2.5}$ 产尘率都较高，导致粉尘危害比较严重。

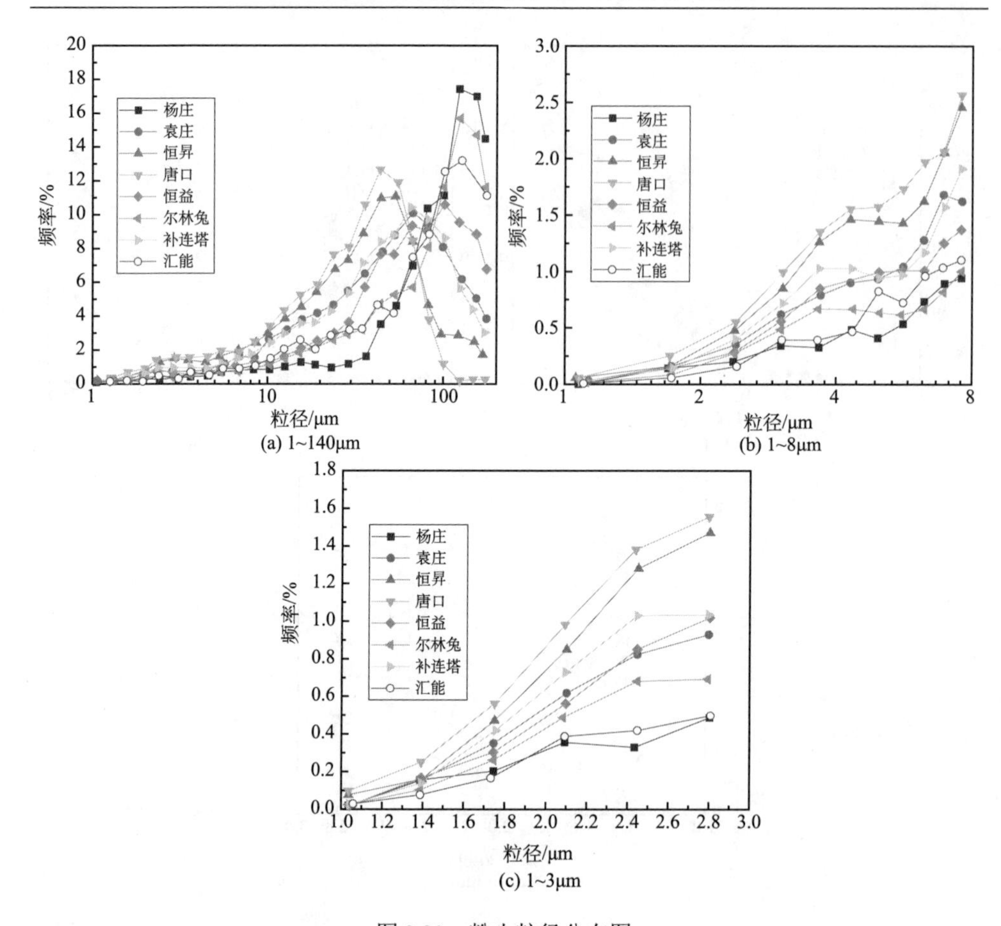

图 2.20　粉尘粒径分布图

表 2.9　煤样和粉尘质量

煤样（煤矿）	煤样质量 M/g	全尘质量 m_{td}/g	产尘率/（g/t）		
			全尘	呼吸性粉尘	$PM_{2.5}$
杨庄	83.52	0.0081	97.22	4.93	1.29
袁庄	92.37	0.0171	184.69	17.38	4.56
恒昇	89.70	0.0081	90.08	12.07	3.33
唐口	85.92	0.0075	87.76	12.94	3.65
恒益	88.74	0.0088	99.17	8.48	2.44
尔林兔	99.71	0.0131	131.58	7.83	2.50
补连塔	94.83	0.0149	157.44	15.65	4.58
汇能	93.42	0.0098	104.80	6.54	1.38

3. 孔隙率和产尘特性的关系

图 2.21 给出了孔隙率与呼吸性粉尘及 $PM_{2.5}$ 累计占比的关系。可以看出，孔隙率和细微粒径粉尘累计占比之间具有较好的对数关系，孔隙率与呼吸性粉尘累计占比的决定系数为 0.722，和 $PM_{2.5}$ 累计占比的决定性系数为 0.663，而且与这两者均为负相关关系，即孔隙率较大的煤样细微颗粒粉尘累计占比相对较低。例如，杨庄煤矿孔隙率为 9.95%，产生的呼吸性粉尘累计占比为 5.07%，$PM_{2.5}$ 累计占比为 1.33%。相对而言，孔隙率仅为 1.52%的恒昇煤矿煤样产生呼吸性粉尘累计占比为 13.4%，$PM_{2.5}$ 为 3.7%。根据 2.1 节中的论述，煤的破碎产尘过程可以看作截齿向煤体施加能量的能量转移、耗散过程。截齿施加的动能在煤体中转化为势能、热能、动能、弹性能等，但其中 80%的能量被用来形成粉化核（破碎区）[32]。孔隙率高的煤强度普遍较低[33,34]，截齿侵入作用时容易发生破碎，也就是说用于破坏煤体的能量较低。根据能量密度理论，当施加在煤体上的能量减小时，截割破碎过程中形成的新裂纹数量、密度都会减小。最终，细微粒径粉尘如呼吸性粉尘、$PM_{2.5}$ 等的产生占比就会变少。

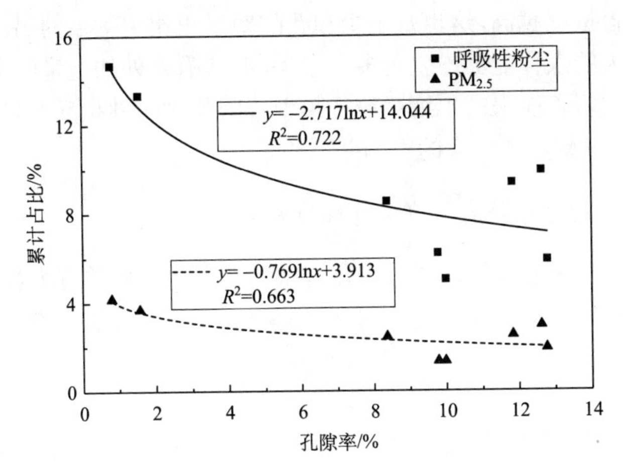

图 2.21　孔隙率对呼吸性粉尘和 $PM_{2.5}$ 累计占比的影响

图 2.22 给出了孔隙率与全尘、呼吸性粉尘及 $PM_{2.5}$ 产尘率的关系。随着孔隙率的增加，全尘产尘率呈现递增趋势，即孔隙率高的煤样在镐形截齿侵入作用下会产生更多的全尘。恒昇煤矿煤样（孔隙率为 1.52%）全尘产尘率仅为 90.08g/t，而袁庄煤矿（孔隙率为 11.81%）煤样全尘产尘率为 184.69g/t。但孔隙率对呼吸性粉尘和 $PM_{2.5}$ 产尘率的影响并不显著。

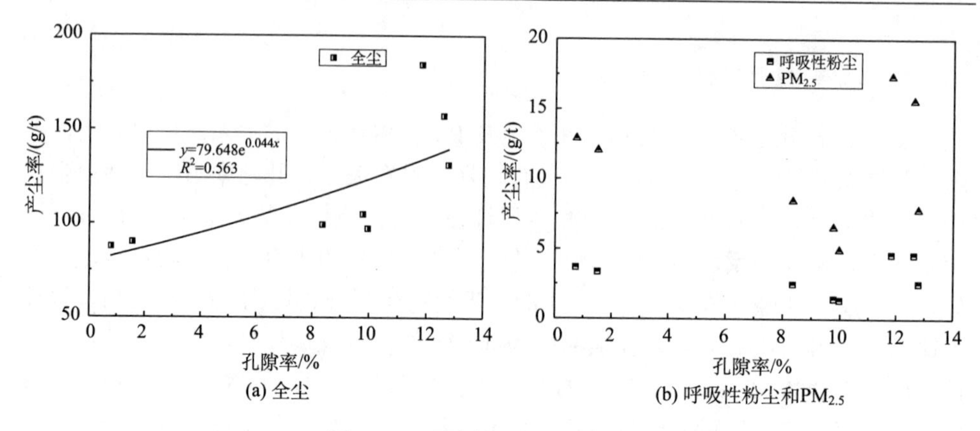

(a) 全尘　　(b) 呼吸性粉尘和$PM_{2.5}$

图 2.22　孔隙率和产尘率的关系

当孔隙率增加时，煤样的破碎模式会从脆性破坏向塑性破坏转变[1]，也就是在发生大块破碎时齿尖下方的煤样体积形变将变大，截齿需要侵入得更深才能使裂隙发展到自由面上形成贯通裂隙。因此，粉化核（破碎区）的体积随之增加，即全尘产尘量变大。同时，煤的孔隙、裂隙表面附着有原生粉尘，孔隙率越大这些原生粉尘的含量就越高，这也是全尘和孔隙率呈正相关关系的另一个重要原因。虽然孔隙率较大的煤样能够产生更多的全尘，但其吸收外加能量的能力随之减弱，无法形成足够的新表面来产生细微粒径粉尘。因此这两种相反的趋势使得孔隙率对呼吸性粉尘和 $PM_{2.5}$ 产尘率的影响并不显著。

4. 孔隙结构的分形维数与产尘特性的关系

分形维数是解决非线性问题、描述复杂系统自相似性的有力数学工具之一，根据多孔介质特性[35]，孔中的毛细管压力与表面张力及接触角有关：

$$P_c = \frac{2\sigma_{\mathrm{st}}\cos\theta_{\mathrm{ca}}}{r} \tag{2.53}$$

式中，P_c 为半径为 r 的孔的毛细管压力，MPa；σ_{st} 为表面张力，N/m；θ_{ca} 为接触角，(°)。

可以看出，P_c 和半径 r 为反比关系，所以最小毛细管压力可以通过最大孔径计算出来($P_{c\min} = 2\sigma_{\mathrm{st}}\cos\theta_{\mathrm{ca}}/r_{\max}$)。孔隙率累计占比可以用毛细管压力来表示[28,36]：

$$S_V = \frac{V(<r)}{V} = \left(\frac{P_c}{P_{c\min}}\right)^{Df-3} \tag{2.54}$$

式中，Df 是饱水状态下煤种孔隙的分形维数。联立可以得到毛细管压力的表达式

$$P_c = \frac{2\sigma_{\mathrm{st}}\cos\theta_{\mathrm{ca}}}{F_s\rho_2 T_2} = C\frac{1}{T_2} \tag{2.55}$$

式中，ρ_2 是一个代表横向表面弛豫强度的常数，μm/ms；F_s 是孔的几何形状因子，圆柱形孔为 2，球形孔为 3；$C=2\sigma_{st}\cos\theta_{ca}/(F_s\rho_2)$；$T_2$ 是粉尘的驰豫时间，ms。

可以看出，P_c 和 T_2 亦为反比关系，即 $P_{c\min}=C/T_{2\max}$。因此，也可以写成

$$S_V=\left(\frac{T_{2\max}}{T_2}\right)^{Df-3} \tag{2.56}$$

两边同时取对数可得

$$\lg S_V=(3-Df)\lg T_2+(Df-3)\lg T_{2\max} \tag{2.57}$$

根据式（2.57）得到的孔隙率累计占比和横向弛豫时间的双对数曲线图如图 2.23 所示，其中分形维数可以根据曲线线性拟合后直线的斜率计算出来[37]。双对数曲线在开始阶段（$\lg T_2$ 从–2～–1）显著上升，当 $\lg T_2$ 大于 0 以后，除恒昇煤矿以外的曲线开始趋于平缓。对于恒昇煤矿的曲线，$\lg T_2$ 从 0.35 到 1.3 之间又出现了一个比较明显的上升阶段，这可能是由于中孔比微孔裂隙更发育造成的。根据分形理论，通过核磁共振数据得到的三维分形维数应介于 2～3，分形维数越大说明孔隙结构越复杂，反之则系统的相似性越高[37]。唐口煤矿的分形维数最大（2.529），说明其孔隙结构是 8 座矿井中最复杂的。

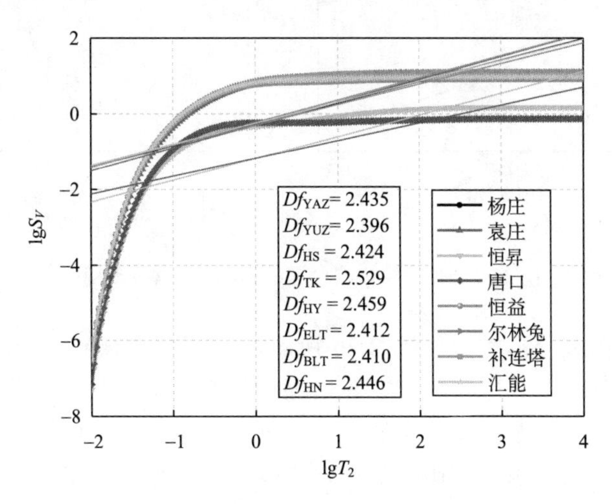

图 2.23　饱水煤样孔隙结构的分形特征曲线

孔隙结构分形维数和粉尘产生特性的关系如图 2.24 和图 2.25 所示。可以看出，分形维数和细微粒径粉尘累计占比有很弱的正相关关系，而全尘产尘率和分形维数则有相对较显著的负相关关系。但目前还没有足够的证据表明孔隙结构的分形维数和粉尘产生存在关系。

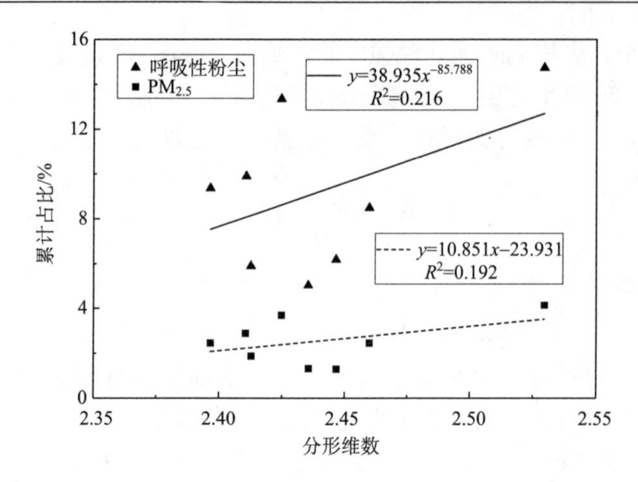

图 2.24　孔隙结构的分形维数和呼吸性粉尘、$PM_{2.5}$ 累计占比的关系

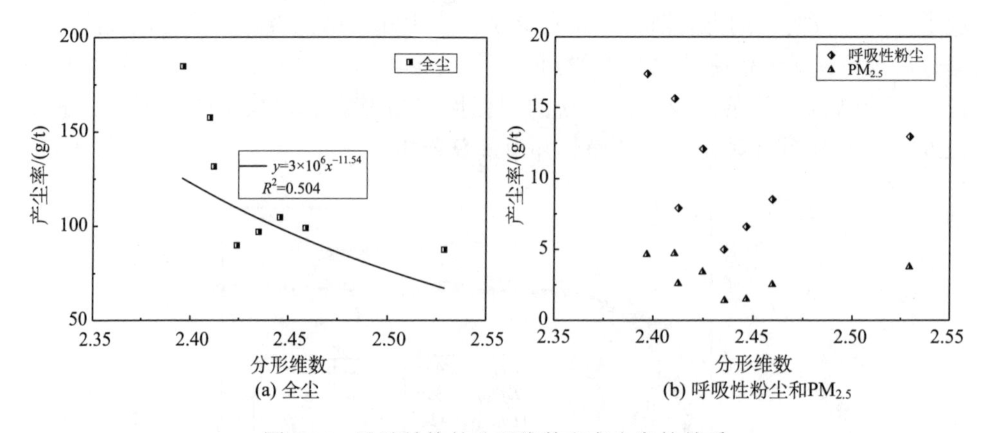

图 2.25　孔隙结构的分形维数和产尘率的关系

孔隙率和孔隙分形维数如图 2.26 所示，由于恒昇煤矿煤样 T_2 谱图为峰值近似的双峰分布特征，与本研究中其余煤样的孔隙分布特征有明显区别，因此忽略恒昇煤样，仅考虑三峰分布的情况。可以看出，本节所用煤样的孔隙率和分形维数呈负相关关系，这很有可能是分形维数与全尘产尘率有负相关关系的原因。

2.3.3　煤体脆性对产尘特性的影响

本节探究煤体脆性和产尘特性的关系。表征脆性的计算公式很多（表 2.10），根据 Evans 的截割受力理论[38]，掘进机镐形截齿（“点冲击”截齿）侵入煤体的截割过程主要受抗压和抗拉强度影响[39]。同时，很多研究人员[40-48]也都采用强度来计算脆性。本研究采用 B12、B14、B15 和 B16 这四种脆性计算公式得出脆性值。

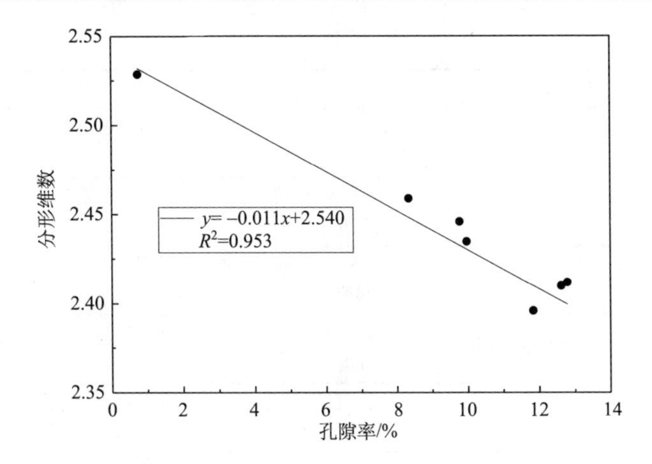

图 2.26　孔隙率和孔隙结构分形维数的相关关系（除恒昇煤矿外）

表 2.10　脆性公式

脆性计算公式	变量定义	测定方法
$B1=\dfrac{\varepsilon_{el}}{\varepsilon_{tot}}$	ε_{el} 和 ε_{tot} 分别是发生破坏时的弹性应变和总应变	测定应力应变
$B2=\varepsilon_{li}\times 100\%$	ε_{li} 是发生破坏时绝对不可逆纵向应变	测定应力应变
$B3=\dfrac{\tau_p-\tau_r}{\tau_p}$	τ_p 和 τ_r 分别是峰值和残余剪切强度	测定应力应变
$B4=\dfrac{\varepsilon_f^p-\varepsilon_c^p}{\varepsilon_c^p}$	ε_f^p 和 ε_c^p 分别是摩擦强度完全占主导时及黏结强度降低至残余值时的塑性应变	测定应力应变
$B5=\dfrac{E_n+v_n}{2}$	E_n 是归一化杨氏模量；v_n 是归一化泊松比	测定应力应变
$B6=\dfrac{E}{v}$	E 是杨氏模量；v 是泊松比	测定应力应变
$B7=\dfrac{E\rho}{v}$	ρ 是密度	测定应力应变
$B8=\dfrac{M-E_u}{M}$	E_u 是卸载弹性模量；M 是峰后弹性模量	测定应力应变
$B9=\dfrac{E_u}{M}$	E_u 是卸载弹性模量；M 是峰后弹性模量	测定应力应变
$B10=\dfrac{\sigma_p-\sigma_r}{\sigma_p}\log\lvert k\rvert/10$	σ_p 和 σ_r 分别是峰后和残余强度；k 是从起始屈服点到残余强度起始点连线的斜率	测定应力应变
$B11=\dfrac{\sigma_p-\sigma_r}{\varepsilon_r-\varepsilon_p}+\dfrac{(\sigma_p-\sigma_r)(\varepsilon_r-\varepsilon_p)}{\sigma_p\varepsilon_p}$	ε_p和ε_r 分别是峰值和残余应变	测定应力应变
$B12=\dfrac{\sigma_c}{\sigma_t}$	σ_c 和 σ_t 分别是单轴抗压强度和巴西劈裂强度	单轴抗压和巴西劈裂

续表

脆性计算公式	变量定义	测定方法
$B13=\frac{\sigma_c-\sigma_t}{\sigma_c+\sigma_t}$	σ_c 和 σ_t 分别是单轴抗压强度和巴西劈裂强度	单轴抗压和巴西劈裂
$B14=\frac{\sigma_c\cdot\sigma_t}{2}$	σ_c 和 σ_t 分别是单轴抗压强度和巴西劈裂强度	单轴抗压和巴西劈裂
$B15=\frac{\sigma_c+\sigma_t}{2}$	σ_c 和 σ_t 分别是单轴抗压强度和巴西劈裂强度	单轴抗压和巴西劈裂
$B16=0.198\sigma_c-2.174\sigma_t+0.913\rho-3.807$	σ_c 和 σ_t 分别是单轴抗压强度和巴西劈裂强度	单轴抗压和巴西劈裂
$B17=\frac{F_{\max}}{P}$	$F_{\max}$ 是最大外加力；P 是最大外加力对应的侵入深度	冲击侵入试验
$B18=q\sigma_c$	q 是粒径小于 0.6mm 颗粒的百分比	Protodyakonov 冲击试验
$B19=\frac{H_\mu-H}{K}$	H_μ 和 H 分别是微观和宏观侵入硬度；K 是块体模量	测定侵入硬度
$B20=\frac{H\cdot E}{\mathrm{KIC}^2}$	KIC 是断裂韧性	测定硬度、应力应变及断裂韧性
$B21=\frac{Q}{Q+C+Cl}$	Q 是石英；C 是碳酸盐；Cl 是黏土	矿物学或 X 射线衍射
$B22=\frac{Q+\mathrm{Dol}}{Q+\mathrm{Dol}+\mathrm{Lm}+\mathrm{Cl}+\mathrm{TOC}}$	Dol 是白云石；Lm 是石灰石；TOC 是全部有机质含量	矿物学或 X 射线衍射
$B23=\frac{W_{\mathrm{QFM}}+W_{\mathrm{Carb}}}{W_{\mathrm{Tot}}}\approx\frac{W_{\mathrm{QFM}}+W_{\mathrm{clcite}}+W_{\mathrm{dolomite}}}{W_{\mathrm{Tot}}}$	W_{QFM} 是石英长石及云母的质量；W_{Carb} 是碳酸盐矿物质质量（包含白云石、方解石及其他碳酸盐矿物质）；W_{clcite} 指方解石质量；W_{dolomite} 指白云石质量；W_{Tot} 是矿物质总质量	矿物学或 X 射线衍射
$B24=-1.8748\cdot\phi+0.9679$	ϕ 是孔隙率	测定孔隙率
$B25=\sin\theta$	θ 是内摩擦角	测定内摩擦角

1. 实验装置

按照《工程岩体试验方法标准》[49]中规定，单轴抗压强度试验煤样被加工成高 100mm、直径 50mm 的圆柱体（高径比为 2），试件表面被打磨光滑，保证两端面不平行度≤0.05mm，沿试件高度和直径误差≤0.3mm，端面垂直于试件轴线且偏差≤0.25°，每组试件加工 3 个。采用长春新特试验机有限公司电液伺服压力机（WAW-1000D 型，图 2.27）按照《工程岩体试验方法标准》步骤测定。

用于巴西劈裂强度试验的煤样被加工成厚 25mm、直径 50mm 的圆柱体（厚度为直径的 0.5 倍），试件表面被打磨光滑，保证两端面不平行度≤0.05mm，沿试件高度和直径误差≤0.3mm，端面垂直于试件轴线且偏差≤0.25°，每组试件加工 6 个。具体测定步骤严格按照《工程岩体试验方法标准》实施。

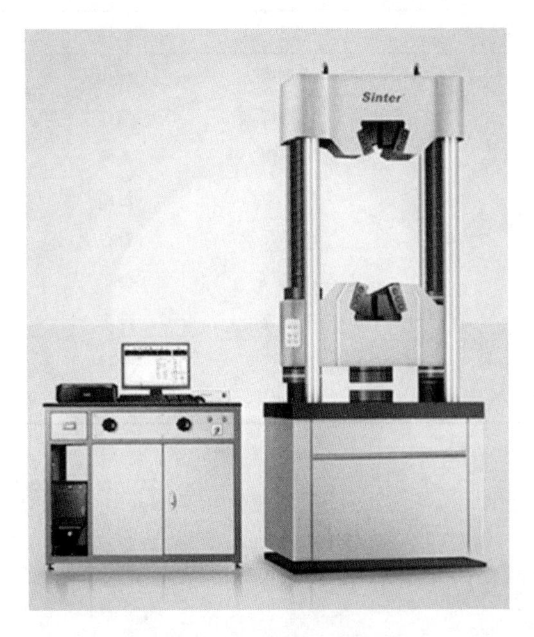

图 2.27　电液伺服压力机

用于测定密度的煤样选用两块边长 50mm 的立方体和一块用于巴西劈裂试验的圆柱体（图 2.28），测定前修平棱角、清除表面附着物及容易掉落的煤尘，采用蜡封法测定，具体步骤严格按照《工程岩体试验方法标准》实施。

（a）UCS

（b）BTS

图 2.28　单轴抗压强度（UCS）和巴西劈裂强度（BTS）实验样品

2. 实验煤样

本实验所用煤样取自我国 5 个大型煤炭基地的 9 个煤矿，如表 2.11 所示。

表 2.11　煤样地点和产地

煤样（煤矿）	煤种	矿区	煤炭基地
古汉山	无烟煤	焦作	河南
白庄	无烟煤	焦作	河南
白胶	无烟煤	芙蓉	云贵
恒昇	气肥煤	汾西	晋中
恒益	不黏煤	府谷	神东
尔林兔	不黏煤	神东	神东
补连塔	不黏煤	神东	神东
汇能	长焰煤	府谷	神东
大雁三矿	褐煤	大雁	蒙东

3. 实验结果

粉尘粒径分布测定结果如表 2.12 所示。

表 2.12　煤脆性实验煤样粉尘粒径分布结果　　（单位：%）

粒径/μm	古汉山	白庄	白胶	恒昇	恒益	尔林兔	补连塔	汇能	大雁三矿
1.02	0.06	0	0	0.08	0	0	0	0	0.08
1.24	0.16	0.09	0.14	0.24	0.13	0.09	0.29	0.08	0.23
1.51	0.30	0.22	0.35	0.52	0.5	0.21	0.58	0.19	0.44
1.83	0.35	0.43	0.62	0.86	0.68	0.39	0.62	0.39	0.42
2.22	0.46	0.41	0.83	0.79	0.53	0.46	0.67	0.59	0.66
2.70	0.63	0.52	0.94	0.98	1.10	0.53	0.70	0.81	1.05
3.28	0.66	0.58	0.98	1.08	1.09	1.08	1.13	0.89	1.12
3.98	1.09	0.91	1.11	1.53	1.13	1.04	1.22	1.11	1.17
4.83	1.27	1.23	1.29	1.52	1.48	0.92	1.67	0.95	0.94
5.86	1.30	1.35	1.28	2.18	1.25	0.99	1.63	1.23	1.49
7.11	1.33	1.16	1.44	2.31	1.39	1.03	1.64	1.35	1.35
8.64	3.25	2.51	2.97	3.68	2.86	1.25	2.43	2.46	2.03
10.48	3.69	2.8	3.3	5.19	4.05	1.51	4.72	2.75	4.75
12.73	4.48	3.75	3.98	6.84	4.97	1.78	5.17	3.97	7.58
15.45	4.23	3.51	5.47	6.25	6.15	1.94	6.69	4.20	9.61
18.75	5.25	4.31	5.29	8.45	7.54	3.08	5.86	3.21	10.85
22.76	6.97	5.67	6.67	8.92	6.61	3.44	6.16	5.99	9.33

续表

粒径/μm	古汉山	白庄	白胶	恒昇	恒益	尔林兔	补连塔	汇能	大雁三矿
27.63	9.78	8.18	8.53	9.40	8.74	4.92	9.3	5.05	10.99
33.54	12.98	10.68	9.93	9.02	10.49	7.83	12.71	5.59	10.86
40.72	14.06	11.63	10.10	7.65	11.65	7.74	12.4	6.45	12.48
49.43	12.51	11.12	9.87	6.25	11.09	7.13	8.88	7.60	7.83
60.00	8.26	8.73	7.93	6.18	8.44	9.80	5.77	8.68	2.63
72.84	4.48	7.07	6.38	3.34	5.13	10.34	5.14	8.17	0.93
88.42	1.69	5.37	4.44	3.72	2.03	12.41	3.38	11.10	0.50
107.33	0.67	4.52	3.61	1.68	0.83	10.83	1.14	12.03	0.40
120.00	0.09	3.25	2.55	1.34	0.14	9.26	0	5.16	0.28

根据表 2.12 中的结果绘制出粉尘粒径累计占比分布图，如图 2.29 所示。从图 2.29（a）可以看出，尔林兔煤矿的累计占比分布曲线从粒径大于 5.86μm 以后一直保持

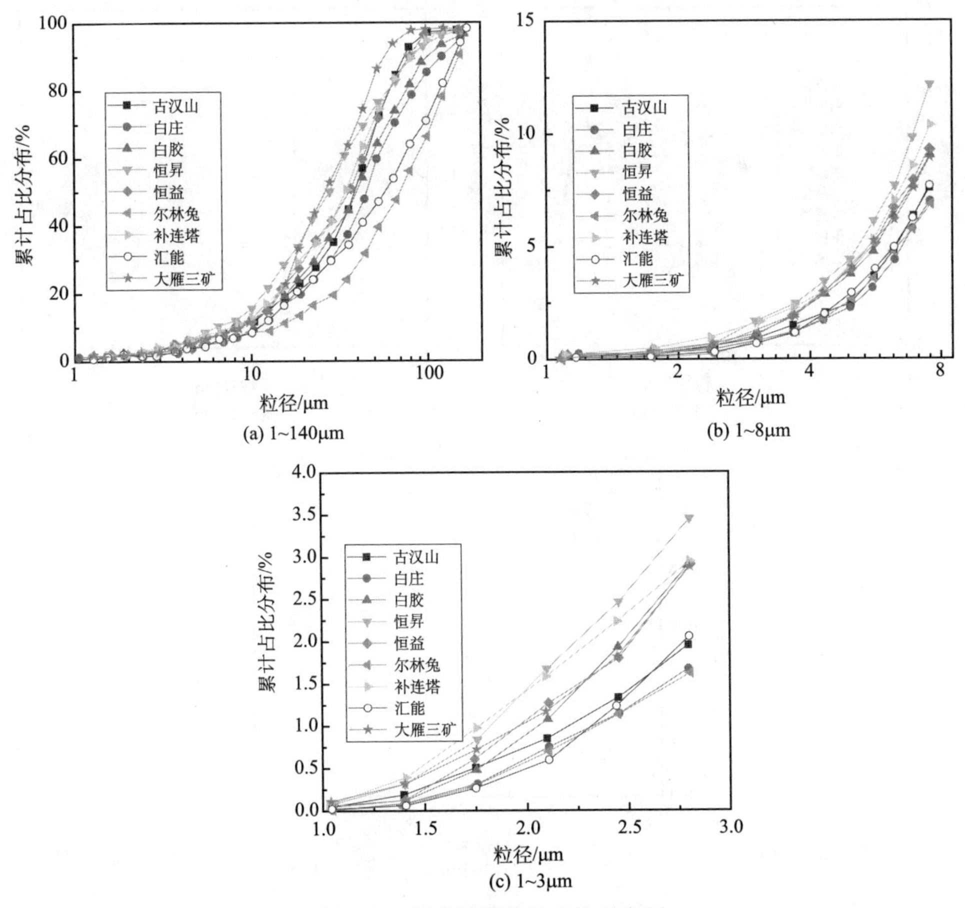

(a) 1~140μm

(b) 1~8μm

(c) 1~3μm

图 2.29　粉尘粒径累计占比分布图

最低位置，在 20μm 以后才出现明显的增长趋势。大雁三矿的累计占比分布曲线在 18.75μm 以后一直保持在最高位，这说明其产生的中等粒径粉尘较多。由图 2.29（b）和（c）可以看出，白庄和尔林兔两矿的粉尘累计占比分布曲线在 PM_{10} 范围内增长平缓，呼吸性粉尘累计占比为 6.9%和 6.74%；而 $PM_{2.5}$ 累计占比仅为 1.45%和 1.46%。相比之下，恒昇煤矿煤样产生的细微粒径粉尘累计占比最大，呼吸性粉尘和 $PM_{2.5}$ 累计占比分别为 12.09%和 3.06%，两者都是白庄和尔林兔的两倍。

根据表 2.12 中的数据绘制出粉尘粒径分布图，如图 2.30 所示。多数煤样粒径分布曲线的峰值点出现在 30～50μm。尔林兔和汇能煤矿煤样的峰值点分别在 88.42μm（12.41%）和 107.33μm（12.03%），说明这两组煤样产生的大粒径粉尘较多，尤其是尔林兔煤矿的煤样，粒径小于 15.45μm 的粉尘占比均低于 2%。相较而言，恒昇煤矿细微颗粒粒径占比均较高，分布曲线在 27.63μm 处（9.40%）到达峰值后迅速下降，这也说明其细微粒径粉尘占比高于其他煤矿。

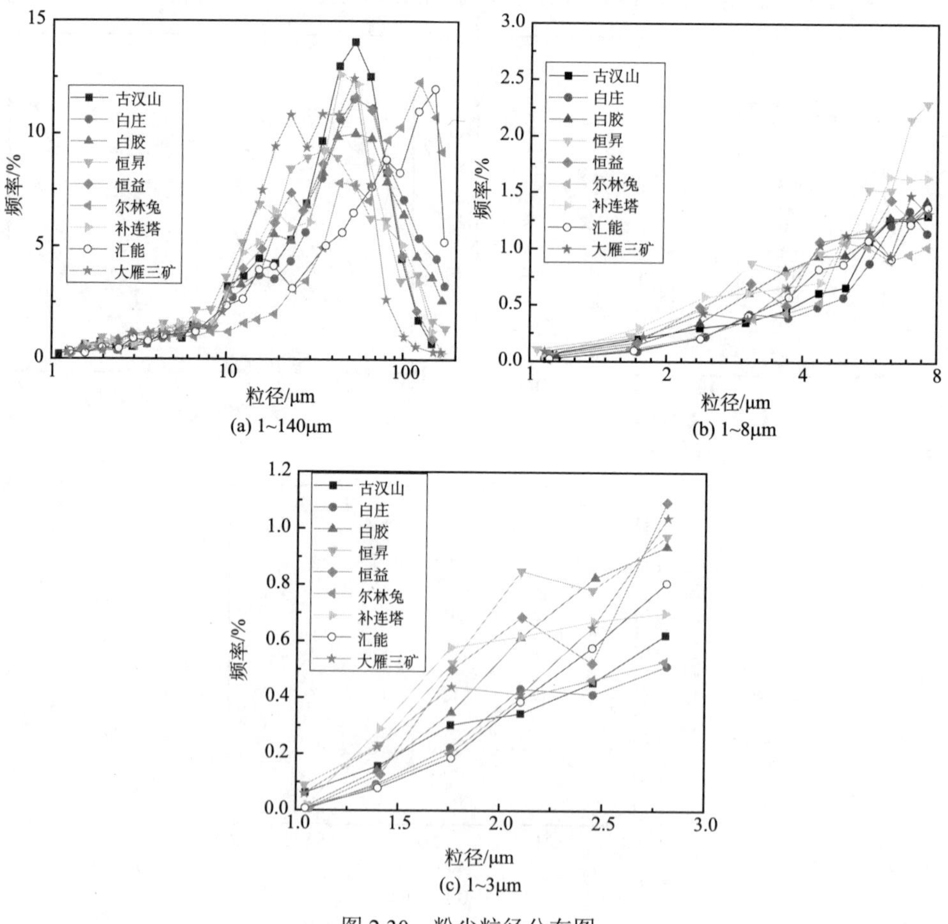

图 2.30　粉尘粒径分布图

表 2.13 给出了煤样用于计算脆性的物理力学性质及利用不同脆性计算公式得到的脆性值，可以看出煤样密度主要集中在 12～15kN/m^3，变化幅度较小；单轴抗压强度分布从 8.24MPa（白庄煤矿）到 28.2MPa（恒昇煤矿），差异性明显；虽然巴西劈裂抗拉强度（BTS）数值较小，但实际上差异较大，最大值（1.55MPa）为最小值（0.72MPa）的两倍。

表 2.13　煤样的部分物理力学性质

煤样（煤矿）	密度/（kN/m^3）	UCS/MPa	BTS/MPa	B12	B14	B15	B16
古汉山	14.40	14.44	0.72	20.06	5.20	7.58	10.63
白庄	13.83	8.24	0.81	10.17	3.34	4.53	8.69
白胶	15.09	12.2	0.74	16.49	4.51	6.47	10.78
恒昇	12.45	28.2	1.55	18.19	21.86	14.88	9.77
恒益	11.96	21.34	0.96	22.23	10.24	11.15	9.25
尔林兔	14.36	15.49	0.87	17.80	6.74	8.18	10.48
补连塔	13.59	20.4	1.08	18.89	11.02	10.74	10.29
汇能	14.35	19.3	0.96	20.10	9.26	10.13	11.03
大雁三矿	12.53	12.84	1.02	12.59	6.55	6.93	7.96

4. 脆性对产尘特性的影响

为了分析脆性与产尘特性的相互关系，选用了线性回归、对数回归、幂回归和指数回归四种模型。根据结果给出了不同回归模型的相关系数（R），如表 2.14 所示。可以看出，脆性值 B14 和 $PM_{2.5}$ 及呼吸性粉尘累计占比相关系数最高的是线性回归模型，分别达到 0.691 和 0.832，和全尘产尘率相关系数最高的是对数模型（R=0.842）。B15 和产尘特性的相关系数是第二高的，和 B14 类似，与 $PM_{2.5}$ 和呼吸性粉尘累计占比相关系数最高的是线性模型（0.643 和 0.761），和全尘产尘率相关系数最高的是对数模型（0.831）。此外，B14 和 B15 的对数模型相关系数最高（0.984）。由于 $PM_{2.5}$ 和呼吸性粉尘产尘率与四种脆性值的相关系数均较低，因此在后续内容中不做进一步讨论。B12 和 B16 与产尘特性的相关性均较差，相关系数最高的是 B12 与全尘产尘率指数模型，但数值较小，仅为 0.533，所以 B12 和 B16 与产尘特性的关系在后续研究内容中不再做深入讨论。

表 2.14　脆性和产尘特性的相关系数

因变量	自变量	相关系数（*R*）			
		线性模型	对数模型	幂模型	指数模型
$PM_{2.5}$累计占比（Y1）	B12	0.212	0.246	**0.267**	0.234
	B14	**0.691**	0.675	0.646	0.643
	B15	**0.643**	0.609	0.593	0.613
	B16	**0.154**	0.143	0.139	0.148
呼吸性粉尘累计占比（Y2）	B12	0.240	0.270	**0.285**	0.255
	B14	**0.832**	0.782	0.757	0.791
	B15	**0.761**	0.702	0.687	0.735
	B16	0.101	0.084	0.092	**0.107**
全尘产尘率（Y3）	B12	0.519	**0.533**	0.490	0.479
	B14	0.736	**0.842**	0.841	0.764
	B15	0.804	**0.831**	0.817	0.809
	B16	0.075	0.074	**0.078**	**0.078**
$PM_{2.5}$产尘率（Y4）	B12	0.190	0.162	0.205	**0.225**
	B14	0.160	**0.209**	0.196	0.130
	B15	0.208	0.217	**0.219**	0.197
	B16	0.074	0.071	0.187	**0.194**
呼吸性粉尘产尘率（Y5）	B12	0.323	0.309	0.327	**0.338**
	B14	0.302	**0.401**	0.382	0.274
	B15	0.379	**0.414**	0.404	0.363
	B16	0.066	0.059	0.139	**0.149**
B15	B14	0.948	**0.984**	0.967	0.880

注：表中加粗的数据为相关系数最高的模型

根据表 2.14 中的结果，采用相关系数最高的模型绘制脆性与呼吸性粉尘及$PM_{2.5}$累计占比关系图如图 2.31 所示。B14 和呼吸性粉尘累计占比具有较好的正相关性，能够解释 69.3%的呼吸性粉尘累计占比情况（决定性系数 R^2 为 0.693），其与 $PM_{2.5}$ 累计占比的正相关性略低于呼吸性粉尘，决定性系数为 0.477。B15 与呼吸性粉尘、$PM_{2.5}$ 累计占比也都呈较好的正相关线性关系，决定性系数分别为 0.579 和 0.413。

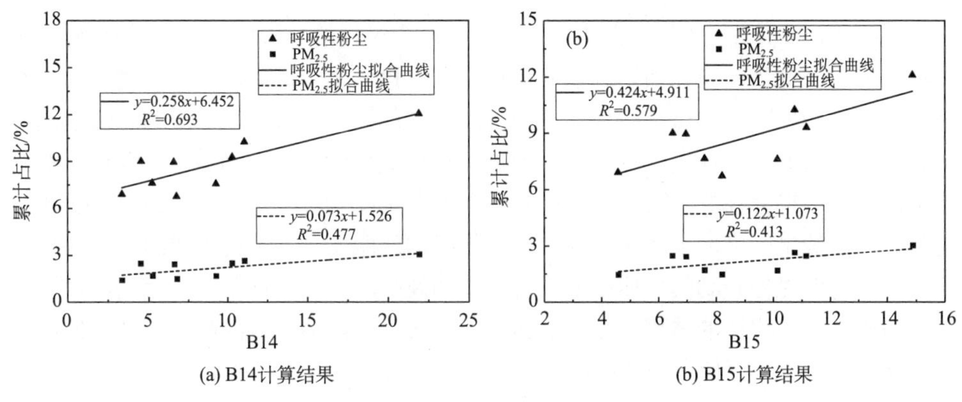

(a) B14计算结果　(b) B15计算结果

图 2.31　脆性对呼吸性粉尘及 $PM_{2.5}$ 累计占比的影响

采用表 2.14 中相关系数最高的模型绘制脆性与全尘产尘率关系图如图 2.32 所示。可以看出，两种脆性值与全尘产尘率均呈相关性较高的负指数关系（决定性系数均为 0.7 左右），说明煤样脆性值越高全尘产尘率越低，这一结论和 Singh[50] 所得出的结果相似。

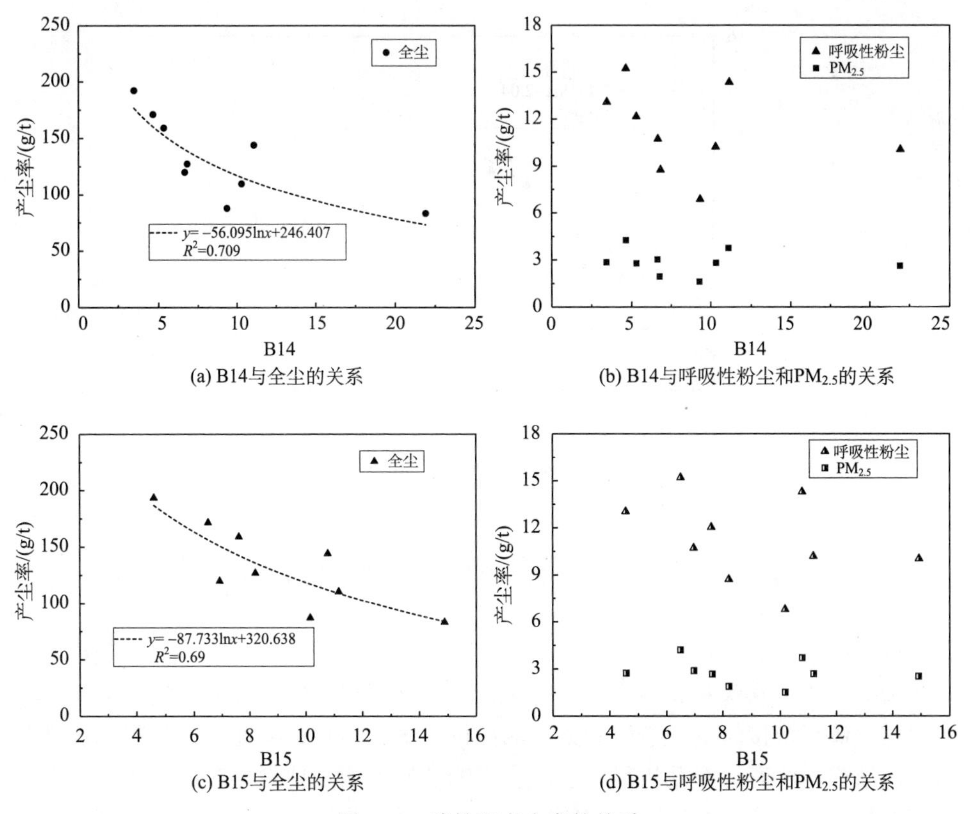

(a) B14与全尘的关系　(b) B14与呼吸性粉尘和 $PM_{2.5}$ 的关系

(c) B15与全尘的关系　(d) B15与呼吸性粉尘和 $PM_{2.5}$ 的关系

图 2.32　脆性和产尘率的关系

根据 2.1 节中对煤受镐形截齿侵入后破碎产尘过程的分析可知，煤体的破碎产尘过程可以看作截齿向煤体做功或者能量转移的过程。用于破碎产尘的能量主要以形成新断裂面的表面能和最终碎块、粉尘迸出的动能两种形式耗散。煤的脆性越高，破碎煤块所需要的能量也就越大[51]，根据能量密度理论可知，当截齿向煤体施加的能量增加时，将会有更多能量被用于在塑性区范围内形成长度小于 10μm 的微裂隙，使微裂隙的数量密度增加，这就导致相邻裂隙的间距变小，最终形成的碎块特征尺寸也越小。但脆性较高的煤体在形成宏观贯通裂隙时的临界截割深度会变浅，这将减小破碎区即粉化核的体积。综上所述，脆性较高的煤体吸收的能量更多，但形成的粉化核体积更小，使得细微粒径粉尘累计占比增加，而全尘产尘率降低。

从前面的分析可知，B14 和 B15 均与产尘特性具有比较显著的关系，且这些关系都比较近似，这可能是由于两种脆性计算公式的相似性造成的。从表 2.14 中可以看出，B14 和 B15 在不同模型下的相关系数均在 0.9 附近，绘制其中相关性最高的对数关系如图 2.33 所示，可以看出，采用 B14 计算公式得到的脆性值能够解释超过 95%的 B15 计算值。因此可以用 B14 代替 B15 作为研究产尘特性的有效基础性质之一。

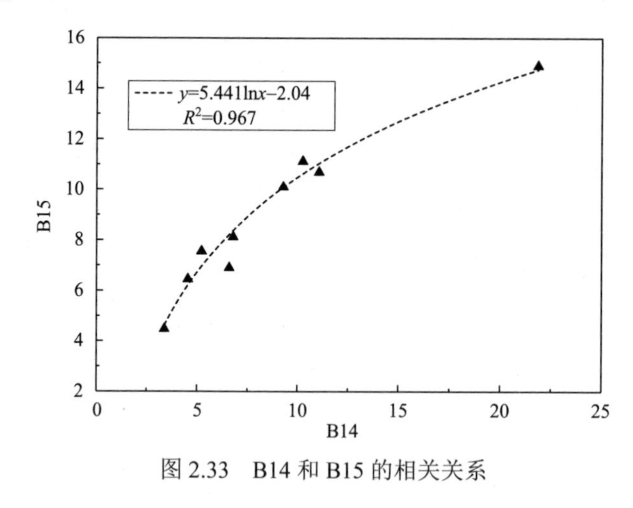

图 2.33 B14 和 B15 的相关关系

2.4 截齿截割参数对产尘特性的影响机制

掘进机割煤产尘主要表现为镐形截齿向煤体施加荷载的过程。镐形截齿由合金头齿尖、齿身和齿柄构成[6]，特制硬质合金材料制成的合金头齿尖是截割过程中和煤岩体直接接触受冲击阻力最大的部位，该合金头齿尖通常为具有一定锥角的圆锥结构，所有针对截齿尺寸对产尘影响的研究应主要聚焦在齿尖锥角上[52]。目前截割参数对产尘特性影响的研究还十分匮乏，本节将进一步分析综掘现场掘进机割煤过程，选取主要因素简化实验条件，采用自制产尘实验系统探究侵入角度、截割速率对产尘特性的影响规律。

1. 实验设计

采用三种掘进机常用的镐形截齿来研究不同截齿参数对产尘的影响，如图 2.34 所示。截齿的长度约为 161.8mm，齿尖圆锥顶角分别为 87°、100°和 110°。

为了更简洁、清晰地分析在实际截割过程中截齿和煤岩壁面的碰撞受力情况，实验从单截齿入手分析截齿与煤壁接触瞬间的受力状态。从图 2.35 可以看出，截割头同时有向右水平摆动及自转两种运动形式。截齿因截割头水平摆动造成挤压煤壁的力称为牵引力；截齿因截割头自转而做圆周运动时碰撞到煤壁的力称为截割力。因此，单截齿侵入煤体的合力方向应以一定角度指向煤体内部，基于此分析，这里定义截齿运动（侵入）方向与煤体接触面夹角为侵入角度。为研究不同侵入角度对产尘特性的影响，设计了一套用于倾斜煤块的底座（图 2.36）。

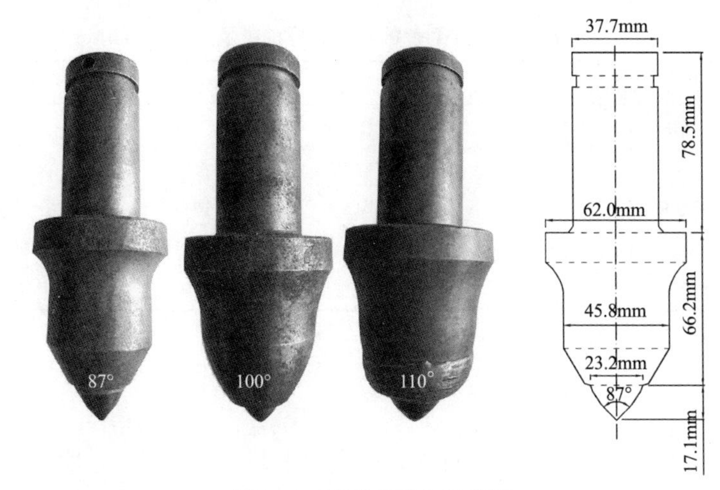

图 2.34　镐形截齿及示意图

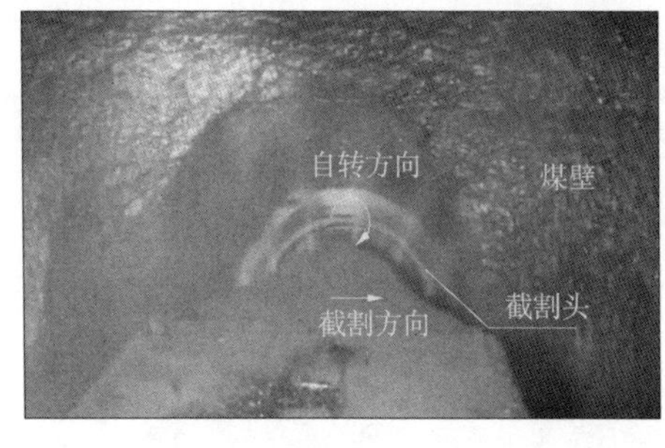

(a) 现场图

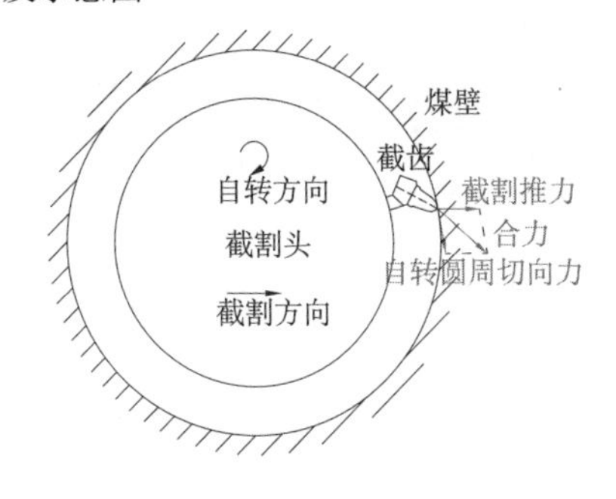

(b) 示意图

图 2.35　单截齿割煤受力分析

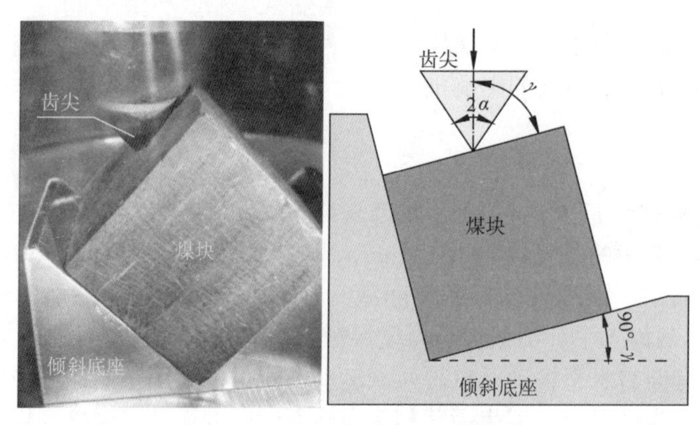

图 2.36　煤样倾斜底座及示意图

γ 为侵入角度；α 为齿尖半锥角

用于研究截割参数对产尘特性影响的煤样如表 2.15 所示。

表 2.15　截割参数实验煤样种类及产地

煤样（煤块）	煤种	矿区	煤炭基地
白胶（BJ）	无烟煤	芙蓉	云贵
恒昇（HS）	气肥煤	汾西	晋中
补连塔（BLT）	不黏煤	神东	神东
亿源（YY）	长焰煤	府谷	神东
大雁三矿（DY）	褐煤	大雁	蒙东

2. 实验内容

齿尖锥角及截割参数对产尘特性影响实验中共有齿尖锥角、侵入角度和截割速度 3 个变量，每组实验只改变一个参数，其余两个保持不变，如表 2.16 所示。

表 2.16　实验变量设计表

实验变量	实验用煤样	齿尖锥角/（°）	侵入角度/（°）	截割速度/（mm/s）
齿尖锥角	白胶、恒昇、亿源、大雁三矿	87	90	1
		100	90	1
		110	90	1
侵入角度	白胶、补连塔、亿源、大雁三矿	87	90	1
		87	75	1
		87	60	1
		87	45	1

续表

实验变量	实验用煤样	齿尖锥角/（°）	侵入角度/（°）	截割速度/（mm/s）
截割速度	白胶、恒昇、亿源、大雁三矿	100	90	5
		100	90	10
		100	90	15
		100	90	20
		100	90	25

2.4.1　齿尖锥角对产尘特性的影响

1. 实验结果

如表 2.17 所示，本组实验中采用的侵入角度为 90°，截割速度保持在 1mm/s，采用的三种截齿齿尖锥角分别为 87°、100°和 110°。不同齿尖锥角产生粉尘的质量如表 2.17 所示。粉尘粒径累计分布及粒径分布图如图 2.37 和图 2.38 所示。

表 2.17　不同齿尖锥角下煤样及全尘质量　（单位：g）

煤样（煤矿）	87°		100°		110°	
	煤块	全尘	煤块	全尘	煤块	全尘
白胶	171.07	0.0218	170.24	0.0282	171.89	0.0351
恒昇	157.39	0.0084	162.05	0.0151	161.16	0.0219
亿源	169.84	0.0131	166.66	0.0237	167.27	0.0290
大雁三矿	160.34	0.0098	164.75	0.0183	164.45	0.0226

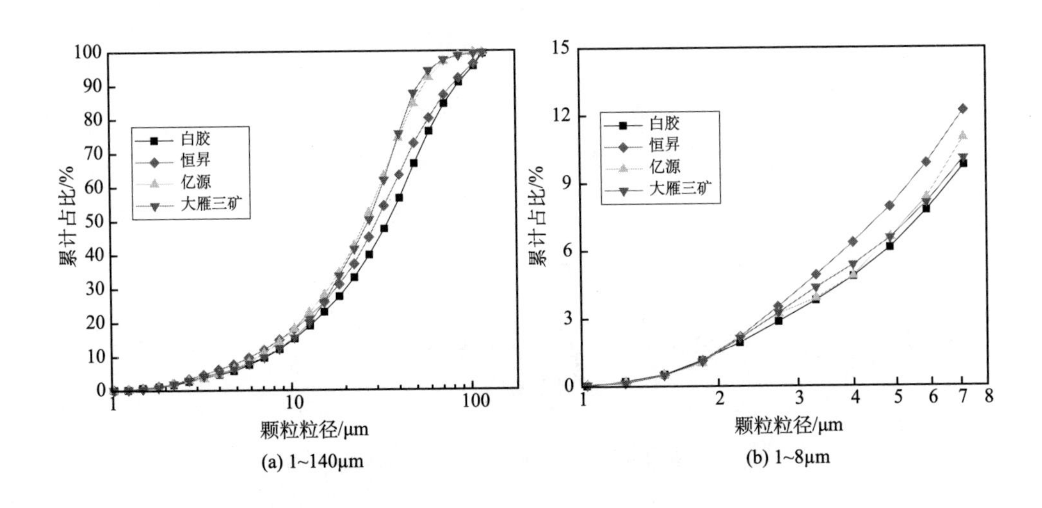

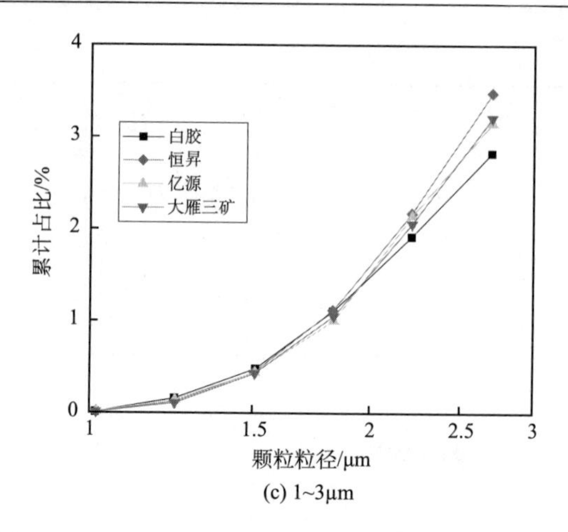

(c) 1~3μm

图 2.37　齿尖锥角为 100°时产生粉尘的粒径累计分布

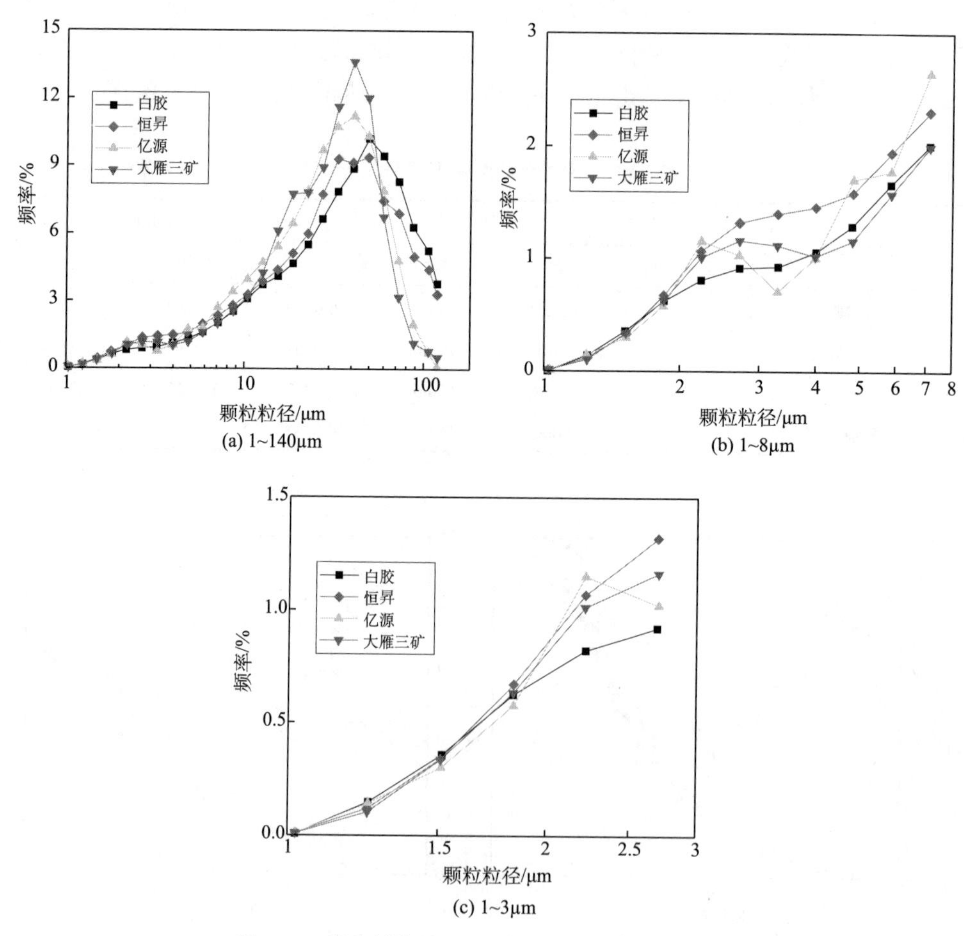

图 2.38　齿尖锥角为 100°时产生粉尘的粒径分布

从图 2.37（a）中可以看出，大雁三矿和亿源煤矿煤样产生粉尘的累计分布曲线比较近似。此外，四座煤矿的累计分布曲线在粒径小于 10μm 的区间内处于平缓上升的状态，直到 30μm 后才出现明显的上升。这说明细微颗粒粉尘，如呼吸性粉尘和 $PM_{2.5}$ 的占比低于粒径较大的粉尘。根据图 2.37（b）可知，白胶煤矿的累计分布曲线当粒径大于 2.22μm 后一直保持在最低，这说明白胶煤矿的呼吸性粉尘和 $PM_{2.5}$ 累计占比（仅为 9.8%和 2.37%）都是四座煤矿中最少的。相比而言，恒昇煤矿产生的细微颗粒粉尘累计占比较大。

呼吸性粉尘、$PM_{2.5}$ 累计占比结果如表 2.18 所示，根据表 2.17 及表 2.18 中粉尘质量及累计占比数据，得出的产尘率如表 2.19 所示。

表 2.18　不同齿尖锥角下呼吸性粉尘和 $PM_{2.5}$ 累计占比结果　（单位：%）

煤样（煤矿）	87°		100°		110°	
	呼吸性粉尘	$PM_{2.5}$	呼吸性粉尘	$PM_{2.5}$	呼吸性粉尘	$PM_{2.5}$
白胶	5.55	1.63	9.8	2.37	11.52	3.09
恒昇	10.33	2.41	12.21	2.82	16.48	4.30
亿源	8.55	2.20	11.0	2.65	14.53	4.06
大雁三矿	6.74	1.82	10.1	2.63	13.40	3.55

表 2.19　不同齿尖锥角条件下的产尘率　（单位：g/t）

煤样（煤矿）	87°			100°			110°		
	全尘	呼吸性粉尘	$PM_{2.5}$	全尘	呼吸性粉尘	$PM_{2.5}$	全尘	呼吸性粉尘	$PM_{2.5}$
白胶	127.43	7.07	2.17	165.65	16.23	4.09	204.20	23.52	6.67
恒昇	53.37	5.51	1.34	93.18	11.38	2.76	135.89	22.40	6.08
亿源	77.13	6.59	1.76	142.21	15.64	3.92	173.37	25.19	7.38
大雁三矿	61.12	4.12	1.15	111.08	11.22	3.05	137.43	18.42	5.09

2. 实验结果讨论

由图 2.39 可知，截齿齿尖锥角越大，产生的呼吸性粉尘和 $PM_{2.5}$ 累计占比越高。采用齿尖锥角为 110°截齿截割后产生的 $PM_{2.5}$ 累计占比平均为 87°截齿的两倍左右。

如图 2.40 所示，采用大角度齿尖截割时产生的粉尘量比锋利截齿要多；恒昇煤矿的全尘产尘率是最低的，而呼吸性粉尘和 $PM_{2.5}$ 产尘率则与大雁三矿类似。白胶煤矿产生的全尘是最多的，平均是恒昇煤矿的 1.5 倍；同时，$PM_{2.5}$ 和呼吸性粉尘产尘率也比其他煤矿高（除亿源矿在 110° 截齿下的产尘情况）。

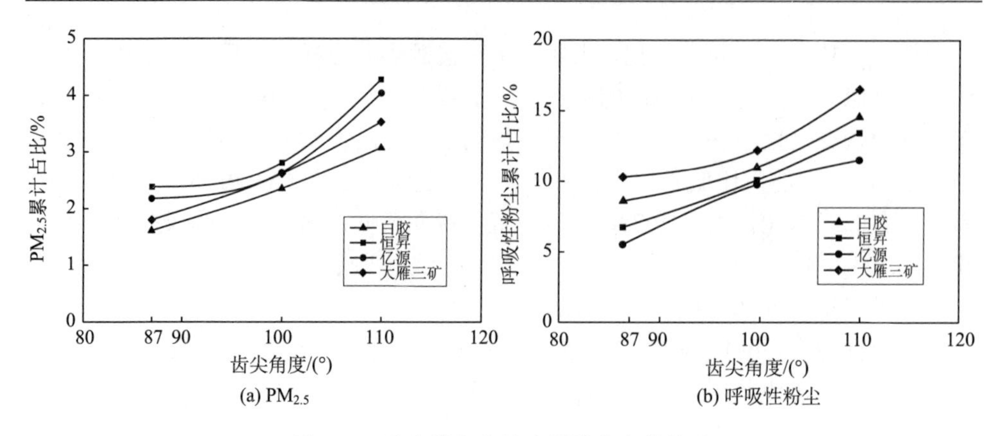

(a) $PM_{2.5}$　　(b) 呼吸性粉尘

图 2.39　齿尖锥角和粉尘累计分布的关系

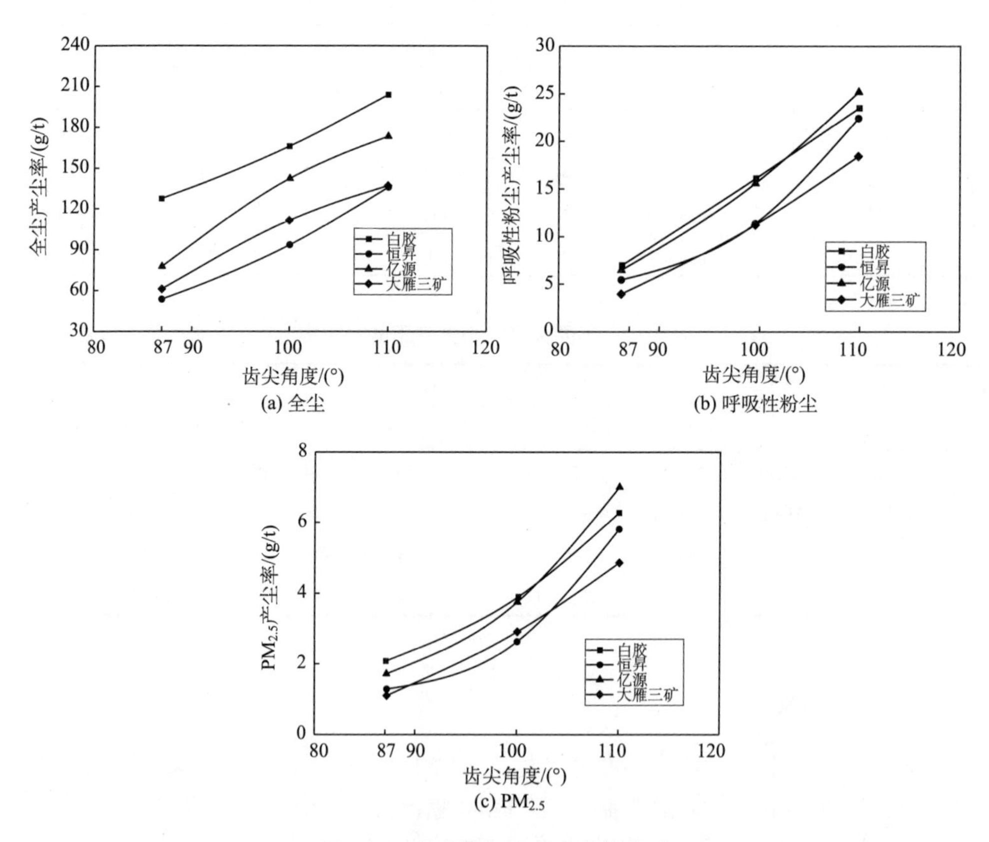

(a) 全尘　　(b) 呼吸性粉尘

(c) $PM_{2.5}$

图 2.40　齿尖锥角和产尘率的关系

产尘强度（包含细微粒径粉尘占比和产尘率）与齿尖锥角的正比例关系可以通过 2.1.2 节破碎塑性区空腔扩展模型来解释，如图 2.2 所示。

根据 2.1.2 节的分析，塑性区真实半径可根据式（2.37）计算。在图 2.2 中，除 ξ_*和 d 以外的其他变量都和煤的自身性质有关，这些性质可通过一些基础实验获得，如表 2.20 所示。选择单轴抗压强度最大和最小的两种煤样[白胶（BJ）和恒昇（HS）]作为算例探究塑性区半径 r_*和 ξ_*的关系。

表 2.20　煤样的部分机械性质

煤样（煤矿）	σ_c /MPa	E /GPa	ν	G /GPa	φ /（°）	ψ /（°）
白胶	12.2	1.67	0.27	0.66	20.8	18.5
恒昇	28.2	2.04	0.23	0.83	26.4	21.3
亿源	17.2	2.21	0.24	0.89	21.5	18.6
大雁三矿	12.8	1.72	0.28	0.67	21.6	17.1

$$r_{*\mathrm{BJ}} \approx 73.958d\Big/\left(2.312\xi_*^{1.036} - 1.312\xi_*^{0.048}\right) \tag{2.58}$$

$$r_{*\mathrm{HS}} \approx 45.142d\Big/\left(3.046\xi_*^{0.934} - 2.046\xi_*^{0.231}\right) \tag{2.59}$$

将测定参数代入式（2.37）后，白胶和恒昇煤矿煤样的塑性区半径可以被简化。半径恒大于 0，故两式中的 ξ_*分别大于 0.563 和 0.568，因为分母的导数在这一范围内也大于 0，即分母自身是一个递增函数，而整个公式则是一个递减的函数，也就是说塑性区半径随 ξ_*的增加而减小。在侵入角度为锐角的实际情况下，r_*随 $\tan\beta$ 单调递增，因此 ξ_*也和 $\tan\beta$ 呈正相关关系。本节研究的齿尖半锥角范围为 45°～55°，对应的 β 范围为 45°～35°，所以 ξ_*和齿尖半锥角呈负相关关系，因此，塑性区半径与齿尖半锥角呈正相关关系，那么齿尖锥角越大形成的塑性区体积越大，产生粉尘也越多。

将白胶和恒昇煤矿煤样的相关参数代入式（2.38）后，侵入力计算公式为

$$F_{\mathrm{BJ}} \approx 11.081\pi d^2 \cdot 73.958^2\left(1.537\xi_*^{1.048} - 1\right)\Big/\left(2.312\xi_*^{2.036} - 1.312\xi_*^{1.048}\right)^2 \tag{2.60}$$

$$F_{\mathrm{HS}} \approx 17.614\pi d^2 \cdot 45.142^2\left(1.696\xi_*^{1.231} - 1\right)\Big/\left(3.046\xi_*^{1.934} - 2.046\xi_*^{1.231}\right)^2 \tag{2.61}$$

由于 β 的范围为 45°～35°，可以计算出白胶和恒昇煤矿煤样的 r_*范围大致分别为 51.786～73.958 及 31.609～45.142。因此，计算后两煤矿煤样的 ξ_*的范围大致分别为 4.8958～5.7752 及 3.9099～4.6112。最终，侵入力和 ξ_*的关系如图 2.41 所示。为便于计算，这里截深统一为 1mm。侵入力和 ξ_*的负相关关系说明齿尖锥角越大截割力也越大。截齿向煤块内部施加的能量中约有 97%用于产生破碎区[38]，所以当采用比较钝的截齿（齿尖锥角较大）截割会对煤体施加更多的能量，这将导致破碎区内产生更多的新表面来耗散能量，也就是说粉尘的颗粒会变得更小，因此产

生的细微粉尘占比较大。

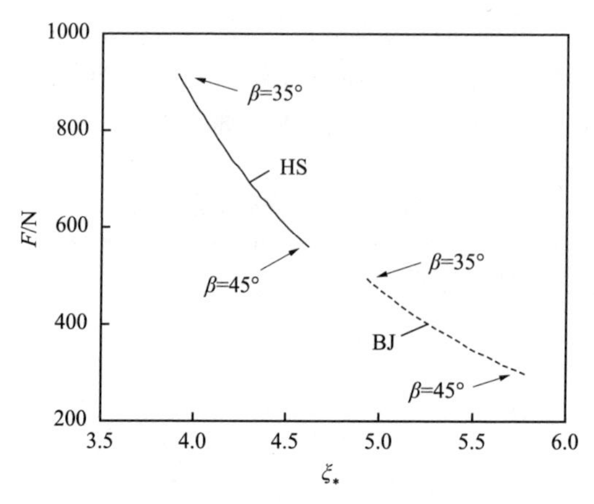

图 2.41　侵入力和 ξ_*的关系

虽然空腔扩展模型对于齿尖锥角小于 90° 的条件并不适用，但从本节实验结果中可以看出，齿尖锥角为 87° 的截齿产生的粉尘是最少的。

此外，Evans 还提出了一种计算截割力的方法[41]

$$F=\frac{16\pi}{\cos^2\alpha}\left(\frac{\sigma_t}{\sigma_c}\right)\sigma_t d^2 \tag{2.62}$$

式中，σ_t为抗拉强度，MPa。

由于本研究中齿尖半锥角范围为 45°～55°，很容易能够看出式（2.62）中截割力和齿尖锥角呈正相关关系。即使 Evans 没有考虑体积平衡的因素，但侵入力随齿尖锥角的变化趋势和塑性区体积模型是相同的。

2.4.2　侵入角度对产尘特性的影响

1. 实验结果

本组实验中采用齿尖锥角为 87° 的截齿，截割速度始终为 1mm/s，侵入角度分别为 45°、60°、75° 和 90°。不同侵入角度条件下产生的粉尘质量如表 2.21 所示。呼吸性粉尘、$PM_{2.5}$累计占比如表 2.22 所示，并计算出全尘、呼吸性粉尘及 $PM_{2.5}$的产尘率，如表 2.23 所示。

2. 实验结果讨论

由图 2.42 可知，$PM_{2.5}$和呼吸性粉尘累计占比都随侵入角度的增加而减少。当截齿竖直向下截割时，产生的细微粉尘占比最少。当侵入角度为 45° 时，$PM_{2.5}$的累计占比约为侵入角度为 90° 时的 2 倍，而呼吸性粉尘则是后者的 1.5 倍。

表 2.21　不同侵入角度下煤块及全尘质量　　（单位：g）

煤样（煤矿）	45°		60°		75°		90°	
	煤块	全尘	煤块	全尘	煤块	全尘	煤块	全尘
白胶	177.72	0.0375	173.02	0.0291	173.34	0.0257	171.07	0.0218
补连塔	176.97	0.0209	177.27	0.0153	173.93	0.0115	175.31	0.0080
亿源	165.84	0.0292	165.68	0.0176	168.09	0.0155	169.84	0.0131
大雁三矿	163.86	0.0268	163.32	0.0180	165.12	0.0155	160.34	0.0098

表 2.22　不同侵入角度下呼吸性粉尘和 $PM_{2.5}$ 累计占比结果　　（单位：%）

煤样（煤矿）	45°		60°		75°		90°	
	呼吸性粉尘	$PM_{2.5}$	呼吸性粉尘	$PM_{2.5}$	呼吸性粉尘	$PM_{2.5}$	呼吸性粉尘	$PM_{2.5}$
白胶	12.65	3.91	10.13	2.81	8.84	2.30	5.55	1.63
补连塔	16.64	5.59	14.00	5.27	13.03	3.91	9.45	3.04
亿源	14.66	3.99	12.68	3.69	11.55	3.43	8.55	2.20
大雁三矿	13.31	3.40	11.14	3.15	8.03	2.21	6.74	1.82

表 2.23　不同侵入角度条件下的产尘率　　（单位：g/t）

煤样（煤矿）	45°			60°			75°			90°		
	全尘	呼吸性粉尘	$PM_{2.5}$	全尘	呼吸性粉尘	$PM_{2.5}$	全尘	呼吸性粉尘	$PM_{2.5}$	全尘	呼吸性粉尘	$PM_{2.5}$
白胶	211.01	26.69	8.54	168.19	17.04	4.90	148.26	13.11	3.54	127.43	7.07	2.17
补连塔	118.09	19.65	6.86	86.74	12.14	4.75	66.12	8.62	2.71	45.63	4.31	1.45
亿源	176.07	25.81	7.33	106.23	13.47	4.09	92.21	10.65	3.28	77.13	6.59	1.76
大雁三矿	163.55	21.77	5.76	110.21	12.28	3.57	93.87	7.54	2.15	61.12	4.12	1.15

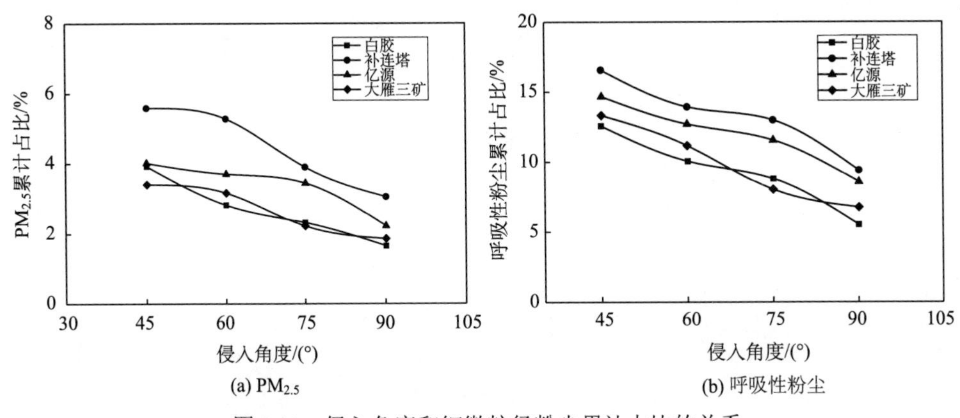

图 2.42　侵入角度和细微粒径粉尘累计占比的关系

截齿倾斜侵入煤体时，截割力可以进行如下计算[50]：

$$F_p = 12\pi\sigma_t d^2 \sin\left[\frac{1}{2}(90-\theta)+\varpi\right]\tan\left[\frac{1}{2}(90-\theta)+\varpi\right] \tag{2.63}$$

$$F_m \approx \frac{1}{3}F_p = 4\pi\sigma_t d^2 \sin\left[\frac{1}{2}(90-\theta)+\varpi\right]\tan\left[\frac{1}{2}(90-\theta)+\varpi\right] \tag{2.64}$$

式中，F_p 为峰值截割力，N；F_m 为平均截割力，N；d 为截割深度，mm；θ为前角倾斜角度，(°)；ϖ为齿尖和煤岩体的摩擦角，(°)。

由于实验中采用同一个截齿，为方便计算，取其与煤岩体的摩擦角为 10°。其中的 β 可以等价于前角倾角θ，齿尖半锥角始终为 45°，侵入角度在 45°～90°这个范围内变化。显然，式（2.64）中的 sin 和 tan 函数在这一范围内随倾斜角度的增加而减小，也就是说侵入角度变大，截割力变小，细微粉尘的占比减小。从图 2.43 中可以看出，随着侵入角度的增加，全尘、呼吸性粉尘和 $PM_{2.5}$ 产尘率都有比较明显的下降趋势。全尘产尘率在侵入角从 45°到 90°的变化过程中下降了约 50%，呼吸性粉尘和 $PM_{2.5}$ 的减少量超过 70%。

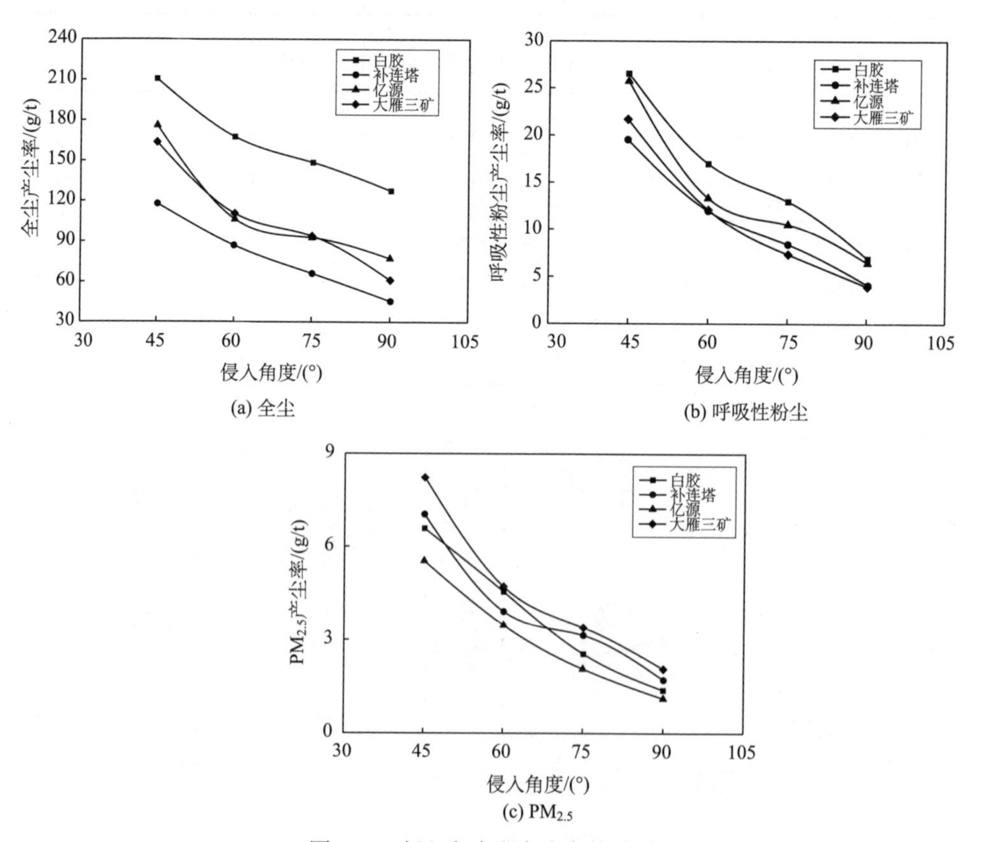

图 2.43　侵入角度和产尘率的关系

根据 Park 等[3]的研究结论，随侵入角度变化而造成的齿尖-煤岩体接触面积变化也会对破碎区和截割力产生影响，接触面积越大对截齿施加的截割力也越大。为了方便描述这一接触面积的变化，做出倾斜侵入煤体时沿镐形截齿齿尖中轴线的剖面图。如图 2.44 所示，图中 γ 为侵入角度，可以看出接触长度 L 的导数小于或等于 0（当侵入角度 γ 为 90° 时），也就是接触长度随侵入角度的增加而减小。因此，当侵入角度为 90° 时接触长度最短，此时截齿受力与破碎区的尺寸都最小，所以产尘率和细微粉尘累计占比也较少。

$$L = L_1 + L_2 = \left[d\cos\alpha + \frac{d\sin\alpha}{\tan(\gamma-\alpha)} \right] + \left[d\cos\alpha - \frac{d\sin\alpha}{\tan(\gamma+\alpha)} \right] \tag{2.65}$$

式中，L_1 和 L_2 分别为齿尖右侧、左侧与煤体的接触长度，m。

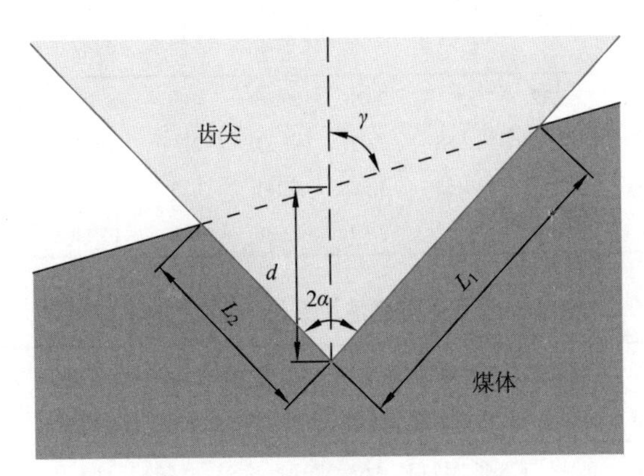

图 2.44　齿尖与煤体接触示意图

2.4.3　截割速度对产尘特性的影响

1. 实验结果

本组实验中采用齿尖锥角为 100° 的截齿，侵入角度始终为 90°，截割速度分别为 5mm/s、10mm/s、15mm/s、20mm/s 和 25mm/s。不同截割速度下产生粉尘的质量如表 2.24 所示。呼吸性粉尘、$PM_{2.5}$ 累计占比结果如表 2.25 所示，并计算出全尘、呼吸性粉尘及 $PM_{2.5}$ 的产尘率，如表 2.26 所示。

2. 实验结果讨论

图 2.45 和图 2.46 给出了截割速度对产尘特性的影响。可以看出，无论是呼吸性粉尘和 $PM_{2.5}$ 的累计占比，还是不同粒径粉尘的产尘率，在不同截割速度条件下都没有较明显的变化。

表 2.24　不同截割速度下煤样及全尘质量　　（单位：g）

煤样（煤矿）	5mm/s		10mm/s		15mm/s		20mm/s		25mm/s	
	煤样	全尘	煤样	全尘	煤样	全尘	煤样	全尘	煤样	全尘
白胶	177.4	0.0267	171.48	0.0306	172.32	0.0294	176.98	325	171.82	0.0273
恒昇	156.64	0.0128	160.33	0.014	155.59	0.0165	164.13	162	161.18	0.0148
亿源	169.21	0.0261	168.28	0.023	164.98	0.0229	165.12	238	170.23	0.0286
大雁三矿	169.19	0.0183	167.74	0.0153	167.81	0.0192	165.46	140	165.84	0.0175

表 2.25　不同截割速度下呼吸性粉尘和 $PM_{2.5}$ 累计占比结果　　（单位：%）

煤样（煤矿）	5mm/s		10mm/s		15mm/s		20mm/s		25mm/s	
	呼吸性粉尘	$PM_{2.5}$	呼吸性粉尘	$PM_{2.5}$	呼吸性粉尘	$PM_{2.5}$	呼吸性粉尘	$PM_{2.5}$	呼吸性粉尘	$PM_{2.5}$
白胶	9.71	3.32	9.87	2.49	10.53	3.09	8.79	1.98	11.33	3.31
恒昇	10	2.79	10.58	2.95	11.21	2.7	10.4	2.4	11.89	2.74
亿源	9.88	2.35	13.53	3.58	12.41	3.33	9.2	2.62	11.72	3.63
大雁三矿	11.1	3.08	11.02	2.59	12.86	3.91	13.11	3.78	13.05	3.3

表 2.26　不同截割速度条件下的产尘率　　（单位：g/t）

煤样（煤矿）	5mm/s			10mm/s			15mm/s			20mm/s			25mm/s		
	全尘	呼尘	$PM_{2.5}$	全尘	呼尘	$PM_{2.5}$	全尘	呼尘	$PM_{2.5}$	全尘	呼尘	$PM_{2.5}$	全尘	呼尘	$PM_{2.5}$
白胶	150.51	14.61	5.21	178.45	17.61	4.63	170.61	17.97	5.56	183.64	16.14	3.78	158.89	18.00	5.48
恒昇	81.72	8.17	2.37	87.32	9.24	2.68	106.05	11.89	3.01	98.70	10.26	2.46	91.82	10.92	2.63
亿源	154.25	15.24	3.76	136.68	18.49	5.08	138.80	17.23	4.88	144.14	13.26	3.91	168.01	19.69	6.33
大雁三矿	108.16	12.01	3.45	91.21	10.05	2.47	114.42	14.71	4.64	84.61	11.09	3.34	105.52	13.77	3.61

注：此处呼尘指的是呼吸性粉尘

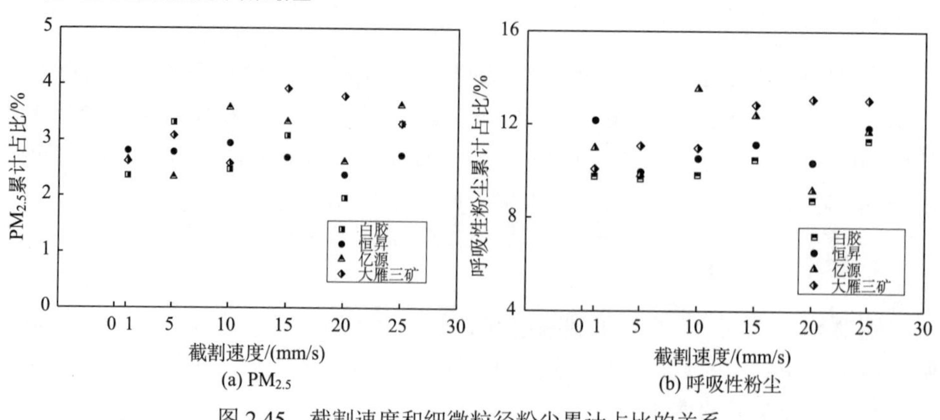

(a) $PM_{2.5}$　　(b) 呼吸性粉尘

图 2.45　截割速度和细微粒径粉尘累计占比的关系

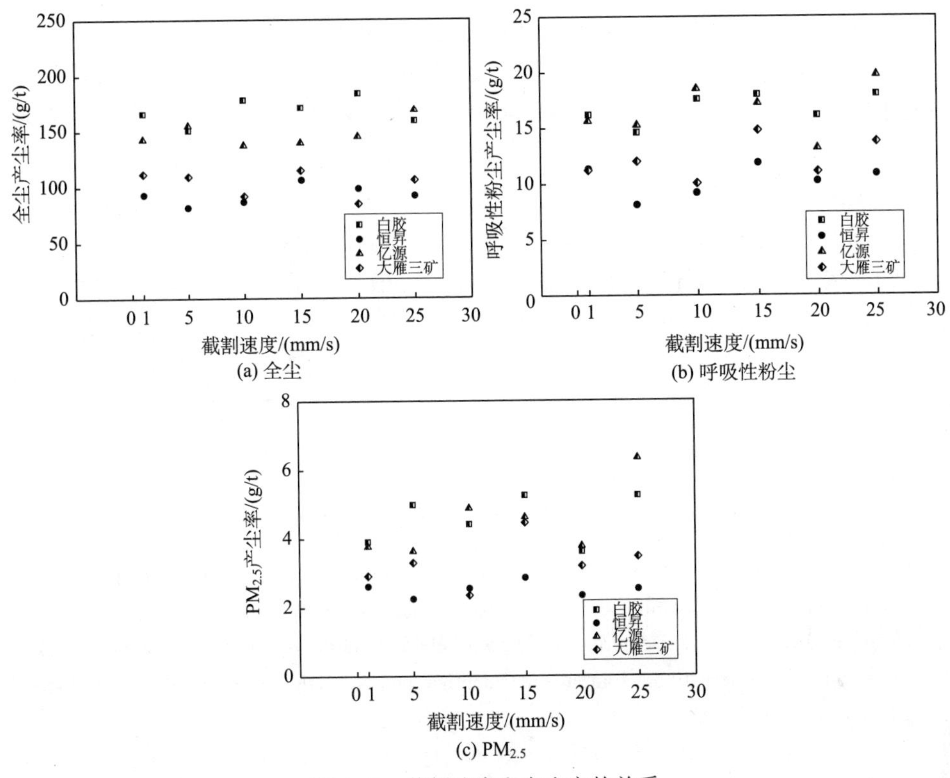

(a) 全尘　(b) 呼吸性粉尘　(c) $PM_{2.5}$

图 2.46　截割速度和产尘率的关系

2.5　本 章 小 结

本章以综掘面截割产尘为切入点，将截割工具（截齿）和被截割对象（煤岩体）整体考虑为一个产尘系统，从产尘机理、模拟产尘实验系统、煤体自身性质和截割参数与产尘特性的关系等方面开展了基础性研究，取得的主要成果如下：

（1）提出了煤岩截割产尘机理的“粉化核”假说。认为镐形截齿破碎煤体产尘过程主要包括压碎区形成、粉化核形成、裂纹萌生与发展、自由面形成、粉化核应力解除 5 个步骤；从能量角度看，截齿侵入煤体初期弹性形变能存储对应煤体弹性形变区的形成，压碎区与粉化核的形成可视为以塑性形变能的形式耗散能量，自由面的形成和粉化核应力解除对应于动能及表面能的应力释放过程。通过进一步推导空腔扩展模型，给出了塑性区半径及截割力计算公式。

（2）自主研发了一套物理模拟煤岩截割产尘过程的实验系统。该实验系统以镐形截齿作为截割工具，包含压力加载模块、裂纹观察模块和粉尘收集模块，采用透明密闭罩和集尘罩双级密封结构，既避免外界空气扰动产尘过程，又能防止粉尘向外迸出影响粉尘收集效果，能够较好地模拟实际产尘过程。

（3）揭示了煤体理化性质与粉尘产生特性的关系。工业分析组分（化学组成）中的水分对粉尘产生有显著的抑制作用，固定碳含量的增加会提升 $PM_{2.5}$ 和呼吸性粉尘占比，而挥发分和灰分则对产尘特性影响不明显；孔隙率与全尘产尘率呈正相关关系，但孔隙率越高，细微颗粒粉尘累计占比越少；脆性与细微颗粒累计占比表现出正相关的关系，但脆性越大，全尘产尘率越低。

（4）揭示了镐形截齿截割参数对产尘特性的影响。齿尖锥角较大的截齿齿尖会加剧粉尘产生；$PM_{2.5}$ 和呼吸性粉尘累计占比都随着侵入角度的增加而减少，较大的侵入角度不仅能够减少细微粒径粉尘产生的累计占比，还能显著抑制粉尘的产生量；截割速度对产尘特性无明显影响，但考虑到截割头转速增大会增加截齿与煤体的碰撞概率并使更多截齿参与破煤，可能导致产尘量上升。

参 考 文 献

[1] Zipf Jr R K, Bieniawski Z T. Estimating the crush zone size under a cutting tool in coal[J]. International Journal of Mining and Geological Engineering, 1988, 6(4): 279-295.

[2] Huang H, Lecampion B, Detournay E. Discrete element modeling of tool - rock interaction I: Rock cutting[J]. International Journal for Numerical and Analytical Methods in Geomechanics, 2013, 37(13): 1913-1929.

[3] Park J, Kang H, Lee J, et al. A study on rock cutting efficiency and structural stability of a point attack pick cutter by lab-scale linear cutting machine testing and finite element analysis[J]. International Journal of Rock Mechanics and Mining Sciences, 2018, 103: 215-229.

[4] 姚宝恒，李贵轩，丁飞. 镐形截齿破煤截割力的计算及影响因素分析[J]. 煤炭科学技术, 2002, (3): 35-37.

[5] 曹学涛. 掘进机截齿截割煤岩的离散元仿真研究[D]. 沈阳: 沈阳理工大学, 2013.

[6] 刘晓辉. 镐型截齿与煤岩互作用力学与磨损特性研究[D]. 徐州: 中国矿业大学, 2016.

[7] 王德明. 矿井通风与安全[M]. 徐州: 中国矿业大学出版社, 2012.

[8] 王德明. 矿尘学[M]. 北京: 科学出版社, 2015.

[9] 中华人民共和国国家质量监督检验检疫总局, 中国国家标准化管理委员会. 煤的工业分析方法　仪器法: GB/T 30732—2014[S]. 北京: 中国标准出版社, 2014.

[10] 邱吉龙. 不同含水率煤体的物理力学性质试验研究[J]. 华北科技学院学报, 2013, 10(1): 6-9.

[11] Cheng W, Nie W, Zhou G, et al. Research and practice on fluctuation water injection technology at low permeability coal seam[J]. Safety Science, 2012, 50(4): 851-856.

[12] 吴国友，刘奎，郭胜均，等. 综放面特殊煤层的注水降尘研究[J]. 采矿与安全工程学报, 2008, 25(1): 99-103.

[13] 刘忠锋，康天合，鲁伟，等. 煤层注水对煤体力学特性影响的试验[J]. 煤炭科学技术, 2010, 38(1): 17-19.

[14] 李天斌，陈子全，陈国庆，等. 不同含水率作用下砂岩的能量机制研究[J]. 岩土力学, 2015, 36(S2): 229-236.

[15] Zhong S, Baitalow F, Reinmöller M, et al. Relationship between the tensile strength of irregularly shaped coal particles and various fuel properties[J]. Fuel, 2019, 236: 92-99.

[16] McCunney R J, Morfeld P, Payne S. What component of coal causes coal workers' pneumoconiosis?[J]. Journal of Occupational and Environmental Medicine, 2009, 51(4): 462-471.

[17] Xu C, Wang D, Wang H, et al. Effects of chemical properties of coal dust on its wettability[J]. Powder Technology, 2017, 318: 33-39.

[18] Organiscak J A, Page S J, Jankowski R A. Relationship of Coal Seam Parameters and Airborne Respirable Dust at Longwalls[R]. Pittsburgh, PA: U. S. Department of the Interior, Bureau of Mines, 1992.

[19] Wang H, Wang D, Ren W, et al. Application of foam to suppress rock dust in a large cross-section rock roadway driven with roadheader[J]. Advanced Powder Technology, 2013, 24(1): 257-262.

[20] Nie B, Liu X, Yang L, et al. Pore structure characterization of different rank coals using gas adsorption and scanning electron microscopy[J]. Fuel, 2015, 158(C): 908-917.

[21] 彭瑞东，杨彦从，鞠杨，等. 基于灰度 CT 图像的岩石孔隙分形维数计算[J]. 科学通报, 2011, 56(26): 2256-2266.

[22] Baud P, Wong T, Zhu W. Effects of porosity and crack density on the compressive strength of rocks[J]. International Journal of Rock Mechanics and Mining Sciences, 2014, 67: 202-211.

[23] Zhang Y, Sun Q, He H, et al. Pore characteristics and mechanical properties of sandstone under the influence of temperature[J]. Applied Thermal Engineering, 2017, 113: 537-543.

[24] Zhang J, Davis D M, Wong T. The brittle-ductile transition in porous sedimentary rocks: Geological implications for accretionary wedge aseismicity[J]. Journal of Structural Geology, 1993, 15(7): 819-830.

[25] Fakhimi A, Alavi Gharahbagh E. Discrete element analysis of the effect of pore size and pore distribution on the mechanical behavior of rock[J]. International Journal of Rock Mechanics and Mining Sciences, 2010, 48(1): 77-85.

[26] Chen X, Wu S, Zhou J. Influence of porosity on compressive and tensile strength of cement mortar[J]. Construction and Building Materials, 2013, 40: 869-874.

[27] Zhou W D, Wang H T, Wang D M, et al. The influence of pore structure of coal on characteristics of dust generation during the process of conical pick cutting[J]. Powder Technology, 2020, 363: 559-568.

[28] Xu J, Zhai C, Liu S, et al. Investigation of temperature effects from LCO_2 with different cycle parameters on the coal pore variation based on infrared thermal imagery and low-field nuclear magnetic resonance[J]. Fuel, 2018, 215: 528-540.

[29] Zhang Z, Weller A. Fractal dimension of pore-space geometry of an Eocene sandstone formation[J]. Geophysics, 2014, 79(6): 377-387.

[30] Cai Y, Liu D, Pan Z, et al. Petrophysical characterization of Chinese coal cores with heat treatment by nuclear magnetic resonance[J]. Fuel, 2013, 108: 292-302.

[31] Hodot B B. Outburst of Coal and Coalbed Gas[M]. Beijing: China Industry Pressing, 1966.

[32] Wang X, Su O. Specific energy analysis of rock cutting based on fracture mechanics: A case

study using a conical pick on sandstone[J]. Engineering Fracture Mechanics, 2019, 213: 197-205.
[33] Millard D J. Relationship between strength and porosity for coal compacts[J]. British Journal of Applied Physics, 1959, 10(6): 287-290.
[34] Li D, Li Z, Lv C, et al. A predictive model of the effective tensile and compressive strengths of concrete considering porosity and pore size[J]. Construction and Building Materials, 2018, 170: 520-526.
[35] Washburn E W. The dynamics of capillary flow[J]. Physical Review, 1921, 17(3): 273-283.
[36] Zheng S, Yao Y, Liu D, et al. Characterizations of full-scale pore size distribution, porosity and permeability of coals: A novel methodology by nuclear magnetic resonance and fractal analysis theory[J]. International Journal of Coal Geology, 2018, 196: 148-158.
[37] Liu L, Fang Z, Qi C, et al. Experimental investigation on the relationship between pore characteristics and unconfined compressive strength of cemented paste backfill[J]. Construction and Building Materials, 2018, 179: 254-264.
[38] Evans I. A theory of the cutting force for point-attack picks[J]. International Journal of Mining Engineering, 1984, 2(1): 63-71.
[39] Zhou W D, Wang H T, Wang D M, et al. An experimental investigation on the influence of coal brittleness on dust generation[J]. Powder Technology, 2020, 364: 457-466.
[40] Gong Q M, Zhao J. Influence of rock brittleness on tbm penetration rate in singapore granite[J]. Tunnelling and Underground Space Technology Incorporating Trenchless Technology Research, 2006, 22(3): 317-324.
[41] Chen L H, Labuz J F. Indentation of rock by wedge-shaped tools[J]. International Journal of Rock Mechanics and Mining Sciences, 2006, 43: 1023-1033.
[42] Lawn B R, Marshall D B. Hardness, toughness, and brittleness: An indentation analysis[J]. Journal of the American Ceramic Society, 1979, 62: 347-350.
[43] Goktan R M. Applicability of rock brittleness ratio in percussive drilling performance[J]. Journal of Engineering and Architecture Faculty, 1992, 8: 89-99.
[44] Das B, Hucka V. Laboratory investigation of penetration properties of the complete coal series[J]. International Journal of Rock Mechanics and Mining Sciences & Geomechanics-Abstracts, 1975, 12(7): 213-217.
[45] Inyang H I, Pitt J M. Standardization of a percussive drill for measurement of the compressive strength of rocks[J]. International Journal of Rock Mechanics and Mining Sciences and Geomechanics Abstracts, 1991, 28(5): 304.
[46] Altindag R. The evaluation of rock brittleness concept on rotary blast hold drills[J]. Journal of the Southern African Institute of Mining and Metallurgy, 2002, 102(1): 61-66.
[47] Altindag R. Correlation of specific energy with rock brittleness concepts on rock cutting[J]. The Journal of the Southern African Institute of Mining and Metallurgy, 2003, 103(3): 163-171.
[48] Thuro K. Drillability prediction: Geological influences in hard rock drill and blast tunnelling[J]. Geologische Rundschau, 1997, 86(2): 426-438.
[49] 中华人民共和国住房和城乡建设部，中华人民共和国国家质量监督检验检疫总局. 工程岩体试验方法标准: GB/T 50266—2013[S]. 北京：中国计划出版社, 2013.

[50] Singh S P. Brittleness and the mechanical winning of coal[J]. Mining Science and Technology, 1986, 3(3): 173-180.

[51] Atici U, Ersoy A. Correlation of specific energy of cutting saws and drilling bits with rock brittleness and destruction energy[J]. Journal of Materials Processing Technology, 2008, 209(5): 2602-2612.

[52] Zhou W D, Wang H T, Wang D M, et al. The effect of geometries and cutting parameters of conical pick on the characteristics of dust generation: Experimental investigation and theoretical exploration[J]. Fuel Processing Technology, 2020, 198: 106243.

第 3 章　矿井采掘工作面粉尘时空分布演化规律研究

煤矿粉尘是煤炭生产过程中产生的并能够较长时间悬浮于空气中的固体细微颗粒的总称。我国煤矿以井工开采为主，在煤矿井下，尘源点众多、粉尘浓度动态变化，粉尘在不同时间、空间下的运移扩散行为与尘粒的空间受力和井巷风流状态有着密切关系。掌握矿井粉尘时空分布规律是实现粉尘精准防控的基础。本章将对煤矿井下尘源点分布及粉尘受力与运动特性、综采和综掘工作面气载粉尘时空分布规律等内容进行介绍。

3.1　煤矿井下尘源点分布及粉尘受力分析

3.1.1　矿井尘源点分布

矿井粉尘主要来源于井下采煤、掘进、支护、运输等生产环节，产尘量受煤岩自身性质、煤岩破碎工艺、作业点通风条件等因素影响。据统计，煤矿井下各生产环节所产生的浮游粉尘量占矿井总粉尘量的大致比例如下[1]：采煤工作面 50%，掘进工作面 35%，喷浆支护作业点 10%，煤炭运输（装、运、卸）环节 5%，即“采、掘、运”三个环节的产尘量约占矿井总产尘量的 90%。

采煤工作面的产尘源主要包括割煤、移架和放煤。在割煤过程中，煤炭受到滚筒截齿的不断挤压而破碎，产生大量煤尘，煤炭下落过程中受风流影响使粉尘飞扬[2]；在降架、拉架、升架过程中，支架上方破碎煤层由于失去支撑而垮落，在掉落过程中因碰撞、冲击等作用进一步破碎，产生并释放粉尘，同时移架引起的局部风流会对沉积粉尘造成扰动，引起二次扬尘。根据现场实测，综采工作面在没有任何防尘措施的情况下，在采煤机截割和移架等工序同时进行时，粉尘峰值浓度可达 2500～3000mg/m^3 [3]。

综掘工作面是煤矿井下最主要的产尘点之一，其中 80%的粉尘是由掘进机在掘进过程中破碎煤岩产生的：掘进机截割煤岩时尖锐的刀齿会挤压煤岩，造成接触点处的煤岩破碎，随着刀体的进一步前进，接触点再次破碎，直至形成压固核或粉化核；刀齿的能量通过粉化核传给其周围煤岩，在未破碎的煤岩与粉化核之间的区域是许多微裂纹集合体，当截割力达到一定界限时，裂纹彻底失稳形成自由面而放出能量造成大量粉尘飞扬，粉尘质量浓度最高可达 1000mg/m^3[4,5]。

锚喷支护是煤矿井下主要的支护手段，其中喷浆作业是锚喷支护过程中主要的产尘源[6]。混合料从喷枪射出时，因高压气体作用，出现物料离析，同时产生受喷面撞击反弹等现象，使大量的水泥等粉尘微粒分离、扩散，喷枪与受喷面间产尘量急剧增加，该过程占喷浆作业产生总量的 80%以上[7]，粉尘浓度可达200～500mg/m^3，其中呼吸性粉尘含量达 20%，远远超过了我国《煤矿作业场所职业病危害防治规定》中规定的1.5mg/m^{3}的呼吸性粉尘限值[8,9]。

在煤炭运输过程中，受到气流和皮带震动等影响，大量粉尘扩散到巷道中。以输煤转载点为例[10,11]，破碎煤体增大了与空气的接触面积，原煤失水后，细颗粒粉尘由于黏附力不足而从煤体分离；皮带运输机高速运动引起周边气流变化，粉尘随流动空气运动形成煤流尘化现象[12]；由于皮带运输机机头、机尾高差过大，原煤在转载点做抛物线运动，细颗粒粉尘悬浮在空气中，沉积粉尘在抛落过程中引发二次扬尘；下落煤体冲击下层皮带，对皮带的震动挤压作用使煤体间的气流被挤压出去，同时携带细颗粒粉尘逸散[13]，该过程中全尘、呼吸性粉尘浓度可分别高达200mg/m^{3}和50mg/m^{3}以上。

我国存在高瓦斯突出煤层的煤矿占煤矿总数的25%以上，与低瓦斯煤层相比，高瓦斯突出煤层产尘点更多、产尘量更大，粉尘浓度普遍比低瓦斯煤层高20%以上，且高瓦斯工作面风速更高，粉尘治理难度更大。

3.1.2 粉尘的空间受力特性

1. 粉尘空间受力

悬浮在空气中的粉尘同时受多种力的作用，主要包括重力、浮力、拖曳阻力、布朗力、Saffman升力、热泳力和附加质量力[14-16]。

1）重力

巷道粉尘受自身重力的影响，所受重力和粒径有很大的关系，为研究问题方便，将不规则的粉尘颗粒简化为规则的球体，那么尘粒重力为

$$G=\frac{\pi}{6}d_p^3\rho_p g \tag{3.1}$$

式中，d_p为粉尘粒径，mm；ρ_p为粉尘密度，kg/m^3。

2）浮力

巷道中粉尘受到的浮力与重力的方向相反，其表达式为

$$F_t=\frac{\pi}{6}d_p^3\rho_t g \tag{3.2}$$

式中，ρ_t为空气密度，kg/m^3。

3）拖曳阻力

粉尘颗粒做匀速运动时，静止的流体对它产生力的作用称为拖曳阻力。粉尘

颗粒表面存在流体黏性，导致其表面产生不对称分布的表面压强和剪应力，因此，粉尘颗粒在黏性流体中运动所受的拖曳阻力主要是流体与球体（粉尘颗粒简化的模型）作用的压差和摩擦阻力共同作用而成，阻力表达式如下：

$$F_r = F_D\left(u - u_p\right), \quad F_D = \frac{18\mu}{\rho_p d_p^2}\frac{C_D Re}{24} \tag{3.3}$$

式中，u 为流体的速度，m/s；u_p 为粉尘颗粒的速度，m/s；Re 为雷诺数；C_D 为粉尘颗粒的阻力系数，阻力系数 C_D 与颗粒的雷诺数有关，可表示为

$$C_D = a_1 + a_2/Re + a_3/Re \tag{3.4}$$

式中，a_1、a_2、a_3 为对于外形为球形的颗粒，在一定的雷诺数区间内可视为常数。

4）布朗力

对微细颗粒而言，布朗力的影响不可忽视，其谱密度为

$$S_{nij} = S_0\delta_{ij} \tag{3.5}$$

$$S_0 = \frac{2116\nu\sigma T}{\pi^2 \rho d_p^5 \left(\frac{\rho_p}{\rho}\right)^2 C_C} \tag{3.6}$$

式中，δ_{ij} 为克罗内克符号；T 为温度；ν 为气体的运动黏度；σ 为 Stefan-Boltanann 常数；ρ 为气体密度；C_C 为布朗力系数。

5）Saffman 升力

在颗粒所受附加力中也可以考虑由于横向速度梯度（深剪切层流动）引起的 Saffman 升力，其表达式一般为

$$\overline{F} = \frac{2K\nu^{\frac{1}{2}}\rho d_{ij}}{\rho_p d_p \left(d_{ik} d_{kl}\right)^{\frac{1}{4}}}\left(\overline{v} - \overline{v}_p\right) \tag{3.7}$$

式中，K=2.594；d_{ij}、d_{ik} 和 d_{kl} 为流体变形速率张量；ν 表示流体流速；$\overline{v}$ 表示流体横向速度；$\overline{v}_p$ 表示颗粒横向速度。

6）热泳力

悬浮在具有温度梯度的气体流场中的颗粒会受到一个与温度梯度相反的作用力，这种现象被称为“热泳”。假定颗粒为球形，气体为理想气体。热泳力的表达式为

$$F_T = -D_{T,\rho}\frac{Pl}{T}\frac{\partial T}{\partial x} \tag{3.8}$$

式中，$D_{T,\rho}$ 为热泳力系数；P 表示气体压力；l 表示温度场长度；x 表示温度梯度

方向。

7）附加质量力

附加质量力是用来描述由于颗粒周围流体加速而引起的附加作用力，其表达式为

$$F_x = \frac{1}{2}\frac{\rho}{\rho_p}\frac{\mathrm{d}}{\mathrm{d}t}\left(u - u_p\right) \tag{3.9}$$

当 $\rho>\rho_p$ 时，附加质量力不容忽视，由流场中存在的流体压力梯度引起的附加作用力为

$$F_x = \left(\frac{\rho}{\rho_p}\right)u_p\frac{\partial u}{\partial x} \tag{3.10}$$

2. 粉尘的力平衡

在拉格朗日坐标系下，利用颗粒的作用力微分方程来求解颗粒的轨道，颗粒的作用力平衡方程（颗粒惯性力=作用在颗粒上的各种力）在笛卡儿坐标系下的形式（x 方向）为

$$\frac{\partial u_p}{\partial x} = F_D + \frac{g_x(\rho_F - \rho)}{\rho_p d_p^2} + F_x \tag{3.11}$$

式中，F_D 为拖曳阻力；g_x 指 x 方向上的重力系数；ρ_F 指轨道上的流体密度。

3. 粉尘在重力作用下的运动

对于颗粒比较大的粉尘，自身重力对其在空间中运动的影响较大，重力对粒子扩散的影响使其扩散中心向下倾斜。其沉降速度可用下式表示

$$v_t = \sqrt{\frac{4(\rho_p - \rho_g)gd_p}{3\rho_g C_s}} \tag{3.12}$$

式中，ρ_p 为粒子密度，kg/m^3；ρ_g 为空气密度，kg/m^3；d_p 为粒子直径，mm；C_s 为空气阻力系数。

对距地面高 H 处的尘源扩散的影响为

$$c(x,y,z,H) = \frac{Q}{2\pi\sigma_y\sigma_z u}\exp\left[-\left(\frac{y^2}{2\sigma_y^2}\right) + \frac{\left(z + \frac{v_x}{u} - H\right)^2}{2\sigma_z^2}\right] \tag{3.13}$$

式中，Q 为高度为 H 时的重力势能；u 为粒子在 x 方向上的运动加速度；v_x 表示在 x 方向上的运动速度。

4. 粉尘的扩散

在笛卡尔坐标系下，z 坐标为垂直地面方向。在各向同性的介质中，扩散的数学模型基于同一个基本假设，即穿过单位截面积的扩散物质的迁移速度与该面的物质浓度成比例，即菲克第一扩散定律

$$F=-D\frac{\partial C}{\partial x} \tag{3.14}$$

式中，F 为在单位时间内通过单位面积的粒子数，个；C 为扩散物质的浓度，个/（m·s）；D 为扩散系数，与流体及粉尘的性质有关，m^2/s；式中负号说明物质向浓度相反的方向扩散。

当考虑浓度变化时，根据质量守恒定律来分析体积微元中物质与时间（t）的关系。若设 x、y、z 为体积微元中立体坐标的三个方向，t 为扩散开始流失的时间，则可导出物质扩散的基本微分方程

$$\frac{\partial C}{\partial t}+\frac{\partial F_x}{\partial x}+\frac{\partial F_y}{\partial y}+\frac{\partial F_z}{\partial z}=0 \tag{3.15}$$

式中，F_x、F_y、F_z 为单位时间内在 x、y、z 方向上通过单位面积的粒子数。当扩散系数为常数时，F_x、F_y、F_z 由式（3.15）决定，则式（3.15）可化为

$$\frac{\partial C}{\partial t}=D\left(\frac{\partial^2 C}{\partial x^2}\frac{\partial^2 C}{\partial y^2}\frac{\partial^2 C}{\partial z^2}\right) \tag{3.16}$$

当考虑粉尘粒子在一维方向上扩散时，扩散方程可用向量表示为

$$\frac{\partial C}{\partial t}=D\left(\frac{\partial^2 C}{\partial x^2}\right) \tag{3.17}$$

式（3.17）即为描述尘粒扩散的菲克第二定律。方程中的扩散系数极为重要，代表了粉尘粒子在空气中扩散的难易程度，其大小与粒子性质及温度有关。当扩散过程稳定时，可得

$$D=\frac{kTE}{3\pi\mu d_p}\text{或}D=kTB \tag{3.18}$$

式中，k 为玻尔兹曼常数；T 为热力学温度，K；E 为修正系数；μ 为介质黏性系数；d_p 为粒子直径，mm；B 为粒子的迁移率，mm/s。

扩散系数 D 随温度的升高而增大，对于粒径较大的粒子，修正系数可以忽略。扩散系数与粉尘密度无关，与粒径大小成反比，同时扩散系数的大小也可表示扩散运动的强弱。

3.1.3　煤矿粉尘在风流中的运动特性

1. 井巷空气流动状态

矿井空气为黏性流体，黏性流体有两种流动状态：当流体流速很小、黏性较大或在管径很小的管道中流动时，各层之间的流体互不混合，流体质点流动的轨迹为直线或有规则的平滑曲线，这种状态称为层流（滞流）；如果流体流动时，流体质点的流动轨迹是极不规则的，各部分流体强烈地互相混合、渗透，除了有沿流体总方向的位移外，还有垂直于流体总方向的位移，流体内部存在着时而产生时而消灭的漩涡，这种状态称为紊流（湍流）。

流体的流动状态并不是一成不变的，随着流体运动参数及所处环境参数的变化，层流与紊流会相互转化。对于气体而言，层流与紊流间的转变关系取决于运动黏性系数、流体的平均速度与管道水力直径，这些因素的综合影响通常可以用雷诺数来表示，对于圆形管道，有

$$Re = \frac{Vd}{\nu} \tag{3.19}$$

式中，ν 为空气的运动黏性系数，通常取为 $14.4\times10^{-6}\mathrm{m^2/s}$；$V$ 为空气的平均速度，m/s；d 为管道水力直径，m。

当 $Re\leqslant2320$ 时，流体呈层流流动；当 $2320<Re<4000$ 时，流体开始向紊流流动过渡；当 $Re\geqslant4000$ 时，流体表现为湍流流动[9]。对于非圆形断面的井巷，式（3.19）中的管道直径 d 以井巷断面的当量直径 d_e 来表示

$$d_e = 4\frac{S}{U} \tag{3.20}$$

因此，非圆形断面井巷的雷诺数可表示为

$$Re = \frac{4VS}{\nu U} \tag{3.21}$$

式中，V 为井巷断面上的平均风速，m/s；S 为井巷断面面积，$\mathrm{m^2}$；U 为井巷断面周长，m。

对于不同形状的井巷断面，其周长 U 与断面面积 S 的关系可用式（3.22）表示为

$$U = C_s\sqrt{S} \tag{3.22}$$

式中，C_s 为断面形状系数：梯形 $C_s=4.16$；三心拱 $C_s=3.85$；半圆拱 $C_s=3.90$。

将式（3.22）代入式（3.21），可得

$$Re = \frac{4VS}{U\nu} = \frac{4VS}{C\nu\sqrt{S}} = \frac{4V\sqrt{S}}{C_s\nu} \tag{3.23}$$

由于煤矿中大部分巷道的断面面积大于 2.5m^2，且矿井各巷道的最低风速均在 0.15～0.25m/s，故

$$Re_{\min} = \frac{4\times 0.15\times \sqrt{2.5}}{3.85\times 14.4\times 10^{-6}} = 17112 > 4000 \tag{3.24}$$

由此可见，绝大部分井巷的风流呈紊流状态，只有极少数为层流状态。

2. 气流中粉尘颗粒的运动行为

对于气流中粉尘颗粒的分离来说，首要的就是要了解亚微粒、细粒和粗粒的运动特性。图 3.1 为沿平板层流的流动状态[17]。粗颗粒落到平板时的运动轨迹几乎是直线；细颗粒（粒径 $d_p = 5$～$10\mu\text{m}$）落到平板上的轨迹不是直线而是抛物线；亚微粒（粒径 $d_p \leqslant 0.5\mu\text{m}$）将继续在层流气流中漂移，同时由于与气体分子碰撞而显示出了随机的布朗运动的特性。因此，在只有重力场而没有电力、磁力或其他外力场的情况下，无法控制层流气流中亚微粒子的运动。

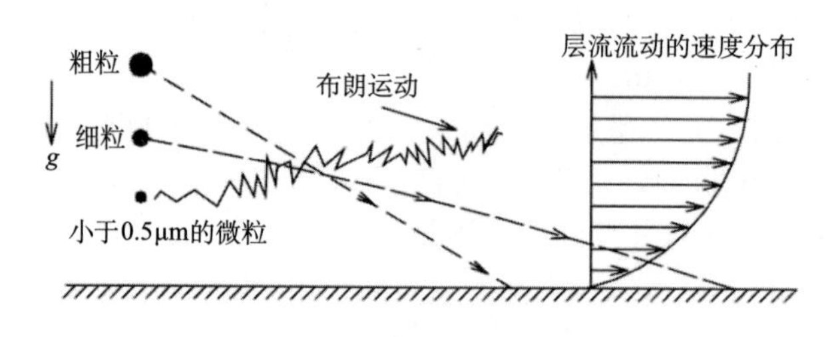

图 3.1　颗粒在层流气流中的行为

图 3.2 为平板湍流的流动形态[17]，在同一图中画出了重力场中固体颗粒的 3 种运动状态。湍流气流中，有分别对应于 x 轴、y 轴及 z 轴的脉动速度分量：$\sqrt{\overline{V}_x^2}$ 、$\sqrt{\overline{V}_y^2}$ 和 $\sqrt{\overline{V}_z^2}$ 。这些脉动速度妨碍了细粒的分离。粗粒的运动情况取决于时均速度分布和脉动速度，其落到平板时的运动轨迹近似是直线或抛物线；细粒不一定都落到平板上，有些会继续随着湍流气流游动；判定颗粒在湍流气流中是游动还是不游动的标准是湍流尺度[18]（主要指构成湍流的涡体长度尺度及其运动特征尺度[19]）及静止气流中颗粒的终端沉降速度。因此，仅通过重力分离或控制湍流气流中细粒和亚微粒就变得很困难。为了用机械分离出湍流气流中的细粒和亚微粒，需要借助于离心力、热梯度力[20,21]、电场力或磁场力。

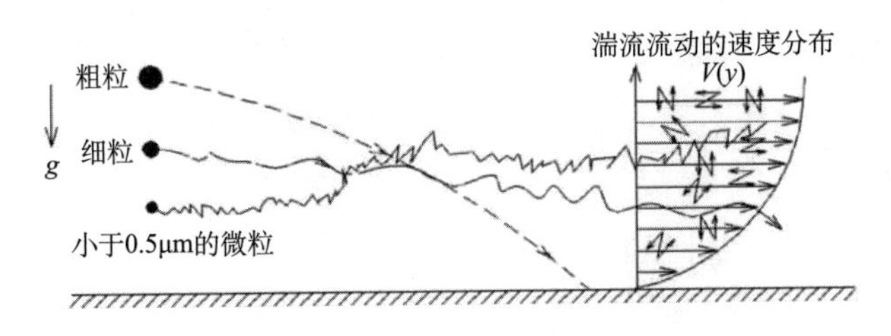

图 3.2　颗粒在湍流气流中的行为

3. 粉尘颗粒在风流中的运动方程

颗粒在风流中运动时受到流体阻力 R 的作用。设颗粒与流体的相对速度为 u，颗粒的迎流体投影面积为 A，流体的密度为 ρ，则有 Newton 阻力定律[22]：

$$R = C_{\mathrm{D}} A \left(\frac{\rho u^2}{2} \right) \tag{3.25}$$

式中，C_{D} 为阻力系数，它是雷诺数的函数。

颗粒的雷诺数为

$$Re_p = \frac{D_p u \rho}{\mu} \tag{3.26}$$

式中，D_p 为颗粒直径，μm；μ 为流体的动力黏度，$\mathrm{Pa \cdot s}$。

在雷诺数较小即层流状态下，作用于直径为 D_p 的球形颗粒的斯托克斯黏性阻力定律可表示为[22]

$$R = 3\pi \mu D_p u \tag{3.27}$$

考虑到颗粒在 z 轴方向运动的意义不大，此处仅分析粉尘颗粒在 xoy 平面内的二元运动，如图 3.3 所示。

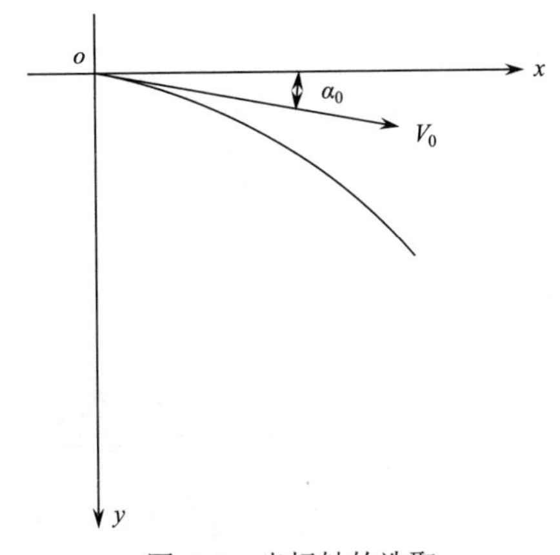

图 3.3　坐标轴的选取

颗粒在流体中自坐标原点与水平方向呈α_0角度向下抛出时，在重力作用下逐渐向下运动，由于流体阻力的作用，颗粒的水平分速度迅速减小。

设球形颗粒质量为m，直径为D_p，密度为ρ_p，则其运动方程式为

$$\begin{cases} m\left(\dfrac{\mathrm{d}u_x}{\mathrm{d}\theta}\right)=-3\pi\mu D_p u_x \\ m\left(\dfrac{\mathrm{d}u_y}{\mathrm{d}\theta}\right)=\dfrac{m}{\rho_p}g(\rho_p-\rho)-3\pi\mu D_p u_y \end{cases} \tag{3.28}$$

式中，u_x为粒子的水平分速度，m/s；u_y为粒子的垂直分速度，m/s。

因$m=\dfrac{\pi D_p^2\rho_p}{6}$，令$\dfrac{3\pi\mu D_p}{m}=\dfrac{18\mu}{\rho_p D_p^2}=a$，$\left(1-\dfrac{\rho}{\rho_p}\right)g=g'$，得

$$\begin{cases} \dfrac{\mathrm{d}u_x}{\mathrm{d}\theta}+au_x=0 \\ \dfrac{\mathrm{d}u_y}{\mathrm{d}\theta}+au_y=g' \end{cases} \tag{3.29}$$

将初始条件$\theta=0$，$x=0$，$y=0$，$u_x=v_0\cos\alpha_0$，$u_y=v_0\sin\alpha_0$代入式（3.29）并积分，可得

$$\begin{cases} x=\dfrac{v_0\cos\alpha_0}{a}\{1-\exp(-a\theta)\} \\ y=\dfrac{g'}{a}\theta-\left(\dfrac{g'}{a}-v_0\sin\alpha_0\right)\dfrac{1}{a}\{1-\exp(-a\theta)\} \end{cases} \tag{3.30}$$

将上式消去θ，便能得到粉尘颗粒的轨迹方程式：

$$y=-\frac{g'}{a^2}\ln\left(1-\frac{ax}{v_0\cos\alpha_0}\right)-\left(\frac{g'}{a}-v_0\sin\alpha_0\right)\frac{x}{v_0\cos\alpha_0} \tag{3.31}$$

在式（3.30）中，如令$\theta\to\infty$，可求得粉尘颗粒在水平方向的最大运动距离$x_{\max}$，即

$$x_{\max}=\frac{v_0\cos\alpha_0}{a}=\frac{\rho_p D_p^2}{18\mu}v_0\cos\alpha_0 \tag{3.32}$$

由式（3.32）可知，粉尘的水平运动距离与其密度、粒径的平方、初速度成正比，与井下空气的黏度成反比。据此可提出控制粉尘运移的有效方法和手段，为防治矿井粉尘提供指导。

3.2　综采工作面气载粉尘时空分布数值模拟

综采工作面是粉尘防控的重点区域，研究粉尘时空分布特性对实现高效降尘

具有一定的指导意义。目前，国际学者已经通过数值模拟在综采工作面的粉尘扩散和污染规律中获得了许多有价值的成果。如刘荣华等[23]基于气固两相流理论建立了割煤过程中的粉尘扩散模型，研究了综采工作面采煤机周围气流场和粉尘浓度的分布规律。谭聪等[24]采用欧拉-拉格朗日方法，模拟了综采工作面粉尘扩散，分析了风速、刮板输送机转速和滚筒转速对切煤过程中粉尘扩散的影响。姚锡文等[25-27]通过数值模拟，研究了不同开采程序和参数对粉尘扩散及其浓度分布的影响。Alam[28]使用 FLUENT（计算流体动力学软件），模拟了巷道在工作条件下的粉尘分布和扩散。Ren 等[29]应用计算流体动力学（CFD）模型分析了长壁综采工作面的粉尘扩散。Patankar 和 Joseph[30]使用大涡模拟（LES）对气流场中不同斯托克斯数的粉尘颗粒的空间分布特征进行了模拟。但以上研究未考虑采煤机顺风、逆风割煤条件下的粉尘运移情况。本节主要介绍滚筒截割煤体产生的粉尘顺着风流、横向随机扩散及不同风速下的粉尘运移规律。

3.2.1　气固两相流理论

在本节所研究的问题中，颗粒的粒径大小是不相等的，而不同粒度的颗粒具有不同的空气动力学特性，在风流中的运动也存在差异，在构建模型时，运用取近似法，即取颗粒的平均直径代表颗粒群。

1. 层流流动的微分方程组

采用滑移扩散模型，从质量守恒定律、动量守恒定律、能量守恒定律出发，分别导出流体相和颗粒相的连续性方程、动量方程和能量方程。

1）连续性方程

对气体相：

$$\frac{\partial\left(\rho_g U_{gi}\right)}{\partial x_i}=S \tag{3.33}$$

对颗粒相：

$$\frac{\partial\left(\rho_p U_{pi}\right)}{\partial x_i}=-\frac{\partial}{\partial x_i}\left(\overline{\rho_p' U_{pi}'}\right)+S_p \tag{3.34}$$

式中，ρ_g 和 ρ_p 分别为气体相和颗粒相的表观密度，kg/m^3；U_{gi} 和 U_{pi} 分别为 i 方向上气体相和颗粒相的速度分量，m/s；S_p 为颗粒相源项；S 为气体相源项。

2）动量方程

动量守恒定律指出，体积 V 中流体动量的变化率等于作用在该体积上的质量力与面力之和。各相的动量方程如下。

对气体相：

$$\frac{\partial\left(\rho_p U_{gi} U_{gj}\right)}{\partial x_i}=-\frac{\phi_g \partial P}{\partial x_i}+\frac{\partial \tau_{ij}}{\partial x_i}+\rho_p g_i+\frac{\rho_k}{t_{rk}}\left(U_{pi}-U_{gi}\right)+U_{gi}S \tag{3.35}$$

对颗粒相：

$$\frac{\partial(\rho_p U_{pi} U_{pj})}{\partial x_i}=-\frac{\phi_p \partial P}{\partial x_i}+\frac{\partial \tau_{ij}}{\partial x_i}+\rho_p g_i+\frac{\rho_k}{t_{rk}}(U_{gi}-U_{pi})+U_{pi}S_p \tag{3.36}$$

式中，P 为混合物压力，kg/m^2；g_i 为重力加速度分量，m/s^2；τ_{ij} 为空气相的黏性应力张量；t_{rk} 为颗粒动量传递的松弛时间常数；ρ_k 表示混合物密度；ϕ_g 表示气体单位面积；ϕ_p 表示颗粒单位面积。

3）能量方程

能量守恒定律指出：体积 V 内流体的动能和内能的改变率等于单位时间内质量力和面力所做的功加上单位时间内给予体积 V 的能量。假设矿井空气为理想流体，其内能是温度的单值函数，所以内能的变化量等于体积 V 内热量的变化率。当流体温度为定值时，内能和体积 V 内的能量均不变，这时能量方程简化为动能的改变率等于单位时间内质量力和面力所做的功，能量方程具有等效意义，因此能量方程无须列出，能量方程不与其他方程耦合，流体运动可独立于温度场求解。

2. 湍流流动的微分方程组

对于湍流多相流，用时平均法由层流多相流方程推导出湍流多相流的时均方程组如下。

气体相连续方程：

$$\frac{\partial(\rho_g U_{gi})}{\partial x_i}=S \tag{3.37}$$

颗粒相连续方程：

$$\frac{\partial(\rho_p U_{pi})}{\partial x_i}=-\frac{\partial}{\partial x_i}(\overline{\rho_g' U_{pt}'})+S_p \tag{3.38}$$

气体相动量方程：

$$\frac{\partial(\rho_g U_{gi} U_{gj})}{\partial x_i}=-\frac{\phi_g \partial P}{\partial x_i}+\frac{\partial \tau_{ij}}{\partial x_i}+\rho_p g_i+\frac{\rho_k}{t_{rk}}(U_{pi}-U_{gi})+U_{gi}S-\frac{\partial}{\partial x_i}(\rho_g'\overline{U_{pi}' U_{gj}'}) \tag{3.39}$$

颗粒相动量方程：

$$\begin{aligned}\frac{\partial(\rho_p U_{pi} U_{pj})}{\partial x_i}=&-\frac{\phi_p \partial P}{\partial x_i}+\frac{\partial \tau_{ij}}{\partial x_i}+\rho_p g_i+\frac{\rho_k}{t_{rk}}(U_{gi}-U_{pi})\\&+U_{pi}S_p-\frac{\partial}{\partial x_i}(\rho_g'\overline{U_{pi}' U_{pj}'}+U_{pi}'\overline{\rho_g' U_{pt}'}+U_{pj}'\overline{\rho_p' U_{pi}'}+\rho_p'\overline{U_{pi}' U_{pj}'})\end{aligned} \tag{3.40}$$

得到湍流两相流的时均方程组：

$$\frac{\partial(\rho_g U_{gi})}{\partial x_i}=S \tag{3.41}$$

$$\frac{\partial(\rho_p U_{pi})}{\partial x_i}=\frac{\partial}{\partial x_i}\left(\frac{v_p}{\sigma_p}\frac{\partial \rho_p}{\partial x_i}\right)+S_p \tag{3.42}$$

$$\frac{\partial(\rho_g U_{gi} U_{gj})}{\partial x_i}=-\frac{\phi_g \partial P}{\partial x_i}+\frac{\partial \tau_{ij}}{\partial x_i}+\rho_p g_i+\frac{\rho_k}{t_{rk}}(U_{pi}-U_{gi})+U_{gi}S \tag{3.43}$$

$$\frac{\partial(\rho_p U_{pi} U_{pj})}{\partial x_i}=-\frac{\phi_p \partial P}{\partial x_i}+\frac{\partial \tau_{ij}}{\partial x_i}+\rho_p g_i+\frac{\rho_k}{t_{rk}}(U_{gi}-U_{pi})+F_t+F_m \tag{3.44}$$

式中，F_t 表示颗粒湍流黏性（即两个不同脉动速度分量的关联）所引起的动量输运；F_m 表示颗粒质量扩散（浓度及速度脉动关联）所引起的动量输运。式（3.41）～式（3.44）和 $\rho_g=\overline{\rho_g}\left(1-\rho/\overline{\rho}\right)$ 即为工作面粉尘运移和分布的控制微分方程组，对于三维问题，它由 9 个方程组成，再引入定解条件，则方程组封闭可解。

3.2.2　综采工作面粉尘运移数学模型

1. 气体流动的数学模型

综采工作面上的气体流动控制方程组采用三维稳态不可压纳维-斯托克斯（Navier-Stokes）方程，数值模拟时所需的气体流动数学模型主要用来确定工作面气体的速度场和压力场分布，精度要求并不高，所以湍流流动采用工程上应用最广的 k-ε 双方程模型，模型内只考虑动量传输，忽略传热，具体形式如下。

不可压缩黏性流体连续性方程：

$$\frac{\partial}{\partial x}(\rho u_i)=0 \tag{3.45}$$

式中，ρ 为气体密度，kg/m^3；u_i 为气体速度，m/s。

不可压缩黏性流体的运动方程：

$$\frac{\partial}{\partial x_i}\rho u_i u_j=-\frac{\partial P}{\partial x_i}+\frac{\partial}{\partial x_i}\left[(\mu+\mu_t)\frac{\partial u_j}{\partial x_i}+\frac{\partial u_i}{\partial x_j}\right] \tag{3.46}$$

式中，x_i 为 x、y、z 方向上的坐标，m；u_i 为流体在 x、y、z 方向上的速度，m/s；P 为湍流有效压力，Pa；μ_t 为湍流黏性系数，Pa·s；μ 为层流黏性系数，Pa·s。

k 方程：

$$\frac{\partial}{\partial x_i}(Pu_i k)=\frac{\partial}{\partial x_i}\left[\left(\mu+\frac{\mu_t}{\sigma_k}\right)\frac{\partial k}{\partial x_i}\right]+G_k-\rho\varepsilon \tag{3.47}$$

ε 方程：

$$\frac{\partial}{\partial x_i}(Pu_i\varepsilon)=\frac{\partial}{\partial x_i}\left[\left(\mu+\frac{\mu_t}{\sigma_k}\right)\frac{\partial\varepsilon}{\partial x_i}\right]+\frac{C_{\varepsilon1}\varepsilon}{k}G_k-C_{\varepsilon2}\rho\frac{\varepsilon^2}{k} \tag{3.48}$$

$$\mu_t=c_\mu\rho\frac{k^2}{\varepsilon} \tag{3.49}$$

$$G_k=\mu_t\frac{\partial u_j}{\partial x_i}+\frac{\partial u_i}{\partial x_j} \tag{3.50}$$

式中，k 为湍动能，m^2/s^2；G_k 为由剪切力变化产生的湍动能变化率；ε 为湍动能耗散率，m^2/s^3；$C_{\varepsilon1}$、$C_{\varepsilon2}$、σ_ε 为常数，分别取 1.44、1.92、1.3；σ_k 为模型常数；c_μ 为常数，取值 0.09。

2. 气固两相流的描述方法

研究多相湍流流动基本上有两类不同的方法：一类是欧拉法，或称多相流方法，把连续相，即气体或液体当作连续介质；分散相，即颗粒（液滴或气泡）也当作拟流体或拟连续介质，两相在空间共存并互相渗透，两相都在欧拉坐标系内加以描述；另一类是拉格朗日法，也称颗粒轨道法，只把连续相当作连续介质，在欧拉坐标系内加以描述，而把分散相当作离散体系，在拉格朗日坐标系内加以描述[31,32]。

欧拉法的主要特点是由每个计算单元内的变化及流过此计算单元的流体的情况所得的传递方程的形式，来描述流体及固相的性质。通常情况下，当提到欧拉法，就意味着分散相被视为一个连续相，与液相或气相一样占据一定的空间，分散相与液相或气相的不同之处在于它具有一个局部相体积分率。

在拉格朗日模型中，每个颗粒的运动方程在一个独立的时间步长中被积分。在稳态的分析中，颗粒运动的路线取决于它的初始条件以及它所经过的流体速度流场的情况。在颗粒运动路径的每个步长中，计算求得由局部连续条件作用在颗粒上的力，同时在颗粒的动量、质量和能量守恒的基础上更新颗粒的属性。

3. 离散相运动的数学模型

DPM 模型的英文全称是 discrete phase model，即离散相模型[33,34]。这种模型属于欧拉-拉格朗日型模型，即用欧拉方法描述气相流场，用拉格朗日方法描述颗粒的运动。在本节计算中，连续相流场使用紊流计算模型，采用 SIMPLEC 算法进行计算，颗粒的轨迹跟踪则由 DPM 模型完成。在 DPM 模型中，离散相的体积浓度必须小于 10%。在这种条件下可以假设颗粒在流场中是稀释的，同时颗粒的形状被假定为球形。颗粒在连续相流场中运动，不仅受平均流场产生的阻力影响，还受到气流湍流脉动的影响。因为湍流流动是用湍流模型模拟的，只能在统计平均意义上表征湍流的宏观特征，而无法反映湍流流动的细节，所以用 DPM 模型计算出的单一颗粒轨迹没有实际意义，但是大量颗粒轨迹可以在统计意义上反映颗粒在气相流场中的运动。湍流与颗粒之间的相互作用可以用随机轨道模型进行计算，也可以用粒子云模型进行计算。

FLUENT 采用随机的方法（随机游走模型）来确定颗粒的湍流扩散，即采用随机轨道模型进行模拟。

1）随机轨道模型

在随机轨道模型中，沿着颗粒轨道，FLUENT 在积分计算过程中，颗粒轨道方程中的流体速度为瞬时速度，这样就可以考虑颗粒的湍流扩散。通过这种方法计算足够多的代表性颗粒的轨迹，湍流对颗粒的随机性影响就可以得到考虑。FLUENT 使用了离散随机游走模型，在模型中，假定流体的脉动速度是关于时间的分段常量函数。在流体涡的特征生存时间间隔内，这个速度脉动保持为常量。

2）积分时间

颗粒湍流扩散的计算应用了积分时间尺度 T 的概念，T 表示的是颗粒沿着其运动轨迹 ds 处于湍流运动状态所经历的时间：

$$T_L = C_L \frac{k}{\varepsilon} T = \int_0^\infty \frac{u'(t+s)}{\overline{u_p'^2}} \mathrm{d}s \tag{3.51}$$

积分时间与颗粒的湍流扩散率成正比，T 值越大表明颗粒在流动过程中处于湍流状态时间越长，对于在流动区域中具有良好跟踪性（相间滑移速度接近于零）的细小颗粒，颗粒的积分时间尺度就变为流体的拉格朗日积分时间尺度 T_L，近似为

$$T_L = C_L \frac{k}{\varepsilon} \tag{3.52}$$

式中，C_L 是未知量，并且难以确定。对于 k-ε 模型及由其衍生的各种湍流模型，通过比较具有良好跟踪性能颗粒的扩散率 $\overline{U_i U_j T}$ 和由湍流模型计算得到的标量扩散率 v_t/σ 可以得到

$$T_L \approx 0.15 \frac{k}{\varepsilon} \tag{3.53}$$

4. 模型的计算机实现

1）利用 GAMBIT 建立几何模型

按如下步骤生成计算网格：

（1）依次建立点、线、面、体，生成几何模型；

（2）将复杂的几何模型划分为不同的区域；

（3）依次在线、面、体上划分网格，生成计算网格；

（4）设定求解器，设置边界条件，导出网格文件。

2）假设与简化

综采工作面的形状可以视为长方体，工作面上有采煤机、电缆槽、液压支架、刮板运输机等各种设备，内部粉尘扩散的区域形状极为复杂，无法做出准确的几何模型。因此，此处对工作面粉尘扩散计算区域进行了适当简化：

（1）对综采工作面进行简化，液压支架及后方空间不予考虑，将综采工作面空间视为长方体。

（2）采煤机机体外形结构复杂，在本节研究课题的精度要求内，其表面情况对粉尘的分布规律影响不大，将其简化为几何尺寸相当的规则长方体。

（3）电缆槽沿整个工作面纵向布置，其对采煤机前后风流的影响较大，在此将其简化为规则长方体。

（4）底座、煤壁等简化为平面边界。

3）生成模型

根据工作面的实际尺寸，在模拟中建立一个长 135m、宽 3.4m、高 3.1m 的长方体计算区域，简化后使用 GAMBIT 2.3 建立顺风割煤时的三维几何模型，其三维视图如图 3.4 所示，逆风割煤时几何模型与之相似，风向从反方向进入。

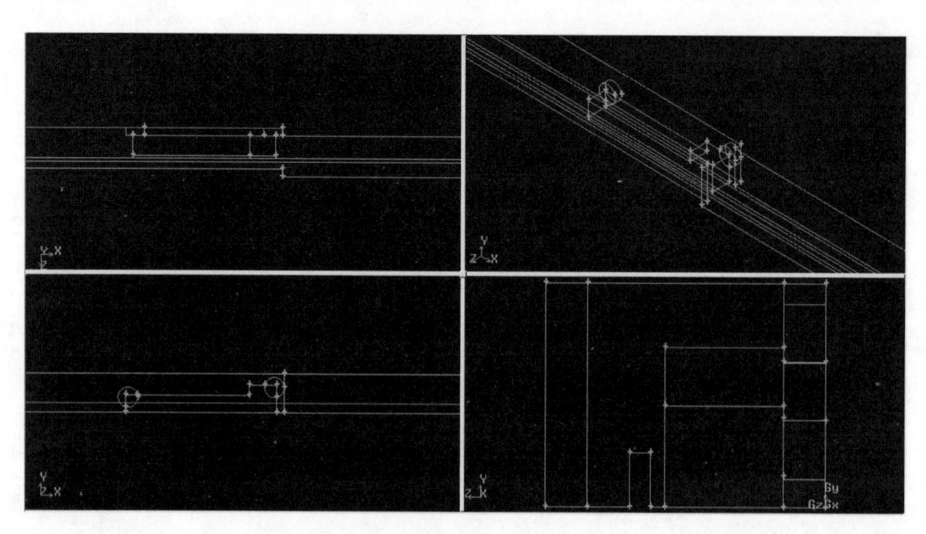

图 3.4　顺风割煤三维示意图

4）网格划分

数值模拟离散误差与网格有关，网格越粗误差越大，反之误差越小。但网格越细占用计算机资源越多，计算时间就越长，因而网格不可能分得太细。所以网格划分应根据模型区域中物理量场的变化情形而确定，在变化剧烈处网格应该稠密一些，在变化平缓处网格应该稀疏一些。图 3.5 和图 3.6 分别为网格划分三维图和网格检查示意图。

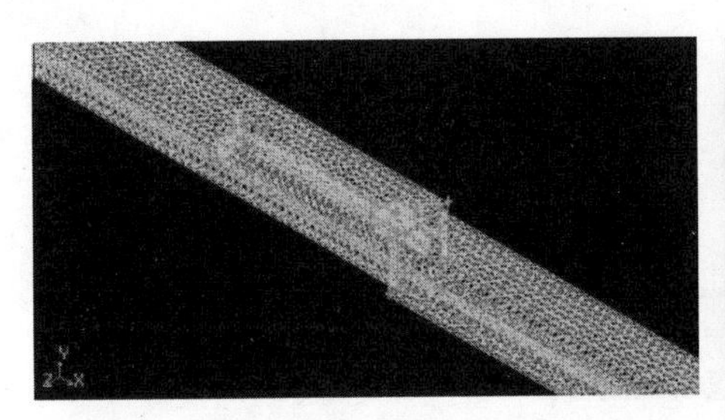
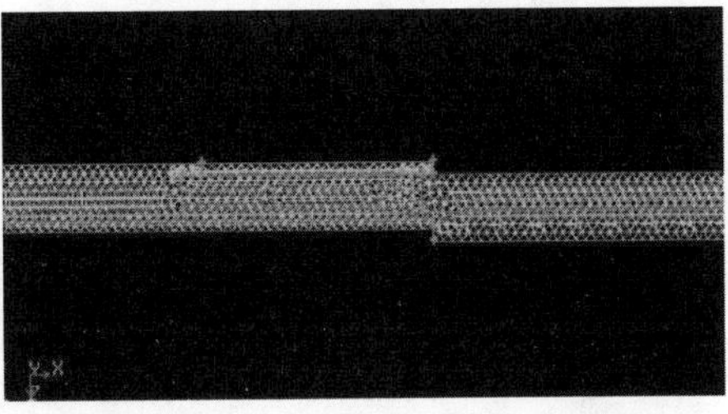

图 3.5　网格划分示意图

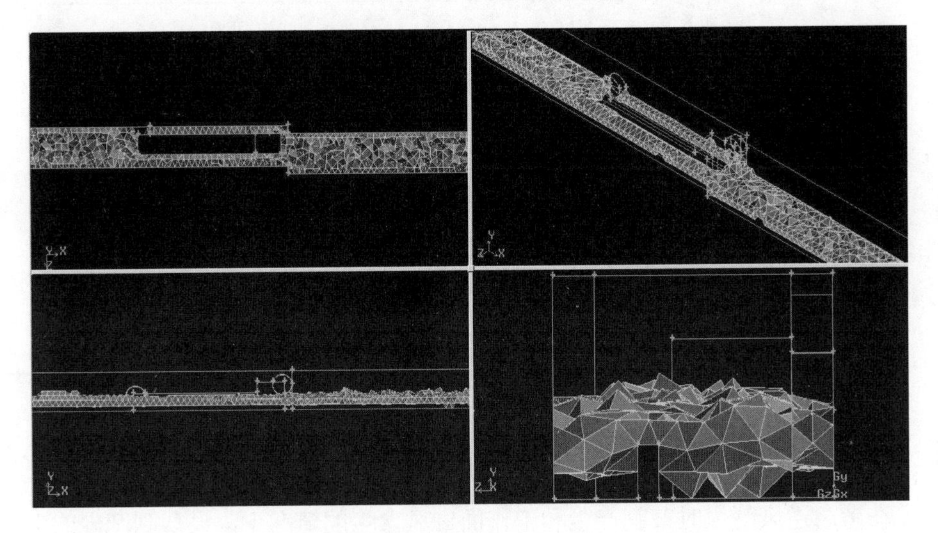

图 3.6　网格检查示意图

5）数值模拟参数及边界条件的设定

数值模拟参数及边界条件如表 3.1～表 3.3 所示。

表 3.1　主要边界条件设定

边界条件		参数设定
壁面	DPM 条件	捕捉
	剪切条件	无滑移边界

表 3.2　离散相参数设定

离散相模型	参数设定
与连续相作用	开口
每次流迭代更新 DPM 源	开口
相间耦合频率	10
最大计算步骤	50000
湍流长度尺度	0.01
拽力定律	球形

表 3.3　采煤机截割参数

射流源	参数设定
射流源类型	界面
释放面	界面
材料	粉尘
粒度分布	R-R
最小粒径/μm	10^{-6}
最大粒径/μm	10^{-4}
质量流率/(kg/s)	0.104
跟踪次数	10
时间尺度不变	0.15

3.2.3　粉尘运移模拟结果分析

在考虑逆风割煤时截割产尘和工作面进风含尘的情况下，设截割产尘的尘源为前、后滚筒位置，在 DPM 模型中尘源类型设定为面尘源；设工作面进风含尘的尘源为工作面进风口，对综采工作面粉尘运动和浓度分布规律进行如下分析。

1. 粉尘运移轨迹

图 3.7 和图 3.8 展示了粉尘在风速为 3m/s 时的运移轨迹，粉尘源设置在两个滚筒（x=55m 和 x=70m）处。

从图 3.7 和图 3.8 中可以得出以下结论：

（1）滚筒截割煤体产生的粉尘，一方面顺着风流运动，另一方面横向随机扩散；煤尘扩散速度有限，只有少数粉尘扩散到人行道空间，并随风流排出工作面；大部分粉尘仍然是沿煤壁附近的巷道一侧运动，并不断沉降，其中多数粉尘会落在煤壁和工作面底板上。

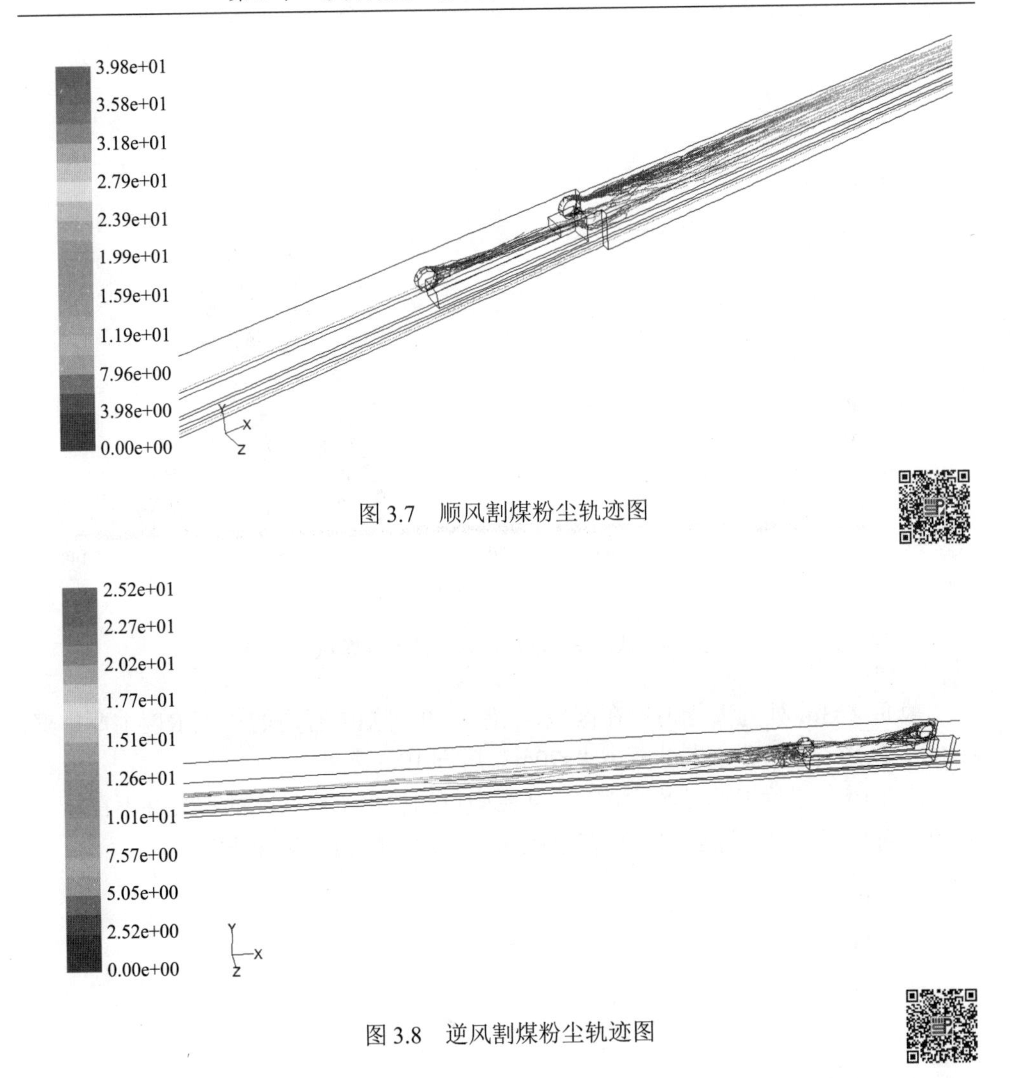

图 3.7　顺风割煤粉尘轨迹图

图 3.8　逆风割煤粉尘轨迹图

（2）前滚筒截割产生的粉尘随风流一起运动，风流在机体前方发生分流，粉尘随风流转移到机体上方和人行道空间，此过程中风流作用显著，扩散作用微弱。

（3）综采工作面进风流所携带的粉尘，一方面随风流向回风侧运动，另一方面横向随机扩散，沿程粉尘不断落在煤壁和工作面底板上被捕获。

（4）人行道空间粉尘量减少的速度很快，推测可能是由于人行道空间的粉尘在运动过程中与液压支柱发生碰撞，从而被捕获导致的。

2. 粉尘浓度的分布

1）顺风割煤

图 3.9 和图 3.10 分别展示了风速为 3m/s 时，截面 Z=3m 和沿途壁面处的粉尘

浓度分布情况。

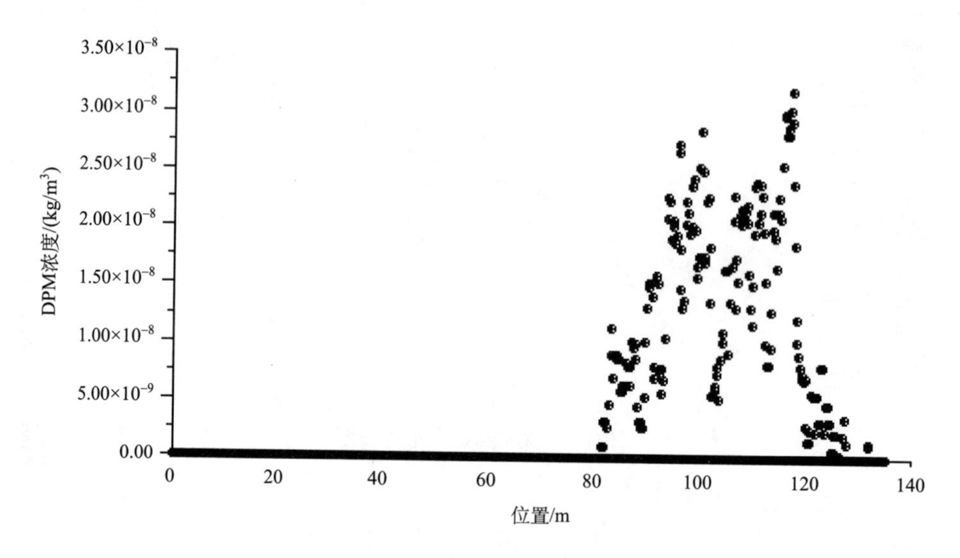

图 3.9　截面 Z=3m 处的粉尘浓度（顺风）

截面 Z=3m 处为人行道所在区域，由图 3.9 可知人行道的粉尘浓度主要集聚在 80m 以外，也就是在粉尘源（X=70m）后方 10m 之外。

图 3.10 为沿途壁面处粉尘浓度，从图中可知粉尘浓度较高的位置并不在粉尘源处，而是位于粉尘源后方，且在沿顺风方向达到峰值后迅速下降。

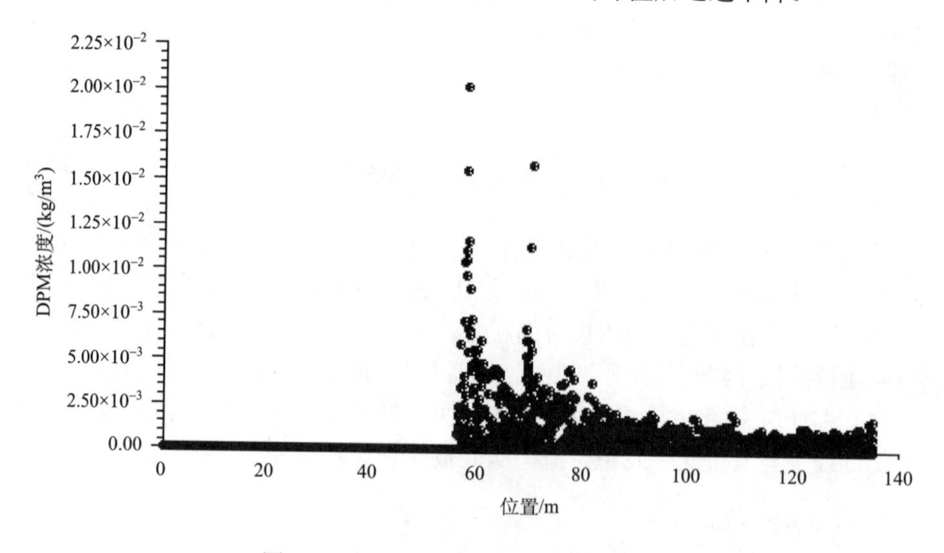

图 3.10　沿途壁面处的粉尘浓度（顺风）

2）逆风割煤

逆风割煤时，粉尘运移规律与顺风割煤时相似。图 3.11 为风速 3m/s 时壁面处的粉尘浓度。

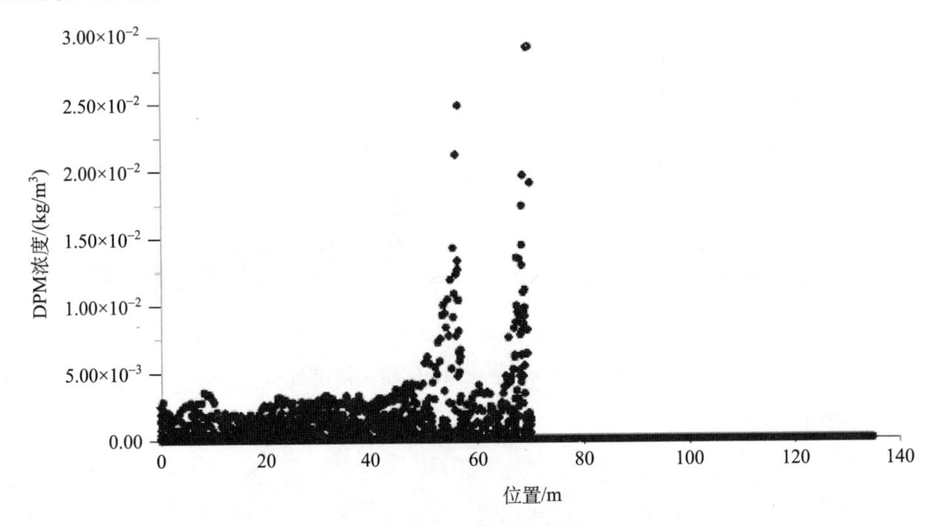

图 3.11　沿途壁面处的粉尘浓度（逆风）

3. 不同风速下的粉尘浓度研究

顺风割煤和逆风割煤时的粉尘运移和分布规律相似，因此本节重点讨论顺风割煤时的情况，选取截面 Z=2.5m，分别研究风速为 0.5m/s、1m/s、2m/s 时的粉尘浓度分布，见图 3.12、图 3.13、图 3.14。图 3.15 为 Z=2.5m 且 v=2m/s 时的粉尘轨迹图。

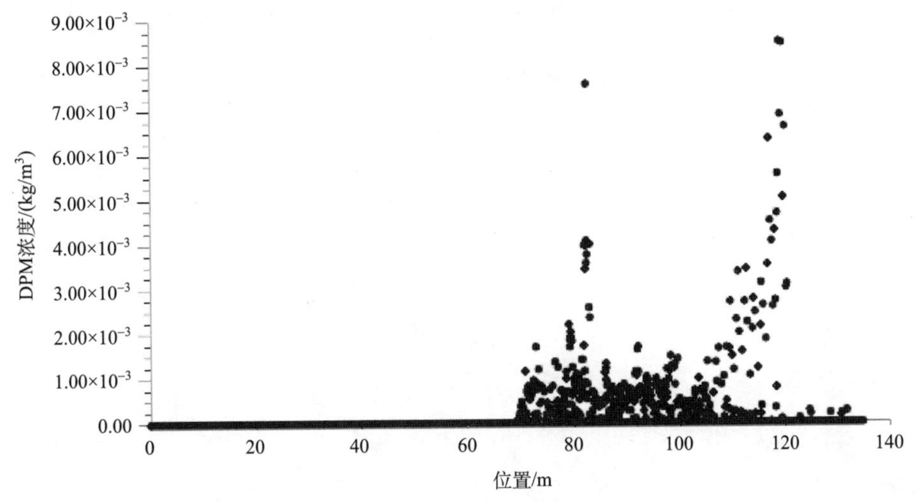

图 3.12　Z=2.5m 且 v = 0.5m/s 粉尘浓度分布

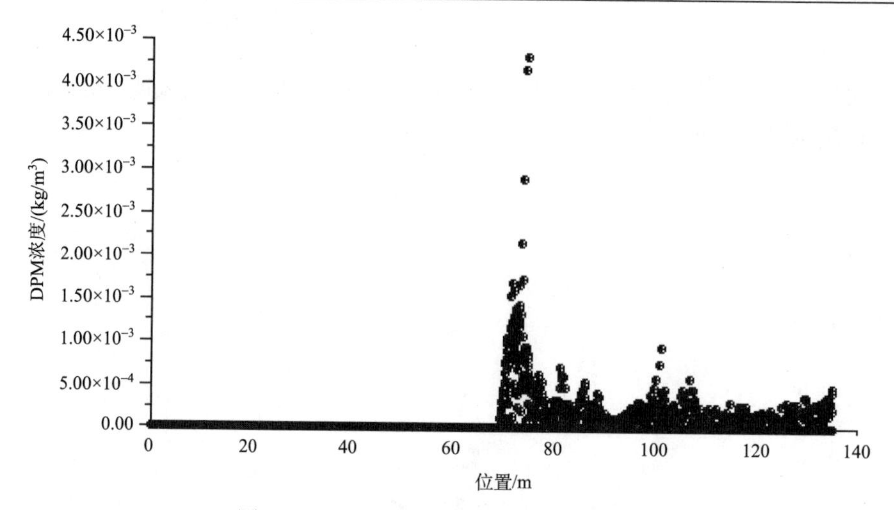

图 3.13　Z=2.5m 且 v =1m/s 粉尘浓度分布

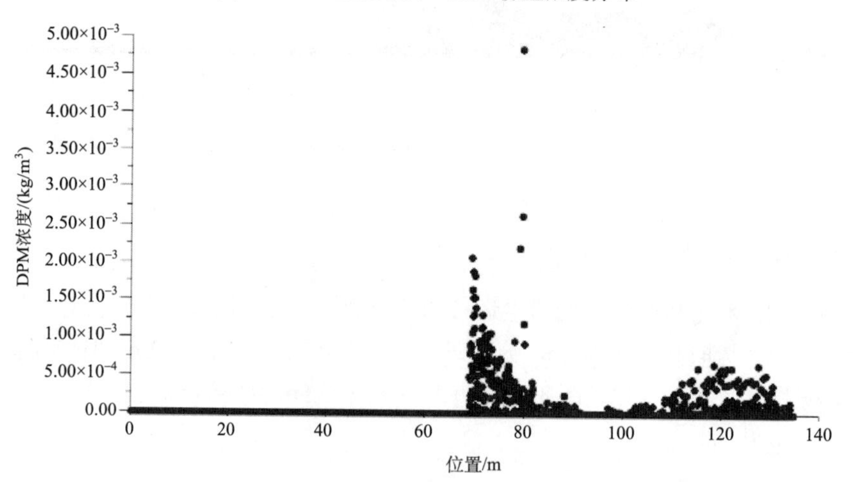

图 3.14　Z=2.5m 且 v =2m/s 粉尘浓度分布

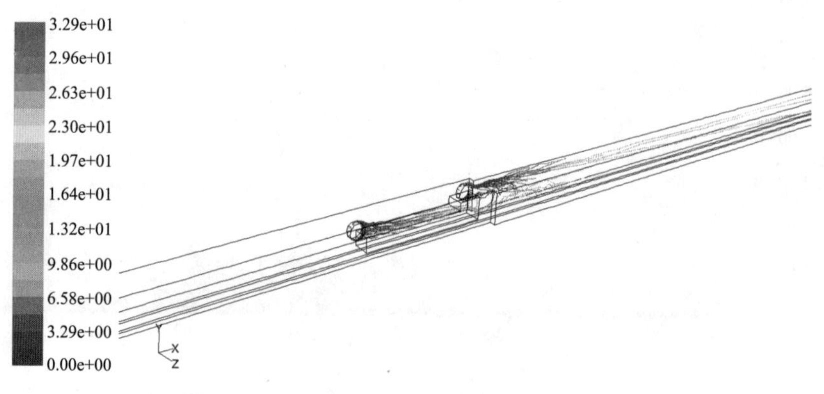

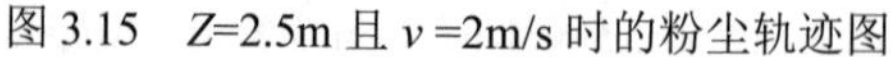

图 3.15　Z=2.5m 且 v =2m/s 时的粉尘轨迹图

通过对比发现不同风速下的粉尘浓度分布存在较大的差别，粉尘浓度较高的位置位于 x=80m 和 x=120m 处，即粉尘浓度在采煤机后滚筒后方 10m 处达到一个峰值，而当风速达到 1m/s 时，峰值出现在 x=72m 附近，风速为 2.0m/s 时，在 x=120m 处也出现了粉尘相对较多的区域，但在 x=90m 处粉尘浓度普遍较低，即在滚筒沿顺风方向 20m 左右会有一个粉尘浓度低值区。

4. 总结

（1）风速给粉尘运动带来的影响主要体现在浓度分布上，而对其运移规律影响较小，不同风速下粉尘浓度分布存在差异，但在滚筒沿顺风方向 20m 左右会有一个粉尘浓度低值区。工作面粉尘浓度在粉尘源后 10～20m 沿顺风方向达到峰值，而后有所下降，因此，粉尘源顺风方向 10m 前为重点捕尘区域；顺风割煤时随风流沿靠近煤壁的巷道一侧运移的粉尘，以及逆风割煤时随风流紧贴着煤壁沿下风向运动的粉尘，最后都进入回风巷，因此，在工作面和回风巷道交界处设置喷雾系统，并合理布置喷嘴方向，能有效降低粉尘的扩散程度。

（2）滚筒截割煤体产生的粉尘，其运动可分为顺着风流运动和横向随机扩散两种，大多数粉尘沿煤壁附近空间运动，只有少部分扩散到人行道空间；前滚筒截割产生的粉尘在随风流运动的过程中，于机体前方发生分流，粉尘量在人行道空间减少的速度较快，人行道的粉尘浓度在粉尘源 10m 后较高。

3.3　综掘工作面气载粉尘时空分布数值模拟

研究压入式通风条件下综掘工作面的气固两相流动特性，可为治理综掘工作面粉尘提供理论依据。数值模拟作为一种高效可靠的方法被广泛地用于综掘工作面风流场分布与粉尘运移规律的研究[35,36]。Hargreaves 和 Lowndes [37]研究了综掘工作面截割和锚固阶段通风系统对粉尘分布特征的影响。Toraño 等[38]研究了长压短抽通风条件下，抽风筒位置对掘进工作面内粉尘扩散特征的影响。国内学者研究了综掘工作面射流屏蔽通风不同送风角度条件下的风流场和粉尘浓度分布特征[39]。程卫民等[40]分析了风幕发生器的压抽比与安设位置对综掘工作面风流场与粉尘流场运移的影响。聂文等[41]研究了在不同压风量与压抽比条件下，综掘工作面内多径向涡流风流场流动及粉尘扩散特征。上述成果主要研究综掘工作面整体风流场与粉尘扩散规律，鲜有专门针对综掘工作面压入式通风条件下的粉尘-气流两相流动特性的研究。因此，本节运用计算流体力学方法，研究不同压入式通风风速条件下的综掘工作面风流场与粉尘场的三维分布特性，以期为综掘工作面粉尘防控提供借鉴。

3.3.1　模型建立和网格划分

1. 粉尘运移数学模型

综掘工作面粉尘在气流运载作用下的扩散过程属于气固两相流范畴。基于欧拉-拉格朗日法建立数学模型[42]，将风流作为连续相，粉尘作为离散相。由于粉尘颗粒体积分数低于 10% 时，可以忽略颗粒之间的碰撞作用。因此，为降低运算负荷，提高运算效率，此处未考虑粉尘颗粒之间的碰撞[43,44]。首先建立综掘工作面气载粉尘运动方程[27, 40, 41]。

连续性方程：

$$\frac{\partial\rho}{\partial t}+\frac{\partial\left(\rho u_i\right)}{\partial x_i}=0 \tag{3.54}$$

动量方程：

$$\frac{\partial}{\partial t}\left(\rho u_i\right)+\frac{\partial}{\partial x_j}\left(\rho u_i u_j\right)=-\frac{\partial p}{\partial x_i}+\frac{\partial}{\partial x_j}\left[\left(\mu+\mu_t\right)\left(\frac{\partial u_j}{\partial x_i}+\frac{\partial u_i}{\partial x_j}\right)\right] \tag{3.55}$$

标准 k-ε双方程：

$$\frac{\partial\left(pk\right)}{\partial t}+\frac{\partial}{\partial x_i}\left(\rho k u_i\right)=\frac{\partial}{\partial x_j}\left[\left(\mu+\frac{\mu_t}{\sigma_k}\right)\frac{\partial k}{\partial x_j}\right]+G_k-\rho\varepsilon \tag{3.56}$$

$$\frac{\partial\left(p\varepsilon\right)}{\partial t}+\frac{\partial\left(\rho k u_i\right)}{\partial x_i}=\frac{\partial}{\partial x_j}\left(\mu+\frac{\mu_t}{\sigma_\varepsilon}\right)\frac{\partial\varepsilon}{\partial x_j}+\frac{c_{1\varepsilon}\varepsilon}{k}\left[\mu_t\left(\frac{\partial u_i}{\partial x_j}+\frac{\partial u_j}{\partial x_i}\right)\frac{\partial u_i}{\partial x_j}\right]-c_{2\varepsilon}\rho\frac{\varepsilon^2}{k} \tag{3.57}$$

式中，ρ 为气体密度，kg/m^3；t 为时间，s；u 为气体速度，m/s；x、y、z 为 X、Y、Z 方向的坐标，m；i 为张量符号，取 1，2，3；j 为张量符号，取 1，2，3；k 为单位质量的湍流动能，J/kg；ε为湍流动能的耗散速度，m^2/s^3；G_k 为平均速度梯度产生的湍流动能项，kg/（$s^3\cdot m$）；p 为湍流有效压力，Pa；μ 为层流黏性系数，Pa·s；μ_t 为湍流黏性系数，Pa·s；$c_{1\varepsilon}$、$c_{2\varepsilon}$、σ_k、σ_ε 为模型常数，分别取 1.44、1.92、1.00、1.30。

运用拉格朗日法求解粉尘运动轨迹[39]，此处主要考虑拖曳阻力与重力作用，根据牛顿第二定律[45-47]：

$$m_p\frac{\mathrm{d}u_p}{\mathrm{d}t}=F_d+F_g \tag{3.58}$$

$$Re=\frac{\rho d_p\left|u_p-u\right|}{\mu} \tag{3.59}$$

式中，u 为气体速度， m/s；u_p 为粉尘颗粒的速度，m/s；m_p 为粉尘颗粒的质量，

kg；F_d 为粉尘颗粒受到的拖曳阻力，N；F_g 为粉尘颗粒受到的重力，N；d_p 为粉尘颗粒的直径，m；C_D 为阻力系数；a_1、a_2、a_3 为常数；Re 为雷诺数[48]。

2. 粉尘运移物理模型及网格划分

由于本书主要针对高瓦斯矿井，故采用通风风量较大的压入式通风方式。图 3.16 为建立的综掘工作面等比例物理模型。如图 3.17 所示，采用 FLUENT meshing 对物理模型进行网格划分，该工作面尺寸（长×宽×高）为 30m×5m×3.5m，压风筒布置在巷道左侧，风筒出口距综掘工作面 4m，固定高度为 3m。图 3.16 中，将综掘工作面至工作面出口方向设定为 X 正方向，将压风侧至回风侧方向设定为 Y 正方向，将巷道底部至顶部的方向设定为 Z 正方向，掘进机司机坐标为 X=6.6m，Y=1.8m。将沿 X 方向定义为轴向，将沿 Y 方向定义为横向。主要数值计算参数见表 3.4。

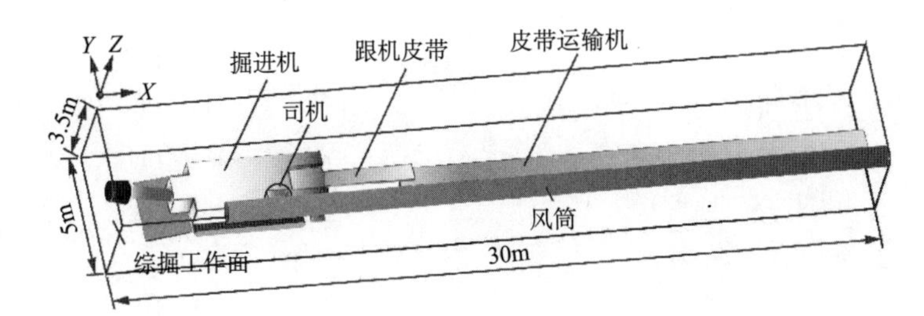

图 3.16　综掘工作面等比例物理模型

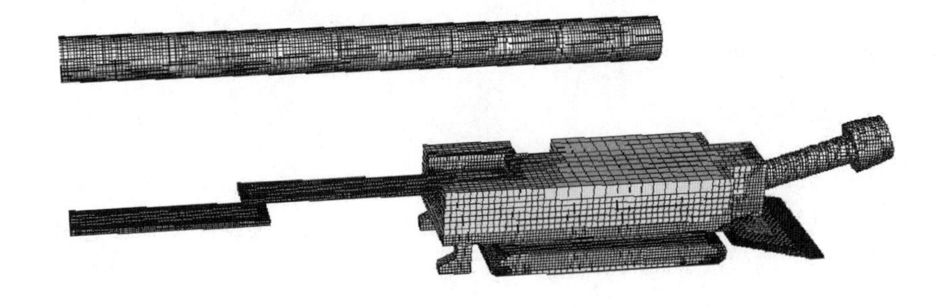

图 3.17　综掘工作面计算网格

表 3.4　主要数值计算参数

边界条件	参数设定
求解器	分离求解器
湍流模型	k-ε 双方程

续表

边界条件	参数设定
入口边界条件	速度入口
入口速度/（m/s）	11, 14, 17, 20, 23, 26
水力直径/ m	0.8
湍流强度/（m^2/s）	2.92
出口边界类型	自由出流
离散格式	二阶迎风
气相密度/（kg/m^3）	1.225
气相黏度/（m^2/s）	1.7894×10^{-5}
固相粒径分布	R-R
固相分布指数	1.95
固相最大粒径/ m	2×10^{-4}
固相中间粒径/ m	1.05×10^{-4}
固相最小粒径/ m	1×10^{-6}
固相密度/（kg/m^3）	1200
固相质量流率/（kg/s）	0.01
剪切边界	无滑移
网格数量/10^5	8

3.3.2　模拟结果分析

1. 风流流场分布

图 3.18 为综掘工作面风流场分布图。由图 3.18 可知，由于受到掘进工作面的阻挡，由风筒流出的高速气流会向巷道左右两侧分流，且风筒位于掘进机的左侧，导致大部分的气流在惯性作用下向巷道右侧分流。掘进机前方空间狭小，因掘进机机体具有阻滞作用，导致在 $X=0\sim8$m 处的风流流动受阻而造成流场紊乱，风流场的紊乱程度随通风风速的增大而增大。在 $X=0\sim8$m 区域内，大部分气流沿+Y 侧煤壁向+X 方向流动。在掘进机后方，由于流通通道扩大，气流具有$-Y$ 方向的分速度，开始沿横向流动。

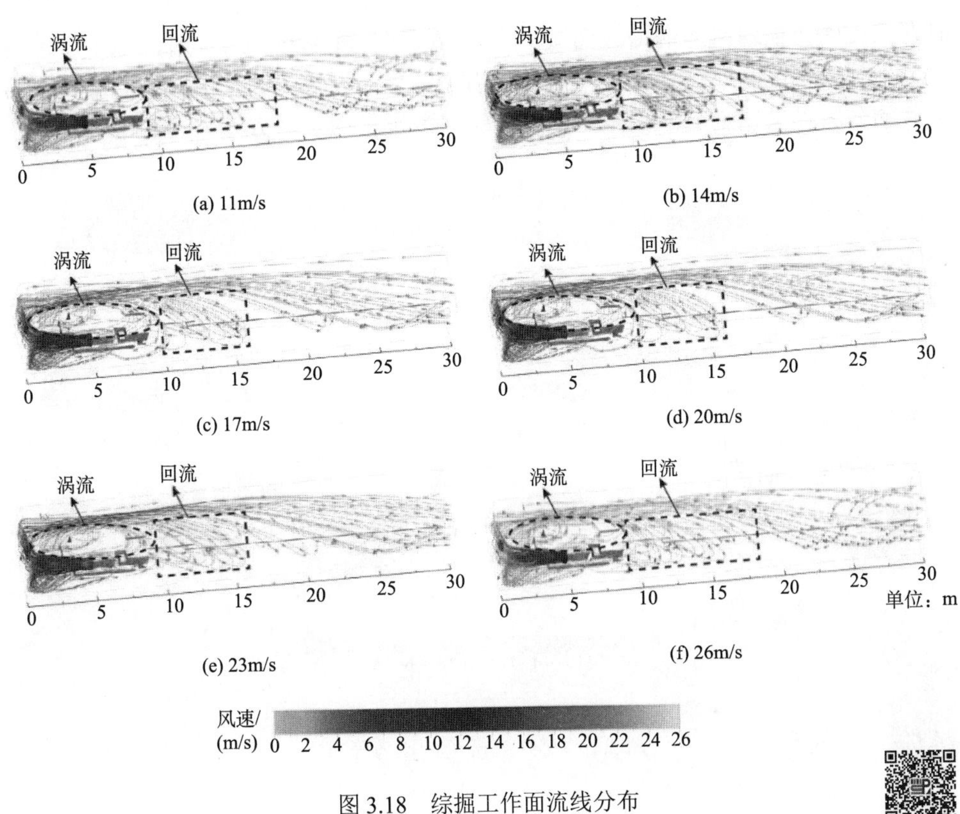

图 3.18　综掘工作面流线分布

根据伯努利定律[48]，流体中流速较大处压强较小。气流的高速流动会造成周围压力降低，压力差又会反作用于气流流动[49,50]。因此，需结合综掘工作面的压力分布来分析风流场的变化。图 3.19 为 Z=1.75m 处的压力云图。由图 3.19 可知，在掘进机前方存在一个“负压区”，负压区的面积随风速的增大而增大，其中心位于风筒出口处（X=4m，Y=0.5m）附近，中心处气压由风速 u=11m/s 时的–3.23Pa 降低至 u=26m/s 时的–18.32Pa。在 X=0～10m 区域内，部分+Y 侧的低速气流由于负压作用向风筒出口处流动，并在掘进机上方形成顺时针旋转的涡流，且掘进机司机处于涡流之中。当风速为 11～17m/s 时，由于压差增大，涡流面积随风速增大而增大，但当通风风速超过 17m/s 时，由于负压区的压差较大，低速气流还未向+X 方向流动就被吸引进入涡流区，因此涡流面积逐渐缩小。经过掘进机右侧的气流由于流通通道向–Y 方向扩大，气流开始具有向–Y 方向流动的趋势。在掘进机后方，由于大部分气流均具有较大的+X 方向速度，故而这些气流会脱离负压区的吸引继续向+X 方向流动。而在+X 方向上速度较小的气流，会在负压区吸引作用下，环绕着皮带运输机回流，最终汇入掘进机上方的涡流中。掘进机司机处于回流路径上，因此司机同时受到右侧涡流与后方回流的作用。当风速为 11～20m/s

时，回流区面积随风速的增大而减小，但当通风风速超过 20m/s 时，由于压差增大，增强了负压区对远处低速气流的吸引力，反而导致了回流区面积的增大。回流区的分布受风速影响，但回流的气流均在掘进机的左后方汇入涡流中。

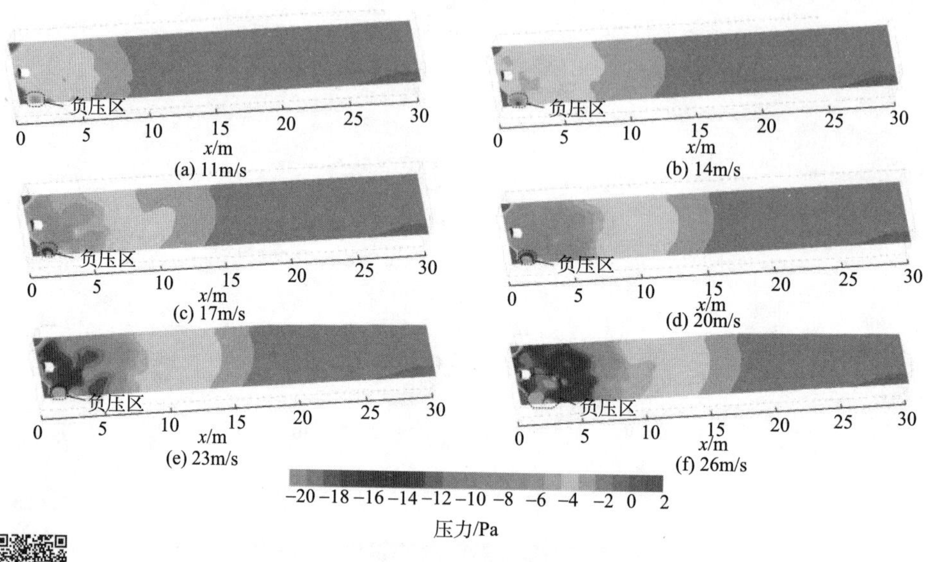

图 3.19　Z=1.75m 处的压力分布

2. 粉尘运动轨迹及浓度分布

图 3.20 为综掘工作面粉尘运动轨迹图。由图 3.20 可知，在综掘工作面处，尘源粉尘在风流的携带作用下，沿回风侧煤壁做轴向运动。部分粉尘会在掘进机上方涡流的作用下做类圆周运动，从右侧运动至司机周边。由于掘进机机体的阻滞作用，气载粉尘的流通通道缩小，导致粉尘运移速度增大，在掘进机右侧形成一道高速粉尘流，因此在回风侧采取粉尘防控措施显得更为重要。当高速粉尘流经过掘进机机体后，流通通道突然扩大，粉尘流的运移速度减小，并逐渐沿横向向工作面中部扩散。

图 3.21 为综掘工作面粉尘空间分布图。由图 3.20 和图 3.21 可知，由于存在气流回流现象，沿回风侧煤壁运移速度较小的粉尘会在气流的携带作用下流向负压区。在掘进机后方，由于粉尘扩散速度较小，会产生粉尘积聚现象并形成一个环绕掘进机的高浓度粉尘带，当风筒出口风速不足 17m/s 时，粉尘带平均浓度高于 300mg/m^3。

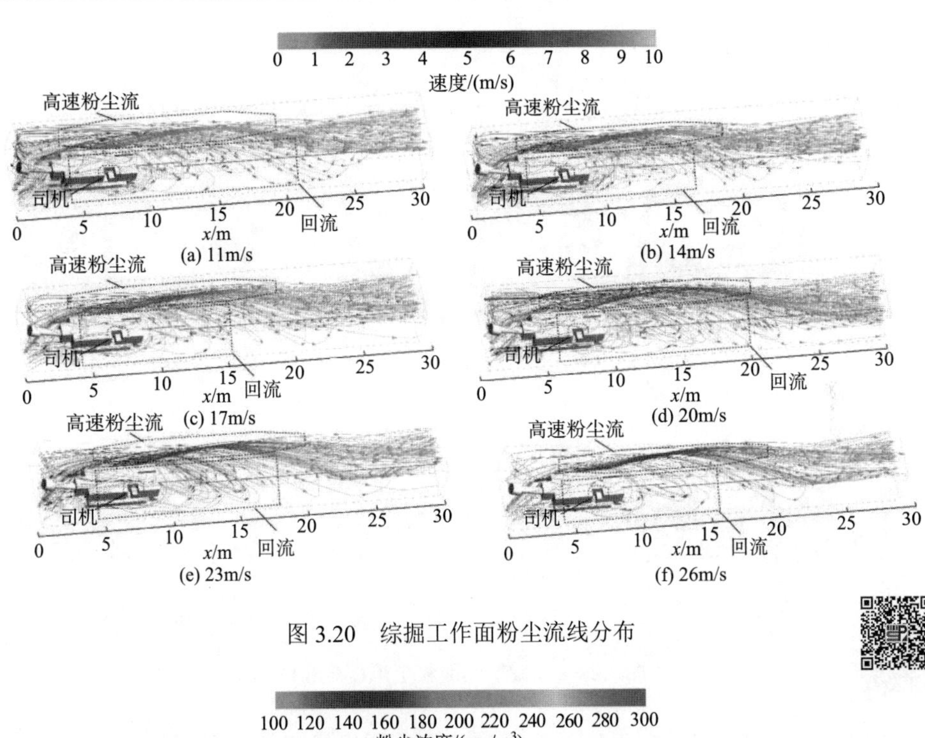

图3.20　综掘工作面粉尘流线分布

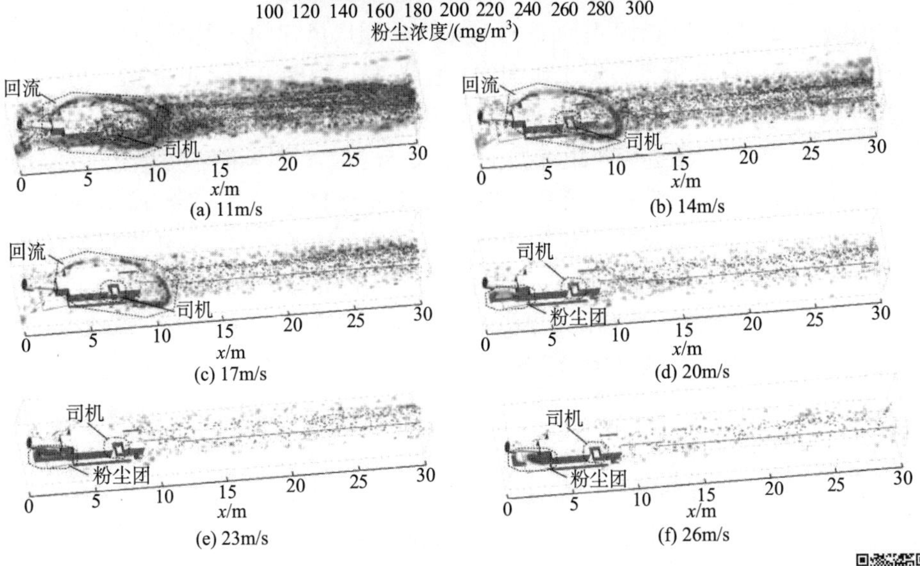

图3.21　综掘工作面粉尘空间分布图

图3.22为综掘工作面粉尘浓度分布图。由图3.21和图3.22可知，当风速超过20m/s时，单位时间气流所能携带的粉尘量更大，因此工作面整体粉尘浓度下降。同时随着风速增大，风筒出口处形成的负压值降低，从而吸引回流粉尘形成

一个高浓度粉尘团。

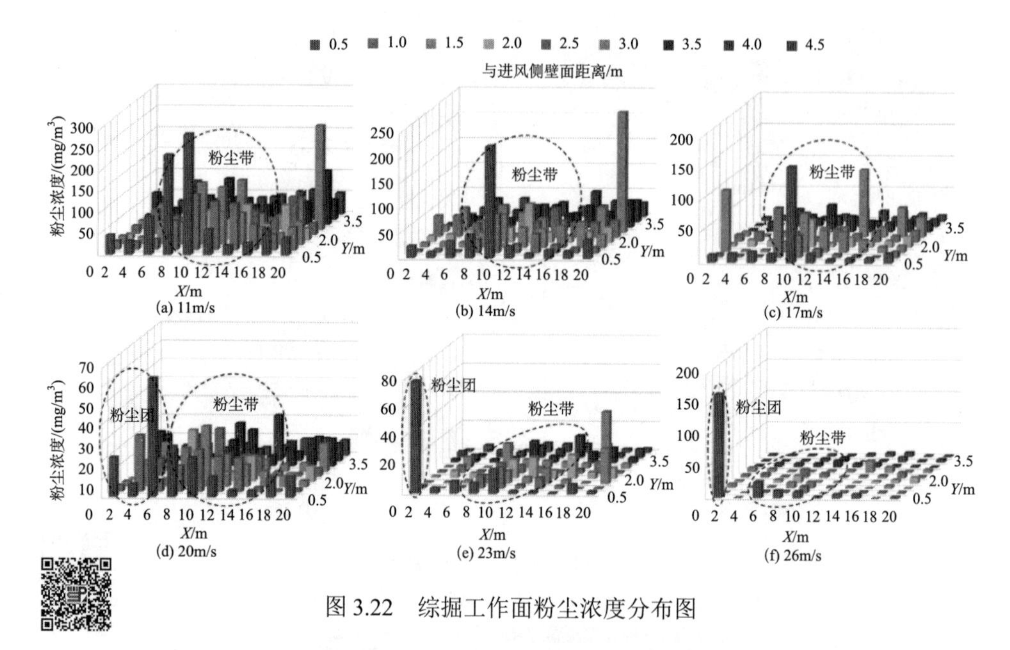

图 3.22　综掘工作面粉尘浓度分布图

由图 3.22 可知，综掘工作面的粉尘浓度随通风风速的增大而降低。因此，可考虑通过提高通风风量来降低工作面的粉尘浓度。由图 3.21 和图 3.22 可知，当风速为 11～17m/s 时，随通风风速增大，粉尘带的面积与最高浓度均减小。当风速为 20～26m/s 时，在进风侧距综掘工作面 2.5m 内存在高浓度粉尘团，其平均浓度高于 300mg/m^3。由图 3.22 可知，当通风风速为 11m/s 时，X≥6m 区域为高浓度区，其中 X=6～10m 区域的粉尘浓度最高。随风速的增大，高浓度区影响范围逐渐缩小。在轴向上，高浓度区的范围由风速为 11m/s 时的 X≥6m 逐渐缩小到风速为 26m/s 时的 X≤2m。在横向上，高浓度区的范围由 0～5m 均匀分布缩小到 2～5m。此粉尘团的中心会随风速增大而向综掘工作面逐渐移动，当风速为 20m/s 时，粉尘团的中心位于 X=6m 处，当风速为 26m/s 时移动至 X=2m 处，且随风速增加，高浓度区的平均粉尘浓度也逐渐增大。

图 3.23 为司机周边的粉尘浓度分布图。司机周边除了有从回风侧运移而来的粉尘，还有由后方回流的粉尘，因此司机右侧与后方的粉尘浓度较高。由图 3.22 和图 3.23 可知，掘进机司机位于粉尘带的前部，当风筒出口风速为 11m/s 时，司机后部粉尘浓度最大，为 150mg/m^3，随风筒出口风速增大，司机周边粉尘浓度迅速降低[51]，当风筒出口风速为 26m/s 时，司机右侧粉尘浓度最高，为 15mg/m^3。为保护司机及提高综掘工作面能见度，应对掘进机回风侧的高速粉尘流和后方回流粉尘进行拦截。

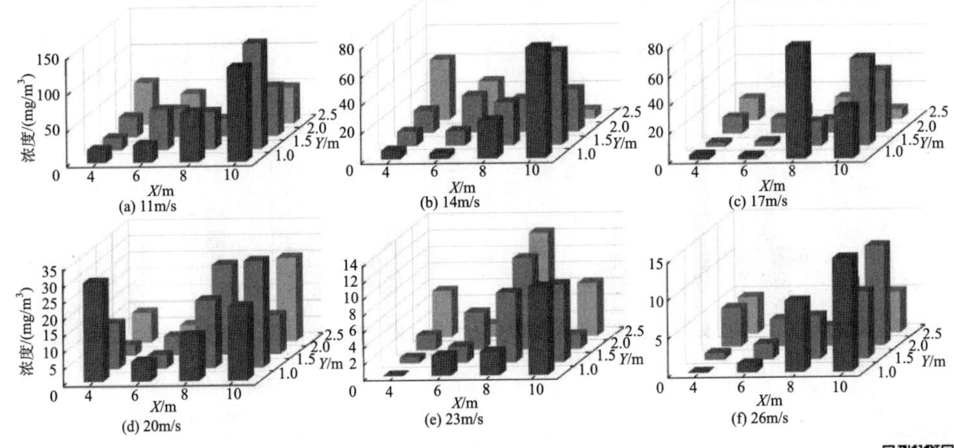

图 3.23　司机周边粉尘浓度分布

3. 现场实测

根据 2602 综掘工作面现场设备布置情况，设置 5 个检测断面，分别距离综掘工作面 4m、6m、8m、10m 和 12m。每个断面设置 2 个测点，分别测量风速和粉尘质量浓度。图 3.24 为各截面的测点设置。分别采用 AKFC-97-92A 型矿用粉尘采样器和 CFJ-5 低速风表，在各测点处测量粉尘质量浓度与风速，各点的粉尘质量浓度与风速均测量 3 次，取平均值。图 3.25 为各测点风速、粉尘质量浓度的实测值与数值计算结果。由图 3.25 可知，各测点的风速和粉尘质量浓度的实测值与数值模拟值的变化趋势基本一致，且平均相对误差分别为 6.50%和 6.75%，相对误差在可接受范围内，因此数值模拟结果较为准确[52]。

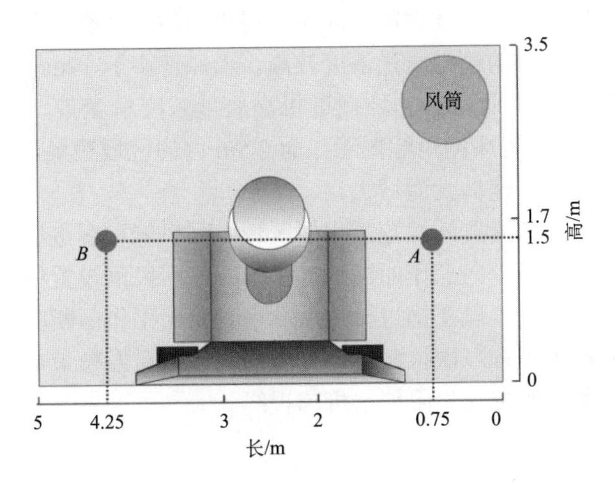

图 3.24　测点设置

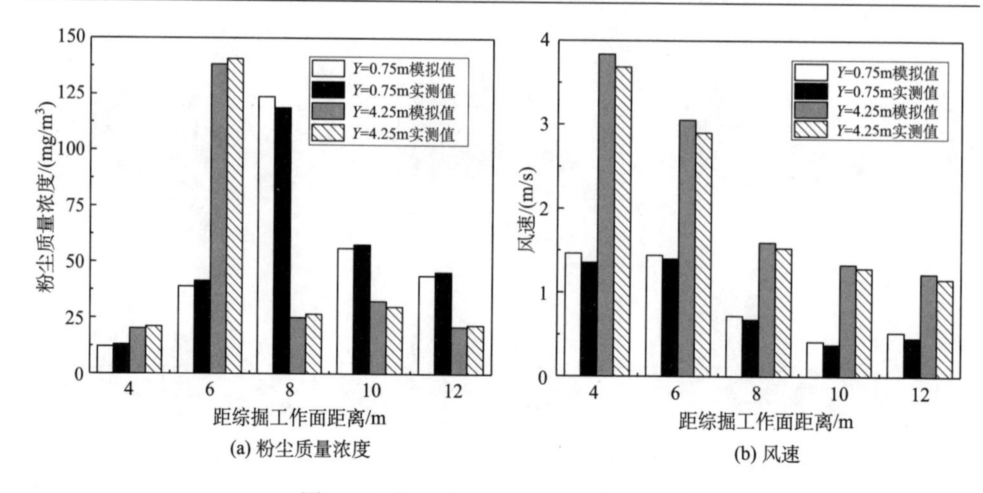

图 3.25　数值模拟结果与实测数据对比

4. 总结

（1）综掘工作面的风筒出口处存在“负压区”，负压区的面积随风筒出口风速的增大而增大，其中心负压值持续减小。负压吸引掘进机右侧风流，在掘进机上方形成顺时针旋转的涡流。当风速小于 17m/s 时，涡流面积随风速增大而增大，当风速大于 17m/s 时，涡流面积逐渐缩小。掘进机后方气流在负压的吸引下回流，当风速为 11～20m/s 时，回流区的影响范围随风速的增大而减小，当风速大于 20m/s 时，回流区面积反而随风速增大而增大。

（2）综掘工作面的粉尘质量浓度随通风风速的增大而减小。在 X=5～9m 区域内，沿回风侧煤壁流动的粉尘流中部分粉尘随涡流循环流动，从右侧进入司机周边。在掘进机后方，部分气载粉尘回流经司机周边与涡流汇合而进入负压区，导致司机的右侧与后方的粉尘质量浓度较高。当风速小于 17m/s 时，回流粉尘形成一个面积随风速增大而减小的环掘进机高质量浓度粉尘带。当通风风速大于 17m/s 时，回流粉尘在进风侧距综掘工作面 2.5m 内的区域聚集，形成高浓度粉尘团，且其平均浓度随风速增大而增大。

（3）在采用压入式通风的综掘工作面区域，回风侧和掘进机后方是粉尘防治的重点区域，为避免粉尘向工作面深处扩散，应在回风侧设置粉尘拦截装置或收集装置拦截粉尘。同时，可在掘进机的后部设置覆盖工作面断面的除尘装置，对沿回风侧运移的粉尘进行二次拦截，还可阻挡掘进机后方粉尘在负压吸引作用下回流至综掘工作面，避免粉尘阻挡司机的视线。

3.4 本 章 小 结

本章采用文献调研、理论分析、数值模拟和现场实测等手段，重点围绕矿井采掘工作面粉尘时空分布演化特性展开了研究，主要工作和成果如下：

（1）分析了煤矿井下尘源点分布、粉尘受力和运动特性。采煤、掘进、支护和运输四个环节是煤矿井下四个主要的产尘来源；粉尘的空间受力状况决定其运动行为，其受力包括重力、浮力、拖曳阻力、布朗力、Saffman 升力等；粉尘微粒在风流中的运动轨迹与其初始速度、密度、粒径及井巷空气的密度、黏度等因素有关。

（2）分析了综采工作面气载粉尘时空分布特性。运用气固两相流理论建立综采工作面粉尘运移模型，模拟得到了顺风割煤和逆风割煤时粉尘运移和浓度分布情况；风速对粉尘浓度分布有较大影响，且在不同区域存在高浓度粉尘带和粉尘低值区；根据粉尘浓度分布情况，给出了综采工作面重点降尘区域。

（3）初步揭示了压入式通风综掘工作面气载粉尘时空分布特性。建立风流-粉尘气固两相流动计算模型，模拟得到了不同风速下的风流流场分布、粉尘运动轨迹及浓度分布情况；掘进迎头、回风侧、司机处为综掘工作面三个高浓度粉尘区，应作为防尘降尘重点区域；现场实测结果印证了模拟结果的准确性。该成果为综掘工作面粉尘精准防控奠定了基础。

参 考 文 献

[1] 程卫民, 周刚, 陈连军, 等. 我国煤矿粉尘防治理论与技术 20 年研究进展及展望[J]. 煤炭科学技术, 2020, 48(2): 1-20.

[2] 郑磊, 汪春梅, 秦玉红. 基于综采面产尘分布与扩散分析的粉尘防治研究[J]. 工业安全与环保, 2015, 41(1): 26-28.

[3] 赵卫强, 句海洋, 陈磊. 采煤机截割粉尘扩散运移规律研究[J]. 煤炭工程, 2017, 49(11): 109-111, 115.

[4] 王鹏飞, 刘荣华, 汤梦, 等. 喷嘴直径对降尘效果影响的试验研究[J]. 中国安全科学学报, 2015, 25(3): 114-120.

[5] 金龙哲, 杨继星, 欧盛南. 润湿型化学抑尘剂的试验研究[J]. 安全与环境学报, 2007, 7(6): 109-112.

[6] 谢中强. 锚喷支护巷道喷浆作业粉尘分布规律的数值模拟[J]. 煤矿开采, 2012, 17(3): 96-99.

[7] 董辉辉. 煤矿井下潮喷混凝土产尘机理及降尘研究[J]. 能源技术与管理, 2020, 45(5): 22-24.

[8] 李德文, 隋金君, 刘国庆, 等. 中国煤矿粉尘危害防治技术现状及发展方向[J]. 矿业安全与环保, 2019, 46(6): 1-7, 13.

[9] 李德文, 郭胜均. 中国煤矿粉尘防治的现状及发展方向[J]. 金属矿山, 2009, (S1): 747-752.

[10] 马云东, 郭昭华, 赵二夫. 选煤厂粉尘产出机理及综合治理方案研究[J]. 辽宁工程技术大

学学报, 2002, 21(4): 507-510.

[11] 周文东, 王德明, 王庆国, 等. 选煤厂转载点产尘特性及高效治理技术[J]. 煤矿安全, 2015, 46(8): 114-117.

[12] 陆新晓, 王德明, 任万兴, 等. 泡沫降尘技术在转载点的应用[J]. 煤矿安全, 2011, 42(11): 65-67.

[13] Ren T, Wang Z W, Cooper G. CFD modelling of ventilation and dust flow behaviour above an underground bin and the design of an innovative dust mitigation system[J]. Tunnelling and Underground Space Technology, 2014, 41: 241-254.

[14] 孙忠强, 方宝君. 施工隧道内粉尘受力分析及其运动研究[J]. 煤炭技术, 2016, 35(5): 176-178.

[15] 李德参, 范迎春. 综掘工作面粉尘在煤巷中的运动规律研究[J]. 中州煤炭, 2016, (11): 25-29.

[16] 王凯, 郭红光, 王飞, 等. 综掘工作面不同直径风筒下粉尘运移规律研究[J]. 煤矿开采, 2015, 20(5): 80-83, 69.

[17] 小川明. 气体中颗粒的分离[M]. 周世辉, 刘隽人, 译. 北京: 化学工业出版社, 1991.

[18] Hinze J O. Turbulence[M]. New York: McGraw-Hill, 1995.

[19] 梁在潮. 工程湍流[M]. 武汉: 华中理工大学出版社, 1999.

[20] El-Shoboksky M S. A Method for reducing the deposition of small particles from turbulent fluid by creating a thermal gradient at the surface[J]. Canadian Journal of Chemical Engineering, 1981, 59: 155-157.

[21] Phillips W F. Motion of aerosol particles in a temperature gradient[J]. Physics of Fluids, 1975, 18(2): 144-147.

[22] 陆厚根. 粉体技术导论[M]. 上海: 同济大学出版社, 1998.

[23] 刘荣华, 李夕兵, 施式亮, 等. 综采工作面隔尘空气幕出口角度对隔尘效果的影响[J]. 中国安全科学学报, 2009, 19(12): 128-134, 205.

[24] 谭聪, 蒋仲安, 陈举师, 等. 综采割煤粉尘运移影响因素的数值模拟[J]. 北京科技大学学报, 2014, 36(6): 716-721.

[25] 姚锡文, 鹿广利, 许开立, 等. 不同参数对综放工作面尘流运动规律的影响[J]. 东北大学学报(自然科学版), 2014, 35(11): 1622-1625, 1630.

[26] 姚锡文, 鹿广利, 许开立, 等. 基于 FLUENT 的大倾角综放面通风降尘系统[J]. 东北大学学报(自然科学版), 2014, 35(10): 1497-1501.

[27] 姚锡文, 鹿广利, 许开立. 急倾斜综放工作面不同工序产尘规律的数值模拟及应用[J]. 煤炭学报, 2015, 40(2): 389-396.

[28] Alam M M. An integrated approach to dust control in coal mining face areas of a continuous miner and its computational fluid dynamics modeling[D]. Carbondale: Southern Illinois University Carbondale, 2006.

[29] Ren T, Karekal S, Cooper G, et al. Design and field trials of water-mist based venturi systems for dust mitigation on long wall faces in 13th Coal Operators' Conference, University of Wollongong[C]. The Australasian Institute of Mining and Metallurgy and Mine Managers Association of Australia, 2013: 209-220.

[30] Patankar N A, Joseph D D. Modeling and numerical simulation of particulate flows by the Eulerian-Lagrangian approach[J]. International Journal of Multiphase Flow, 2001, 27(10): 1659-1684.
[31] 姬玉成，楼建国，张留祥，等. 综采工作面割煤时粉尘运移变化规律的数值研究[J]. 四川师范大学学报(自然科学版), 2014, 37(3): 419-423.
[32] 牛伟，蒋仲安，刘毅. 综采工作面粉尘运动规律数值模拟及应用[J]. 辽宁工程技术大学学报(自然科学版), 2010, 29(3): 357-360.
[33] 苗飞，赵磊磊. 综放工作面粉尘运动规律数值模拟及现场实测[J]. 中州煤炭，2011, (5): 11-13.
[34] 蒋仲安，张中意，谭聪，等. 基于数值模拟的综采工作面通风除尘风速优化[J]. 煤炭科学技术, 2014, 42(10): 75-78.
[35] 耿凡，周福宝，罗刚. 煤矿综掘工作面粉尘防治研究现状及方法进展[J]. 矿业安全与环保, 2014, 41(5): 85-89.
[36] 程卫民，张清涛，刘中胜，等. 综掘面粉尘场数值模拟及除尘系统研制与实践[J]. 煤炭科学技术, 2011, 39(10): 39-44.
[37] Hargreaves D M, Lowndes I S. The computational modeling of the ventilation flows within a rapid development drivage[J]. Tunnelling and Underground Space Technology, 2007, 22 (2): 150-160.
[38] Toraño J, Tnrno S, Menéndez M, et al. Auxiliary ventilation in mining roadways driven with roadheaders: Validated CFD modelling of dust behavior[J]. Tunnelling and Underground Space Technology, 2011, 26(1): 201-210.
[39] 王鹏飞，刘荣华，陈世强，等. 机掘工作面旋转射流屏蔽通风最佳送风角度的确定[J]. 中南大学学报(自然科学版), 2015, 46(10): 3808-3813.
[40] 程卫民，王昊，聂文，等. 压抽比及风幕发生器位置对机掘工作面阻尘效果的影响[J]. 煤炭学报, 2016, 41(8): 1976-1983.
[41] 聂文，魏文乐，华赟，等. 多径向涡形风控制岩巷综掘面粉尘污染分析[J]. 应用基础与工程科学学报, 2017, 25(1): 65-77.
[42] Hu S Y, Feng G R, Ren X Y, et al. Numerical study of gas-solid two-phase flow in a coal roadway after blasting[J]. Advanced Powder Technology, 2016, 27(4): 1607-1617.
[43] 李雨成，李智，高伦. 基于风流及粉尘分布规律的机掘工作面风筒布置[J]. 煤炭学报, 2014, 39(S1): 130-135.
[44] 李雨成，刘剑. 基于气固两相流的风幕控尘数值模拟[J]. 辽宁工程大学学报(自然科学版), 2012, 31(5): 765-769.
[45] Geng F, Gui C G, Wang Y C, et al. Dust distribution and control in a coal roadway driven by an air curtain system: A numerical study[J]. Process Safety and Environmental Protection, 2019, 121: 32-42.
[46] Geng F, Luo G, Zhou F B, et al. Numerical investigation of dust dispersion in a coal roadway with hybrid ventilation system[J]. Powder Technology, 2017, 313: 260-271.
[47] 蒋仲安，陈举师，王晶晶，等. 胶带输送巷道粉尘运动规律的数值模拟[J]. 煤炭学报, 2012, 37(4): 659-663.

[48] 丛晓春, 张光玉, 詹水芬. 露天煤尘污染扩散运动的数值计算[J]. 煤炭学报, 2007, 32(11): 1138-1141.
[49] 赵猛, 邹继斌, 尚静, 等. 直线型磁性流体行波泵仿真研究[J]. 金属功能材料, 2010, 17(2): 57-60.
[50] 杨书召, 景国勋, 贾智伟, 等. 矿井瓦斯爆炸高速气流的破坏和伤害特性研究[J]. 中国安全科学学报, 2009, 19(5): 86-90.
[51] Reed W R, Joy G J, Shahan M, et al. Laboratory results of a 3rd generation roof bolter canopy air curtain for respirable coal mine dust control[J]. International Journal of Coal Science &Technology, 2019, 6: 15-26.
[52] 聂文, 马骁, 程卫民, 等. 通风条件对综掘面控尘气幕的影响[J]. 中国矿业大学学报, 2015, 44(4): 630-636.

第 4 章　煤尘润湿特性及其改善原理研究

湿式除尘是煤矿粉尘防治中最常用的手段之一，其效果的优劣很大程度上取决于液相介质（水或水溶液）与煤尘之间润湿作用的强弱。煤尘润湿过程的主控因素一是煤尘自身性质，二是液相介质的润湿性能。研究煤尘润湿特性及其改善原理与方法对于提高湿式除尘的科学性和有效性具有重要意义。本章介绍煤尘化学组成与表面化学结构对其润湿性的影响、煤尘微观润湿过程的分子动力学模拟方法、表面活性剂润湿煤尘机理、磁化提高表面活性剂降尘性能等内容。

4.1　煤尘宏微观润湿特性实验研究

煤是由有机和无机成分组成的复杂沉积岩，来自不同矿井或煤层的煤尘物理化学结构各不相同，不同粒径煤尘的形态特征也存在差异。了解煤尘的工业组分及其官能团组成，分析其微观润湿特性，是粉尘防治的研究基础。本节将从宏观和微观两个层面深入介绍煤尘化学性质对其润湿性的影响及呼吸性煤尘的润湿特性。

4.1.1　煤尘化学性质对其润湿性的影响

煤尘的粒径分布、表面形态和化学性质共同影响着煤尘润湿性。其中，影响润湿性的物理因素主要是粒径，粒径越小，煤尘的表面积越大，其润湿性越差[1, 2]。在现场应用中，为了提高水的润湿能力，通常将表面活性剂添加到水中，但表面活性剂在某些矿井中使用效果不明显[3]，这可能是由于煤尘的化学性质不同，其润湿能力不同，而煤尘化学组成和表面化学结构是影响煤尘润湿性的重要因素。

煤尘的化学组成主要包含水分、灰分、挥发分和固定碳等，这些成分对煤尘的润湿性能影响各不相同。前人利用工业分析的方法对煤尘润湿性开展了大量的研究，但仍存在一定的分歧，如一些研究人员认为增加水分含量可以改善煤尘的润湿性[4]，但是也有研究发现水分含量对煤尘的润湿性影响很小[5]；固定碳含量的增加会使煤尘更加疏水[4]，但相关学者研究发现这也可能使煤尘变得更亲水[5, 6]；类似地，灰分和挥发分对煤尘润湿性的影响也存在不确定性[4, 5, 7]。这些研究结果表明，煤尘化学组成与润湿性之间的关系尚不明确，所以进一步研究煤尘化学性质与润湿性之间的关系具有重要意义。

傅里叶变换红外光谱（FTIR）作为一种定性和定量分析化学结构的现代测试

技术，能够较为准确地表征煤表面化学成分[8]。程卫民等[9]发现芳香族碳氢键的含量与煤尘的润湿性有显著的相关性，芳香族碳氢键含量的增加将导致液滴与煤尘表面之间的接触角减小；也有一些学者研究发现煤尘的润湿性主要受羰基和羟基含量的影响，羰基和羟基含量高的煤尘具有较高的润湿性[6]；Cheng 等 [10]认为芳香族基团（Ar —C，H）和羟基是影响煤尘湿润性的两个主要因素；Gao 和 Yang[11]发现酚羟基和固定碳的含量决定了其润湿性。此外，有证据表明，煤尘中的矿物质含量对润湿性有重要影响[12]，石英作为一种煤中常见的矿物，是影响煤尘润湿性的主要矿物因素[13]；然而，国内学者研究发现，随着石英含量的增加，煤尘的润湿性先下降然后上升[14]。前人研究了芳香基团和脂肪基团对煤尘润湿性能的影响，但煤尘的润湿特性与表面官能团之间的关系尚需进一步的研究。

煤尘润湿实验常用的有接触角和 Walker 实验两种方法，两者都具有较为准确地反映润湿性和操作简单等特点。其中，后者可以更精确地模拟煤尘颗粒的润湿过程[15]。因此，本研究选用 Walker 实验法。Walker 测试是将一定量的煤尘轻轻洒在水或表面活性剂溶液的表面上，然后记录煤尘完全浸入液体所需的时间；浸入时间越短，煤尘的润湿性越好。

基于以上调查研究，本节对 8 种煤尘样品进行测试：首先，使用工业分析和 FTIR 光谱对它们的化学组成进行分析；其次，采用 Walker 测试方法确定润湿时间，用于表征煤尘的润湿性；然后，研究润湿时间与体相化学成分和表面化学结构的关系，以探讨影响煤尘润湿性的主要因素；另外，由于煤尘与表面活性剂溶液的接触时间极大地影响了抑尘效率[16]，因此还研究了 8 种煤尘的润湿速率。需要指出的是，这里的接触时间是指煤尘与液体接触的可用时间。

1. 实验材料与方法

从 4 个煤矿（铁法、窑街、义马和嘉祥）的不同煤层中获得了 8 种煤样，去除表面上的氧化煤后，将样品在球磨机中粉碎并过筛，得到粒度为 200～300 目的煤尘，然后将煤尘样品在 40℃的真空烘箱中干燥 24 h。冷却后，将样品存储在密封的塑料袋中待测试。

使用非离子表面活性剂八苯基聚氧乙烯（OP，纯度≥99%）作为润湿剂。用蒸馏水制备 0.1%OP 溶液，并在 20℃下混合约 1h，以确保在每个实验开始之前充分溶解。

工业分析实验：根据国家标准《煤的工业分析方法》（GB/T 212—2008），使用自动工业分析仪（5A-MAG6700 型）对每个煤尘样品进行工业分析测试。

红外光谱实验：使用 Nicolet 6700 型 FTIR 光谱仪表征煤尘的表面化学结构。FTIR 实验系统由漫反射附件、样品池、真空系统、气源、净化和压力装置、加热和温度控制装置及 FTIR 光谱仪组成。在测试之前，使用纯 KBr 粉末收集背景参考光谱；然后将煤尘放入漫反射器样品池中，并将表面整平。仪器的波数范围为 4000～650cm^{-1}，分辨率为 4cm^{-1}，扫描次数为 64 次。

Walker 测试方法：首先将 50mL 表面活性剂溶液添加到烧杯中，然后将 0.2g 煤尘轻轻添加到液体表面上。煤尘完全浸入溶液所需的润湿时间用于表征润湿性。

2. 结果与讨论

1）煤的化学成分与润湿性的关系

煤样的工业分析数据如表 4.1 所示。水分、灰分、挥发分和固定碳的含量差异明显，表明不同的成煤环境和变质条件决定了煤的组成。润湿时间如表 4.2 所示，润湿时间与四个测试因子（水分、灰分、挥发分和固定碳含量）中的每一个之间的关系见图 4.1～图 4.4，结果表明：润湿时间与水分含量呈负相关关系，线性相关系数为 0.5726，而灰分含量（相关系数为 0.064）、挥发分含量（0.001）和固定碳含量（0.0515）等其他因素对煤的润湿性几乎没有影响。

表 4.1　煤尘的工业分析参数　（单位：%）

样本	工业分析			
	水分	灰分	挥发分	固定碳
A	1.44	14.00	32.53	52.03
B	1.84	20.00	30.60	47.56
C	1.28	49.34	17.78	31.60
D	3.71	31.23	20.15	44.91
E	1.42	16.99	33.43	48.16
F	5.83	11.96	30.91	51.30
G	5.52	5.86	35.87	52.75
H	6.17	3.87	28.67	61.29

表 4.2　煤尘的润湿时间　（单位：s）

样本	A	B	C	D	E	F	G	H
润湿时间	42.61	34.56	38.99	28.61	37.25	23.99	30.14	33.95

煤中含有的水分可分为外在水、内在水和化合水。外在水吸附于煤尘颗粒的表面，内在水吸附于煤尘颗粒内部的毛细管中，化合水也叫结晶水，是指与煤尘中矿物质结合的水。在实验中，通过工业分析测得的水分是内在水和外在水的总和，这是影响煤尘颗粒润湿性的主要因素之一。图 4.1 说明水分含量越高，煤尘润湿性越好。

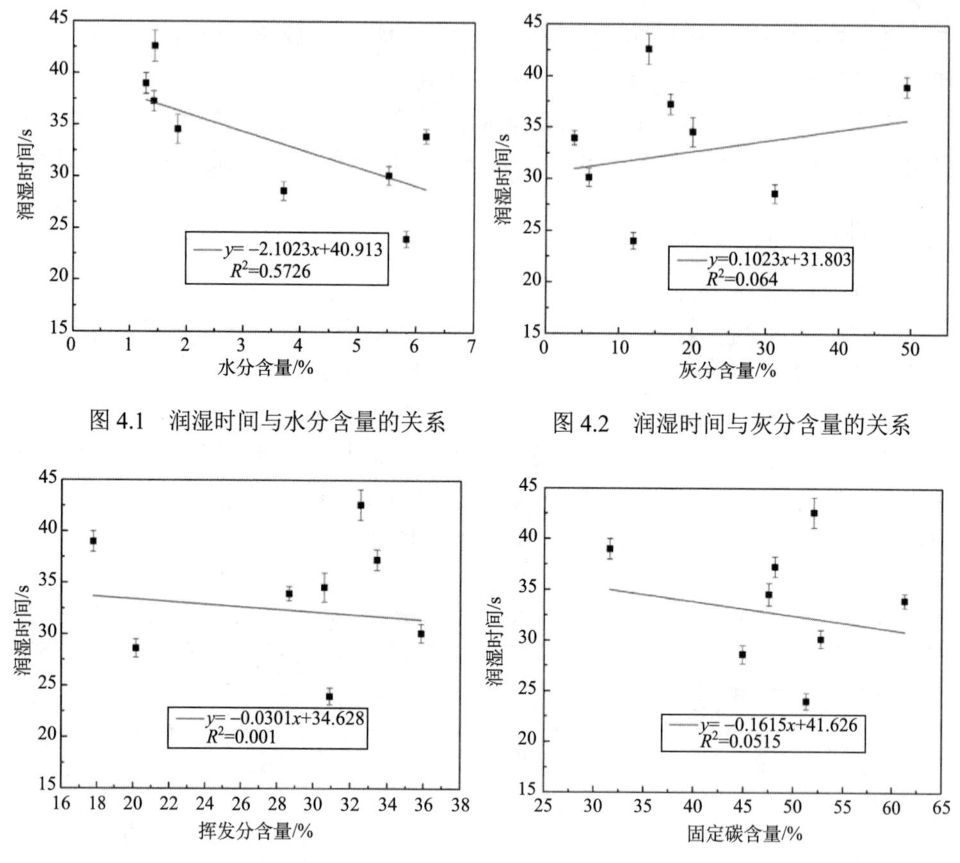

图 4.1　润湿时间与水分含量的关系

图 4.2　润湿时间与灰分含量的关系

图 4.3　润湿时间与挥发分含量的关系

图 4.4　润湿时间与固定碳含量的关系

挥发分主要来自热解测试过程中产生的气体[5]，但吸附于煤尘孔隙中的气体和水分仅占总挥发分的一小部分，这意味着大多数挥发分不是煤尘中的原始物质，并且不进行热解就不会存在，所以煤尘的润湿性无法用挥发分的量来表征，这在图 4.3 中的实验结果得到了证实。

灰分是煤燃烧后的矿物残留物，具有很强的亲水性，但图 4.2 的实验结果表明，润湿时间与灰分没有关系，这与前人研究的结论一致[5]；此外，有研究人员认为粉尘中固定碳含量的增加通常会导致润湿性下降[4]，但测试数据（图 4.4）表明，润湿时间和固定碳含量相关性不大。煤尘化学组分对其润湿性的影响，是由于采矿过程中产生了机械摩擦和热能，进而导致煤尘表面性质发生变化[17]；而且这些变化对煤尘润湿特性的影响很大[18]。

2）表面化学结构与润湿性的关系

煤的化学结构主要是芳香环组成的聚合物，不同的芳香基团通过化学键连接，在芳香结构的边缘存在一些烷基侧链和含氧官能团。在这些化学结构中，芳香烃和脂肪烃是疏水的，这是导致煤疏水性的主要因素。相反，以石英和含氧官能团（例如羟基、羧基和羰基）为代表的矿物质是亲水的[19]。本书使用 FTIR 光谱分析了煤样品的表面化学结构，其结果如图 4.5 所示。在 $1610cm^{-1}$ 和 $3046cm^{-1}$

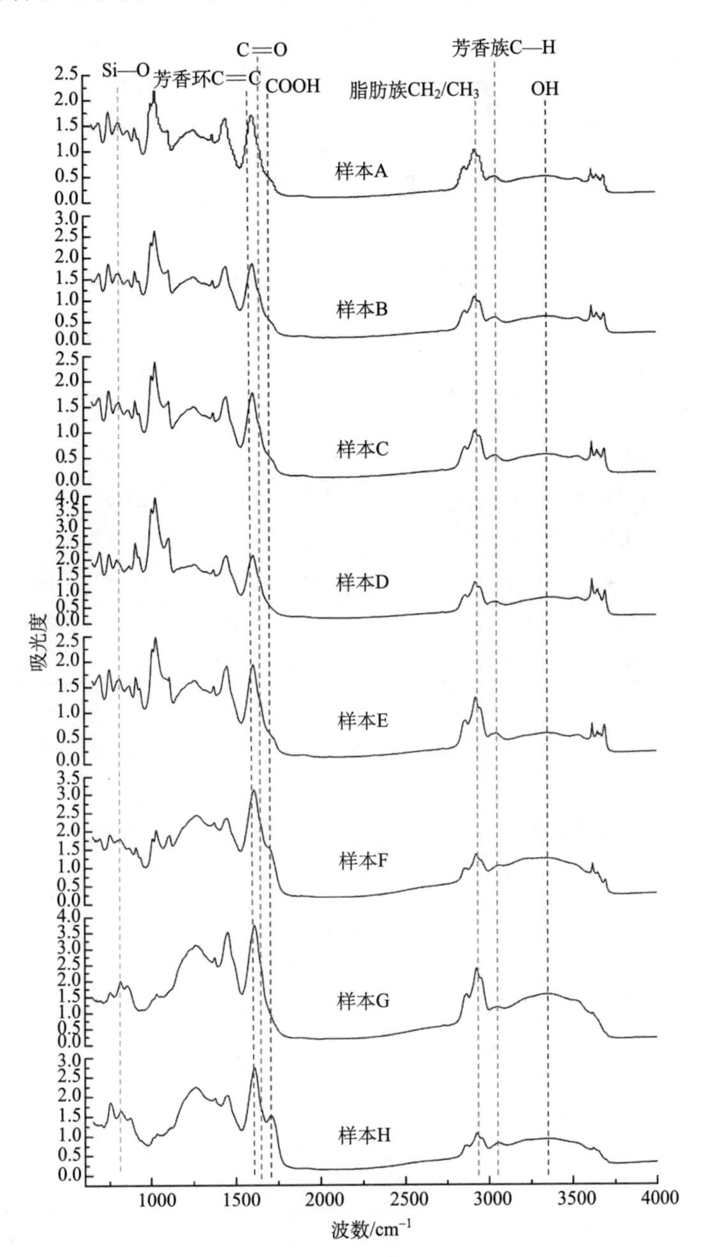

图 4.5 煤尘样品的红外光谱图

处的吸收峰分别表示芳香环（C═C）结构和芳香族（C—H）结构，脂肪族链（CH_3，CH_2）的光谱峰出现在 2924cm^{-1} 处，在 3400cm^{-1}、1710cm^{-1} 和 1654cm^{-1} 处的峰分别是羟基（OH）、羧基（COOH）和羰基（C═O），代表石英（Si—O）的峰值出现在 800cm^{-1} 处。

计算不同亲水结构吸光度与疏水官能团吸光度之和的比值（表 4.3），以研究煤尘的润湿性。计算公式如下。

$$R_{亲水结构} = \frac{A_{亲水结构}}{A_{芳香环C═C} + A_{芳香族C—H} + A_{脂肪族链}} \tag{4.1}$$

表 4.3　煤尘样品不同化学结构的 Kubelka-Munk（KM）吸光度

化学结构	KM 吸光度							
	样本 A	样本 B	样本 C	样本 D	样本 E	样本 F	样本 G	样本 H
芳香 C═C	1.704	1.861	1.768	2.121	1.931	3.133	3.746	2.737
芳香 C—H	0.491	0.58	0.531	0.644	0.577	1.038	1.161	0.825
脂肪族链	1.013	1.068	1.017	1.255	1.273	1.339	2.36	1.054
OH	0.498	0.599	0.549	0.775	0.578	1.233	1.567	0.902
COOH	0.488	0.543	0.52	0.542	0.576	1.466	0.884	1.515
C═O	1.065	1.157	1.103	1.311	1.212	2.167	2.364	1.658
Si—O	1.509	1.622	1.552	2.001	1.627	1.758	1.722	1.514

煤尘的润湿时间与其四种表面化学结构（羟基比、羧基比、羰基比和石英比）的关系见图 4.6～图 4.9。实验结果表明，煤尘的润湿性取决于表面羟基，而与羰基和石英含量相关性较差，与羧基含量基本无关。

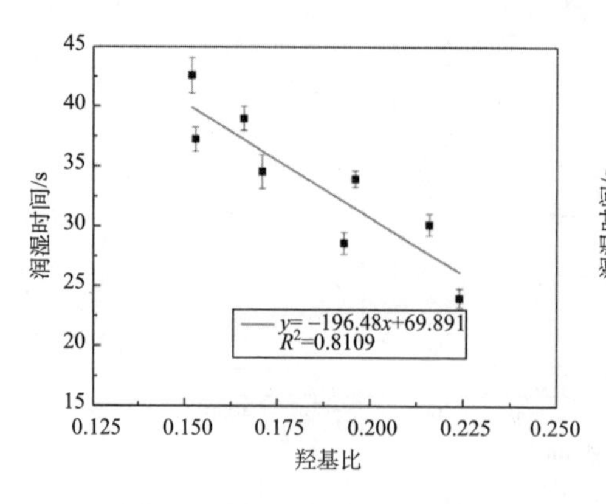

图 4.6　润湿时间与羟基比的关系

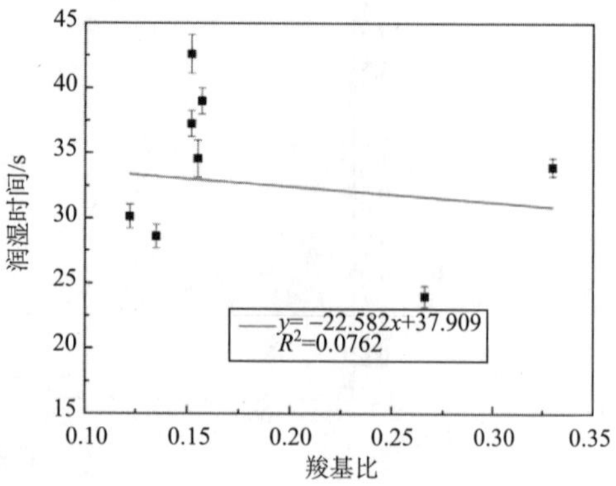

图 4.7　润湿时间与羧基比的关系

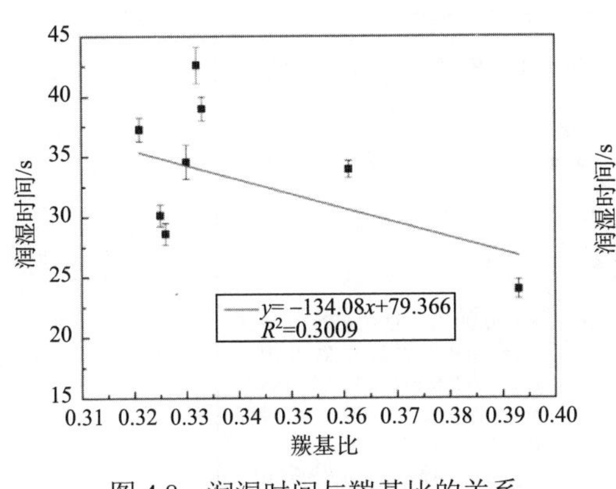

图 4.8　润湿时间与羰基比的关系

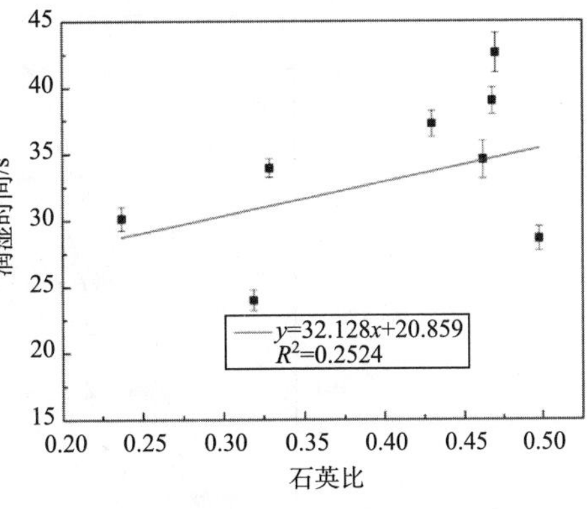

图 4.9　润湿时间与石英比的关系

如图 4.6 所示，随着羟基含量的增加，润湿时间逐渐减少，其相关系数高达 0.8109，高于润湿时间与水分含量之间的相关系数（0.5726），这表明表面羟基基团比体相样品中的水分含量对煤尘润湿性的影响更为显著；从图 4.8 可以看出，煤尘的润湿时间与羰基官能团呈负相关关系，这是由于羰基的亲水性，会增强煤尘的润湿性；另外，Kollipara 等[17]发现一些与有机物相关的石英可能是疏水的，但从图 4.9 可以看出，在润湿时间和石英含量之间存在轻微的正相关关系（系数为 0.2524），这表明煤尘表层的石英特性与纯净石英形态的特性不同，并且煤尘表层石英可能会降低煤尘的润湿性；从图 4.7 可以看出润湿时间与羧基含量无关。

3）煤尘的润湿速率

润湿速率对现场应用中的抑尘效率有重要影响。实验结果表明，在实验室测试中，某种润湿剂溶液的润湿速率是纯水润湿速率的三倍以上[18]。然而，在现场应用中，该润湿剂的抑尘效率仅比水高 10%～30%。这种明显的异常结果是因为在实验室测试中的接触时间比在实际喷涂系统中要长得多[20]，而实践中对粉尘进行润湿的可用时间只有 10～25s[19]，所以针对现场应用中溶液与粉尘接触时间短的问题，展开对煤尘润湿速率的研究。

为了测试润湿速率，将粒度分别为 200～300 目的 0.4g、0.6g、0.8g 和 1.0g 煤尘样品分别轻轻地添加到 50mL 表面活性剂溶液的液体表面上，并记录润湿时间。图 4.10 中列出了各曲线的斜率，可以得出，每个样品的润湿时间和煤尘质量都呈线性正相关关系（相关系数超过 0.96），且羟基含量较高的煤尘的润湿速率要比其他样品快（图 4.11）。通过在实验室中测试的润湿速率，可以估算出在现场应用时在有限接触时间内的抑尘效果。

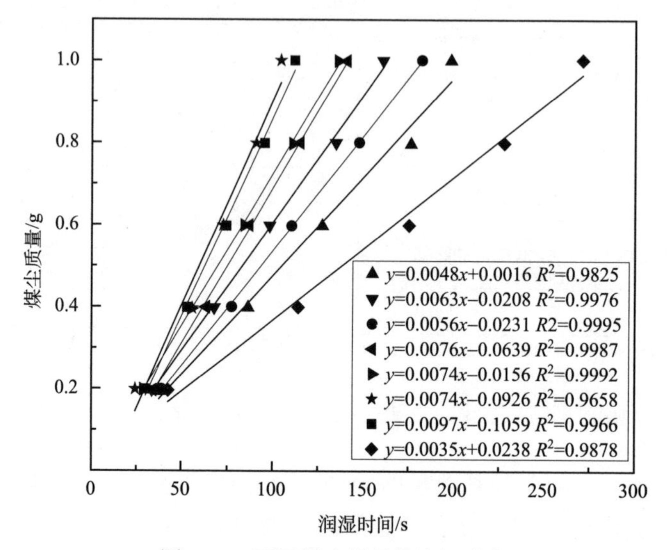

图 4.10　不同煤尘样品的润湿速率

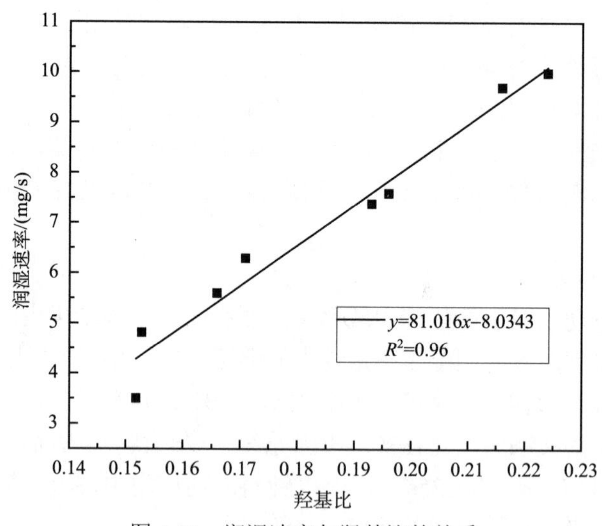

图 4.11　润湿速率与羟基比的关系

3. 结论

煤尘的湿润时间与水分含量呈负相关关系（线性系数为 0.5726），灰分、挥发分和固定碳等其他因素对润湿性没有影响；FTIR 光谱显示，煤尘表面羟基含量是决定煤尘润湿性的主要因素，润湿时间随羟基官能团含量的增加而线性减少（相关系数为 0.8109）；羰基含量的增加可以改善煤尘的润湿性，而羧基含量和润湿时间之间没有明显的关系；石英含量较高会导致润湿性降低，这表明与有机成分相关的煤尘表面上的石英可能是疏水的。

综上所述，表面羟基含量是表征煤尘润湿性的最佳指标；另外，润湿时间随煤尘质量线性增加和表面羟基含量高的煤尘具有较快的润湿速率的发现对指导煤矿现场粉尘抑制工作具有一定意义。

4.1.2　呼吸性煤尘润湿特性实验研究

在所有粒径的矿井粉尘中，直径小于 10μm 的呼吸性煤尘进入肺部后难以排出[21]。长期吸入高浓度呼吸性煤尘可能导致尘肺病，这是一种无法治愈的肺组织纤维性病变。尘肺病是煤矿行业中最广泛、最严重的职业病之一[22,23]。因此，全世界的产煤国家都非常重视对呼吸性煤尘的控制，并进行了大量的研究。Yang 等[2]通过红外光谱实验、粉尘电泳实验和向下渗透实验研究了煤尘的表面化学结构、表面电性能和表面润湿机理。Zhou 等[24]得出了煤尘中的矿物质成分、煤尘的表面官能团和有机大分子结构对煤尘润湿性起着重要作用的结论。总体上，以往的研究从宏观角度的接触角、表面张力及煤尘的化学结构研究了煤尘的润湿机理，但是，大多数研究仅限于大颗粒粉尘[17, 25, 26]，涉及关于呼吸性煤尘润湿特性的研究还比较缺乏，因此，有必要专门研究呼吸性煤尘的润湿性。此外，对于煤尘红外光谱的分析，煤尘的吸光度能力通常由峰高来评价。然而，由于样品和仪器因素的影响，光谱的峰位会发生不同程度的偏移，特征峰相互干扰或重叠，进而造成误差和重现性差[27-29]。 因此，使用峰高进行定量分析的准确性存在不足。

在此背景下，本节研究了呼吸性煤尘的润湿特性。使用 FTIR 光谱仪获得了呼吸性煤尘的微观结构。为了克服使用峰高评估吸收峰的吸光度的不足，采用峰面积进行煤尘光谱分析，该方法在光谱信息方面具有良好的重复性和较高的准确性[30]。然后分析了呼吸性煤尘的官能团，并结合接触角测量结果研究了呼吸性煤尘的润湿性与官能团之间的关系。这项研究对于从微观上理解呼吸性煤尘的润湿性具有重要的理论意义。

1. 实验材料与方法

为了制备呼吸性煤尘样品，使用 2000 目的标准筛对 5 个煤样研磨后的煤尘进行了分类和过滤，然后将样品放在筛子下面的玻璃中，通过玻璃上的粉尘堆积情况来查看煤尘样品，并收集可观察到的微量粉尘。

使用 Winner 2000 型激光粒度分析仪（济南微纳颗粒仪器股份有限公司）测试粉尘颗粒的粒度分布。具体步骤：首先打开激光粒度分析仪，并将其预热 10～15min，再用充满样品池的无水乙醇清洗样品制备系统；接着启动循环泵，运行 10～15min，将无水乙醇从排水管排出，反复清洗样品池；然后将约 25mg 的煤尘溶解在 200mL 无水乙醇中，并将样品放入样品池中，通过搅拌和超声波促进煤尘样品的分散；最后使用激光粒度分析软件测量样品池中的粒径范围，测量多组数据，计算平均粒径范围。

使用 Nicolet 6700 型 FTIR 光谱仪进行红外光谱实验。该仪器可以直接测量放置在样品池中的煤尘样品，测定结果准确。实验参数和过程同 4.1.1 节。使用峰面积进行的定量分析受样品和仪器因素的影响较小，其计算采用对谱图的峰高求导的方式，得到一阶导数和二阶导数。其中，二阶导数红外光谱可以提高分辨率，以增加信息量并增强光谱特性，它可以很好地识别光谱图中的重叠峰，从而使二阶导数红外光谱更准确地识别化合物。

使用 KRUSS DSA100 型光学接触角测量仪测量液体与煤之间的动态接触角。具体步骤如下：首先将约 200mg 的呼吸性煤尘放入硼酸模具中，然后在 20MPa 的压力下制成直径为 30mm 的圆柱试样。使用安装好的固定注射器将煤片放入测试平台，并调整针的位置。在确定好基线且水滴到煤块上之后，测量接触角。

2. 结果与讨论

1）煤尘粒度分析

使用 Winner 2000 型激光粒度分析仪获得了这五种煤尘的体积微分分布和粒度参数，结果如表 4.4 所示。

表 4.4　煤尘粒度分布　　（单位：μm）

粒度	褐煤	1/3 焦煤	焦煤	无烟煤	气肥煤
d10	4.2	3.19	4.22	4.85	3.43
d50	6.64	5.60	6.85	7.78	4.59
d90	9.94	7.79	10.24	11.86	10.23
平均值	6.85	7.09	7.06	8.08	7.89

图 4.12 显示，大多数是粒径小于 10μm 的呼吸性粉尘；煤样的频率分布（微分分布）先增大后减小，呈正态分布。

2）呼吸性煤尘的红外光谱

使用傅里叶变换红外光谱仪测得呼吸性煤尘样品的红外光谱图，如图 4.13 所示。

3）呼吸性煤尘的润湿性

通过接触角测量获得了呼吸性煤尘样品与水之间的接触角。从表 4.5 中可以发现，接触角随煤化程度的增加而增加。褐煤具有最小的接触角和最佳的润湿性；无烟煤的接触角最大，润湿性最差；气肥煤、焦煤和 1/3 焦煤的润湿性差异很小。一般而言，随着煤化程度的增加，润湿性变差。

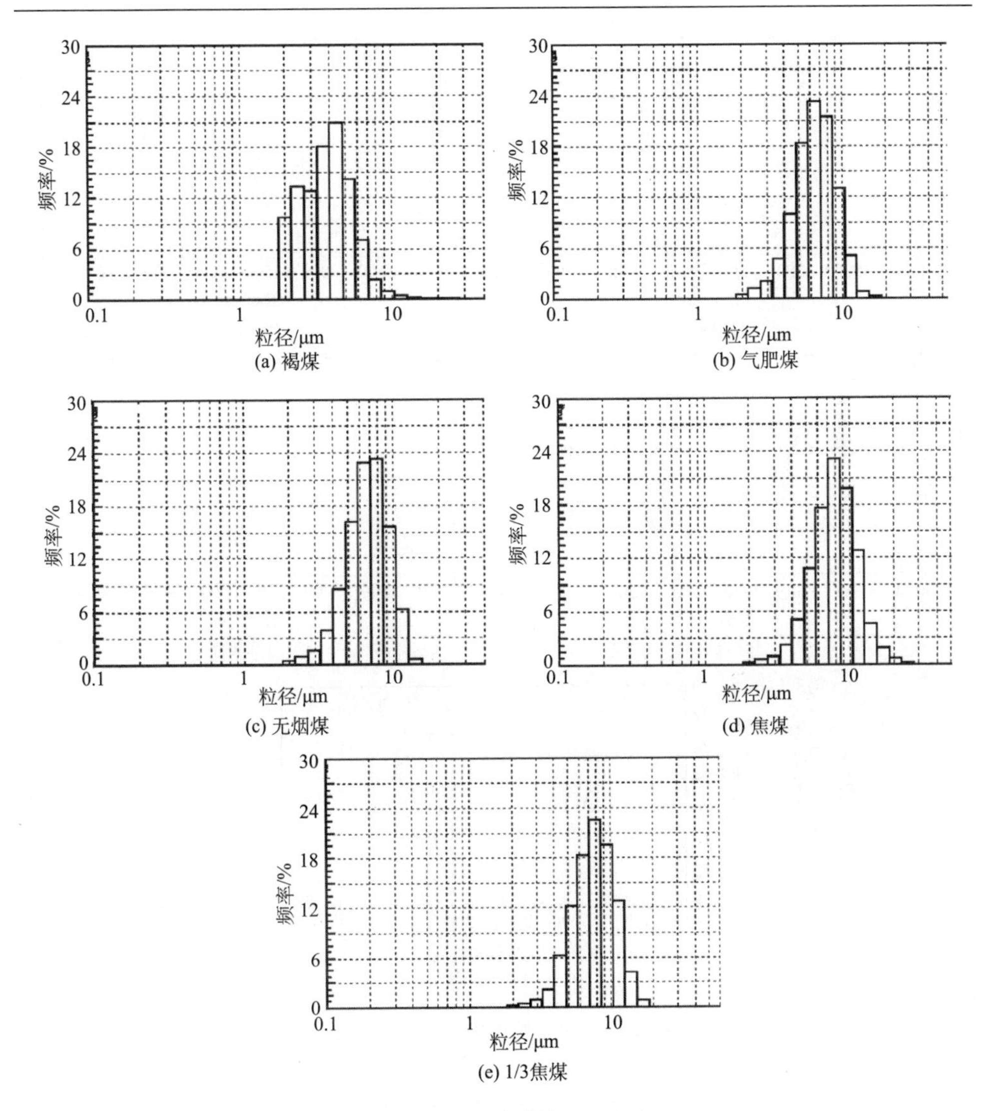

(a) 褐煤　(b) 气肥煤　(c) 无烟煤　(d) 焦煤　(e) 1/3焦煤

图 4.12　每种样品的粉尘尺寸分布

使用 Winner 2000 型激光粒度分析仪测量发现大多数煤尘的粒度小于 10μm。结合接触角测量结果，表明五种呼吸性煤尘的接触角均大于 70°，该接触角明显高于可见粉尘。粉尘的粒径越小，煤颗粒的分布越均匀，表面积越大。煤尘内部的原子暴露变成表面原子，因此煤表层中碳的比例连续增加，而氧元素的比例减少；更高的疏水基团比例导致煤尘的疏水性增强。另外，粒径越小，孔径也越小，毛细作用相对较弱，因此，粒径越小，润湿就越困难。

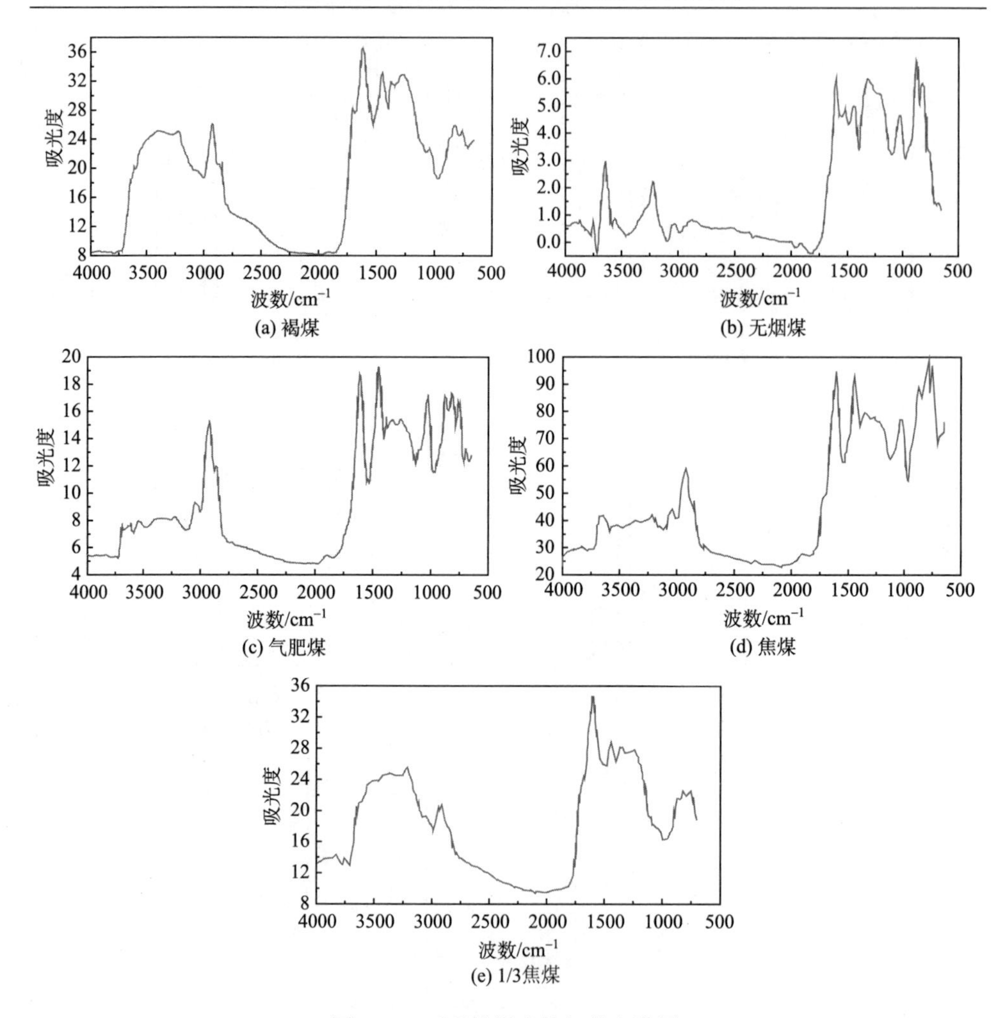

图 4.13　呼吸性煤尘的红外光谱图

表 4.5　煤样与水的接触角　　　　［单位：(°)］

样品名称	接触角实验			平均值
	1#	2#	3#	
褐煤	74.3	74.3	74.4	74.4
气肥煤	77.7	77.6	77.7	77.7
1/3 焦煤	77.2	77.5	77.3	77.3
焦煤	78.5	78.6	78.5	78.5
无烟煤	82.6	82.5	82.6	82.6

4）FTIR 样品定量分析

红外吸收光谱的峰面积虽受采样因子和仪器参数的影响，但影响小于峰高，所以定量计算更加准确。但由于煤尘样品的厚度和粒径及仪器的光路和光强度都不同，故不能直接比较不同煤尘样品之间测得的峰面积。然而，相同粉尘样品中不同特征峰的实验条件相同，可相互比较，这意味着使用峰面积比可以得到同一粉尘样品中不同官能团的百分比，然后通过比较不同煤尘样品中的官能团百分比进行分析。因此，采用峰面积归一法计算羟基、芳香烃、脂肪烃等官能团的比值，对官能团进行定量分析，结果如图 4.14 所示。

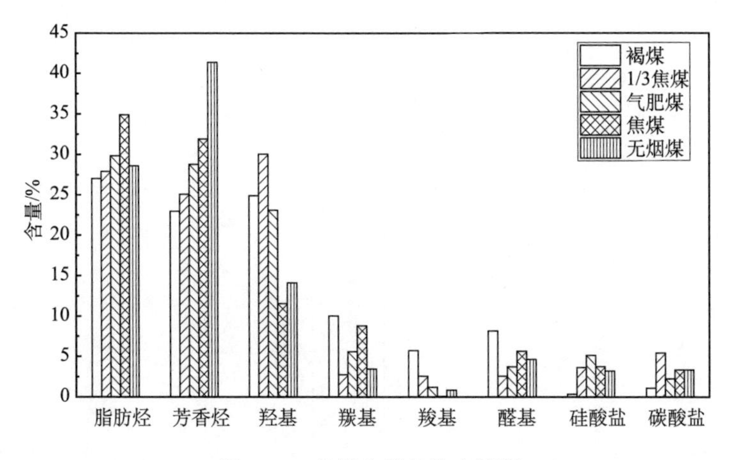

图 4.14　各煤尘样品的官能团

图 4.15 表明，含碳大分子结构的苯环或具有苯环的芳香族烃和具有甲基、亚甲基的脂肪烃等，随着碳化的增加而呈增加趋势。对于羰基，从褐煤到烟煤和无烟煤，羰基含量逐渐降低，但是烟煤中羰基含量的规律性不强。褐煤和气肥煤中羟基含量较高，但是高变质等级的煤（如无烟煤和焦煤）的羟基含量较低。煤尘的润湿性与官能团的含量有很大关系，与脂肪烃和芳香烃等富碳分子的结构呈负相关关系。随着煤尘中芳香烃或脂肪烃等含碳分子结构的增加，煤尘的疏水性增大，润湿性降低。煤尘的润湿性与煤尘中含氧官能团的含量呈正相关关系，与羧基含量也呈正相关关系。含氧官能团，特别是羧基，表现出亲水性，并且随着含氧官能团数目的增加，煤尘的润湿性增加。硅酸盐、碳酸盐等无机矿物的含量与呼吸性煤尘的润湿性呈正相关关系，表明这些无机矿物具有亲水性，可改善呼吸性煤尘的润湿性。

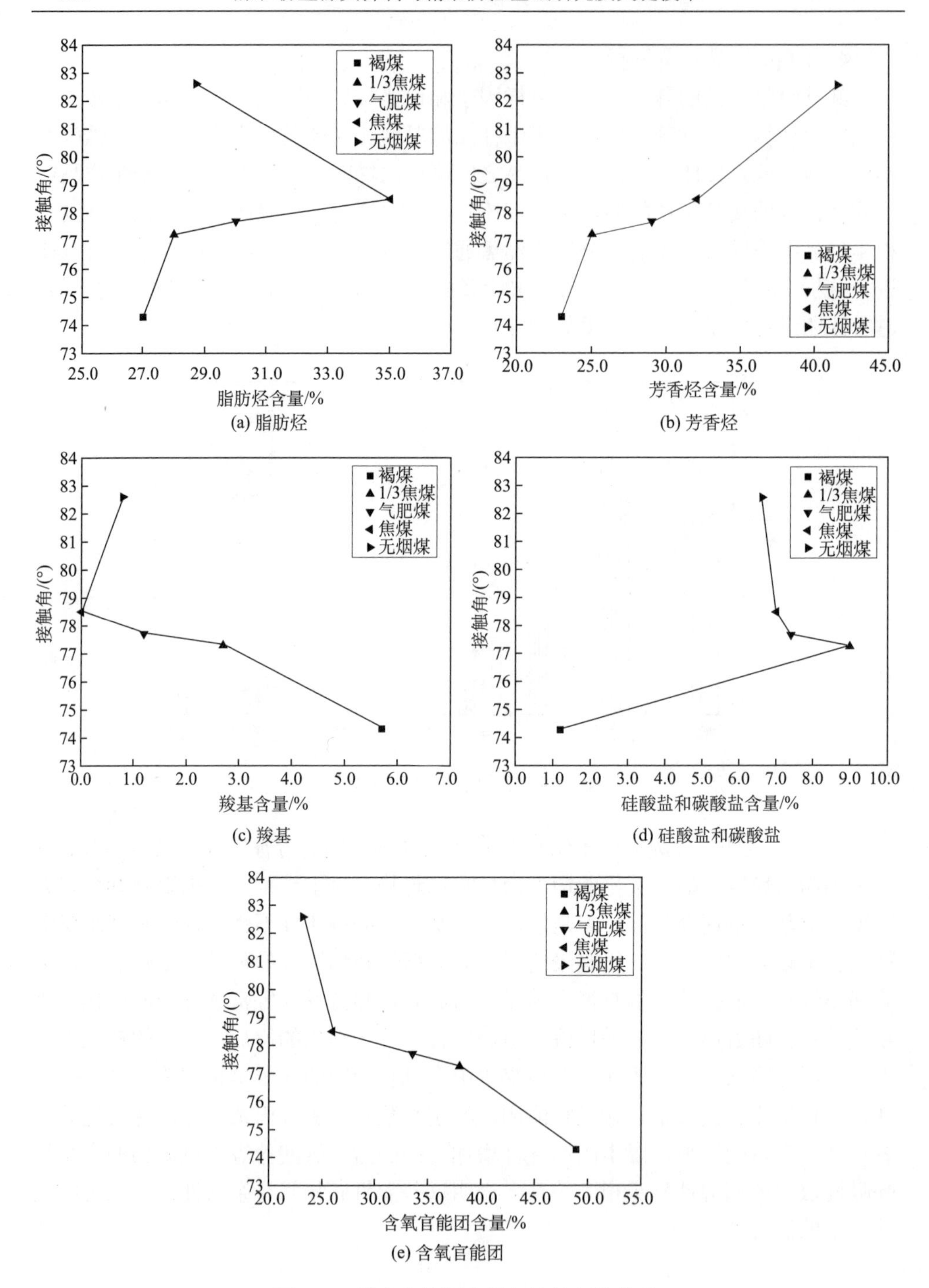

图 4.15　煤尘官能团含量与接触角的关系

3. 结论

本实验通过 FTIR 光谱和接触角测量研究了呼吸性煤尘的润湿性，得出的主要结论如下：

（1）呼吸性煤尘很难被水润湿。随着煤尘颗粒尺寸的减小，煤尘的暴露面积增加，煤尘内部的原子暴露变成表面原子，因此，煤尘表层中碳的比例增加，而氧元素的比例减少，更大的疏水基团比例增加了煤尘的疏水性。

（2）呼吸性煤尘的润湿性与官能团的类型和含量密切相关。含碳大分子结构的苯环或含苯环的芳香烃及含有甲基、亚甲基的脂肪烃等都具有疏水性，这些成分的增加会使煤尘的润湿性变差；羟基和羧基所代表的含氧官能团、硅酸盐和碳酸盐矿物是亲水性的，它们的增加会改善煤尘的润湿性。

（3）不同变质等级的呼吸性煤尘的润湿性明显不同。随着变质程度的增加，煤呈现出再碳化和脱氧的趋势，并且大分子结构的含量随着碳化的增加而增加，含氧官能团的含量随着碳化的增加而降低。总体来说，随着煤化的增加，煤尘的润湿性变差。

4.2　煤尘微观润湿过程的分子动力学模拟方法

分子动力学模拟作为一种分析分子、原子物理运动情况的计算机模拟方法，能够从原子级微观体系呈现出物质演化规律，从而为宏观实验现象提供微观解释。因此，分子动力学模拟有望为深入探究煤尘微观润湿机理提供新方法，为阐述抑尘剂溶液分子运动特性、在煤尘表面的结合与分布特性创造条件。

4.2.1　常用分子动力学模拟软件

1. BIOVIA Materials Studio

Materials Studio 中完整的建模与模拟环境可供材料科学与化学领域的学者预测和理解一种材料的原子/分子结构及其性质和行为[31]。许多学者使用 BIOVIA Materials Studio 开发出了各种类型的具有优良性能的新材料，包括生物制药、催化剂、聚合物及复合物、金属及合金、电池及燃料电池等[32]。Materials Studio 包含图形用户界面 Materials Studio Visualizer，研究者可在其中构建、操作并查看分子、晶体、材料、表面及聚合物构型和介观尺度结构。

2. LAMMPS

LAMMPS 的全称是 Large-scale Atomic/Molecular Massively Parallel Simulator，

由美国能源部 Sandia 国家实验室开发。LAMMPS 内置固态物质（金属、半导体）、软物质（生物分子、聚合物）、粗粒化或介观系统的势能模拟器，能够用于原子建模。更一般地讲，能够作为原子、介观或连续体系的并行粒子模拟器。LAMMPS 通过信息传递技术与仿真域的空间分解能在单个或并行处理器上运行，其诸多型号都有在 CPU、GPU 和 Intel Xeon Phis 上提供具有加速性能的版本。其程序易于修改，以满足新功能的需要。LAMMPS 是根据 GPL 的条款作为开源代码发布的，所有开发过程均在 GitHub 上进行，并可在此获取所有历史版本[33-35]。

3. Amber 及 Gromacs

Amber 是一套生物分子模拟程序，“amber”一词即指一组用于生物分子模拟的分子。Gromacs 是一个用于执行分子动力学的多功能软件包，可以模拟数百至数百万粒子体系的牛顿运动方程，主要为蛋白质、脂类等具有复杂键合作用的生物分子研究而开发，但其高速计算非键合作用的优势也使其可用于如聚合物的非生物体系研究[31]。

4.2.2 煤尘微观润湿过程模拟方法

本节通过分子动力学模拟不同规模的煤尘体系在不同模拟条件和方法下润湿的微观过程，揭示煤表面微观尺度的润湿程度分布情况。同时通过比较各种模拟条件下结果的差异性、可靠性，得到一套针对煤体系的分子动力学模拟的方法、流程和参数。

首先，建立小型、中型和大型煤尘-水分子体系，同时，为探究适宜的搭建煤尘与水两个子体系的方法，在较小体系下尝试采用不同的体系结构以比较模拟结果，包括三维周期性晶体盒子和二维周期性表面结构；其次，在小体系下探究不同的模拟条件（如温度、系综）对模拟结果的影响，并针对性地采用不同的能量最小化、退火弛豫方式探究其对模拟结果的影响。

由于所研究体系原子数量在数千数量级，在分子模拟领域属于较大体系，故采用本地计算机和远程服务器并行计算的方式逐一完成计算任务。同时，将粒子数量控制在分子动力学模拟软件及服务器的运算能力范围内。

模拟结果采用输出模拟终点图像、模拟过程动画的可视化结果与相对浓度定量分析结果相结合的方式，以呈现不同规模、条件下的煤尘润湿过程。

1. 煤尘-水分子体系建模

1）单个煤分子建模及优化

在 Materials Studio 中绘制单个煤分子结构模型，如图 4.16 所示。对初步建立的结构不甚理想的煤分子模型进行优化，即能量最小化。采用 CASTEP

（Cambridge sequential total energy package）模块选择运行 Geometry Optimization 任务进行能量最小化。CASTEP 是一个量子力学计算引擎，由剑桥大学凝聚态课题组开发，以平面波赝势方法为核心，其可靠性得到了广泛的认可。自 20 世纪 80 年代第一次被应用至今一直处于稳定发展和良好的维护中[35,36]。嵌套于 Materials Studio 中的 CASTEP 有便于操作的直观 Windows 界面，其专有输出文件.castep 包含所有运算过程供研究者查看。CASTEP 可以进行总能量计算、几何优化、能带结构等性质计算、基于 NVE 和 NVT 系综的动力学模拟，能实现关键参数的智能选择，但仅支持周期性晶胞结构，故首先用 Amorphous Cell 建立周期性晶胞结构，与 CASTEP 兼容后，再建立用于动力学模拟的表面结构。CASTEP 支持指定用于其计算的服务器。完成几何优化后的分子构型如图 4.17 所示，可以看出其原子位置、键长及成键方式较初步绘制的结构发生明显变化。

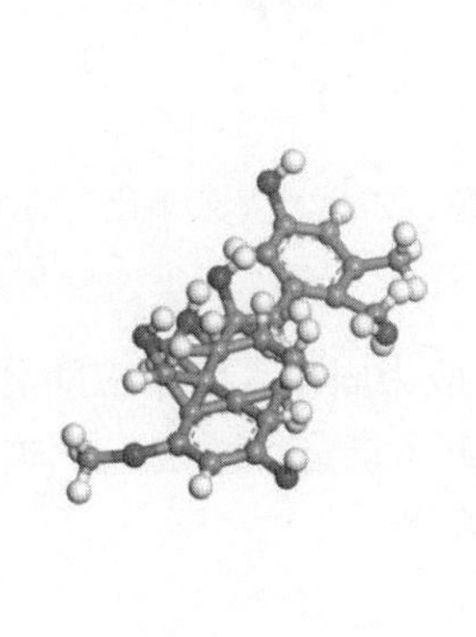

图 4.16　绘制完成的 Yalluourn 褐煤分子

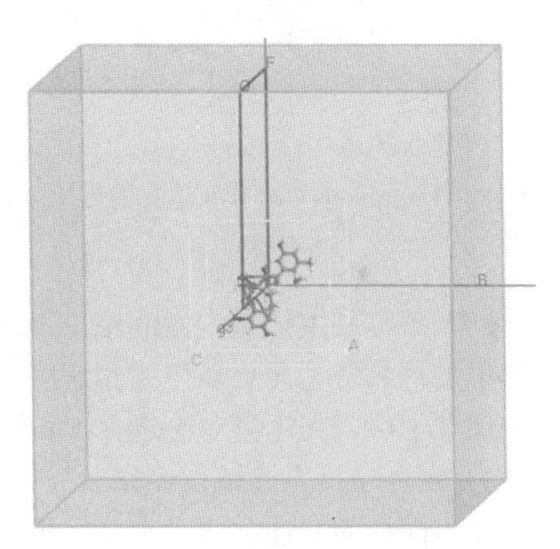

图 4.17　CASTEP 几何优化后的褐煤分子

2）煤分子层建模及优化

单个煤分子优化完成后，利用 Amorphous Cell 模块建立煤分子层。在优化完成后生成的煤分子界面内选择 Amorphous Cell-Construction，选择煤分子及其数量，考虑到软件计算能力有限，暂时设置为 10，目标密度设置为褐煤的一般密度，约为 0.7g/cm^3。同时勾选几何优化选项，以得到较为理想的初始煤分子层结构。建立完成后的煤分子层如图 4.18 所示。

煤分子层模型建立好以后，使用 DMol3 进行几何优化。DMol3 是一套基于 DFT（密度泛函）量子力学程序，适用于物理化学、量子化学、生物医药及材料科学领域等情形中的模拟[37]。虽然 DMol3 精度不如其他模块（如上述 CASTEP），但计算速度快，对于分子体系运算效率高。这得益于其计算静电作用所采用的独特方法。DMol3 是进行分子密度泛函计算最快的程序之一，对于大分子尤为突出。

对于过渡态结构，DMol3 采用共轭梯度法和 LST/QST 算法相结合的方式，显著加快了搜索过渡态的进程[38]，这些都在本节的实践中得到了印证。综合上述 DMol3 对于大分子、大体系有较快计算速度的优点，其是对褐煤分子初始构型进行几何优化的最佳选择。完成能量最小化的煤尘体系如图 4.19 所示。

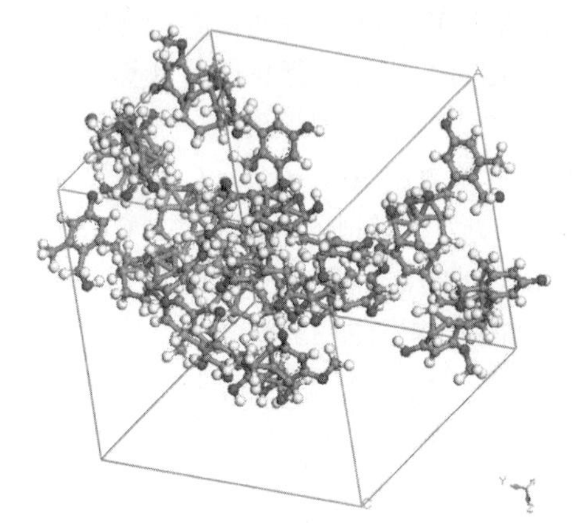

图 4.18　Amorphous Cell 模块建立的煤尘体系（小型）

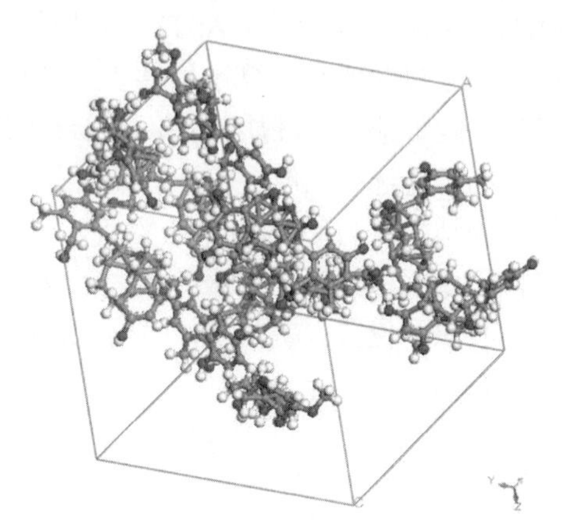

图 4.19　经 DMol3 能量最小化后的煤尘体系

同时考虑到本体系为固液相，煤所组成的体系应为固体，煤不应随分子动力学模拟过程的进行而更新位置和速度，因此应将煤分子层进行固定。具体方法为：选中煤分子层，在主菜单中选择 Modify-Constrain 命令。

3）水分子体系建模及优化

使用同样的方法完成对水分子模型的绘制。由于水分子结构简单，其优化同样可以选择精度更高的 CASTEP 模块。完成优化的水分子如图 4.20 所示。

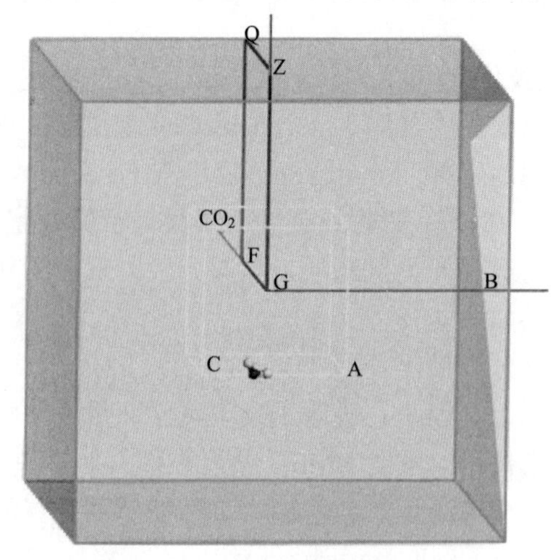

图 4.20　CASTEP 优化后的水分子

单个水分子优化完成后，同样利用 Amorphous Cell 模块建立水分子层，分子数量为 100，如图 4.21 所示。由于研究的对象是煤与水的微观润湿过程，水应为液相，故目标密度设为 1.0g/cm^3。同样勾选几何优化选项，以得到较为理想的初始水分子层结构。随后再次利用 CASTEP 模块对水分子层进行能量最小化，如图 4.22 所示。

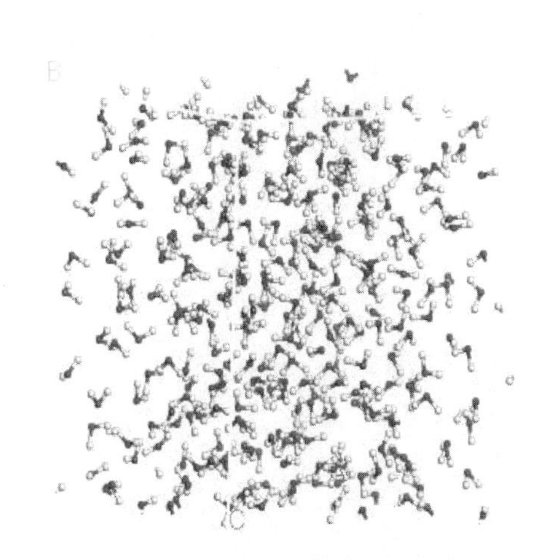

图 4.21　Amorphous Cell 模块建立的水分子体系（小型）

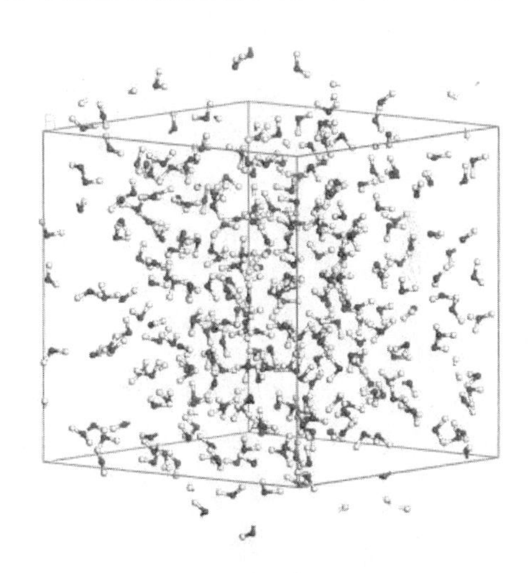

图 4.22　CASTEP 优化后的水分子体系

4）煤尘-水分子体系建模及优化

将完成初步结构优化的煤分子层及水分子层两个体系合二为一。实现方法为：利用 Build 主菜单中的 Build Layers 命令，选择 Layer1 和 Layer2 分别为水分子层和煤分子层。本节对 Build Layers 所提供的晶体结构和表面结构两种建层形式选项分别进行了尝试和结果讨论：对于选择 Layers 结构为 Surface 建立煤尘-水分子表面结构，再另建一.xsd 文件选择 Crystal 选项建立 Materials Studio 中默认的煤尘-水分子晶体结构，如图 4.23 所示。将建立好的 Layers 和 Surface 结构同样使用 DMol3 进行能量最小化，如图 4.24 所示。

对于二维周期性表面结构，小、中、大尺度煤尘-水分子体系的面积分别为 452.098 Å^2、750.690 Å^2 和 955.567 Å^2；对于三维周期性晶体结构，模拟盒子的体积为 14378.358 Å^3。

2. 模拟前准备

1）模块的选择

本研究的煤尘-水分子体系的动力学模拟依托 Materials Studio 内的 Forcite 模块进行。Forcite 模块由 Accelrys 公司开发，主要基于分子动力学，用于研究体系

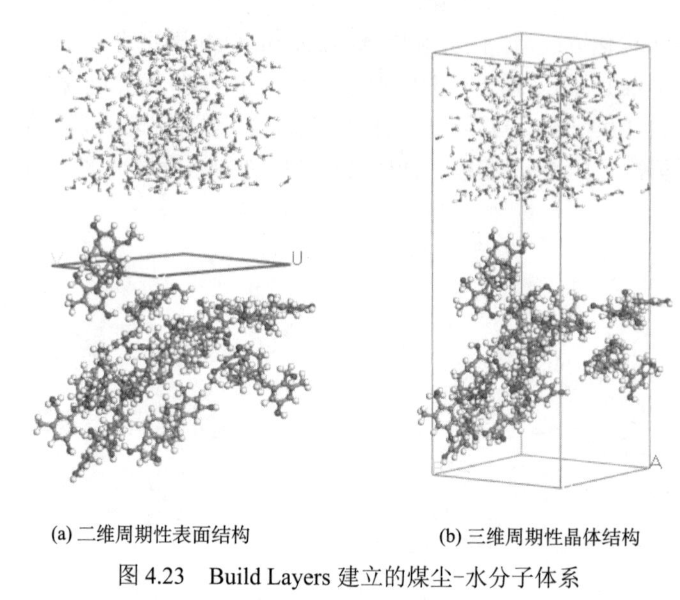

(a) 二维周期性表面结构　　(b) 三维周期性晶体结构

图 4.23　Build Layers 建立的煤尘-水分子体系

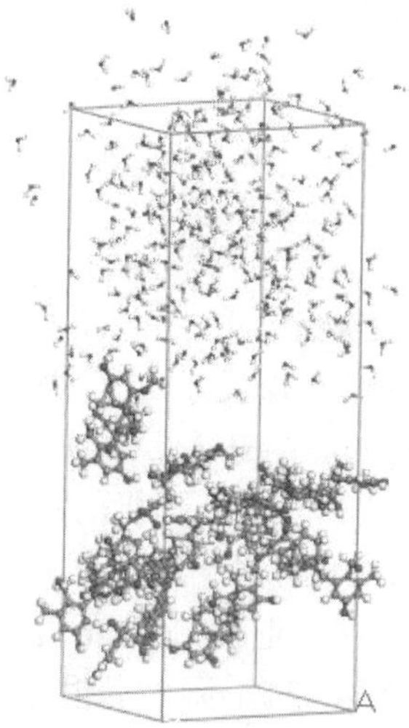

图 4.24　DMol3 能量最小化及退火后的煤尘-水分子体系

扩散、径向分布等性质的计算引擎。Forcite 合并了早期 Materials Studio 版本中的 Discover 模块，在本研究使用的 Materials Studio 8.0 版本中已被 Forcite 模块完全替代。在模拟前需要设置力场、系综、时间步、模拟时间等重要参数。Forcite 模块支持 COMPASS、COMPASS Ⅱ、Universal、PCFF、CVFF 等力场，其中 COMPASS 系列力场为 Materials Studio 排他性所有。除动力学以外，Forcite 还可以进行能量最小化、能量计算、退火等多种任务，其支持力场种类多，参数设置简便灵活，适用体系范围广，能量计算速度快，几何优化结构可靠[39]。其中分子数量较少（水分子×100，褐煤分子×10）的微型煤尘-水分子体系因其对计算能力要求较低，故直接在本地电脑进行。

2）力场的选择

势函数是分子动力学模拟的核心之一，用于描述原子和原子间的相互作用，包括分子内原子间的相互作用（即键合项势函数）、分子间的原子相互作用及分子内不成键的原子间相互作用（即非键合项势函数，如范德瓦耳斯力的势函数及库仑力势函数）。一个由不同的势函数组成的集合，用于描述所研究体系内各种原子（分子）间的相互作用，则称之为力场。分子动力学发展早期常见的力场有 AMBER、CHARMM、CVFF、MMX（包括 MM2、MM3）。随后一些势函数更复杂，更为精确的力场被逐渐开发出来，如 CFF 力场（包括 CFF91 等多个力场）及本节采用的 COMPASS 力场，这些力场被称为二代力场。

3）系综的选择

系综（ensemble）是指大量具有相同结构、相同性质、相对独立、处于同一宏观条件下的粒子运动系统的集合。简而言之，系综就是用于描述研究体系的宏观性质约束条件。

分子模拟中常见的系综有正则系综（canonical ensemble, NVT，符号含义为体系中粒子数 N、体积 V、温度 T 保持恒定，后文“NVE”“NPT”等以此类推）、微正则系综（micro canonical ensemble, NVE）、巨正则系综（grand canonical ensemble, VTμ）。

正则系综是保持体系粒子总数 N、体积 V 和温度 T 恒定的系综。它采用的模拟算法是蒙特卡罗方法（Monte Carlo method）。该方法的基本思想是用随机数或伪随机数对样本进行抽样，将随机变量值带入特定问题下的目标函数，通过判断其是否有效来进行取舍，进而得到一些无法求解或难以准确求解问题的近似解。蒙特卡罗方法广泛应用于金融工程、计算物理学、化学、生物医学等领域。蒙特卡罗方法在分子模拟中的运用原理为：首先产生分子初始动力学量，如速度、加速度等，然后随机改变这些物理量的数值，接着计算体系能量是否低于之前状态的值，作为是否接受这些物理量成为下一步迭代的初始量的标准。在 NVT 系综中，此特征函数为亥姆霍兹自由能 $F(N,V,T)$。在此过程中，体系的总压力、总能量在某一数值附近不断波动。NVT 系综是开放的系统，因与大热源接触平衡而具有恒定的温度。

微正则系综（NVE）是一种与外界既无粒子交换，也无能量交换的孤立系统，可以保持粒子数 N、体积 V、总能量 E 恒定，并使系统温度 T、压强 P 变化，其特征函数为熵 S。

巨正则系综为保持温度 T、体积 V 和化学势 μ 恒定，而系统压强 P、能量 E 及粒子数 N 会波动于某一平均值附近的系统。一般该系综同样采用蒙特卡罗方法进行模拟，其特征函数为 Massieu 函数 $J(\mu,V,T)$。

其他系综如等温等压（constant-pressure, constant-temperature, NPT）、等压等焓（constant-pressure, constant-enthalpy, NPH）等这里不再逐一介绍。本节研究的煤尘-水分子体系在实际情况中显然为恒温的开放体系，并假定粒子数恒定，因而正则系综 NVT 为本节分子动力学模拟选择的系综。

4）程序与参数设定

对于煤尘-水分子表面结构，在 Forcite 的动力学设置中，系综选择 NVT，初始速度设置为随机分配，使用 Anderson 方法控制温度恒定为 285K（如无特别说明）；时间步设置为 1.0fs，模拟步数为 100000 步，模拟总时间为 100ps；设置每 500 步输出一次当前结构文件 Frame，这样模拟结束时轨迹文件（Trajectory）中将包含包括初始结构在内的 201 个 Frame 文件。基础设置中选择任务为 Dynamics，质量选择 Medium（在确认无误及估计大致运算时间后再考虑选择 Fine 或 Ultra-fine），在 Forcite 的能量设置中选择力场为 COMPASS，设置电荷为自动分配；对于加和方法，分别选择 Ewald 加和方法以计算库仑力相互作用[31]，Atom-based 方法计算范德瓦耳斯力相互作用。

在分子动力学模拟前使用退火对体系进行充分弛豫，具体方法为：使用 Forcite 在 NVT 系综下运行五次退火循环，起始温度为 298K，升温至 500K 再降温到起始温度，共运行 5000 步，时间步为 1fs，模拟时间 5ps，每 100 步输出体系图像，生成退火过程的动画文件。这样的退火过程实质上也是运行动力学，通过退火过程体系总能量更小，将达到更加稳定的状态，输出构型如图 4.25 所示。完成退火

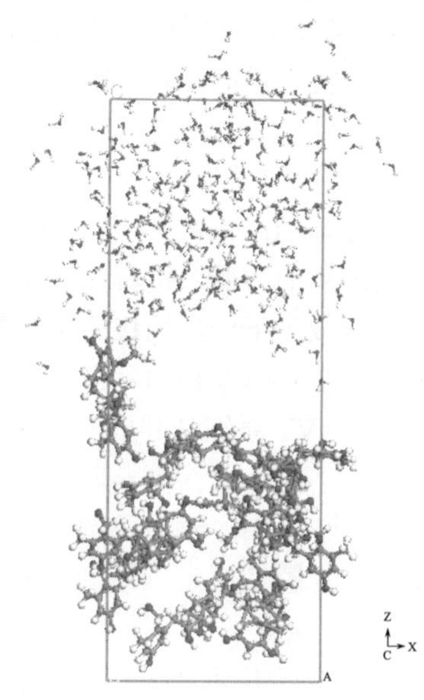

图 4.25　完成几何优化及退火的煤尘-水分子体系（晶体小型）

后，使用 Forcite 动力学在 NPT 中进行 1～0.1MPa 区间下的加压-解压处理，分次进行，压力分别设置为 1MPa、0.8MPa、0.6MPa、0.4MPa、0.2MPa、0.1MPa，模拟参数和退火相同，每一步输出构型如图 4.26 所示。上述加压-解压处理（在煤尘-水分子表面体系中无法实现）在体系逐步达到与现实大气压接近的压力数值的同时，又在退火的基础上进一步使体系达到更加稳定的状态，使得后续动力学模拟结果更可靠。完成退火和加压-解压处理后，对相对稳定的煤尘-水分子晶体结构进行与上述煤尘-水分子表面体系参数相同的分子动力学模拟。

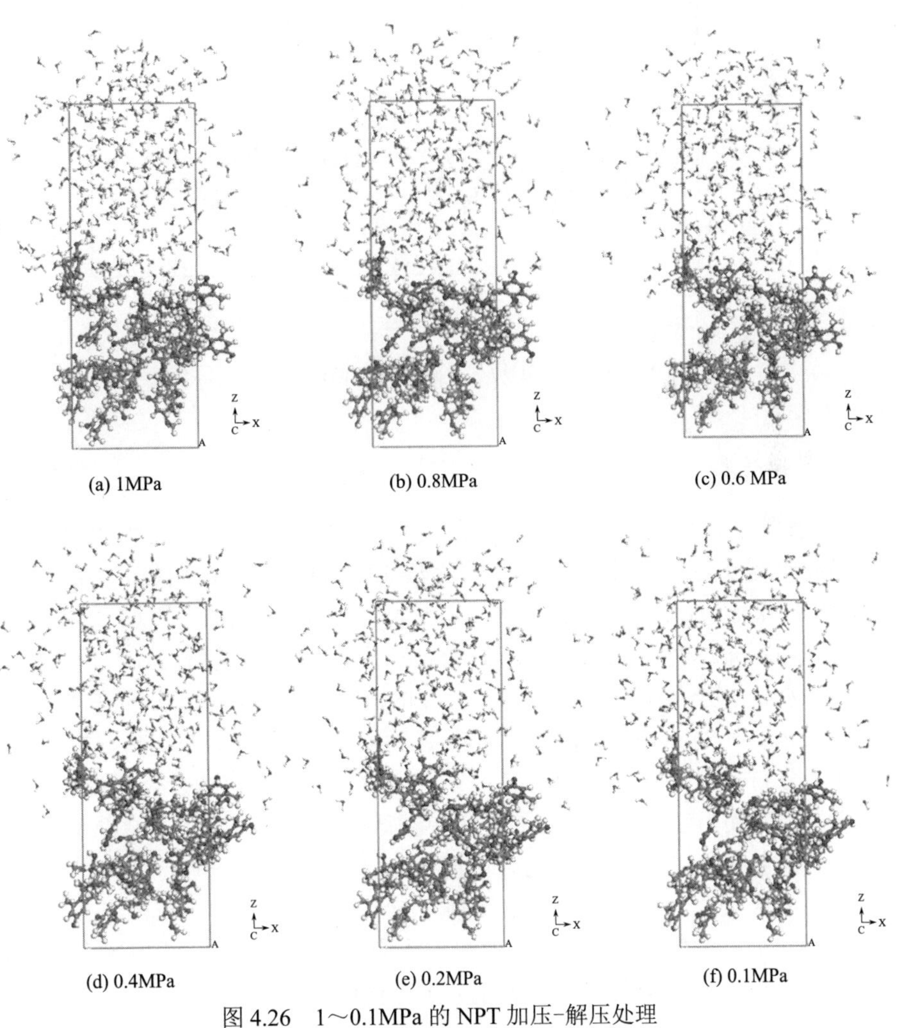

图 4.26　1～0.1MPa 的 NPT 加压-解压处理

从图 4.27 所示的能量曲线可以看出，除了模拟初始阶段的大幅下降外，设定模拟时间内的大部分总能量在–1600～–1650kcal[①]/mol 范围内略有波动，因此可以判定，在这个小系统中，当模拟进行到 100ps 时，已经达到了平衡状态。本节对其他较大规模的系统也进行了类似的平衡态验证。

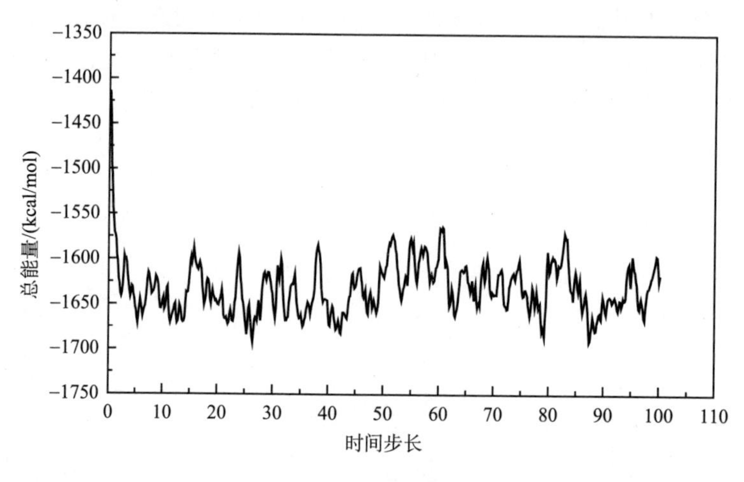

图 4.27　总能量变化曲线

3. 模拟结果

1）小型煤尘-水分子体系模拟结果

当起始温度为 285K 时，起始总能量为–1372.115kcal/mol，模拟结束时总能量为–1738.017kcal/mol，平均总能量为–1725.096kcal/mol，标准差为 67.250kcal/mol，输出构型如图 4.28 所示。从相对浓度分析图（图 4.29）中可以看出，在所选（0,1,0）平面中，水分子分布在由下至上 17～48Å 的范围内，褐煤分子分布在 4～36Å 范围内；水分子在 26～46Å 范围内相对集中，而煤分子空间分布不具有规律性，其浓度在其分布范围内近似正态分布，由模型构建及几何优化决定，分子均设置位置固定，不随动力学模拟改变位置，无单独研究意义。褐煤分子层和水分子在约 36Å 平面处也就是褐煤+Z 一侧起始位置开始发生重合，并一直持续到位于褐煤体系内部的 17Å 处，约占此体系煤尘 Z 轴方向长度的 59.375%。在褐煤分子体系表面 36～45Å 处，水分子也有分布且数量位于其分布峰值区域，约占煤尘体系 Z 轴方向长度的 56.25%。45Å 以上区域水分子分布逐渐降至零。

① 1J=4.2cal。

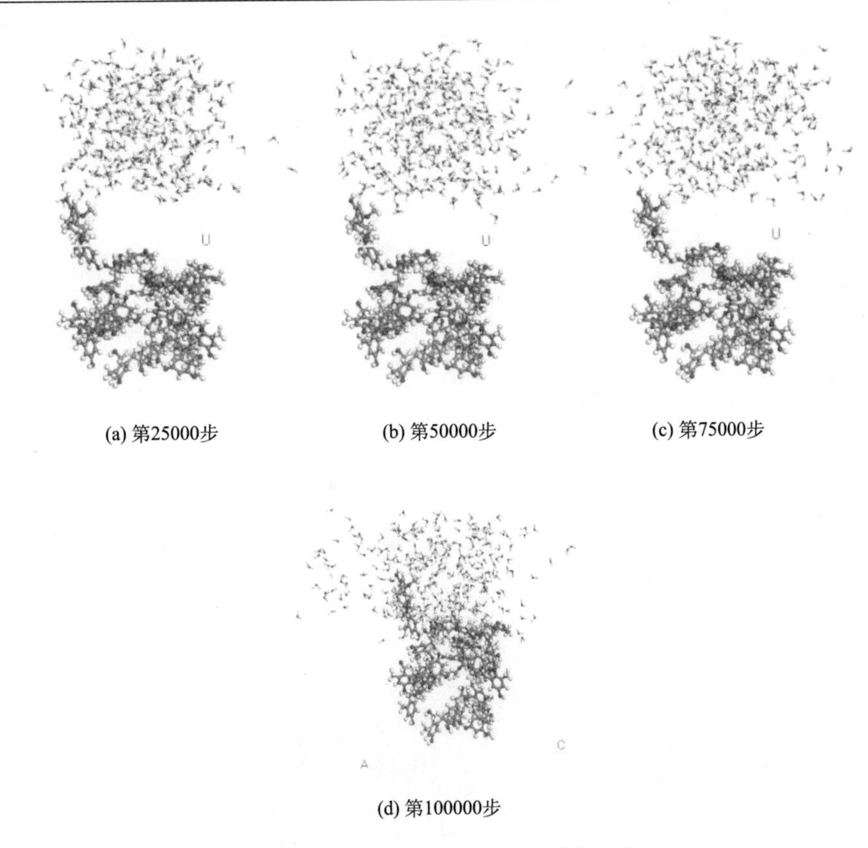

(a) 第25000步　(b) 第50000步　(c) 第75000步

(d) 第100000步

图 4.28　285K 时 NVT 下的模拟结果

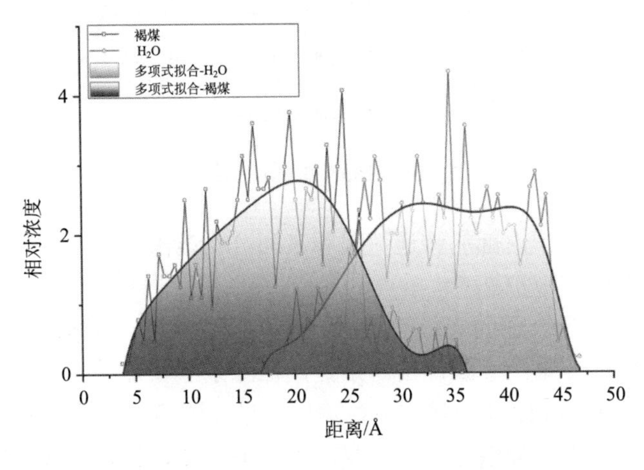

图 4.29　褐煤与水分子的相对浓度示意图

同一体系在其他条件相同，温度升至 293K 后，水分子分布在由下至上 17～50Å 的范围内，褐煤分子分布在 2.8～35.3Å 范围内；水分子在 25～44Å 范围内相对集中。褐煤分子层和水分子在约 35.3Å 平面处开始发生重合，并一直持续到位于褐煤体系内部的 16.8Å 处，如图 4.30 所示。

(a) 模拟结果示意图

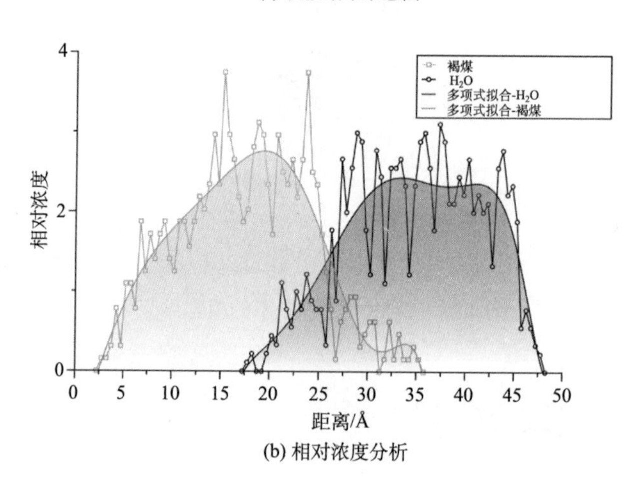

(b) 相对浓度分析

图 4.30　293K 下的模拟结果

水分子在褐煤分子内部的渗透情况和表面分布范围与 285K 差异微小，故暂不再进行不同温度的模拟。

尽管在初步选择合理的模拟系综时，NVE 系统由于不符合实际情况而被排除，但其不合理性并未经实践证实。于是，在除系综以外的其他条件完全相同的条件下再次进行了 NVE 动力学模拟。输出结果（图 4.31）表明：在此系综下，水分子扩散和向煤尘内部渗透均较 NVT 系综下强烈，且有向煤尘周围扩散的趋势，在褐煤分子层与水分子层接触表面聚集明显少于 NVT 模拟。

(a) 动力学模拟结果输出构型图

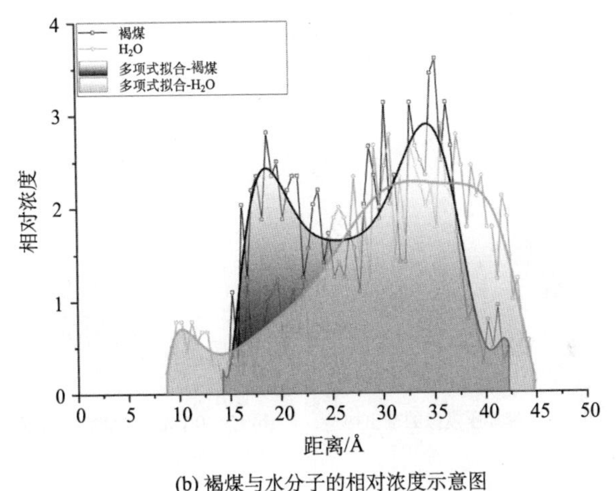

(b) 褐煤与水分子的相对浓度示意图

图 4.31　NVE 系综下的模拟结果

上述三次模拟使用的模型均为二维周期性表面模型。其他条件相同时，在三维周期性晶胞条件下，未经加压的模拟结果如图 4.32（a）所示，水分子成无序高度扩散状。对模型进行退火和 NPT 加压后的模拟结果如图 4.32（b）和（c）所示，显然较未加压而言在晶胞体系下对水分子约束增强，水分子分布在由下至上 20～65.5Å 的范围内，褐煤分子分布在 3.5～30.5Å 范围内；水分子在 28～55Å 范围内相对集中。褐煤分子层和水分子在由上至下约 30.5Å 平面处开始发生重合，并一直持续到位于褐煤体系内部的 20Å 处，约占此体系煤尘 Z 轴方向的 38.89%。在褐煤分子体系表面 30.5～55Å 处，水分子有分布且数量位于其分布峰值区域，约占煤尘体系 Z 轴方向长度的 90.741%。55Å 以上区域水分子分布逐渐降至零。显然，较表面体系而言，在此条件下水分子向褐煤内部渗透较表面体系减弱，褐煤表面 Z 轴方向分布范围增加但未形成液滴流动情形的聚集。因此，虽然 NPT 加压-减压预处理在一定程度上对于三维周期性模型确为一种优化方法，但其相较于二维周期性表面模型而言不适合用于模拟本研究中的煤尘-水分子体系的煤尘润湿性。

这种差异可能是由于三维晶胞体系采用 *X*、*Y*、*Z* 三个方向的周期性边界条件。在煤尘-水分子体系建模完成后，褐煤分子层和水分子间形成一定厚度的默认真空层，而 Forcite 在 *Z* 轴方向将其依次读取为“褐煤分子层—真空层—水分子层—真空层……”这样的永续周期性重复的结构。采用二维周期性边界的表面模型在 *Z* 轴方向不具有周期性，因而避免了干扰。图 4.25（a）和图 4.32（a）的对比就是一个很好的例证。

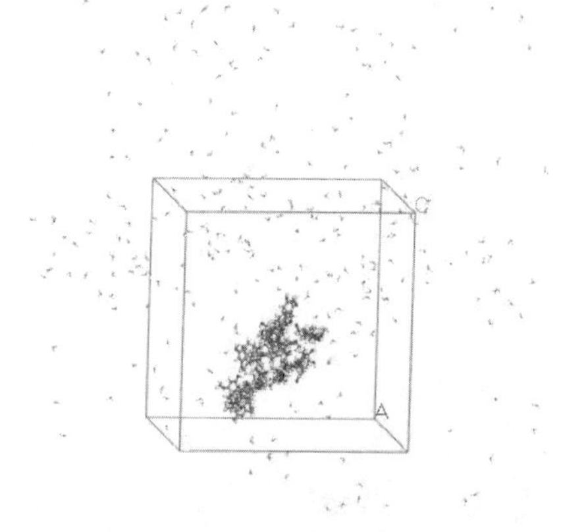

(a) 晶体模型（小型）未经加压模拟的输出构型

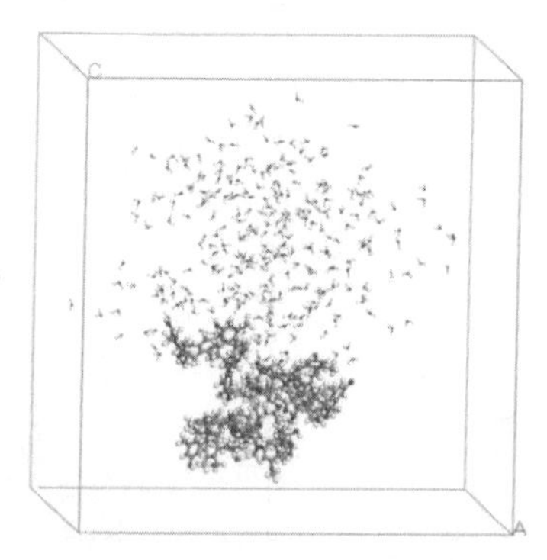

(b) 经1~0.1MPa NPT加压后模拟的输出构型

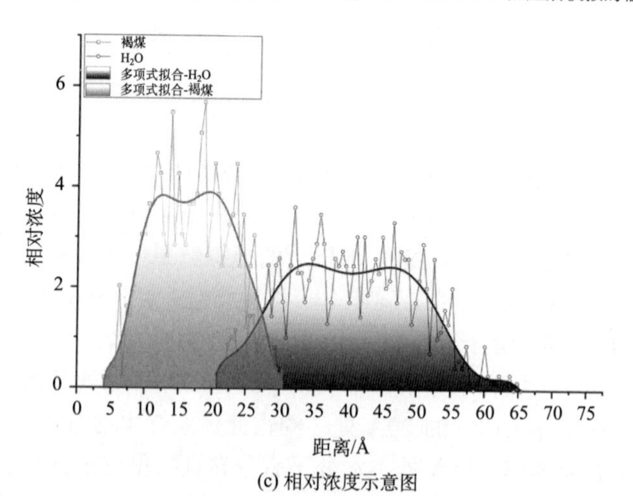

(c) 相对浓度示意图

图 4.32　晶胞模型的模拟结果

通过小体系实验各种模拟条件，逐步摸索出适合于本研究的二维周期性表面模型，如需采用三维周期性晶胞模型则有必要进行充分的 NPT 预处理，且温度变化未显示出对模拟结果的明显影响，以便中大型体系能够在最短时间内，得到最为可靠的结果。

2）中型煤尘-水分子体系模拟结果

本研究中采用的中型煤尘-水分子体系由 200 个水分子及 20 个褐煤分子表面结构组成。首先，按照前文的建模方法建立模型，解除煤分子固定约束以进行充分几何优化；然后，进行不同于前节 NVT 的 NVE 退火及几何优化；随后，进行与前节参数相同的第一次 NVT 动力学模拟。第二次 NVT 模拟前的退火采用了原先的 NVT 系综，依然使用煤分子固定的约束条件，动力学参数不变。

根据图 4.33 可知，第一次模拟中煤分子层位移较大，且由于笛卡儿坐标及分数坐标均不受约束，煤分子层充分聚集，形成了更接近于实际煤分子状态的结构，

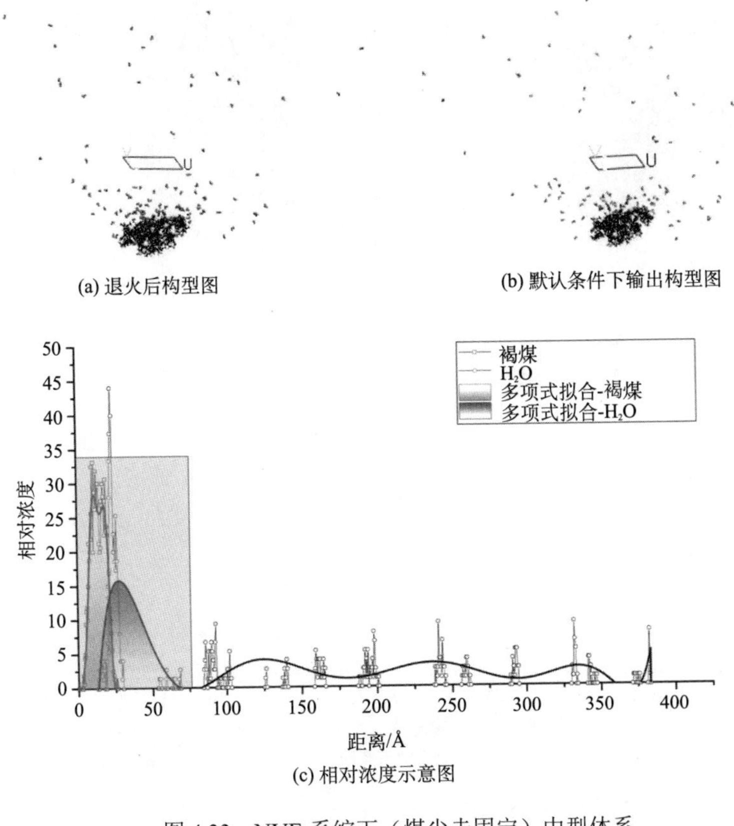

(a) 退火后构型图　(b) 默认条件下输出构型图

(c) 相对浓度示意图

图 4.33　NVE 系综下（煤尘未固定）中型体系

但模拟结果图像显示水分子扩散剧烈，与煤接触特征不明显。这可能是因为整体和局部位置都处于不断变化中，水分子层难以充分与其产生相互作用，且退火在NVE孤立体系下进行，水分子充分扩散也影响了其后的动力学模拟。故采用NVT退火，固定煤分子层进行模拟是比较符合研究目的的方法。采用上述方法后的第二次模拟结果表明：随着体系增大，水分子向煤尘内部渗透减弱，而水分子向煤分子层以外空间的扩散效应也有明显减弱。模拟结束时，如图4.34（a）所示，整个水分子层分布范围较小，明显更集中于煤分子层表面。这可能是因为体系规模的增大加强了煤尘对水分子的吸引作用。这样的结果较好地反映了水分子作为一个整体与煤尘的接触特征。浓度分析[图4.34（b）]表明，煤分子层分布于晶胞右下至上4.8～41.3Å的范围，水分子则分布于31.9～53.2Å的范围，最远仅渗透至煤尘内部约9Å的位置，占煤分子层Z轴方向分布范围的24.66%，而且相对浓度

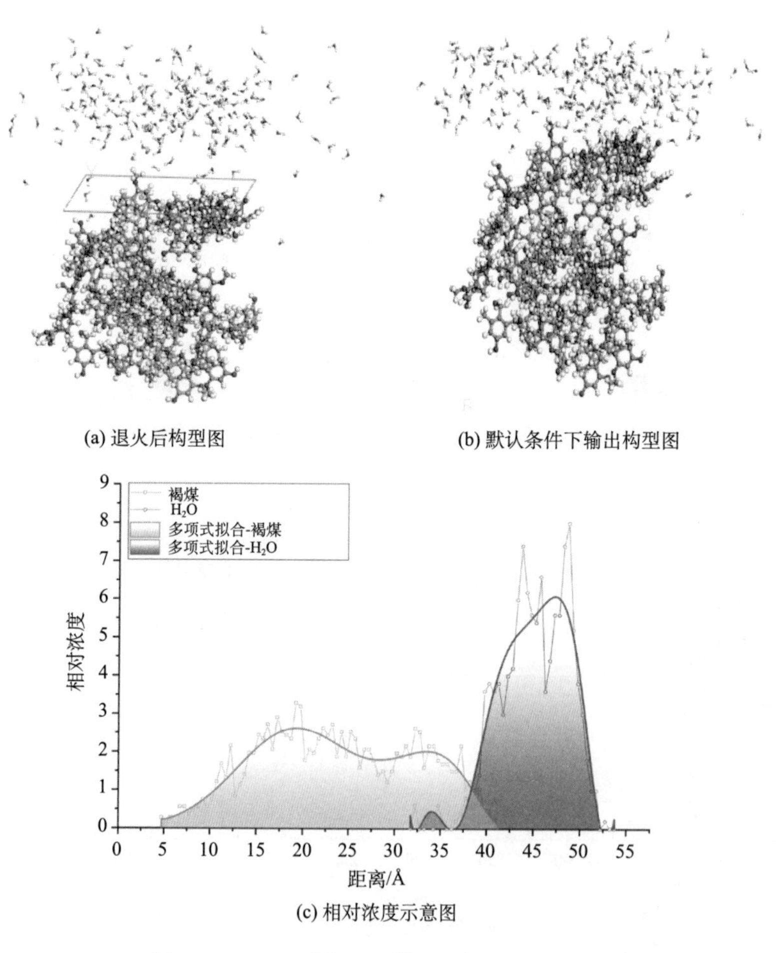

(a) 退火后构型图　　(b) 默认条件下输出构型图

(c) 相对浓度示意图

图4.34　NVT系综下（煤尘坐标固定）中型体系

值较低，大量集中分布于煤尘表面直至水分子浓度为零的区域，占煤分子层 Z 轴方向分布范围的 32.60%，相对浓度数值较大。浓度突变明显，有较为明显的边界特征，符合润湿过程的特点。

3）大型煤尘-水分子体系模拟结果

大型煤尘-水分子体系包含由 500 个水分子组成的微观液滴和 50 个褐煤分子组成的煤尘体系，通过 Build Layers 建立为 Surface 模型。由于体系庞大，在进行模拟前对褐煤分子层进行几何优化及较之前的小、中型体系精度更高的退火处理，温度区间增至 300～1000K，循环次数增至 50 次，输出构型如图 4.35（a）所示。

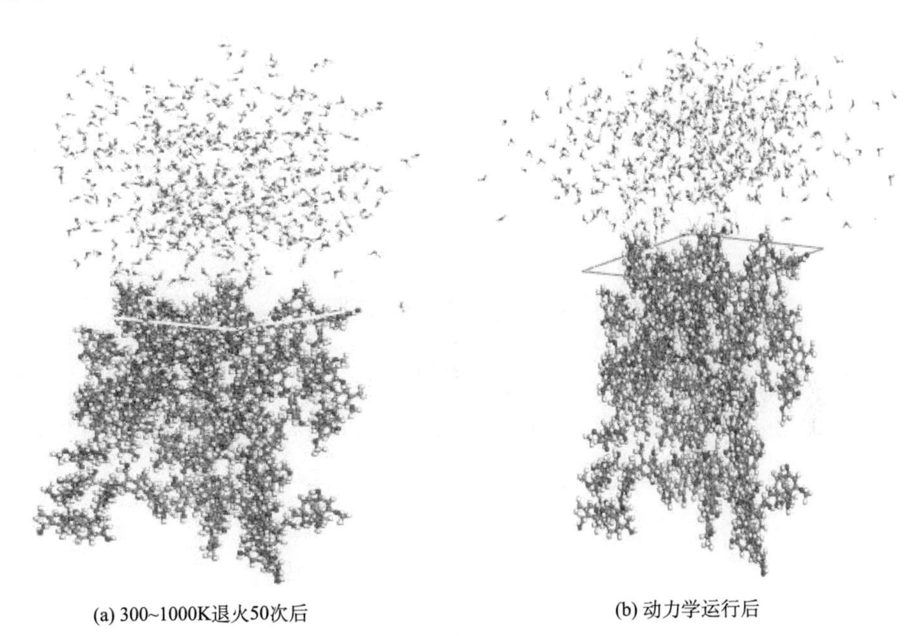

图 4.35　大型煤尘-水分子体系动力学前后构型

如图 4.35（b）的构型，水分子未出现大范围扩散现象，向煤分子层稳定位移明显，符合上节分析的预期。而后关于相对浓度，分析对比了模拟前后水分子在煤分子层表面的分布情况，如图 4.36 所示，需要说明的是图 4.36（b）中纵轴数值范围较图 4.36（a）更大，因而在此条件下，水分子在煤尘表面有明显的聚集和延展。

4. 主要结论

（1）在 NVT 系综下采用退火并进行动力学计算得到的模拟结果优于 NVE 系综。NVT 系综下水分子的扩散及向煤内部渗透情况均较 NVE 系综更弱，更适合用于模拟煤尘润湿这一过程。

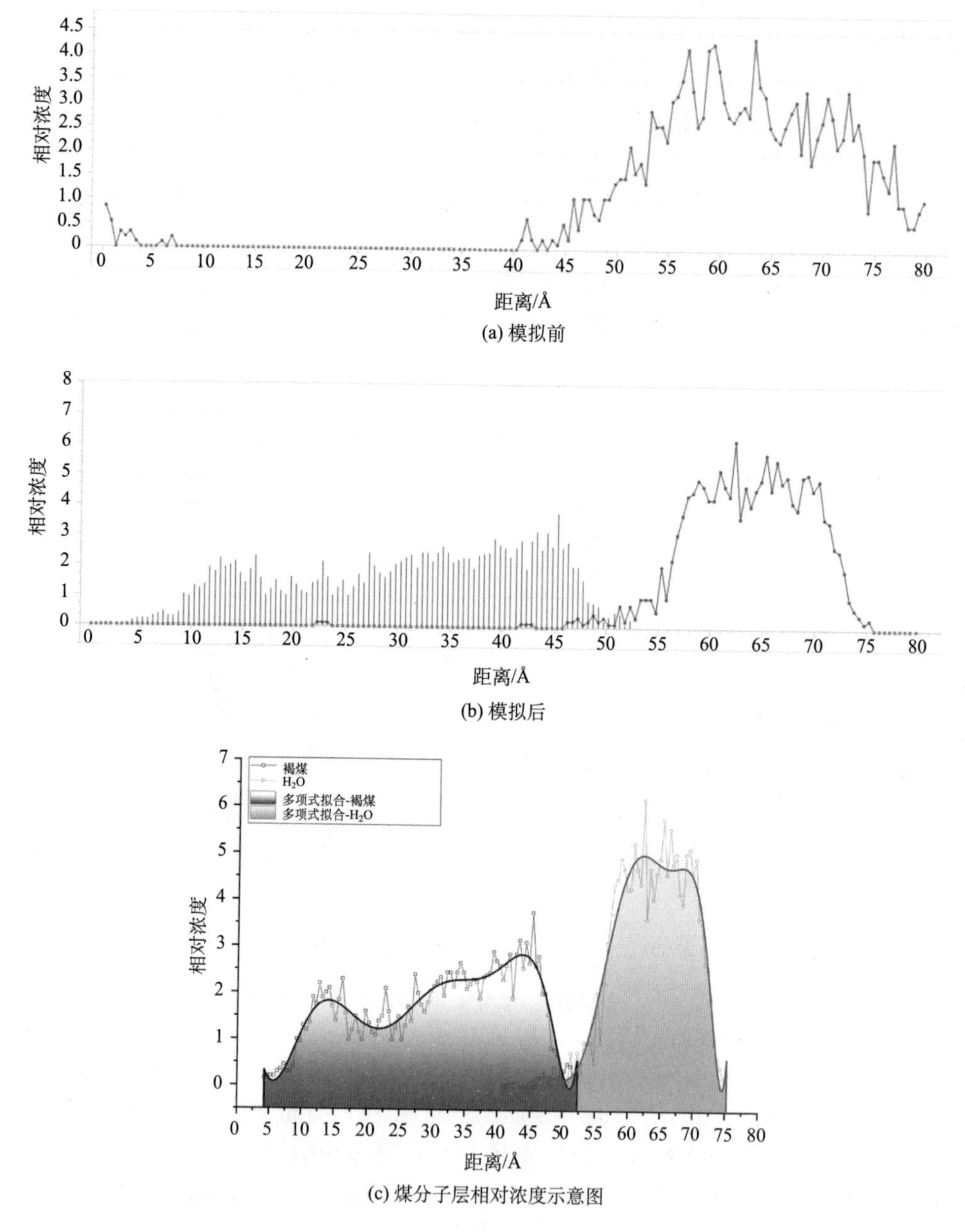

图 4.36　水分子在煤分子层表面分布情况的相对浓度动力学前后对比分析

（2）建模时二维周期性表面结构较默认的三维周期性晶体结构是更加合理的选择。这种模型避免了 Z 轴方向周期性产生的干扰，以便得到更能体现润湿性研究关注点的结果。在模拟结束后稍加处理也能进行三维的定量粒子分布分析。

（3）建立较大规模的煤尘-水分子体系能更好地集中反映水分子的润湿行为。

相对浓度分析结果显示，每一种体系规模下的最优模拟结果的水分子相对集中范围（该体系下水分子集中范围与煤尘分布范围的比值）随体系增大依次减小，分别为 56.25%、32.60%和 25%，说明水分子在大体系下更加趋向于附着在煤尘表面。

4.3　表面活性剂润湿煤尘机理研究

湿式除尘是最常用的煤矿粉尘防治技术措施，但水对煤尘的润湿性具有一定局限性，这是由于煤尘的疏水性导致的，所以在煤矿中通常采用添加表面活性剂的方法降低水的表面张力，提高水的雾化质量和润湿性[40-42]。不同类型和浓度的表面活性剂对煤尘的润湿效果存在明显差异，而深入探究表面活性剂结构对完善煤尘润湿机理、提高表面活性剂润湿能力有重要意义。本节将对煤矿中常用的表面活性剂润湿煤尘的机理和不同结构表面活性剂的协同润湿作用进行介绍。

4.3.1　阴离子表面活性剂润湿煤尘机理

表面活性剂的结构由亲水性头基和疏水性尾基组成。根据头基的电性能，表面活性剂可分为阴离子型、阳离子型、非离子型和两性离子型。国内外关于煤表面上不同类型表面活性剂的吸附和润湿能力的研究已经做了很多。Crawford 和 Mainwarin[43]研究了三种类型的表面活性剂（阴离子型、阳离子型和非离子型）在三种澳大利亚煤炭表面上的吸附特性，结果表明：非离子表面活性剂使高阶煤变得更加疏水，间接证明了其在所研究的所有类型的表面活性剂中具有最高的吸附密度。Liu 等[44]发现，由于阳离子表面活性剂与褐煤之间的强静电吸引，二价阳离子表面活性剂在褐煤表面的吸附能力明显高于普通阳离子和阴离子表面活性剂。因此，吸附二价阳离子表面活性剂后，褐煤的疏水性增加、润湿能力降低。Singh[45]研究了阴离子和阳离子表面活性剂对细粉尘的吸附行为，并证明了阳离子表面活性剂比阴离子表面活性剂具有更强的吸附能力，虽然阳离子表面活性剂在煤表面的吸附量高于其他类型的表面活性剂，但通常会增加煤尘疏水性。Zhou 等[24]研究了四种表面活性剂在粉尘上的接触角，结果表明：阴离子表面活性剂在所有类型的表面活性剂中具有最小的接触角和最佳的润湿能力。Kilau[46]还发现，阴离子表面活性剂的润湿能力优于非离子表面活性剂。因此，阴离子表面活性剂被广泛用于煤尘防治技术中。一些学者研究了添加剂（如聚合物和无机盐）对阴离子表面活性剂润湿能力的影响[47-49]，发现将这些添加剂加到阴离子表面活性剂溶液中可以改善粉尘的润湿性。尽管前人研究了不同结构的阴离子表面活性剂的润湿能力，但仅被用于制备润湿剂[50-52]，而关于不同分子结构对阴离子表面活性剂在粉尘表面的吸附状态和动态浸没过程的影响的研究较少，但这两者都决定了粉尘的润湿性能。

本节选择三种阴离子表面活性剂，分别是十二烷基硫酸钠（SDS）、十二烷基磺酸钠（SDDS）和十二烷基苯磺酸钠（SDBS），以研究具有不同亲水和疏水基团结构的阴离子表面活性剂对煤尘的润湿性能；然后，测量不同表面活性剂溶液的表面张力和煤尘润湿时间，通过比较表面活性剂处理前后煤尘的红外光谱，得出表面活性剂在煤尘表面的吸附情况，并计算三种表面活性剂的亲水亲油平衡（HLB）值；最后，分析表面张力、表面活性剂吸附密度和 HLB 值对煤尘润湿时间的影响。

1. 实验材料与方法

本实验选择安徽省卧龙湖煤矿的无烟煤作为实验样本，在球磨机中将其粉碎，筛选并收集粒度为 400～500 目的煤尘；随后，将煤尘样品在 40℃的真空烘箱中干燥 24h，冷却后，存储在密封的塑料袋中，以进行后续测试。表 4.6 列出了煤尘样品的工业分析结果。

表 4.6　煤样的工业分析　（单位：%）

煤样	水分	灰分	挥发分	固定碳
无烟煤	1.79	11.84	9.99	76.38

实验所用的 SDS（纯度≥93%）和 SDDS（纯度≥98.5%）由青岛优索化学科技有限公司提供；SDBS（纯度≥90%）由天津博迪化工有限公司提供。

表面张力测试：采用界面张力仪（JYW-200B 型）根据铂金环法测试溶液的表面张力，精度为 0.01mN/m，每种溶液均测试三次，取平均值作为最终的表面张力。每次测试前，用蒸馏水冲洗干净器皿和铂金环，并将铂金环在酒精灯上烘烤干燥。

润湿时间测试：利用 Walker 沉降法测试粉尘颗粒润湿性的方法，操作过程同 4.1.1 节。

红外光谱测量：通过 Nicolet 6700 型傅里叶红外光谱仪（FTIR）测试表面活性剂和原始煤样的红外光谱，操作过程同 4.1.1 节。

2. 结果与讨论

1）溶液的表面张力

表面活性剂应用于除尘技术中，溶液的表面张力是影响抑尘效率的重要因素之一。如图 4.37 所示，测试了三种阴离子表面活性剂在不同浓度下的表面张力：表面张力首先急剧下降，然后随着浓度的增加而趋于稳定，这是因为浓度的增加使表面活性剂在空气-水界面的吸附密度逐渐增加，达到饱和后表面张力保持恒定。三种类型的表面活性剂降低表面张力的能力不同，在相同浓度下，除 1‰浓度外，表面张力由大到小的顺序为 SDDS、SDS、SDBS，表明 SDBS 降低表面张力的能力最强，而 SDDS 降低表面张力的能力最弱。

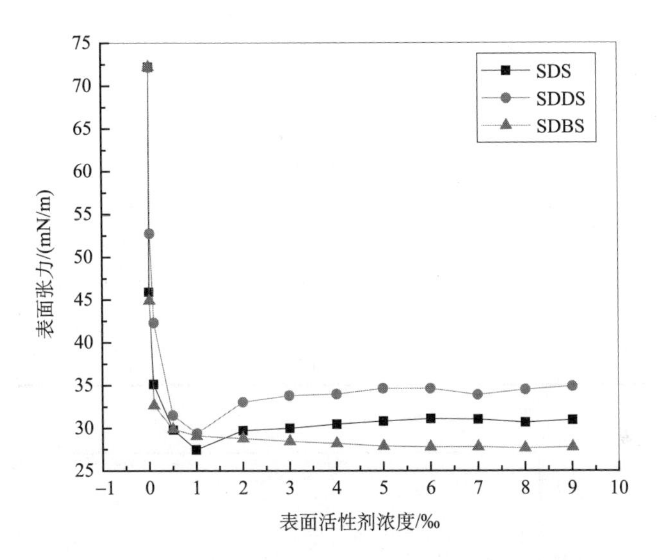

图 4.37　SDS、SDDS 和 SDBS 溶液的表面张力曲线

2）煤尘的润湿时间

不同表面活性剂溶液的粉尘润湿时间如表 4.7 和图 4.38 所示。当表面活性剂浓度小于等于 0.1‰时，润湿时间大于 24h，表明粉尘无法被润湿或润湿时间相当长。当表面活性剂浓度大于等于 0.5‰时，润湿时间随表面活性剂浓度的增大而逐渐减少。表面张力与润湿时间之间的关系分析如下：当表面活性剂的浓度小于 1‰时，浓度的增加导致表面张力下降，对于 SDS、SDDS 和 SDBS，润湿时间也从 24h 以上分别降至 611.21s、401.66s 和 2.3h，润湿时间大幅下降，这证明表面张力的降低可以削弱煤尘进入溶液的阻碍，从而提高煤尘的润湿性能。当表面活性剂浓度大于 2‰时，表面张力随浓度的增加而保持恒定，但是润湿时间仍继续减少，这表明表面活性剂溶液的润湿能力的增加不再与表面张力相关——这是因为当表面张力低于临界表面张力（45mN/m）时，表面活性剂在粉尘表面的吸附状态开始影响其润湿行为[53, 54]。

表 4.7　不同表面活性剂润湿煤尘时间

表面活性剂浓度/‰	湿润时间		
	SDS	SDDS	SDBS
0.01	>24h	>24h	>24h
0.1	>24h	>24h	>24h
0.5	2.7h	2.1h	3.8h
1	611.21s	401.66s	2.3h
2	139.02s	81.47s	1.2h
3	68.59s	54.37s	1959.38s
4	49.90s	41.67s	772.32s
5	37.24s	33.40	445.94s
6	32.14s	29.64s	297.37s
7	26.59s	25.04s	209.27s
8	24.92s	21.26s	182.26s
9	23.67s	20.50s	153.42s

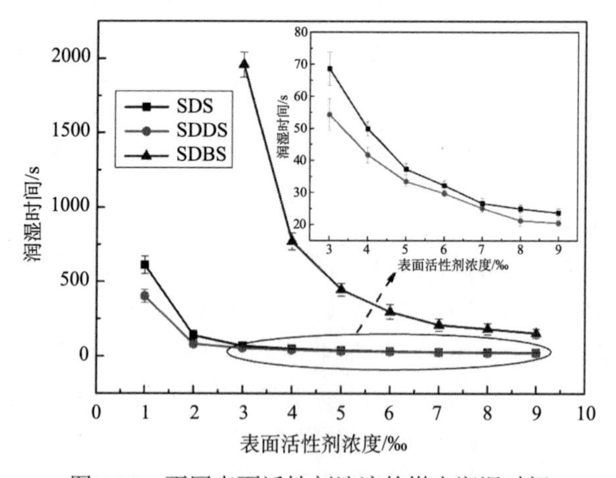

图 4.38　不同表面活性剂溶液的煤尘润湿时间

3）表面活性剂在煤尘表面的吸附状况

当表面活性剂浓度高于 2‰时，表面张力保持恒定，并且润湿时间的减少与表面活性剂在粉尘表面上的吸附状态有关。因此，制备了浓度为 3‰、5‰、7‰和 9‰的表面活性剂溶液，并获得了使用上述浓度的表面活性剂溶液润湿后的煤尘的红外光谱，如图 4.39 所示，得到了用表面活性剂溶液处理过的煤尘的烃链和苯环 C—H 结构的 Kubelka-Munk（KM）吸光度，并计算了脂肪族与芳香族 C—H

结构的 KM 吸光度的比值（表 4.8）。而煤样被三种表面活性剂润湿后，脂肪族和芳香族 C—H 键的 KM 吸光度比值均大于 0.87，明显高于原始煤样，说明表面活性剂在煤尘表面发生了吸附。对于相同的表面活性剂，该比率随表面活性剂浓度的增加而逐渐增加（表 4.8），这表明表面活性剂的吸附密度也随之增加。此外，在相同的表面活性剂浓度下，用 SDBS 润湿的煤尘的吸光度比例最高，其次是 SDDS 和 SDS，这表明从 SDBS 到 SDDS 再到 SDS 的吸附密度依次降低。

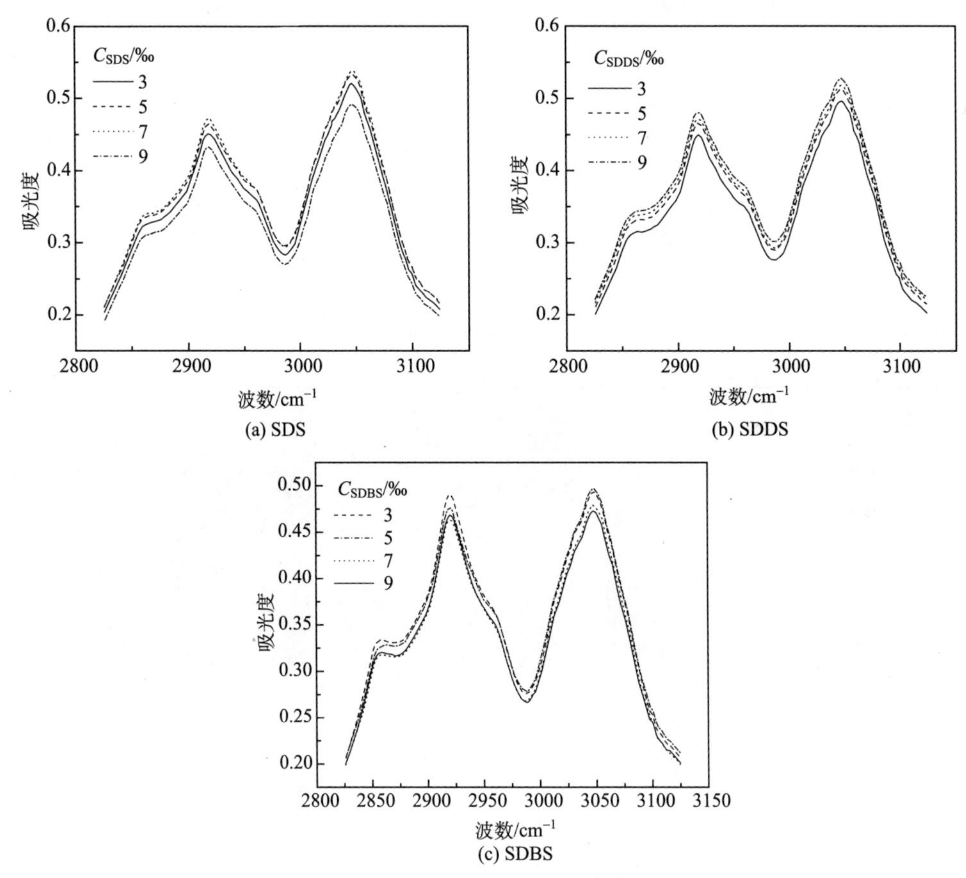

图 4.39　表面活性剂溶液润湿后的煤尘傅里叶红外谱图

表面活性剂的浓度和分子结构对吸附密度的影响机制如下：煤尘表面由烃链和苯环引起的大量疏水位点组成，仅有少量的亲水位点。由于表面活性剂的烃链与煤尘表面上的疏水位点之间存在很强的疏水性相互作用，表面活性剂的尾基吸附到疏水位点上，使亲水性头基向外，从而使煤尘的疏水位点转化为亲水位点。如图 4.40 所示，随着表面活性剂浓度的增加，表面活性剂的吸附密度随煤尘表面亲水位点的数量增加而增加，导致润湿性能的提高和润湿时间的减少。

表 4.8　表面活性剂溶液处理后煤样的脂肪族与芳香族 C—H 结构的 KM 吸光度及比值

表面活性剂	浓度/%	吸光度		脂肪族/芳香族 C—H 结构吸光度比值
		脂肪族	芳香族 C—H 结构	
SDS	3	0.416	0.477	0.8721
	5	0.428	0.489	0.8753
	7	0.434	0.493	0.8803
	9	0.400	0.453	0.8830
SDDS	3	0.449	0.497	0.9034
	5	0.467	0.514	0.9086
	7	0.472	0.519	0.9094
	9	0.481	0.528	0.9110
SDBS	3	0.477	0.497	0.9598
	5	0.464	0.479	0.9687
	7	0.469	0.474	0.9895
	9	0.491	0.494	0.9939

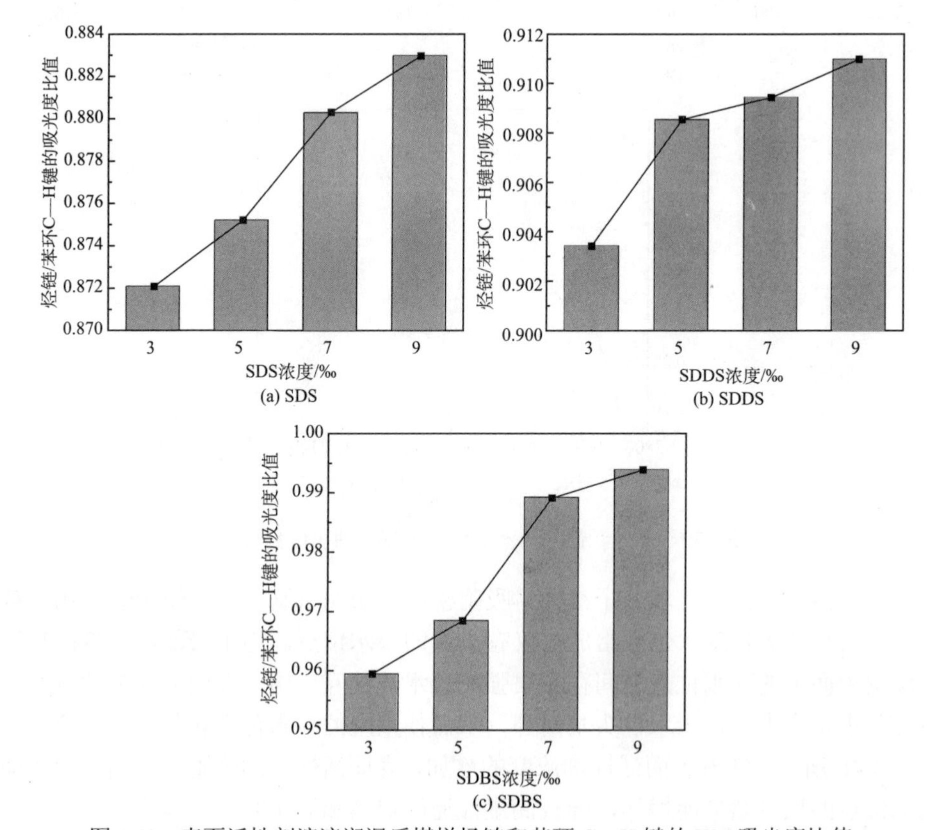

图 4.40　表面活性剂溶液润湿后煤样烃链和苯环 C—H 键的 KM 吸光度比值

与 SDS 和 SDDS 相比，由于 SDBS 有较长的尾基，在煤尘表面表现出了更强的疏水性，从而导致了更高的吸附密度。尽管 SDS 和 SDDS 具有相同的尾基，但是它们的头基结构不同，SDS 的硫酸根基团的部分电荷为–1.33C，而 SDDS 的磺酸根基团的部分电荷为–1.00C[53]。硫酸盐基团的高负电荷在 SDS 头部基团和煤尘表面的负电荷部位之间产生强静电排斥，从而抑制了疏水相互作用。另外，在 SDS 分子的头基之间产生的强静电排斥力，导致相邻表面活性剂分子之间的距离较大。因此，SDS 的吸附密度低于 SDDS。

4）煤尘的动态浸润过程

粉尘被表面活性剂分子吸附后需要从空气-水界面进入溶液中，从而完成润湿过程，在这种动态浸没过程中，煤尘从空气-水界面进入溶液的能力对润湿时间起着重要作用。

吸附后，煤尘表面被表面活性剂覆盖。因此，煤尘进入溶液的能力取决于表面活性剂从空气-水界面进入体相溶液的能力，这是由表面活性剂的分子结构决定的。表面活性剂分子头基的亲水性与尾基的疏水性可以使用 HLB 值来定量评估，HLB 值可以使用 Davies 方程计算，如式（4.2）[54]所示：

$$\text{HLB} = \sum(\text{亲水基团的数量}) - \sum(\text{疏水基团的数量}) + 7 \tag{4.2}$$

表面活性剂的 HLB 值越高，煤尘进入体相溶液的能力越强，所以煤尘的润湿速率越快。根据 Davies 方程和不同结构的基团数，计算得出的 SDS、SDDS 和 SDBS 的 HLB 值分别为 40.0、13.0 和 10.6[54-56]。

尽管与 SDS 和 SDDS 相比，SDBS 具有最大的吸附密度并会在煤尘表面上产生最多的亲水位点，但由于其 HLB 值最低，所以粉尘进入体相溶液的能力最弱，导致润湿时间最长。而虽然 SDS 在这三种表面活性剂中具有最高的 HLB 值，但其最低的吸附密度导致其在粉尘表面产生的亲水位点最少，这也造成其润湿时间相对较长。SDDS 的吸附密度和 HLB 值介于 SDS 和 SDBS 之间，在上述两个因素的共同作用下，SDDS 可以最快速度将煤尘从空气-水界面带入体相溶液。因此，SDDS 的粉尘润湿时间比 SDS 和 SDBS 的要短。

3. 主要结论

本节测试了 SDS、SDDS 和 SDBS 溶液的表面张力和粉尘润湿时间，得到了煤尘被表面活性剂溶液润湿前后的红外光谱，并计算了三种表面活性剂的 HLB 值。从表面张力、表面活性剂吸附密度和 HLB 值三个方面分析了分子结构和表面活性剂浓度对粉尘润湿时间的影响。主要结论可以归纳如下：

（1）当表面活性剂的浓度小于等于 1‰时，浓度的增加降低了表面张力，从而提高了溶液的润湿能力，缩短了润湿时间。当表面活性剂浓度高于 2‰时，表面张力低于临界表面张力（45mN/m），并且随着浓度增加而保持恒定。润湿时间的减少与表面活性剂在煤尘表面上的吸附密度及煤尘从空气-水界面进入体相溶液的能力有关。

（2）对于同一种阴离子表面活性剂，浓度的增加会增加其吸附密度，导致煤尘表面亲水位点数量的增加，进而缩短润湿时间。对于结构不同的阴离子表面活性剂，其吸附密度从 SDBS 到 SDDS 再到 SDS 依次降低。长烃链增强了表面活性剂的尾基与煤尘表面疏水中心之间的疏水相互作用，而头基的低负电荷削弱了表面活性剂分子与煤尘负电荷中心之间的静电斥力。两种因素都增加了表面活性剂的吸附密度和粉尘表面亲水位点的数量。

（3）在动态浸没过程中，使用表面活性剂的 HLB 值表征了煤尘从空气-水界面进入体相溶液的能力。从 SDS 到 SDDS 再到 SDBS，HLB 值依次降低。HLB 值越高，粉尘进入体相溶液的能力越好，润湿煤尘的速率越快。虽然 SDBS 在这三种表面活性剂中的吸附密度最大，但其 HLB 值最低，导致煤尘进入体相溶液的能力最差，润湿时间最长。另外，SDS 虽然拥有最高的 HLB 值，但其吸附密度最低，导致在粉尘表面产生的亲水位点最少，这也导致其润湿时间较长。SDDS 的吸附密度和 HLB 值介于 SDS 和 SDBS 之间，在这两个因素的共同作用下，SDDS 将煤尘从空气-水界面带入体相溶液的速度最快。因此，SDDS 的粉尘润湿时间比 SDS 和 SDBS 的要短。

4.3.2 阴-非离子表面活性剂协同润湿煤尘机理

前面研究了不同结构的阴离子表面活性剂对煤尘润湿性的影响，发现润湿时间的减少与表面活性剂在煤尘表面上的吸附密度及表面活性剂的 HLB 值有关，而使用单一的表面活性剂作为抑尘剂的成本较高。为改善此现状，国内外学者展开了深入研究。Kilau 等[49]研究了不同的多价阴离子钠盐和钾盐对二（2-乙基己基）磺酸琥珀酸钠阴离子表面活性剂的润尘性能的影响，同时，分析了多价离子增强阴离子表面活性剂润尘能力的机理。Li 等[56]通过表面张力、接触角和毛细管上升实验，比较了 SDS 与五种添加剂的配比对粉尘润湿性能的影响，其中选择了 0.10% SDS 和 0.05 % NaAc 作为润湿剂；然而，三种实验方法的结果不一致，研究缺乏理论分析。聚合物的添加是提高表面活性剂除尘润湿能力的主要研究方向，但复配不同类型表面活性剂对煤尘润湿的影响却鲜有报道。

因此，为了进一步研究表面活性剂润湿煤尘的机理，本节通过实验研究阴-非离子表面活性剂的混合特性。因为阳离子表面活性剂基团吸附到煤表面后，其疏水尾部面对溶液，导致润湿性较差[57]，所以不做深入研究。根据表面张力、沉降时间和接触角等参数我们选择了一种高效的抑尘剂配合方案。此外，还研究了表面活性剂处理过的煤样品的表面润湿性变化。最后，根据实验结果，从微观角度解释了阴-非离子表面活性剂协同润湿煤尘的机理。

1. 实验材料与方法

选择几种表面活性优异的阴-非离子表面活性剂，如表 4.9 所示。实验煤样是来自宁夏石槽村的烟煤，工业分析的结果见表 4.10。将煤样用球磨机研磨后，用 200 目筛子筛出实验用煤尘（粒度：小于 74μm）。用粉末压片机（FY-24，强精益技术发展有限公司，天津）制备用于接触角测试的煤片。

表 4.9　实验中使用的表面活性剂

类型	试剂名称	缩写	分子式
阴离子表面活性剂	十二烷基硫酸钠	SDS	$C_{12}H_{25}SO_4Na$
	十二烷基苯磺酸钠	SDBS	$C_{18}H_{29}NaO_3S$
	十二烷基磺酸钠	SDDS	$C_{12}H_{25}SO_3Na$
非离子表面活性剂	脂肪醇聚氧乙烯醚	JFC	$RO(CH_2CH_2O)_5H$, $R = C_{7\text{-}9}$
	聚乙二醇	PEG800	$HO(CH_2CH_2O)_nH$

表 4.10　煤样的工业分析结果　（单位：%）

水分（Mad）	固定碳（Fcad）	挥发分（Vad）	灰分（Aad）
11.6	54.66	35.88	4.05

使用界面剪切流变仪测量液体的表面张力、接触角测量仪测量液体与煤之间的接触角、傅立叶变换红外光谱（FTIR）确定煤样的红外光谱。

选择的阴-非离子表面活性剂的质量比分别为 4∶0、3∶1、2∶2、1∶3 和 0∶4。溶液浓度为 0.2%。对复合溶液进行表面张力测量和沉降实验，根据表面张力和沉降时间的测量结果，提出抑尘剂的复合方案，并测量不同浓度（0.01%、0.02%、0.05%、0.1%和 0.2%）抑尘剂的表面张力和接触角。

在研究中，我们设计了一种试管沉降方法来比较表面活性剂溶液对煤尘的润湿效果：通过测量进入溶液后煤尘沉降到溶液底部的时间来比较溶液中煤尘的润湿率。试管是直径为 15mm、高度为 150mm 的标准玻璃试管。在实验中，试管中液柱的高度为 10cm，煤尘的重量为 0.2g。每组实验进行 3 次以取平均值。

2. 结果与讨论

1）溶液的表面张力

表面活性剂的协同润湿即复合溶液的表面张力比每种单独表面活性剂溶液

的表面张力低，而拮抗润湿则相反。图 4.41～图 4.43 显示了不同质量比的表面活性剂复合溶液的表面张力。图4.41 显示了阴离子表面活性剂复合溶液的表面张力。SDS 与其他两种阴离子表面活性剂的复合溶液的表面张力高于单一表面活性剂溶液的表面张力，表明复合的表面活性剂之间具有拮抗作用。而 SDBS 和 SDDS 复合溶液的表面张力值均介于单一 SDBS 和 SDDS 的表面张力值之间，表明 SDBS 和 SDDS 之间既没有拮抗作用，也没有协同作用。图 4.42 显示了非离子表面活性剂 JFC 和 PEG800 混合溶液的表面张力。图 4.43 是非离子和阴离子表面活性剂复合溶液的表面张力。在图 4.43（a）中，当非离子表面活性剂 JFC 与阴离子表面活性剂 SDBS 和 SDDS 以一定的质量比混合时，产生协同作用。在复合溶液中，JFC：SDBS = 3：1 的复合溶液具有最低的表面张力 25.209mN/m，比单一 JFC（25.636mN/m）和 SDBS（33.70mN/m）溶液的表面张力低 1.67%和 25.20%。与阴

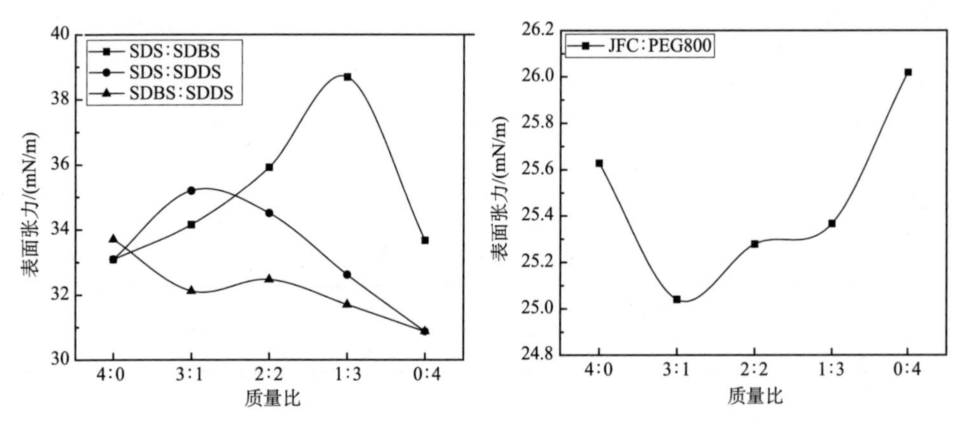

图 4.41 阴离子表面活性剂复合溶液的表面张力 图 4.42 非离子表面活性剂复合溶液的表面张力

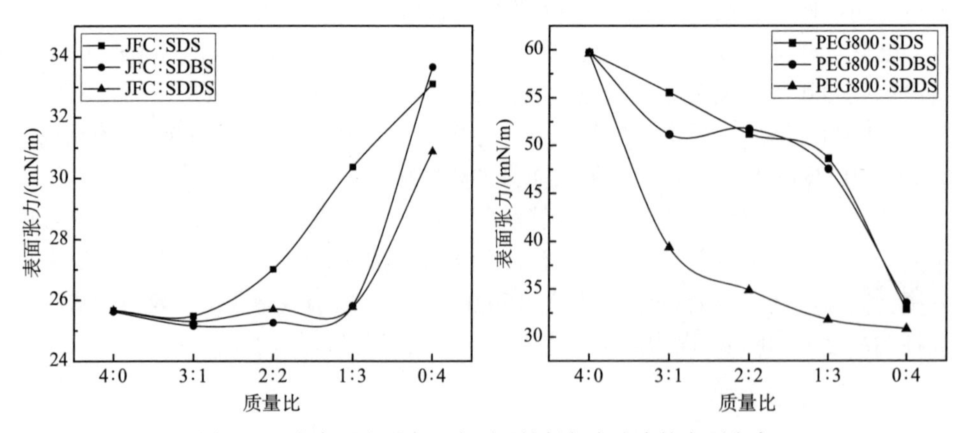

图 4.43 非离子和阴离子表面活性剂复合溶液的表面张力

离子表面活性剂 SDBS 相比，复配效果显著提高。在图 4.43（b）中，PEG800 和三种阴离子表面活性剂的复合溶液既没有拮抗作用也没有协同作用。

2）煤尘润湿速度

煤尘沉降时间越短，渗透速度越快，表面活性剂溶液在煤尘上的润湿性越强。图 4.44～图 4.46 表示在不同质量比的表面活性剂溶液中煤尘的沉降时间。图 4.44 表示煤尘在阴离子表面活性剂复合溶液中的沉降时间，其沉降时间比在单一表面活性剂溶液中的沉降时间要长；在图 4.45 中，两种非离子表面活性剂的复合溶液在质量比为 4∶0 和 2∶2 之间时显示出了微弱的协同作用，这与图 4.42 中表面张力的变化趋势相似。由图 4.46 可知，JFC 和三种阴离子表面活性剂复合溶液中煤尘的沉降时间比 PEG800 和三种阴离子表面活性剂复合溶液中煤尘的沉降时间短，这与图 4.43 中表面张力的测定结果一致，表明 JFC 和阴离子表面活性剂的复合溶液具有较强的润湿能力。

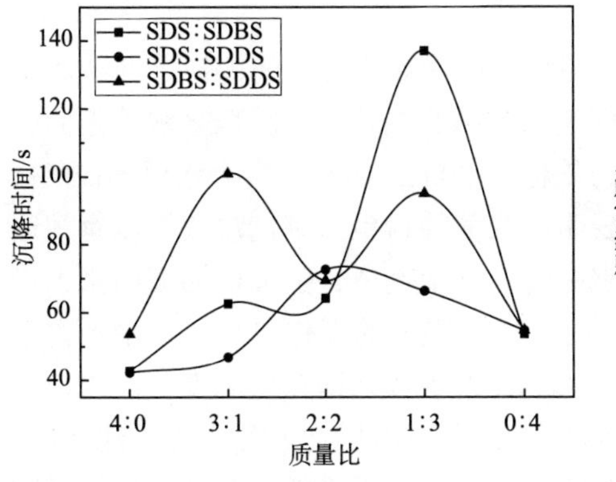

图 4.44　煤尘在阴离子复合溶液中的沉降时间

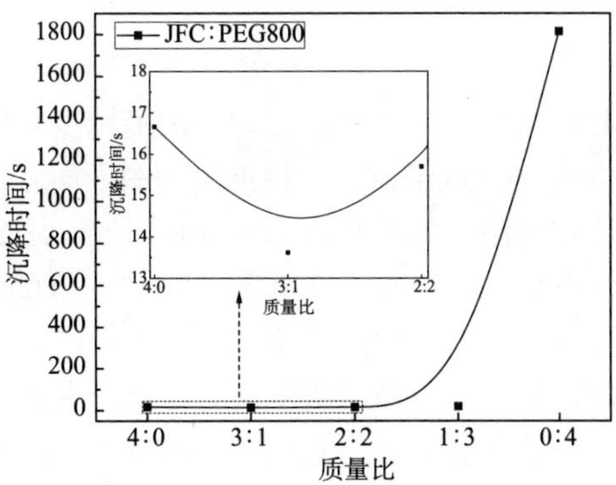

图 4.45　煤尘在非离子复合溶液中的沉降时间

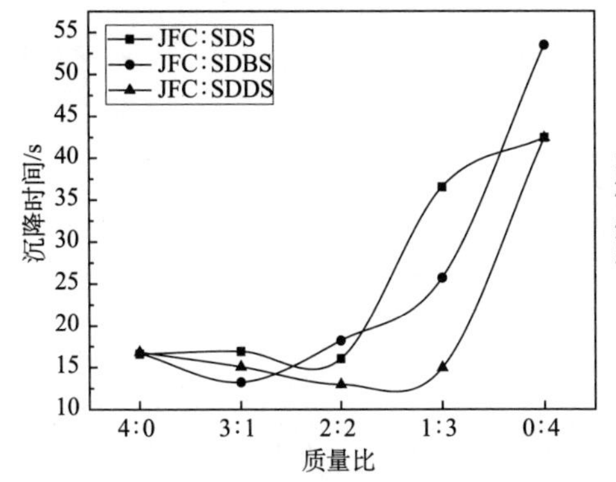

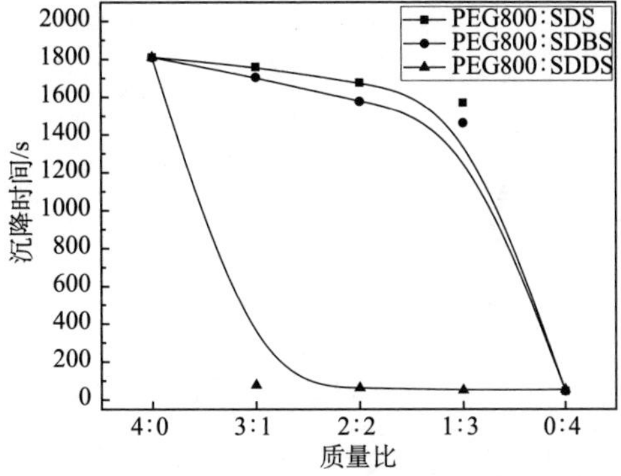

图 4.46　煤尘在阴-非离子复合溶液中的沉降时间

3）抑尘剂复配方案

通过比较表面张力和沉降时间，研究了非离子表面活性剂和阴离子表面活性剂复合溶液的润湿特性。阴离子表面活性剂 SDS 与其他两种阴离子表面活性剂的混合具有拮抗作用，而非离子表面活性剂之间的混合会产生微弱的协同作用。非离子表面活性剂 JFC 和所选阴离子表面活性剂的混合产生了明显的协同润湿作用；PEG800 和选定的阴离子表面活性剂的混合对煤尘的润湿性没有影响。表面活性剂的混合特性为制备喷水抑尘剂提供了基础。根据表面张力和沉降时间的测定，本研究仅选用一种阴离子表面活性剂，即 SDBS 复合抑尘剂。复合方案见表 4.11。

表 4.11　抑尘剂的复合方案

方案	抑尘剂 A	抑尘剂 B	抑尘剂 C
质量比	JFC∶SDBS = 3∶1	JFC∶PEG800 = 3∶1	JFC∶SDBS∶PEG800= 3∶1∶1

图 4.47 给出了润湿参数与三种粉尘抑制剂溶液的浓度之间的拟合曲线。图 4.47（a）表示了表面张力与溶液浓度之间关系的拟合曲线。实验自来水的表面张力为 69.853mN/m，三种抑尘剂的表面张力均低于 30.6mN/m，比自来水低 56.19%，比煤润湿临界表面张力低 14mN/m。这表明该浓度的粉尘抑制剂溶液可以有效地润湿煤尘。在低浓度范围（0.01%～0.05%）内，抑尘剂 A、B 和 C 的表面张力迅速降低；在高浓度范围（0.05%～0.2%）内，表面张力的变化很小，几乎不再下降。该现象与表面活性剂的临界胶束浓度（CMC）有关，即在低浓度范围内，溶液界面处吸附层的密度随表面活性剂浓度的上升而增加，因此表面张力迅速降低；吸附层饱和后，溶液的表面张力达到平衡状态，几乎不再降低。在这三种抑尘剂中，抑尘剂 C 最先达到表面张力平衡状态，其 CMC 约为 0.05%。

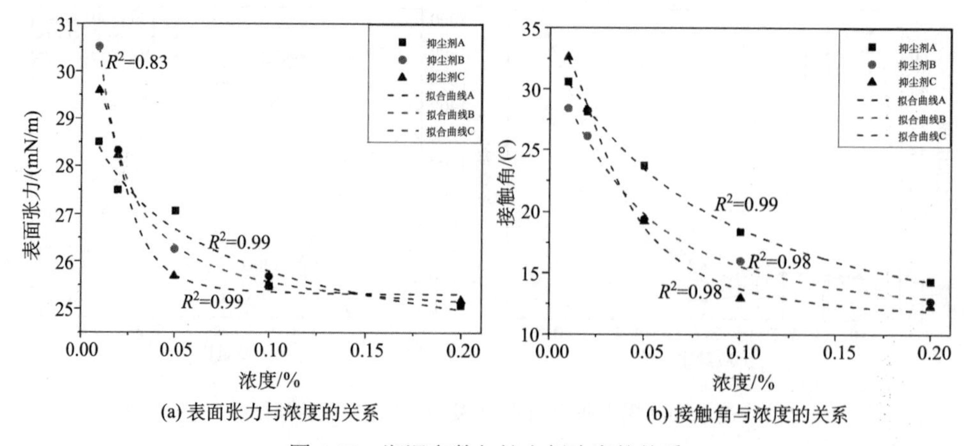

(a) 表面张力与浓度的关系　　(b) 接触角与浓度的关系

图 4.47　润湿参数与抑尘剂浓度的关系

图 4.47（b）表示了接触角与溶液浓度之间的拟合曲线，水与煤之间的接触角为 60.45°，而浓度为 0.01%的三种抑尘剂溶液与煤的接触角均小于 33°，比水与煤之间的接触角低 45.41%。这表明该混合溶液明显改善了润湿效果。在低浓度范围（0.01%～0.05%）下，三种抑尘剂溶液与煤的接触角迅速减小；在高浓度范围（0.05%～0.2%）下，接触角变化很小。

根据表面张力和接触角这两个润湿参数，选择抑尘剂 C 作为喷水抑尘剂，考虑到使用成本，将其浓度确定为 0.05%。为了进一步研究抑尘处理对煤表面亲水性和疏水性的影响，通过红外光谱分析了原煤和经抑尘剂 C 处理的煤（以下简称处理煤）的官能团变化。

4）抑尘处理对煤表面基团结构的影响

煤的润湿性主要取决于其疏水性和亲水性官能团，其中前者包括脂肪族基团（如 C—C 和 C—H）和芳香族基团（如 C═C 和═C—H），后者主要为含氧官能团，如 C—O、C═O、O—C—O 和 O—H [1]。用 FTIR 分析了原煤和处理煤样品的官能团信息，并利用峰面积法得出煤表面碳和氧基团的变化[10, 58, 59]。图 4.48 为原煤和经过处理的煤样的红外光谱。在红外光谱中，原煤和处理煤样品的吸收峰形状和吸收率与其基本结构有关，例如 3000～2850cm^{-1} 是—CH_3/—CH_2 的拉伸振动区域，其中 2870cm^{-1} 是—CH_3 的对称拉伸振动的特征吸收峰；1067cm^{-1} 和 1062cm^{-1} 是原煤和处理煤样品的醚键振动的特征吸收峰。

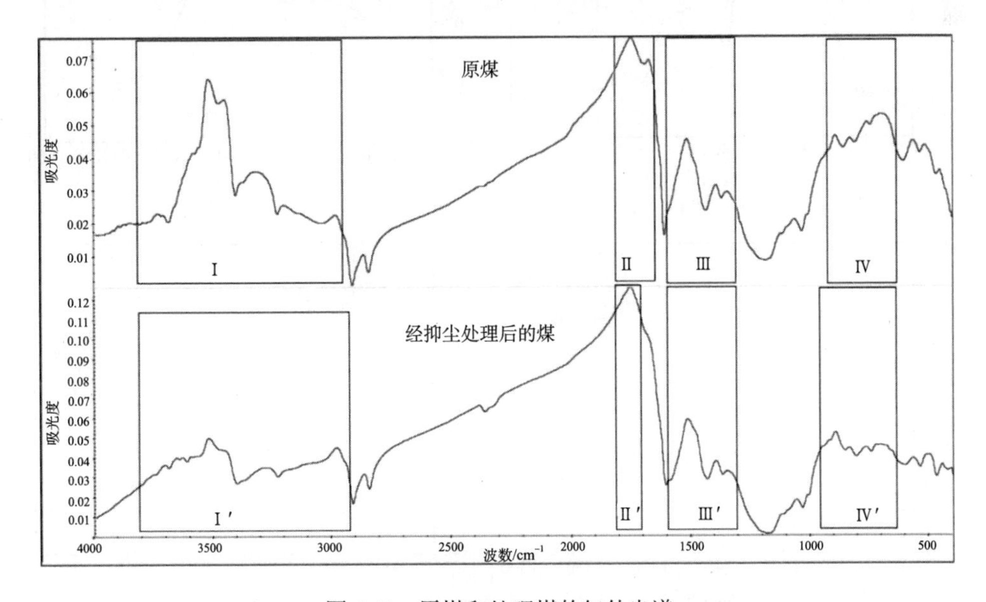

图 4.48　原煤和处理煤的红外光谱

根据亲水性官能团和疏水性官能团的主要吸收振动区域，原煤的红外光谱分为四个区域。在这四个区域中，亲水性官能团的区域主要包括 3800～2960cm^{-1}（区域 I）和 1800～1650cm^{-1}（区域 II），而疏水性官能团的区域主要包括 1600～1300cm^{-1}（区域 III）和 900～650cm^{-1}（区域 IV）。对于处理煤样品，亲水性官能团区域为 3800～2900cm^{-1}（区域 I′）和 1800～1700cm^{-1}（区域 II′），而疏水性官能团区域为 1600～1300cm^{-1}（区域 III′）和 974～646cm^{-1}（区域 IV′）。图 4.49 和图 4.50 表示了两个样品的红外光谱中碳和氧基团的吸收峰的峰拟合结果。表 4.12 列出了拟合区域中结构的百分比。拟合区域 I 和 I′属于 O—H 的拉伸振动，其中 3100～2900cm^{-1} 附近是含有羰基 O—H 的拉伸振动区域。拟合区域 II 和 II′主要是羰基（C═O）的拉伸振动，其中 1650cm^{-1} 是羰基（C═O）拉伸振动的特征吸收峰。上述四个区域中的基团都是亲水的。拟合区域 III 和 III′主要是脂肪族基团 C—C 和 C—H 的弯曲振动区，拟合区域 IV 和 IV′主要是脂肪烃和芳香烃的弯曲振动区，这四个区域中的基团都是疏水的。

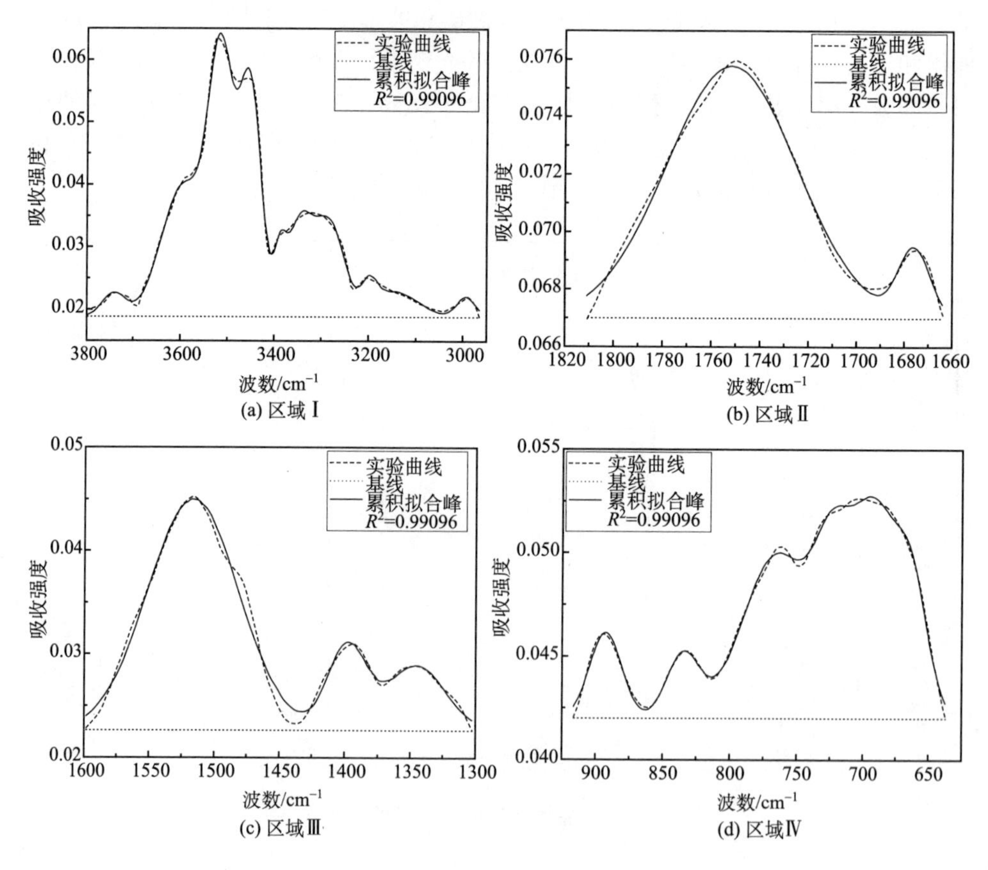

图 4.49　原煤的红外光谱峰拟合图

表 4.12 原煤和处理煤主要官能团的比例

拟合方法	原煤			处理煤		
	光谱区域	区域/cm^{-1}	占比/%	光谱区域	区域/cm^{-1}	占比/%
高斯	Ⅰ	10.140	68.43	Ⅰ′	9.990	68.02
	Ⅱ	0.526	3.55	Ⅱ′	0.598	4.07
	Ⅲ	2.590	17.48	Ⅲ′	2.430	16.54
	Ⅳ	1.560	10.54	Ⅳ′	1.670	11.37

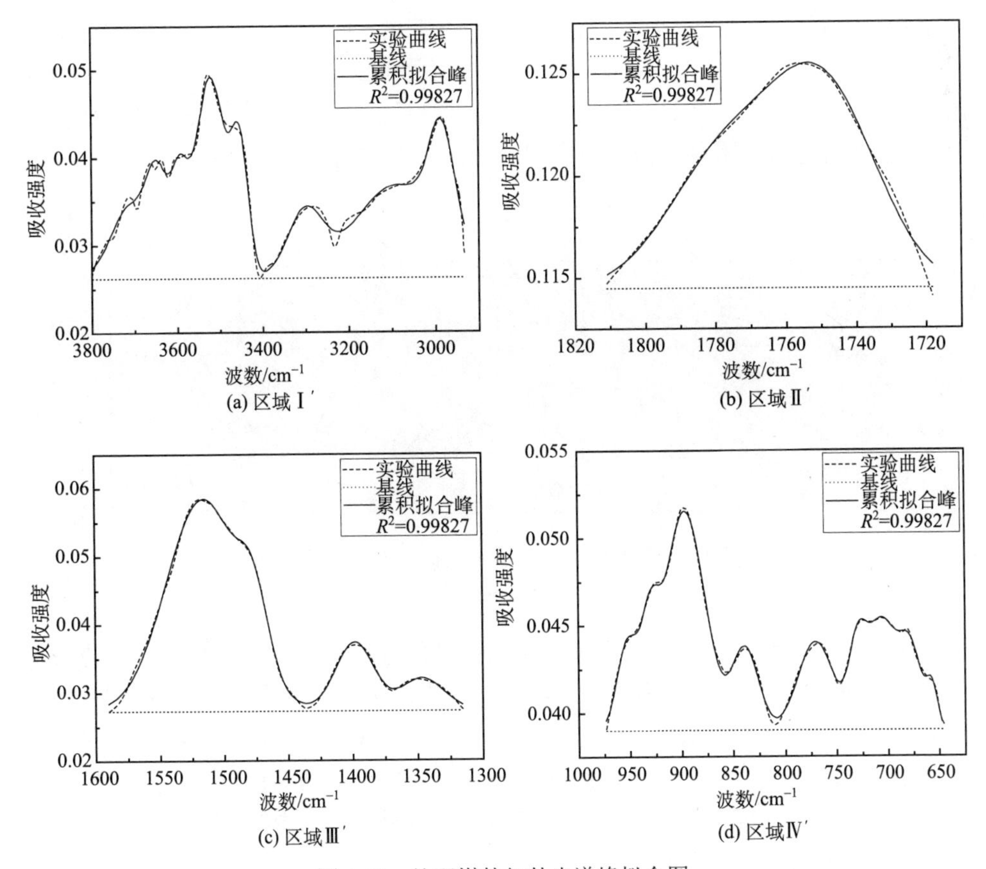

图 4.50 处理煤的红外光谱峰拟合图

与原煤样品相比，处理后的煤样经历了以下变化：羟基（O—H）的比例下降了约 0.41 个百分点；羰基（C═O）的比例增长约 0.52 个百分点。含氧官能团羟基（O—H）和羰基（C═O）的总比例增加了约 0.11 个百分点。含氧基团比例的增加表明抑尘处理提高了煤尘的亲水性。处理煤样品中含氧官能团比例的变化可能与表面活性剂中的醚-氧单元有关。实际上，JFC 和 PEG800 均包含醚-氧单元，该单元可与羟基（O—H）形成氢键。结果表明，处理煤中羟基（O—H）的含量降低，含氧官能团的比例提高。经过抑尘处理后，煤的脂肪族和芳香族总比例从28.02%降至 27.91%，下降了 0.11 个百分点。因此，经抑尘剂处理后提高了煤的亲水官能团的比例，降低了疏水官能团的比例，从而提高了煤尘的润湿性。

5）阴-非离子表面活性剂复合产生协同效应的机理

阴离子表面活性剂 SDBS 的吸附层中的离子基团之间存在静电排斥，基团之间的距离相对较大。因此，如图 4.51（a）所示，低密度的吸附层会导致水的表面张力较高。非离子表面活性剂 JFC 和 PEG800 均为聚环氧乙烷，由于聚环氧乙烷与水具有很强的氢键亲和力，并且其氢键力大于离子吸附力，因此 JFC 和 PEG800 的分子基团可以填充 SDBS 离子基团吸附层中的间隙[60]。此外，JFC 和 PEG800 的电中性分子减弱了 SDBS 离子之间的静电排斥。因此，如图 4.51（b）所示，空气-水界面处的吸附层变得更致密，溶液的表面张力进一步降低。

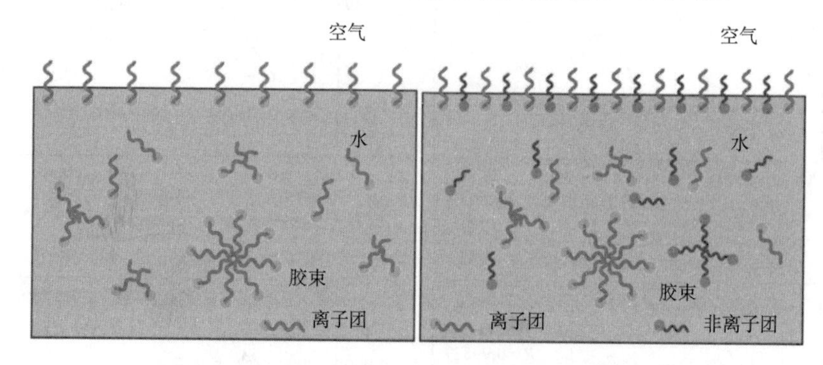

(a) 阴离子表面活性剂　　(b) 非离子表面活性剂

图 4.51　阴-非离子表面活性剂在空气-水界面复合的协同效应

在非离子表面活性剂和阴离子表面活性剂复合溶液中，由于其疏水尾的疏水相互作用，非离子表面活性剂的分子基团会聚集在阴离子表面活性剂的疏水尾上，使煤表面亲水性层面积倍增。同时，如图 4.52（b）所示，非离子基团的疏水尾在亲水位点与阴离子基团的疏水尾结合，降低了阴离子表面活性剂的润湿性损失。JFC、PEG800 和 SDBS 的混合提高了煤表面的亲水性，使煤尘更容易被润湿。

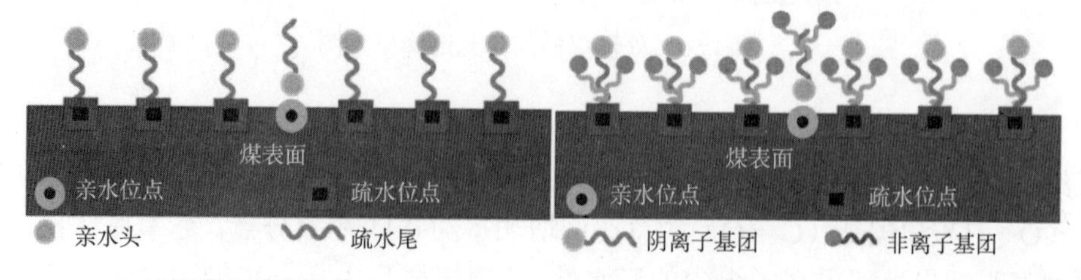

(a) 阴离子表面活性剂　　(b) 非离子表面活性剂

图 4.52　阴-非离子表面活性剂在固液界面复合的协同效应

3. 实验结论

（1）表面活性剂复合实验结果表明，阴离子表面活性剂 SDS 和其他两种阴离子表面活性剂对石槽村烟煤的润湿具有拮抗作用。非离子表面活性剂 JFC 和 PEG800 的协同作用较弱。非离子表面活性剂 JFC 和阴离子表面活性剂 SDBS 的混合产生了明显的协同作用，与单一阴离子型 SDBS 溶液相比，该复合溶液显著提高了润湿效果。PEG800 和阴离子表面活性剂的混合对煤尘的润湿没有影响。

（2）根据阴-非离子表面活性剂的配合特性，提出了三种抑尘剂配合方案。表面张力和接触角的测量结果表明，抑尘剂 C 对煤尘具有最佳的润湿效果。与自来水相比，浓度为 0.05%的抑尘剂 C 溶液的表面张力从 69.853mN/m 降至 25.679mN/m，下降了约 63.24%（44.174mN/m），接触角从 60.45°降低至 19.23°，下降了约 68.19%（41.22°），表明其润湿煤尘的能力得到了显著增强。

（3）非离子和阴离子表面活性剂混合后产生的协同作用与氢键和疏水相互作用有关。在空气-水界面处，非离子表面活性剂 JFC 和 PEG800 中的醚-氧单元与水分子形成氢键，并通过氢键力填充 SDBS 离子吸附层中的间隙，从而降低了水的表面张力。在固液界面处，JFC 和 PEG800 的疏水尾基与 SDBS 的疏水尾基结合，从而改善了煤表面的亲水性。

4.4　磁化提高表面活性剂湿润性能研究

磁化是一种通过磁场改变溶液润湿性质的技术手段，比化学方法更为经济安全，但磁化水降尘能力有限，不能单独作为优化降尘试剂的主要方法，而对抑尘剂（表面活性剂）溶液的磁化，则是物理-化学有效结合，实现降本增效的重要途径。本节将对磁化抑尘剂性能及降低抑尘剂使用量等内容进行介绍。

4.4.1　磁化改善表面活性剂性能实验研究

近年来，为了通过物理手段提高水的除尘性能，磁化水和磁化表面活性剂溶液引起了研究人员的关注，并且在磁场（MF）作用下对水或表面活性剂溶液进行了研究。研究表明，磁场可以改变水的物理性质，主要是降低表面张力和接触角[61]。但是，表面张力的降低程度很小，不能有效地抑制粉尘。因此，一些研究人员研究了表面活性剂和磁场之间的协同作用[62-65]。结果表明，磁处理后表面活性剂溶液的表面张力可以在一定浓度范围内降低[64]。我们开发了一种复合表面活性剂，其在低剂量下通过磁化处理表现出良好的协同作用，其表面张力比未磁化溶液降低了 7.2%[65]。当前大多数研究仅分析了磁化水的机理[66]，对磁化表面活性剂溶液的性质和磁化效应的机理尚缺乏研究，制约了磁化抑尘剂的发展和应用。

1. 实验材料与方法

为了确保研究样品的通用性，选择了两大类表面活性剂，阴离子型和非离子型。实验中选用的 9 种表面活性剂（表 4.13）被广泛用于化学除尘。抑尘剂 I 由 92%的阴离子表面活性剂（30%乳化剂 OS，62%渗透剂 T）和 8%的非离子表面活性剂（乳化剂 OP-4SA）组成。抑尘剂 II 由 97%的阴离子表面活性剂（40%的乳化剂 OS，57%的渗透剂 T）和 3%的非离子表面活性剂（乳化剂 OP-4SA）组成。

表 4.13　实验中使用的表面活性剂

类型	名称
非离子型表面活性剂	脂肪醇聚氧乙烯醚（AEO-9）
	脂肪醇聚氧乙烯醚（渗透剂 JFC）
	聚山梨醇酯（Tween-80）
	脂肪酸甲酯乙氧基化物（FMEE）
阴离子型表面活性剂	十二烷基烯丙基琥珀酸酯磺酸钠（乳化剂 OS）
	丁二酸二辛基磺酸钠（渗透剂 T）
	十二烷基苯磺酸钠（SDBS）
混合型表面活性剂	抑尘剂 I
	抑尘剂 II

永磁体（长方体）的尺寸为 50mm×20mm×20mm，其表面的磁通密度为 0.4T。根据磁感应线原理，采用自主研制的磁力仪对表面活性剂溶液进行磁化处理，速度为每分钟 110 次，磁通密度约为 300mT。通过自动机械搅拌产生的湍流增强了 MF 效果。

将每种表面活性剂溶液在 25℃下混合 1h，以确保完全溶解。使用界面流变仪测量不同溶液磁化后的表面张力，重复测量以确保准确性。表 4.14 列出了不同表面活性剂溶液的相对表面张力变化。出于仪器精度等原因，这里将表面张力测量的最大允许偏差设置为±0.4mN/m。

表 4.14　实验样品表面张力和接触角的相对变化率

样本类型	样本名称及浓度	表面张力的相对变化率/%	接触角的相对变化率/%
水	自来水	19.2	18.6
	蒸馏水	20.7	19.2

续表

样本类型	样本名称及浓度	表面张力的相对变化率/%	接触角的相对变化率/%
非离子型表面活性剂	脂肪醇聚氧乙烯醚（AEO-9）（0.05‰）	12.0	13.5
	脂肪醇聚氧乙烯醚（渗透剂 JFC）（0.1%）	6.70	19.7
	聚山梨醇酯（Tween-80）（0.05%）	20.8	21.1
	脂肪酸甲酯乙氧基化物（FMEE）（0.05%）	4.1	9.1
阴离子型表面活性剂	十二烷基烯丙基琥珀酸酯磺酸钠（OS）（0.15%）	2.1	8.3
	丁二酸二辛基磺酸钠（渗透剂 T）（0.02%）	5.3	20.9
	十二烷基苯磺酸钠（SDBS）（0.05%）	4.8	5.66
混合型表面活性剂	抑尘剂 I	5.61	7.14
	抑尘剂 II	10.4	12.5

将磁化处理前后溶液表面张力值的差值除以“非磁化”溶液的表面张力值，将其定义为相对变化比（%），如式（4.3）所示：

$$\delta_{\alpha_i} = \frac{\alpha_0 - \alpha_i}{\alpha_0} \tag{4.3}$$

式中，δ_{α_i}为表面张力的相对变化；α_0为“非磁化”溶液的表面张力；α_i为 MF 处理后溶液的表面张力。

2. 实验结果

1）磁场对非离子表面活性剂溶液性质的影响

如图 4.53 所示，磁场对非离子表面活性剂溶液表面张力的影响非常明显。表面张力和接触角的变化也显示出相似的趋势：两者在初期均下降，在磁化处理期间会出现波动。同时，对 JFC 溶液和 Tween-80 溶液进行渗透实验，实验结果表明磁化处理显著改善了溶液的渗透性。

2）磁场对阴离子表面活性剂溶液性质的影响

图 4.54 表明，这三种溶液（乳化剂 OS、渗透剂 T 和 SDBS）的表面张力在很小的范围内增加，并随磁化时间而波动，但这种波动既不明显也不规则。除此之外，对 SDBS 溶液和 Tween-80 溶液的渗透性进行的实验结果表明，Tween-80 溶液具有良好的渗透性，磁化处理对其影响不大，而对 SDBS 溶液的渗透性有明显的改善。

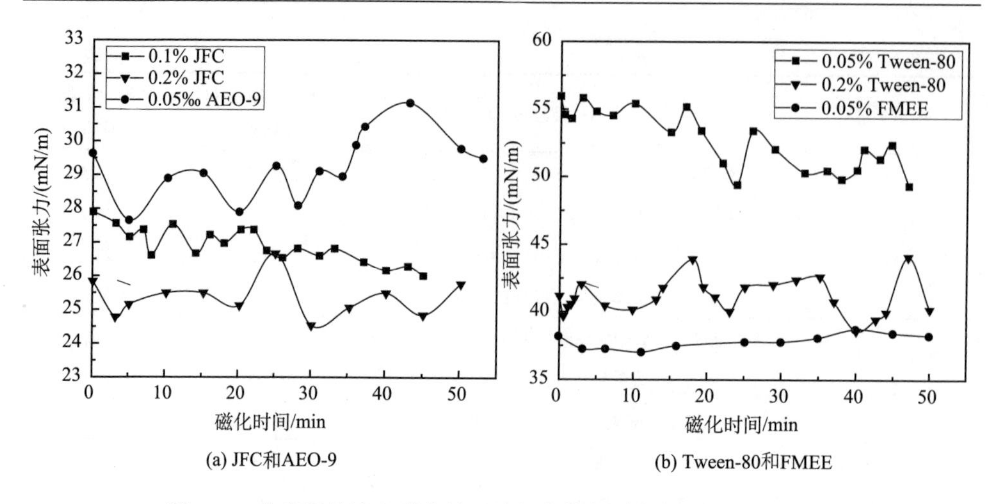

图 4.53　非离子溶液在磁化处理过程中的表面张力-时间相关曲线

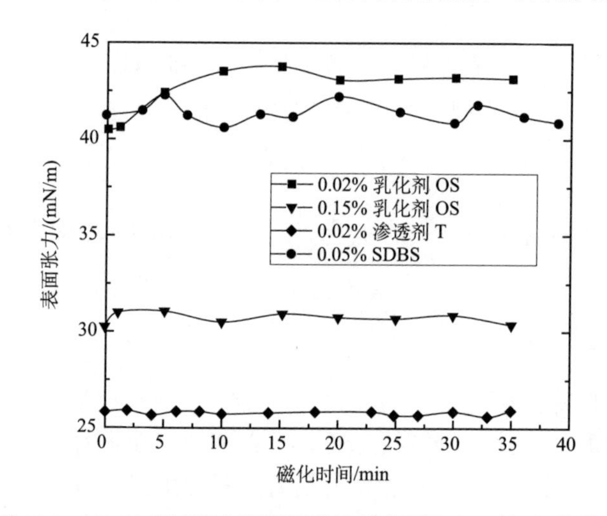

图 4.54　MF 处理过程中阴离子溶液的表面张力-时间相关曲线

3）磁化处理效果与溶液浓度的相关性

图 4.53 和图 4.54 显示较低浓度的溶液的性能更易被改善。为了确定 MF 和表面活性剂对水的协同作用，首先研究磁化对水的影响。图 4.55 表明磁化对水的影响很大。在磁化的前 5 分钟内，水的表面张力达到最小值，然后随磁化时间增加而波动，表现出多重极值现象。

磁化处理前制备的表面活性剂溶液浓度为 0.05‰～0.1‰，对照组为未经磁化处理的溶液。图 4.56 中的实验数据表明，表面活性剂浓度值达到 CMC 之前，较高浓度的表面活性剂溶液表面张力在磁化处理后，其表面张力得到更大的改善。

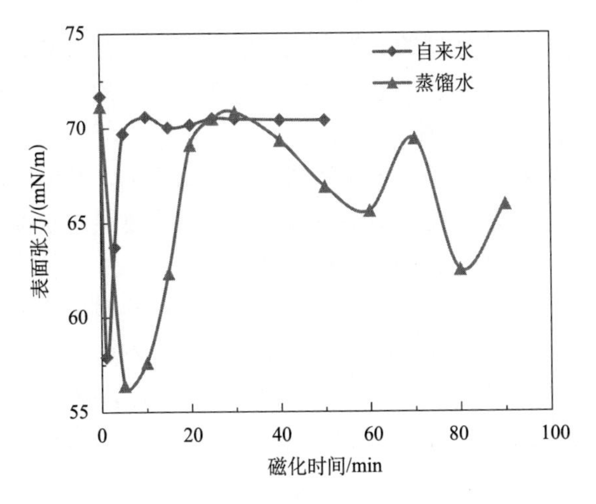

图 4.55　MF 处理对蒸馏水和自来水的影响

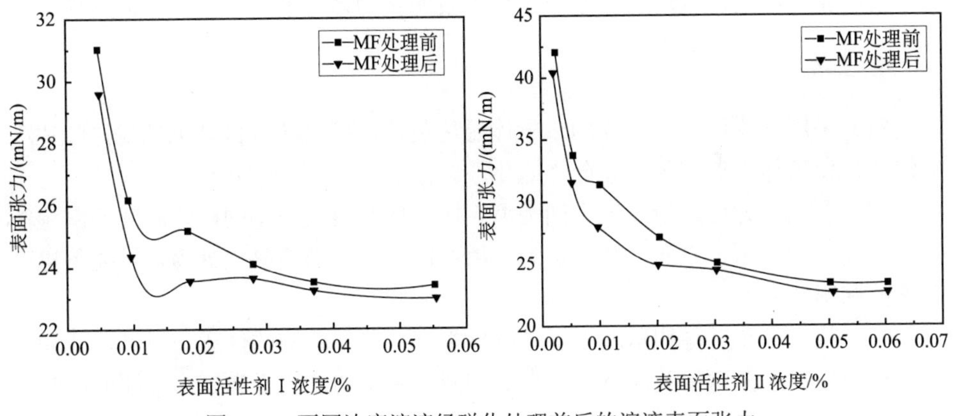

图 4.56　不同浓度溶液经磁化处理前后的溶液表面张力

3. 机理探讨

1）磁化处理初期表面张力变化机理

当溶液通过磁场时，溶液分子的运动加剧，增加了分子间距离，导致团簇间的氢键更易于断裂，分子簇会形成较小的分子基团并降低内聚力，并且一些水分子与体系分离，转化为游离的单体水分子或两个聚合物分子。由于这种微观变化，溶液的润湿能力得以增强，从而改善了除尘效果。

在磁化处理初期，非离子表面活性剂溶液的表面张力和接触角降低，而阴离子表面活性剂溶液的表面张力却没有降低，导致这种差异的原因是阴离子表面活性剂在溶液中离子化，而非离子表面活性剂则不会。阴离子表面活性剂在溶液中离子化并生成金属阳离子，从而可以促进氢键的生成和水分子之间的缔合，阳离子产生氢键的能力对磁化处理的效果有很强的抵抗力，在 MF 处理的初期，氢键的电离作用比磁化作用更快、更强。因此，阴离子溶液的表面张力增加。

2）过度磁化处理时表面张力增加

随着磁化时间增加，分子基团之间的平均距离增加，基团距离的增加导致亲水性基团从溶液表面的亲水性基团层中逸出，导致隔离层的松弛。

3）表面张力时间相关曲线的多极值现象

在整个磁化处理期间，表面张力最初显示出轻微的增加或下降趋势，并在整个磁化处理期间波动，一是因为溶液中氢键的变化受磁场和阳离子的影响，团簇间的氢键减弱而团簇内的氢键增强，该过程影响氢键形成和断裂的条件，并导致溶液的物理性质发生变化；二是因为亲水基团从隔离层逸出，这导致表面张力增加。

当对氢键的电离作用比磁场作用强时，表面张力会增加。当磁场占主导地位时，表面张力降低，这解释了整个过程中表面张力多极值现象的数据波动现象。

4. 主要结论

（1）采用外磁场旋转设计的永磁体磁化装置，可以通过自动机械搅拌叶片产生湍流，使流体更加均匀，充分“磁化”。

（2）表面张力可用于表征不同类型表面活性剂溶液在不同磁化时间的润湿能力，尤其对于非离子表面活性剂更为适用；同时，适当的磁化处理可以显著提高溶液的润湿能力。

（3）从分子和氢键的角度分析了磁化机理，发现溶液的性质与氢键形成和断裂的动力学过程密切相关，氢键的形成和断裂受磁场、离子和亲水基团的影响。

4.4.2　磁化降低表面活性剂用量机理探究

有关研究表明，磁化处理可以提高表面活性剂（抑尘剂）性能，但对于磁化减少表面活性剂用量的机理尚不清楚，需要对此展开深入研究。

本节主要研究表面活性剂及其磁化溶液的性质，解释在适度的磁化条件下利用磁场提高表面活性剂溶液的润湿性机理，分析磁化减少抑尘剂用量的原因，为磁化表面活性剂溶液在除尘领域中的低成本应用提供理论基础。此外，为克服传统磁化器中调节磁感应强度和磁场分布不均的缺点，发明了一种磁场分布均匀、磁感应强度可调的电磁磁化装置，为电导实验提供有力的支持。

1. 实验材料与方法

考虑到表面活性剂的性能、价格、安全性和环保，本实验选用十二烷基硫酸钠（SDS）、十二烷基苯磺酸钠（SDBS）、脂肪醇聚氧乙烯醚（AEO）和脂肪酸甲酯聚氧乙烯醚（FMEE）作为实验材料。通过混合表面活性剂制备溶液用于磁化实验；实验中使用高纯度蒸馏水，以减少溶剂中所含杂质对实验结果的影响；用于测试接触角的煤片选自 1/3 焦煤。

本研究中使用的实验仪器主要包括 JYW-200B 型表面张力仪、界面流变仪和自主研发的磁化装置。

如图 4.57 所示，新型磁化装置由电磁系统、励磁电流发射系统和高斯磁测量系统组成。主要组件包括高精度直流稳压电源、高斯计和其他附件。稳定电压电源产生可调节的励磁电流，该励磁电流绕在铁芯表面上，从而在工作气隙中形成均匀的磁场，使铁芯之间的间距最小。在工作气隙之间放置了装有实验试剂的特殊玻璃器皿。在整个玻璃器皿范围内磁场是均匀的。高斯磁测量系统中的外延探头感应出磁感应强度，并自动测量和显示磁感应强度。该直流电磁励磁装置克服了传统永磁励磁装置磁场分布不均匀、结构复杂、安装和调整磁感应强度困难等缺点。

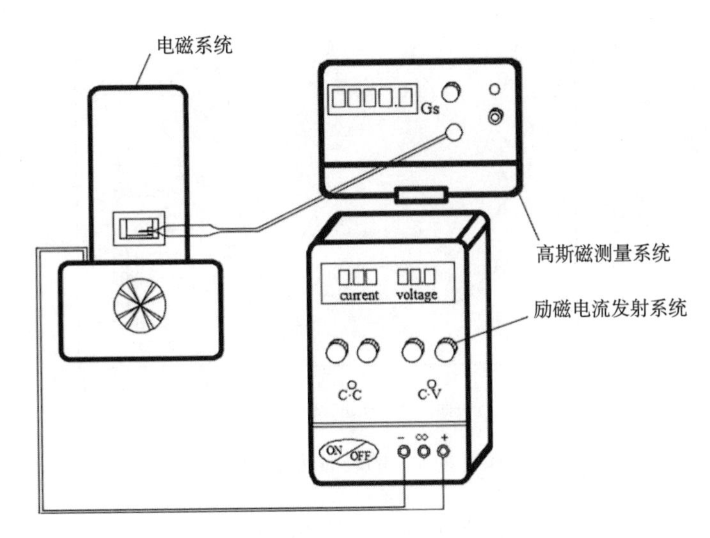

图 4.57　直流电磁磁化装置结构示意图

根据表面活性剂的类型，首先选择单一的表面活性剂，再混合所选的表面活性剂，比较表面活性剂的比例和质量浓度参数以选择最佳表面活性剂，然后进行表面张力和接触角测试实验。在每个实验条件下进行六次独立重复实验，并通过逐次差分法确定结果。以下所有实验均遵循此测试原理。

因为单一的表面活性剂降尘成本高，可用低浓度磁化表面活性剂溶液代替。在电磁铁的两极之间放置不同比例和浓度的表面活性剂，使磁场垂直于液体表面。

通过这种方式，得到一种磁性表面活性剂溶液；然后对每个样品的表面张力和接触角进行测试，并找到最佳的磁化参数。

2. 结果与讨论

1）表面活性剂参数的确定

首先对 SDS、SDBS、AEO 和 FMEE 四种表面活性剂的性能进行测试，根据测试结果，最后选择 AEO 和 SDBS 进行表面活性剂的复合测试。

为了提高表面活性剂的性能、减少使用量，将优化的表面活性剂 AEO 和 SDBS 混合以研究其协同作用。根据 1∶0、1∶1、1∶2、1∶3、1∶4 和 1∶5 的质量比制备 AEO 和 SDBS 混合溶液，将每种比例的表面活性剂配制成质量浓度为 0.01%、0.02%、0.03%、0.04%和 0.05%的溶液，然后确定每种条件下溶液的表面张力（图 4.58）。

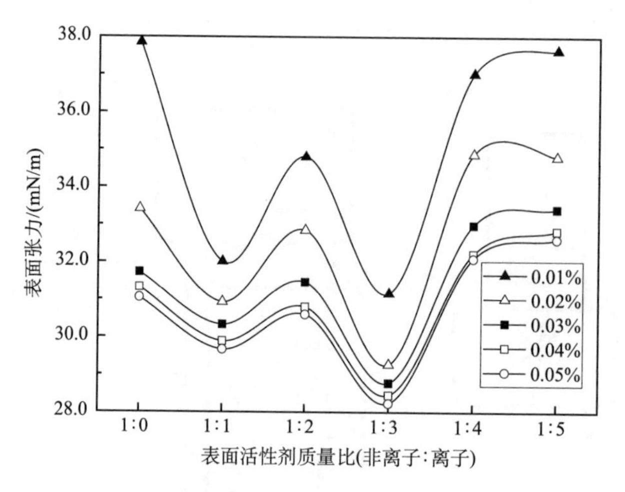

图 4.58　不同配比和质量浓度的表面活性剂的表面张力测试结果

图 4.58 表明，在相同浓度条件下，当 AEO 和 SDBS 比例为 1∶3 时，溶液的表面张力最低。将该比例的表面活性剂溶液称为 AS 溶液。当 AS 溶液的质量浓度超过 0.03%时，其表面张力没有明显变化。因此，选择质量浓度为 0.03%的 AS 溶液进行磁化实验。

2）磁化参数的确定

利用实验研究磁场对不同表面活性剂表面张力的影响。将质量浓度为 0.03%的 AS 溶液在不同的磁场强度和时间下进行磁化。磁感应强度设置为 0Gs[①]、250Gs、

① 1Gs=0.1mT=1.0×10^{-4}T。

500Gs、750Gs 和 1000Gs，并在每种磁感应强度下磁化 0min、5min、15min、20min、25min 和 30min。磁化后立即测量溶液的表面张力。

图 4.59 表明，在不同的磁化参数下，AS 溶液的表面张力（质量浓度为 0.03%）出现不同程度的降低。而且在相同的磁感应强度下，溶液的表面张力随时间周期性地波动，所以图中存在多个峰。当磁化条件为 500Gs 和 20min 时，溶液的表面张力最低，为 27.34mN/m。

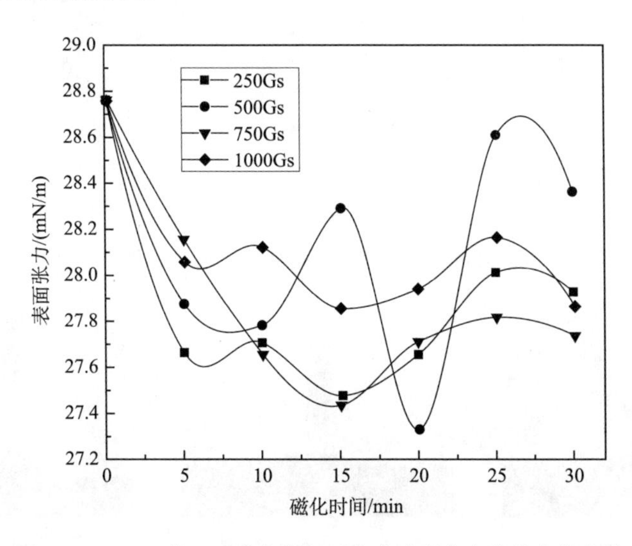

图 4.59　0.03%的 AS 溶液的表面张力随磁化参数的变化规律

下面研究稀释的表面活性剂溶液在磁场中的表面张力。将质量浓度为 0.03%的 AS 溶液稀释至原始浓度的一半，并在与前面相同的实验磁化参数下磁化。磁化后，立即测量溶液的表面张力，并与未稀释的 AS 溶液进行比较。测试结果如图 4.60 所示。

图 4.60 显示，在相同的磁感应强度下，稀释的 AS 溶液的表面张力也随时间周期性地波动并且显示出多个峰。在实验研究的磁化参数下，存在四个区间，磁化后稀释的 AS 溶液的表面张力低于未稀释的 AS 溶液的表面张力。

3）磁化减少抑尘剂使用量的原理的进一步分析

与未磁化的 AS 溶液（质量浓度为 0.03%）相比，磁化后 0.015%的 AS 溶液不仅取得了更好的润湿效果，而且将所需表面活性剂的量减少了一半。为了直接反映被测表面活性剂的润湿性，同时也测量了磁化的 0.015% AS 溶液和非磁化的 0.03% AS 溶液的接触角，测试结果如图 4.61 所示。图 4.61 表明，两种 AS 溶液具有相似的润湿特性。此外，与纯净水相比，AS 溶液的润湿能力大大提高。

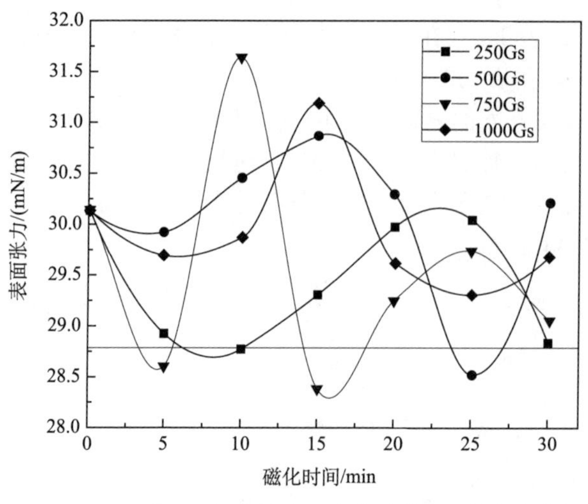

图 4.60　0.015%的 AS 溶液的表面张力随磁化参数的变化规律

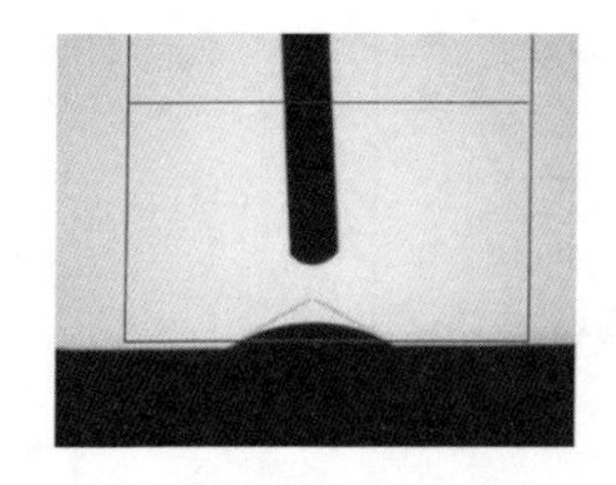

(a) 0.015%的磁化AS溶液

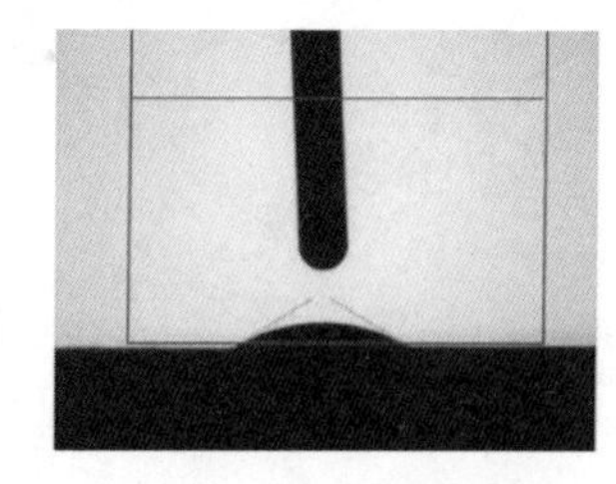

(b) 0.03%的磁化AS溶液

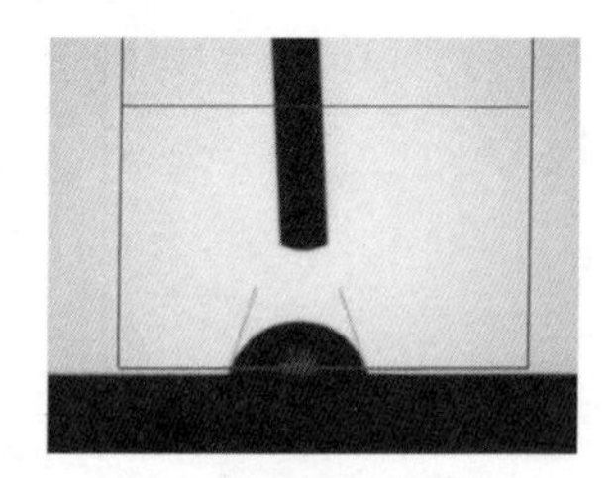

(c) 纯净水

图 4.61　不同溶液的接触角

图 4.62 比较了上述两种溶液的润湿性和使用成本，可以看出，相较于质量浓度为 0.03%的非磁化溶液，0.015%的复合表面活性剂溶液的表面张力较低，且成本仅为前者的 50%左右。

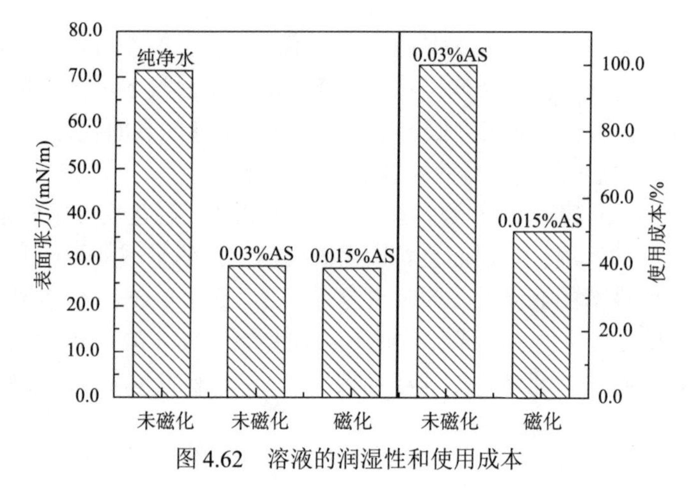

图 4.62　溶液的润湿性和使用成本

在工程应用中，除尘用水的使用表现出几个特点：一方面，为了使水充分散布在煤粉的表面上并达到所需的除尘效果，只需将除尘水的表面张力减小到适当的值而不是最小值即可；另一方面，为了降低井下降尘剂的使用成本，可以将表面活性剂溶液稀释至一定比例，并在相应的最佳磁感应强度和磁化时间下进行磁化。

图 4.63（b）和图 4.63（c）显示了未磁化的高浓度表面活性剂溶液中的表面活性剂分子的分布及磁化后的低浓度表面活性剂溶液的分布。可以得知，与未经磁化的稀释表面活性剂溶液[图 4.63（a）]相比，磁化后的稀释表面活性剂溶液表面上的活性分子更多[图 4.63（c）]。

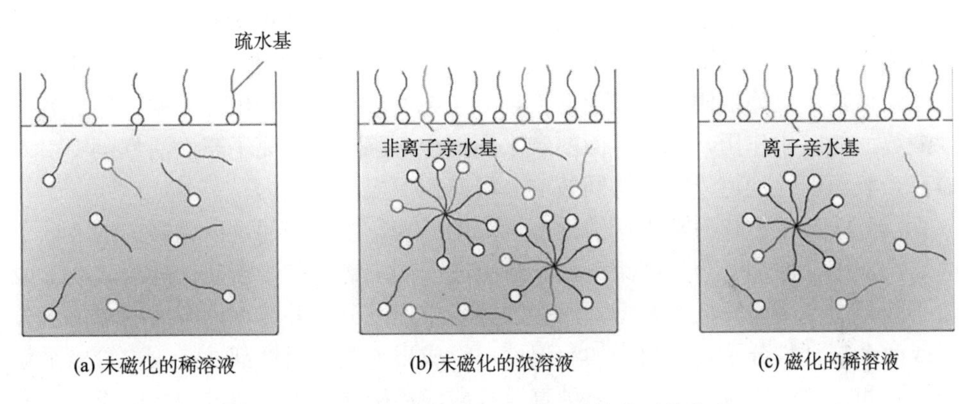

图 4.63　不同浓度和磁化条件下活性分子的分布

3. 主要结论

本节通过实验研究了不同磁化参数下表面活性剂溶液的表面张力，发现当磁感应强度为 750Gs、磁化时间为 15min 时，质量浓度为 0.015%的复合表面活性剂溶液的表面张力低于质量浓度为 0.03%的非磁化溶液。假设润湿和除尘能力不变，则浓度降低 50%意味着可节省大量成本。

4.5　本 章 小 结

本章采用实验室实验、分子动力学模拟、机理分析等综合手段，围绕煤尘宏微观润湿过程、表面活性剂润湿煤尘机理及改善原理等内容展开研究。主要成果如下：

（1）揭示了煤尘化学性质与其润湿性的关系。煤尘化学组成中的水分含量是影响润湿性的最主要的因素，灰分、挥发分和固定碳等其他因素与湿润性关联性不大；对于呼吸性煤尘而言，含氧官能团和矿物这些亲水性物质的增加会改善煤尘的润湿性，其中表面羟基含量是表征煤尘润湿性的最佳指标，而含氧官能团的含量随着碳化的增加而降低，煤尘润湿性减弱。

（2）提出了一种采用分子动力学模拟煤尘微观润湿过程的方法。选择 NVT 系综下进行退火并进行动力学计算得到的模拟结果优于 NVE 系综；NVT 系综下水分子的扩散及向煤内部渗透情况均较 NVE 系综更弱，更适合用来模拟煤尘润湿这一过程；建模时二维周期性表面结构较默认的三维周期性晶体结构更适合煤尘润湿过程的微观研究；较大规模的煤尘-水分子体系能更好地反映水分子的润湿行为。该成果为研究煤尘微观湿润机理提供了新的研究方法。

（3）揭示了表面活性剂润湿煤尘机理。阴离子表面活性剂润湿煤尘的效率主要取决于它在煤尘表面上的吸附密度和它的亲水亲油平衡值（HLB 值）；非离子表面活性剂可以降低阴离子表面活性剂分子在气液界面的静电斥力并改善后者在固液界面的疏水作用，增加界面的亲水层面积，因此向阴离子表面活性剂中引入非离子表面活性剂可以产生协同效应，提升润湿煤尘的能力。

（4）阐释了磁化改善表面活性剂性能的原理。当溶液通过磁场时，溶液分子的运动加剧，增加了分子间距离，导致团簇间的氢键更易于断裂，分子簇会形成较小的分子基团而降低内聚力，一些水分子与体系分离并转化为游离的单体水分子或两个聚合物分子，从而增加润湿性。该成果为表面活性剂性能改善给出了新的思路和方法。接着，发明了一种直流电磁液体磁化装置。通过调节电流，改变工作区域的磁感应强度，克服了磁感应强度调节困难、磁场分布不均匀等缺点。

参考文献

[1] Li Q, Lin B, Zhao S, et al. Surface physical properties and its effects on the wetting behaviors of respirable coal mine dust[J]. Powder Technology, 2013, 233: 137-145.

[2] Yang J, Wu X K, Gao J G, et al. Surface characteristics and wetting mechanism of respirable coal dust[J]. Mining Sicence and Technology, 2010, 20(3): 365-371.

[3] Zhou G, Xu C C, Cheng W M, et al. Effects of oxygen element and oxygen-containing functional groups on surface wettability of coal dust with various metamorphic degrees based on XPS experiment[J]. Journal of Analytical Methods in Chemistry, 2015: 467242.

[4] 罗根华, 李博, 丁莹莹, 等. 煤尘化学组成及结构参数对煤尘润湿性的影响规律[J]. 大连交通大学学报, 2016, 37(3): 64-67.

[5] 胡夫. 煤质成分对煤尘亲水性能的影响研究[J]. 矿业安全与环保, 2014, 41(6): 19-22.

[6] Wang C Q, Lin B, Li Q Z, et al. Effects of oxygen containing functional groups on coal dust wettability[J]. Safety in Coal Mines, 2014, (5): 178-181.

[7] 傅贵, 秦凤华. 我国部分矿区煤的水润湿性研究[J]. 阜新矿业学院学报, 1997, 6: 666-669.

[8] Xin H H, Wang D M, Qi X Y, et al. Structural characteristics of coal functional groups using quantum chemistry for quantification of infrared spectra[J]. Fuel Processing Technology, 2014,

118(2): 287-295.

[9] 程卫民, 薛娇, 周刚, 等. 基于红外光谱的煤尘润湿性[J]. 煤炭学报, 2014, 39(11): 2256-2262.

[10] Cheng W M, Xu C C, Zhou G. Evolution law of carbon and oxygen groups on coal surface with increasing metamorphic grade and its effect on wettability[J]. Journal of Fuel Chemistry & Technology, 2016, (3): 41-50.

[11] Gao J G, Yang J. Study of coal dust wettability based on multiple stepwise regression analysis[J]. Safety in Coal Mines, 2012, (1): 132-135.

[12] Gosiewska A, Drelich J, Laskowski J S, et al. Mineral matter distribution on coal surface and its effect on coal wettability[J]. Journal of Colloid and Interface Sicence, 2002, 247(1): 107-116.

[13] 程卫民, 薛娇, 周刚, 等. 烟煤煤尘润湿性与无机矿物含量的关系研究[J]. 中国矿业大学学报, 2016, 45(3): 462-468.

[14] 赵振保, 杨晨, 孙春燕, 等. 煤尘润湿性的实验研究[J]. 煤炭学报, 2011, 36(3): 442-446.

[15] Nowak E, Robbins P, Combes G, et al. Measurements of contact angle between fine, non-porous particles with varying hydrophobicity and water and non-polar liquids of different viscosities[J]. Powder Technology, 2013, 250(12): 21-32.

[16] Wang H, Wang D, Ren W. Research status and development trend for foam dust control technique in underground coal mines[J]. Metal Mine, 2009, (12): 137-140.

[17] Kollipara V K, Chugh Y P, Mondal K. Physical, mineralogical and wetting characteristics of dusts from Interior Basin coal mines[J]. International Journal of Coal Geology, 2014, 127: 75-87.

[18] 吴超. 化学抑尘[M]. 长沙: 中南大学出版社, 2003.

[19] Chugh Y P, Gurley H, Kollipara V K, et al. A field assessment of a SIUC innovative spray system for continuous miners for dust control[C]. Salt Lake City: Proc. 14th US/North America Mine Ventilation Symposium, UT, 2012.

[20] 杨静, 谭允祯, 伍修锟, 等. 煤尘润湿动力学模型的研究[J]. 煤炭学报, 2009, 34(8): 1105-1109.

[21] du Plessis J J L. Ventilation and Occupational Environment Engineering in Mines. 3 edn[M]. Johannesburg: Mine Ventilation Society of South Africa, 2014: 218-221.

[22] Lebecki K, Malachowski M. Continuous dust monitoring in headings in underground coal mines[J]. Journal of Sustainable Mining, 2016, 15(4): 125-132.

[23] Skubacz K, Wojtecki L, Urban P. The influence of particle size distribution on dose conversion factors for radon progeny in the underground excavations of hard coal mine[J]. Journal of Environmental Radioactivity, 2016, (162-163): 68-79.

[24] Zhou G, Qiu H, Zhang Q, et al. Experimental investigation of coal dust wettability based on surface contact angle[J]. Journal of Chemistry, 2016: 1-8.

[25] Wei Q, Zhang X D Z, Jian R. Research on characteristic contrast of different tectonic coal[J]. Coal Sicence and Technology, 2014(3): 68-72.

[26] Xu C, Wang D, Wang H, et al. Effects of chemical properties of coal dust on its wettability[J]. Powder Technology, 2017, 381: 33-39.

[27] 王德明. 煤氧化动力学理论及应用[M]. 北京: 科学出版社, 2012.
[28] Shojai K N, Wolf K H, Ashrafizadeh S N, et al. Effect of coal petrology and pressure on wetting properties of wet coal for CO_2 and flue gas storage[J]. International Journal of Greenhouse Gas Control, 2012, 11: 91-101.
[29] Tang H, Zhao L, Sun W, et al. Surface characteristics and wettability enhancement of respirable sintering dust by nonionic surfactant[J]. Colloids and Surfaces A: Physicochemical and Engineering Aspects, 2016, 509: 323-333.
[30] Weng S F. Fourier Transform Infrared Detector[M]. Beijing: Chemical Industry Publishing House, 2005: 45-67.
[31] Sumit S, Pramod K, Rakesh C. Molecular Dynamics Simulation of Nanocomposites Using BIOVIA Materials Studio, Lammps and Gromacs[M]. America: Micro and Nano Technologies, 2019: 329-341.
[32] Dassault Systems BIOVA, San Diego, CA. USA BIOVA Materials Studio 2018 Online Help[EB/OL]. [2020-9-16]https://www. 3ds. com/products-services/biovia/references.
[33] Jeffers J, Reinders J, Sodani A. Optimizing Classical Molecular Dynamics in LAMMPS[M]. Intel Xeon Phi Processor High Performance Programming (Second Edition). 2016: 443-470.
[34] US Department of Energy. LAMMPS Documentation (2020 version), Sandia Corporation [EB/OL]. [2020-10-1]http:// docs. lammps. org.
[35] Imai Y, Mukaida M, Tsunoda T. Calculation of electronic energy and density of state of iron-disilicides using a total-energy pseudopotential method, CASTEP[J]. Thin Solid Films, 2001, 381(2): 176-182.
[36] Milman V, Refson K, Clark S, et al. Electron and vibrational spectroscopies using DFT, plane waves and pseudopotentials: CASTEP implementation[J]. Journal of Molecular Structure: THEOCHEM, 2010, 954(1): 22-35.
[37] Xu S, Wang G, Liu H M, et al. A DMol3 study on the reaction between trans-resveratrol and hydroperoxyl radical: Dissimilarity of antioxidant activity among O—H groups of trans-resveratrol[J]. Journal of Molecular Structure: THEOCHEM, 2007, 809(1): 79-85.
[38] Delley B. DMol3 DFT studies: From molecules and molecular environments to surfaces and solids[J]. Computational Materials Science, 2000, 17(2): 122-126.
[39] Lu H Y, Li X F, Zhang C Q, et al. Experiments and molecular dynamics simulations on the adsorption of naphthalenesulfonic formaldehyde condensates at the coal-water interface[J]. Fuel, 2020, 264: 116 838. 1-116838. 8.
[40] Cybulski K, Malich B, Wieczorek A. Evaluation of the effectiveness of coal and mine dust wetting[J]. Journal of Sustainable Mining, 2015, 14(2): 83-92.
[41] Szymczyk K. Wettability of polymeric solids by ternary mixtures composed of hydrocarbon and fluorocarbon nonionic surfactants[J]. Journal of Colloid and Interface Science, 2011, 363(1): 223-231.
[42] Fan T, Zhou G, Wang J Y. Preparation and characterization of a wetting-agglomeration-based hybrid coal dust suppressant[J]. Process Safety and Environmental Protection, 2018, 113: 282-291.

[43] Crawford R J, Mainwaring D E. The influence of surfactant adsorption on the surface characterisation of Australian coals[J]. Fuel, 2001, 80(3): 313-320.

[44] Liu S Y, Liu X Y, Guo Z Y, et al. Wettability modification and restraint of moisture re-adsorption of lignite using cationic gemini surfactant[J]. Colloids and Surfaces A: Physicochemical and Engineering Aspects, 2016, 508: 286-293.

[45] Singh B P. The role of surfactant adsorption in the improved dewatering of fine coal[J]. Fuel, 1999, 78(4): 501-506.

[46] Kilau H W. The Influence of Sulfate Ion on the Coal-wetting Performance of Anionic Surfactants[M]. Pittsburgh: U. S. Department of the Interior, Bureau of Mines, 1990.

[47] Dou G L, Xu C H. Comparison of effects of sodium carboxymethylcellulose and superabsorbent polymer on coal dust wettability by surfactants[J]. Journal of Dispersion Sicence and Technology, 2016, 38(11): 1542-1546.

[48] Kilau H W, Voltz J I. Synergistic wetting of coal by aqueous solutions of anionic surfactant and polyethylene oxide polymer[J]. Colloids and Surfaces, 1991, 57(1): 17-39.

[49] Kilau H W, Lantto O L, Olson K S, et al. Suppression of longwall respirable dust using conventional water sprays inoculated with surfactants and polymers[R]. Pittsburgh: U. S. Department of the Interior, Bureau of Mines, 1996.

[50] Yang J, Liu D D, Liu B J, et al. Research on mine dustfall agents based on the mechanism of wetting and coagulation[J]. International Journal of Minerals Metallurgy and Materials, 2014, 21(3): 205-209.

[51] Zeller H W. Laboratory Tests for Selecting Wetting Agents for Coal Dust Control[M]. Pittsburgh: U. S. Department of the Interior, Bureau of Mines, 1983.

[52] Li J, Zhou F, Liu H. The selection and application of a compound wetting agent to the coal seam water infusion for dust control[J]. Coal Preparation, 2015, 36(4): 192-206.

[53] Wang C, Cao X L, Guo L L, et al. Effect of adsorption of catanionic surfactant mixtures on wettability of quartz surface[J]. Colloids and Surfaces A: Physicochemical and Engineering Aspects, 2016, A509: 564-573.

[54] Davies J T. A quantitative kinetic theory of emulsion type. I. Physical chemistry of the emulsifying agent[J]. Proc. II Int. Congr. Surf. Act. Agents, 1957, 1: 426-438.

[55] Li J H, Zhou B X, Cai W M. The solubility behavior of bisphenol A in the presence of surfactants[J]. Journal of Chemical and Engineering Data, 2007, 52(6): 2511-2513.

[56] Li J L, Zhou F B, Liu H. The Selection and Application of a Compound Wetting Agent to the Coal Seam Water Infusion for Dust Control: International Journal of Coal Preparation and Utilization[J]. 2016, 36(4): 192-206.

[57] Dubey N. Studies of mixing behavior of cationic surfactants[J]. Fluid Phase Equilibria, 2014, 368: 51-57.

[58] Wang X, Yuan S, Li X, et al. Synergistic effect of surfactant compounding on improving dust suppression in a coal mine in Erdos, China[J]. Powder Technology, 2019, 344: 561-569.

[59] Wang X, Yuan S, Jiang B. Experimental investigation of the wetting ability of surfactants to coals dust based on physical chemistry characteristics of the different coal samples[J]. Advanced

Powder Technology, 2019, 30(8): 1696-1708.

[60] 丁振军, 方银军, 高慧, 等. 阴离子/非离子表面活性剂协同效应研究[J]. 日用化学工业, 2007, 3: 145-148.

[61] Nie B, Guo J, Zhao H, et al. Comparative effects of magnetic field and surfactants on the surface tension of mine water[J]. Disaster Advances, 2013, 6: 53-61.

[62] Ding C, Nie B, Yang H, et al. Experimental research on optimization and coal dust suppression performance of magnetized surfactant solution[J]. Procedia Engineering, 2011, 26: 1314-1321.

[63] Zhou G, Fan T, Xu M, et al. The development and characterization of a novel coagulant for dust suppression in open-cast coal mines[J]. Adsorption Sicence and Technology, 2017, 36: 608-624.

[64] Zhou Q, Qin B, Ma D, et al. Novel technology for synergetic dust suppression using surfactant-magnetized water in underground coal mines[J]. Process Safety and Environmental Protection, 2017, 109: 631-638.

[65] Zhou Q, Qin B, Wang J, et al. Effects of preparation parameters on the wetting features of surfactant-magnetized water for dust control in Luwa mine, China[J]. Powder Technology, 2017, 326: 7-15.

[66] Chibowski E, Szczes A. Magnetic water treatment-A review of the latest approaches[J]. Chemosphere, 2018, 203: 54-67.

第 5 章　矿山抑尘泡沫基础特性研究

抑尘泡沫是空气在发泡剂作用下分散于液相中形成的由液膜隔开的大量小气泡组成的体系。它作为一种气液两相介质，具有接尘面积大、黏附性强、润湿速度快等优点，尤其是对呼吸性粉尘有很强的抑制能力。实践表明，泡沫抑尘是源头抑制煤矿粉尘的有效手段。但过去对抑尘泡沫形态和性能等基础研究还较薄弱，使得人们对“抑尘泡沫形态与抑尘性能的关系”和“如何提高抑尘泡沫性能”等关键问题认识不清，导致泡沫抑尘技术应用存在盲目性和粗放性。因此，研究矿山抑尘泡沫的基础特性，对于提高泡沫抑尘的科学性和经济性具有重要意义。本章介绍抑尘泡沫形态特征及影响机制、抑尘泡沫性能定量评估方法、抑尘泡沫性能影响因素及其机理、抑尘泡沫性能增强原理与方法等方面的研究工作与成果。

5.1　抑尘泡沫形态及其影响机制

泡沫形态是影响抑尘泡沫捕尘效果的关键因素，而泡沫形态受多种因素影响，如溶液添加剂（聚合物）、气体流速，探究不同聚合物和气体流速对泡沫形态的影响和作用机制，是深入了解泡沫抑尘的基础。为此，本节主要介绍聚合物、气体流量对泡沫形态的影响。

5.1.1　水溶性聚合物对抑尘泡沫形态的影响

抑尘泡沫的形态决定了泡沫性能，其形态主要由膨胀倍数、气泡尺寸、液膜厚度、界面黏弹模量等参数表征。一般而言，尺寸太大、分布不均的泡沫流无法满足矿井现场的长距离输送要求，故而细腻、稳定、均匀等形态的泡沫成为研究重点。泡沫形态一定程度上取决于发泡剂溶液的基础特性，其他应用领域的研究表明，在表面活性剂溶液中添加聚合物是优化泡沫形态的有效方法[1, 2]。聚合物作为高分子化合物的一种，可以与表面活性剂相互作用，从而显著改变溶液的体相黏度[3, 4]，同时也会影响液体的表面张力，而纤维素醚经常被用作发泡剂的添加剂[5]。目前关于添加水溶性聚合物对抑尘泡沫形态特性影响的研究还很缺乏，鲜有研究讨论聚合物对泡沫尺寸分布范围和均匀程度的量化作用，揭示泡沫形态差异性机理的研究也是少之又少。本节研究羧甲基纤维素钠对抑尘泡沫形态特征的影响，以期为利用水溶性聚合物优化抑尘泡沫形态提供理论依据。

1. 实验方案

实验材料主要包括发泡剂和水溶性纤维素醚。良好的抑尘发泡剂需要出色的发泡能力和耐硬水能力[6]，所以选择具有高发泡性和良好润湿性的发泡剂 AOS（α-烯基磺酸钠）。聚合物材料选择离子型纤维素醚 CMC-Na（羧甲基纤维素钠），这是一种能够有效提高起泡剂起泡能力和泡沫稳定性的高分子材料；选用纯净水作为溶剂。前期表面张力测试得出的发泡剂 AOS 的临界胶束浓度约为 0.09%，材料明细详见表 5.1。

表 5.1　实验仪器与材料明细

项目	材料			仪器/软件		
	AOS 粉	CMC-Na	纯净水	Foamscan	Tracker	Cell size analyzer（CSA）
来源	绿森，临沂	通达，宜兴	胡大祥，徐州	Teclis，法国		
纯度	92%	食品级	—	—		

实验设计：分别向不同浓度的 AOS 溶液中添加高、中、低浓度范围的 CMC-Na，通过发泡实验测试泡沫的形态特征参数，其中表面活性剂的浓度范围由抑尘发泡剂的常用浓度确定。实验溶液的样品配制是在每种浓度（0.01%、0.05%、0.1%、0.2%、0.3%、0.4%和 0.5%）的 AOS 溶液中分别加入 5mg/L、10mg/L、50mg/L、100mg/L、500mg/L 和 800mg/L 的 CMC-Na。室温下共配制 49（7×7）个实验样品溶液。实验主要分三个步骤进行。图 5.1 为实验主要使用的仪器和软件的照片。

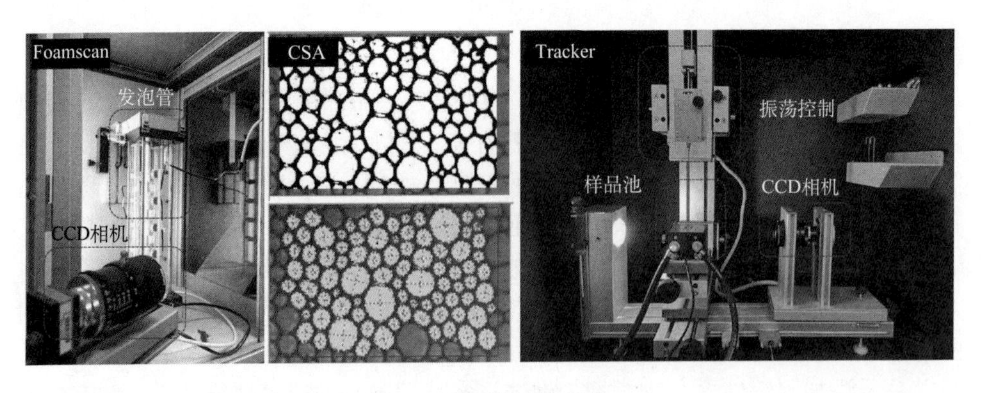

图 5.1　实验仪器与软件

1）发泡测试

发泡测试是将相同体积的发泡剂样品发泡至相同的高度并计算液体含量，然后在相同的发泡和泡沫衰退时间保存泡沫的高清照片，分析各个环节的泡沫尺寸变化。

使用 Foamscan（泡沫扫描仪），将 50mL 的样品溶液注入发泡管中，以 120mL/min 的速度将氮气注入溶液进行鼓泡，设定泡沫体积达到 200mL 时停止进气，并在泡沫自然衰退 15min 后停止测试。这个过程中使用 CCD 相机持续保存泡沫的实时照片（5s/张）。

2）气泡尺寸分析

使用 CSA 软件对泡沫照片进行分析，计算泡沫的尺寸大小与分布情况。分析样品在体积达到 200mL 时以及衰退 1min、5min、10min 时的泡沫照片，得出每个样品在四个不同时间点的泡沫气泡数量及尺寸。气泡尺寸过小在尺寸测量上容易出现误差，所以仅统计半径在 0.1mm 以上的气泡。然后通过计算泡沫照片中所有气泡半径的均值（>0.1mm）得出气泡平均半径，并将气泡根据半径大小分为 3 个范围（0.1~0.2mm、0.2~0.3mm 和>0.3mm）。最后通过式（5.1）计算气泡半径分布的标准差，进而判断泡沫均匀性。

$$s=\left[\frac{1}{n}\sum_{i=1}^{n}\left(x_i-\overline{x}\right)^2\right]^{\frac{1}{2}} \tag{5.1}$$

式中，x 为泡沫半径；n 为泡沫个数。

3）扩张模量测试

扩张模量测试通过测定泡沫液体的表面张力，根据界面扩张时表面张力的变化情况计算得出样品溶液的扩张模量；该数据主要用于验证动态泡沫形态参数的合理性。

该实验通过周期振荡法得出扩张模量。具体实验步骤是将 Tracker（界面流变仪）的 U 形针头伸入样品溶液中，推动活塞加压，在溶液中形成 $5mm^3$ 的上升气泡。气泡的正弦振荡频率设为 0.1Hz，振幅为 1mm。表面张力的变化由上升气泡的形态确定，根据张力/表面积的变化，计算扩张模量。

2. 结果与讨论

1）泡沫形成时刻

泡沫形成时刻是指泡沫体积达到 200mL，刚停止鼓泡的时刻。此时泡沫已完全形成，准备衰退。图 5.2 为不同浓度的泡沫形态图，通过计算不同样品的平均气泡半径、分布和均匀程度，分析 CMC-Na 对泡沫发泡的影响。

（1）平均气泡半径和分布。

图 5.3 显示了不同 AOS 浓度和 CMC-Na 添加浓度下的平均气泡半径。显然，随着 AOS 浓度的增加，平均气泡半径迅速下降，从 0.01%时的 0.32mm 下降到 0.1%

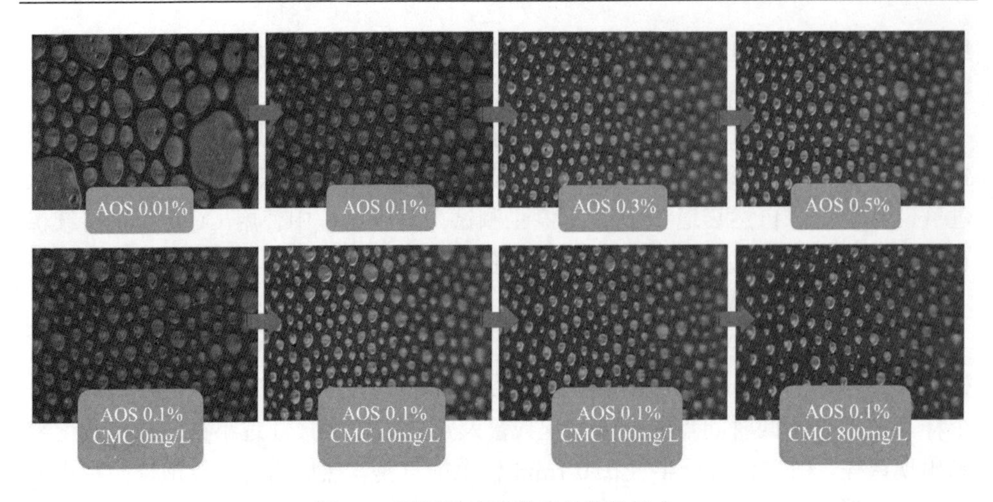

图 5.2　不同浓度条件下的泡沫形态

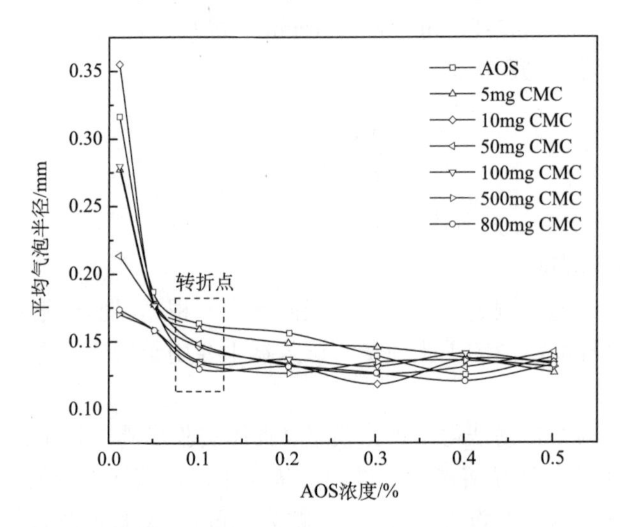

图 5.3　不同 AOS 浓度和 CMC-Na 浓度条件下的平均气泡半径

的 0.16mm；当浓度高于 0.1%时，平均气泡半径随着浓度的增加开始缓慢减小，在高浓度范围内（0.4%~0.5%），平均气泡半径最小达到约 0.13mm。拐点（浓度 0.1%）表明，在该浓度下 AOS 浓度对泡沫尺寸的影响趋于稳定。

在低浓度 AOS 中添加 CMC-Na，气泡半径变化明显。具体表现为添加 CMC-Na 后平均气泡半径减小，并且随着 CMC-Na 浓度的增加气泡半径进一步变小。当 AOS 浓度在 0.1%~0.2%的范围时，含有 CMC-Na 的气泡平均半径同样趋于稳定，此时平均气泡半径明显小于相同浓度下的纯 AOS 溶液形成的泡沫（无聚合物添加），半径直接达到最小值约 0.13mm。之后，随着 AOS 浓度的增加（大于 0.2%），含 CMC-Na 的气泡平均半径几乎不再变化。

为了对气泡尺寸变化进行分类，将不同半径的气泡分为三个类型：小气泡（0.1~0.2mm）、中型气泡（0.2~0.3mm）和大气泡（>0.3mm）。图 5.4 显示了不同 AOS 浓度和 CMC-Na 添加浓度下气泡半径的分布：当增大纯 AOS 溶液的浓度时，泡沫中小气泡的比例逐渐增加直到接近 100%，而中型气泡和大气泡的比例逐渐降低至接近 0。当 CMC-Na 添加到 0.1%的 AOS 中时，小气泡的比例随 CMC-Na 浓度的增加而增加，而中型和大气泡的比例则降低。

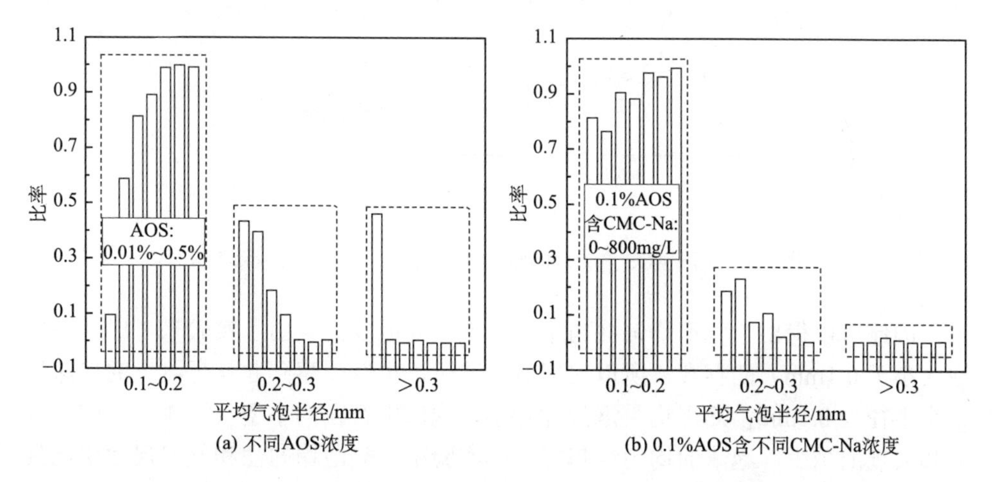

(a) 不同AOS浓度　(b) 0.1%AOS含不同CMC-Na浓度

图 5.4　不同 AOS 和 CMC-Na 浓度条件下的气泡半径分布

从气泡的分布图发现，当泡沫形成时，随着 AOS 浓度的增加气泡逐渐变小，并在 AOS 浓度为 0.1%时出现尺寸变化的转折点；将 CMC-Na 添加到发泡剂中之后，气泡尺寸通常随着 CMC-Na 浓度的增加而进一步减小，并且 AOS 的转折点浓度也在 0.1%~0.2%。由此得知，在 AOS 浓度转折点添加 CMC-Na 对泡沫形态的影响最为明显。这是因为表面活性剂浓度对气泡尺寸的影响是基于表面活性剂分子的，而活性分子的数量影响液体的表面张力并由此影响泡沫的形态。CMC-Na 的添加主要影响溶液的黏度和表面黏弹性，导致气泡膨胀时气液比产生差异，从而影响泡沫的形态[7]，这种现象在后续章节有进一步验证和解释。

（2）气泡均匀性。

为研究泡沫形成时的气泡均匀性，计算了不同泡沫的气泡半径标准差。通过图 5.5 可以看出，气泡半径的标准差变化趋势几乎与平均气泡半径一致。随着 AOS 浓度的增加，标准差减小。当 AOS 浓度大于 0.1%时，标准差下降速度变慢并逐渐趋于稳定；低浓度 AOS 在加入 CMC-Na 后标准差进一步降低，在 AOS 浓度为 0.1%~0.2%时稳定，气泡均匀性较纯 AOS 泡沫更高；在高浓度 AOS（0.4%~0.5%）中添加 CMC-Na，形成的气泡均匀性无明显差异。

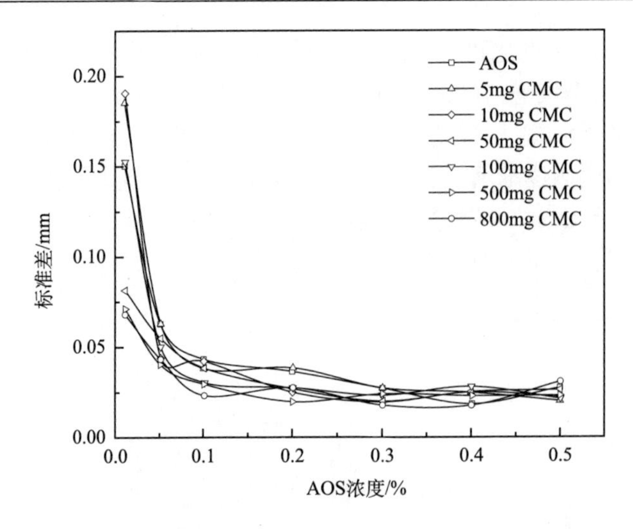

图 5.5　不同 AOS 和 CMC-Na 浓度条件下气泡半径的标准差

因此可以得出，气泡均匀性与平均气泡尺寸成反比。由于实验未考虑超小气泡（小于 0.1mm）的存在，所以在形成泡沫时，可以观察到并易于测量的泡沫的最小半径为 0.1mm，而平均气泡尺寸越小，泡沫中存在的小型气泡越多，中型气泡和大气泡越少，泡沫的均匀性越好。在实验中，气泡均匀性和气泡尺寸变化具有相似的转折点，这表明在泡沫形成时的转折点浓度处添加 CMC-Na，泡沫会具有更小尺寸和更高均匀性的双重优势。

2）泡沫衰退

泡沫衰退是指不再向泡沫中注入氮气，让泡沫自然衰退、破裂的过程。图 5.6 显示了不同浓度下的泡沫形态图，为了清楚地分析泡沫衰退过程的变化，还需要进一步计算泡沫形成后的 1min、5min 和 10min 时不同样品泡沫的平均气泡半径、分布和均匀性。

（1）平均气泡半径和分布。

图 5.7 显示了不同浓度 AOS 和 CMC-Na 的泡沫形成后 1min、5min、10min 三个时间节点的平均气泡半径的变化。另外，在浓度为 0.01%的 AOS 泡沫中，由于存在许多超大气泡（远大于 0.3mm），而 CCD 相机在拍摄范围内无法完全捕捉超大的气泡（图 5.6），无法将其尺寸计算进均值和标准差中，所以在浓度为 0.01%的纯 AOS 泡沫中，气泡的真实平均半径应高于图中所示的值，但在其他浓度下气泡半径均值是准确的（无超大气泡）。

实验结果表明，每个时间点的平均气泡半径和 AOS 浓度之间的规律性与泡沫形成时相似。随着 AOS 浓度的增加，气泡尺寸逐渐变小，然后趋于稳定，这表明在衰退过程中气泡尺寸在很大程度上受到泡沫形成时气泡初始尺寸的影响。加

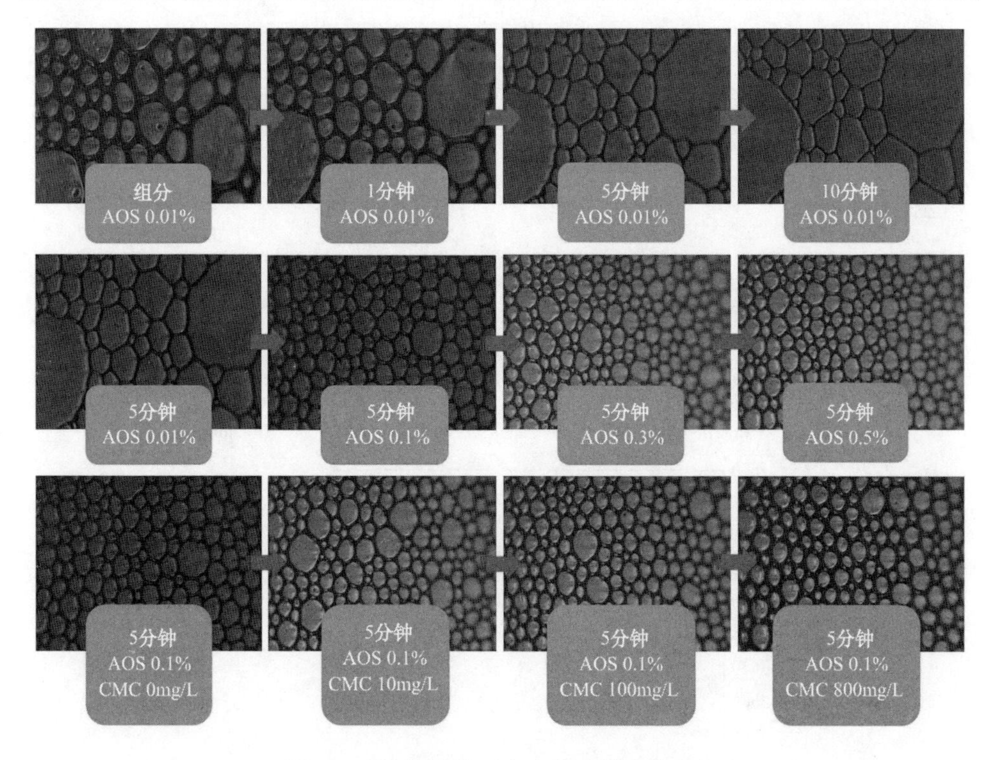

图 5.6　不同浓度与时间条件下的泡沫形态

入 CMC-Na 后，在低浓度的 AOS 下，气泡尺寸也显示出了进一步减小的趋势，且随着 AOS 浓度的增加，特别是在 0.4%~0.5%时，添加 CMC-Na 对泡沫尺寸的影响变弱，气泡的尺寸与纯 AOS 气泡的尺寸相近。另外，随着衰退时间的增加，不同浓度 CMC-Na 的气泡大小差异缩小。在 10min 时，无论是添加低浓度或者是高浓度的 CMC-Na，气泡大小差异均不明显。

气泡在不同衰退时间的尺寸分布如图 5.8 所示。图 5.8（a）表明，随着衰退时间的增加，小气泡逐渐减少，中型气泡，尤其是大气泡逐渐增加，泡沫的平均尺寸增大。在图 5.8（b）和（c）中，该趋势对应于图 5.5 的趋势。同时，在较高 AOS 浓度下的泡沫倾向具有更多的小气泡和更少的大气泡。在 0.1%的 AOS 溶液中，加入 CMC-Na 后，小气泡的数目会进一步增加。

泡沫排液导致气泡尺寸会随着衰退时间的增加而变大。泡沫中的液体在重力的作用下向下流动，气泡液膜变薄，同时气体的扩散导致气泡变大并破裂，气泡的平均尺寸因此变大。而在相同的衰退时间下，添加 CMC-Na 对气泡大小的影响仍然具有与泡沫形成时相似的规律和转折点浓度。

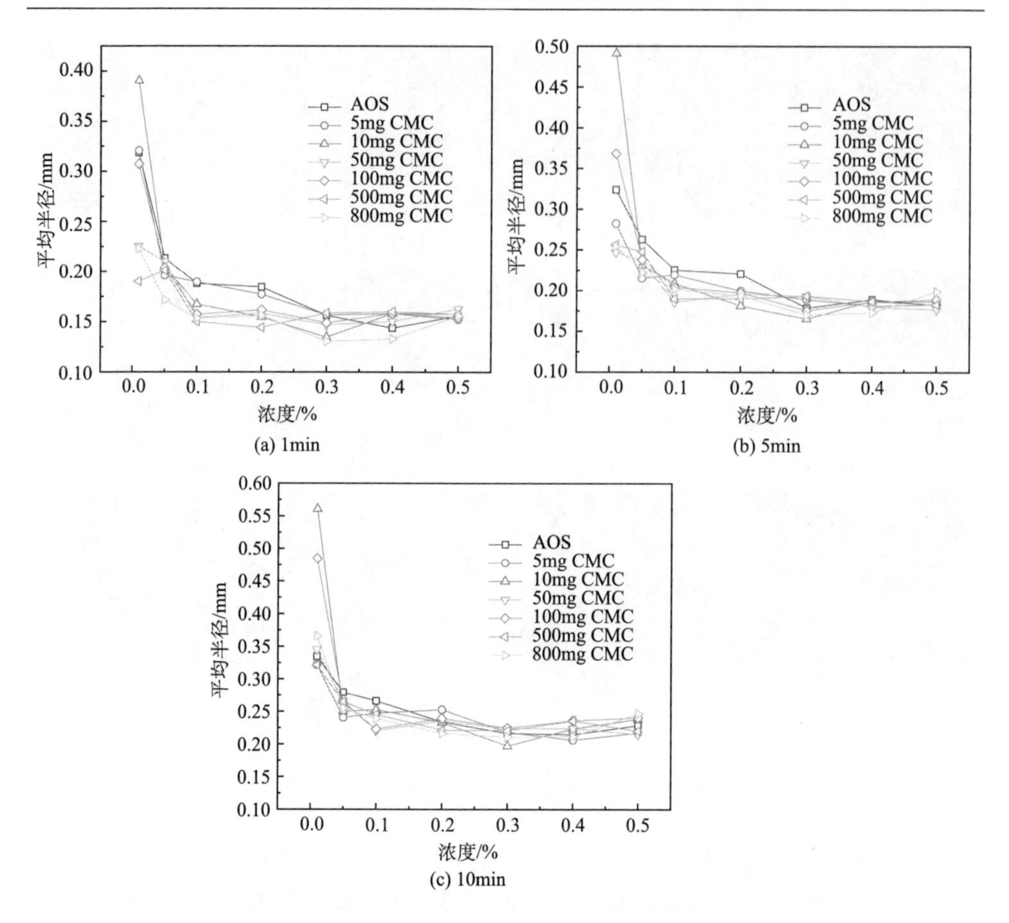

图 5.7　不同浓度的 AOS 和 CMC-Na 在形成泡沫后的 1min、5min、10min 时平均气泡半径的变化

（2）气泡均匀性。

如图 5.9 所示，随着衰退时间的增加，泡沫的均匀性首先大幅降低，如 0.1%AOS 的气泡半径的标准差在 1min 时小于 0.05，在 10min 时上升到 0.10mm 左右。基于此变化，气泡在不同衰退时间的均匀性仍与 AOS 和 CMC-Na 的浓度有关。AOS 浓度越高，泡沫越均匀，均匀性在 0.1%之后逐渐稳定。添加 CMC-Na 使较低浓度的 AOS 气泡尺寸的均匀性得到提升，而在高浓度 AOS（>0.3%）的溶液中，加入 CMC-Na 后泡沫的均匀性与纯 AOS 泡沫差异不大。

结果表明，对于相同浓度 AOS 形成的泡沫，气泡大小在衰退过程中不断增大，并且大小分布变得更加离散，均匀性降低。随着 AOS 浓度的增加，三个时间点的气泡平均尺寸变小，均匀性增加，且 AOS 浓度超过 0.1%时，平均尺寸和均匀性趋于稳定。加入 CMC-Na 后，不同时间的气泡大小在拐点浓度（0.1%~0.3%AOS）

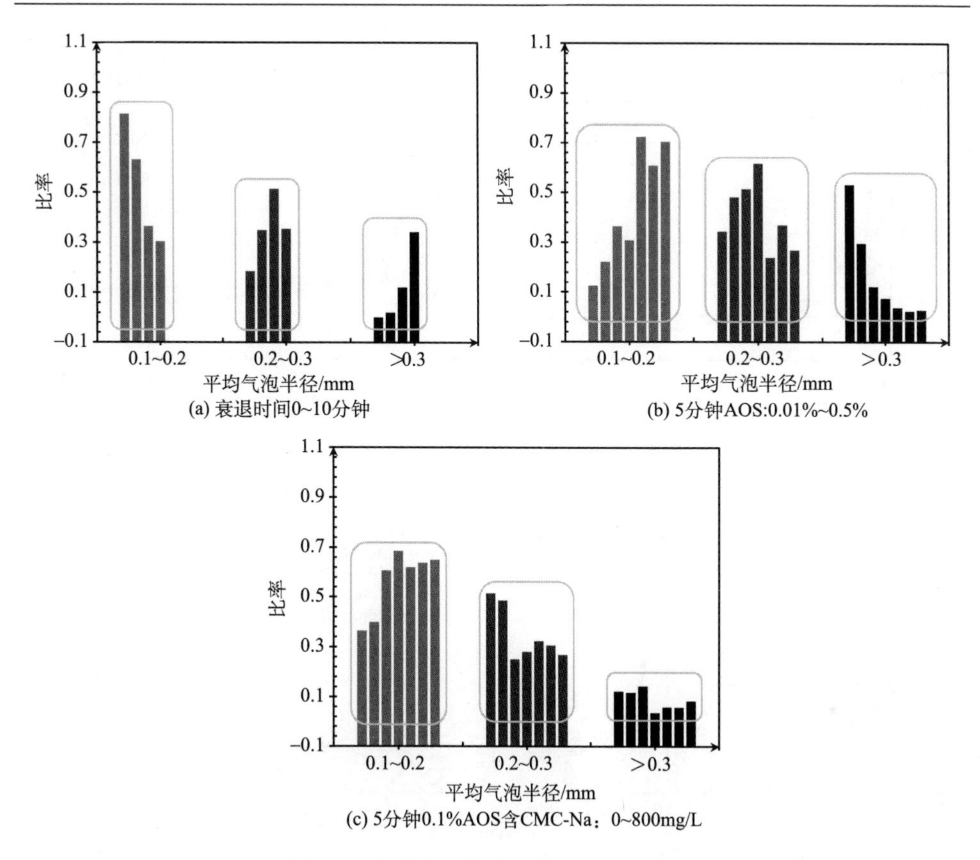

图 5.8 气泡在不同衰退时间的尺寸分布

处达到最小，并且泡沫均匀性达到最大。此外随着衰退时间的增加，不同 CMC-Na 浓度的泡沫之间气泡大小/均匀性的差异逐渐缩小。

3）理论分析

由上述研究发现，气泡大小和均匀性随浓度在不同时间的变化呈现出非常相似的趋势，即气泡大小的标准差在 0.1%AOS 之前迅速减小，在浓度高于 0.1%后趋于稳定。以形成泡沫时气泡尺寸的标准差为例，如图 5.10 所示，标准差与 AOS 浓度之间的关系与幂函数非常相近，而泡沫的均匀性都存在临界状态，最终标准差都几乎达到了高浓度（0.4%~0.5%）AOS 时的数值。当 AOS 浓度超过一定数值后，无论是否添加或选用哪种浓度的 CMC-Na，泡沫的气泡大小和均匀性都趋于相似的值。在趋势线中，转折点浓度处的标准差（0.1%AOS）随着 CMC-Na 添加浓度的增加而持续降低。在 CMC-Na 添加量达到 500~800mg/L 时，转折点基本达到最小值，转折点后的趋势非常平坦，几乎等于水平线。所以，溶液中加入浓度为 500~800mg/L 的 CMC-Na 既可以降低 AOS 用量，也可以优化泡沫形态。

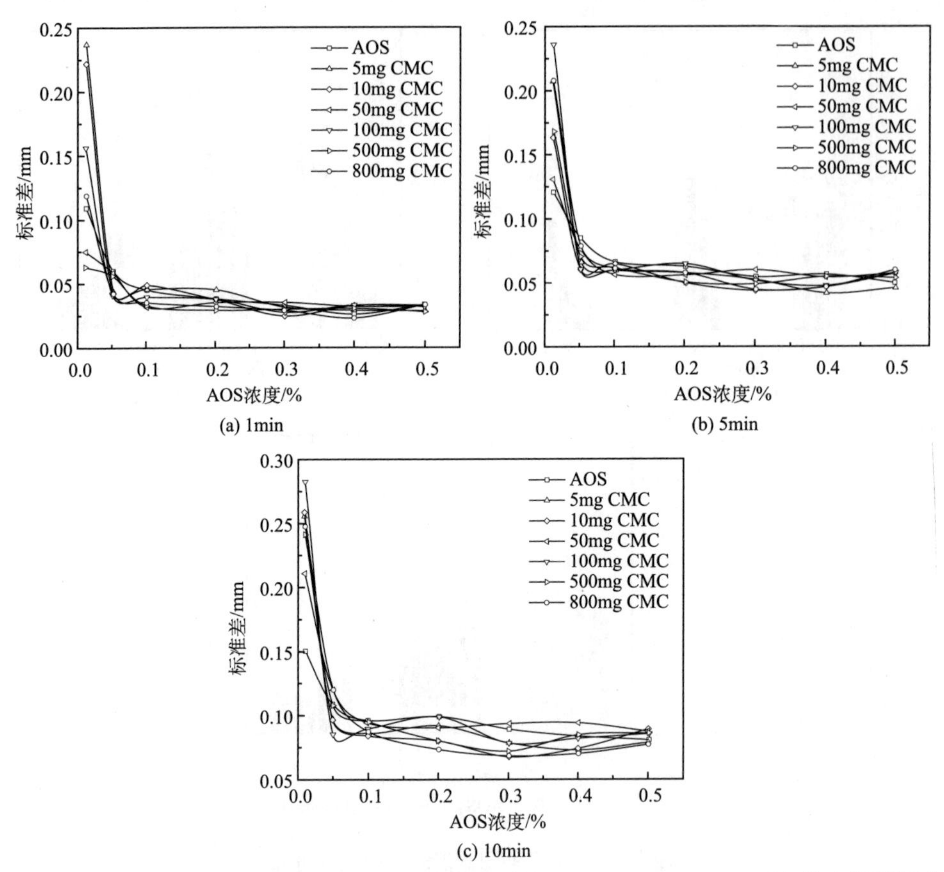

图 5.9 不同浓度的 AOS 和 CMC-Na 在形成泡沫后的 1min、5min、10min 时气泡半径的标准差变化

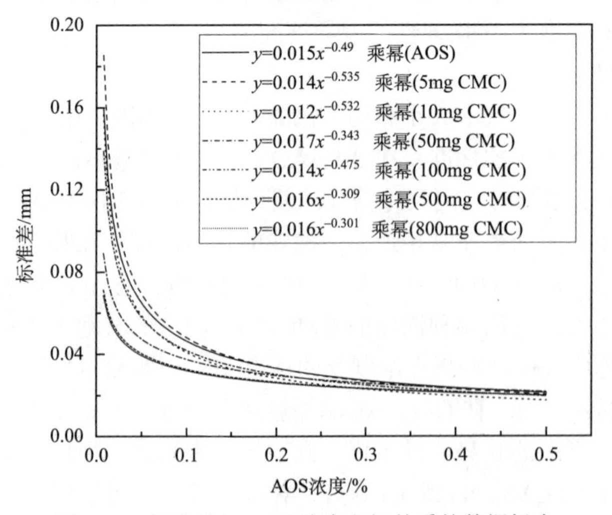

图 5.10 标准差与 AOS 浓度之间关系的数据拟合

因此，无论泡沫形成或衰退，在相同条件下 CMC-Na 对两种重要泡沫形态特征参数有积极影响。如图 5.11 所示，在 0.1%AOS 溶液中加入 800mg/L CMC-Na，气泡大小与标准差都远小于纯 0.1%AOS 泡沫，而且与纯 AOS 泡沫在高浓度（0.5%）时的形态相当。这意味着添加水溶性纤维素醚不仅能够优化泡沫的形态，减小泡沫尺寸，增加均匀性，而且具有经济意义。

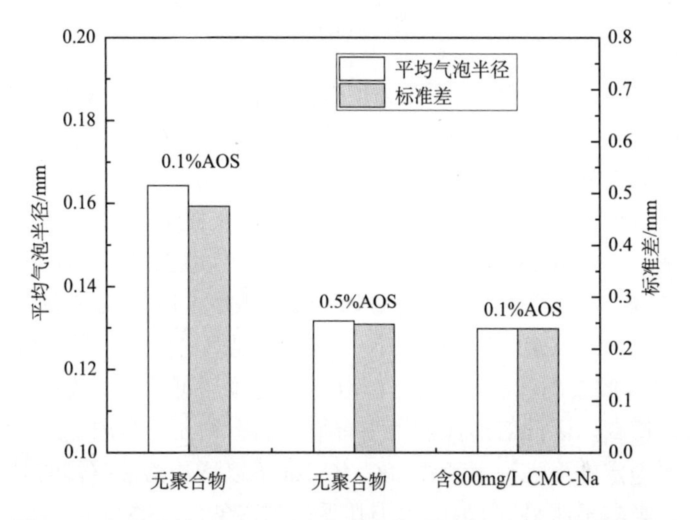

图 5.11　相同条件下 CMC-Na 对两种重要泡沫形态特征参数的影响

4）机理分析

泡沫的形成过程是液体表面积增加的过程。随着气体的进入，液面扩张，系统的表面能增加。根据 Gibbs 原理，系统总是趋向于较低的表面能态[7,8]。较低的表面张力会降低泡沫系统的能量，这不仅有助于泡沫的稳定性，而且会减少液体的膨胀。这是泡沫的平均气泡尺寸随表面活性剂 AOS 浓度的增加而减小的原因之一。表面张力的变化取决于溶液表面上表面活性剂分子的浓度，这与表面活性剂的临界胶束浓度有关，溶液的表面张力随着 AOS 浓度的增加而逐渐降低。根据表面张力测试方法，AOS 的临界胶束浓度小于 0.1%。当 AOS 浓度高于 0.1%时，表面张力逐渐稳定，因此，泡沫形成时的气泡尺寸也逐渐稳定在 0.1~0.2mm，均匀性高。

除此之外，泡沫中液膜的表面弹性对气泡尺寸也有影响。液体表面的扩张模量表征了液体表面抵抗扩张形变的能力，如式（5.2）所示[9]：

$$E=\frac{\mathrm{d}\gamma}{\frac{\mathrm{d}A}{A}}=\frac{\mathrm{d}\gamma}{\mathrm{d}\ln\left(A\right)} \tag{5.2}$$

式中，E 为表面扩张模量；$\mathrm{d}\gamma$ 为表面张力；$\mathrm{d}\ln\left(A\right)$ 为表面积的应变。由式（5.2）

可以得出结论，扩张模量的计算与气泡的表面积有关。利用积分将气泡视为简单的球体，由此可以得出气泡半径 R 与体积 V 和扩张模量 E 之间的关系，这种关系由式（5.3）和式（5.4）给出：

$$\frac{\mathrm{d}R}{2R}=\mathrm{d}\gamma / E \tag{5.3}$$

$$\frac{\mathrm{d}V}{V}=6\mathrm{d}\gamma / E \tag{5.4}$$

根据式（5.4），当溶液的表面张力增量数值相近时，气泡体积的变化率 $\mathrm{d}V/V$ 与液体的扩张模量成反比。在实验中，当液体表面的扩张模量增加时，会产生较小尺寸的气泡。溶液表面的扩张模量变化如图 5.12 所示，可以看出将 CMC-Na 加入发泡剂后，低浓度 AOS（0.01%~0.1%）的扩张模量通常随着 CMC-Na 浓度的增加而增加。随着 AOS 浓度的进一步增加（0.4%~0.5%），这种变化变得微弱。此外，随着 AOS 浓度的增加，不同 CMC-Na 浓度之间的扩张模量之差将缩小。根据式（5.3）和式（5.4）得出的气泡大小变化规律与实验结果一致。在低浓度的 AOS 溶液中，胶束的状态不稳定，CMC-Na 的添加可以显著改变溶液的界面性质，增大扩张模量，因此对泡沫的大小有很大的影响。在高浓度的 AOS 溶液中，胶束形成了更稳定的形态，尽管添加 CMC-Na 可以增加溶液整体的黏度，但对溶液界面性质的影响不明显，气泡的大小几乎达到该条件下的极限。如图 5.12 所示，在高浓度的 AOS 溶液中，扩张模量的变化不再明显，对泡沫尺寸的影响相对较弱。

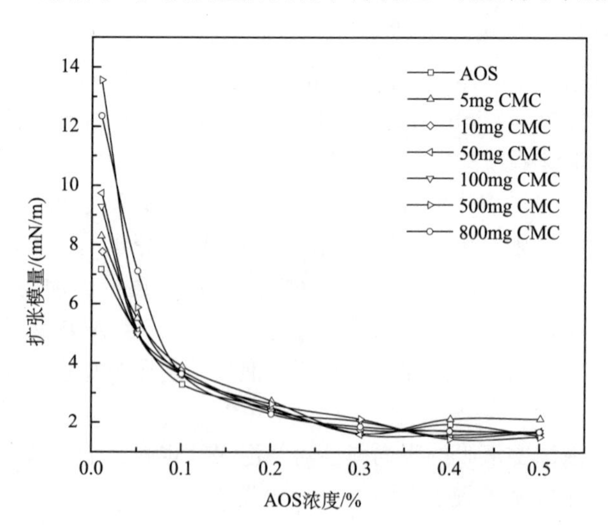

图 5.12　不同浓度的溶液表面扩张模量变化

在泡沫衰退的过程中，除了泡沫的初始气泡尺寸的影响外，泡沫的形态特征还受两个过程的影响：液膜变薄和聚并（液膜破裂）的过程。在衰退中，小气泡聚集在一起变成较大的气泡，因此，小气泡的比例减少，而中型气泡和大气泡的比例增加，最终气泡的平均大小会随着时间增加而变大。在添加了 CMC-Na 的表面活性剂溶液中，随着聚合物浓度的增加，溶液的黏度也会增加，这不仅会提高液膜的强度，而且会使与两个表面膜相邻的液体难以排出，减小泡沫的排液速率，减慢气泡的聚并。在泡沫衰退中，添加 CMC-Na 提升了泡沫的稳定性和强度，气泡变大的速率减缓。这也是低浓度 AOS 在添加 CMC-Na 后气泡尺寸低于纯 AOS 气泡的原因之一。

3. 主要结论

本小节研究并分析了水溶性纤维素醚 CMC-Na 对抑尘泡沫的平均气泡半径、分布和均匀性的影响，探讨了其变化机理。得出的结论如下：

（1）在泡沫形成时，由于表面张力的变化，泡沫的平均气泡尺寸随 AOS 浓度（0.01%~0.5%）的增加而减小，且泡沫的均匀性增加。当 AOS 浓度超过转折点浓度 0.1%时，平均气泡尺寸和均匀性趋于稳定，稳定之后的平均气泡半径为 0.13~0.16mm。

（2）在泡沫衰退期，随着衰退时间的增加，气泡尺寸增大、均匀性降低。气泡的大小变化主要取决于泡沫形成的初始大小。在不同的 AOS 浓度下，平均气泡尺寸/均匀性与 AOS 浓度之间的关系均与泡沫形成时的结果相似。

（3）加入 CMC-Na 后，同样存在转折点浓度（0.1%AOS），其中加入 500~800mg/L 的 CMC-Na 对泡沫形态的影响最为显著，泡沫的平均半径最小可达 0.13mm，并且均匀性达到最高。当 AOS 浓度高于转折点浓度时，CMC-Na 的添加对泡沫形成和衰退过程中的泡沫形态特性影响微弱。在 0.1%AOS 中添加 500~800mg/L 的 CMC-Na 是优化抑尘泡沫形态的最佳方式。

5.1.2　气体流量对泡沫形态的影响

泡沫的抑尘效率受泡沫稳定性、泡沫尺寸等多种因素的影响，表面活性剂是决定泡沫性能的主要因素之一，而表面活性剂的大量使用使得经济成本提高，在一定程度上限制了泡沫抑尘技术的推广使用，这一问题可以通过提高发泡剂的发泡能力来改善。

在泡沫产生过程中，气体流量和发泡剂组分是影响泡沫性能的两个关键因素。Carey 和 Stubenrauch[10] 研究了气体流量和 $C_{12}TAB$ 表面活性剂浓度对泡沫性、泡沫稳定性和排水性的影响，但未考虑气泡大小；Nguyen 等[11]研究了低速气体（1~2cm/s）和泡沫浓度对泡沫液体排水的影响；Tan 等[12]研究了一系列气体流量（33~65mL/min）对泡沫高度的影响。然而，这些研究中的气体流量相对较低，它们集中在单个表面活性剂或表面活性剂混合物上。此外，许多研究选择了固定的气体流量来测试发泡剂成分对泡沫性能的影响[13,14]，但气体流量对泡沫性能的影响还没有得到专门的研究。水溶性聚合物[如烷基丙烯酸酯交叉聚合物、阴离子型聚丙烯酰胺（HPAM）、Welan 胶和黄原胶]大大改善了表面活性剂溶液的泡沫性能[15-17]，但在不同的气体流量下，水溶性聚合物对表面活性剂溶液性能的影响尚不清楚。本节系统地研究了气体流量和水溶性聚合物添加剂对发泡性能的影响，为煤矿粉尘控制泡沫的产生提供了指导。

1. 实验材料与仪器

选用最常用的阴离子表面活性剂脂肪醇钠聚氧乙烯醚硫酸钠（AES）作为发泡剂，水溶性聚合物羧甲基纤维素钠（CMC-Na）作为本研究的添加剂。

发泡和性能测试仪器采用法国 Teclis 泡沫扫描仪，该设备采用鼓起法通过多孔玻璃板将干燥的空气从底部喷射到表面活性剂溶液中，在透明的玻璃柱中产生泡沫；当泡沫体积达到预设值时，气体流量自动停止，用 CCD 相机连续测量玻璃柱中的泡沫体积；表面活性剂溶液和泡沫中液体含量通过柱中不同高度的五个电极进行电导率测量，并使用 CSA 相机连续记录气泡图像。

气体流量设定为 10mL/min、20mL/min、50mL/min、100mL/min、200mL/min、300mL/min、400mL/min 和 500mL/min。配制四种表面活性剂溶液：0.1%AES、0.1%AES+0.05%CMC-Na、0.1%AES+0.1%CMC-Na 和 0.1%AES +0.5%CMC-Na。首先将 AES 和 CMC-Na 加入蒸馏水中，在 25℃下将每种溶液充分混合，然后开始实验。设定泡沫体积达到 200mL 时所用时间作为发泡能力测试参数。通过对 CSA 图像的分析，确定平均气泡直径。所有实验均在 25℃下进行，每种情况下进行三次测量取平均值。

2. 实验结果

1）发泡能力

表 5.2 给出了泡沫体积达到 200mL 时所用的时间。对于 AES 和 AES/CMC-Na 溶液，泡沫产生时间随气体流量的增加而减小，这说明在现场应用中，可以通过增加气体流量在短时间内实现大量泡沫。如图 5.13 所示，当气体流量为 100mL/min 时，四种溶液的泡沫生成时间几乎相同，这表明 CMC-Na 在高气体流量下对 AES 泡沫性能影响不大。在气体流量＜100mL/min 时，随着 CMC-Na 浓度的增加，生成时间缩短（图 5.14），表示在低气体流量下，CMC-Na 的加入提高了 AES 的泡沫性。这主要是因为泡沫是一种不稳定的气液系统，在泡沫生成过程中，气泡的形成和破裂同时发生[18]，较高的气泡形成率产生更好的泡沫性。低气体流量下较长的生成时间表明气泡塌陷显著削弱了泡沫性，随着 CMC-Na 浓度的增加，泡沫生成时间缩短，说明 CMC-Na 提高了气泡膜的稳定性，降低了气泡的击穿速率；

然而，在高气体流量下，气泡迅速形成。表 5.2 同样记录了高气体流量下 AES 与 AES/CMC-Na 溶液的泡沫产生时间。这表明气泡塌陷对高气体流量下的泡沫性没有明显的影响。

表 5.2　AES 和 AES/CMC-Na 在不同气体流量条件下的发泡时间　（单位：s）

样品	发泡剂/%		气体流量							
	AES	CMC-Na	10 /（mL/min）	20 /（mL/min）	50 /（mL/min）	100 /（mL/min）	200 /（mL/min）	300 /（mL/min）	400 /（mL/min）	500 /（mL/min）
A	0.1	—	4988	749	210	93	46	32	25	20
B	0.1	0.05	3903	717	203	92	45	31	24	20
C	0.1	0.1	2716	661	198	92	45	30	23	20
D	0.1	0.5	1347	633	191	91	45	30	20	19

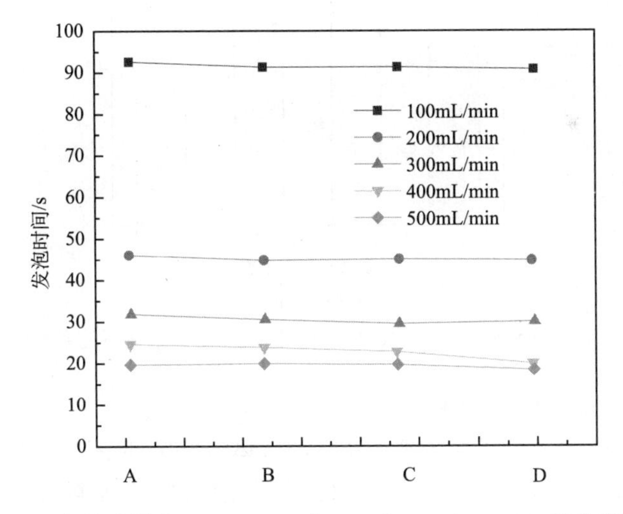

图 5.13　气体流量为 100mL/min 时 AES 和 AES/CMC-Na 的发泡时间

为了更好地了解气泡破裂过程对泡沫产生时间的影响，研究了达到预先设定的泡沫体积所需的总气体体积。在低气体流量下产生给定体积的泡沫，使气泡以更高的速率破裂，然后消耗更多的气体，因此需要更长的发泡时间。图 5.15 显示了该装置下气体流量为 10mL/min、20mL/min 和 50mL/min 的四种溶液体系的气体总量。在相同的流量下，消耗的气体体积随着 CMC-Na 浓度的增加而减少，这表明加入 CMC-Na 时气泡塌陷的速率较小。由此推断，CMC-Na 在低气体流量下明显改善了 AES 溶液的泡沫性能。

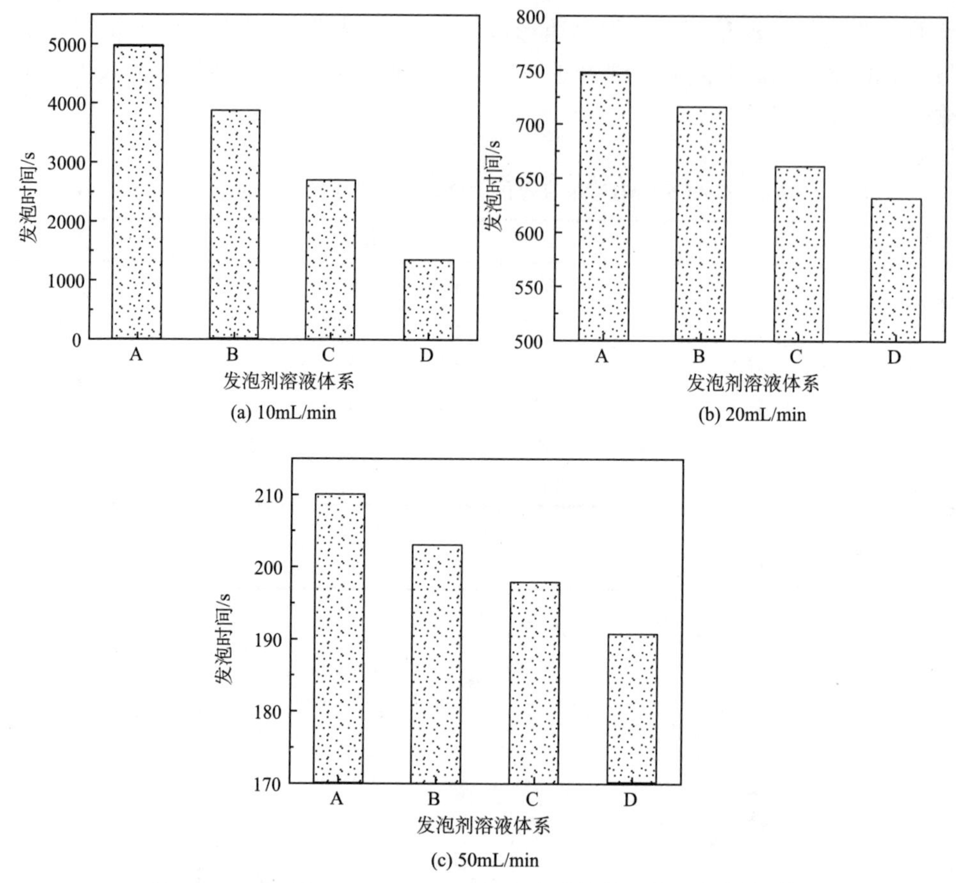

图 5.14　AES 和 AES/CMC-Na 在不同气体流量条件下的发泡时间

2）泡沫中的初始液体体积

图 5.16 为四种表面活性剂溶液在不同气体流量条件下发泡体积达到 200mL 时泡沫中所含液体体积。初始液体体积首先迅速增大，然后随着气体流量的增加而逐渐减小，当气体流量为 100mL/min 时，液体体积达到所有溶液系统的最大值，这是由携液能力和排液共同决定的。气体流量＜100mL/min 时，液体体积主要受排液过程的影响：因为产生时间长，足以使泡沫完全排出，导致液体体积较小。然而，在高气体流量（100mL/min）下，泡沫的携水能力占主导地位。随着气体流量的增加，剪切应力增加[19]，在容器的固体边界发育更大的气体流量，导致在有限的发泡时间内承载能力下降，因此液体在较高的气体流量下，体积较小。在相同的气体流量下，泡沫中液体的初始体积随着 CMC-Na 浓度的增加而增大。CMC-Na 与水的强亲和力大大提高了溶液的黏度[20]。因此，在较低的气体流量下，CMC-Na 延缓了排水速率，在较高的流量下，CMC-Na 提高了携水能力。AES/CMC-Na 混合物的初始液体体积比 AES 溶液更大，因此初始液体通过调节

表面活性剂溶液中 CMC-Na 的浓度，可以控制泡沫的体积。

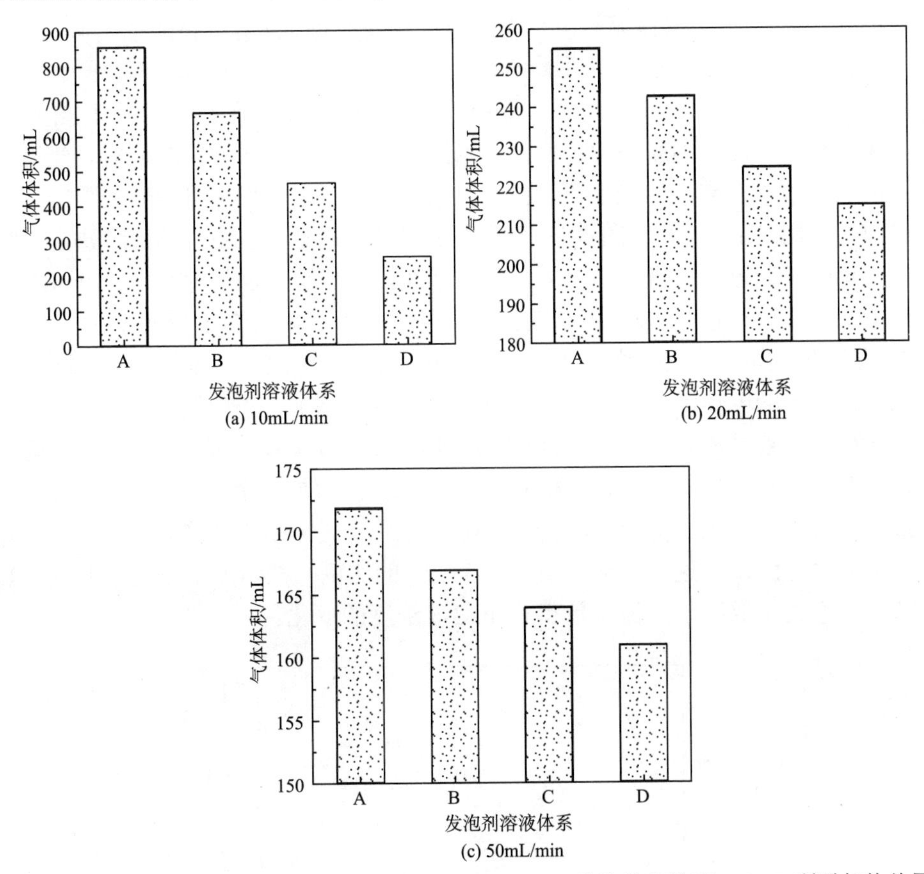

图 5.15　在不同气体流量条件下 AES 和 AES/CMC-Na 发泡体积达到 200mL 所需气体总量

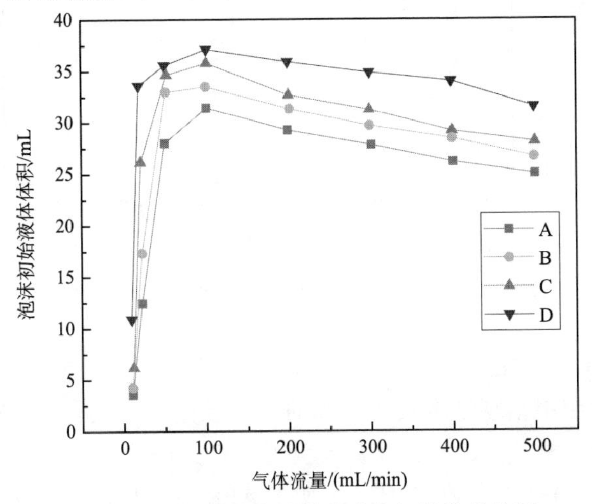

图 5.16　不同气体流量的泡沫中初始液体体积

3）气泡大小

图 5.17 表示不同气体流量下平均气泡直径的趋势。随着气体流量的增加，平均气泡直径首先迅速减小，然后缓慢增大。气体流量为 100mL/min 时，平均气泡直径最小。在低气体流量下，气泡膜由于完全的液体排水而变得非常薄[图 5.18（a）和（d）]，使气泡膜高度不稳定。当泡沫产生需要很长一段时间时，气泡会聚结成大气泡；在高气体流量下，由于气泡较厚，气泡会发生可忽略的聚结和塌陷薄膜，如图 5.18（c）和图 5.18（f）所示；气泡尺寸主要由气体流量决定，随着每单位时间通过多孔玻璃的气体体积的增加，形成更大的气泡。在 100mL/min 的流量下可观察到最小的平均气泡直径，如图 5.18（b）和图 5.18（e）所示。在不同的气体流量下，水溶性聚合物 CMC-Na 对气泡尺寸的影响不同。在＜100mL/min 的气体流量下，随着 CMC-Na 浓度的增加，平均气泡直径变小，表明 CMC-Na 通过阻碍气泡的聚结和塌陷来减小泡沫排水速率；在气体流量＞100mL/min 时，平均气泡直径随 CMC-Na 浓度的增加而增大。正如所讨论的，在最高的流量下产生了剪应力，加入 CMC-Na 后，气泡膜承受较大的剪应力，降低了最大气泡的击穿速率，从而增加了大气泡的比例（即增加了平均气泡直径）。因此，气泡大小取决于气体流量和 CMC-Na 浓度的变化。

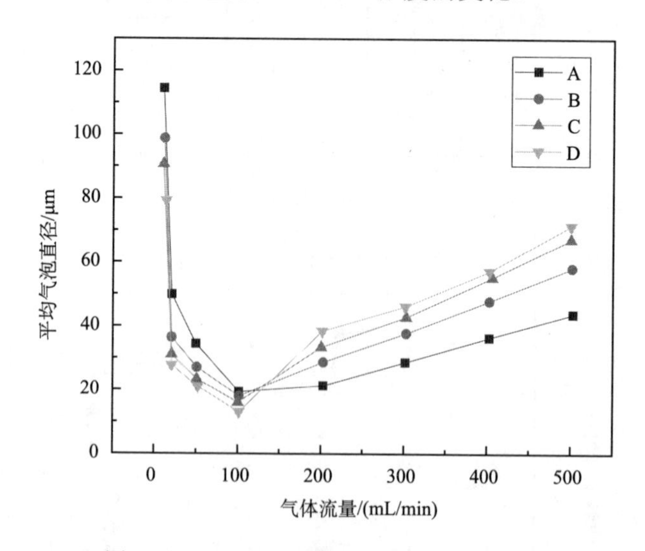

图 5.17　不同气体流量条件下平均气泡直径

4）AES 与 CMC-Na 的相互作用原理

CMC-Na 是羧甲基醚纤维素衍生物的水溶性钠盐，具有线性链状结构，含有多个羟基（OH）、醚基（C—O—C）和羧基（COO—）。AES 的亲水基团分子还含有醚基团（C—O—C）。将 CMC-Na 加入 AES 溶液后，表面活性剂分子由于其

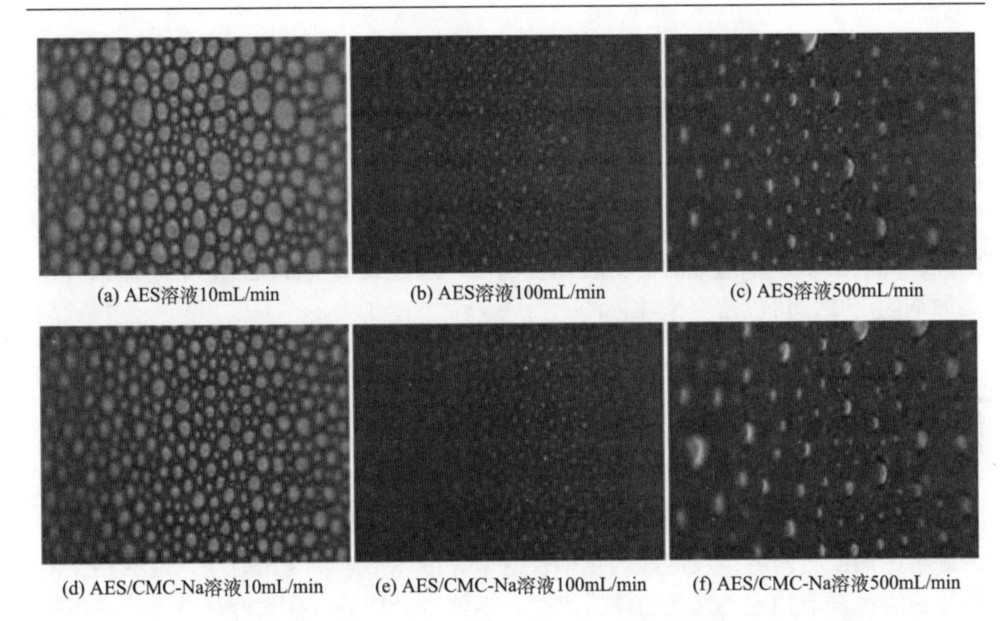

图 5.18　不同气体流速下 AES 和 0.1% AES/CMC-Na 泡沫的气泡图像

强吸附力的作用，吸附到 CMC-Na 分子链上的氢键形成一个网络结构，如图 5.19 所示。网络结构的结合和 CMC-Na 的强亲水性相互作用使 AES/CMC-Na 泡沫具有比 AES 泡沫更高的初始液体体积和更低的排水速率。吸附显著提高了气泡膜的稳定性，从而支持了较大的气泡尺寸。综上，CMC-Na 的加入大大影响了 AES 泡沫的泡沫性、初始液体体积及不同气体流量下的气泡尺寸。

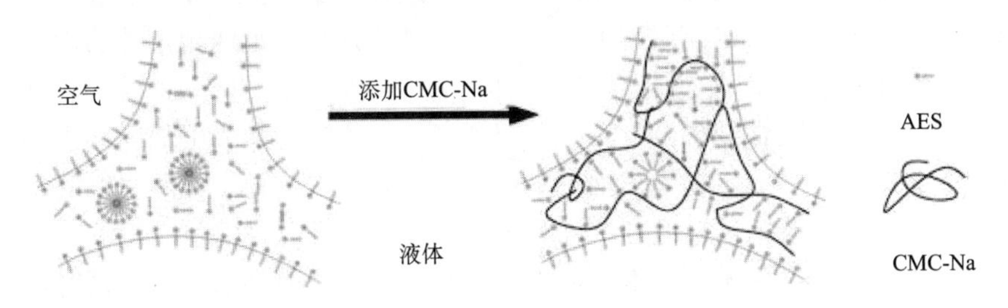

图 5.19　AES 和 CMC-Na 之间的网络结构示意图

5）结论

本小节研究了气体流量和水溶性聚合物添加剂 CMC-Na 对 AES 表面活性剂泡沫性能的影响，以评价其泡沫性、初始液体体积和气泡尺寸。结果表明，泡沫生成时间随气体流量的增加而缩短。在低气体流量下，CMC-Na 的加入缩短了生成时间，但在高气体流量下对泡沫性能没有明显的影响。泡沫的初始液体体积最初急剧增加，然后随着气体流量的增加而逐渐减小。加入更多的 CMC-Na 大大提高了泡沫的初始液体体积。随着气体流量的增加，平均气泡直径先迅速减小，然后缓慢增大。在100mL/min的气体流量下，四种溶液的平均气泡直径均达到最小值。在低气体流量下，CMC-Na的加入缩小了气泡尺寸，但在高气体流量下，平均气泡直径增大。在不同气体流量下，AES和AES/CMC-Na泡沫的发泡性能差异是由于AES分子吸附在CMC-Na链上，形成网络结构，显著增强气泡膜的稳定性，降低排水速率造成的。在现场应用中，通过调节气体流量和水溶性聚合物添加剂的用量，可以改变泡沫性能。

5.2 抑尘泡沫性能影响因素与机理探讨

抑尘泡沫的性能直接决定了抑尘效果和使用成本，而泡沫性能受多种因素（自身性质、外部环境）的影响，同样由多种参数来表征：润湿性包括表面张力、接触角、润湿时间等；发泡能力包括发泡率、泡沫形态、发泡时间、泡沫初始液体体积等；发泡稳定性包括泡沫排水率、泡沫半衰期等。探究泡沫性能的主控影响因素和作用机制，以多元化参数准确表征其性能，可夯实泡沫抑尘理论基础。为此，本节介绍发泡剂浓度温度、界面扩张流变特性等与泡沫性能间作用规律、原理和表征方法。

5.2.1 发泡剂浓度对泡沫稳定性的影响

泡沫稳定性（FS）是指泡沫的耐久性或寿命。抑尘泡沫的稳定性对抑尘效率有着显著的影响，但由于各种破坏性过程（如液体排出/气泡聚结/气泡歧化等），泡沫这种分散系统的稳定性会逐渐降低[21-24]。当前，关于泡沫稳定性的影响因素的研究已经取得了一定的进展。例如，Cho和Laskowski[25]研究了浮选起泡剂对气泡尺寸和泡沫稳定性的影响；Xu等[26]研究了气体流速和羧甲基纤维素钠对泡沫稳定性的影响。然而，关于发泡剂浓度（FAC）和泡沫稳定性间关系的研究尚显不足。一些学者研究了发泡剂浓度对柔性酪蛋白和球状乳清蛋白溶液产泡的平均气泡直径的影响[27]，发现发泡剂浓度对平均气泡直径有显著影响；同时，还发现非离子表面活性剂十二烷基（二甲基）氧化膦（$C_{14}H_{31}OP$）和阳离子表面活性剂十二烷基三甲基溴化铵（$C_{15}H_{34}BrN$）的混合溶液浓度也会影响泡沫稳定性[28]。但是，关于FAC影响泡沫稳定性的机理的基础研究还远远不够。由于对发泡剂浓度和泡沫稳定性的关系缺乏深入的了解，在实际选择发泡剂的时候往往存在盲目加大用量的现象，直接增加了经济成本并限制了泡沫抑尘技术的推广应用[6, 29]。因此，探究发泡剂浓度与泡沫稳定性的关系，对于正确选择发泡剂用量、降低泡沫抑尘成本有着重要意义。

1. 实验材料与仪器

实验选取阴离子、非离子和阳离子三种不同类型中广泛应用于工业和日常生活的五种表面活性剂作为发泡剂（表 5.3）。

表 5.3　实验用发泡剂明细

样品	来源	纯度类型
十二烷基硫酸钠（K12）	临沂绿森	93%阴离子
α-烯烃磺酸钠（AOS）	浙江中轻	92%阴离子
脂肪醇钠聚氧乙烯醚硫酸钠（AES）	临沂绿森	70%阴离子
十六烷基三甲基氯化铵（1631）	临沂绿森	70%阳离子
脂肪酸甲酯聚氧乙烯醚（FMEE）	喜赫石化	70%阳离子

在 20℃条件下，分别配制质量浓度为 0.1%、0.2%、0.3%、0.4%、0.5%、0.6%、0.8%、1.0%、5.0%和 10.0%的表面活性剂溶液，充分搅拌直至完全溶解。实验用水来自徐州自来水公司。

通过泡沫扫描仪（法国里昂 Teclis Scientific 公司）进气鼓泡产生泡沫并测试性能。具体步骤如下：首先将 60mL 发泡剂溶液注入玻璃样品池中，再以 100 mL/min 的恒定速率将干燥的氮气通入液体中，开始产生泡沫。设定程序在泡沫体积达到 200mL 时停止进气。进气结束后关闭氮气瓶的阀门，以确保没有其他气体泄漏到样品池中。CCD 相机和图像分析（CSA）软件用于记录和分析气泡图像。

泡沫稳定性通过泡沫半衰期（$t_{1/2}$）表征，即泡沫体积减少到原始体积一半的时间；$t_{1/2}$ 的值越大，泡沫越稳定。通过对发泡结束 1000s 后的 CSA 图像的分析，确定了泡沫的平均气泡直径和气泡尺寸分布情况，在 CSA 图像的三个独立区域测量 d_{mb}（气泡平均直径），并将平均值作为最终平均气泡直径。泡沫尺寸分布的特点是泡沫半径有序；对 CSA 图像中的相同区域进行测量，比较不同 FAC（发泡剂浓度）的泡沫尺寸分布。

利用 JYW-200B 表面张力仪测量表面张力。表面张力随分子浓度的增加而减小，因而能反映表面活性剂的浓度。发泡之后立即测量泡沫的表面张力，并在恒定条件下进行多次测量。

2. 实验结果

1）泡沫半衰期与表面活性剂浓度的关系

图 5.20 表明所有测试的发泡剂的泡沫半衰期 $t_{1/2}$ 与发泡剂浓度密切相关，都出现了两个明显的转折点，将这两个点定义为 C_1 和 C_2（$C_1<C_2$），其中 C_1 处在发

泡剂浓度为 0.3%~0.6%的区间内，C_2 处在约 1%处。半衰期在 FAC=C_1 时达到峰值，将此定义为最大稳定性浓度（OSC），将第二个转折点 C_2 定义为无球形胶束浓度（NSMC）。当 FAC<C_1 时，$t_{1/2}$ 随着 FAC 的增加而增加；当 C_2>FAC>C_1 时，$t_{1/2}$ 随着 FAC 的增加而减小；当 FAC>C_2 时，随着 FAC 的增加 $t_{1/2}$ 几乎没有变化。

2）平均气泡直径与表面活性剂浓度的关系

图 5.21 说明当发泡剂浓度小于 C_1 时 d_{mb} 随着发泡剂浓度的增大而下降，在 C_1~C_2 之间，d_{mb} 随着发泡剂浓度的增大而增大，这意味着当 FAC<C_2 时，发泡剂浓度对 d_{mb} 的大小起着重要的作用。当 FAC>C_2 时，d_{mb} 随着发泡剂浓度的增大而增大，但增幅缓慢，说明当 FAC>C_2 时，有其他因素影响 d_{mb}。

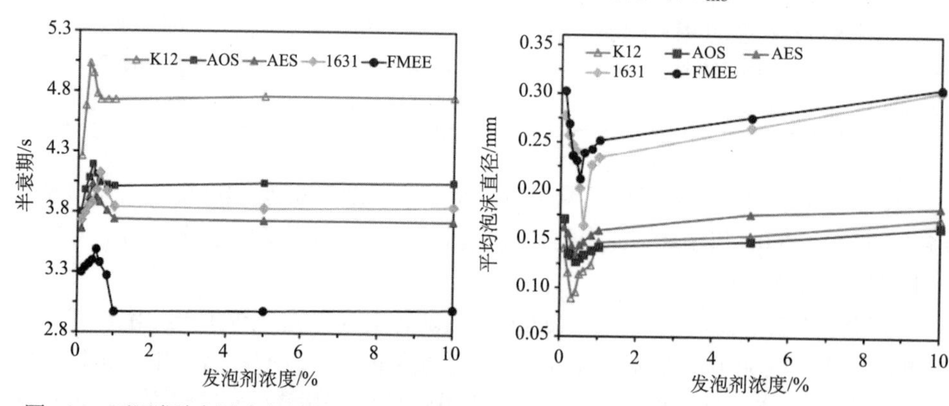

图 5.20 不同发泡剂浓度条件下的泡沫半衰期　图 5.21 不同发泡剂浓度条件下的平均泡沫直径

3）不同发泡剂浓度的泡沫尺寸分布

提取不同泡沫相同区域的 CSA 图像测量发泡结束 1000s 后的气泡尺寸分布。不同表面活性剂气泡的直径与气泡数量的关系见图 5.22~图 5.26，当 FAC<C_1 时，曲线的梯度随着发泡剂浓度的增加而逐渐趋于平缓。

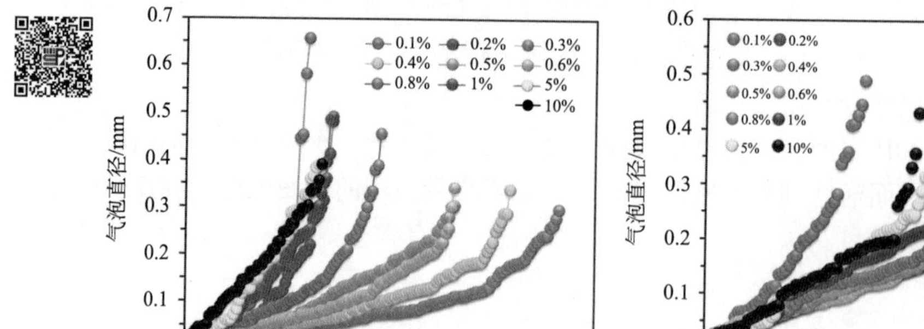

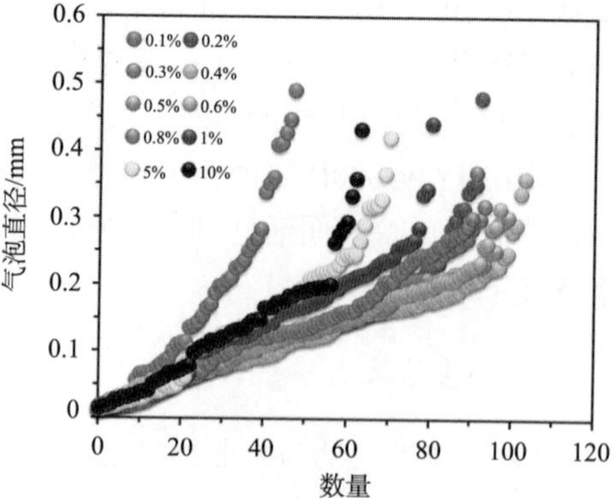

图 5.22 不同浓度 K12 生成的泡沫大小分布　图 5.23 不同浓度 AOS 生成的泡沫大小分布

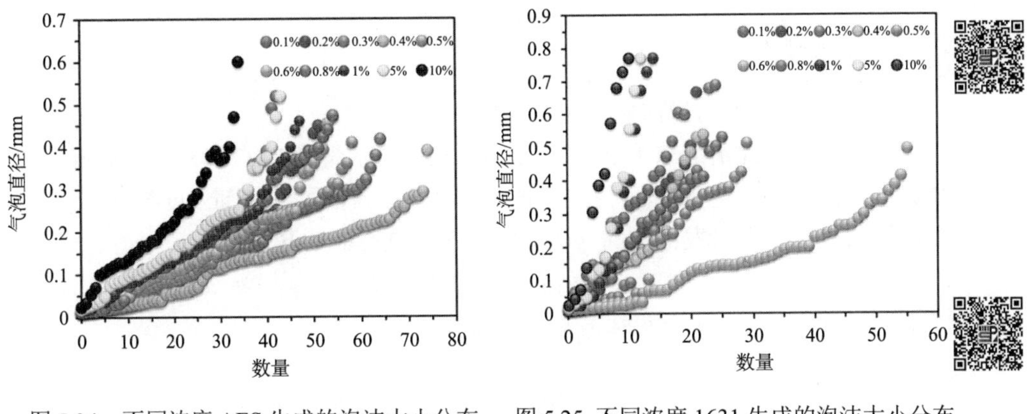

图 5.24　不同浓度 AES 生成的泡沫大小分布

图 5.25 不同浓度 1631 生成的泡沫大小分布

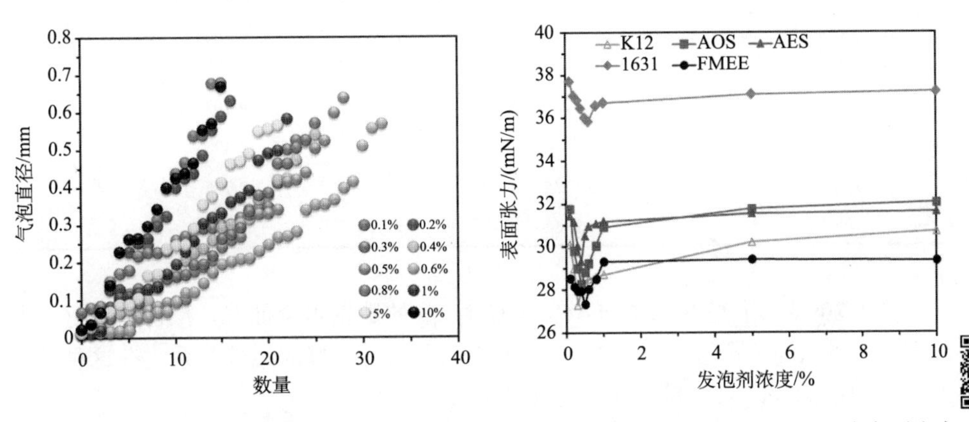

图 5.26　不同浓度 MFEE 生成的泡沫大小分布

图 5.27　不同 FAC 发泡后本体溶液表面张力

在发泡过程中使用相同体积的氮气向同体积的不同表面活性剂溶液中鼓气以产生泡沫。根据图 5.24～图 5.26 的泡沫尺寸测量结果，可以得出结论：在气泡较多的泡沫中，d_{mb} 较小。因此，为了评估发泡剂浓度对泡沫稳定性的潜在影响，有必要探讨影响泡沫中气泡数量的因素。

4）表面张力与发泡剂浓度的相关性

图 5.27 显示了起泡后本体溶液的表面张力与发泡剂浓度的关系。当 $\mathrm{FAC}<C_1$ 时，表面张力随发泡剂浓度的增加而降低，说明表面活性剂中的分子浓度随发泡剂浓度的增加而增加；当 $C_1<\mathrm{FAC}<C_2$ 时，表面张力随着发泡剂浓度的增加而增加，说明表面活性剂中的分子浓度随发泡剂浓度的增加而降低；当 $C_2<\mathrm{FAC}$ 时，随着发泡剂浓度的增加，表面张力几乎没有变化，说明在该浓度范围内，发泡剂浓度不影响溶液的表面活性剂分子浓度。

3. 结果讨论

1）发泡剂浓度与泡沫稳定性的定量关系

泡沫的稳定性由泡沫半衰期表征。图 5.28 显示了当 FAC<OSC 时的 $\lg(t_{1/2})$的数据拟合曲线，拟合度较好。表 5.4 的 t 检验方法验证了发泡剂浓度与 $\lg(t_{1/2})$之间有很好的线性关系。发泡剂的 $\lg(t_{1/2})$与其浓度的关系见下式：

$$\lg(t_{1/2}) = A \times \mathrm{FAC} + B \tag{5.5}$$

式中，A 和 B 是针对特定发泡剂确定的常数。

表 5.4　当 FAC<OSC 时 t 检验的详细值（α=0.05）

样品	$\lvert t\rvert$	$t_{0.025}$（n–2）
K12	19.053	12.706
AOS	9.023	4.303
AES	15.024	4.303
1631	8.302	2.776
FMEE	3.953	3.182

图 5.29 显示了当 NSMC>FAC>OSC 时 $t_{1/2}$ 的数据拟合曲线，拟合度较好、通过表 5.5 所示的 t 检验验证了 FAC 与 $\lg(t_{1/2})$之间有很好的线性关系。在这种情况下，发泡剂的 $\lg(t_{1/2})$与其浓度的关系见下式：

$$\lg(t_{1/2}) = A' \times \mathrm{FAC} + B' \tag{5.6}$$

式中，A'和 B'为针对特定发泡剂确定的常数。

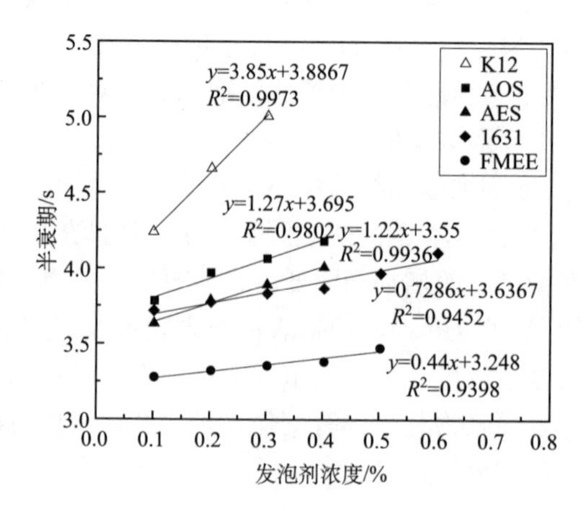

图 5.28　FAC<OSC 时 $\lg(t_{1/2})$的变化规律

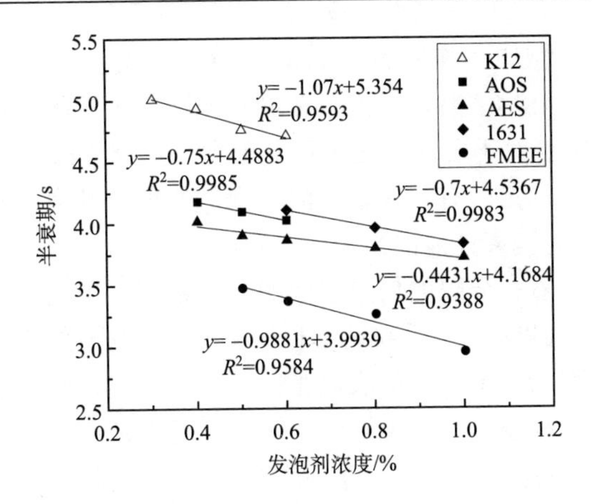

图 5.29　OSC<FAC<NSMC 时 $\lg(t_{1/2})$的变化规律

表 5.5　当 NSMC>FAC>OSC 时 t 检验的详细值（α=0.05）

样品	$\|t\|$	$t_{0.025}$（n–2）
K12	4.85	4.303
AOS	24.246	12.706
AES	3.917	3.182
1631	24.25	12.706
FMEE	4.573	4.303

根据实验结果构建了如图 5.30 所示的模型。图 5.30 中曲线上出现的两个转折点分别对应于 OSC 和 NSMC 的发泡剂浓度值。当 FAC<OSC 时，泡沫稳定性

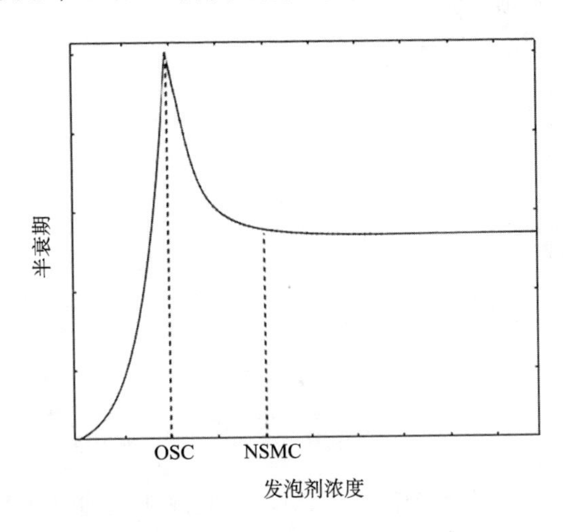

图 5.30　$t_{1/2}$ 和 FAC 的定量关系

随发泡剂浓度增大而增加，当 NSMC>FAC>OSC 时，泡沫稳定性随发泡剂浓度增大而降低。当 FAC>NSMC 时，发泡剂浓度对泡沫稳定性的影响很小。在这些转折点中，第一个转折点对于发泡剂应用意义重大，因为当 FAC = OSC 时泡沫最稳定，因此这是对泡沫稳定性有很高要求的发泡剂的理想发泡剂浓度。

2）发泡剂浓度对胶束性能的影响

泡沫是一种由被液膜分隔的气泡组成的分散系统。当表面活性剂的分子数量足以覆盖气泡的水-气界面时，系统就会稳定下来。当发泡剂浓度超过临界胶束浓度（CMC）时，表面活性剂溶液的表面张力达到最小值，剩余的表面活性剂分子聚集在亲脂基团中形成胶束。一种被广泛接受的观点是：当发泡剂浓度稍微超过 CMC 时，就会形成球形胶束。当发泡剂浓度大于 10 倍临界胶束浓度时，胶束呈棒状。随着发泡剂浓度的持续增加，胶束呈层状且在热力学上更稳定。实验中的发泡剂浓度超过了 CMC，因此在所有表面活性剂溶液中都会产生胶束。除发泡剂浓度外，其他发泡条件没有变化，因此胶束性质在改变表面张力方面很重要。

胶束性质可以根据表面活性剂的分子浓度随发泡剂浓度的变化来推断。如图 5.31 所示，FAC <OSC 时的胶束是球形的，热力学稳定性低，因此它们可以与表面活性剂分子一起进入溶液。当 NSMC >FAC >OSC 时，一些胶束仍然是球形的，但是另一些胶束是棒状和层状的，它们具有更高的热力学稳定性，不能与表面活性剂分子一起进入溶液。棒状胶束的比例随着发泡剂浓度的增加而增加。当 FAC>NSMC 时，胶束全部是棒状或者层状。这就导致随着发泡剂浓度的增加，表面活性剂分子的数量和表面张力几乎保持不变。

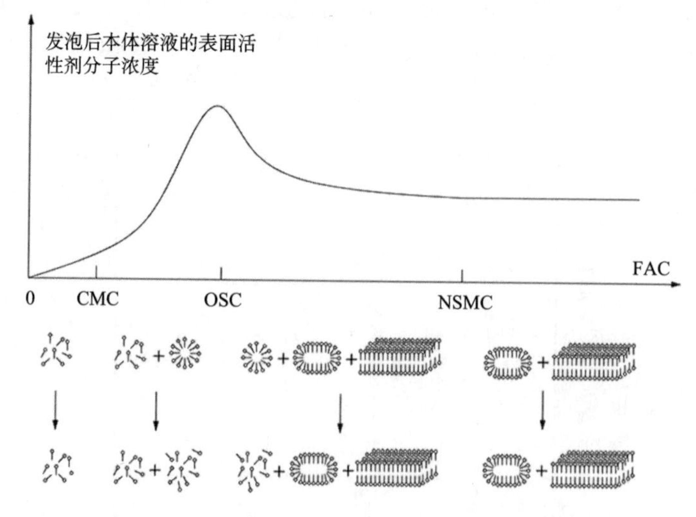

图 5.31　发泡后表面活性剂分子浓度的变化规律及胶束的热力学性质

3）发泡剂浓度对平均气泡直径的影响

（1）在产泡过程中，鼓气是产生泡沫的重要原因，它是指将干燥气体注入表面活性剂溶液形成从孔隙中释放出来的气泡，从而产生泡沫。气泡由于浮力而上升到表面的过程是一个准静态过程[30]，其中浮力和表面张力的平衡可通过下式表示：

$$d_{\mathrm{mb}}=2\left(3\delta\frac{r}{2\rho g}\right)^{1/3} \tag{5.7}$$

式中，g 为重力加速度；δ 为表面张力；ρ 为表面活性剂溶液的密度；r 为孔隙半径；d_{mb} 为平均气泡直径。

对于低浓度溶液，δ、g 和 r 可以视为常数，而表面活性剂溶液密度 ρ 的影响可以忽略。d_{mb} 受表面活性剂分子浓度的影响，而表面活性剂浓度的增加会降低表面张力。较高的浓度可以实现更高更快的吸附，从而增加表面覆盖率，进一步降低了泡沫的表面张力，提高了发泡能力，极大地影响了泡沫的 d_{mb} 和数量。

对于高浓度溶液，δ、g 和 r 可以视为常数，但是在这种情况下，表面活性剂溶液的密度 ρ 会影响 d_{mb}；式（5.7）表明，d_{mb} 随溶液密度的增加而减小。

（2）溶液完全发泡后，前面的研究表明，泡沫中气泡尺寸的分布与表面活性剂分子浓度直接相关，因为该浓度有助于增加表面活性剂分子吸附量，从而更好地保持泡沫的稳定[31,32]。

当 FAC<OSC 时，胶束不断地与表面活性剂分子混合，因此表面活性剂分子的浓度保持在最小，其通过吸附平衡的作用被输送到表面，形成一个密集的单层。由于表面活性剂分子浓度的稳定性随着发泡剂浓度的增加而增加，所以气泡的数量及其平均直径随发泡剂浓度的增加而降低。

当 OSC<FAC<NSMC 时，表面活性剂分子浓度的稳定性随发泡剂浓度的增大而减小，气泡数量及平均直径随发泡剂浓度的增大而增大。

当 FAC>NSMC 时，胶束不能与表面活性剂分子进入溶液中；由于表面活性剂的分子浓度几乎没有变化，d_{mb} 基本上由液体的密度决定。在泡沫生成过程中，d_{mb} 随着溶液密度的增加而减小。发泡后，较大的溶液密度会造成排液速度过快，因此薄膜会更薄；然而，这一过程对 d_{mb} 的影响比发泡过程更大，因此在本书中，随着发泡剂浓度的增加，d_{mb} 在 1000s 后出现了增大的现象。

4）发泡剂浓度对泡沫稳定性的影响机制

三个相互关联的过程对泡沫稳定性产生影响：排液、气泡聚结和气泡歧化。特征时间可用于说明这些因素，介绍如下。

（1）排液特性时间。排液是指由于重力的影响，液体通过薄层和泡沫边缘排出的机制。排液特征时间（t_{ld}）可由下式估算[22,33]：

$$t_{\mathrm{ld}} \sim \frac{400H \times \eta}{d_{\mathrm{mb}}^{2}\rho} \tag{5.8}$$

式中，H 为泡沫高度；η 为溶液黏度；d_{mb} 为平均气泡直径；ρ 为表面活性剂溶液的密度。对于低浓度溶液，ρ、η 和 H 被视为常数，因此 d_{mb} 对 t_{ld} 有决定作用。对于高浓度表面活性剂溶液，η 和 H 被视为常数；t_{ld} 由 ρ 和 d_{mb} 确定。ρ 和 d_{mb} 的相对重要性取决于它们随时间变化的速率。

（2）气泡聚结的特征时间。气泡聚结（气体从较小的气泡扩散为较大的气泡）对泡沫体积的减小没有直接影响，但对泡沫的发展有很强的影响。这种破坏行为的程度可由气泡聚结的特征时间（t_{bc}）来衡量，特征时间可由下式估算[22,33]：

$$t_{\mathrm{bc}} = \frac{d_{\mathrm{id}}^{2}}{8D_{\mathrm{EFF}}\left(1-1.5\varphi_{\mathrm{L}}^{1/2}\right)^{2}} \tag{5.9}$$

式中，d_{id} 为初始平均气泡直径；D_{EFF} 为气体在泡沫膜上传输的有效扩散系数。这是由液体体积分数 φ_{L} 决定的，在实验条件下，将 D_{EFF} 和 φ_{L} 作为常数处理；因此，d_{mb} 对 t_{bc} 有决定性作用。

（3）气泡聚结速度。气泡聚结是液膜变薄、破裂的过程，气泡聚结速度（V_{RE}）可以通过雷诺兹等式估算[22,33]：

$$V_{RE} = \frac{2h^{2}}{3\eta {R_{F}}^{2}}\left[P_{C} - \pi(h)\right] \tag{5.10}$$

式中，R_F 为薄膜半径（$R_F \approx 0.5d_{\mathrm{mb}}$）；$P_C$ 为气泡的毛细压力；h 为膜的厚度；$\pi(h)$ 为分离压力，可由下式估算[22,33]：

$$\pi\left(h\right) = \frac{2\sigma}{R_{F}} + P_{C} \tag{5.11}$$

将式（5.11）代入雷诺兹等式，可得

$$V_{RE} = \frac{-32h^{2}\sigma}{3\eta d_{\mathrm{mb}}^{3}} \tag{5.12}$$

式中，σ 为表面张力；σ 和 η 可视为常数。由式（5.12）可以明显看出，V_{RE} 主要受 d_{mb} 影响，因为 h 主要依赖于 d_{mb}。

要注意的是：t_{ld}、t_{bc} 和 V_{RE} 一直随着 d_{mb} 的增加而变化。通过分析，可以得出以下结论：

在低浓度表面活性剂溶液中，泡沫的稳定性在很大程度上取决于平均气泡直径。

当表面活性剂溶液浓度较高时，泡沫的稳定性取决于液体密度及平均气泡直径。如果平均气泡直径随浓度增加的变化不明显，则液体密度的影响更大。

泡沫的半衰期 $t_{1/2}$ 取决于其在低浓度表面活性剂溶液中的平均气泡直径及在高浓度溶液中的溶液密度（见上述分析）。原因如下：

当 FAC<NSMC 时，$t_{1/2}$ 主要由 d_{mb} 决定。而 $t_{1/2}$ 与发泡剂浓度的关系类似于 d_{mb} 与发泡剂浓度的关系。当 FAC=OSC 时，泡沫更稳定，因为此时的平均气泡直径最小。

当 FAC>NSMC 时，$t_{1/2}$ 受液体密度 ρ 和 d_{mb} 共同的影响。随着发泡剂浓度的增加，ρ 逐渐增加，d_{mb} 逐渐降低。ρ 和 d_{mb} 均改善了泡沫的稳定性，因此 $t_{1/2}$ 在其共同作用下保持不变。

5.2.2　温度对抑尘泡沫性能的影响

一般来说，表面活性剂的发泡性能可以由其在各种情况下的发泡能力（FA）衡量[34, 35]。同时，有研究表明，液膜的黏度会直接影响泡沫稳定性（FS），即黏度越高，泡沫的稳定性越好[36]。而布朗运动、临界胶束浓度（CMC）、黏度等受温度影响很大[37]。例如，液膜的黏度会随着液相温度的升高而先增加后减小[38]。因此，除发泡剂浓度以外，发泡温度也是影响发泡能力和泡沫稳定性的一个重要因素。另外，不同类型的表面活性剂对温度的敏感性差异很大[39]。但目前关于温度对发泡性能的影响程度尚不清楚。为了解决以上问题，本小节将 10 种典型表面活性剂置于一定温度范围内，并观察温度变化对其发泡性能的影响，以期揭示温度对发泡性能的影响规律。

1. 实验材料与仪器

考虑经济成本，根据阴离子、阳离子、两性离子和非离子四种不同类型选择了 10 种具有代表性的发泡剂（表面活性剂），如表 5.6 所示。表 5.7 列出了这 10 种发泡剂的详细信息，包括所用实验样品的来源和纯度。

本次实验使用的主要仪器是泡沫扫描仪，见图 5.32 和图 5.33，该仪器通过光学测量泡沫体积、排水速率和气泡尺寸等参数随时间变化的情况，以确定发泡性能和泡沫稳定性；同时，该设备配有自动控制实验条件的系统和实验结果分析软件。

表 5.6　不同种类的发泡剂

阴离子型表面活性剂	阳离子型表面活性剂	非离子型表面活性剂	两性离子表面活性剂
AOS	1631	FMEE	CAD-40
SDBS	1231	AEO9	LHSB
K12	—	—	—
LS-30	—	—	—

表 5.7　实验样品的来源和纯度

发泡剂	来源	纯度/%
AOS	浙江光华科技股份有限公司	92
SDBS	天津市鼎盛鑫化工有限公司	≥90
K12	临沂市绿森化工有限公司	93
1631	临沂市绿森化工有限公司	40
1231	临沂市绿森化工有限公司	50
FMEE	墨西哥 Pemex 化工有限公司	70
LS-30	临沂市绿森化工有限公司	30
AEO9	临沂市绿森化工有限公司	99
CAD-40	临沂市绿森化工有限公司	40
LHSB	临沂市绿森化工有限公司	55

图 5.32　泡沫扫描仪

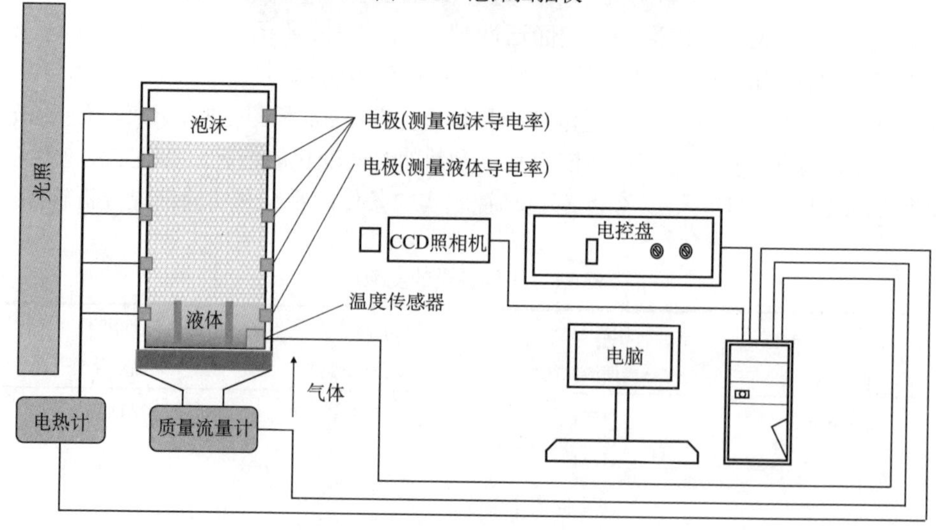

图 5.33　泡沫扫描仪示意图

本研究选择发泡倍数（FE）和发泡率（FC）作为代表 FA 的标准指标。泡沫的半衰期在这里被定义为泡沫稳定性的一种衡量标准。

FE 是泡沫生成后泡沫的总体积与气泡内液体体积的比值，由下式表示：

$$FE = \frac{V_{总}}{V_{初} - V_{剩}} \tag{5.13}$$

式中，$V_{总}$为发泡过程后的总泡沫体积，mL；$V_{初}$为初始状态下的液体体积，mL；$V_{剩}$为发泡结束时剩余的液体体积，mL。FC 是泡沫生成后泡沫的总体积与气体体积之比，由下式表示：

$$FC=\frac{V_{总}}{V_{气}} \tag{5.14}$$

式中，$V_{总}$为发泡后的总泡沫体积，mL；$V_{气}$为用来产生泡沫的气体体积，mL。

在前人研究的基础上[40, 41]，表面活性剂的浓度保持在 0.5%，气体流量为 450mL/min。考虑到泡沫技术应用的现场温度环境，记录了水温以 5℃的间隔从 15℃提高到 65℃时的发泡倍数、发泡率和泡沫半衰期。

2. 实验结果与讨论

1）发泡温度对发泡率的影响

如图 5.34 所示，发泡率随着温度的升高而增大，在 15~65℃的温度范围内，发泡率的值在 1.19~2.20 变化。总体而言，生成的泡沫体积随温度的升高而增加，由于气体量保持恒定，因此发泡率随温度的升高而增加；但是，不同类型的表面活性剂受温度变化的影响不同。

阴离子表面活性剂选用的是煤矿中最常用的 SDBS、AOS 和 K12。K12 是相对不溶性固体颗粒，因此将其浓度降低到 0.1%。图 5.34（a）显示三种试剂的发泡率在 15~55℃的温度区间内的变化规律相似，并在 55℃达到峰值。K12 在 60℃再次达到峰值；随着 AOS 继续增加，在 65℃时达到 2.11；SDBS 基本保持稳定。这些阴离子表面活性剂的发泡率随温度的升高而总体上增加是由布朗运动引起的，布朗运动中，离子的运动速度随温度的升高而增加，导致离子之间更频繁地碰撞。因此，泡沫数量的逐渐增加在实验预期之内。在实验中，阳离子表面活性剂选用了 1231 和 1631，图 5.34（b）显示发泡率在室温状态下有些微小波动，然后随温度升高发泡率逐渐增加，造成该现象的原因也是布朗运动。

非离子表面活性剂选用的是易溶解、价格低廉的 FMEE 和 AEO9。图 5.34（c）显示，两种非离子表面活性剂的发泡率在所有温度下都是相似的，且随着温度的升高而增加。FMEE 是一种乙氧基化表面活性剂，其溶解度随温度升高而降低。AEO9 是一种聚乙二醇（PEG）非离子表面活性剂，其溶解度随环氧乙烷（EO）

摩尔数的变化而变化。当 EO=9 时，溶解度相对较低，发泡率也较低；然而，其分子运动随温度的升高而迅速增加。研究发现，CMC-Na 和非离子表面活性剂的温度呈负相关关系[39]，因而更容易使表面张力降低，产生更多的气泡。因此，在这些实验中，发泡率也增加了。

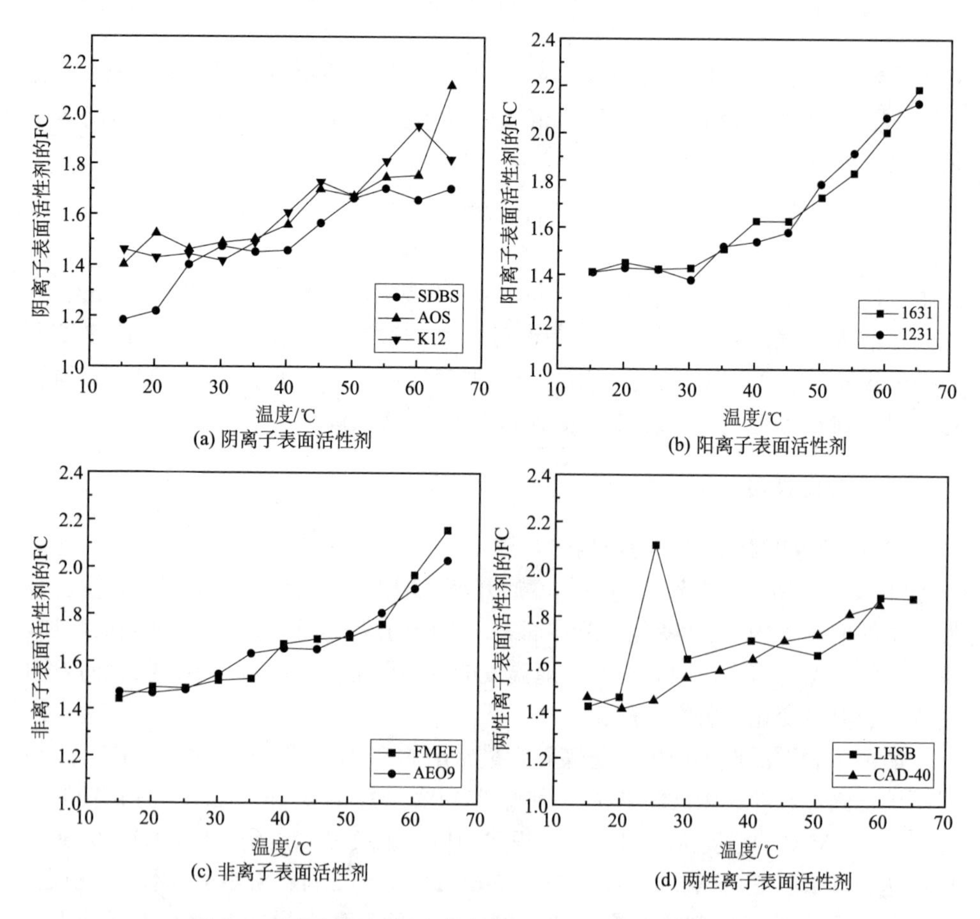

图 5.34　不同表面活性剂的发泡率（FC）随温度的变化规律

两性离子表面活性剂通过吸收或提供质子而充当酸或碱。在此选择两性表面活性剂 LHSB 和 CAD-40 作为测试材料。图 5.34（d）显示了 LHSB 在 25℃时具有非常高的发泡率值，达到了 2.101，随后在 1.60 和 1.88 之间波动，但总体趋势是随温度升高而略有增加；随着温度的升高，CAD-40 的发泡率从 1.43 逐渐增加到 1.85。由于 CAD-40 的发泡率在 65℃时波动很大，此现象可能与材料的 pH 和溶解度有关，因此在图 5.34（d）中忽略了该值。LHSB 在 30℃达到其浊点温度，导致发泡率大大降低，随后由于溶解度略有增加，FC 在较高温度下也略有增加。

CAD-40 的性能受其 pH 控制。阴离子和阳离子表面活性剂的 pH 相对较低（6.0~8.0），而 CAD-40 的 pH 高达 9.0~10.0。由于 CAD-40 在碱性溶液中不易产生泡沫，所以其发泡率在所测试的 10 种表面活性剂中最低。

尽管图像显示了一些波动，但总体趋势说明发泡率随温度的升高而逐渐增加。通过对四种表面活性剂的比较，发现除两性材料外，其他表面活性剂的发泡率随温度的变化规律相似，且在低温下（15~35℃）没有观察到明显的差异（平均 FC=1.48）。

为了更好地理解温度对 FC 的影响故进行了定量分析，绘制了拟合曲线，如图 5.35 所示，从中可以得到每种发泡剂的数学公式。可以看出，发泡率与温度之间存在明显的线性函数关系，平均拟合度达到 0.814。例如，SDBS 的发泡率可以拟合为温度的线性函数，表达式为 FC = 0.052t+1.188（R^2 = 0.903），t 为温度。在这几种表面活性剂中，LHSB 的斜率最小，这可能是因为 LHSB 的浊点相对较低，表面活性剂在高温下的溶解度较小。对于其他表面活性剂来说，布朗运动起主导作用，导致发泡率随温度的线性增加。从以上分析可以推断出布朗运动是发泡能力随温度升高而提高的主要原因：较高的温度引起离子运动速度的增加，从而导致了离子之间更频繁地碰撞。

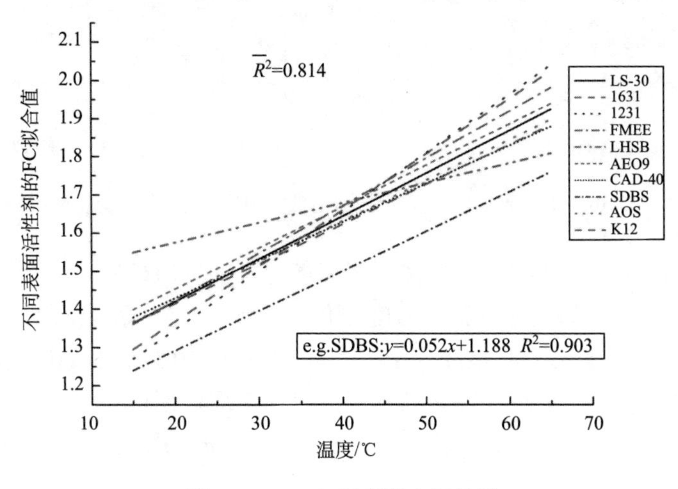

图 5.35　FC 与温度的定量关系

2）发泡倍数在不同温度下的变化特性

图 5.36 表示了不同表面活性剂的发泡情况，可以看出发泡倍数的范围为 3.2~17，并且每种表面活性剂在特定的温度下都会受到温度的影响。

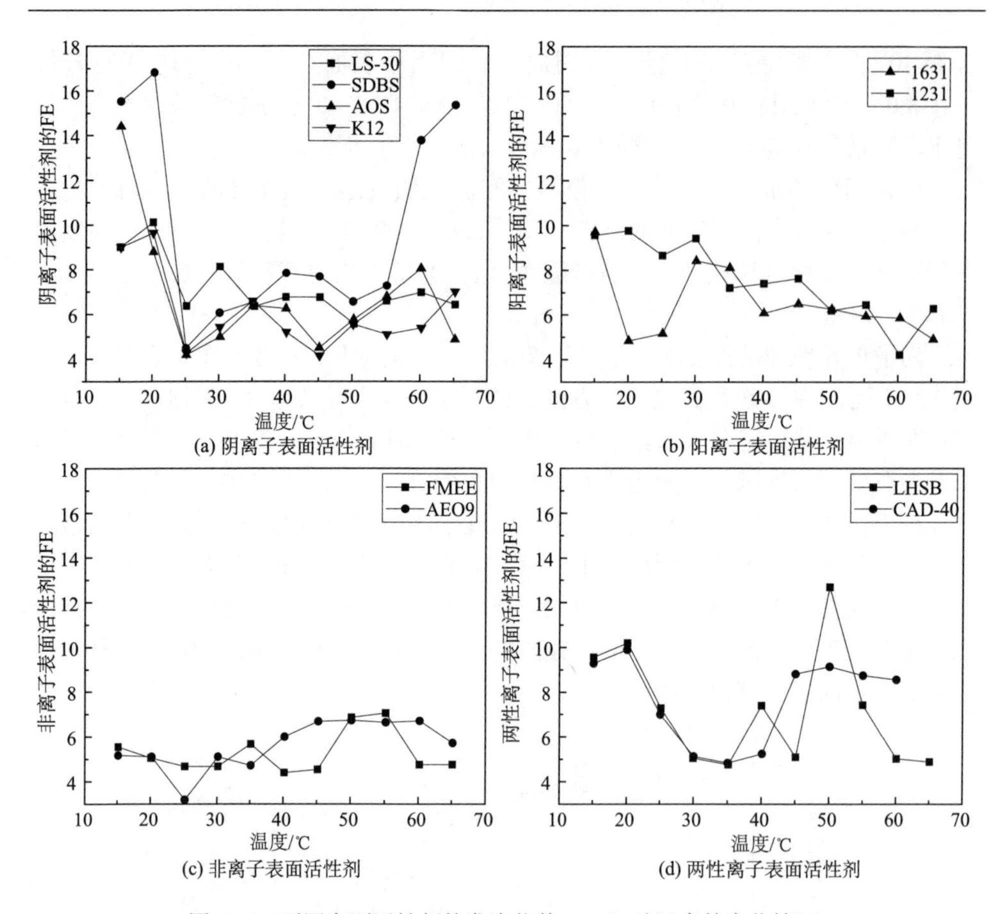

图 5.36　不同表面活性剂的发泡倍数（FE）随温度的变化情况

从图 5.36（a）中可以看出，阴离子表面活性剂的发泡倍数发生了轻微的波动。在 25℃以下，SDBS 的发泡倍数随温度的升高先增加后降低，当温度超过 55℃时，SDBS 的发泡倍数在 65℃时增加到 15.39，这是所有 10 种表面活性剂的最高值。随着温度升高到 25℃以上，AOS 的发泡倍数也增加，但在 45℃和 65℃下，AOS 的发泡倍数仅分别为 4.52 和 4.93。K12 的发泡倍数波动较小，平均为 6.21，其表现与 SDBS 相似。

阳离子表面活性剂的发泡倍数[图 5.36（b）]表现出相似的特点：1231 和 1631 表面活性剂的发泡倍数在 30℃处达到峰值（分别为 8.47 和 9.45）。在 30℃以上时，1631 的发泡倍数开始降低，并随着温度的升高而持续降低。相反，1231 的发泡倍数在 60℃时下降到 4.23 后又在 65℃时略有上升。

非离子表面活性剂的发泡倍数较低，平均为 6.09。FMEE 的表现没有明显变化，表明 FMEE 对温度变化不敏感。随着温度的升高，AEO9 的发泡倍数也没有明显的变化，主要分布在 5~7。

从图 5.36（d）中可以看出，随着温度的变化，两性离子表面活性剂的发泡倍数随温度的变化而急剧波动。两种表面活性剂的发泡倍数在 35℃以下非常相似；此后在较高的温度下，它们均呈现出先增后减的趋势。

总之，尽管阴离子、阳离子和非离子表面活性剂的发泡能力随温度的升高而增加，且增加幅度相似，但非离子表面活性剂的发泡倍数较低，平均为 6.09。该结果表明，非离子表面活性剂在发泡过程中需要消耗更多的水，因此是这三种表面活性剂中最不经济的。

从上述讨论可以看出，在较高的温度下，阴离子表面活性剂的发泡倍数较大，而阳离子表面活性剂的发泡倍数随温度的升高而降低。因此，为了进一步区分它们，需要进一步的研究。

3）发泡温度对泡沫稳定性的影响

前面的研究确定了阴离子和阳离子表面活性剂的发泡能力优于其他材料，但没有确定哪种表面活性剂的性能最好。为了解决这个问题，使用相同的仪器和方法来研究温度对泡沫稳定性的影响。由于 SDBS 和 CAD-40 的半衰期太长，因此未对这两种材料进行进一步测试。

如图 5.37 所示，半衰期随温度的升高而降低。阴离子表面活性剂的半衰期不同于其他表面活性剂，在 30℃时，AOS 的半衰期大于 8000s，为方便数据分析，取 8000s 为其半衰期的值。图 5.37（a）显示，AOS 的半衰期在大于 8000s 时达到峰值，然后逐渐下降。从初始温度到测试结束，K12 的半衰期持续降低。在图 5.37（b）中可以看到，阳离子表面活性剂的表现与阴离子表面活性剂的表现相似，不同之处在于 1231 的半衰期在 20℃达到峰值。图 5.37（c）显示，非离子表面活性剂的半衰期随温度的变化呈波动下降的趋势。AEO9 和 FMEE 的表现类似于 1231。图 5.37（d）显示了 LHSB 半衰期的三个峰值，第一个在 20℃（4500s），第二个在 35℃（2789s），第三个在 45℃（1525s），然后逐渐降低。

为了更好地了解温度对泡沫稳定性的影响，又进行了定量分析，并绘制了泡沫稳定性的拟合曲线（图 5.38），从中可以得出每种发泡剂的拟合公式。如图 5.38 所示，泡沫稳定性和温度之间存在明显的指数关系，其中平均拟合度达到 0.797。例如，K12 的泡沫稳定性具有良好的指数拟合曲线，其函数为 $\mathrm{FS} = 6511\mathrm{e}^{-0.21t}$（$R^2 = 0.938$），$t$ 为温度。

显然，泡沫稳定性得益于一定温度范围内温度的升高，但是较高的温度会导致泡沫稳定性降低，即半衰期与发泡温度呈负相关关系。在较低的温度下（20~30℃），所有四种表面活性剂均具有最大的半衰期，这可能是由于在这些温度下气体扩散速率较低。但是，在较高的温度下，影响泡沫稳定性的主要因素可能是液体的表面黏度较低，从而导致液体排出速度加快，使泡沫稳定性降低。

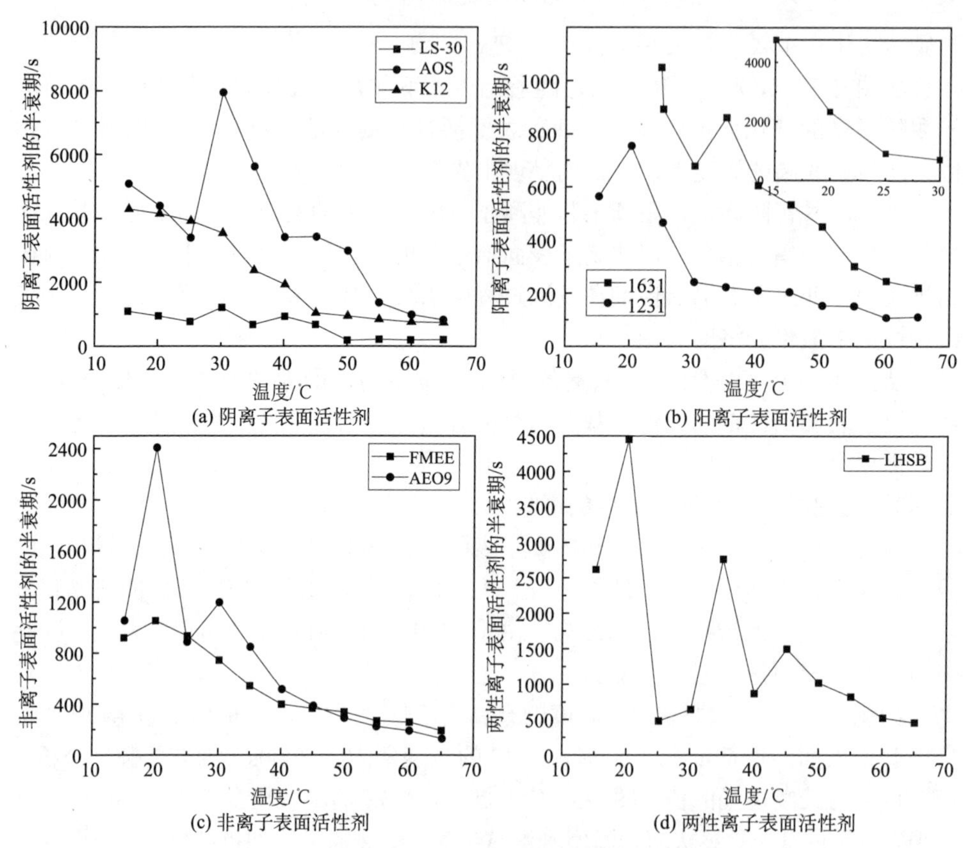

(a) 阴离子表面活性剂　　(b) 阳离子表面活性剂

(c) 非离子表面活性剂　　(d) 两性离子表面活性剂

图 5.37　不同表面活性剂的半衰期随温度的变化情况

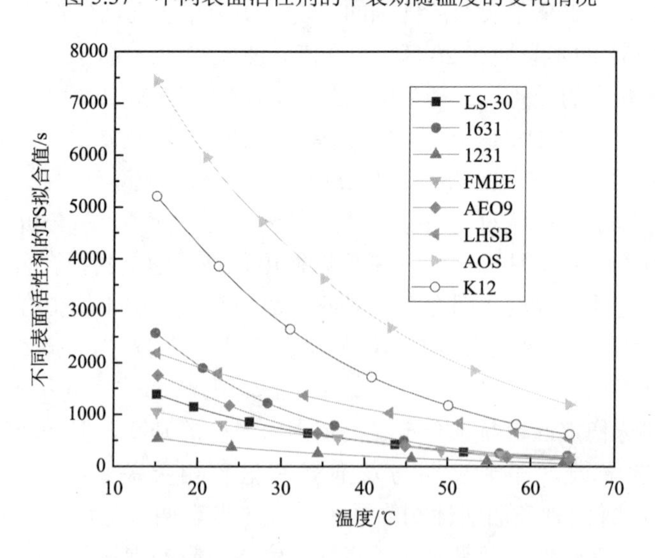

图 5.38　泡沫稳定性　（FS）与温度的定量关系

阴离子和阳离子表面活性剂的发泡能力优于其他类型表面活性剂。阴离子表面活性剂的半衰期最长，平均为 2912s，远高于其他类型（阳离子型：696s；非离子型：646s；LHSB：1494s）。因此，就发泡能力和泡沫稳定性而言，阴离子表面活性剂理论上是最合适的发泡剂。

3. 总结

随着温度的升高，发泡剂溶液中液体分子的布朗运动导致表面活性剂的发泡率增加，发泡能力随温度升高而增加。所有表面活性剂的半衰期（发泡稳定性）均随温度的升高而降低，最佳发泡温度为 20~30℃，表面活性剂的性能在不同温度条件下会有所不同。

5.2.3　界面扩张流变特性对抑尘泡沫性能的影响

如前所述，泡沫是一个复杂的两相体系，而界面处的扩张流变是非常关键的基础性质，它主要是以界面黏弹性为主要参数，提供了发泡剂分子在界面上的吸附行为的信息[22, 24, 42, 43]。由于表面活性剂分子在气液界面单分子膜上的动态变化，发泡剂的界面流变性能够表征液膜的强度和弹性，影响抑尘泡沫抵抗干扰的能力，并影响发泡液的起泡过程和排液行为，与发泡率和泡沫稳定性关系匪浅[13, 34]。当前，很少有不同表面活性剂浓度引起的界面黏弹性的变化对抑尘泡沫性能影响的研究，粉尘防治领域内的科研人员关于抑尘泡沫的界面流变性和泡沫性质之间关系的了解还不清晰，导致目前研发和制备抑尘发泡剂存在一定的盲目性，泡沫抑尘能力有限，成本居高，严重阻碍了泡沫抑尘技术的发展。

为了解决上述问题，本小节利用四种常用的发泡剂来研究抑尘泡沫的界面流变性，分别设计实验来测试并分析不同种类和浓度的表面活性剂溶液中泡沫的界面黏弹性特征，以及界面黏弹性与泡沫性能之间的关系。

1. 实验材料与仪器

实验材料：矿用降尘发泡剂是由多种表面活性剂与助剂按一定比例配制而成的复合型发泡剂[6]，本实验选取矿山泡沫抑尘常用的阴离子表面活性剂 K12、AES 和非离子表面活性剂 AEO9、6501，具体参数如表 5.8 所示。一般最优发泡剂浓度在 0.3%~0.5%，实验材料浓度的选取从低到高分别为 0.1‰、0.3‰、0.5‰、0.7‰ 和 1.0‰。实验温度设定为 299K，测定不同样品表面活性剂的临界胶束浓度如表 5.9 所示。

表 5.8　表面活性剂的参数

名称	类型	来源	纯度/%
K12	阴离子	巴斯夫	94
AES	阴离子	绿森	70
AEO9	非离子	绿森	99
6501	非离子	绿森	99

表 5.9　表面活性剂的临界胶束浓度

名称	温度/K	CMC/（g/L）
K12	299	2.5
AES	299	1.3
AEO9	299	0.06
6501	299	1

实验流程：实验仪器主要使用法国 Teclis 公司研发的界面流变张力仪与泡沫扫描仪。首先利用界面流变张力仪（Tracker）进行测试，在样品溶液中用针头形成上升气泡，由杨-拉普拉斯方程计算测试气泡的表面张力，对气泡设置周期为10s 的正弦振荡频率，根据公式计算得出样品的扩张模量。其次利用 Foamscan 测试样品的发泡性能，实验中运用鼓气法发泡，测试 50mL 样品发泡剂在 120mL/min 的二氧化碳鼓气状态下，形成 200mL 泡沫的样品发泡能力及泡沫半衰期。实验均进行多次测试，取稳定状态下的平均结果。

2. 实验结果与讨论

1）不同浓度发泡剂的界面黏弹性

采用四次正弦振荡的平均计算值，测定了四种样品在不同实验浓度条件下扩张模量的变化。例如，K12 和 AES 溶液在 0.1‰下的表面张力和表面积的振荡曲线如图 5.39 所示。

图 5.39 显示了两个正弦之间的相位角，这表明四种溶液的表面流变膨胀不是纯弹性的。扩张模量的计算公式见式（5.2）[44]。

正弦曲线表面张力γ和表面积 A 之间不同的相位角 φ 表示不同的含义，当φ=0° 时，液膜是纯弹性的，在 φ=90° 时，液膜是纯黏性的，φ 的值反映溶液的黏度。吸附在流体界面上的表面活性剂分子之间存在相互作用，使界面膜具有一定的弹性；同时，界面上的表面活性剂分子处于动态平衡状态，其微观弛豫过程因表面结构而异，所以界面膜也有一定的黏度。因此，E 也称为黏弹性模量，其中 E 指弹性成分，E''指黏性成分[44]：

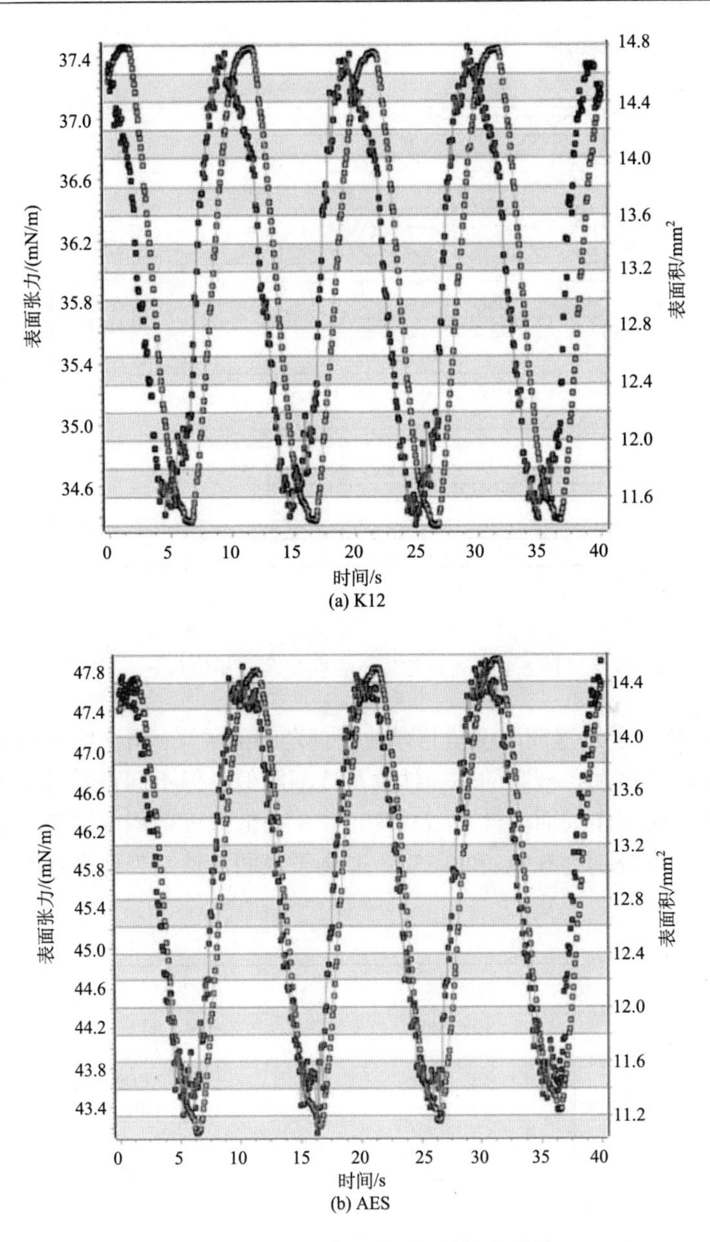

(a) K12

(b) AES

图 5.39　表面张力和表面积的振荡曲线

$$E = \left|E\right|\cos\varphi + \mathrm{i}\left|E\right|\sin\varphi = E' + \mathrm{i}E'' \tag{5.15}$$

根据式（5.15），当相位角小于 45° 时，弹性行为更显著；当相位角大于 45° 时，黏性行为更显著。图 5.40 表示在不同浓度下第四振荡的 φ 的情况。从 φ 的浮动范围可以看出，多数情况 φ 在 30°~45°，说明黏性和弹性组分对液膜表面张力的变化都起着重要作用。

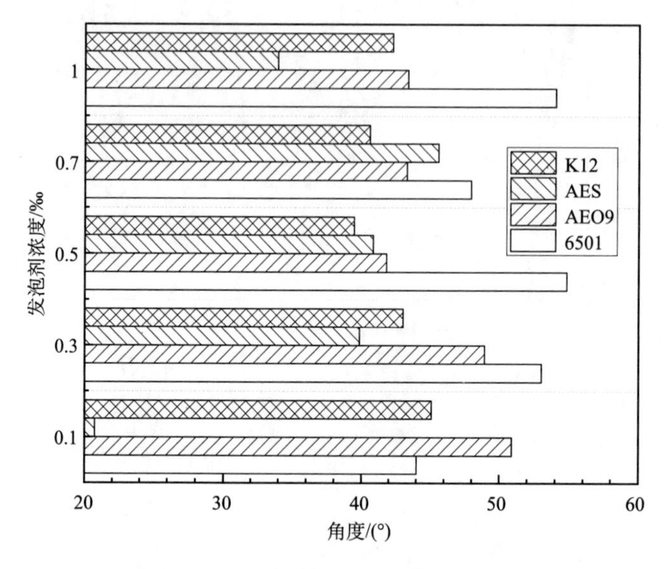

图 5.40 不同浓度下第四振荡的相位角 φ

图 5.41 显示了发泡剂浓度与黏弹性模量之间的关系。多次实验的平均结果表明，随着浓度的增加，液膜的黏弹性模量逐渐降低，但不同表面活性剂的变化率不同。其中，阴离子表面活性剂 K12 和 AES 在低浓度范围内迅速下降，然后趋于平缓，转折点分别为 0.3‰和 0.7‰；非离子表面活性剂表现为高度线性的缓慢下降趋势。

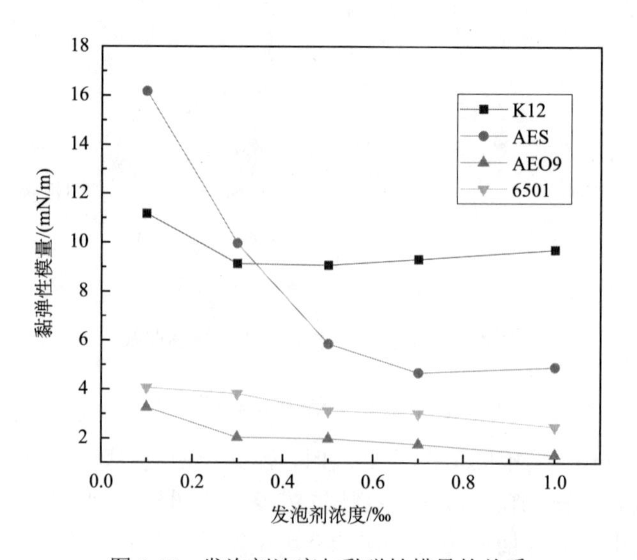

图 5.41 发泡剂浓度与黏弹性模量的关系

由式（5.15）可知，在实验条件下，黏弹性模量主要取决于表面张力增量 dγ，即液滴膨胀时界面的张力梯度。当液滴膨胀时，界面处表面活性剂分子的密度降低，表面张力提高[45]。因此，界面黏弹性模量主要受界面处表面活性剂分子密度的影响。密度取决于两个方面：①界面处的原始分子密度；②表面活性剂分子从体相向新界面扩散增加了密度。图 5.42 显示了液滴膨胀过程中表面活性剂分子密度变化的微观图。由于 CMC 较高（大于 1‰），表面的阴离子表面活性剂分子尚未达到临界状态，这主要是受效应①的影响。在低浓度条件下，当液滴膨胀时，由于界面处的分子数量较少，表面活性剂的分子密度变化很大。浓度的增大，使分子密度增大，随着液滴比表面积的增大，密度变化减小，并逐渐趋于稳定。因此，AES 和 K12 溶液的黏弹性模量先迅速下降，然后逐渐稳定。两种非离子表面活性剂的 CMC 均低于 1.0‰，明显低于阴离子表面活性剂。界面上的表面活性剂分子是饱和的。随着浓度的增加，体相中表面活性剂分子的数量增加。当液滴膨胀时，体相分子会向新形成的界面扩散，消除界面张力梯度，降低 dγ 值，从而使黏弹性模量普遍下降，这就是黏弹性模量不断降低的原因。

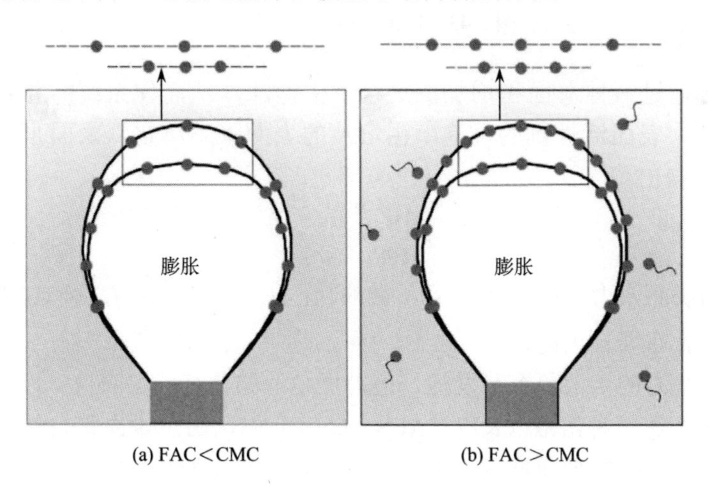

图 5.42　表面活性剂分子在液滴膨胀过程中的密度变化

2）界面黏弹性对泡沫性能的影响

发泡率的数值根据式（5.16）计算得来

$$FC(t) = V_{t\text{foam}} / V_{t\text{gas}} \tag{5.16}$$

泡沫的体积已经设定为 200mL，根据上式可知气体体积越小，FC 值越高，说明发泡能力越强。如图 5.43 所示，在实验范围内，K12、AES 和 6501 的发泡率随发泡剂浓度的增大而增大，而 AEO9 的发泡率略有下降。在低浓度条件下，阴离子表面活性剂和非离子表面活性剂的发泡能力相似，随着浓度的增加，阴离子表面活性剂的发泡速度加快，且明显高于非离子表面活性剂。

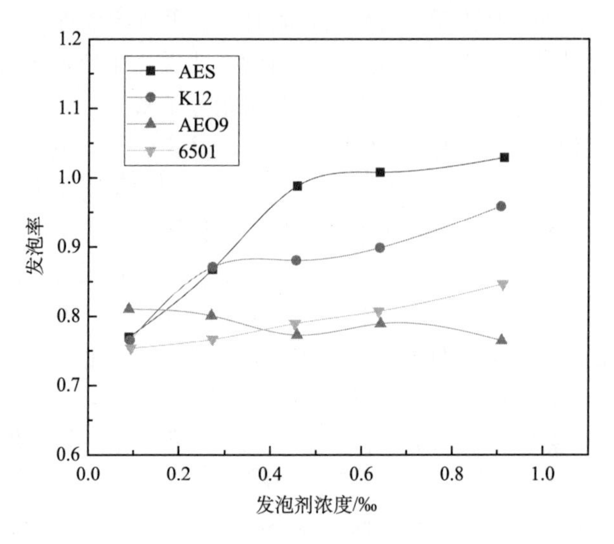

图 5.43　FAC 和 FC 之间的关系

发泡剂通过液体总面积增加的过程产生泡沫，从而使系统的总表面能也增加。实质上，表面活性剂的发泡率由溶液的表面张力决定，表面张力可根据式（5.17）计算得出

$$\gamma=\frac{\mathrm{d}W}{\mathrm{d}A}=\frac{G_s-G_b}{A} \tag{5.17}$$

式中，γ 为表面张力；W 为对体系所做的功；A 为表面积；G_s 和 G_b 为液膜内外表面分子的吉布斯自由能。

低表面张力的溶液更容易发泡，但前提是泡沫具有一定的稳定性，否则泡沫很容易分解。在三种溶液（K12、AES、6501）中，由于表面张力的降低，发泡率随发泡剂浓度的增加而增加。AEO9 的 CMC 远小于发泡剂浓度范围（$<0.1‰$），但随着浓度的增加，表面张力不再发生变化，其发泡率略有下降，这是由于泡沫稳定性的变化所致。

比较图 5.41 和图 5.43 中结果，发现发泡剂溶液的黏弹性模量（E）随着发泡剂浓度的增加呈下降趋势，而发泡率呈上升趋势，即黏弹性模量和发泡率两个参数之间呈负相关关系。图 5.44 进一步展示了四种表面活性剂的发泡能力与黏弹模量的关系。

如图 5.44 所示，黏弹性模量与发泡率之间存在普遍的负相关关系（注意，由于 CMC 较低，AEO9 的发泡率变化不大）。其中，非离子表面活性剂 6501 具有很高的线性关系。通过数据拟合发现趋势呈高度线性负相关，拟合优度较高（高于 0.98)。图 5.45 的模型是根据阴离子表面活性剂的实验结果构建的。K12 和 AES 的黏弹性模量与发泡率在低模量范围内近似成正相关，达到最大值后成负相关，将此转折点认定为最佳黏弹性模量（OVM），也就是发泡率在实验浓度范围内的峰值点。

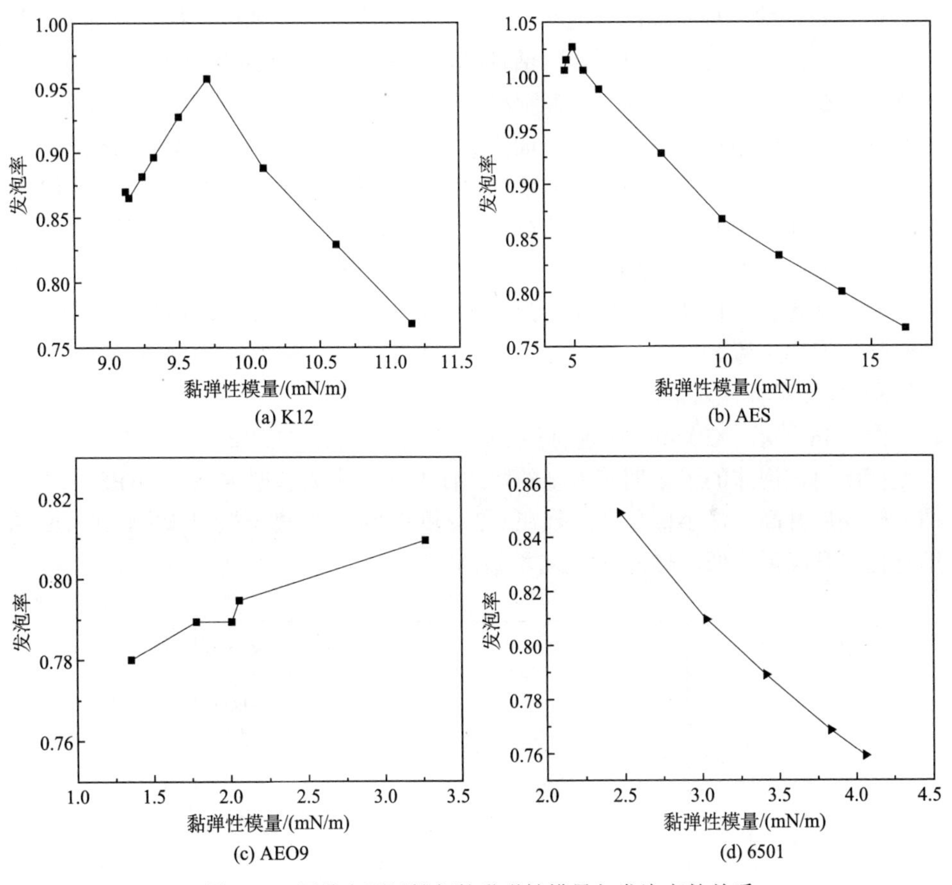

图 5.44　四种表面活性剂的黏弹性模量与发泡率的关系

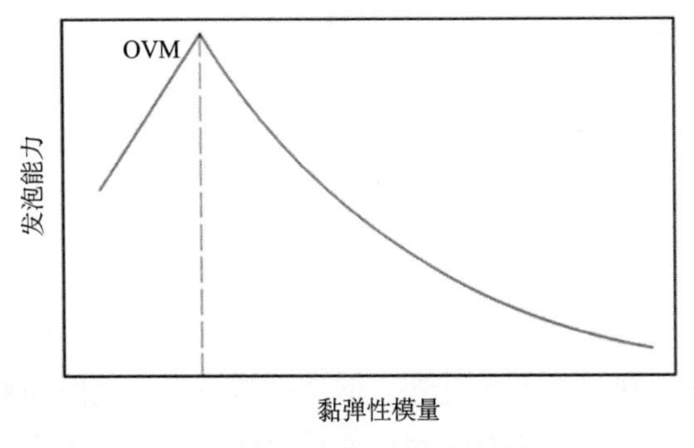

图 5.45　K12 和 AES 趋势模型

当液体比表面积增量 dA 不变时，黏弹性模量较大的发泡剂溶液的表面张力增量 dγ 较大。这说明表面张力梯度较大，溶液膨胀时表面张力变大，阻碍了液膜的膨胀。这就是黏弹性模量和发泡率之间普遍负相关的原因。从微观上看，界面黏弹性模量的增加对泡沫有两个影响：①提高泡沫液膜的机械强度，减少泡沫破裂，增加稳定性，从而提高发泡率；②通过提高表面张力梯度，抑制发泡率，增加发泡所需的功。对于非离子表面活性剂，6501 溶液的浓度接近 CMC，泡沫足够稳定，黏弹性模量的增加持续抑制泡沫的形成。AEO9 的浓度远大于 CMC，由于存在大量的表面活性剂分子，表面张力梯度迅速消失，由于稳定性的提高，其发泡率略有上升。对于阴离子表面活性剂，当黏弹性模量小于 OVM 时，K12 和 AES 能显著提高其稳定性，发泡率随黏弹性模量的增大而增大；当黏弹性模量大于 OVM 时，其抑制泡沫的作用更为显著，发泡率逐渐减小。因此，OVM 点的黏弹性模量满足稳定性要求，但不会过度抑制泡沫。OVM 标记了实验浓度范围内的最佳发泡率位置。

3）界面黏弹性对泡沫稳定性的影响

图 5.46 显示了 200mL 发泡剂在不同浓度下多次 $t_{1/2}$ 实验的平均结果。在实验浓度范围内，泡沫的半衰期随浓度的增加而变化。阴离子型 K12 和 AES 的半衰期先降低后升高，最小值分别出现在 0.3‰和 0.7‰；非离子型泡沫中，AEO9 的稳定性先升高后降低，6501 的稳定性最高。

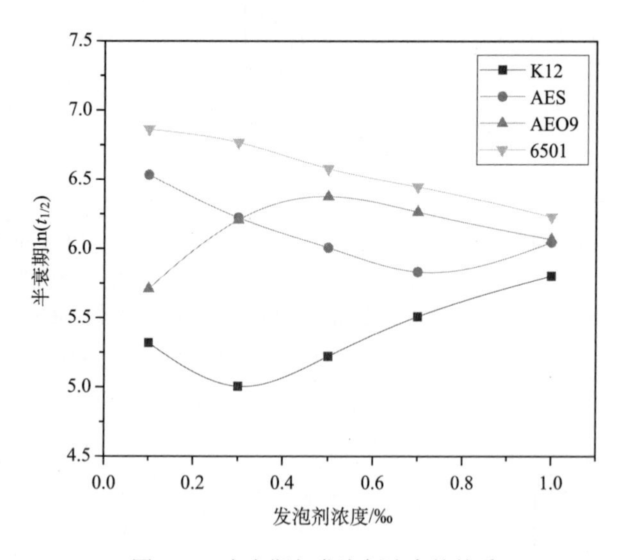

图 5.46　半衰期与发泡剂浓度的关系

稳定性是泡沫材料最重要的性能。泡沫破裂是气泡之间的液膜逐渐变薄直至破裂的过程。因此，从机理来看，泡沫的稳定性首先取决于气泡间液体的排出速

度：排出速度越慢，泡沫越稳定。排水受重力和不同位置液膜压差的影响，有

$$F = m_l g \tag{5.18}$$

$$\Delta p = p_l - p_g = \frac{2\sigma}{R} \tag{5.19}$$

式中，m_l为排出液体的质量；p_l和p_g为液膜内外的压力；σ为表面张力；R为该点的液膜半径。

当液体排至某一特定值（或气泡之间的液膜减薄到某一特定程度）时，气泡的稳定性主要取决于界面膜的性质，如黏度和强度。溶液的界面黏弹性对膜的疏水性和强度有重要影响。

与图 5.41 相比，图 5.46 表明阴离子表面活性剂 K12 和 AES 的泡沫稳定性与黏弹性模量的变化一致。半衰期随着黏弹性模量的减小/增大而减小/增大，在 0.3‰和 0.7‰处有相同的转折点。非离子表面活性剂 AEO9 的半衰期与其黏弹性模量的变化不一致。6501 的半衰期随黏弹性模量的增大而线性增大。

膨胀界面流变有两个主要作用：一方面是良好的表面黏弹性有助于提高液膜的抗扰动能力，增强其在减薄过程中的强度，提高泡沫的稳定性；另一方面是表面黏度阻碍排水，延迟泡沫破裂时间。溶液中体积液体的黏度也会阻碍排水，例如，稳定胶束的存在会增加体积黏度并增加泡沫的稳定性（图 5.47）。

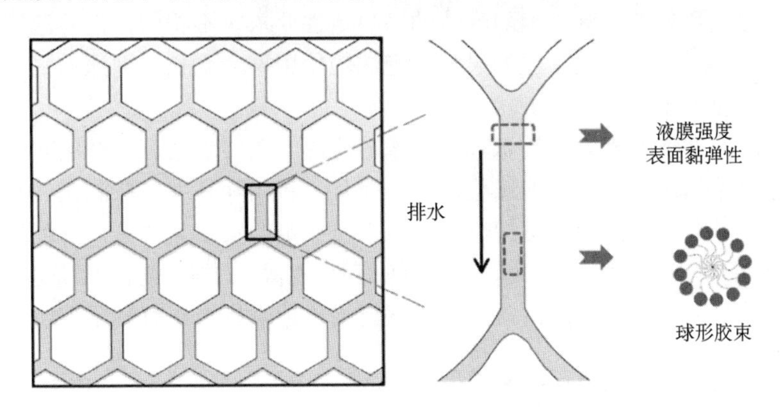

图 5.47　泡沫稳定性机理

因此，K12、AES、6501 的黏弹性模量与泡沫稳定性呈显著正相关关系。相反，AEO9 的黏弹性模量对泡沫稳定性的影响不明显，因为其 CMC 小于 0.1‰，本体相的胶束性质对泡沫寿命有显著影响。在浓度低于 0.5‰时，体相中的胶束是动态变化的，胶束的数量增加和浓度的增加阻碍了水的排出，提高了泡沫稳定性。当浓度达到 0.5‰时，胶束基本上形成稳定的球形和层状，体积黏度趋于稳定，随着浓度的不断增加，泡沫的半衰期也逐渐稳定。由此得出，界面黏弹性在 FS 中

起着正相关的作用，而影响泡沫稳定性的因素还有表面活性剂分子密度、胶束寿命等。在浓度达到 CMC 之前，表面黏弹性对泡沫稳定性有显著影响；在浓度达到 CMC 之后，本体相的胶束性质对泡沫的寿命影响很大。在这些因素中，良好的界面黏弹性是泡沫衰减过程中保证泡沫稳定性的重要因素。

3. 抑尘泡沫的应用

在泡沫抑尘应用中，泡沫能力、泡沫强度（抗干扰能力）和泡沫稳定性都是泡沫抑尘技术的重要方面。例如，在矿井粉尘治理中，对泡沫的产生、喷雾和消泡有如下具体要求。

（1）在发泡方面，良好的发泡性能是必要的。煤尘很难被水直接润湿和抑制，尤其是呼吸性粉尘。较强的发泡能力和发泡率降低了耗水量，且显著增加了与粉尘的接触面积，从而提高了降尘性能。

（2）从泡沫强度来看，在大多数情况下，泡沫是用来覆盖暴露在外的煤或岩石的，然而在工作面的强通风气流中，泡沫很容易被吹掉，甚至破裂。因此，良好的界面黏弹性是保持泡沫机械强度的一个重要参数，通过提高泡沫的抗干扰能力，确保泡沫覆盖粉尘源并按预期抑制粉尘的产生。

（3）就泡沫稳定性而言，泡沫抑尘的理想效果是泡沫抑尘后不久破裂，该过程一般不超过几分钟。这与消防泡沫的高稳定性要求大不相同，消防泡沫要求稳定时间为数小时至数十天；但如果抑尘泡沫的使用寿命太长，泡沫的大量积聚会干扰工作面的工作。

与煤矿抑尘技术相似，泡沫抑尘技术的应用一般要求具有良好的起泡能力、良好的界面黏弹性和一定的泡沫稳定性，而且三者相互联系。在测试的发泡剂浓度范围内，界面黏弹性的流变特性与发泡率呈一定的负相关关系，与泡沫稳定性呈很大的正相关关系。因此，根据现有研究得出发泡剂浓度最佳范围为0.3‰~0.7‰，在该浓度范围内，这三种性能均表现良好，最有利于抑尘。

5.2.4 抑尘泡沫排液规律和定量模型研究

泡沫排液是指流体从泡沫中流出的过程，其与泡沫稳定性有着密切的联系，理解泡沫排液过程和规律对提高泡沫稳定性有着重要的作用。研究人员一直在探索泡沫排液的规律，Koehler 等[46]发现泡沫的气液边界是可以流变的，随后的一系列实验也验证了界面流动性对泡沫排液的影响[47-49]。近年来，出现了更多对泡沫的研究方法，如使用荧光物质标记液体的流动[50]。随着仪器和技术的进步，已经可以对泡沫在更微观的水平上实现观察研究，使人们对泡沫的几何形态产生了更清晰的认识。

研究进步的同时也证明了泡沫的复杂性。建立的模型通常并不稳健，并且在许多情况下，定量结果应用在不同表面活性剂上的一致性并不理想[51]。在此背景下，我们提出可以直接求解且结果易于验证的直观模型，以求在工程应用中发挥指导作用；在前人研究的基础上，建立泡沫在柱中的完整排液过程模型，推导排液速率、排液量随时间变化的函数等定量排液规律，并求解工程中常使用的排液半衰期；依据模型结论，对常用的部分泡沫性能评价指标的合理性进行讨论。

1. 建立模型

湿泡沫随着排液的进行会逐渐变为干泡沫，二者在结构、形态、堆积方式、排液性质上都存在不同。针对这些差异，本模型采用以下界定和假设以区别湿泡沫与干泡沫。

干、湿泡沫的直接判断依据是含液比：

$$\varepsilon=\frac{V_{\text{lid}}}{V_{\text{foam}}} \tag{5.20}$$

式中，ε 为泡沫中的液体比例；V_{lid} 为泡沫中的液体体积；V_{foam} 为泡沫的体积。

事实上，湿泡沫转变为干泡沫是一个渐变过程，不存在一个绝对的临界值。但为方便判定，我们认定存在一个临界值 ε^* 使得当 $\varepsilon > \varepsilon^*$ 时泡沫为湿泡沫，而当 $\varepsilon < \varepsilon^*$ 时泡沫为干泡沫，本模型中取 $\varepsilon^* \approx 0.01$ [52]。

湿泡沫以球体形态或近似球体形态存在，而近似球体在几何上没有看起来尖锐的曲率，任意方向上的曲率半径差异不大。对于近似球体，r 代表平均曲率半径，则

$$\frac{1}{r}=\frac{1}{2}\left(\frac{1}{r_x}+\frac{1}{r_y}\right) \tag{5.21}$$

式中，r_x 和 r_y 为气泡两个正交方向的曲率半径，对于一个球体来说，$r_x=r_y$。干泡沫在形态上存在棱与面，与相邻泡沫相互约束，其拓扑关系被认为符合柏拉图规则。

湿泡沫群呈面心立方堆积[53]，干泡沫群呈体心立方堆积。泡沫柱内的液体在气泡的分隔下形成液道（channel）和节点（node），如图 5.48 所示，将液道和节点组成的可重复结构单元定义为泡沫网束[54]。图 5.48（a）是一个由相邻的节点和通道组成的网束，通道长度 L 是两个节点间的距离；图 5.48（b）是流通网络单元，出于可重复的要求包含一个通道和两个 1/4 节点。

待排液的泡沫是气体在液体中的亚稳态分散体，包括以球体或近似球体存在的气泡（气相）和占据余下空间的液体（液相）。泡沫被约束于容器中时，液体被球形气泡群隔开形成复杂的网络状结构，由许多泡沫网束构成。处于高位的液体在重力（细管还需要考虑毛细力）的作用下流经网状结构，逐渐向下移动，形成

排液过程。液体在网络间流动与通过多孔固体（例如沙子、土壤）的流体流动在原理上类似，可以参照达西定律来描述液体流动。

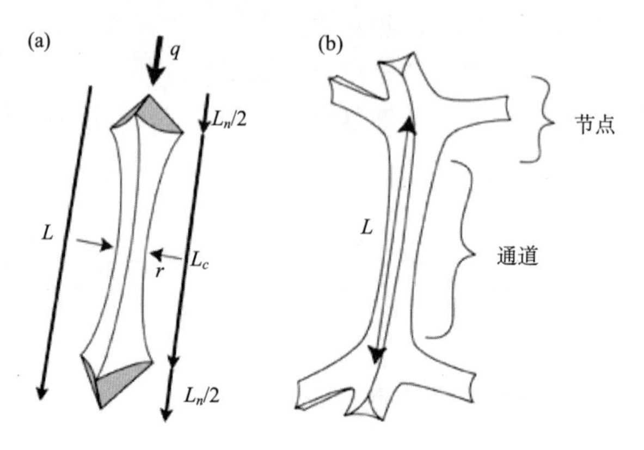

图 5.48　泡沫网束结构

L_n 指节点长度；L_c 指液道长度

泡沫排液的模型就是刻画网状结构中液体流动的模型。最简单的构建方式是先描述每条支路中液体流动速度，再通过守恒定律和液体的连续性方程推广至完整的网络。完整的网络情况表述复杂，但可以依此应用统计学规律得到宏观的排液规律。宏观规律对泡沫的实际应用会起到更直接有效的作用。

模型中所有计算都基于上述假设，讨论结果时会定性考虑到假设与实际情况的不同对结果产生的影响。

2. 模型计算

1）湿泡沫排水

在湿泡沫的理想状态下，气泡形状为球体或近似球体，液流长度接近零，因此节点的水力阻力占主导地位，此时成为节点模型。最低阶平均网络流速满足 $V \propto \dfrac{rL\alpha_n \nabla P}{\mu}$，其中 α_n 指节点的流量阻力系数，这意味着幂率行为中流性指数 $X \approx \dfrac{1}{2}$。

忽略节点模型中液道的水力阻力，网络单元顶部到底部的压降 $L \cdot \nabla P_{\mathrm{macro}}$ 等于在节点位置的黏滞损失 $R = \dfrac{\mu v}{r}$，其中 v 指流速，在管内排液条件下其宏观压力梯度 $\nabla P_{\mathrm{macro}} = \rho g$。根据幂率行为和达西定律，湿泡沫的排液速度[55]可以表示为

$$V=\frac{KL_0^2\varepsilon^{\frac{1}{2}}\nabla P_{\text{macro}}}{\mu}=\frac{KL_0^2\varepsilon^{\frac{1}{2}}\rho g}{\mu} \tag{5.22}$$

式中，K 为无量纲因数，表示部分未知的因数；μ 为动力黏度；L_0 为气泡边界长度；∇P_{macro} 为宏观压力梯度；V 为宏观排液速度矢量；ρ 为液体密度。

将取管的径向方向定义为横截面矢量的法向方向 A_y，则排液流量为

$$q_1=V\cdot A_y=\frac{KL_0^2\varepsilon^{\frac{1}{2}}\rho gA_y}{\mu},\quad \varepsilon>\varepsilon^* \tag{5.23}$$

由于泡沫中液体较少，$\varepsilon=\frac{V_{\text{liq}}}{V_{\text{liq}}+V_{\text{gas}}}\approx\frac{V_{\text{liq}}}{V_{\text{gas}}}$，并将上式表示为时间 t 的变量为

$$q_1(t)=V(t)\cdot A_y=\frac{KL_0^2(t)\sqrt{V_{\text{liq}}(t)}\rho gA_y}{\mu\sqrt{V_{\text{gas}}}},\varepsilon>\varepsilon^* \tag{5.24}$$

式中，V_{gas} 为泡沫中的气体体积。

令 $A_y=\frac{V(t)-V_{\text{air}}}{H}$，则发泡完成后总排液量为

$$\begin{aligned}Q_1(t)&=\int_0^{t_1}q(t)\mathrm{d}t\\&=\int_0^{t_1}\frac{KL_0^2(t)\rho g\sqrt{Q_0-Q_1(t)}}{\mu\sqrt{V_{\text{gas}}}}\cdot\frac{V(t)-V_{\text{air}}}{H}\mathrm{d}t\\&=\int_0^{t_1}\frac{KL_0^2(t)\rho g}{\mu\sqrt{V_{\text{gas}}}}\cdot\frac{[Q_0-Q_1(t)]^{\frac{3}{2}}}{H}\mathrm{d}t,\varepsilon>\varepsilon^*\end{aligned} \tag{5.25}$$

式中，Q_0 为发泡完成后泡沫含有的初始液量；H 为泡沫在管中的高度。从 t=0 到 t=t_1，为泡沫携液阶段，气体以恒定的流量通入，泡沫含液体积成线性增长。当时间为 t_1 时，停止通入气体，泡沫体积不再增加，泡沫中的含液量达到最大值，记为泡沫的初始液体体积；然后进入排液阶段。

当时间 $t=t_1$ 时含液率下降到 $\varepsilon=\varepsilon^*$，此后泡沫结构发生了重排，不能再使用此模型。此情况将在干泡沫排水中讨论。

两边同时取微分得微分方程：

$$Q_1'(t)-\frac{KL_0^2(t)\rho g}{\mu H\sqrt{V_{\text{gas}}}}[Q_0-Q_1(t)]^{\frac{3}{2}}=0 \tag{5.26}$$

记

$$w = \frac{KL_0^2(t)\rho g}{\mu H \sqrt{V_{\text{gas}}}} \tag{5.27}$$

式中，w为泡沫排水常数。

式（5.26）可简化为

$$Q_1'(t) - w[Q_0 - Q_1(t)]^{\frac{3}{2}} = 0 \tag{5.28}$$

其通解为

$$Q_1 = \frac{w^2 Q_0 t^2 + 2wQ_0 C_1 t + Q_0 C_1{}^2 - 4}{(wt + C_1)^2}, t \leqslant t_1 \tag{5.29}$$

常数 C_1 由初始条件 $Q_1(t=0)=0$ 给出，可以求得

$$C_1 = \frac{2}{\sqrt{Q_0}} \tag{5.30}$$

于是排液量为

$$Q_1 = \frac{w^2 Q_0 t^2 + 4w\sqrt{Q_0}t}{\left(wt + \dfrac{2}{\sqrt{Q_0}}\right)^2} \tag{5.31}$$

令 $Q_1 = \dfrac{Q_0}{2}$，可以得到排液半衰期：

$$t_{1/2} = \frac{2\sqrt{2} - 2}{w\sqrt{Q_0}} \tag{5.32}$$

2）干泡沫排液

对于 $\varepsilon < \varepsilon^*$ 的干泡沫，堆积方式由体心立方转变为面心立方，气泡形状从平面上看起来是多边形。泡沫结构中节点、通道都对排液行为起到了重要的作用，因此建立网络单元模型（或称节点-通道混合模型），综合考虑节点与通道对流动的贡献。模型中液相流动区域为网络单元的串联，有多条支路时液量的连续性方程可以表示为基尔霍夫第一定律（KCL）。

通道和节点的流阻与它们的液流长度成正比（设它们的长度分别为 L 和 φr，则网络长度为 $L+\varphi r$，其中 r 表示泡沫半径）并且与截面积的平方成反比。分别用 α_c 和 α_n 表示流量因子，则二者流阻分别可写作

$$R_c = \frac{\mu \alpha_c L}{A_c^2}, R_n = \frac{\mu \alpha_n \varphi r}{A_n^2} \tag{5.33}$$

式中，R_c 为通道的流量阻力；R_n 为节点的流量阻力；A_c 为通道横截面积；A_n 为节点横截面积；α_c 为通道的流量阻力系数；α_n 为节点的流量阻力系数；φ 为节

点与通道大小之比；r 为气泡的半径/近似半径。

一个网络单元包含一个通道与两个 1/4 节点，因此其水力阻力为 $R_c+\frac{R_n}{2}$。网络单元上的压降为 $(L+\varphi r)\cdot\nabla P$。令 $A_n=\frac{\delta_n A_c}{\delta_c}$，可以表示通过单个网络单元的流量：

$$q=\frac{(L+\varphi r)\cdot\nabla P}{R_c+\frac{R_n}{2}}=\frac{2\rho g\delta_n^2 A_c^2}{\mu(2\delta_n^2\alpha_c L+\delta_c^2\alpha_n\varphi r)} \tag{5.34}$$

式中，δ_c 为通道横截面积系数；δ_n 为节点横截面积系数。

通过一个单元的平均速度是平均通道速度 $v_c=\frac{q}{A_c}$ 和节点速度 $v_n=\frac{q}{A_n}$ 的加权平均值[56]，可以表示为

$$v=(L+\varphi r)\left(\frac{\varphi r}{v_n}+\frac{L}{v_c}\right)^{-1}=v_c\left[\left(\frac{\delta_n}{\delta_c}-1\right)\frac{\varphi r}{L+\varphi r}+1\right]^{-1} \tag{5.35}$$

式中，v 为一个单元的平均流速。

上式使用了代换 $\frac{v_n}{v_c}=\frac{A_c}{A_n}=\frac{\delta_c}{\delta_n}$。将式（5.34）和式（5.35）联立，可得出通过网络单元的平均速度的表达式，考虑所有方向的平均速度，将平均宏观速度修正为

$$\begin{aligned}V&=-\frac{\nabla P}{3\mu}A_c\left[\alpha_c\left(1-\varphi\frac{r}{L}\right)+\alpha_n\frac{\varphi\delta_c^2 r}{2\delta_n^2 L}\right]^{-1}\left[\left(\frac{\delta_n}{\delta_c}-1\right)\frac{\varphi r}{L+\varphi r}+1\right]^{-1}\\&=-\frac{\rho g}{3\mu}A_c\left[\alpha_c\left(1-\varphi\frac{r}{L}\right)+\alpha_n\frac{\varphi\delta_c^2 r}{2\delta_n^2 L}\right]^{-1}\left[\left(\frac{\delta_n}{\delta_c}-1\right)\frac{\varphi r}{L+\varphi r}+1\right]^{-1}\\&=-\frac{\rho g}{3\mu\alpha}A_c,\varepsilon<\varepsilon^*\end{aligned} \tag{5.36}$$

式（5.36）较经典模型修正了网络模型下的加权阻力因数 α，即 $\alpha=\left[\alpha_c\left(1-\varphi\frac{r}{L}\right)+\alpha_n\frac{\varphi\delta_c^2 r}{2\delta_n^2 L}\right]\left[\left(\frac{\delta_n}{\delta_c}-1\right)\frac{\varphi r}{L+\varphi r}+1\right]$。

在面心立方堆积结构中，通道形态可近似视为曲面三棱柱[57]，其平均截面积 A_c 可通过下式近似计算：

$$A_c=\delta_n r_c^2 \tag{5.37}$$

式中，$\delta_n = \dfrac{2^{\frac{9}{2}}\delta_2}{12\varphi} + 2\delta_c$，$\delta_2$=0.2，$\delta_c = \sqrt{3} - \dfrac{\pi}{2}$。

取管的径向方向为横截面矢量的法向方向 A_y，则排液量为

$$q_2 = V \cdot A_y = -\frac{\rho g}{3\mu} A_c A_y \left[\alpha_c \left(1 - \xi \frac{r}{L}\right) + \alpha_n \frac{\xi \delta_c^2 r}{2\delta_n^2 L}\right]^{-1} \left[\xi \left(\frac{\delta_n}{\delta_c} - 1\right)\frac{r}{L} + 1\right]^{-1}, \varepsilon < \varepsilon^* \quad (5.38)$$

总排液量为

$$\begin{aligned} Q_2 &= \int_{t_1}^{t} q \mathrm{d}t = \int_{t_1}^{t} -\frac{\rho g}{3\mu} A_c A_y \left[\alpha_c \left(1 - \xi \frac{r}{L}\right) + \alpha_n \frac{\xi \delta_c^2 r}{2\delta_n^2 L}\right]^{-1} \left[\xi \left(\frac{\delta_n}{\delta_c} - 1\right)\frac{r}{L} + 1\right]^{-1} \mathrm{d}t \\ &= \int_{t_1}^{t} -\frac{\rho g}{3\mu} A_c \left[\alpha_c \left(1 - \xi \frac{r}{L}\right) + \alpha_n \frac{\xi \delta_c^2 r}{2\delta_n^2 L}\right]^{-1} \left[\xi \left(\frac{\delta_n}{\delta_c} - 1\right)\frac{r}{L} + 1\right]^{-1} \frac{Q_0 - Q}{H} \mathrm{d}t, \varepsilon > \varepsilon^* \end{aligned} \quad (5.39)$$

记 $r(t) = \dfrac{\rho g}{3\mu H} A_c \left[\alpha_c \left(1 - \xi \dfrac{r}{L}\right) + \alpha_n \dfrac{\xi \delta_c^2 r}{2\delta_n^2 L}\right]^{-1} \left[\xi \left(\dfrac{\delta_n}{\delta_c} - 1\right)\dfrac{r}{L} + 1\right]^{-1}$，两边同时取微分

$$Q_2' + r(t) Q_2 = r(t) Q_0 \quad (5.40)$$

通解形式为

$$Q_2 = \mathrm{e}^{-\int_{t_1}^{t} r(t)\mathrm{d}t} \left[\int \mathrm{e}^{\int_{t_1}^{t} r(t)\mathrm{d}t} r(t) Q_0 \mathrm{d}t + D\right], t > t_1 \quad (5.41)$$

式中，常数 D 由初始条件 $Q_2 = (t = t_1) = Q_1(t = t_1)$ 给定。

理论上，两种堆积状态的总排液量 Q 是连续的，但是在结构重排区会存在不可导点。实际情况下气泡堆积方式并不是突变的，也有其过渡的过程，因此图像在过渡区未必会不可导，而是以异常斜率变化的方式展现出堆积方式的渐变。事实上，流量 q 在两种状态下不仅不相同，而且不连续。

实际上，大部分液体是在湿泡沫状态下排出的，排液的主体过程适用于湿泡沫模型，因此它在实际应用中格外重要，下文还将继续用湿泡沫的排液模型讨论泡沫的稳定性。

3. 实验与验证

w 是本模型中自定义的重要排液参数，它主要与泡沫本身的性质与状态（黏度、气体含量、液柱高度等）有关，借助 w 可以方便地验证模型的正确性，并讨论不同表面活性剂产生的泡沫的性质。

本节将使用排液半衰期和排液量拟合两种方式验证模型，包括对 w 的定量验证和排液曲线的验证。

1）实验设计

实验选择矿井中常使用的三种表面活性剂 SDS、AES 及 AOS 进行验证，因为它们在经验和工程实践上具有较好的应用效果。将 SDS、AES、AOS 分别作为发泡剂溶解于纯水中，形成浓度为 0.10%的发泡液，在泡沫扫描仪内用特定的进气速率分别发泡形成体积为 120mL、140mL、160mL、180mL、200mL 的泡沫柱，使用泡沫扫描仪对排液过程进行观察与数据采集。

每种体积的泡沫实验三次，记录较接近两次的实验结果。实验主要采集的物理量为含液量随时间变化数据集，可以据此得到排液半衰期 $t_{1/2}$、最大含液量 Q_0（即初始含液量）等，并可以绘制排液曲线。

2）w 的实验验证

根据式（5.41）和式（5.32），可以通过 $t_{1/2}$ 和 Q_0 求得 w：

$$w = \frac{2\sqrt{2} - 2}{t_{1/2}\sqrt{Q_0}} \tag{5.42}$$

计算结果列于表 5.10 中。为了数据的美观，液体体积以 mL 为单位记录，但在 w 的计算中，使用 m^3 作为液体体积单位，使得 w 的单位为国际标准单位。

表 5.10　计算结果

表面活性剂及参数		120/mL		140/mL		160/mL		180/mL		200/mL	
		1	2	1	2	1	2	1	2	1	2
SDS	排液半衰期/s	34	30	39	42	944	43	61	56.5	53	57
	最大含液量/mL	5.4	5.9	7.0	6.6	7.9	7.9	6.1	6.5	8.7	6.8
	w	10.46	11.32	8.23	7.68	6.70	6.86	5.49	5.75	5.28	5.58
	$\overline{w}$	10.89		7.96		6.78		5.62		5.44	
AES	排液半衰期/s	26	27	33	34	38	35	36	36	41	39
	最大含液量/mL	12.0	11.7	12.4	12.5	15.5	15.6	17.8	19.1	18.3	17.5
	w	9.18	8.96	7.14	6.88	5.54	5.99	5.46	5.26	4.72	5.07
	$\overline{w}$	9.07		7.01		5.77		5.36		4.89	

续表

表面活性剂及参数		120/mL		140/mL		160/mL		180/mL		200/mL	
		1	2	1	2	1	2	1	2	1	2
AOS	排液半衰期/s	18	18	19	18	26	24	28	28	30	29
	最大含液量/mL	13.8	13.7	16.2	16.1	16.8	17.8	16.9	17.8	19.7	19.0
	w	12.41	12.42	10.84	11.46	7.78	8.18	7.20	7.01	6.22	6.56
	$\overline{w}$	12.42		11.15		7.98		7.10		6.39	

根据 $w=\dfrac{KL_0^2\rho g}{\mu H\sqrt{V_{gas}}}$ 可知，w 的值与泡沫柱高度 H、泡沫中气体含量 V_{gas} 有关，对于相同截面积而体积为 V_x 的泡沫柱，其高度 H 可以通过一个比例系数 m 表示：

$$H = mH_0 \tag{5.43}$$

$$m = \frac{V_x}{V_{max}} \tag{5.44}$$

式中，V_{max} 为发泡柱产生泡沫体积的最大值；H_0 为此时泡沫柱的高度。本实验中体积为 200mL、180mL、160mL、140mL、120mL 的泡沫的 m 值分别为 1、0.9、0.8、0.7、0.6。

以 m 和 V_{gas} 为变量，对 $w=\dfrac{KL_0^2\rho g}{\mu H\sqrt{V_{gas}}}$ 进行对数处理后得到

$$\ln(w) = \ln\left(\frac{KL_0^2\rho g}{\mu H_0}\right) - \left[\ln(m) + \frac{1}{2}\ln(V_{gas})\right] \tag{5.45}$$

理论上，$\ln(w)-\left[\ln(m)+\dfrac{1}{2}\ln(V_{gas})\right]$ 的曲线应当是一条斜率为–1 的直线。根据实验数据做出实际的 $\ln(w)-\left[\ln(m)+\dfrac{1}{2}\ln(V_{gas})\right]$ 曲线（图 5.49），并对其进行线性回归。

由图 5.49 可知，三种表面活性剂泡沫对应的实验曲线都近似表现出线性的特点，确定系数均满足 $R^2>0.95$，可以认为线性关系较强。拟合的直线斜率都不同程度地略大于–1，其误差可能来自排液过程中 L_0^2 的微小变化，泡沫堆积方式的渐变，模型中使用的近似、时间间隔导致的测量误差及部分未知因素等。直线与 y

轴的截距为$\ln\left(\dfrac{KL_0^2\rho g}{\mu H_0}\right)$，其中包含的物理量多数与产生的泡沫本身或发泡剂本身有关，因此斜率可以用于区别不同的表面活性剂。排液常数 w 与发泡过程（泡沫柱高度、泡沫体积）相关，实验中产生的泡沫体积越大，w 值越小。

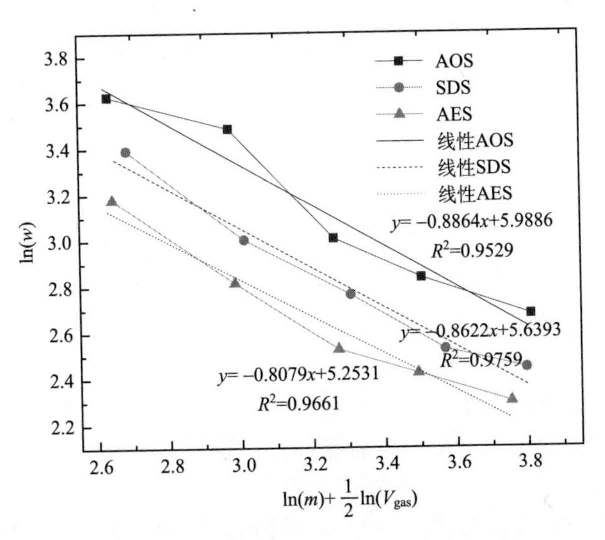

图 5.49　三种表面活性剂的线性回归曲线

3）排液拟合曲线验证

式（5.31）给出了总排液量随时间变化的理论方程，方程由排液参数 w 和初始液量 Q_0 决定，即给定 w 和 Q_0 就可以画出理论排液图线，同时实际排液曲线可以通过实验数据方便地绘出，因此可以对两者进行比较。对于一次特定的排液过程，Q_0 可以从实验数据中读出，所以基于模型的理论排液曲线仅由排液参数 w 决定，而上文中已经通过实验测量半衰期的方式求得了 w。

另外，还可以将 w 作为未知参数，以式（5.32）作为目标函数针对实验数据进行拟合，通过最小二乘等拟合算法求得最合适的 w 值，或在一定置信域下求得 w 的置信区间。上文中求得的 w 值是否落在拟合值的置信区间内，是对模型正确性的二重验证方法。

选取 AES、AOS 实验中各一组数据拟合曲线（图 5.50）。初始时刻（t=0）为停止进气的瞬间，此时总排液量设置为 0（Q=0）。为了更好地表现曲线规律，图 5.50 中没有显示实验得到的全部数据点。

AES 曲线的最优拟合 w 值为 5.393，置信区间为（5.351, 5.434），置信度为 95%，拟合和方差 SSE=0.3165。实验计算得到的 w 值为 5.36，在该置信区间内的拟合准确度极高。AOS 曲线的最优拟合 w 值为 10.34，置信区间为（10.06, 10.63），置信度为 95%，拟合和方差 SSE=2.577。实验计算得到的 w 值为 10.06，在该置信区间内拟合准确度较高。

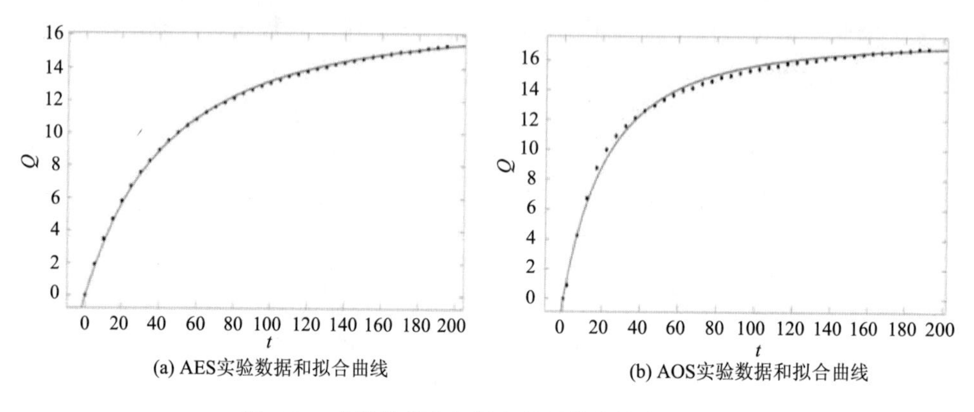

(a) AES实验数据和拟合曲线　　(b) AOS实验数据和拟合曲线

图 5.50　实验数据点与拟合得到曲线符合得很好

拟合结果直观地说明了通过测量半衰期可以准确地计算排液常数，且理论模型对排液全过程中的排液量测算具有很高的准确度。

4）结果讨论

泡沫作为两相流体，其排液过程包含液相、气相两部分的变化，本小节主要讨论了液相的流动变化。Stevenson[47]已经通过理论模型解释了在液体排出的同时，气体扩散也会导致气泡变大、液膜变薄。在液体大量排出后，泡沫的体积主要由气泡群维持，而在外界扰动（外力作用、浓度振荡等）下容易发生无法预测的畸变甚至破裂。气泡形状畸变会对周边其他气泡产生扰动，如果出现局部堆积方式的变化则可能会对更多的气泡产生影响，甚至出现连锁反应；扰动发生的条件和产生的影响均存在一定的随机性，但发泡阶段产生的均匀泡沫往往具有较好的稳定性。

泡沫在实际应用中的不稳定现象可能与上述有关。相比之下，排液规律受外界影响较小，排液半衰期是一个较为稳定的值。泡沫的体积半衰期存在无法预测的不确定性，不宜作为泡沫稳定性的表征，可以考虑使用维持在最低可接受值上的泡沫寿命（不同工况下）。泡沫中的液相本质是含有表面活性剂的水溶液，因此具有更低的表面张力和高润湿性，对于抑尘等利用该特性的应用往往意味着更高的效率，湿泡沫相比干泡沫拥有更好的捕尘强度。润湿角是表征润湿性最直观的指标，从泡沫排液的角度考虑，也可以使用含液率表征。将含液率高于阈值的时间作为高效润湿的时间，阈值根据工程实际情况确定，但应当避免出现达到阈值时泡沫排液速率已经极小的情况。这里有一个容易产生误解的问题需要说明，依据式（5.42），相同的排液参数 w 下若泡沫初始体积 Q_0 越大，则排液半衰期（或排出任何比例液体的时间）越小，但高效润湿时间越长。其原因是泡沫初始体积越大导致排液速率越大，使排液半衰期减小，而另一方面排液速率衰减到阈值需要的时间会更长。

5.3 矿山抑尘泡沫性能定量评估方法及测试装置

国内外学者对泡沫性能的研究大多以三种类别（润湿性、发泡性、稳定性）为主，忽略了泡沫运输和喷射过程的性能特性，泡沫性能的评价基本上处于较单一、笼统、片面的宏观描述阶段，由此可见抑尘泡沫综合性能评价体系尚不成熟，缺乏可量化评估抑尘泡沫性能的指标和方法，导致应用中存在以大量泡沫换取较高抑尘效率的问题，制约了泡沫抑尘技术的发展。针对上述问题，本节将建立评价抑尘泡沫性能的指标体系及区间量化准则，提出一种定量评估抑尘泡沫性能的方法，以期为推进泡沫抑尘技术的经济、高效利用提供理论支撑。

5.3.1 泡沫性能定量评估方法

1. 抑尘泡沫定量评估方法概述

基于从泡沫产生、输运、喷射到作用于尘源的泡沫抑尘全过程的理解和剖析，本节将建立科学评估抑尘泡沫性能的指标体系，主要包括润湿性、黏附性、稳定性、输送能力、定向喷射性能和抗风吹散性能。润湿性指泡沫润湿粉尘的能力，是泡沫高效抑尘的关键；黏附性指泡沫黏附粉尘或产尘材料（如矿山煤岩体）的能力，泡沫要完成其抑尘过程，必须要能黏附在尘源上；稳定性指泡沫保持初始体积的能力，抑尘泡沫需要有适中的稳定性，既满足充分黏附、润湿煤尘达到抑尘的目的，又避免存在时间过长而影响生产活动的进行；输送能力是指在管路中的有效输送距离和输出压力，抑尘泡沫的制备地点与喷射利用地点通常相距较远，如在采煤工作面两者间的距离可达数百米，这就要求抑尘泡沫必须有良好的输送能力，以保证泡沫具有较长的输送距离和较高的输出压力；定向喷射性能是指泡沫以一定速度从喷嘴射出并定向作用于尘源的能力，良好的定向喷射性能是抵抗外界因素干扰，提高泡沫抑尘经济性的重要途径；抗风吹散性能指施加于尘源上的泡沫覆盖层抵抗通风风流吹起飞散的能力，它是泡沫在一定时间内以一定强度作用于尘源的保障。

评估方法给出了以上 6 个评估指标的量化参数，它们依次是动态接触角、界面黏性模量、泡沫半衰期、单位距离压降、定向喷射速度和临界风速，并建立了 6 个参数的区间定量准则。在此基础上，通过分析各评估指标的重要度，提出了以抑尘泡沫性能指数 I_{FP} 来定量表征抑尘泡沫的性能，并给出了评估公式，根据

I_{FP}值的大小将抑尘泡沫的性能分为四个等级，I_{FP}值越大，性能越优，反之则越差。

抑尘泡沫性能的定量评估方法能够解决“抑尘泡沫的性能如何量化评价”这一关键问题，对于克服抑尘泡沫制备和利用中的盲目性和粗放性，提高泡沫抑尘的科学性和经济性，具有重要意义。

2. 抑尘泡沫定量评估方法

定量评估抑尘泡沫性能的方法包括以下步骤。

（1）取采自工矿生产场所产尘点的粉尘，筛分制备粒径小于100μm的粉尘试样；取少许粉尘试样，压制成片后在界面流变仪上测定发泡液与粉尘试样的动态接触角θ，据此评估抑尘泡沫的润湿能力F_W：$\theta \leqslant 20°$，则$F_W \geqslant 0.9$；$20° < \theta \leqslant 30°$，则$0.8 \leqslant F_W < 0.9$；$30° < \theta \leqslant 35°$，则$0.7 \leqslant F_W < 0.8$；$35° < \theta \leqslant 40°$，则$0.6 \leqslant F_W < 0.7$；$\theta > 40°$，则$F_W < 0.6$。

（2）利用泡沫界面流变仪测定泡沫液的黏性模量G''，据此评估抑尘泡沫的黏附能力F_A：$G'' \geqslant 5\text{mN/m}$，则$F_A \geqslant 0.9$；$4\text{mN/m} \leqslant G'' < 5\text{mN/m}$，则$0.8 \leqslant F_A < 0.9$；$3\text{mN/m} \leqslant G'' < 4\text{mN/m}$，则$0.7 \leqslant F_A < 0.8$；$1.5\text{mN/m} \leqslant G'' < 3\text{mN/m}$，则$0.6 \leqslant F_A < 0.7$；$G'' < 1.5\text{mN/m}$，则$F_A < 0.6$。

（3）利用泡沫分析仪测定泡沫的半衰期T_{half}，据此评估抑尘泡沫的稳定性能F_S：若$T_{half} \approx 30\text{min}$，则$F_S \geqslant 0.9$；$20\text{min} \leqslant T_{half} < 30\text{min}$，则$0.8 \leqslant F_S < 0.9$；$10\text{min} \leqslant T_{half} < 20\text{min}$，则$0.7 \leqslant F_S < 0.8$；$5\text{min} \leqslant T_{half} < 10\text{min}$，则$0.6 \leqslant F_S < 0.7$；$T_{half} < 5\text{min}$或者$\gg 30\text{min}$，则$F_S < 0.6$。

（4）利用压力传感器测定泡沫流体在其输送管路中的单位距离压降Δp，据此评估抑尘泡沫的输送性能F_T：若$\Delta p \leqslant 25\text{Pa/m}$，则$F_T \geqslant 0.9$；$25\text{Pa/m} < \Delta p \leqslant 50\text{Pa/m}$，则$0.8 \leqslant F_T < 0.9$；$50\text{Pa/m} < \Delta p \leqslant 75\text{Pa/m}$，则$0.7 \leqslant F_T < 0.8$；$75\text{Pa/m} < \Delta p \leqslant 100\text{Pa/m}$，则$0.6 \leqslant F_T < 0.7$；$\Delta p > 100\text{Pa/m}$，则$F_T < 0.6$。

（5）采用粒子图像测速法测定泡沫流体的轴向喷射速度v_j，据此评估抑尘泡沫的定向喷射性能F_J：若$4\text{m/s} \leqslant v_j \leqslant 5\text{m/s}$，则$F_J \geqslant 0.9$；$3\text{m/s} \leqslant v_j < 4\text{m/s}$，则$0.8 \leqslant F_J < 0.9$；$2\text{m/s} \leqslant v_j < 3\text{m/s}$，则$0.7 \leqslant F_J < 0.8$；$1\text{m/s} \leqslant v_j < 2\text{m/s}$，则$0.6 \leqslant F_J < 0.7$；$v_j > 4\text{m/s}$或$< 1\text{m/s}$，则$F_J < 0.6$。

（6）利用风速计测试风流将覆盖于尘源上的泡沫体吹散的临界风速v_w，据此评估抑尘泡沫的抗风吹散性能F_R：若临界风速$v_w \geqslant 5\text{m/s}$，则$F_R \geqslant 0.9$；$4\text{m/s} \leqslant v_w < 5\text{m/s}$，则$0.8 \leqslant F_R < 0.9$；$3\text{m/s} \leqslant v_w < 4\text{m/s}$，则$0.7 \leqslant F_R < 0.8$；$2\text{m/s} \leqslant v_w < 3\text{m/s}$，则$0.6 \leqslant F_R < 0.7$；$v_w < 2\text{m/s}$，则$F_R < 0.6$。

根据以上求出的F_W、F_A、F_S、F_T、F_J、F_R值，利用以下公式得出：

$$I_{FP} = 0.3F_W + 0.2F_A + 0.2F_S + 0.1F_T + 0.1F_J + 0.1F_R \tag{5.46}$$

式中，I_{FP} 为抑尘泡沫性能指数，无量纲量；F_W、F_A、F_S、F_T、F_J、F_R 分别为润湿能力值、黏附能力值、稳定能力值、输送能力值、定向喷射能力值、抗风吹散能力值，均为无量纲量，取值区间为(0,1)的开区间。

根据计算得到的性能指数 I_{FP} 值判定抑尘泡沫性能，I_{FP} 值越大，则泡沫性能越好。抑尘泡沫的性能等级划分准则如下。

Ⅰ级：$I_{FP}\geqslant 0.9$，表示性能优；

Ⅱ级：$0.8\leqslant I_{FP}<0.9$，表示性能良好；

Ⅲ级：$0.6\leqslant I_{FP}<0.8$，表示性能中等；

Ⅳ级：$I_{FP}<0.6$，表示性能差。

3. 应用实例

取采自某煤矿综采工作面的煤尘，筛分制备成粒径小于 100μm 的粉尘试样，取少许粉尘试样，压片后在泡沫界面流变仪上测试发泡液样品 A 与粉尘试样的动态接触角 θ，测得结果为 $\theta=17.5°$，据此评估抑尘泡沫 A 的润湿能力 $F_W>0.9$；利用泡沫界面流变仪测定泡沫液的黏性模量 G''，测定结果为 $G''=6.0$mN/m，据此评估抑尘泡沫 A 的黏附能力 $F_A\geqslant 0.9$；利用泡沫分析仪测定泡沫的半衰期 T_{half}，测定结果为 $T_{half}=29.8$min，据此评估抑尘泡沫 A 的稳定性能 $F_S\geqslant 0.9$；利用压力传感器测定泡沫流体在其输送管路中的单位距离压降 Δp，测定结果为 $\Delta p=20$Pa/m，据此评估抑尘泡沫 A 的输送性能 $F_T\geqslant 0.9$；采用粒子图像测速法测定泡沫流体的轴向喷射速度 v_j，测定结果为 $v_j=4.5$m/s，据此评估抑尘泡沫 A 的定向喷射性能 $F_J>0.9$；采用风速计测试风流将覆盖于尘源上的泡沫体吹散的临界风速 v_w，测定结果为 $v_w=6$m/s，据此评估抑尘泡沫 A 的抗风吹散性能 $F_R\geqslant 0.9$。

根据以上得出的 F_W、F_A、F_S、F_T、F_J 和 F_R 的区间值，得到 $I_{FP}=0.3F_W+0.2F_A+0.2F_S+0.1F_T+0.1F_J+0.1F_R>0.9$。由于 I_{FP} 值越大，泡沫性能越好，因此根据计算得到的性能指数 I_{FP} 值评定抑尘泡沫 A 的性能等级为Ⅰ级（优）。

5.3.2　发泡剂润湿度测试装置

1. 装置介绍

该装置包括接触角测试部分、润湿速度测试部分、表面张力测试部分和计算机处理部分，如图 5.51 所示。

接触角测试部分包括压力传输线、螺旋旋钮、可升降式连杆、压敏传感器、盛液皿、送片管、缓冲台、升降阀、厚度调节器、隔离柱、直径调节器、模具、压力调节器、钢制导管和 V 阀门；V 阀门位于进料槽的底部，在钢制导管的一端设有模具，模具上设压力调节器，模具的底端依次连接有直径调节器、隔离柱、

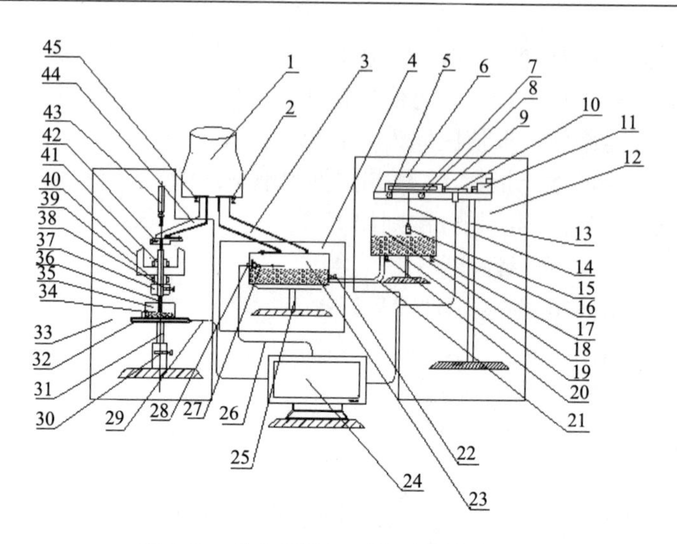

图 5.51 发泡剂润湿度测试装置示意图

1-进料槽；2-Ⅰ阀门；3-玻璃导管；4-润湿速度测试部分；5-测试按钮；6-金属保护罩；7-表面张力传感器；8-反转按钮；9-数据传输口；10-数据处理芯片；11-微型电机；12-表面张力测定部分；13-支撑杆；14-金属丝；15-铂圆环；16-表面张力传输线；17-Ⅲ阀门；18-玻璃槽；19-固定底座；20-Ⅱ阀门；21-导液管；22-Ⅳ阀门；23-全固定式液槽；24-计算机处理部分；25-支撑底座；26-液位传输线；27-液位传感器；28-连接插口；29-压力传输线；30-螺旋旋钮；31-可升降式连杆；32-压敏传感器；33-接触角测试部分；34-微型液位传感器；35-盛液皿；36-送片管；37-缓冲台；38-升降阀；39-厚度调节器；40-隔离柱；41-直径调节器；42-模具；43-压力调节器；44-钢制导管；45-Ⅴ阀门

厚度调节器和缓冲台，缓冲台上设有起调节作用的升降阀，可升降送片管延伸至盛液皿底部；盛液皿位于压敏传感器上，通过可升降式连杆支撑，可升降式连杆上有螺旋旋钮，压敏传感器通过压力传输线连接于计算机处理部分。

润湿速度测试部分包括Ⅰ阀门、玻璃导管、全固定式液槽、支撑底座、液位传输线、液位传感器和连接插口；Ⅰ阀门位于进料槽底部，全固定式液槽连接有玻璃导管并依靠支撑底座支撑，全固定式液槽中部设有液位传感器，通过液位传输线连接于计算机处理部分，液位传输线与液位传感器依靠连接插口连接，在全固定式液槽的另一侧底端安装有Ⅳ阀门。

表面张力测定部分包括测试按钮、反转按钮、微型电机、金属保护罩、表面张力传感器、数据传输口、数据处理芯片、支撑杆、金属丝、铂圆环、表面张力传输线、玻璃槽、Ⅱ阀门、Ⅲ阀门和导液管；金属保护罩通过支撑杆来支撑，其外设有测试按钮和反转按钮，控制内部微型电机的正反转，内部含有表面张力传感器连接金属丝，金属丝的下端连接有铂圆环，表面张力传感器另一端通过数据传输口连接数据处理芯片，其所测得的表面张力值在数据处理芯片中处理后，经表面张力传输线连接计算机处理部分，玻璃槽的底部装有用于排放降尘剂溶液的Ⅱ阀门和Ⅲ阀门，玻璃槽和全固定式液槽通过导液管连接。

2. 润湿度测试方法

利用上述装置测试降尘剂润湿度的方法包括以下步骤。

（1）取采自产尘点的粉尘，筛选出直径小于 1.0mm 的粉尘试样，将筛选出的粉尘试样进行干燥处理，直接倒入进料槽中，然后将制配好的降尘剂溶液分别加入玻璃槽、全固定式液槽和盛液皿中。

（2）打开Ⅳ阀门，使进料槽中的部分粉尘经钢制导管流入模具中，打开压力调节器，对粉尘进行加压制片，粗加工制得的尘片直接落入直径调节器中，制成 10～20mm 直径的尘片，之后落入厚度调节器调节尘片厚度为 1～3mm，手动调节升降阀，将尘片经送片管缓慢送至盛液皿中，利用其底部的压敏传感器记录放入尘片前后的读数 F_1、F_2，同时微型液位传感器将液位信息传给压敏传感器，并经压力传输线传入计算机处理部分，盛液皿及其中的降尘剂溶液质量为 m_1，尘片质量为 m_2，根据公式：

$$\begin{aligned} &F_1 = m_1 g \\ &F_2 = m_1 g + m_2 g + p\gamma\cos\theta - \Delta\rho g V_{\text{disp}} \end{aligned} \tag{5.47}$$

式中，p 为润湿周长；γ 为表面张力；$\Delta\rho$ 为液体与空气的密度差；V_{disp} 为尘片浸入液体的体积。得到接触角：

$$\theta = \arccos\frac{\Delta F + \Delta\rho g V_{\text{disp}} - m_2 g}{p\gamma}$$

（3）在进行步骤（2）的同时，进行表面张力测定，按下测试按钮，使微型电机开始工作，将铂圆环浸没在液面以下，停止微型电机，使其反转，将铂圆环缓慢拉出液面。这时，表面张力传感器上会记录下该降尘剂溶液的表面张力值，并通过表面张力传输线传输到计算机处理部分。

（4）待步骤（2）、（3）完成后，依次扭动Ⅲ阀门和Ⅱ阀门，使降尘剂溶液由玻璃槽流入全固定式液槽中，待液体不再流动后，依次关闭Ⅱ阀门和Ⅲ阀门，打开Ⅰ阀门，使进料槽中剩下的粉尘经玻璃导管进入全固定式液槽中。在粉尘浸入降尘剂溶液的过程中，液位传感器不断将液位信息通过液位传输线传入计算机处理部分，待液位传感器的电流信号不再变化时，计算机显示润湿速度。

（5）重复（2）、（3）、（4）步骤 5～7 次，将每次得到的接触角和润湿速度去除最大值与最小值，求取均值得到 $\overline{\theta}$ 、$\overline{v}$ 。再根据每次得到的表面张力值与对应的浓度，得到表面张力-浓度图，在性质突变的拐点处所对应的浓度即为临界胶束浓度 CMC，并在计算机中输出。

（6）根据计算得到的润湿度 F_{avc} 值，对降尘剂润湿粉尘性能进行等级划分，判据如下：

Ⅰ级：$F_{avc}>8.1$，润湿性能优；

Ⅱ级：$3.2<F_{avc}\leqslant 8.1$，润湿性能良；

Ⅲ级：$1.8<F_{avc}\leqslant 3.2$，润湿性能中；

Ⅳ级：$F_{avc}\leqslant 1.8$，润湿性能差。

5.4 抑尘泡沫性能增强原理与方法

抑尘泡沫性能受发泡剂种类、浓度、环境温度、气流速度等因素的影响，选择合适的发泡剂浓度、环境温度等参数可提高泡沫性能，而日益严峻的矿井防尘现状对抑尘泡沫提出了更高的要求，提高泡沫性能的传统方法大多以提高发泡剂含量来实现，增加了粉尘治理成本，极大地限制了泡沫技术发展。因此，绿色高效、经济环保的发泡剂性能改良方法是泡沫基础研究的重要方向。

5.4.1 硬水条件下提升阴离子表面活性剂起泡性能研究

提高阴离子表面活性剂在硬水中的发泡性，对于降低发泡剂的添加浓度和经济成本至关重要。本小节通过实验和分子动力学模拟，选择十二烷基硫酸钠（SDS）和十二烷基醚硫酸钠（SDES）来探讨聚环氧乙烷基团改善阴离子表面活性剂在硬水中起泡性的机理。实验结果表明，与 SDS 相比，含环氧乙烷基团的 SDES 在硬水中具有更好的发泡性能。模拟结果表明，环氧乙烷基团的存在可以抑制基团SO_4^-和 Ca^{2+}离子在空气-水界面的结合，使部分 Ca^{2+}离子从界面层迁移到本体水中。此外，环氧乙烷基团吸引一些 Ca^{2+}离子分布在它们周围，从而进一步减少与SO_4^-基团结合的 Ca^{2+}离子的数量，这有助于提高阴离子表面活性剂在硬水中的表面活性和起泡性能。环氧乙烷基团数量的增加可以扩大界面厚度及表面活性剂与水分子之间的氢键数量，增强气泡膜的强度。环氧乙烷基团离SO_4^-基团越远，对阴离子表面活性剂水合作用的贡献越小。

1. 起泡性能实验研究

1）实验材料

选取的阴-非离子型表面活性剂（SDES）由山东优索化工科技有限公司提供。分子式为 $CH_3—(CH_2)_{11}—(OCH_2CH_2)_3—SO_4Na$，分子结构如图 5.52 所示，其中$(OCH_2CH_2)_3$为聚氧乙烯结构（即 EO 基团），是非离子性的含氧亲水基团；SO_4^-是阴离子性的亲水基团。

为了与 SDES 的抗硬水能力进行对比，选取发泡剂中最为常用的阴离子表面活性剂十二烷基硫酸钠(SDS)。该物质由山东优索化工科技有限公司提供，分子

式为 $C_{12}H_{25}SO_4Na$，结构式如图 5.52 所示。该表面活性剂分子结构中只含有阴离子性的亲水基团 SO_4^-，不含非离子性的亲水基团。

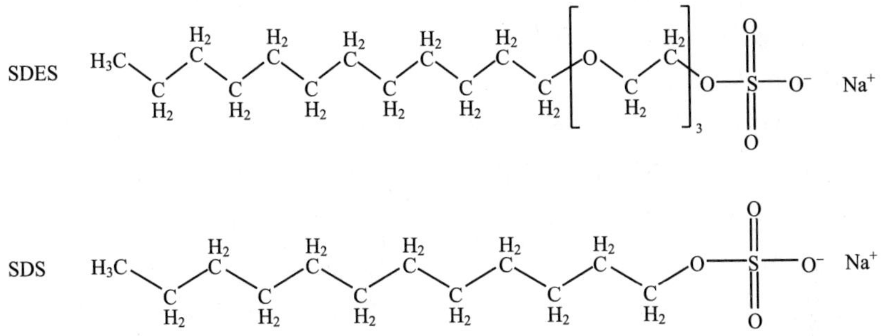

图 5.52　SDES 与 SDS 的分子结构

无水氯化钙（$CaCl_2$）由国药集团化学试剂有限公司提供，分析提纯，活性物含量≥96%，用于配置不同硬度的水溶液。水质硬度分别设定为 0mg/L（去离子水）、150mg/L、300mg/L、450mg/L、700mg/L 和 1000mg/L。

2）实验仪器及方法

Ross-Miles 法是测量表面活性剂溶液发泡能力的常用方法，所用的测试仪器为 Ross-Miles 仪，即罗氏泡沫仪。目前常用的有两种标准：一种是美国试验与材料协会提出的 ASTM 标准，另一种是国际标准化组织提出的 ISO 696-1975 标准[56]。我国参照国际标准 ISO 696-1975，于 1994 年 12 月 1 日起开始实施国家标准《表面活性剂发泡力的测定 改进 Ross-Miles 法》（GB/T 7462—1994）[57]。该标准的测试原理是：将 500mL 的表面活性剂溶液从 450mm 高度流到 50mL 相同溶液的液体表面之后，测量得到的泡沫体积。测试装置如图 5.53 所示，主要由分液漏斗、计量管和夹套量筒组成。

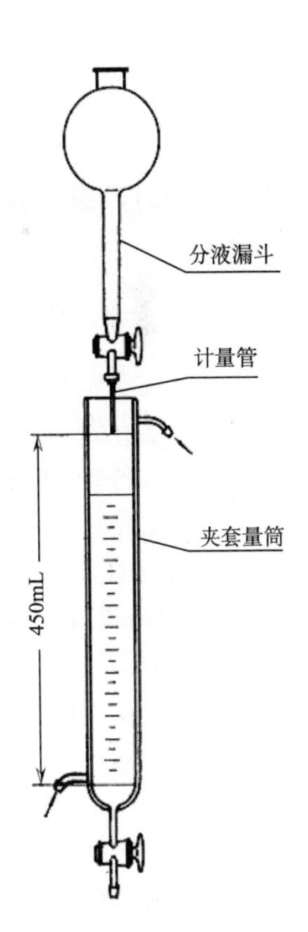

图 5.53　罗氏泡沫仪

测定步骤如下：①在室温条件下配置表面活性剂溶液，将待测溶液沿内壁缓慢倒入夹套量筒至 50mL 标线处，避免在溶液表面形成泡沫；②另用刻度量筒量取 500mL 待测溶液倒入分液漏斗，缓慢进行此操作，避免产生泡沫；③调整分液漏斗的角度，使其竖直放置，并使计量管下端出口正对夹套量筒的中心；④快速完全打开分液漏斗的旋塞，让漏斗中的溶液自由流下，不断冲击夹套量筒中的待测溶液，从而产生泡沫；⑤当分液漏斗中的溶液完全流出后，立即读取夹套量筒中泡沫的体积。重复测试三次，取其平均值，此泡沫体积即可用来表征表面活性剂溶液的发泡能力。泡沫体积越大，溶液的发泡能力就越好。

3）实验结果与讨论

SDS 和 SDES 在不同水质硬度条件下的泡沫体积如下：水中不含钙离子时，SDS 和 SDES 在相同浓度时的泡沫体积相差不大，说明两种表面活性剂在去离子水中的实际发泡能力基本相同。随着水质硬度的不断增加，SDS 的泡沫体积急剧减小，而 SDES 的泡沫体积只略微减少。当表面活性剂浓度为 0.1%时，随水质硬度的增大，SDS 的泡沫体积由 327mL 降低至 236mL，发泡能力降低了 27.8%；而 SDES 的泡沫体积仅由 320mL 变为 295mL，发泡能力只降低了 7.8%。当表面活性剂浓度为 0.3%时，SDS 和 SDES 的起泡能力分别降低了 31.9%和 7.3%。这表明硬水会削弱表面活性剂的发泡能力，但 SDES 比 SDS 的抗硬水性能更强，在水质硬度较高的条件下也具有优异的发泡能力。

由此我们可以得出结论：若发泡剂中表面活性剂的抗硬水性能较差，在硬水中使用时，必须增大其添加浓度才能实现良好的发泡性能，这会导致经济成本升高。

2. 分子动力学模拟研究

从上述实验结果可知，SDES 比 SDS 具有更优异的抗硬水性能。对于任何物质而言，分子结构决定其基本性能。因此，需要从分子层面分析表面活性剂 SDES 和 SDS 与钙离子的相互作用及其在气液界面的吸附行为，从微观上揭示非离子 EO 基团在提高表面活性剂抗硬水能力方面的关键作用。目前的实验技术手段不容易获取表面活性剂在微观分子层面的相关信息，而分子动力学模拟（molecular dynamics simulation, MD）则被证明是一种有效的方法，它能够直观地从分子尺度来描述表面活性剂微观行为[58-62]。随着计算机硬件的快速发展和计算能力的不断提高，分子动力学模拟方法已经被广泛应用于物理、化学、化工、材料科学、生物医药等领域。

1）软件与力场选择

本章使用开源软件 GROMACS 进行分子动力学模拟[63]，版本为 4.6.7。该软件最初由荷兰格罗宁根大学生物化学系开发，后经世界各地的众多学者完善和改进，功能丰富，兼容性强，非常适合用于研究表面活性剂[64]、聚合物[65]、蛋白质[66]等具有大量相互作用的体系，已成为目前最流行的分子动力学模拟软件之一。

本小节使用 GROMOS 力场，其内部还包含许多子力场，如 45A3、45A4、53A5、53A6、$53A6_{OXY}$、$53A6_{OXY+D}$ 等。由于本书所研究的表面活性剂 SDES 含有醚键，

而 $53A6_{OXY+D}$ 力场优化了醚键的参数[67]，因此最终选用 GROMOS $53A6_{OXY+D}$ 力场来进行分子动力学模拟。该力场的势能函数为

$$V=\sum V_b+\sum V_\theta+\sum V_\varphi+\sum_{i=1}^{N}\sum_{j=i+1}^{N}V_{\mathrm{VDW}}+\sum_{i=1}^{N}\sum_{j=i+1}^{N}V_{\mathrm{ele}} \tag{5.48}$$

式中各项的含义及具体的函数形式如下。

V_b 表示键伸缩势能，其函数形式为

$$V_b=\frac{1}{4}k_b\left(b^2-b_0^2\right)^2 \tag{5.49}$$

式中，k_b 表示键伸缩力常数；b 表示实际的键长；b_0 表示标准键长。

V_θ 表示键角弯曲势能，其函数形式为

$$V_\theta=\frac{1}{2}k_\theta\left(\cos\theta-\cos\theta_0\right)^2 \tag{5.50}$$

式中，k_θ 表示键角弯曲力常数；θ 表示实际的键角；θ_0 表示标准键角。

V_φ 表示二面角扭转势能，其函数形式为

$$V_\varphi=k_\varphi\left[1+\cos\delta\cos(n\varphi)\right] \tag{5.51}$$

式中，k_φ 为二面角扭转力常数；δ 表示相应的相偏移；n 表示扭转多重度；φ 表示实际的二面角。

V_{VDW} 为非键的范德瓦耳斯作用势能，其函数形式通常用伦纳德-琼斯（Lennard-Jones）势函数表示：

$$V_{\mathrm{VDW}}=4\varepsilon_{ij}\left[\left(\frac{\sigma_{ij}}{r_{ij}}\right)^{12}-\left(\frac{\sigma_{ij}}{r_{ij}}\right)^{6}\right] \tag{5.52}$$

式中，ε_{ij} 表示势阱深度；σ_{ij} 表示作用势为 0 时两原子间的距离；r_{ij} 表示两原子间的实际距离。

V_{ele} 表示静电作用势能，其函数形式为

$$V_{\mathrm{ele}}=\frac{q_iq_j}{4\pi\varepsilon_0 r_{ij}} \tag{5.53}$$

式中，ε_0 为真空介电常数；q_i 和 q_j 分别为原子 i 和 j 的带电量；r_{ij} 为两原子之间的距离。

2）模型构建

表面活性剂分子具有“两亲”特性，在起泡过程中，表面活性剂分子会在气泡液膜两侧形成两个吸附单层。基于真实的液膜结构，构建的气泡液膜“三明治”模型[68]如图 5.54 所示，上下两层表面活性剂吸附层之间为水层（即液相层），在水层中包含有 $CaCl_2$，用于研究硬水条件下表面活性剂与钙离子的相互作用及在

气液界面的微观吸附行为。模拟盒子的尺寸为6nm×6nm×30nm，水层处于盒子的中心且厚度为6nm，上下表面活性剂吸附层两侧为气相层，气液界面垂直于Z轴。四种表面活性在气液界面达到饱和吸附状态时，SDE_3S的单个分子所占的界面面积最大[61, 69]，约为52Å^2。以此数值计算，模拟盒子中的气液界面处单个吸附层最多可容纳70个表面活性剂分子。因此，对于四种表面活性剂（SDS、SDE_1S、SDE_2S和SDE_3S），每个吸附层中的分子个数均设定为70。液相中的水分子数目为7075个，$CaCl_2$中的离子数目为130个，对应的浓度为1mol/L。气液界面处的表面活性剂分子采用PACKMOL程序随机分布[70]，并将表面活性剂的亲水基指向水层，尾链则朝向气相层。

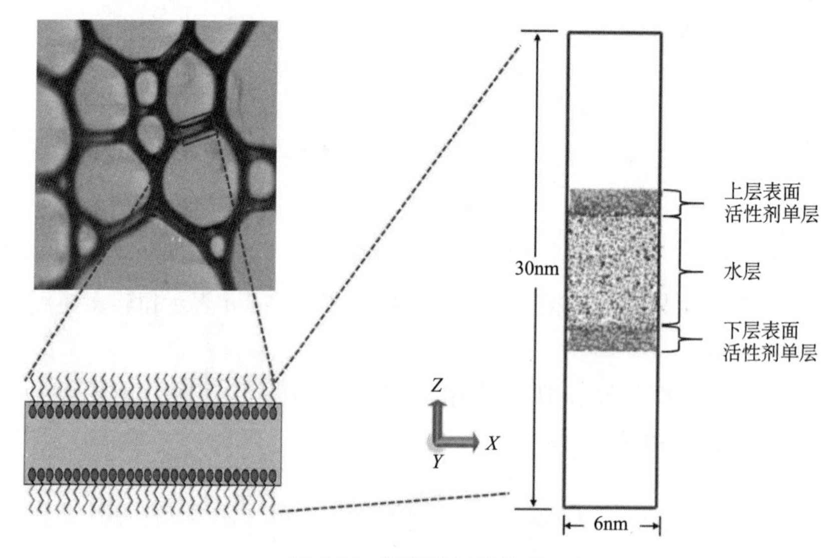

图5.54　模型的初始构象

3）运行参数

在每次模拟前，先用最速下降法对模拟体系进行能量最小化，使体系中的最大相互作用力小于1000 kJ/（mol·nm），以便消除构象重叠。模拟在NVT系综下进行，利用跳蛙法求解牛顿运动方程[71]，步长为1fs，总时长为20ns。使用LINCS方法约束键长[72]，短程非键作用的截断半径设定为1.2nm，长程静电作用采用particle mesh Ewald（PME）方法来处理[73]，截断半径设定为1.2nm。溶剂水分子采用SPC模型，使用速度标度法控制温度为298K，弛豫时间为0.1ps[74]。模拟体系的各个方向均使用周期性边界条件。每10ps保存一次运动轨迹，用于结构和性质分析，采用VMD 1.9.3可视化程序查看动力学轨迹[75]。

4）模拟结果与讨论

模拟体系是否达到平衡可以通过监测上下吸附层中亲水基团之间的距离变

化来判断[76]。在四种表面活性剂的模拟体系中，上下吸附层中表面活性剂分子亲水基团SO_4^-之间的距离变化如图 5.55 所示。从图 5.55 中可以看出，在 20ns 的模拟过程中，上下吸附层间的距离快速减小，然后在稳定值附近呈小幅度波动，说明模拟体系已经达到平衡状态。因此，选取了最后 5ns 的轨迹数据用于分析气液界面吸附层的结构性质及表面活性剂亲水基团与钙离子和水分子之间的相互作用。

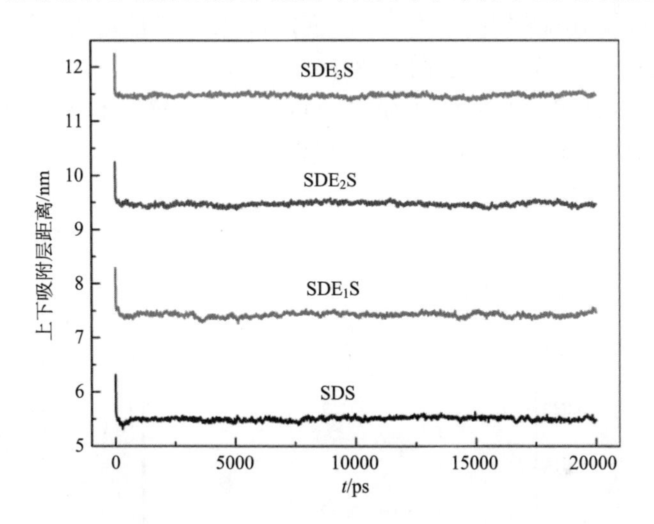

图 5.55　上下表面活性剂吸附层之间的距离

SDE_1S、SDE_2S 和 SDE_3S 为三种具有相同尾链而 EO 基团个数不同的表面活性剂分子，分别具有 1～3 个 EO 基团；为了便于观察，SDE_1S、SDE_2S 和 SDE_3S 的曲线分别沿 Y 轴向上偏移了 2nm、4nm 和 6nm

在模拟结束时，四种表面活性剂体系的最终构象如图 5.56 所示。从图中可以看出，表面活性剂的亲水结构 SO_4^- 和 EO 基团趋向于插入水中，而疏水性的烃链则呈弯曲状伸入气相中，这与表面活性剂在真实气液界面的分布规律相一致。

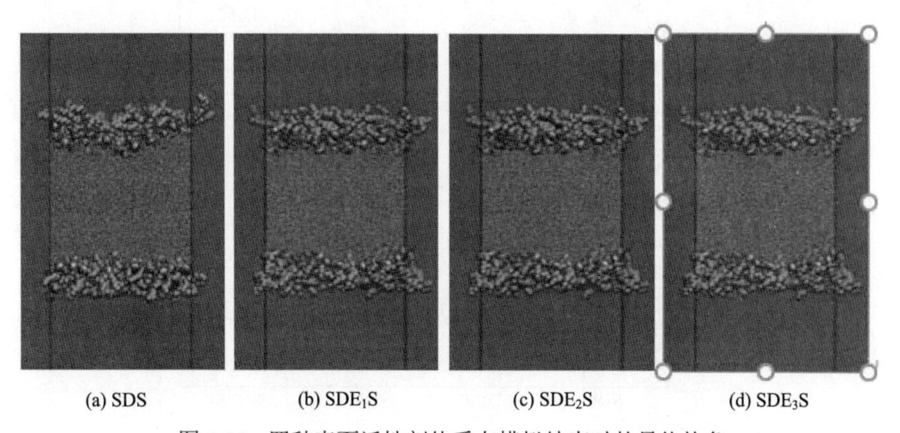

(a) SDS　(b) SDE_1S　(c) SDE_2S　(d) SDE_3S

图 5.56　四种表面活性剂体系在模拟结束时的最终构象

（1）数密度分布。

模拟体系中所构建的气泡液膜结构关于液相水层中心是对称的，在计算不同原子沿 Z 轴的数密度分布时，以液相水的中心位置作为 Z 轴零点，对上下两部分的数据取平均值并作图。水分子的数密度分布曲线如图 5.57 所示，从液相到气相逐渐降低为零。水密度减小的区域即为界面层，气液界面层的厚度则定义为从液相水密度的 90%~10%之间的距离[77,78]。随 EO 基团个数的增加，表面活性剂所形成的气液界面层厚度逐渐增大(图 5.58)，分别为 9.37Å、11.41Å、11.62Å 和 12.55Å。原因如下：以 SDE_3S 表面活性剂为例，SO_4^-、EO1、EO2 和 EO3 基团的位置距液相水层中心越来越远（以曲线的峰值位置表示），如图 5.59 所示，分别为 28.5Å、

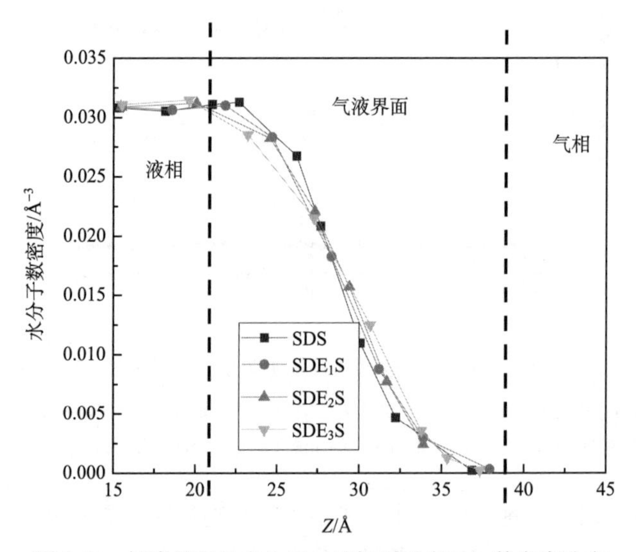

图 5.57　气液界面处水分子（以氧原子表示）数密度分布

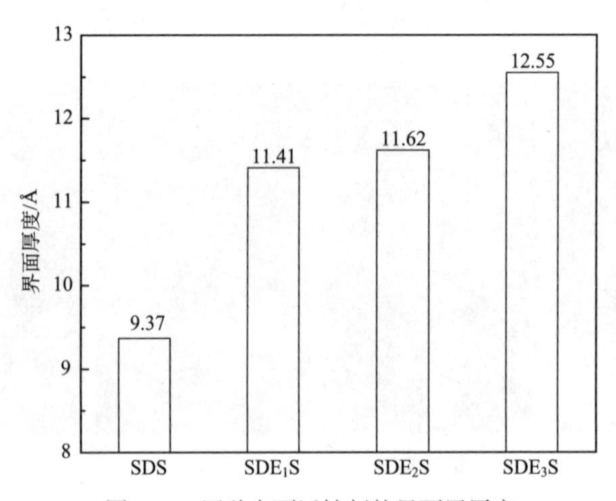

图 5.58　四种表面活性剂的界面层厚度

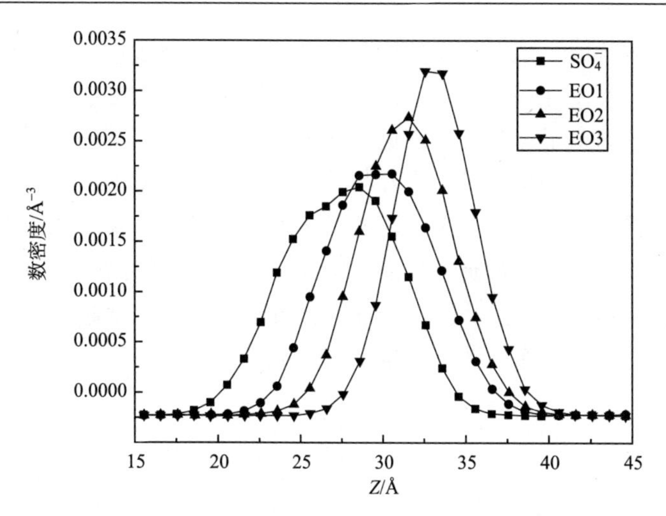

图 5.59　SDE_3S 表面活性剂中 SO_4^-（以 S 原子代表）、EO1、EO2 和 EO3 基团（以 O 原子代表）的数密度分布

30.5Å、31.5Å 和 32.5Å。远端 EO 基团与水分子之间的亲和作用会吸引水分子向其靠近，相对迫使表面活性分子的亲水端头更加深入液相水中，如图 5.60 所示。因此，EO 基团数目的增多使得界面层的厚度增加，这有助于提高气泡液膜的强度和表面活性剂的发泡能力。

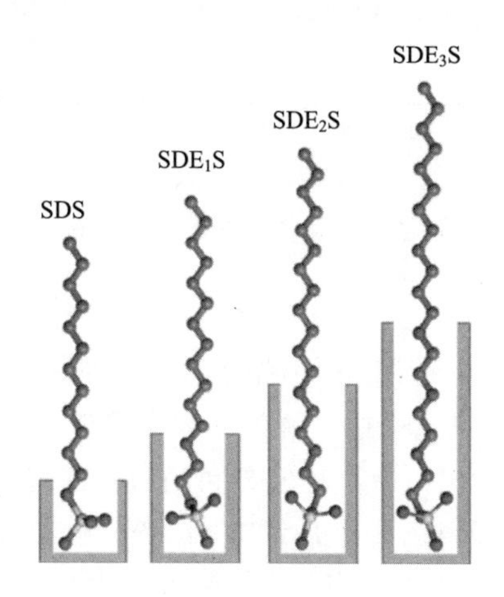

图 5.60　四种表面活性剂界面层厚度示意图

由图 5.57 可知，0Å$<Z<$21Å 的区域为液相水层，21Å$<Z<$39Å 的区域为界面层。图 5.61 为钙离子的数密度分布图。从图 5.61 中可以看出，在四种表面活性剂的模拟体系中，钙离子的数密度曲线均具有一个明显的波峰，且位于界面层区域，这是由于界面层中的 SO_4^- 与钙离子之间存在静电引力作用，使得钙离子在界

面层中聚集。随着 EO 基团数目的增多，波峰峰值逐渐减小，表明界面层中钙离子的数目减少。但在 15Å<Z<21Å 区域内，钙离子的数密度值却逐渐增大，说明界面层中减少的钙离子移动到了靠近界面处的液相水中。原因如下：表面活性剂在不含 EO 基团（如 SDS）时，SO_4^- 与钙离子的相互作用十分强烈，因此界面层中的钙离子数目最多；然而 EO 基团的增多使得同样具有亲水性的 SO_4^- 与 EO 基团之间的相互作用增强，抑制了界面层中 SO_4^- 与钙离子的结合，使部分钙离子从界面层迁移到液相水中。因此，在表面活性剂中引入 EO 基团，能够减少钙离子与 SO_4^- 的络合，提高表面活性剂的抗硬水性能。

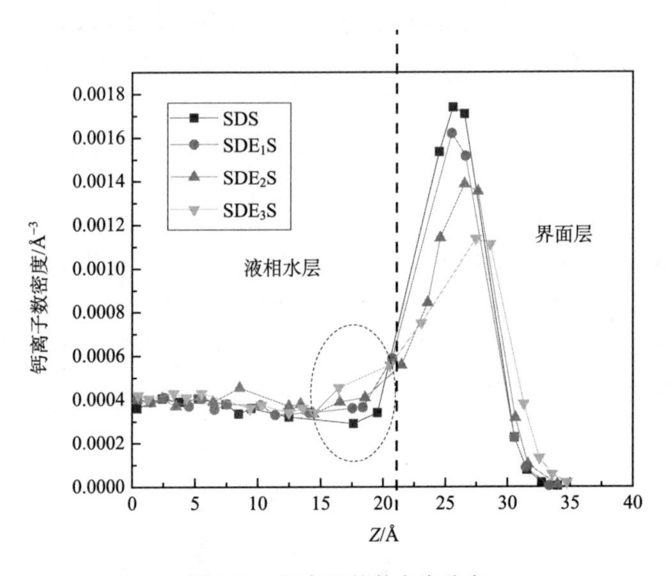

图 5.61　钙离子的数密度分布

（2）径向分布函数。

SO_4^-、EO1、EO2 和 EO3 基团周围钙离子的径向分布函数（RDF）如图 5.62 所示，每个波峰代表一个钙离子层，峰值的大小可以反映该位置处钙离子的分布强度。从图 5.62 中可以看出，所有径向分布函数曲线均在 5Å 附近出现第一个明显的波峰，且该波峰的峰值远高于后续波峰的峰值，这表明第一个钙离子层与 SO_4^-、EO1、EO2 和 EO3 基团的相互作用强度最大。在图 5.62（a）中，径向分布函数第一波峰的位置约为 4.7Å，并且按照 SDS、SDE_1S、SDE_2S、SDE_3S 的顺序，波峰的峰值逐渐降低，说明 EO 基团的增多减少了钙离子与硫酸根离子的络合。从图 5.62（b）、（c）和（d）中可以看出，在距 EO 基团 4.8Å 的位置处出现明显的波峰，并且按照 SDE_1S、SDE_2S、SDE_3S 的顺序，EO1 和 EO2 基团周围钙离子 RDF 曲线的第一波峰的峰值逐渐增大，这表明 EO 基团与钙离子之间也存在强烈的相互作用，EO 基团总数越多，相同位置的 EO 基团周围钙离子的分布强度越大。综上可知，EO 基团数目的增多能够吸引更多钙离子分布在其周围，从而减少钙离子与硫酸根离子的络合，有助于提高表面活性剂的抗硬水性能。

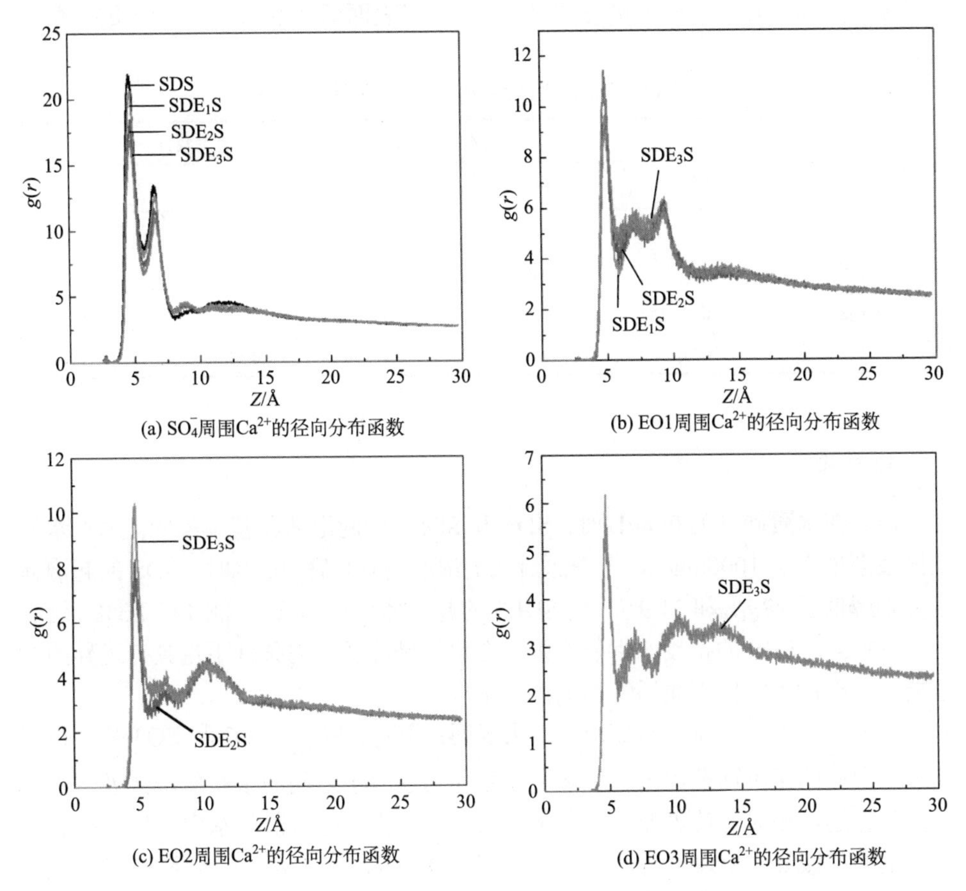

图 5.62　SO_4^-、EO1、EO2 和 EO3 基团周围钙离子的径向分布函数

（3）氢键数目。

四种表面活性剂头基中各个亲水基团与水分子之间的氢键数目如表 5.11 所示。从表 5.11 中可以看出，从 SDS 到 SDE_3S 硫酸根所形成的氢键数目逐渐减少，但 EO 基团也可与水分子之间形成氢键，且 EO 基团数目越多，非离子基团形成的氢键越多。表面活性剂与水分子之间的氢键总数由硫酸根和 EO 基团共同决定。SDS 亲水基团仅含有硫酸根，单个表面活性剂形成的氢键数目最少，为 7.06 个；而 SDE_3S 比 SDS 多出 3 个 EO 基团，表面活性剂与水分子之间的氢键总数最多，为 8.17 个。表面活性剂形成的氢键数目越多，则水合作用越强，气泡液膜的强度

和稳定性越高，在气泡形成过程中的破裂率越低，在硬水条件下的发泡能力越好。另外，EO 基团在分子结构中的位置也会影响其氢键数目，以 SDE_3S 表面活性剂为例进行分析，从 EO1 到 EO3，所形成的氢键数目逐渐减少，这说明 EO 基团距离硫酸根越远，其与水分子接触的机会越少，对表面活性剂水合作用的贡献越小。

表 5.11 表面活性剂与水分子之间的氢键数目

表面活性剂	单个表面活性剂的不同亲水基团与水分子之间的氢键数目				
	SO_4^-	EO1	EO2	EO3	共计
SDS	7.06	—	—	—	7.06
SDE_1S	6.69	0.82	—	—	7.51
SDE_2S	6.47	0.71	0.61	—	7.79
SDE_3S	6.26	0.76	0.62	0.53	8.17

3. 结论

（1）在水质硬度为 0mg/L 时，SDS 和 SDES 的起泡体积基本相同；随着水质硬度逐渐增大至 1000mg/L，在表面活性剂浓度为 0.1%和 0.3%时，SDS 的起泡体积分别降低了 27.8%和 31.9%，而 SDES 的起泡体积只降低了 7.8%和 7.3%。这表明，SDES 比 SDS 的抗硬水性能更强，在水质硬度较高的条件下也具有优异的发泡能力，有助于降低表面活性剂的添加浓度。

（2）分子动力学模拟的数密度结果表明：SO_4^-、EO1、EO2 和 EO3 基团距液相水层中心的距离逐渐增大，远端 EO 基团与水分子之间的亲和作用会吸引水分子向其靠近，相对迫使表面活性分子的亲水端头更加深入液相水中，使四种表面活性剂的气液界面层厚度逐渐增大，分别为 9.37Å、11.41Å、11.62Å 和 12.55Å，这有助于提高气泡液膜的强度。EO 基团数目的增多减少了界面层中与硫酸根络合的钙离子数目，使这部分钙离子迁移到液相水中，有助于提高表面活性剂在硬水中的表面活性和发泡能力。

（3）分子动力学模拟的径向分布函数结果表明：从 SDS 到 SDE_3S，硫酸根周围钙离子的分布强度逐渐减弱，EO 基团周围钙离子的分布强度逐渐增加。EO 基团数目的增多能够吸引部分钙离子分布在其周围，从而减小钙离子与硫酸根离子的络合概率，有助于提高表面活性剂在硬水中的表面活性和发泡能力。

（4）分子动力学模拟的氢键数目结果表明：表面活性剂与水分子之间的氢键总数由硫酸根和 EO 基团共同决定，从 SDS 到 SDE_3S，虽然硫酸根与水分子之间的氢键数目逐渐降低，但 EO 基团与水分子之间形成的氢键增加，使得 SDE_3S 亲水基团形成的氢键总数最多。另外，EO 基团距离硫酸根越远，其与水分子接触的机会越少，对表面活性剂水合作用的贡献越小。

5.4.2　水溶性聚合物改善抑尘泡沫性能研究

聚合物可以改变发泡剂溶液的性质，作为一种高分子化合物，水溶性聚合物可以与表面活性剂相互作用，改变溶液的黏性[79,80]。此外，Khan 等[81]发现十二烷基硫酸钠（SDS）和十二烷基苯磺酸钠（SDBS）溶液的表面张力会随着聚合物的添加而显著增加。向发泡剂溶液中加入水溶性聚合物可对溶液的表面性质产生显著影响，这种变化也会影响泡沫的润湿性和稳定性，但是目前聚合物对泡沫的抑尘性能有何影响还没有一个清晰的认识。

因此，本小节将围绕聚合物对泡沫关键抑尘性能的影响展开研究，设计实验以分析在发泡剂溶液中添加不同的聚合物对煤尘的润湿性、表面黏性和泡沫稳定性的影响，全面地探究聚合物在泡沫抑尘技术中的使用价值，为抑尘泡沫的优化利用提供理论指导，以期解决抑尘成本高的难题。

1. 实验材料与仪器

1）实验材料

α-烯烃磺酸钠（AOS）是常用的阴离子表面活性剂，它具有发泡能力强、成本低廉、易于购买等特点；聚氧乙烯辛基酚醚-10（OP-10）是常用的非离子表面活性剂，具有较低的临界胶束浓度，并且环境适应性好。在不同的聚合物种类中，聚乙烯醇（PVA）是一种常见的水溶性聚合物，具有良好的水溶性、成膜性和黏性；聚丙烯酰胺（PAM）被广泛用作聚合物添加，该物质通常为阴离子型；羟乙基纤维素（HEC）是常用的非离子可溶性纤维素-醚聚合物。这些聚合物在水溶液中均具有良好的增黏作用和抗剪切性。用于测量润湿能力的煤粉是选自平煤八矿的焦煤，实验材料具体见表 5.12。

表 5.12　实验材料

类型		来源	纯度/%
表面活性剂	AOS 粉	临沂绿森	92
	OP-10	俄罗斯	99
聚合物	PVA 1788	安徽皖维	100
	HPAM 600	义乌鑫邦	100
	HEC 10S	山东赫达	100
煤粉	焦煤	平煤八矿	100

2）实验流程

制备 10 份质量浓度为 0.1‰、0.3‰、0.6‰、1.0‰和 1.5‰的 AOS（OP-10）溶液样品；再将 0.1‰、0.3‰、0.6‰、1.0‰和 1.5‰的 HPAM、HEC、PVA 添加至 0.1‰ AOS（OP-10）溶液，制成 30 份溶液样品。制样过程中先将溶质充分溶解，再将溶液稀释至指定浓度并静置，室温下制备实验样品溶液共计 40 份，每份 200mL。

（1）接触角测量：使用压片机在 10MPa 下将煤粉（1g，2000 目）压制成煤片；使用界面流变仪（Tracker）将样品溶液分别置于注射器中，测量 $4mm^3$ 的液滴在煤片上形成的躺滴接触角。

（2）相位角（损耗角）和黏性模量测量：使用正弦振荡液滴张力测定法，利用 Tracker，将 U 形针头延伸到盛装样品溶液的样品池中，推动注射器中的空气，在针头处形成 $5.5mm^3$ 的上升气泡，正弦振荡频率设定为 0.1Hz，幅度为 $1mm^3$，根据表面张力/面积的变化，计算相位角和黏弹性模量。

（3）泡沫排液速率的测定：使用泡沫扫描仪，将 50mL 样品溶液注入发泡管中，并以 120mL/min 的速率将氮气加压到溶液中发泡，形成 200mL 泡沫时停止加压，测试泡沫液体含量的体积变化，计算排液速率。

2. 实验结果与讨论

1）润湿性

润湿性是指发泡剂润湿粉尘的能力，通常用接触角表示[6, 82]。图 5.63 显示了不同浓度的几种溶液在煤片上接触角的变化。在不添加聚合物的情况下，表面活性剂溶液 AOS 和 OP-10 在煤片上的接触角随着浓度的增加而减小，这表示阴离

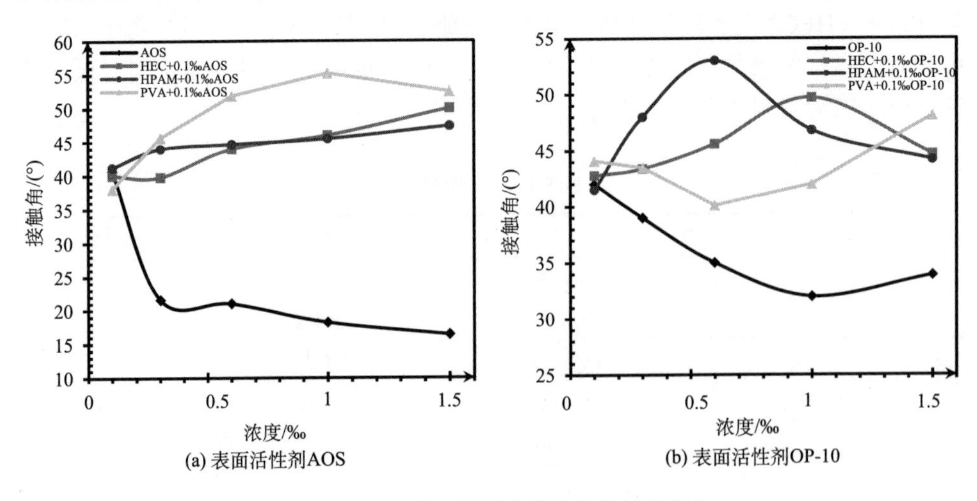

图 5.63 不同溶液随浓度增大的接触角变化

子表面活性剂 AOS 和非离子表面活性剂 OP-10 溶液对煤的润湿性在实验浓度范围内随着浓度的增加而增加；而表面活性剂/聚合物溶液的接触角随聚合物浓度的增加而增加，接触角显著大于不添加聚合物的表面活性剂溶液。

如图 5.64 所示为添加 HPAM 的溶液在煤片上的躺滴形状。与含有聚合物的溶液相比，没有添加聚合物的液滴可以更好地“平铺”在煤片上，而添加聚合物的液滴更显“收紧”，不同的平铺程度表现出不同的润湿性。因此，向表面活性剂溶液中加入聚合物会降低其对煤的润湿性，这在实验浓度范围内随聚合物浓度的增加而更加明显，其中在低浓度范围（< 0.3‰）下，添加聚合物的溶液对润湿性的影响不大。

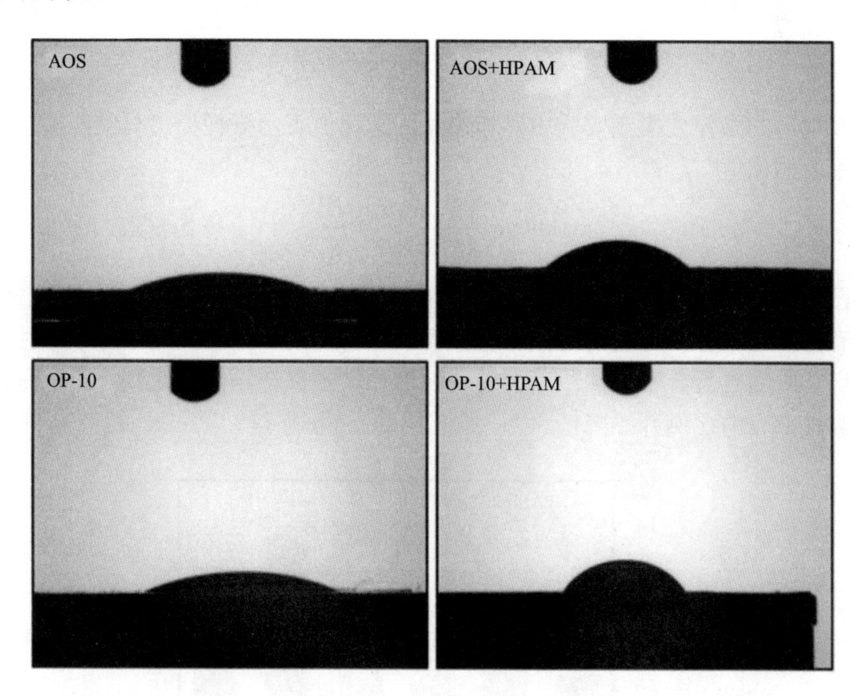

图 5.64　0.3‰AOS（OP-10）溶液及 0.1‰ AOS（OP-10）添加 0.3‰ HPAM 的溶液的躺滴形状

2）黏性

黏性有利于泡沫覆盖灰尘源（例如掘进头的煤岩壁面），减少泡沫的流失吹散。损耗模量，也称为黏性模量，是指材料变形时由于黏性形变（不可逆）损失的能量[83]。损耗模量是表面分子对液相的抵抗力，并且反映在材料黏性中，所以采用损耗模量（黏性模量）来表征样品溶液的黏性。

图 5.65 显示了在不同溶液中测量的黏性模量的变化。可以看出，纯 AOS 和 OP-10 溶液的黏性模量随着浓度的增加而降低。然而，在添加了聚合物的混合溶液中，溶液黏性显著提高。

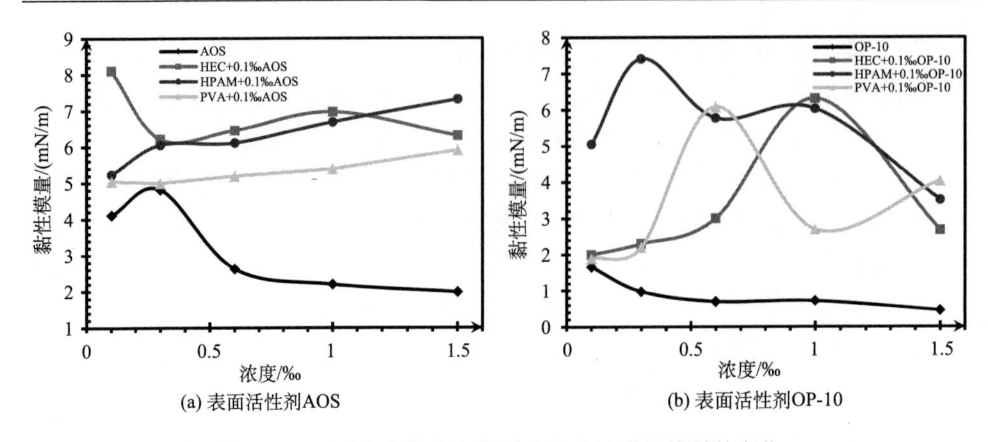

图 5.65　不同浓度的发泡剂/聚合物溶液黏性模量的变化

在材料的黏弹性模量实验中，相位角的正切值表示损耗模量与储能模量（弹性模量）的比值[84-86]：

$$\tan\theta = \frac{|E|\sin\theta}{|E|\cos\theta} = \frac{E''}{E'} \tag{5.54}$$

图5.66显示了不同浓度的ADS/HPAM混合溶液的相位角正切值的变化情况。可以看出，与不含聚合物的溶液相比，含聚合物的溶液的黏弹性模量中黏性部分的比例首先随着聚合物添加浓度的增加而增加，当聚合物浓度达到一定值时，溶液中黏性部分的比例开始降低。

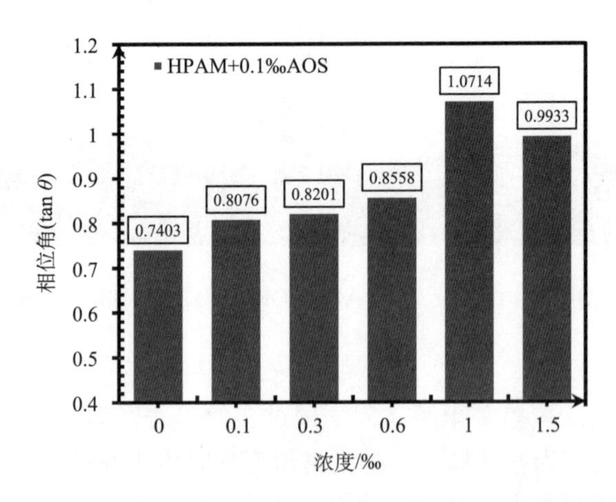

图 5.66　不同浓度的 AOS/HPAM 溶液相位角正切值的变化

综上可知，添加水溶性聚合物可显著提高溶液的黏性，并且随着聚合物浓度的增加，黏性持续增大；随着聚合物浓度的增加，相位角的正切值先增加再减小，这表明在添加低浓度聚合物时，溶液黏性显著高于没有添加聚合物的表面活性剂溶液的黏性。

3）稳定性

稳定性是指支撑泡沫完成抑尘作用的泡沫“寿命”。在稳定性分析中，采用泡沫的半衰期来表征泡沫稳定性，在泡沫抑尘包括泡沫防火中，泡沫发挥作用的关键是两相流体中的液体成分，因此，泡沫排液是表征其稳定性的核心参数。由此设计了一个公式来计算泡沫扫描仪产生 200mL 泡沫的排液速率，以分析泡沫的稳定性：

$$V_t = \frac{L_i - L_f}{\Delta t} \tag{5.55}$$

式中，Δt 为泡沫中的液体体积减小一半所需的时间；L_i 为初始液体体积；L_f 为发泡停止时的液体体积。

图 5.67 表示不同浓度的发泡剂/聚合物溶液的泡沫排液速率。结果显示：在添加聚合物 HEC、HPAM 和 PVA 后，泡沫的排液速率都有所降低，但随着聚合物浓度的增加，添加 HEC 和 PVA 的溶液排液速率保持很低甚至持续下降，但随着 HPAM 浓度的增加，排液速率逐渐增加。该结果表明向表面活性剂溶液中加入聚合物降低了泡沫排出速率并改善了泡沫稳定性，但是随着浓度增加，添加 HPAM 的溶液（高于 0.3‰）的泡沫排液速率相对较高。

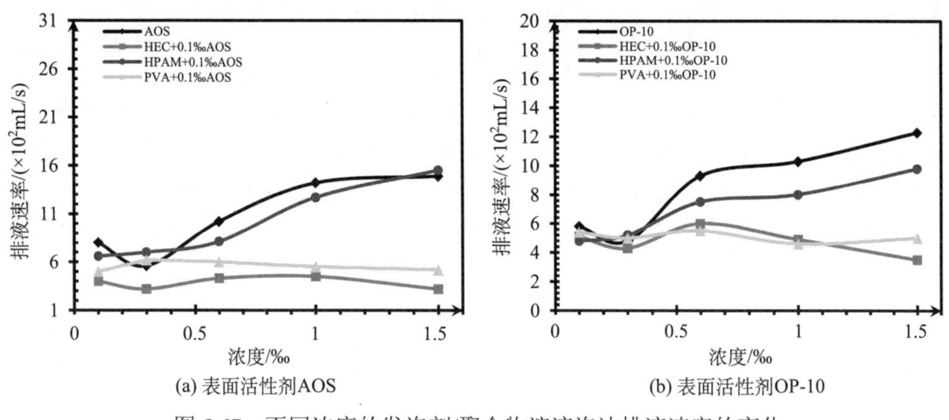

图 5.67　不同浓度的发泡剂/聚合物溶液泡沫排液速率的变化

图 5.68 表示发泡后 150s 时四种溶液的泡沫液体含量。结果表明：添加聚合物后泡沫的液体含量明显增加，因而提高了泡沫抑尘性能。在含有 HPAM 的泡沫中，泡沫的携液量明显比其他三种更多，实验中也观察到添加 HPAM 之后的溶液十分黏稠。由于携液能力强，含有 HPAM 的泡沫中液体受到的重力大，尤其是高浓度的 HPAM，因此随着 HPAM 浓度增加，其排液速率也在增加。尽管排液较快，但其并不意味着添加 HPAM 的泡沫的稳定性更差。从泡沫形式和长期特性来看，

在长时间后(2000s 以上),添加 HPAM 的泡沫含液量仍然远远高于纯发泡剂溶液,因此相比于不添加聚合物的溶液所形成的泡沫，含 HAPM 的泡沫更加稳定。

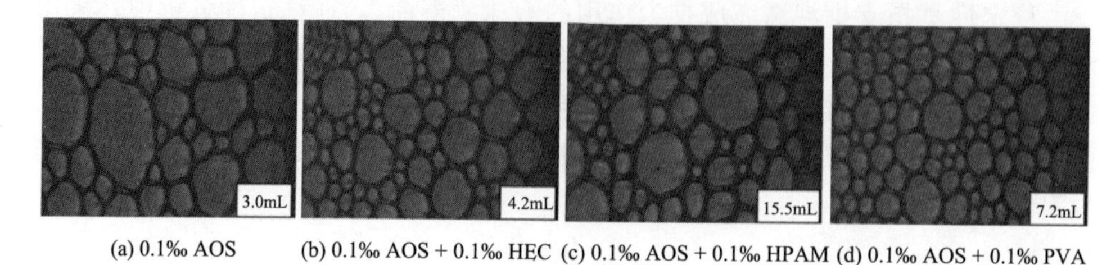

(a) 0.1‰ AOS　(b) 0.1‰ AOS + 0.1‰ HEC (c) 0.1‰ AOS + 0.1‰ HPAM (d) 0.1‰ AOS + 0.1‰ PVA

图 5.68　四种溶液在发泡后 150s 时泡沫的液体含量

4）机理探究

在润湿性实验中，溶液液滴与煤接触并黏附在煤表面上，液滴随着时间推移向煤片周围扩散，增加了与煤的接触面积，该润湿过程涉及液体的黏附和铺展。在黏附过程中，液体从空气中滴落到固体表面，在此过程中其表面自由能的变化是[86]

$$-\Delta G_w = a(\gamma_{SA} + \gamma_{LA} - \gamma_{SL}) \tag{5.56}$$

式中，γ_{SA} 为固体表面张力；γ_{LA} 为液体表面张力；γ_{SL} 为固液之间的界面张力；a 为润湿后液体与固体表面的接触面积，该过程的驱动力为

$$W_a = \gamma_{SA} + \gamma_{LA} - \gamma_{SL} \tag{5.57}$$

从公式中可以看出，在该过程中固体和液体之间界面张力的降低和液体表面张力的增加可以促进固体和液体之间的黏附。而在铺展期间，驱动力由铺展系数确定，实验中的铺展系数等于液体与固体的黏附功和液体自身的黏附功之差，其中液体的自我黏附功 W_c 是[87]

$$W_c = 2\gamma_{LA} \tag{5.58}$$

因此，铺展系数 $S_{L/S}$ 是

$$S_{L/S} = W_a - W_c = \gamma_{SA} - \gamma_{SL} - \gamma_{LA} \tag{5.59}$$

固体的表面张力和固体与液体之间的界面张力不容易直接测量，所以一般通过间接方法，即通过测量接触角来评估铺展系数。润湿粉尘的过程主要要求抑尘液体在粉尘表面上扩散包裹,因此评价润湿性的接触角的变化主要在于铺展过程,其中接触角 θ 的计算来自 Young 方程：

$$\gamma_{LA}\cos\theta = \gamma_{SA} - \gamma_{SL} \tag{5.60}$$

如果接触角超过 0°，则铺展系数不能为正或为零，由于

$$S_{L/S} = \gamma_{LA}\cos\theta - \gamma_{LA} = \gamma_{LA}(\cos\theta - 1) \tag{5.61}$$

可以看出，当 θ 是有限值时，（cos θ–1）总是负的，所以 $S_{L/S}$ 也总是负的，液体不能完全在固体表面上铺展。根据式（5.61），液体表面张力 γ_{LA} 的增加总是会增加接触角，从而影响铺展系数 $S_{L/S}$，不利于润湿中的铺展过程。

纯表面活性剂溶液的表面张力会随着浓度的增加而降低（浓度不超过 CMC 时），由于表面张力的影响，其接触角连续降低，从而能够提高对煤的润湿能力。而在加入聚合物后，如溶液 AOS 显示，在加入不同浓度的聚合物后，溶液的表面张力不断变化（图 5.69），在 0‰~1.5‰的聚合物添加浓度内，溶液的表面张力随着聚合物浓度的增加而不断上升。表面张力的增加主要是由于吸附在溶液表面上的表面活性剂分子的减少，表面活性剂分子被体相中聚合物的疏水基团吸引，从而减少了它们在表面上的排列，提高了溶液的表面张力，最后导致溶液接触角的增加。

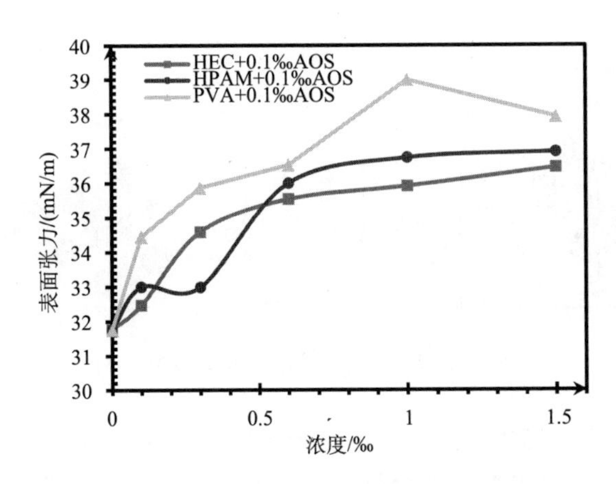

图 5.69　不同浓度的发泡剂/聚合物溶液表面张力的变化

5）表面活性剂溶液的黏性和稳定性的变化机理

增黏作用是大多数水溶性聚合物的特征，意味着水溶性聚合物可以增加另一种水溶液或水分散体的黏性。增黏效果包括两个方面：第一，水溶性聚合物通过自身黏性增加水相的黏性，这是理想的增黏；第二，水溶性高分子化合物作用于水中的分散相或水中的其他高分子化合物，达到增黏效果[54]。而添加聚合物到表面活性剂溶液中时，这两种增黏效果均有发生。聚合物添加至表面活性剂溶液后，聚合物大分子链分布在溶液中增加了溶液黏性，并且由于疏水相互作用，体相中的聚合物链将与表面活性剂胶束结合，形成致密的网络结构，显著增加了原始溶液的黏性，这就是添加聚合物后表面活性剂溶液黏性发生变化的原因，而溶液黏性的变化同时会影响发泡后的泡沫稳定性。

泡沫衰变主要是由泡沫排液导致的，泡沫中的液体主要受重力作用，同时还受液膜内外的压力差影响：

$$\Delta p = p_l - p_g = \frac{2\sigma}{R} \tag{5.62}$$

式中，p_l 和 p_g 为液膜内外的压力；σ 为表面张力；R 为该点处的液膜半径。

这种压力差导致液膜膨胀，从而促进液膜之间的液体流动。排液速率可以表征泡沫稳定性：较慢的排液速率使泡沫更稳定，因此泡沫黏性的增加将提高其稳定性。发泡剂溶液本身就具有一定的黏性，液膜的表面黏性和体相中的胶束阻碍了泡沫排液，因此提高了稳定性。图 5.70 显示了表面活性剂溶液添加聚合物后的泡沫排液行为，在聚合物溶解于表面活性剂溶液后，大分子链、胶束及二者聚集体在体相中存在，显著增加了液体的黏性，黏滞力减缓了泡沫的排出，增加了泡沫的稳定性，并且随着聚合物浓度的增加，这种排液的黏滞会更加明显。

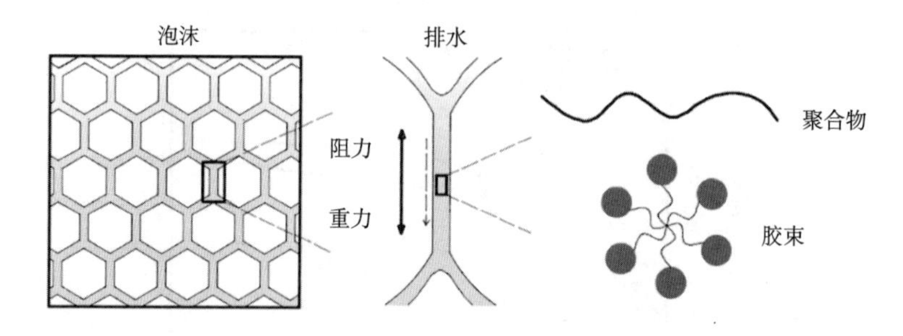

图 5.70　发泡剂添加聚合物后的泡沫排液行为

6）聚合物对泡沫抑尘性能影响的进一步讨论

向表面活性剂溶液中加入聚合物增加了表面张力，显著提高了溶液黏性和稳定性。在性能方面，添加聚合物后泡沫润湿粉尘的能力略有下降，但黏性和稳定性显著提高；从应用的角度来看，添加低浓度的聚合物增强了泡沫抑制粉尘的综合能力。此外，聚合物减阻的能力也在泡沫抑尘中起到积极作用。

减阻是指向流体中添加少量化学物质降低流过固体表面流体的湍流摩擦阻力的现象。许多水溶性聚合物都具有明显的减阻效果，减阻效果由相同浓度下的减阻率 r_D 表示[64]：

$$r_D = \frac{\Delta P_i - \Delta P_p}{\Delta P_i} \times 100\% \tag{5.63}$$

式中，ΔP_i 为没有聚合物的流体的压降；ΔP_p 为添加聚合物的流体在相同流速下的压降。

减阻具有重要的实用价值，在流体的输送中，在不增加功率消耗的情况下能提高流体的输送能力、增加输送距离及提高流体的射程。在泡沫抑尘的应用中，泡沫需要在高压下喷射到粉尘源上，覆盖尘源，捕获空气中的粉尘，因此泡沫的输送和喷射很关键；添加聚合物、良好的减阻效果可提高泡沫输送和喷射的效率，进而提高泡沫抑尘的实用性。

3. 总结

添加聚合物是改善发泡剂性能的有效途径。虽然添加聚合物降低了溶液对煤尘的润湿性，但显著提高了溶液的黏性和泡沫的稳定性。由于聚合物的强携液能力，泡沫的液体含量较纯发泡剂泡沫明显增加，且由于添加聚合物的溶液黏性增加，泡沫的排液速率降低，增加了泡沫“寿命”。添加低浓度（<0.3‰）聚合物对抑尘泡沫的作用是最有利的。

5.4.3　表面活性剂-高分子稳定剂体系改善抑尘泡沫性能研究

1. 发泡能力实验

1）实验材料

基于上述分析，结合高分子化合物的溶解速率和经济性，通过前期大量实验研究，选择了一种多羟基高分子稳定剂（WP）用于后续研究，分子结构如图 5.71 所示。该化合物分子主链为碳链，并含有众多羟基，羟基尺寸小，极性强，十分容易形成氢键，因此 WP 具有良好的水溶性、成膜性和黏结力。其水溶液呈无色透明状，无毒无味，生物降解能力好，是一种绿色环保产品，广泛应用于纺织、医药、食品、建筑等行业。

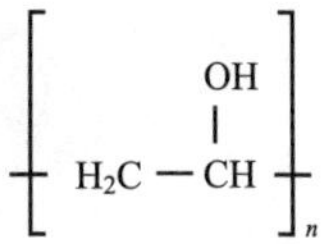

$$\left[-H_2C-\underset{OH}{\overset{|}{CH}}- \right]_n$$

图 5.71　高分子稳定剂的分子结构

表面活性剂 SDES 由山东优索化工科技有限公司提供，具体信息见 5.4.1 部分。在实验中，SDES 的浓度设定为 0.01%、0.05%、0.1%、0.2%、0.3%、0.4%、0.5%和 0.6%，WP 的浓度设定为 0.01%、0.05%、0.10%和 0.15%。

2）实验仪器及操作步骤

泡沫扫描仪由法国 Teclis 公司制造，如图 5.72 所示。该仪器采用鼓泡法产生泡沫并可测试泡沫性能。透明竖直的玻璃管底部为圆形的多孔玻璃，实验时在多孔玻璃上方的样品池中用注射器注入一定体积的待测溶液，然后将一定流量的气体从玻璃管底部通入，经多孔玻璃分散后进入待测溶液产生泡沫。玻璃管中的泡沫体积变化通过光学相机进行测量和记录；待测溶液的体积和泡沫中液体的体积通过电导率方法进行测量。从图 5.73 可以看出，在玻璃管的不同高度处分布有五个电极，最底部的电极用于测量溶液的电导率，上部的四个电极用于测量不同高度处的泡沫的电导率，经软件计算可得溶液的体积和不同高度处泡沫的含液率。

CCD 相机可以拍摄泡沫的微观结构图片，经 CSA 软件处理可用于分析泡沫中的气泡尺寸分布，软件界面如图 5.74 所示。

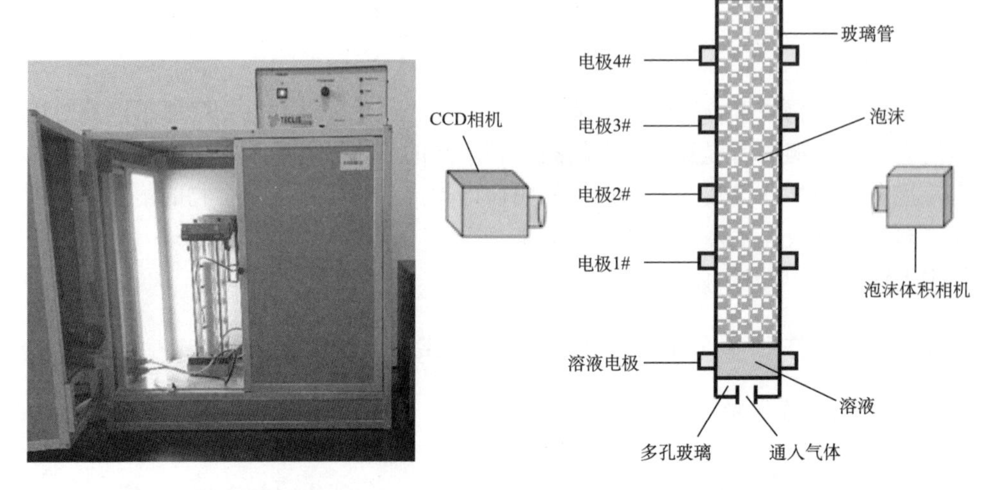

图 5.72　泡沫扫描仪　　　　图 5.73　泡沫扫描仪内部结构

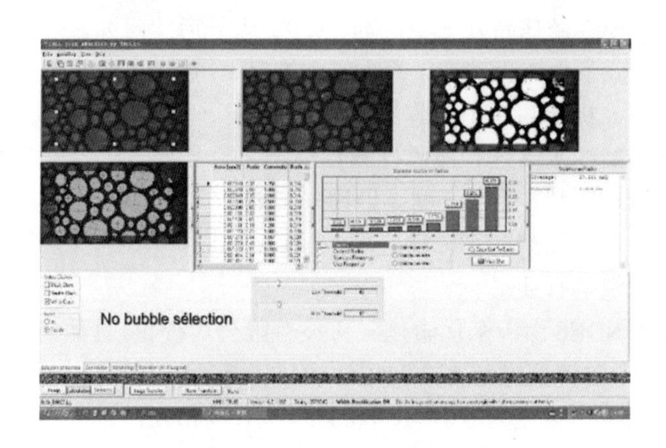

图 5.74　气泡粒径分析软件界面

实验时，样品池中待测溶液的体积设定为 40mL，干空气的气体流速为 50mL/min，多孔玻璃的型号为 P3，孔径为 16~40μm。当泡沫体积达到 200mL 时，停止通气，产泡过程结束，随后泡沫进入衰减阶段。自泡沫生成开始，持续记录泡沫体积、溶液体积、泡沫中液体体积和不同高度处泡沫的含液率等参数。CCD 相机拍摄泡沫微观结构图的时间间隔设定为 5s。泡沫体积达到 200mL 的时间被用于表征溶液的起泡能力，所用时间越短，起泡能力越好。泡沫的携液能力和排液速率通过泡沫中的液体含量来研究。泡沫中气泡的尺寸大小以平均半径表示。

3）实验结论

SDES/WP 混合溶液的起泡时间如图 5.75 所示，被用来表征溶液的起泡能力。从图 5.75 中可以看出，随 SDES 浓度的增加，起泡时间先快速下降然后逐渐达到稳定值，转折点处对应的 SDES 浓度约为 0.1%。起泡能力与溶液的表面张力和气液界面处表面活性剂的吸附密度相互关联。当 SDES 浓度低于 0.05%时，即小于临界胶束浓度时，表面张力并未达到平衡值，因此增大 SDES 的浓度能够降低表面张力，提高溶液的起泡能力，使起泡时间急剧缩短。当 SDES 浓度大于 0.1%时，溶液的表面张力趋于稳定，因而 SDES 浓度的增加并未显著改变溶液的起泡能力，即溶液的起泡时间在 204~210s 之间波动。

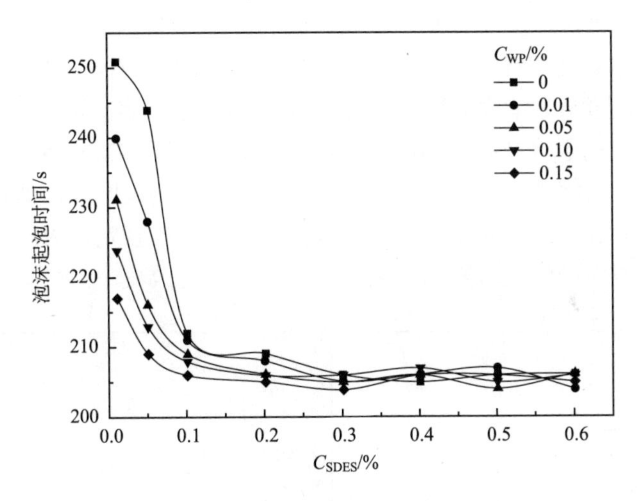

图 5.75　SDES/WP 混合溶液的起泡时间

按照表面张力与起泡能力之间的理论关系，达到临界胶束浓度后，即 SDES 浓度高于 0.05%时，溶液的起泡能力应该不再增加。但 SDES 浓度在 0.05%~0.1%时，起泡时间却随 SDES 浓度的增大继续减小，表明溶液的起泡能力仍在提高。这是因为，在泡沫生成的过程中，气液界面的表面积急剧扩大，引起本体溶液中表面活性剂分子的减少，并吸附到新的气液界面上[88]。当溶液在临界胶束浓度时，原始的气液界面表面活性剂吸附密度刚刚达到饱和，此时产生泡沫将急剧增加气液界面的表面积，然而溶液中没有足够的表面活性剂分子扩散并吸附到新的气液界面上，导致吸附密度急剧减小，气泡液膜强度下降和破裂率增加，因此，继续增加表面活性剂浓度可提高溶液的起泡能力。当 SDES 浓度高于 0.1%时，本体溶液中有足够的表面活性剂分子扩散并吸附到新的气液界面上，维持气液界面的饱和吸附状态和液膜的强度，因而起泡能力不再发生变化。综上，溶液在临界胶束浓度时，并不能保证溶液的起泡能力达到最大，即最优的起泡浓度通常大于临界胶束浓度。

WP 对溶液起泡能力的影响规律如下所述。当 SDES 浓度为 0.01%和 0.05%时，WP 浓度的增加逐渐缩短了 SDES 溶液的起泡时间，即提高了起泡能力，如图 5.76 所示。例如，当 SDES 浓度为 0.01%时，纯 SDES 溶液的起泡时间为 251s，WP 浓度为 0.15%时的起泡时间缩短为 217s；当 SDES 浓度为 0.05%时，不含 WP 和 WP 浓度为 0.15%时的起泡时间分别为 244s 和 209s。原因如下：在泡沫产生过程中，气泡生成和破裂现象同时存在。当气泡的生成速率大于破裂速率时，表现为泡沫体积逐渐增加，但并不意味着气泡破裂现象不存在。SDES 浓度为 0.01%和 0.05%时，在泡沫产生过程中气液界面表面积急剧增大，表面活性剂的吸附密度下降，导致气泡液膜十分不稳定，破裂率较高。加入 WP 后，高分子稳定剂能够增大溶液的体相黏度和气泡液膜的强度，增强气泡液膜的稳定性，降低气泡的破裂速率。因此，随 WP 浓度的增加，溶液的起泡时间逐渐缩短。从图 5.75 中可以看出，当 SDES 高于 0.1%时，SDES/WP 混合溶液与纯 SDES 溶液的起泡时间基本相同，即 WP 对溶液的起泡能力影响不大。这是因为此时表面活性剂在气液界面的吸附密度能够达到饱和状态，可以维持气泡液膜的稳定，WP 的加入并不会对气泡的破裂速率产生显著影响，因而起泡时间不再改变。

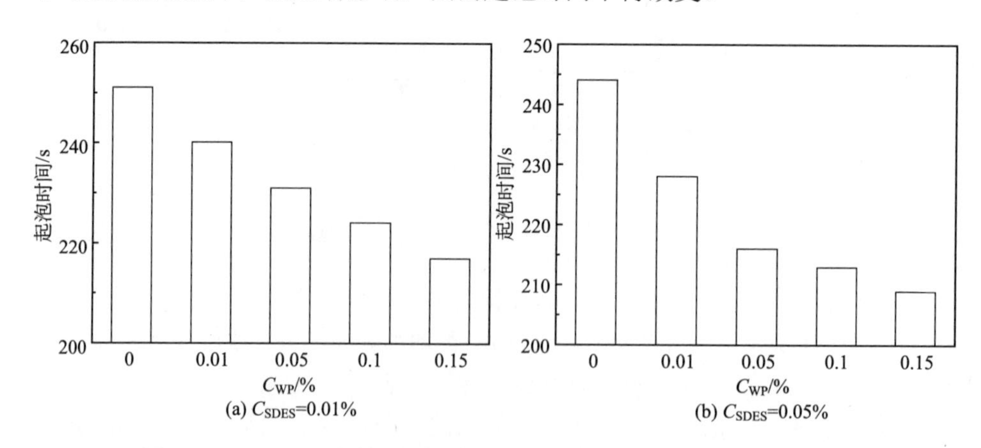

图 5.76　不同 WP 浓度时的起泡时间（SDES 浓度为 0.01%和 0.05%）

为了直接证明 WP 强化稳定液膜的作用，从供气量的角度进行计算说明。在产泡过程中，若不存在气泡破裂，泡沫体积 200mL 减去泡沫中液体的体积 V_{liquid} 即为理想的供气量 $V_{ideal\ gas}$。实际产泡过程中的供气量 $V_{total\ gas}$ 与 $V_{ideal\ gas}$ 之间的差值为气泡破裂所逸出的气体体积 ΔV。ΔV 值越大，则气泡液膜强度和稳定性越差，在产泡过程中气泡破裂现象越严重。SDES 浓度为 0.01%和 0.05%时，SDES/WP 混合溶液产泡的 $V_{total\ gas}$、$V_{ideal\ gas}$ 与 ΔV 分别如表 5.13 和表 5.14 所示。随 WP 浓度的增加，ΔV 值呈下降趋势，这说明在泡沫生成过程中，气泡破裂逸出的气体体积逐渐减少，即 WP 的加入能够增大气泡液膜的强度和稳定性。

表 5.13　SDES 浓度为 0.01%时 $V_{\text{total gas}}$ 和 $V_{\text{ideal gas}}$ 之间的差值 ΔV　（单位：mL）

项目	WP 浓度				
	0%	0.01%	0.05%	0.1%	0.15%
$V_{\text{total gas}}$	209.17	200	192.5	186.67	180.83
$V_{\text{ideal gas}}$	190.92	187.29	184.4	181.37	178.3
ΔV	18.25	12.71	8.1	5.3	2.53

表 5.14　SDES 浓度为 0.05%时 $V_{\text{total gas}}$ 和 $V_{\text{ideal gas}}$ 之间的差值 ΔV　（单位：mL）

项目	WP 浓度				
	0%	0.01%	0.05%	0.1%	0.15%
$V_{\text{total gas}}$	203.33	190	180	177.5	174.17
$V_{\text{ideal gas}}$	184.84	178.18	175.34	173.8	171.72
ΔV	18.49	11.82	4.66	3.7	2.45

2. 分子动力学模拟研究

1）分子结构与力场参数

模拟选用的表面活性剂为 SDE_3S，含有三个 EO 基团，其分子结构如图 5.77（a）所示。表面活性剂亲水基中的氧原子类型并不相同，围绕 S 原子的三个氧原子 O_1、O_2 和 O_3 是离子类型的氧原子，在 S 原子和 C 原子之间的 O_4 原子为酯氧原子，三个 EO 基团中的 O_5、O_6 和 O_7 为醚氧原子。由于模拟盒子的体积所限，选用的 WP 链由 30 个单体组成，分子结构如图 5.77（b）所示。

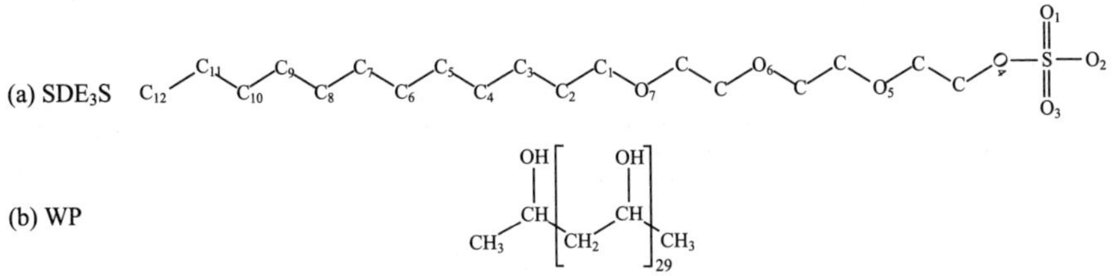

(a) SDE_3S

(b) WP

图 5.77　SDE_3S 与 WP 链的分子结构

本章使用开源软件 GROMACS 进行分子动力学模拟[89]，版本为 4.6.7，选用的力场为 GROMOS 53A6$_{\text{OXY+D}}$，SDE_3S 的力场参数如 5.4.1 部分所述。WP 分子链由 Materials Studio 软件构建，拓扑文件由 PRODRG Server 生成并进行手动调整[90]。Tesei 等[91]对 WP 体相溶液性质的研究表明，GROMOS 45A4 力场的模拟结果与实验数据更加吻合。通过对比 WP 在 GROMOS $53A6_{OXY+D}$ 和 45A4 力场中的参数，发现仅原子类型 CH 和 OA 的电荷及 OA 的 Lennard-Jones 势能参数不同。因此，把 GROMOS 45A4 力场中 CH 和 OA 的电荷及 OA 的 Lennard-Jones 势能参数应用于 GROMOS $53A6_{OXY+D}$ 力场中。相应的非键作用和对相互作用参数根据 GROMOS 的力场准则进行修改[92]。WP 的原子类型、原子电荷、键伸缩参数、键角弯曲参数、二面角扭转作用参数和非键范德瓦耳斯作用参数分别如表 5.15、表 5.16、表 5.17、表 5.18 和表 5.19 所示。由于 SDE_3S 和 WP 都具有原子类型 OA，但两者的电荷并不完全相同，因此，将 WP 中的原子类型 OA 重命名为 OA1，加以区别。

表 5.15 原子类型与电荷

原子类型	分布	电荷/C
CH_3	端头甲基	0.000
CH_2	碳链中的亚甲基	0.000
CH_1	与羟基相连的次甲基	0.232
OA1a	羟基氧原子	–0.642
H	羟基氢原子	0.410

表 5.16 键伸缩参数

键型	键长 b_0 /nm	键长伸缩能 k_b/[×10^6 kJ/（mol/nm^4）]
CH_3—CH_1	0.153	7.15
CH_2—CH_1	0.153	7.15
CH_1—OA1	0.143	8.18
H—OA1	0.1	15.7

表 5.17 键角弯曲参数

键角型	键角 θ_0 /（°）	键角弯曲能 k_θ/（kJ/mol）
CH_3—CH_1—OA1	109.5	520.0
OA1—CH_1—CH_2	109.5	520.0
CH_3—CH_1—CH_2	109.5	520.0
CH_2—CH_1—CH_2	109.5	520.0
CH_1—CH_2—CH_1	111.0	530.0
CH_1—OA1—H	109.5	450.0

表 5.18　二面角扭转作用参数

类型	二面角 δ /（°）	二面角扭转能 k_{φ}/（kJ/mol）	共价键数 mn
C—C—O—H	0.0	1.3	3
C—C—C—C	0.0	5.9	3

表 5.19　非键范德瓦耳斯作用参数

类型	C_6/[kJ/（mol·nm^{-6}）]	C_{12}/[kJ/（mol·nm^{-12}）]
CH_3	9.614×10^{-3}	2.665×10^{-5}
CH_2	7.468×10^{-3}	3.397×10^{-5}
CH_1	6.068×10^{-3}	9.702×10^{-5}
OA1	2.262×10^{-3}	1.506×10^{-6}
H	0.000	0.000

2）模型构建

基于真实的液膜结构，构建“三明治”模型用于分子动力学模拟，如图 5.78 所示，在上下两层表面活性剂吸附层之间为水层。模拟盒子的尺寸为 6nm×6nm×30nm，水层处于盒子的中心且厚度为 6nm，上下表面活性剂吸附层两侧为气相层，气液界面垂直于 Z 轴。表面活性剂分子使用 PACKMOL 程序随机分布[70]，并将表面活性剂的亲水基指向水层，尾链朝向气相层。为了简化模拟体系，在模拟盒子

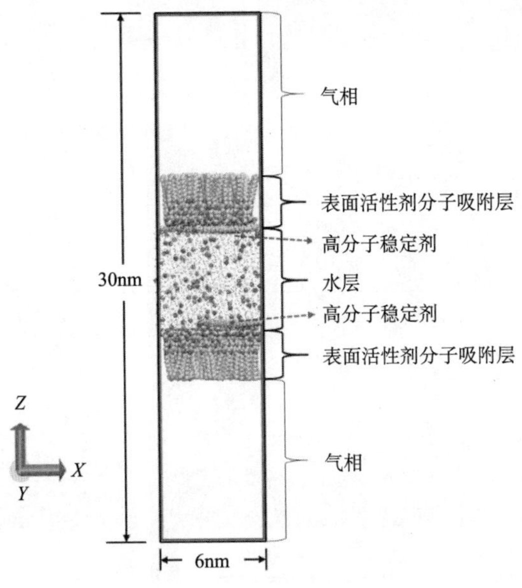

图 5.78　模型的初始构象

中加入两条 WP 链。前期的研究表明，当把两条 WP 链放置在水层中心位置时，在 10ns 的模拟时间内，两条 WP 链分别迁移至上下表面活性剂吸附层处。因此，为了缩短模拟的运行时间，节约计算资源，在初始构象中，也通过 PACKMOL 程序把两条 WP 链分别放置在距气液界面 10Å 范围内的液相水层中。

表面活性剂 SDE_3S 在达到饱和吸附状态时，单个分子所占的气液界面面积约为 $52Å^2$。以此数值计算，模拟盒子内单个吸附层中最多可容纳 70 个表面活性剂分子。在本小节的模拟中，每个吸附层中 SDE_3S 的分子数目设置为 7、18、36、45、51、60 和 70，对应的吸附密度分别为 $0.32\mu mol/m^2$、$0.83\mu mol/m^2$、$1.66\mu mol/m^2$、$2.08\mu mol/m^2$、$2.35\mu mol/m^2$、$2.77\mu mol/m^2$ 和 $3.23\mu mol/m^2$。共分为两大组进行模拟，即纯 SDE_3S 体系和 SDE_3S/WP 复合体系，此两组模拟体系的初始构象分别如图 5.79 和图 5.80 所示。

图 5.79　SDE_3S 体系的初始构象

图 5.80　SDE_3S/WP 体系的初始构象

3）运行参数

每次模拟前，先用最速下降法对模拟体系进行能量最小化，使体系中的最大相互作用力小于 1000kJ/(mol·nm)，以便消除构象重叠。模拟在 NVT 系综下进行，利用跳蛙法求解牛顿运动方程[71]，步长为 2fs，总时长为 60ns。使用 LINCS 方法约束键长[72]，短程非键作用的截断半径设定为 1.2nm，长程静电作用采用 particle mesh Ewald（PME）方法来处理[73]，截断半径设定为 1.2nm。溶剂水分子采用 SPC 模型，采用速度标度法控制温度为 298K，弛豫时间为 0.1ps[74]。模拟体系的各个方向均使用周期性边界条件。每 20ps 保存一次运动轨迹，用于结构和性质分析，采用 VMD 1.9.3 可视化程序查看动力学轨迹[75]。

4）模拟结果与讨论

模拟体系是否达到平衡状态可以通过监测体系中分子密度的变化进行判断[93]。在本小节中，每 10ns 统计一次数密度，若表面活性剂数目最多的模拟体系已达到平衡，则其他模拟体系均可在更短时间内达到平衡状态。表面活性剂吸附密度为 3.23μmol/m^2 时，纯 SDE_3S 体系和 SDE_3S/WP 复合体系在 30~40ns 和 50~60ns 时间内的数密度分别如图 5.81（a）和（b）所示。从图中可以看出，水分子、SO_4^-、EO 基团、表面活性剂尾链和 WP 在两组时间间隔内的质量密度曲线基本重合，即已经收敛，这说明两组模拟体系在 30ns 之后已经达到了平衡状态。选取最后 10ns 的轨迹数据用于分析气液界面吸附层的结构性质及表面活性剂 SDE_3S、高分子稳定剂 WP 和水分子之间的相互作用。

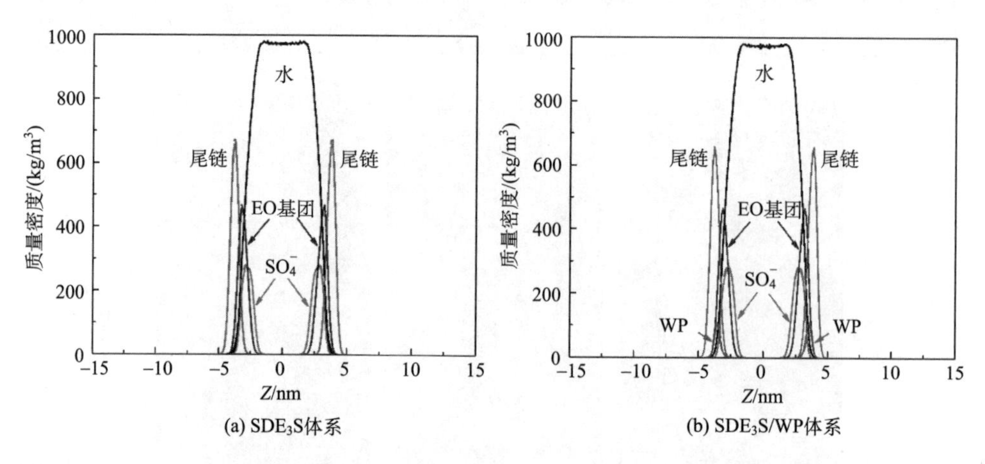

图 5.81　30~40ns 与 40~50ns 时 SDE_3S 体系和 SDE_3S/WP 体系的质量密度（SDE_3S 吸附密度为 3.23μmol/m^2）

在模拟结束时刻，SDE_3S 体系和 SDE_3S/WP 复合体系的最终构象分别如图 5.82 和图 5.83 所示。从图中可以看出，表面活性剂的头基伸入水中，尾链分布在气相中，这与真实气液界面处表面活性剂吸附状态一致。当表面活性剂吸附密度较低时，表面活性剂的尾链更加倾向于“平躺”在气液界面处；随着吸附密度的增大，表面活性剂尾链互相缠绕，更多分布于气相中。在静电引力的作用下，大部分的钠离子由液相水层迁移至表面活性剂亲水端附近。另外，WP 分子链也由液相水层迁移至表面活性剂吸附层中，说明表面活性剂 SDE_3S 和高分子稳定剂 WP 之间发生了相互作用。

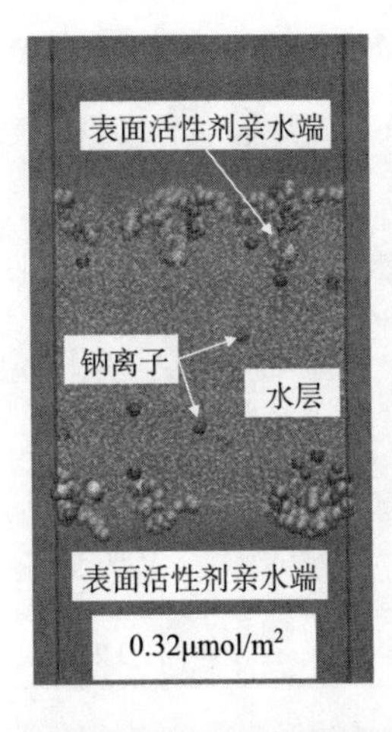

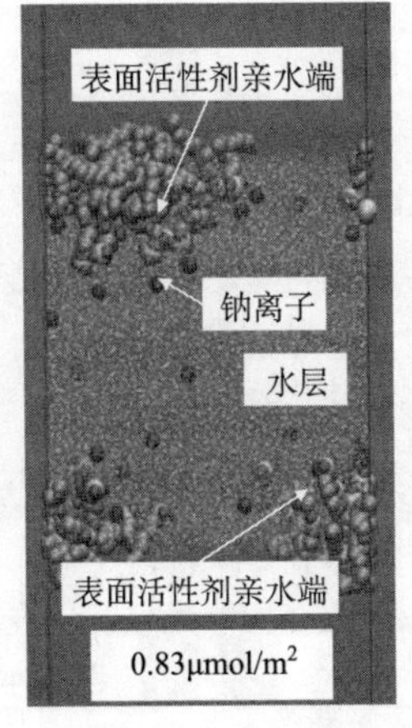

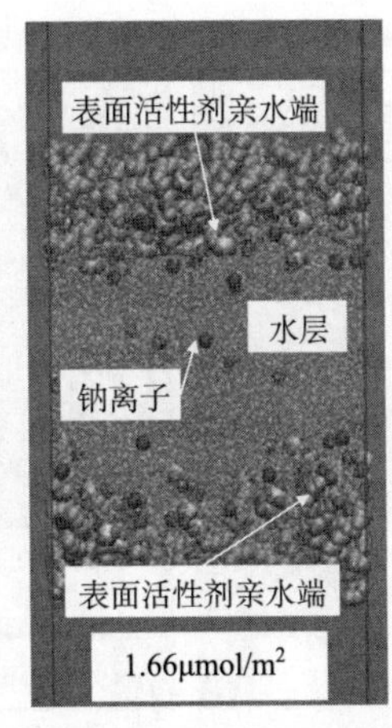

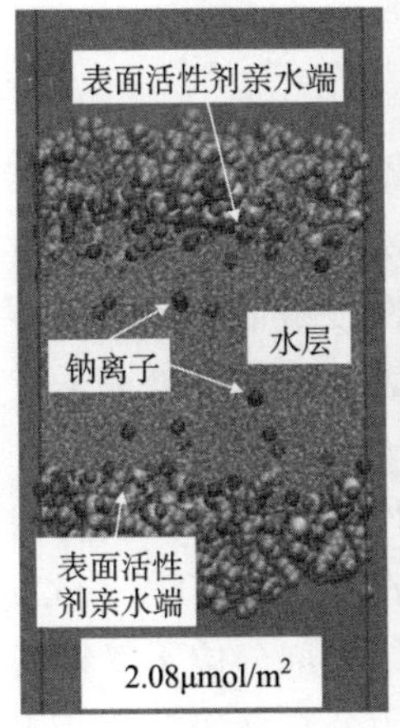

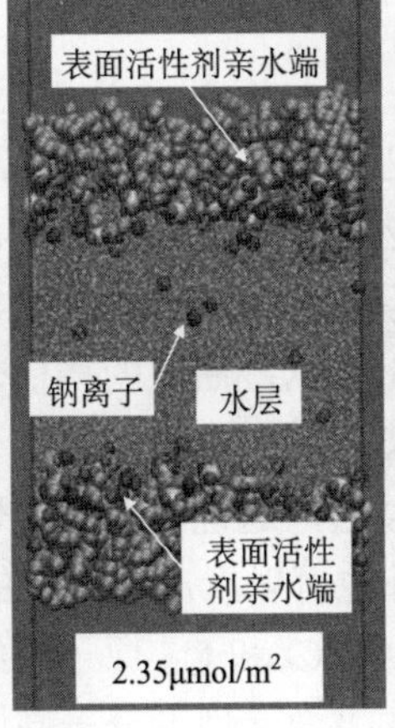

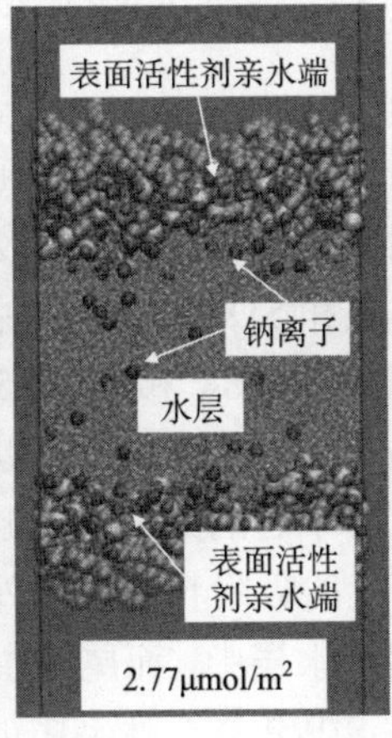

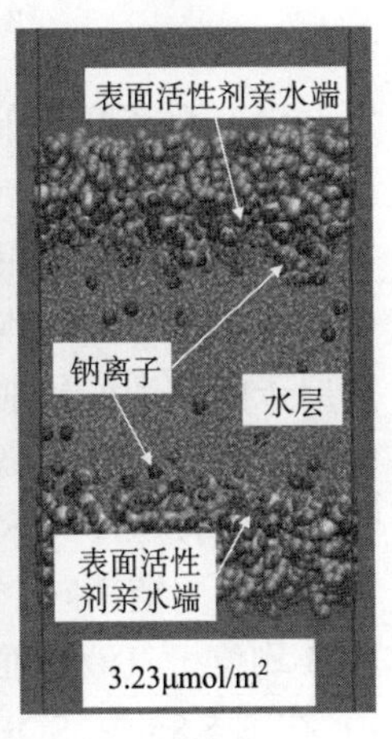

图 5.82　SDE_3S 体系在模拟结束时的最终构象

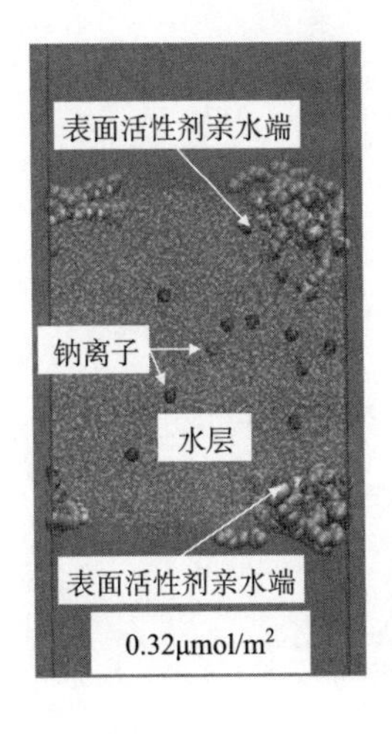

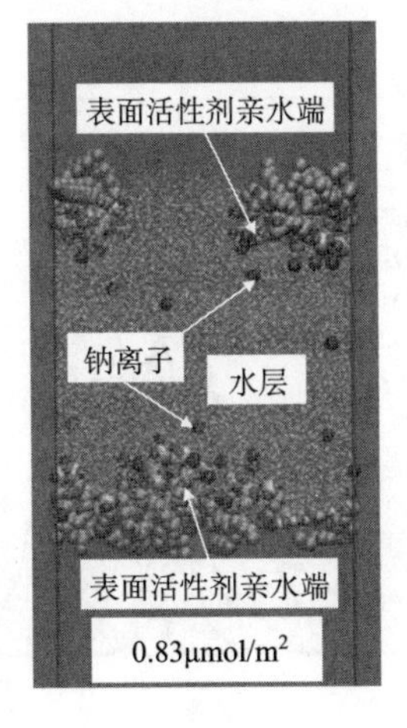

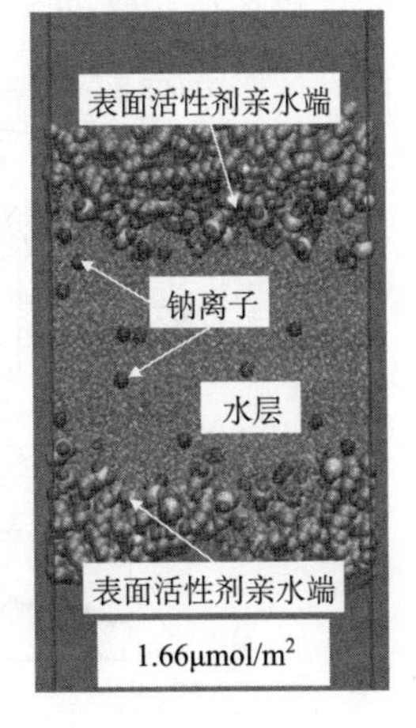

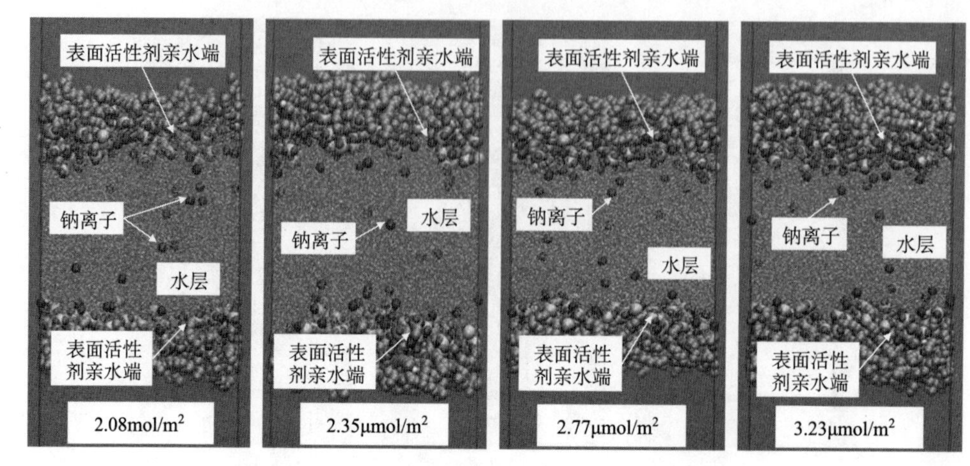

图 5.83　SDE_3S/WP 体系在模拟结束时的最终构象

（1）数密度分布。

由于气泡液膜结构关于液相水层中心是对称的，在计算不同原子沿 Z 轴的数密度分布时，以液相水的中心位置作为 Z 轴零点，对上下两部分的数据取平均值进行作图。SDE_3S 体系和 SDE_3S/WP 体系在表面活性剂吸附密度最低和最高时不同原子的数密度分别如图 5.84 和图 5.85 所示，曲线的峰值表示该位置处原子或基团的分布密度最高。从图 5.84 中可以看出，Na^+、SO_4^-、EO1、EO2、EO3、C_6 和 C_{12} 按顺序与水层中心的距离越来越远，这说明表面活性剂始终保持头基朝向溶液、尾链朝向空气的吸附状态；此外也可以看出亲水性的 SO_4^-、EO1、EO2、EO3 均位于气液界面的水层中，而尾链中的 C_6 和 C_{12} 原子则绝大部分位于气相层中。在图 5.85 中，SDE_3S/WP 复合体系中的表面活性剂分子基团分布规律与 SDE_3S 体系保持一致，WP 位于表面活性剂吸附层中，其数密度曲线峰值位置在 EO3 基团和 C_6 原子峰值位置之间。

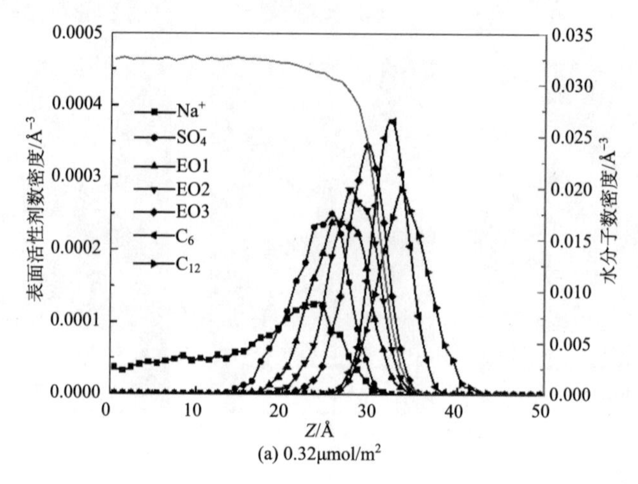

(a) 0.32μmol/m²

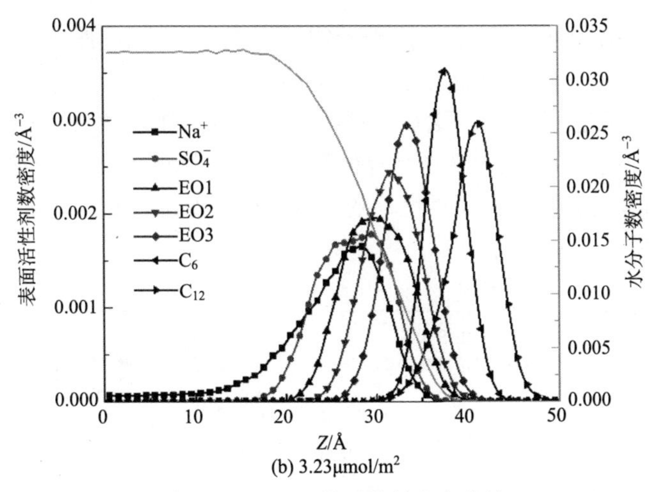

(b) 3.23μmol/m²

图 5.84　SDE_3S 体系的数密度曲线

SO_4^- 以 S 原子代表；EO1 以 O_5 原子代表；EO2 以 O_6 原子代表；EO3 以 O_7 原子代表，下同

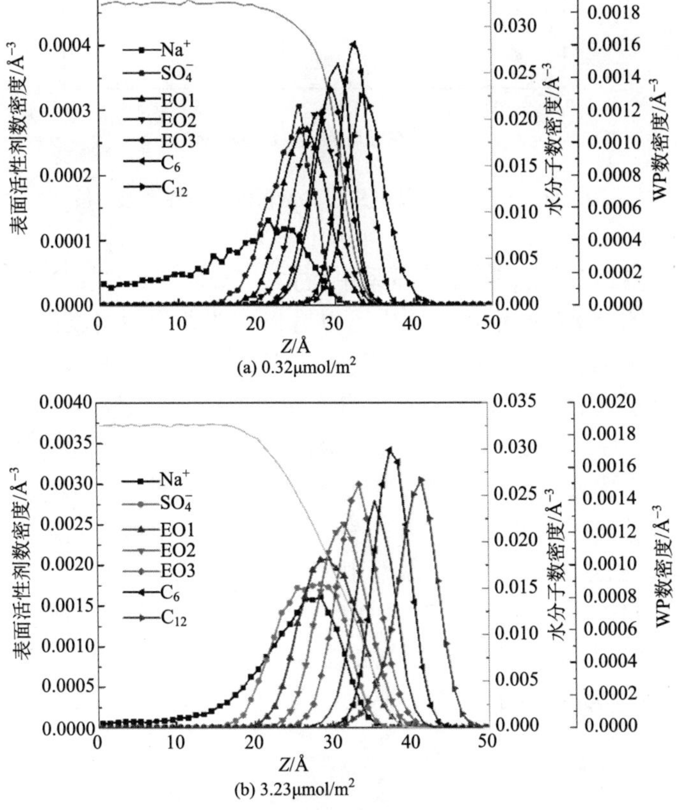

(a) 0.32μmol/m²

(b) 3.23μmol/m²

图 5.85　SDE_3S/WP 体系的数密度曲线

WP 以其氧原子代表，下同

按照前文中所述的气液界面层厚度判定规则计算界面层厚度，从图 5.86 中可以看出，随着气液界面处表面活性剂吸附密度的增加，界面层厚度逐渐增大，这是由于界面处表面活性剂变得更加拥挤，使得表面活性剂亲水基团沿 *Z* 轴方向的分布区间更广。另外，SDE_3S/WP 复合体系的界面层厚度始终大于纯 SDE_3S 体系，说明 WP 的加入能够增加表面活性剂的气液界面层厚度，有助于提高液膜的强度和抗冲击能力。

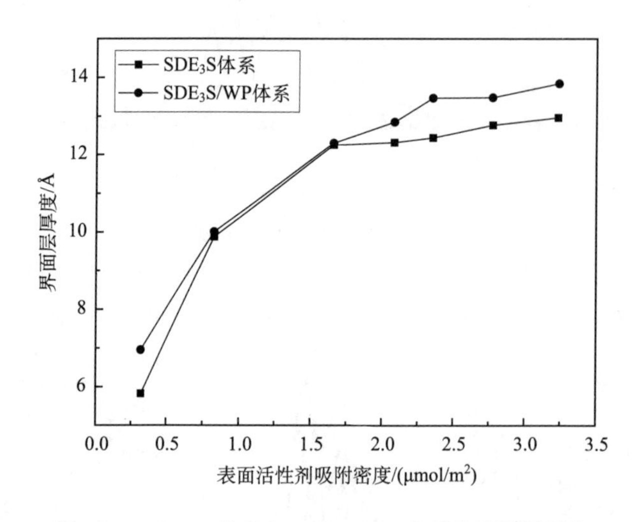

图 5.86　SDE_3S 体系和 SDE_3S/WP 体系的界面层厚度

在不同吸附密度下，SDE_3S 体系中 SO_4^-、EO1、EO2、EO3、C_6 和 C_{12} 的数密度分布如图 5.87 所示。从图中可以看出，随着吸附密度的增加，上述基团或原子沿 *Z* 轴的分布区间变宽。正是由于表面活性剂亲水基团沿 *Z* 轴分布更广，吸引水分子迁移至其周围，才使得液相水密度的 90%~10%之间的距离增加，导致界面层厚度增加。另外，随着吸附密度的增加，上述基团或原子数密度曲线的峰值位置增大，这是因为气液界面处表面活性剂更加拥挤，使得大部分的基团或原子向远离液相水的方向移动，从最低吸附密度到最高吸附密度约迁移了 4~5Å。SDE_3S/WP 复合体系中表面活性剂基团或原子的变化规律与 SDE_3S 体系相同，在此不再赘述。在 SDE_3S/WP 复合体系中，随着表面活性剂吸附密度的增加，WP 也沿 *Z* 轴朝气相方向迁移了 5 Å，如图 5.88 所示，这与表面活性剂的迁移距离保持一致，从而间接说明 WP 与 SDE_3S 之间存在稳定的相互作用。

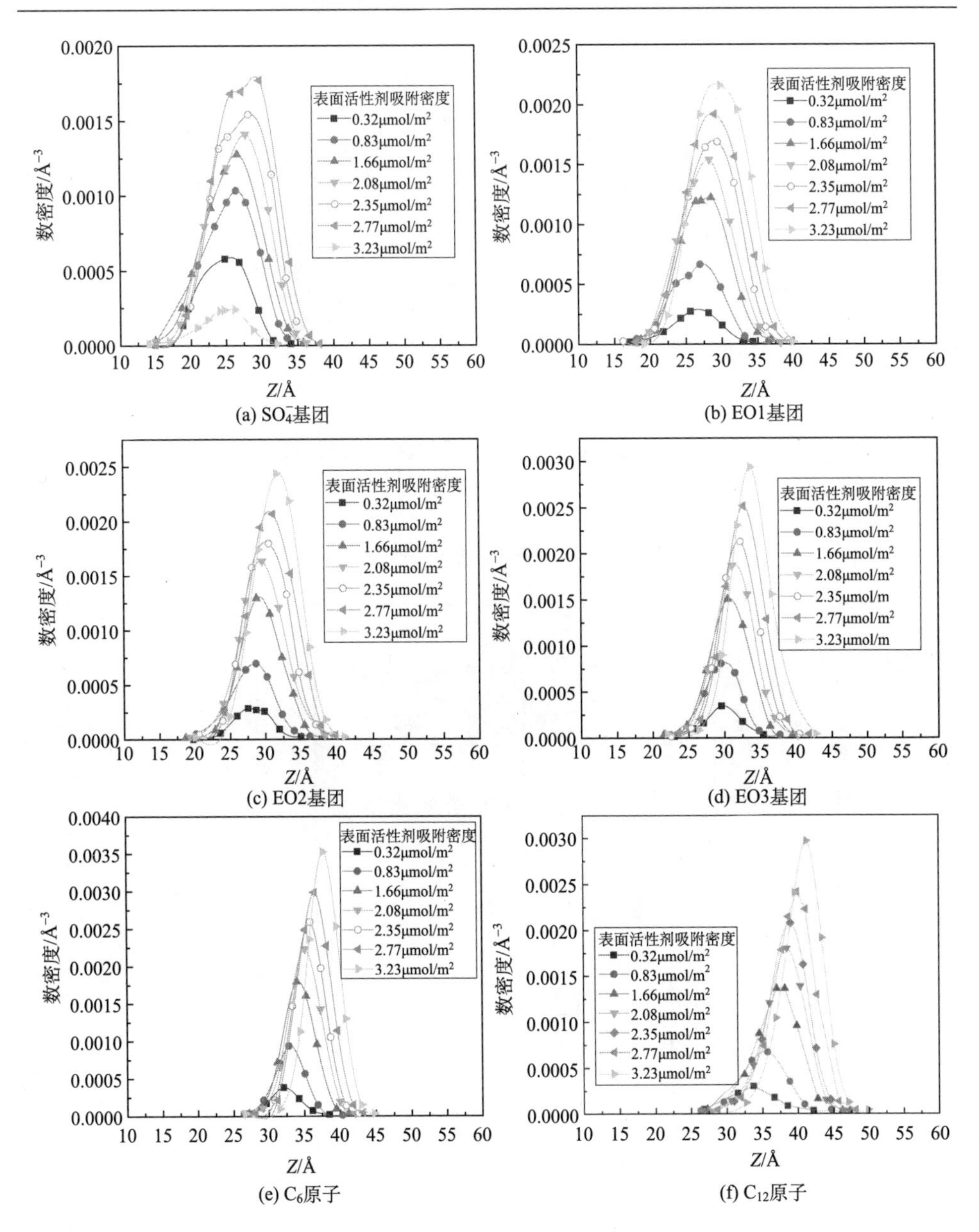

图 5.87　SDE$_3$S 体系中 SO_4^-、EO1、EO2、EO3、C_6 和 C_{12} 的数密度

（2）表面活性剂中 EO 基团和尾链的倾角分布。

表面活性剂中 EO 基团和尾链在气液界面的倾角定义如图 5.89 所示。表面活性剂分子结构中从 S 原子至 EO 基团中 O 原子的向量记为 EO 基团向量，从 C_1 原子至 C_{12} 原子的向量记为尾链向量。在上部表面活性剂吸附层中，EO 基团向量

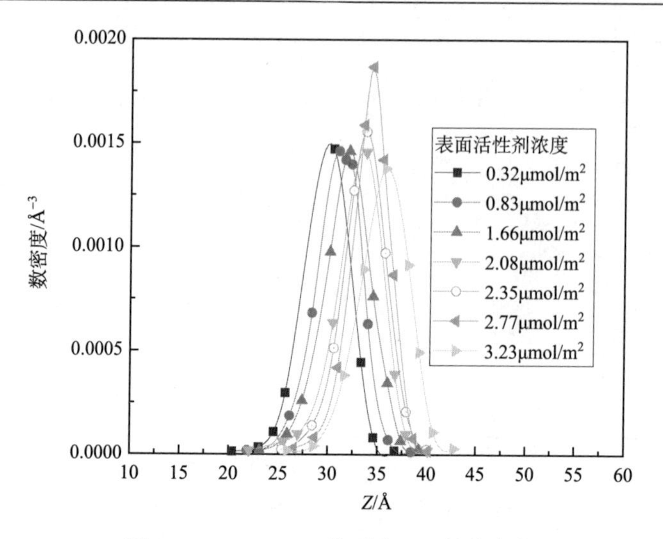

图 5.88　SDE_3S/WP 体系中 WP 的数密度

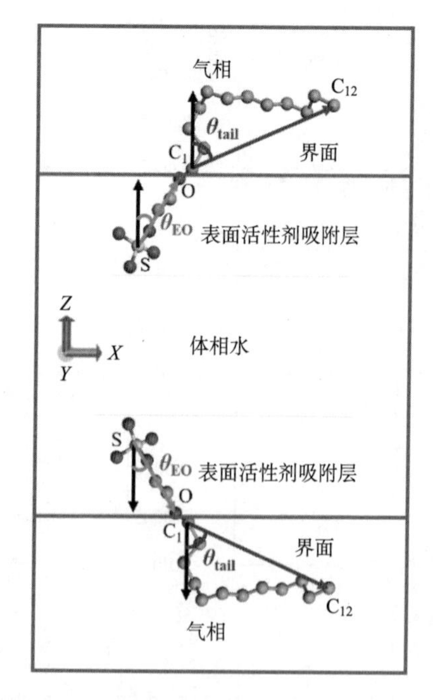

图 5.89　表面活性剂中 EO 基团和尾链在气液界面倾角的定义

与 Z 轴正方向之间形成的夹角被定义为 EO 基团倾角 θ_{EO}，尾链向量与 Z 轴正方向之间形成的夹角被定义为尾链倾角 θ_{tail}。在下部表面活性剂吸附层中，EO 基团向量、尾链向量与 Z 轴负方向之间的夹角被分别定义为 EO 基团倾角 θ_{EO} 和尾链倾角 θ_{tail}。从图 5.89 中可知，EO 基团倾角 θ_{EO} 和尾链倾角 θ_{tail} 的角度范围为 0°~90°。

当倾角 θ_{EO} 或 θ_{tail} 为 0°时，表示 EO 基团或尾链垂直于气液界面；当倾角 θ_{EO} 或 θ_{tail} 为 90°时，表示 EO 基团或尾链平行于气液界面。在表面活性剂 SDE_3S 分子结构中含有三个 EO 基团，则其倾角分别记做 θ_{EO1}、θ_{EO2} 和 θ_{EO3}。

SDE_3S 体系在不同吸附密度下 θ_{EO1}、θ_{EO2}、θ_{EO3} 和 θ_{tail} 的倾角分布如图 5.90 所示。从图 5.90（a）、（b）和（c）中可以看出，随着表面活性剂吸附密度的增大，θ_{EO1}、θ_{EO2}、θ_{EO3} 大于 47.5°的比例逐渐下降，而低于 47.5°的百分比则逐渐升高，尤其是倾角为 87.5°的比例下降最为明显。此外，当吸附密度为 0.32μmol/m^2 时，θ_{EO1} 为 57.5°时所对应的百分比最高，而当吸附密度增加至 3.23μmol/m^2 时，EO1 基团倾角百分比最大时对应的角度降低为 47.5°；随吸附密度的增加，百分比最高时 θ_{EO2} 的角度由 62.5°下降至 37.5°；百分比最高时 θ_{EO3} 的角度由 57.5°下降至 37.5°。这都表明在表面活性剂吸附密度较低时，EO 基团更加平行于气液界面，而表面活性剂吸附密度较高时，EO 基团更加趋向垂直于气液界面分布。在图 5.90（d）中，

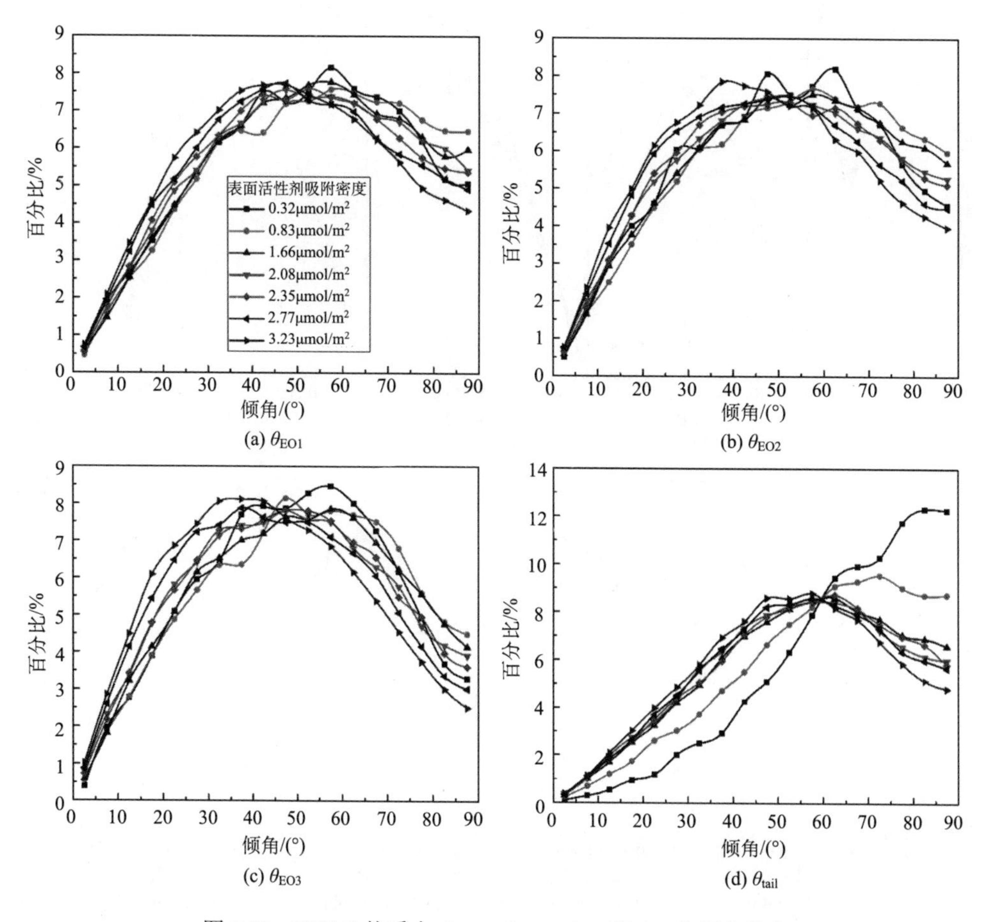

图 5.90　SDE_3S 体系中 θ_{EO1}、θ_{EO2}、θ_{EO3} 和 θ_{tail} 的倾角分布

增大表面活性剂的吸附密度，尾链倾角 θ_{tail} 大于 60°的比例减小，而小于 60°的比例增加。百分比最大时对应的尾链倾角由 82.5°降低为 57.5°，并且 θ_{tail} 为 87.5°时的比例下降最为明显，由 12.26%降低至 4.78%。这说明随着 SDE_3S 吸附密度的增大，表面活性剂尾链的分布逐渐由平行于气液界面转变成垂直于气液界面。

为了探究 WP 对表面活性剂亲水基和尾链倾角分布的影响规律，以 θ_{EO1} 和 θ_{tail} 为例进行研究。SDE_3S 体系和 SDE_3S/WP 体系中 θ_{EO1} 和 θ_{tail} 的倾角分布对比分别如图 5.91 和图 5.92 所示。从图 5.91 中可以看出，在不同吸附密度下，SDE_3S/WP 复合体系中倾角较大的 EO1 基团所占的比例高于 SDE_3S 体系，说明加入 WP 后，SDE_3S 表面活性剂的亲水基的分布更加平行于气液界面，这有助于提高亲水基在气液界面的覆盖面积，增大亲水基与体相水分子的接触机会，强化表面活性剂的水合作用，从而增强液膜强度和稳定性。两组体系中 θ_{EO2} 和 θ_{EO3} 与上述 θ_{EO1} 的变化规律相同，在此不再赘述。在图 5.92 中，SDE_3S/WP 复合体系中倾角较大的尾

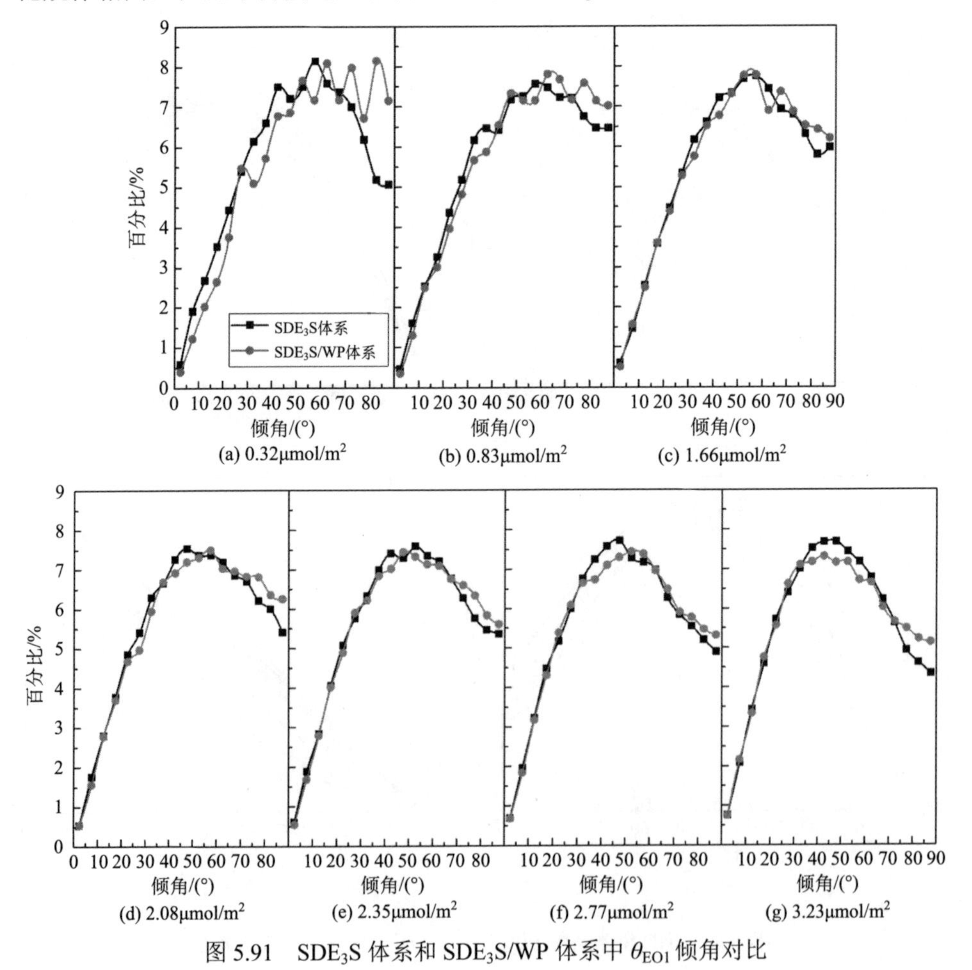

图 5.91 SDE_3S 体系和 SDE_3S/WP 体系中 θ_{EO1} 倾角对比

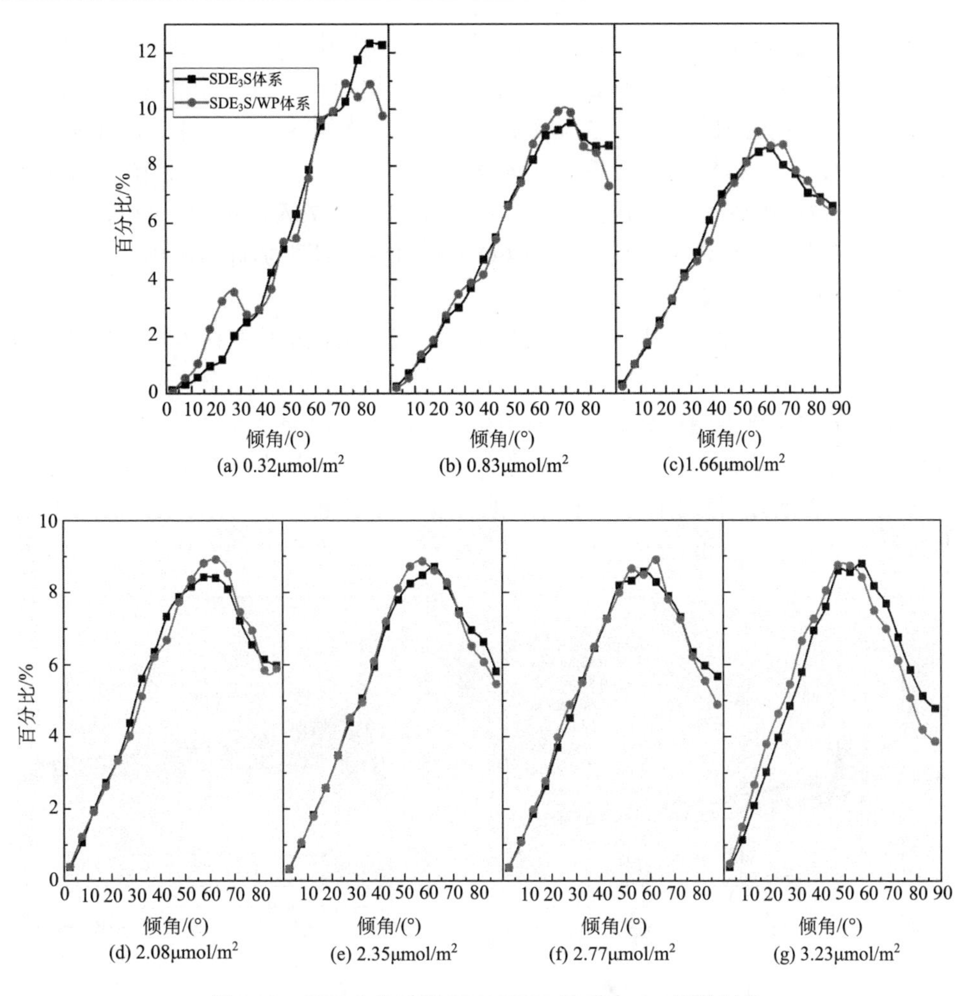

图 5.92　SDE_3S 体系和 SDE_3S/WP 体系中 θ_{tail} 倾角对比

链所占的比例低于 SDE_3S 体系，说明 WP 的存在使表面活性剂的尾链分布趋向于垂直气液界面，即表面活性剂尾链更加远离液相水。由于尾链具有疏水性，其远离液相水可以促进水分子与亲水基的结合，有助于增大液膜厚度和提高液膜强度。

（3）径向分布函数。

前面提到，表面活性剂 SDE_3S 分子结构中的亲水基有三种类型的氧原子，分别是离子氧原子（$O_{1\sim3}$）、酯氧原子（O_4）和醚氧原子（O_5、O_6 和 O_7）。为了细化研究亲水基中不同氧原子所形成的水化层结构与性质，SDE_3S 体系中上述三种类型的氧原子周围水分子的径向分布函数（RDF）如图 5.93 所示，每个波峰表示一个水化层。在图 5.93（a）中，离子氧原子 RDF 曲线具有三个波峰，对应于三个水化层，位置分别在 2.84Å、5.00Å 和 6.84Å 处。从图 5.93（b）中可以看出，酯氧原子也可以形成三个水化层，其中第二个水化层的位置与离子氧原子的相同，第一和第三水化层则分别位于 3.46Å 和 6.96Å 处。在图 5.93（c）中，EO1 基团的醚氧原子 O_5 在 2.86Å、4.76Å 和 7.82Å 处形成三个水化层。而 EO2 和 EO3 基团的醚氧原子 O_6 和 O_7 则只形成两个水化层（2.86Å 和 4.76Å），如图 5.93（d）和（e）所示，第三个水化层消失，这是因为 EO2 和 EO3 基团更加远离液相水，水合作用范围受限。

从上述分析可知，亲水基中不同氧原子形成的水化结构存在差异。在各个水化层中，第一水化层是氧原子与水分子直接通过氢键形成的，第二或第三水化层中的水分子并非直接通过氢键与氧原子相连，而是与前一个水化层中水分子以氢键相连，因此，第一个水化层对氧原子的水合作用影响最大。由于酯氧原子的第一水化层并不明显，且离子氧原子 RDF 曲线第一个波峰的峰值高于醚氧原子 RDF 曲线第一个波峰的峰值，说明离子氧原子对 SDE_3S 表面活性剂头基的水合作用贡

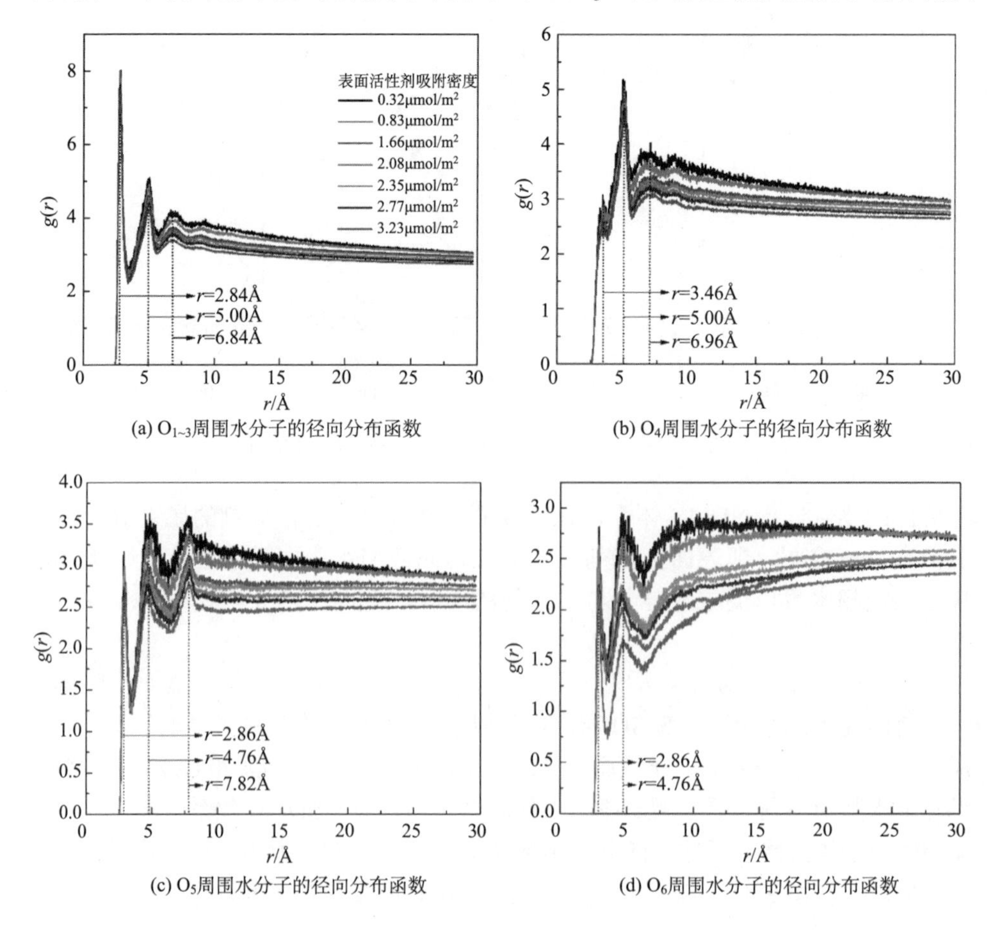

(a) $O_{1\sim3}$周围水分子的径向分布函数　　(b) O_4周围水分子的径向分布函数

(c) O_5周围水分子的径向分布函数　　(d) O_6周围水分子的径向分布函数

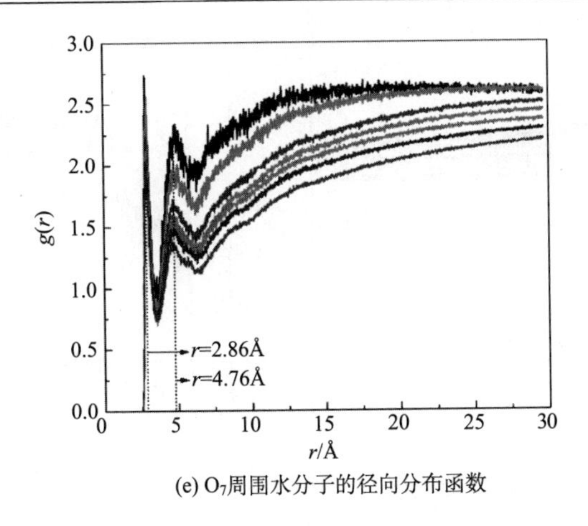

(e) O_7周围水分子的径向分布函数

图 5.93　SDE_3S 体系中不同类型氧原子周围水分子（以氧原子代表）的径向分布函数

献最大，但 EO 基团也可以补充增强表面活性剂亲水基的水合作用。另外，随表面活性剂吸附密度的增大，第一水化层位置处的 RDF 曲线峰值略微降低，这也是亲水基团略微远离液相水所致。

在 SDE_3S/WP 复合体系中，表面活性剂亲水基中三种类型氧原子周围水分子的径向分布函数如图 5.94（a）～（e）所示，与 SDE_3S 体系的结果基本相同，表明高分子稳定剂 WP 不会影响表面活性剂亲水基自身形成的水化层结构。在图 5.94（f）中，表面活性剂离子氧原子周围 WP 的径向分布函数曲线具有三个波峰，峰值位置分别是 2.80Å、5.00Å 和 6.82Å，与图 5.94（a）中离子氧原子的三个水化层位置基本相同，说明高分子稳定剂分布于离子氧原子的三个水化层中。在图 5.94(g)中，酯氧原子周围 WP 的 RDF 曲线只有一个波峰，峰值位置为 5.00Å，与酯氧原子的第二水化层位置重合。从图 5.94（h）、（i）和（j）中可以看出，EO 基团中醚氧原子周围 WP 的 RDF 曲线在 4.80Å 处达到峰值，与醚氧原子第二水化

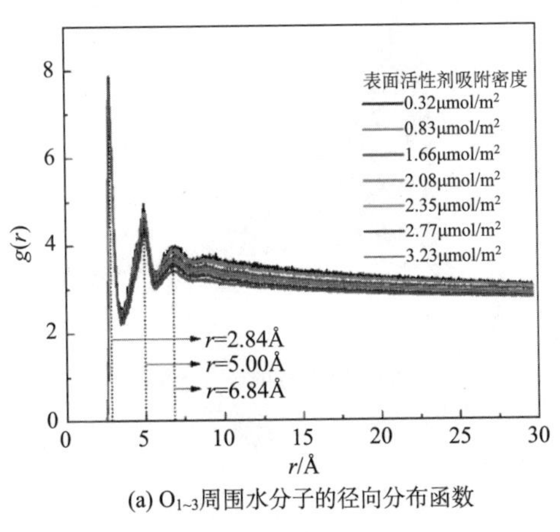

(a) $O_{1\sim3}$周围水分子的径向分布函数

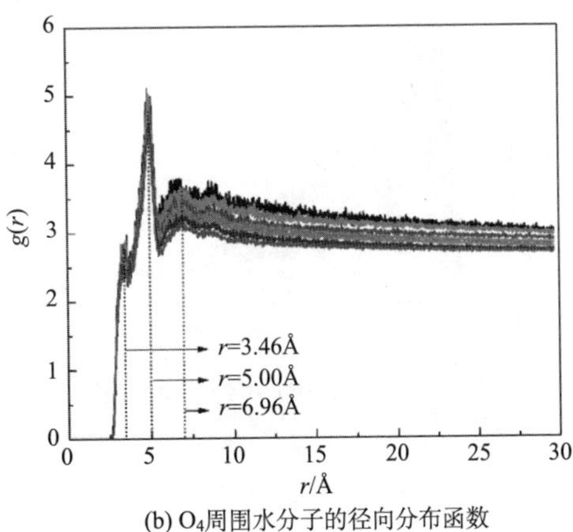

(b) O_4周围水分子的径向分布函数

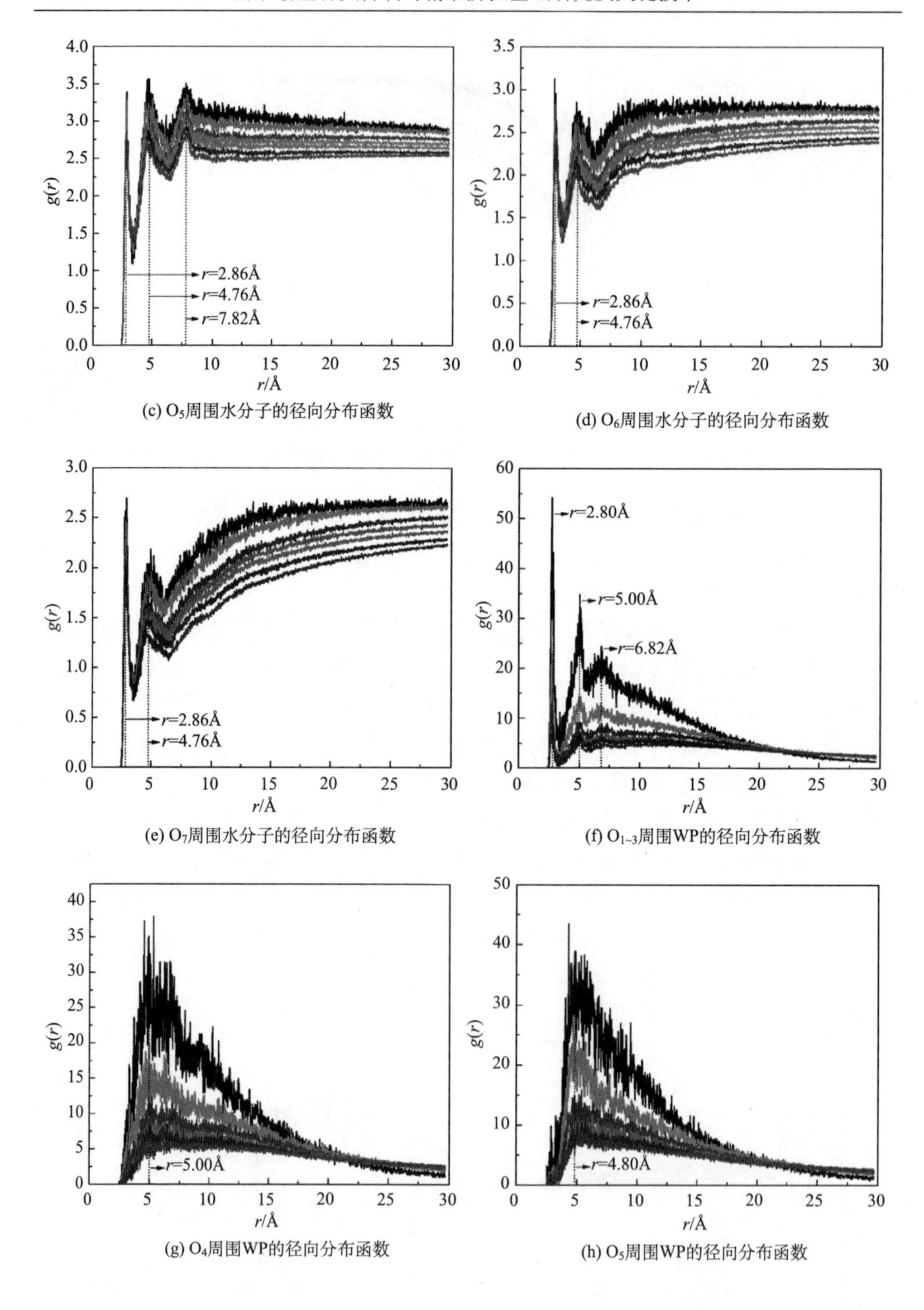

(c) O_5周围水分子的径向分布函数

(d) O_6周围水分子的径向分布函数

(e) O_7周围水分子的径向分布函数

(f) $O_{1\sim3}$周围WP的径向分布函数

(g) O_4周围WP的径向分布函数

(h) O_5周围WP的径向分布函数

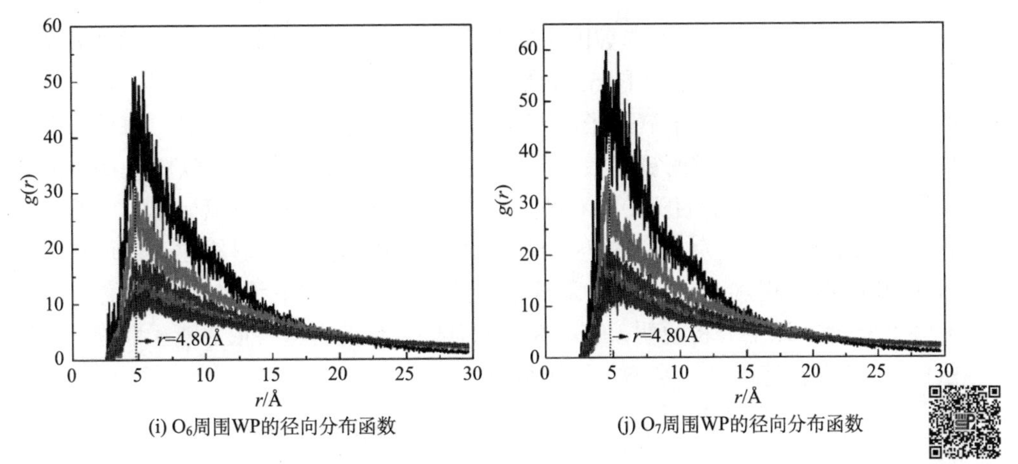

图 5.94　SDE_3S/WP 复合体系中不同类型氧原子周围水分子（以其氧原子代表）和 WP（以其氧原子代表）的径向分布函数

层的位置 4.76Å 接近，说明 WP 出现在醚氧原子的第二水化层中。基于上述分析可知，虽然 WP 不改变表面活性剂亲水基的水化层结构，但是其会出现在氧原子的水化层中，由于 WP 含有大量羟基而具有强烈的亲水能力，有助于增强表面活性剂头基的水合作用，从而提高液膜的强度。

（4）氢键数目。

在 SDE_3S 体系和 SDE_3S/WP 复合体系中，表面活性剂分子结构中不同氧原子与水分子之间形成的氢键总数目如图 5.95 所示。从图中可以看出，随着表面活性剂总数目的增多，离子氧原子、酯氧原子和醚氧原子形成的氢键总数目基本成线性增加，这表明增大表面活性剂的吸附密度能够增强气液界面处表面活性剂吸附层的水合作用，有助于增大液膜强度。

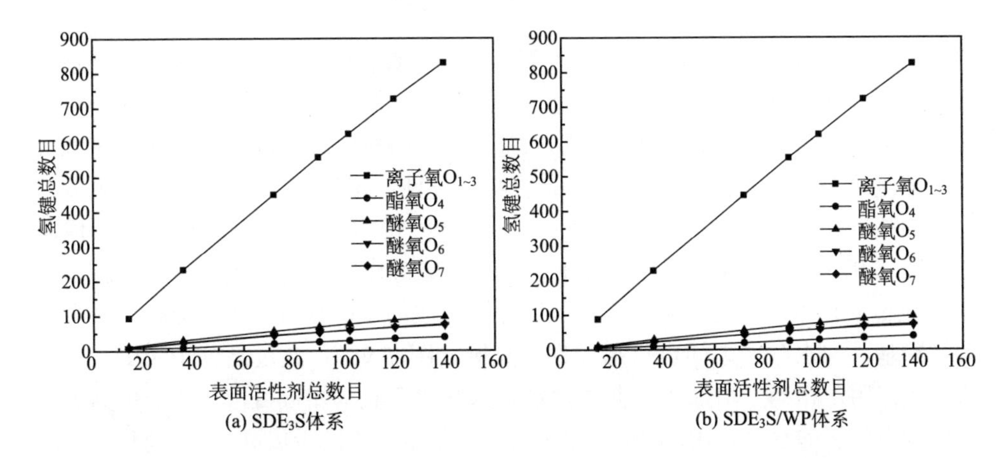

图 5.95　SDE_3S 体系和 SDE_3S/WP 体系中不同氧原子与水分子之间的氢键总数目

在 SDE_3S 体系和 SDE_3S/WP 复合体系中，单个表面活性剂中不同类型氧原子与水分子之间的氢键数目如图 5.96 所示。从图中可以看出，不同氧原子形成氢键的能力存在差异，按离子氧原子、醚氧原子和酯氧原子的顺序递减。每个表面活性剂中离子氧原子形成的氢键数目最多，为 5.8~6.7 个；其次是 EO1 基团中的醚氧原子，形成的氢键数目为 0.7~0.87 个；EO2 和 EO3 基团中醚氧原子形成的氢键数目范围基本相同，为 0.52~0.78 个，略低于 EO1 基团中的醚氧原子，这是因为 EO1 基团离液相水更近，容易形成氢键；酯氧原子的氢键形成能力最弱，为 0.28~0.34 个。以上分析说明，SDE_3S 亲水基的水化能力主要依靠离子氧原子，但 EO 基团的存在能够进一步增加氢键数目。

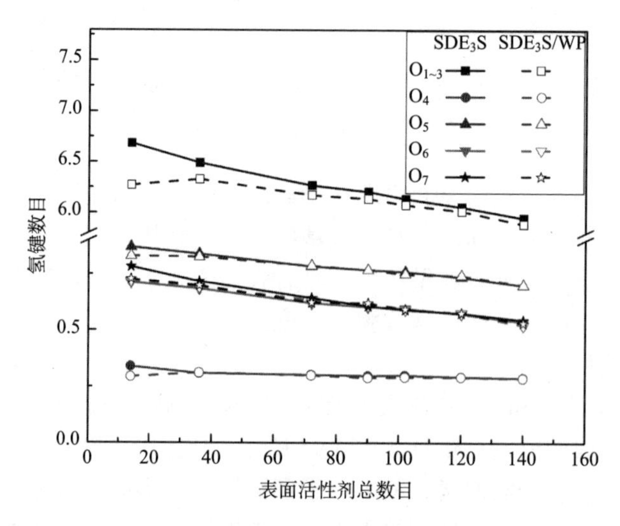

图 5.96 在 SDE_3S 体系（实心点）和 SDE_3S/WP 体系（空心点）中单个表面活性剂的不同氧原子与水分子之间的氢键数目

从图 5.96 中也可以看出，随着表面活性剂总数目的增多，单个表面活性剂中氧原子形成的氢键数目逐渐降低，这是因为拥挤的气液界面使表面活性剂亲水基略微远离了液相水。此外，WP 的加入基本不影响醚氧原子和酯氧原子的氢键数目，但是略微减少了离子氧原子形成的氢键数目。这是由于 WP 与离子氧原子之间的相互作用最强烈，加入 WP 后，部分离子氧原子可与 WP 的羟基形成氢键（图 5.97），因而减少了与水分子之间产生氢键作用的离子氧原子的数目。虽然 SDE_3S/WP 体系中表面活性剂离子氧原子形成的氢键数目减少，但是 WP 含有大量羟基，与水分子之间也可形成许多氢键（图 5.98），通过高分子稳定剂 WP 的桥接作用，相当于增加了表面活性剂亲水基的含氧基团数目，这能够提高表面活性剂吸附层的水合作用。因此，加入高分子稳定剂有助于提高气泡液膜的强度。

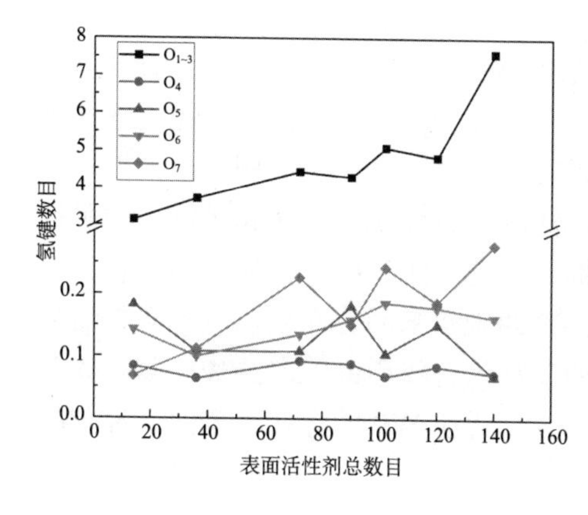

图 5.97　SDE_3S/WP 体系中不同氧原子与 WP 之间的氢键数目

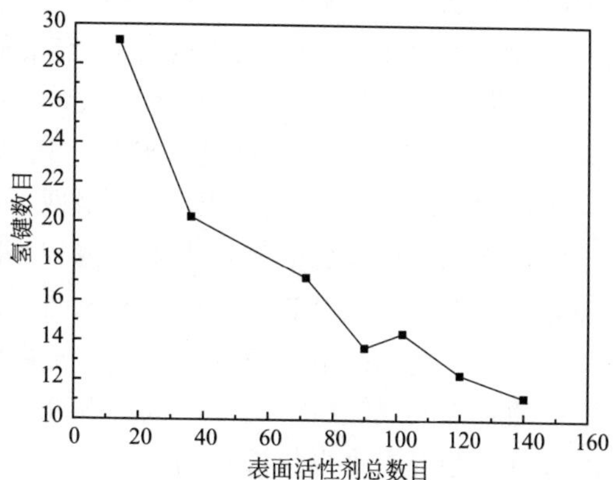

图 5.98　SDE_3S/WP 体系中 WP 与水分子之间的氢键数目

在 SDE_3S/WP 体系中，表面活性剂亲水基中不同氧原子与 WP 之间的氢键数目如图 5.97 所示。从图中可以看出，离子氧原子与 WP 之间的相互作用较为强烈，形成的氢键数目最多，为 3.1~7.6 个；EO 基团醚氧原子与 WP 之间的相互作用弱于离子氧原子，形成的氢键数目为 0.07~0.28 个；酯氧原子与 WP 之间仅能形成 0.06~0.09 个氢键。WP 与水分子之间形成的氢键数目为 11.18~29.20 个（图 5.98），且随表面活性剂总数目的增多，WP 与水分子之间的氢键数目逐渐减小，这是因为 WP 逐渐远离了液相水，与水分子接触的机会减少。当表面活性剂总数目最少时，WP 与水分子之间形成的氢键最多，因而对液膜强度的改善程度最大，这与实验中表面活性剂在低浓度时的起泡时间显著降低相一致。从上述分析可知，WP 与表面活性剂亲水基中的三种氧原子之间均可形成氢键，且能与水分子之间形成大量氢键，这样气液界面吸附层中的表面活性剂、高分子稳定剂和水分子之间就形成广泛连接的三维氢键网络，从而能够增大气泡液膜的强度和抗冲击能力。

5）分子动力学模拟结论

（1）数密度分布。

表面活性剂中亲水性的 SO_4^-、EO1、EO2、EO3 基团均位于气液界面的水层中，而尾链中的 C_6 和 C_{12} 原子则绝大部分位于气相层中。WP 位于表面活性剂吸附层中，其数密度曲线峰值位置在 EO3 基团和 C_6 原子峰值位置之间。随表面活性剂吸附密度的增加，界面层厚度逐渐增大，且 SDE_3S/WP 复合体系的界面层厚度始终大于纯 SDE_3S 体系，说明 WP 的加入能够增大表面活性剂的界面层厚度，有助于增加液膜的强度和抗冲击能力。表面活性剂吸附密度增加导致气液界面更加拥挤，SDE_3S 和 WP 中的基团或原子总体上向远离液相水的方向移动，从最低吸附密度到最高吸附密度迁移了 4~5Å。

（2）表面活性剂中 EO 基团和尾链的倾角分布。

随着表面活性剂吸附密度的增大，θ_{EO1}、θ_{EO2}、θ_{EO3} 大于 47.5°的比例逐渐下降，而低于 47.5°的百分比逐渐升高；尾链倾角 θ_{tail} 大于 60°的比例减小，而小于 60°的比例增加。这表明在表面活性剂吸附密度较低时，EO 基团和尾链更加平行于气液界面；而表面活性剂吸附密度较高时，EO 基团和尾链更加趋向垂直于气液界面分布。加入 WP 后，SDE_3S 表面活性剂的亲水基的分布更加平行于气液界面，有助于提高亲水基在气液界面的覆盖面积和水合作用；SDE_3S/WP 复合体系中倾角较大的尾链所占的比例低于 SDE_3S 体系，说明 WP 的存在使表面活性剂的尾链分布趋向于垂直气液界面。

（3）径向分布函数。

离子氧原子 $O_{1\sim3}$、酯氧原子 O_4 和醚氧原子 O_5 均可形成三个水化层，而 EO2 和 EO3 基团中的醚氧原子 O_6 和 O_7 仅能形成两个水化层，这是因为 EO2 和 EO3 基团更加远离液相水，水合作用范围受限。此外，离子氧原子对 SDE_3S 表面活性剂头基的水合作用贡献最大，但 EO 基团也可以补充增强表面活性剂亲水基的水合作用。在 SDE_3S/WP 复合体系中，WP 不改变表面活性剂亲水基自身的水化层结构，但 WP 会分布于离子氧原子的三个水化层中，也会分布在酯氧原子和醚氧原子的第二个水化层中，因 WP 含有的大量羟基具有强烈的亲水性能，这有助于增强表面活性剂头基的水合作用，从而提高液膜强度。

（4）氢键数目。

随着表面活性剂总数目的增多，离子氧原子、酯氧原子和醚氧原子形成的氢键总数目基本成线性增加。不同氧原子形成氢键的能力存在差异，按离子氧原子、醚氧原子和酯氧原子的顺序递减。WP 的加入会轻微减少单个表面活性剂中离子氧原子形成的氢键数目，但基本不影响醚氧原子和酯氧原子的氢键数目。WP 与表面活性剂中的离子氧原子、酯氧原子和醚氧原子均可形成氢键，同时也可与水分子形成大量氢键，这样气液界面吸附层中的表面活性剂、高分子稳定剂和水分子之间就形成广泛连接的三维氢键网络，从而能够增大气泡液膜的强度和抗冲击能力。随表面活性剂总数目的增多，WP 与水分子之间的氢键数目逐渐减少。当表面活性剂总数目最少时，WP 与水分子之间形成的氢键最多，因而对液膜强度的提高幅度最大，这与实验中高分子稳定剂在表面活性剂低浓度时显著提高其泡沫性能的结果相一致。

5.4.4 磁化技术改善抑尘泡沫性能研究

磁化技术改善抑尘泡沫性能是通过一定强度的磁场磁化发泡剂溶液，以增强抑尘泡沫的性能，从而降低所用发泡剂的浓度。为了探讨磁化强度对起泡剂起泡能力、泡沫稳定性和泡沫尺寸的影响，通过实验研究泡沫在磁化前后的发泡倍数（FE）、发泡时间（FT）、泡沫稳定性（FS）和泡沫半径分布，并探讨其影响机制。

1. 实验

本研究中用于分析的主要仪器是法国 Teclis Instruments 开发的 Foamscan 实验系统，该系统可用于测量泡沫产生和泡沫性能参数。由于主仪器采用了固定尺寸的专用注射器，为了减弱不可避免的外部磁化传递过程所引起的磁化效应衰减，设计了一种与泡沫扫描实验系统匹配的磁化装置，如图 5.99 所示。

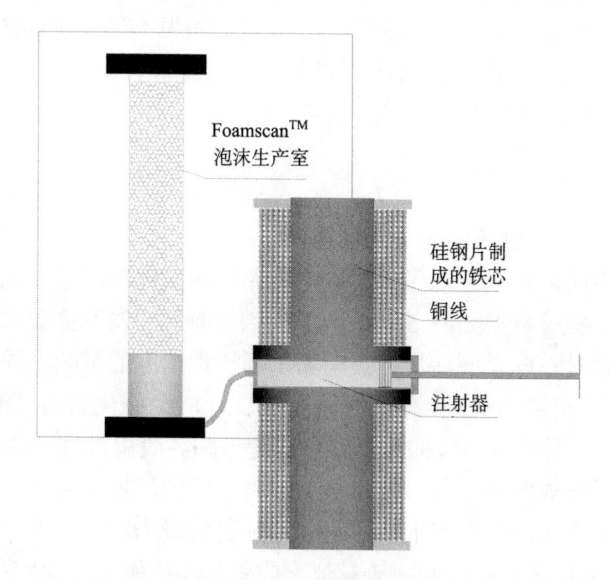

图 5.99　与泡沫扫描实验系统匹配的磁化装置结构图

磁化装置由高磁导率硅钢制成的圆柱形芯组成，其尺寸与带有紧密缠绕的纯铜线圈的专用注射器的尺寸相匹配，同时带有直流稳压电源以产生稳定的电流。该装置总体呈对称结构，以抵消喷射器之间的空间中的水平磁感应分量，从而产生均匀且易于控制的磁场。在实验中，注射器和泡沫扫描短软管在进行磁化之前已连接，这使得在电磁化后立即进行注入和发泡成为可能。为了确保每个溶液样品都暴露于相同强度的磁场中以进行比较，将电流控制在 8A 左右。电磁场强度测试器（EMF Tester）表明磁场强度约为 700Gs。

1）实验材料

考虑到成本、环保和行业应用环境等因素，本实验选取了 5 种类型的表面活性剂（FMEE、AES、K12、SDBS 和 AOS），分别制备了 0.03%、0.05%、0.08%、0.10%、0.15%和 0.20%的发泡剂溶液。

2）实验步骤

表征表面活性剂溶液发泡能力的发泡倍数和发泡时间是在发泡过程中通过连接到 Foamscan 系统的光学设备进行测量的。发泡倍数计算如下：

$$FE=\frac{V_{foam}}{V_{ili}-V_{fli}} \tag{5.64}$$

式中，V_{foam} 表示泡沫的体积（实验设置为在泡沫体积为 200mL 时停止发泡）；V_{ili} 和 V_{fli} 分别表示发泡开始和结束时发泡溶液的体积。

通过泡沫扫描系统测量了达到预设泡沫体积的发泡时间和液体的半衰期，分别表示了发泡率和泡沫稳定性；使用 CSA 系统分析发泡结束时的图像，主要测量气泡半径并统计特定半径范围的气泡数；本实验选择入口压缩空气速度为 120mL/min，系统温度为 21℃±1℃。

2. 结果和讨论

1）磁化强度对发泡液起泡能力的影响

实验结果表明，相较于未磁化溶液，磁化表面活性剂溶液的泡沫膨胀均有不同程度的增加。实验数据如图 5.100 所示：磁化前后的发泡倍数与浓度曲线趋于平行，但是磁化对不同表面活性剂类型和不同质量浓度的影响不同。以质量浓度为 0.1%的 FMEE 溶液为例，磁化前的发泡倍数为 8.1，磁化后的发泡倍数为 15.2，增加了 87.6%。当发泡剂溶液的浓度接近或超过临界胶束浓度（CMC）时，表面活性剂分子开始形成胶束，并且发泡倍数随着浓度的增加而降低。

磁化 AOS 表面活性剂溶液的发泡率增加趋势最为明显，这是由发泡时间降低导致的。200 mL 的发泡时间随质量浓度的变化曲线如图 5.101 所示。类似地，基于胶束理论，当溶液的浓度达到 CMC（例如质量浓度为 0.1%的 AOS）时，磁化作用对发泡率的影响要小于胶束作用。当溶液的质量浓度继续增加时，磁化效果再次占上风。

2）磁化泡沫稳定性

实验结果如图 5.102 所示，磁化后表面活性剂溶液的稳定性大大提高。以质量浓度为 0.15%的 AES 溶液为例，磁化前后的泡沫稳定性分别为 62s 和 80s，增加了 29%，当浓度继续增加时趋于稳定。在低浓度（如 0.03%）下，磁化对泡沫稳定性的增加效果更加显著，在高浓度和低浓度之间，泡沫稳定性显得有些异常，这是由于溶液的质量浓度达到 CMC 时，胶束效应（类似于发泡倍数和发泡时间）削弱了磁化对泡沫稳定性的作用。当质量浓度超过一定值时，胶束的形成达到饱和状态，且磁化作用再次占主导并趋于稳定。如上所述，由于这两种效应，每种溶液磁化前后的发泡时间变化呈现相似的交替结果。总之，通过控制发泡剂溶液的浓度，提高磁化抑尘泡沫的稳定性，可以延长其在地下采矿作业的抑尘时间，并减少与非粉尘颗粒撞击所引起的其他干扰而导致的效率损失。

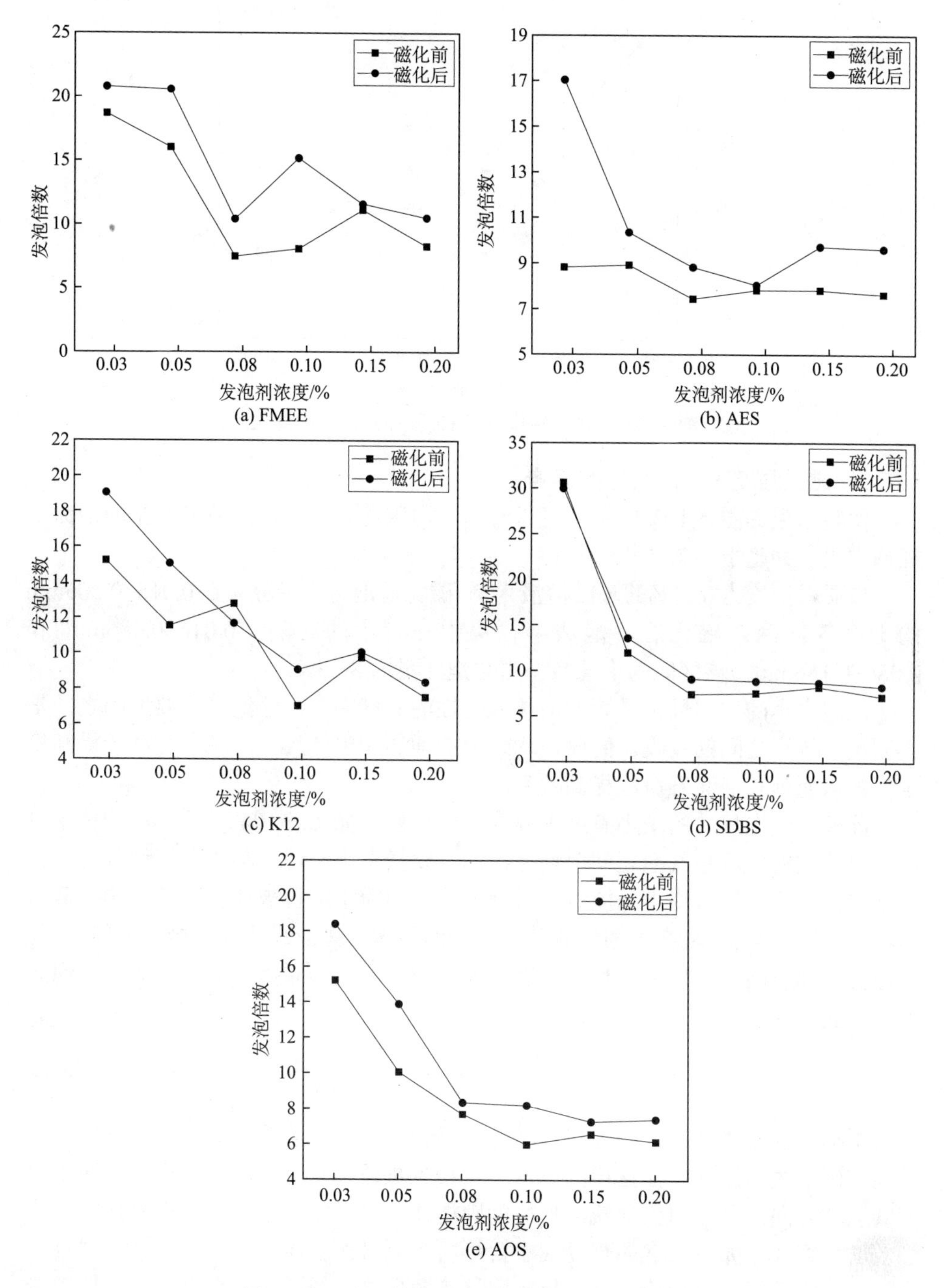

图 5.100　磁化前后 FE 随发泡剂浓度的变化规律

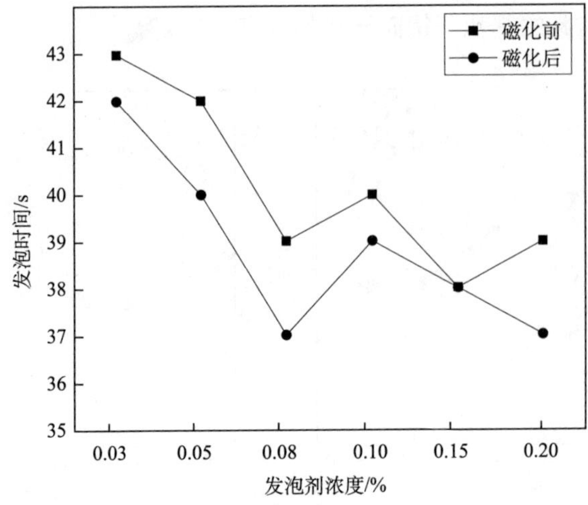

图 5.101　AOS 磁化前后 FT 随质量浓度的变化

3）磁化强度对泡沫尺寸的影响

实验结果如图 5.103 所示，可以看出，由磁化表面活性剂溶液产生的泡沫半径通常更小并趋于均匀。

以质量浓度为 0.05%的 K12 溶液为例，磁化前泡沫半径分布在 0.016~0.506mm 的七个等间距。磁化后，泡沫半径集中在较小的间隔：0.016~0.086mm 和 0.086~0.156mm，该区间的泡沫数量占总泡沫量的 86.5%。

气泡大小的均匀性也是影响泡沫稳定性的关键因素。消泡的主要原因之一是不同尺寸气泡之间的吸收。因此，均匀度的增加和整体尺寸的减小有利于提高稳定性，从而延长泡沫寿命，提高效率。

此外，气泡尺寸的减小有助于提高捕尘性能。如图 5.104 所示，粉尘捕集机制可以通过粉尘流与气泡之间惯性撞击的气动模型来实现。当尘流接近气泡时，由于惯性效应，气泡周围的流线和气泡轴附近的粉尘颗粒被捕获。圆柱的横截面积[由粉尘粒子与气泡产生惯性碰撞的轴线的最大距离曲线构成（极限曲线）]与气泡在流动方向上的横截面积之比表示粒子与气泡之间碰撞的可能性概率。泡沫的捕尘能力为

$$P_C = \frac{D_{圆柱}^2}{D_{气泡}^2} \tag{5.65}$$

根据惯性碰撞理论，当泡沫气泡的直径较大时，粉尘流开始在距离气泡很远的地方围绕气泡流动。在这样的条件下，粉尘颗粒具有足够的时间用于加速以改变其运动方向，因此由极限轨迹形成的圆柱体的直径相对较小，惯性碰撞的可能性较低。相反，如果气泡的直径较小，则粉尘流必然会在气泡周围流动，并且气泡之间的距离很小。理论上，如果极限轨迹圆柱的直径达到气泡直径，惯性撞击

的可能性就会更大，从而提高了除尘的效率。

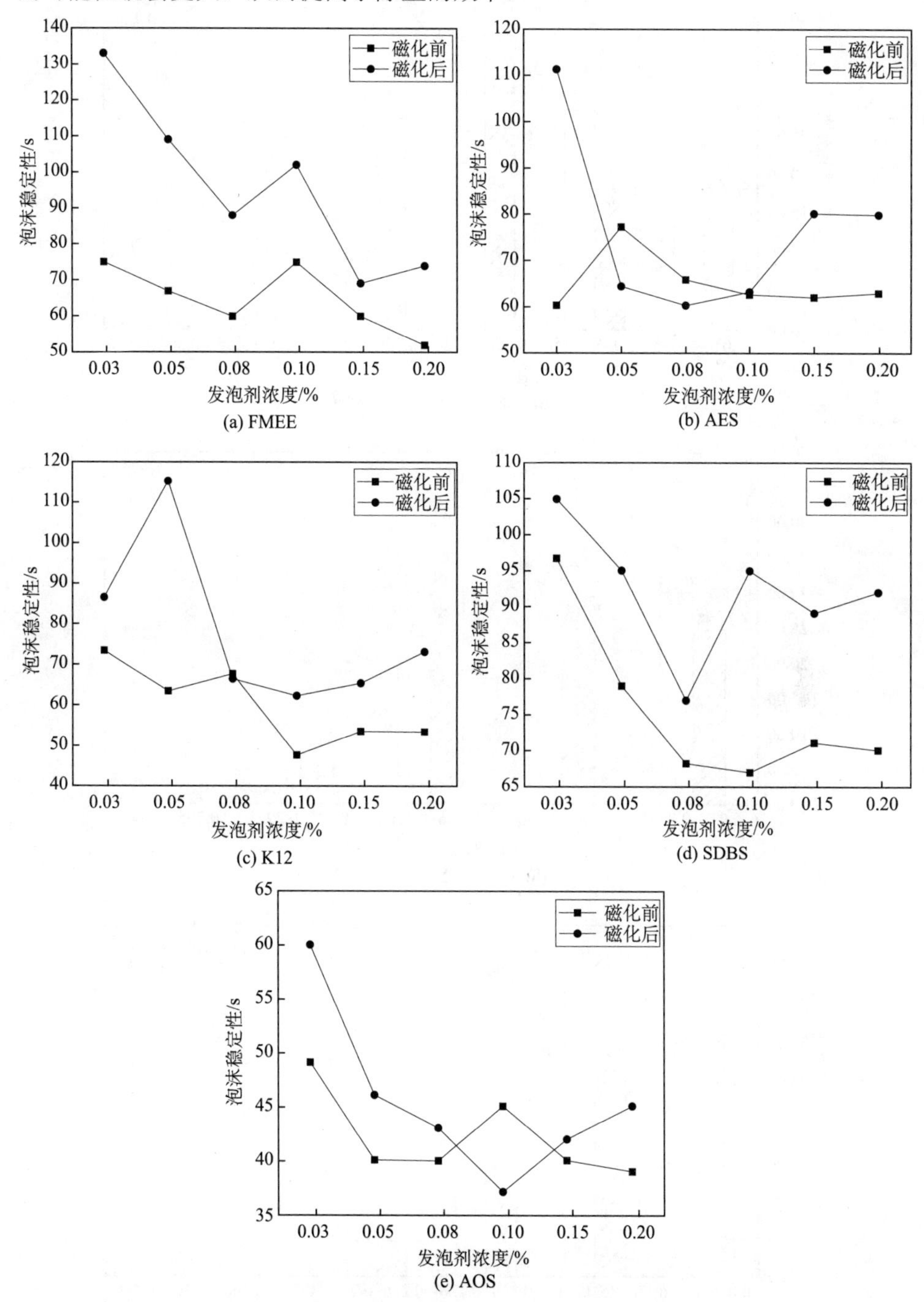

(a) FMEE

(b) AES

(c) K12

(d) SDBS

(e) AOS

图 5.102　磁化前后泡沫稳定性随质量浓度的变化

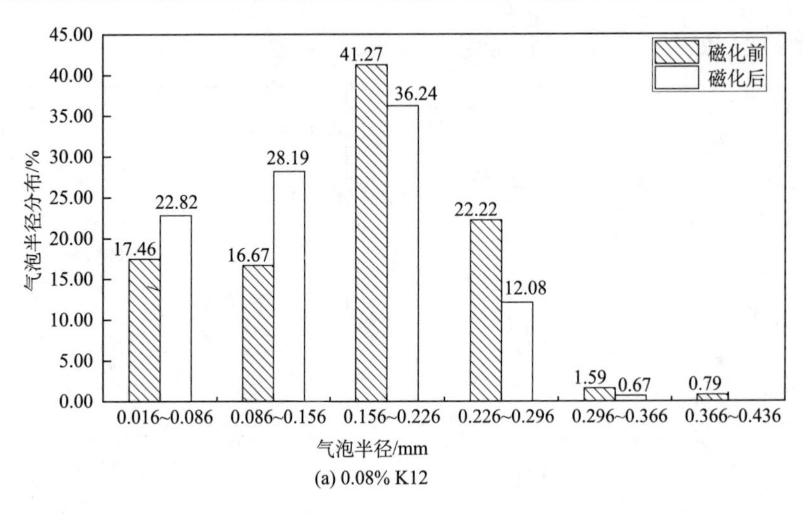

(a) 0.08% K12

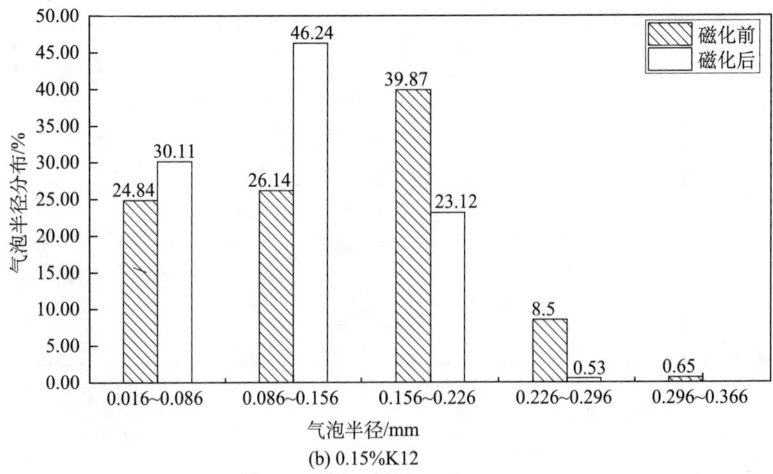

(b) 0.15%K12

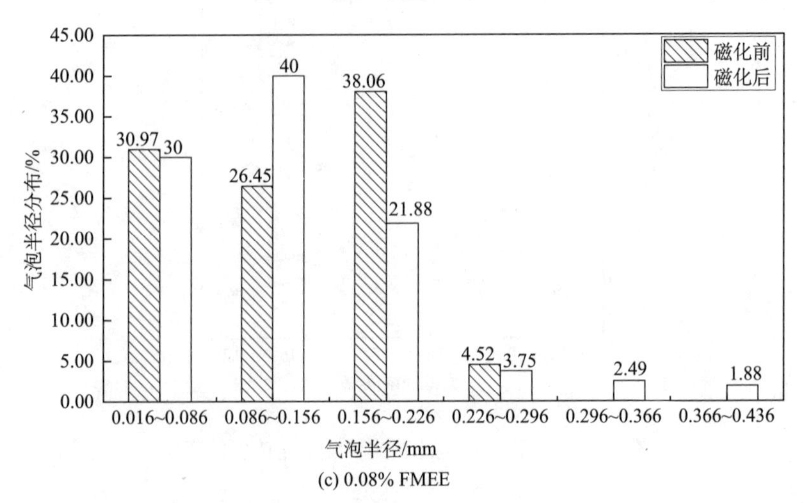

(c) 0.08% FMEE

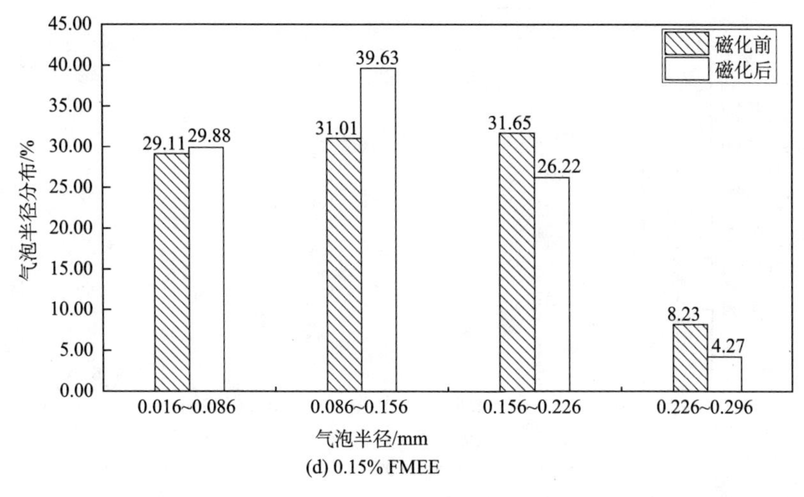

(d) 0.15% FMEE

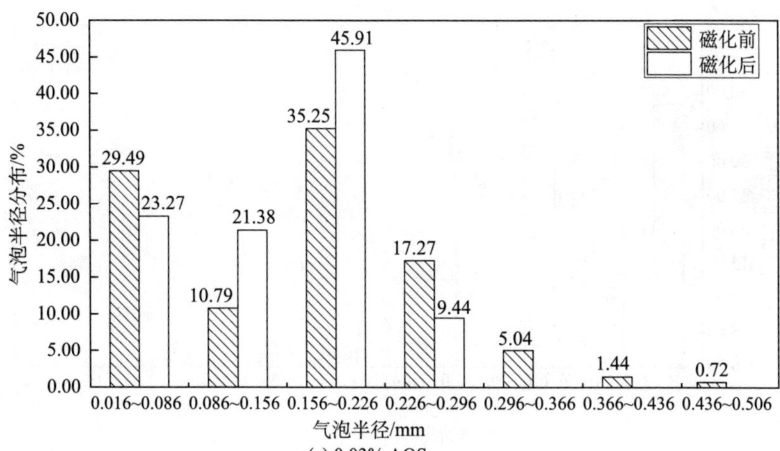

(e) 0.03% AOS

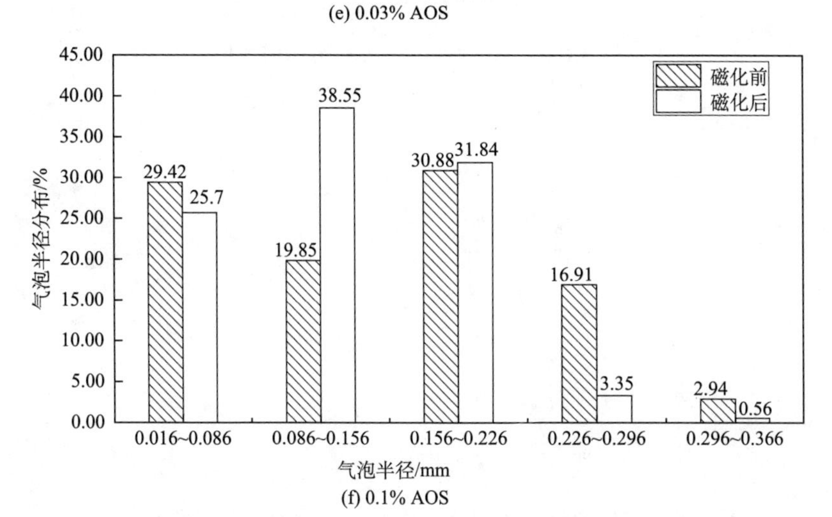

(f) 0.1% AOS

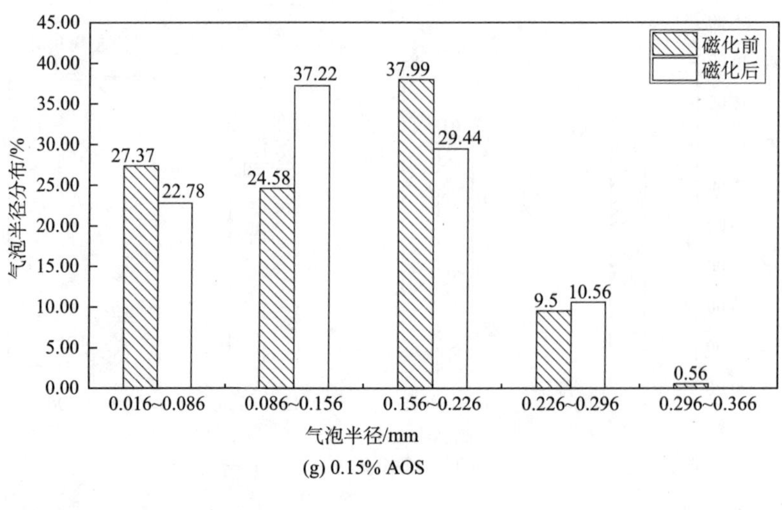

(g) 0.15% AOS

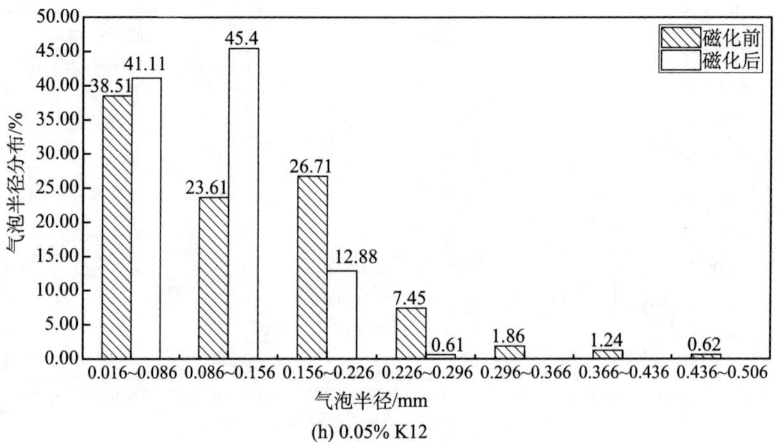

(h) 0.05% K12

图 5.103　磁化前后气泡半径分布的变化

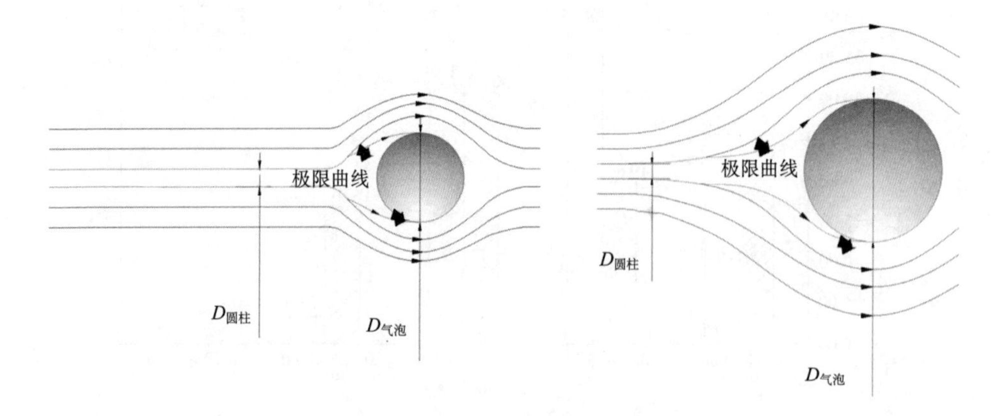

图 5.104　尘流与不同尺寸气泡之间的惯性撞击示意图

4）机理探讨

表面活性剂颗粒具有一个亲水基团和一个疏水基团。由于疏水基团的存在，当气体被注入溶液中时，该颗粒会自发地移动到气液界面，形成表面活性剂分子膜层，降低了气液界面的表面张力，从而减弱了气泡的收缩和消泡进程。作为溶剂的水具有很强的极性，其分子以氢键结合，并以笼状结构排列在表面活性剂分子周围，如图 5.105 所示。水的核磁共振（NMR）实验表明，与蒸馏水相比，磁化水的质子共振吸收峰会向可变场移动。这表明质子电子云的密度增加，磁化水的屏蔽增加，不利于氢键（即表面活性剂分子疏水基团中苯环上的电子与其周围水分子之间的氢键）的形成[94]。通过类比，表面活性剂分子与水分子之间形成的氢键在磁化后也被部分破坏。由于两种氢键的破坏，表面活性剂及其周围水分子形成的笼状结构被破坏（图 5.106），这有利于表面活性剂分子向气液界面的运动和溶液黏度的降低，同时也解释了磁化溶液的发泡率和泡沫发泡倍数增加的原因。当气泡携带更多表面活性剂分子离开液膜时，表面张力降低，气泡的收缩和排水速度减慢，其稳定性也得到显著改善。

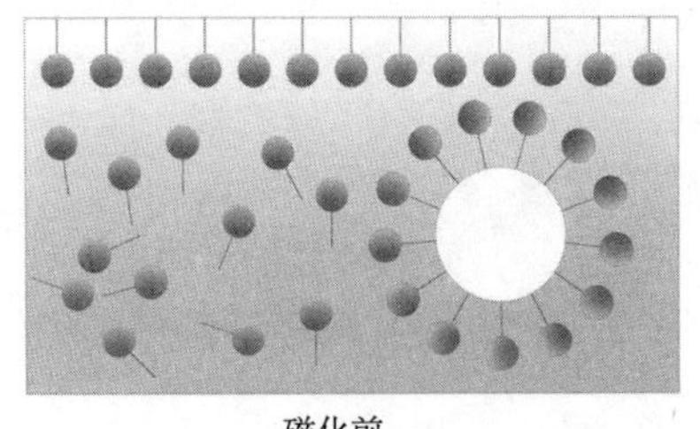
磁化前

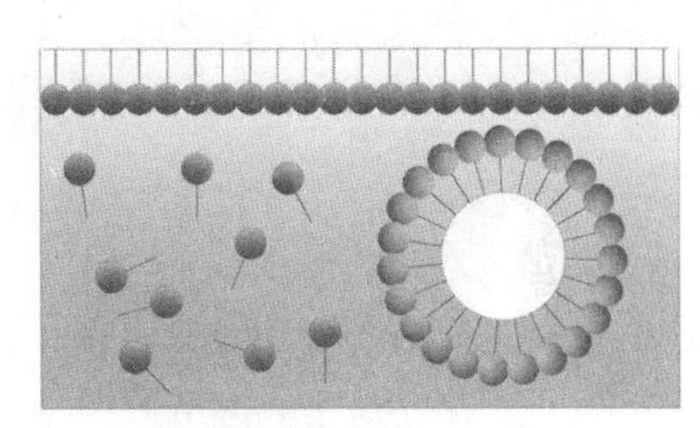
磁化后

图 5.105　表面活性剂发泡机理示意图

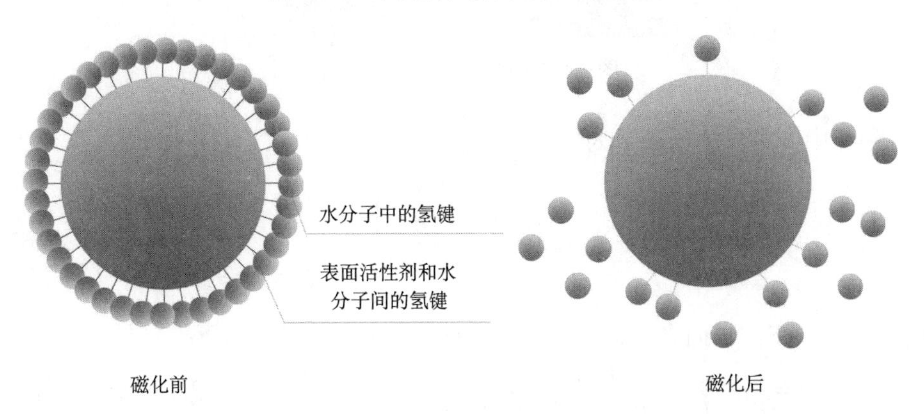

图 5.106　磁化强度对表面活性剂笼状结构的影响

显然，在实验条件下，高于临界胶束浓度的发泡溶液的 FE 随质量浓度的增加而减小，这是由于表面活性剂分子在发泡溶液中很容易形成胶束。对于实验结果中磁化后高浓度溶液的发泡能力仍有提高的现象，提出了以下假设：①磁场对已经形成胶束的溶液中的自由表面活性剂分子有同样的影响；②磁场对溶液中表面活性剂分子的影响减弱了亲水基团的排斥力和疏水基团在胶束中的吸引力，从而对它们造成了部分破坏，一些胶束的变形增加了自由分子的数量。

从热力学的宏观角度看，由于分子在磁化溶液中的定向排列和溶液熵的降低，表面活性剂的溶解度也随之降低，宏观现象为疏水基团更疏水。

如图 5.107 所示，将泡沫扫描发泡装置的气体内流模式简化为 n 个具有表面积的连续球形气泡。考虑到没有气体逸出和溶解，泡沫中的气体体积为发泡完成后的 n 个初始气泡体积。表面弹性模量[95]是由 Gibbs-Marangoni 效应引入：

$$\varepsilon = \mathrm{d}\sigma / \mathrm{d}(\ln A_s) \tag{5.66}$$

式中，ε 为表面张力随面积的变化而变化的极小值。

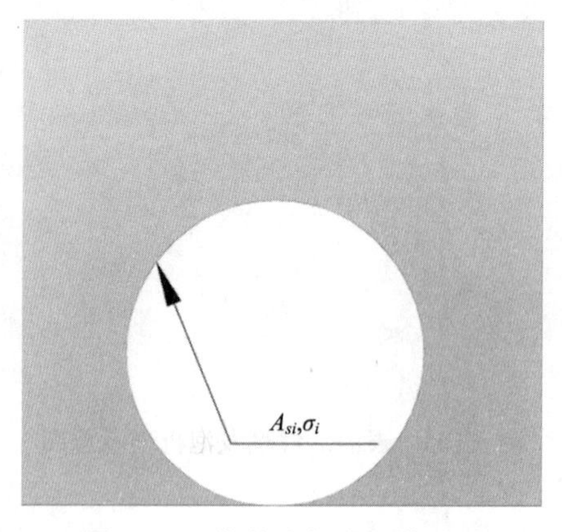

图 5.107　简化空气流入模型图

泡沫中的空气体积表示为

$$V_{\text{air}} = \sum_{i=1}^{n} \frac{4}{3} \left(\frac{C\mathrm{e}^{\frac{\sigma_i}{\varepsilon}}}{4\pi} \right)^{\frac{3}{2}} \tag{5.67}$$

因此，给出 FE、表面张力、表面弹性模量三者之间的关系如下：

$$\mathrm{FE} = \frac{V_{\text{foam}}}{V_{\text{ili}} - V_{\text{fli}}} = \frac{V_{\text{foam}}}{V_{\text{foam}} - V_{\text{air}}} = \frac{V_{\text{foam}}}{V_{\text{foam}} - \sum_{i}^{n} \frac{4}{3} \left(\frac{C\mathrm{e}^{\frac{\sigma_i}{\varepsilon}}}{4\pi} \right)^{\frac{3}{2}}}, \quad i = 1, 2, 3, \cdots, n \tag{5.68}$$

式中，C 为积分常数；σ_i 为从初始值到气流在其能级上可以克服的总表面张力最大值。

显然，发泡倍数随克服表面张力的增加和表面弹性模量的降低而增加，且表面弹性模量和溶液黏度均受分子间力的影响，且呈正相关关系。该机理定量地解释了磁化增加发泡倍数的原因。

根据拉普拉斯方程[96]：

$$\Delta P=\gamma\left(\frac{1}{R_1}+\frac{1}{R_2}\right) \tag{5.69}$$

式中，ΔP 为气液界面的压差；γ 为液体的表面张力系数；一个弯曲的表面称为曲面，通常用相应的两个曲率半径来描述曲面，即在曲面上某点作垂直于表面的直线，再通过此线作一平面，此平面与曲面的截线为曲线，在该点与曲线相切的圆的半径称为该曲线的曲率半径 R_1，通过表面垂线并垂直于第一个平面再作第二个平面并与曲面相交，可得到第二条截线和它的曲率半径 R_2，用 R_1 与 R_2 可表示出液体表面的弯曲情况。

表面张力系数为

$$\gamma=\frac{\Delta E}{\Delta S} \tag{5.70}$$

说明 γ 在数值上等于单位表面积自由能的增加量。换句话说，在外力所做的功的影响下，系统中发泡的难度明显降低，这是表面活性剂分子数量增加的结果。式（5.70）表明了当压力差恒定时，气泡半径与表面张力系数成比例，在磁化之后系数的减小导致气泡半径的减小。

3. 总结

磁化方法可以改善抑尘泡沫的性能。通过磁化技术，抑尘泡沫的发泡倍数和发泡率增加。数学推论证明，磁化通过两种机理增加了气液界面处表面活性剂分子的数量，从而降低了表面张力和表面弹性模量；磁化后，泡沫半衰期显著增加，增强了泡沫稳定性。抑尘泡沫处于相对稳定的状态，提高了其使用效率；磁化后，泡沫尺寸减小并趋于均匀，液膜的表面张力降低，从而泡沫的尺寸分布趋向于集中在较小的半径范围内，可以显著增加泡沫与粉尘的碰撞概率。

5.5　本章小结

本章采用实验室实验、理论分析、数理建模等相结合的方法，围绕水溶性聚合物对抑尘泡沫形态的影响、抑尘泡沫性能影响因素、抑尘泡沫性能定量评估、抑尘泡沫性能改善等内容展开研究，夯实泡沫抑尘的理论基础。主要成果如下：

（1）揭示了水溶性纤维素醚对抑尘泡沫形态特征的影响，包括对平均气泡大小、分布和均匀性的影响，并探讨了其作用机理。该成果有助于厘清添加聚合物与抑尘泡沫形态特征之间的关系，为利用聚合物优化抑尘泡沫形态及性能奠定了基础。

（2）揭示了气体流量、发泡剂浓度、温度、界面扩张流变性对抑尘泡沫性能的影响机制；建立了抑尘泡沫排液过程的理论模型，推导得到了排液速率、排液量随时间的变化函数和排液半衰期，并在实验中验证了该模型的正确性。该成果有助于提高泡沫抑尘的科学性。

（3）提出了由润湿性、黏附性、稳定性、输送能力、定向喷射性能和抗风吹散性能组成的抑尘泡沫性能表征及评估指标体系，并给出了基于该指标体系的抑尘泡沫性能量化评估方法和准则。该成果将抑尘泡沫性能评价从笼统、片面推向量化、全面的新阶段。

（4）提出了改善抑尘泡沫性能的原理和方法，探究了在硬水条件下具有不同 EO 基团数目的表面活性剂在气液界面的微观吸附行为及与钙离子和水分子的相互作用，揭示了非离子 EO 基团提高阴离子表面活性剂抗硬水性能的机理；利用水溶性聚合物提高抑尘泡沫性能，选择合适的聚合物及其添加比例可以增加表观黏度，降低排液速率，增强泡沫的携液能力，从而提升泡沫的黏附性、稳定性和湿润能力；探究了表面活性剂 SDE_3S 与高分子稳定剂 WP 在气液界面处的相互作用及所形成的吸附结构，并对 SDE_3S 体系和 SDE_3S/WP 复合体系在不同表面活性剂吸附密度时的液膜结构进行了分析；采用磁化方法改善了抑尘泡沫性能，以适当强度的磁场对发泡剂进行预处理，可以提高发泡率、泡沫稳定性且得到气泡直径小、分布均匀的理想形态的抑尘泡沫。该成果为实现泡沫抑尘的降本增效提供了新思路和方案。

参 考 文 献

[1] Duan M, Hu X, Ren D, et al. Studies on foam stability by the actions of hydrophobically modified polyacrylamides[J]. Colloid and Polymer Sicence, 2004, 282(11): 1292-1296.

[2] Arjmandi-Tash O, Trybala A, Mahdi F M, et al. Foams built up by non-Newtonian polymeric solutions: Free drainage[J]. Colloids and Surfaces A: Physicochemical and Engineering Aspects, 2017, 521(SI): 112-120.

[3] Bhardwaj P, Kamil M, Panda M. Surfactant-polymer interaction: Effect of hydroxypropylmethyl cellulose on the surface and solution properties of gemini surfactants[J]. Colloid and Polymer Sicence, 2018, 296.

[4] Veljko K, Maja M, Ljubica D. Application of different techniques in the determination of xanthan gum-SDS and xanthan gum-Tween 80 interaction[J]. Food Hydrocolloids, 2018, 87:

108-118.

[5] 潘则林, 王才. 水溶性高分子产品应用技术[M]. 北京: 化学工业出版社, 2006.

[6] 王德明. 矿尘学[M]. 北京: 科学出版社, 2015.

[7] 沈钟, 赵振国, 王果庭. 胶体与表面化学[M]. 北京: 化学工业出版社, 2004.

[8] Rosen M J. Surfactants and Interfacial Phenomena[M]. Hoboken, New Jersey: John Wiley & Sons Inc., 1989.

[9] Lucassen-Reynders E H, Cagna A, Lucassen J. Gibbs elasticity, surface dilational modulus and diffusional relaxation in nonionic surfactant monolayers[J]. Colloids and Surfaces A: Physicochemical and Engineering Aspects, 2001, 186(1-2): 63-72.

[10] Carey E, Stubenrauch C. Properties of aqueous foams stabilized by dodecyltrimethylammonium bromide[J]. Journal of Colloid & Interface Science, 2009, 333(2): 619-627.

[11] Nguyen A V, Harvey P A, Jameson G J. Influence of gas flow rate and frothers on water recovery in a froth column[J]. Minerals Engineering, 2003, 16(11): 1143-1147.

[12] Tan S N, Pugh R J, Fornasiero D, et al. Foaming of polypropylene glycols and glycol/MIBC mixtures[J]. Minerals Engineering, 2005, 18(2): 179-188.

[13] Carey E, Stubenrauch C. Foaming properties of mixtures of a non-ionic (C_{12}DMPO) and an ionic surfactant (C_{12}TAB)[J]. Journal of Colloid and Interface Science, 2010, 346: 414-423.

[14] Martinez M J, Sánchez C C, Patino J M R, et al. Interactions between β-lactoglobulin and casein glycomacropeptide on foaming[J]. Colloids and Surfaces B: Biointerfaces, 2012, 89: 234-241.

[15] Lv W, Li Y, Li Y, et al. Ultra-stable aqueous foam stabilized by water-soluble alkyl acrylate crosspolymer[J]. Colloids and Surfaces A: Physicochemical and Engineering Aspects, 2014 , 457: 189-195.

[16] Wang D H, Hou Q F, Luo Y S, et al. Stability comparison between particles-stabilized foams and polymer-stabilized foams[J]. Journal of Dispersion Science and Technology, 2015, 36: 268-273.

[17] Xu L, Xu G, Gong H, et al. Foam properties and stabilizing mechanism of sodium fatty alcohol polyoxyethylene ether sulfate-welan gum composite systems[J]. Colloids and Surfaces A: Physicochemical and Engineering Aspects, 2014, 456: 176-183.

[18] Stubenrauch C, Shrestha, L, Varade D, et al. Aqueous foams stabilized by *n*-dodecyl-beta-*D*-maltoside, hexaethyleneglycol monododecyl ether, and their 1∶1 mixture[J]. Soft Matter, 2009, 5: 3070-3080.

[19] Boos J, Drenckhan W, Stubenrauch C. Protocol for Studying Aqueous Foams Stabilized by Surfactant Mixtures[J]. Journal of Surfactants and Detergents, 2013, 16: 1-12.

[20] Kumar A, Vedula S S, Kumar R, et al. Hydrate phase equilibrium data of mixed methane-tetrahydrofuran hydrates in saline water[J]. The Journal of Chemical Thermodynamics, 2018, 117: 2-8.

[21] Denkov N D. Mechanisms of foam destruction by oil-based antifoams[J]. Langmuir, 2004, 20(22): 9463-9505.

[22] Denkov N D, Marinova K G. Colloidal Particles at Liquid Interfaces[M]. Cambridge: Cambridge University Press, 2006.

[23] Murray B S, Ettellaie R. Foam stability: Proteins and nanoparticles[J]. Current Opinion in Colloid and Interface Science, 2004, 9(5): 314-320.
[24] Stevenson P. Foam Engineering: Fundamentals and Applications[M]. London: John Wiley & Sons Inc., 2012.
[25] Cho Y S, Laskowski J S. Effect of flotation frothers on bubble size and foam stability[J]. International Journal of Mineral Processing, 2002, 64(2-3): 69-80.
[26] Xu C H, Wang D M, Wang H T, et al. Influence of gas flow rate and sodium carboxymethylcellulose on foam properties of fatty alcohol sodium polyoxyethylene ether sulfate solution[J]. Journal of Dispersion Science and Technology, 2017, 38(7): 961-996.
[27] Marinova K G, Basheva E S, Nenova B, et al. Physico-chemical factors controlling the foamability and foam stability of milk proteins: Sodium caseinate and whey protein concentrates[J]. Food Hydrocolloids, 2009, 23(7): 1864-1876.
[28] Wang H, Guo W, Zheng C B, et al. Effect of temperature on foaming ability and foam stability of typical surfactants used for foaming agent[J]. Journal of Surfactants and Detergents, 2017, 20: 615-622.
[29] Kissell F N. Handbook for Dust Control in Mining[M]. Pittsburgh: National Institute for Occupational Safety and Health, 2003.
[30] Exerowa D, Kruglyakov P. Foams and Foam Films: Theory, Experiment, Application[M]. Amsterdm: Elsevier, 1998.
[31] Tcholakova S, Denkov N D, Ivanov I B, et al. Coalescence stability of emulsions containing globular milk proteins[J]. Advances in Colloid and Interface Science, 2006, 123: 259-293.
[32] Birdi K S. Handbook of Surface and Colloid Chemistry[M]. New York: CRC Press, 2008.
[33] Ata S. Phenomena in the froth phase of flotation—A review[J]. International Journal of Mineral Processing, 2012, 102-103: 1-12.
[34] Wang Y X, Cao Y Q, Zhang Q, et al. Novel cationic gemini surfactants based on piperazine: Synthesis, surface activity and foam ability[J]. Journal of Dispersion Science and Technology, 2016, 37(4): 465-471.
[35] Wang H, Chen J J. A study on the permeability and flow behavior of surfactant foam in unconsolidated media[J]. Environmental Earth Science, 2013, 68(2): 567-576.
[36] 王军. 表面活性剂的新应用[M]. 北京: 化学工业出版社, 2009.
[37] Hu X, Zhao Y, Cheng W, et al. Synthesis and characterization of phenolurea-formaldehyde foaming resin used to block air leakage in mining[J]. Polymer Composites, 2014, 35(10): 2056-2066.
[38] 王健, 杨新忠, 李国胜. 功能性表面活性剂的合成与应用[M]. 北京: 化学工业出版社, 2009.
[39] Lv T. Surfactants Synthesis Technology[M]. Beijing: China Textile Press, 2009.
[40] Ren W X, Wang D M, Guo Q, et al. Application of foam technology for dust control in underground coal mine[J]. International Journal of Mining Science and Technology, 2014, 24(1): 13-16.
[41] Ren W X, Wang D M, Kang Z H, et al. A new method for reducing the prevalence of

pneumoconiosis among coal miners: Foam technology for dust control[J]. Journal of Occupational and Environmental Hygiene, 2012, 9(4): 77-83.

[42] Hofmann M J, Motschmann H. The surface rheological signature of the geometric isomers of an azobenzene-surfactant[J]. Physical Chemistry Chemical Physics, 2018, 20(18): 12659-12663.

[43] Liu K X, Yin H J, Lei Z, et al. Effect of EO group on the interfacial dilational rheology of fatty acid methyl ester solutions[J]. Colloids and Surfaces A: Physicochemical and Engineering Aspects, 2018, 553: 11-19.

[44] Dicharry C, Arla D, Sinquin A, et al. Stability of water/crude oil emulsions based on interfacial dilatational rheology[J]. Journal of Colloid & Interface Sicence, 2006, 297(2): 785-791.

[45] Georgieva D, Cagna A, Langevin D. Link between surface elasticity and foam stability[J]. Soft Matter, 2009, 5: 2063-2071.

[46] Koehler S A, Hilgenfeldt S, Stone H A. A generalized view of foam drainage: Experiment and theory[J]. Langmuir, 2000, 16: 6327-6341.

[47] Stevenson P. Inter-bubble gas diffusion in liquid foam[J]. Current Opinion in Colloid & Interface Science, 2010, 15: 374-381.

[48] Gol'dfarb I I, Kanni K B, Shreiber R. Liquid flow in foams[J]. Fluid Dynamics, 1988, 23: 244-249.

[49] Durand M, Martinoty G, Langevin D. Liquid flow through aqueous foams: From the plateau border-dominated regime to the node-dominated regime[J]. Physical Review E, 1999, 60(6): R6307-R6308.

[50] Pitois O, Louvet N, Lorenceau E, et al. Node contribution to the permeability of liquid foams[J]. Journal of Colloid and Interface Sicence, 2008, 322(2): 675-677.

[51] Stevenson P. On the forced drainage of foam[J]. Colloids and Surfaces A: Physicochemical and Engineering Aspects, 2007, 305(1-3): 1-9.

[52] Hohler R, Sang Y, Lorenceau E, et al. Osmotic pressure and structures of monodisperse ordered foam[J]. Langmuir, 2008, 24(2): 418-425.

[53] Meagher A J, Mukherjee M, Weaire D, et al. Analysis of the internal structure of monodisperse liquid foams by X-ray tomography[J]. Soft Matter, 2011, 7(21): 9881-9885.

[54] Stevenson P. Foam Engineering[M]. New Jersey: John Wiley & Sons Inc. , 2012.

[55] Kraynik A M. Foam structure: From soap froth to solid foams[J]. MRS Bulletin, 2003, 28(4): 275-288.

[56] 周风山. 使用新旧准标 Ross-Miles 仪评价发泡剂发泡能力的比较[J]. 油田化学, 1990, (2): 194-197.

[57] 国家技术监督局. 表面活性剂发泡力的测定 改进 Ross-Miles 法: GB/T 7462—1994[S]. 1994.

[58] Shi L, Tummala N R, Striolo A. $C_{12}E_6$ and SDS surfactants simulated at the vacuum-water interface[J]. Langmuir, 2010, 26(8): 5462-5474.

[59] Tang X, Koenig P H, Larson R G. Molecular dynamics simulations of sodium dodecyl sulfate micelles in water: The effect of the force field[J]. The Journal of Physical Chemistry B, 2014, 118(14): 3864-3880.

[60] Zhao T, Xu G, Yuan S, et al. Molecular dynamics study of alkyl benzene sulfonate at air/water interface: Effect of inorganic salts[J]. The Journal of Physical Chemistry B, 2010, 114(15): 5025-5033.
[61] Chen M, Lu X, Liu X, et al. Specific counterion effects on the atomistic structure and capillary-waves fluctuation of the water/vapor interface covered by sodium dodecyl sulfate[J]. The Journal of Physical Chemistry C, 2014, 118(33): 19205-19213.
[62] 刘国宇, 顾大明, 丁伟, 等. 表面活性剂界面吸附行为的分子动力学模拟[J]. 石油学报(石油加工), 2011, 27(1): 77-84.
[63] Berendsen H J C, Spoel V D, Drunen R V. GROMACS: A message-passing parallel molecular dynamics implementation[J]. Computer Physics Communications, 1995, 91: 43-56.
[64] Yazhgur P, Vierros S, Hannoy D, et al. Surfactant interactions and organization at the gas water interface (CTAB with Added Salt)[J]. Langmuir, 2018, 34(5): 1855-1864.
[65] Huang W, Dalal I S, Larson R G. Analysis of solvation and gelation behavior of methylcellulose using atomistic molecular dynamics simulations[J]. The Journal of Physical Chemistry B, 2014, 118: 13992-14008.
[66] Bjelkmar P, Larsson P, Cuendet M A, et al. Implementation of the CHARMM force field in GROMACS: Analysis of protein stability effects from correction maps, virtual interaction sites, and water models[J]. Journal of Chemical Theory and Computation, 2010, 6: 459-466.
[67] Fuchs P F J, Hansen H S, Huenenberger P H, et al. A GROMOS parameter set for vicinal diether functions: Properties of polyethyleneoxide and polyethyleneglycol[J]. Journal of Chemical Theory and Computation, 2012, 8(10): 3943-3963.
[68] Li C, Li Y, Yuan R, et al. Study of the microcharacter of ultrastable aqueous foam stabilized by a kind of flexible connecting bipolar-headed surfactant with existence of magnesium ion[J]. Langmuir, 2013, 29(18): 5418-5427.
[69] Xu H, Penfold J, Thomas R K, et al. The formation of surface multi layers at the air-water interface from sodium polyethylene glycol monoalkyl ether sulfate/$AlCl_3$ solutions: The role of the size of the polyethylene oxide group[J]. Langmuir, 2013, 29(37): 11656-11666.
[70] Martinez L, Andrade R, Birgin E G, et al. PACKMOL: A package for building initial configurations for molecular dynamics simulations[J]. Journal of Computational Chemistry, 2009, 30(13): 2157-2164.
[71] Hockney R W. The potential calculation and some applications[J]. Methods in Computational Physics, 1970, 9: 136-211.
[72] Hess B, Bekker H, Berendsen H J C, et al. LINCS: A linear constraint solver for molecular simulations[J]. Journal of Computational Chemistry, 1997, 18(12): 1463-1472.
[73] Essmann U, Perera L, Berkowitz M L. A smooth particle mesh Ewald method[J]. The Journal of Chemical Physics, 1995, 103(19): 8577-8593.
[74] Bussi G, Donadio D, Parrinello M. Canonical sampling through velocity rescaling[J]. Journal of Chemical Physics, 2007, 126(1): 014101.
[75] Humphrey W, Dalke A, Schulten K. VMD: Visual molecular dynamics[J]. Journal of Molecular Graphics, 1996, 14(1): 27-28, 33-38.

[76] Yan H, Guo X, Yuan S, et al. Molecular dynamics study of the effect of calcium ions on the monolayer of SDC and SDSn surfactants at the vapor/liquid interface[J]. Langmuir, 2011, 27(10): 5762-5771.
[77] Gao F, Liu G, Yuan S. The effect of betaine on the foam stability: Molecular simulation[J]. Applied Surface Science, 2017, 407: 156-161.
[78] Shchukin E D, Pertsov A V, Amelina E A, et al. II - The adsorption phenomena. Structure and properties of adsorption layers at the liquid-gas interface[J]. Studies in Interface Science, 2001, 12: 64-164.
[79] Kedir A S, Solbakken J S, Aarra M G. Foamability and stability of anionic surfactant-anionic polymer solutions: Influence of ionic strength, polymer concentration, and molecular weight[J]. Colloids and Surfaces A: Physicochemical and Engineering Aspects, 2022, 632: 127801.
[80] Wang H, Wei X, Du Y, et al. Effect of water-soluble polymers on the performance of dust-suppression foams: Wettability, surface viscosity and stability[J]. Colloids and Surfaces A: Physicochemical and Engineering Aspects, 2019, 568: 92-98.
[81] Khan M Y, Samanta A, Ojha K, et al. Interaction between aqueous solutions of polymer and surfactant and its effect on physicochemical properties[J]. Asia-Pacific Journal of Chemical Engineering, 2008, 3: 579-585.
[82] Wang Y, Hou B, Cao X, et al. Interaction between polymer and anionic/nonionic surfactants and its mechanism of enhanced oil recovery[J]. Journal of Dispersion Sicence and Technology, 2018, 39: 1178-1184.
[83] 何曼君, 陈维笑, 董西侠. 高分子物理(修订版)[M]. 上海: 复旦大学出版社, 2000.
[84] Bosnjak N, Nadimpalli S, Okumura D, et al. Experiments and modeling of the viscoelastic behavior of polymeric gels[J]. Journal of the Mechanics and Physics of Solids, 2020, 137: 103829.
[85] Wantke K, Małysa K, Lunkenheimer K. A relation between dynamic foam stability and surface elasticity[J]. Colloids and Surfaces A: Physicochemical and Engineering Aspects, 1994, 82(2): 183-191.
[86] Rosen M J, Kunjappu J T. Surfactants and Interfacial Phenomena. 4 edn[M]. New York: A John Wiley & Sons Inc. , 2012.
[87] 严瑞祥. 水溶性聚合物[M]. 北京: 化学工业出版社, 2010.
[88] Boos J, Drenckhan W, Stubenrauch C. On how surfactant depletion during foam generation influences foam properties[J]. Langmuir, 2012, 28(25): 9303-9310.
[89] Reinhardt M, Grubmüller H. GROMACS implementation of free energy calculations with non-pairwise Variationally derived Intermediates[J]. Computer Physics Communications, 2021, 264: 107931.
[90] Schüttelkopf A W, Aalten D M F. PRODRG: A tool for high-throughput crystallography of protein-ligand complexes[J]. Acta Crystallographica Section D: Biological Crystallography, 2004, 60(8): 1355-1363.
[91] Tesei G, Paradossi G, Chiessi E. Poly(vinyl alcohol) oligomer in dilute aqueous solution: A comparative molecular dynamics simulation study[J]. The Journal of Physical Chemistry B,

2012, 116(33): 10008-10019.

[92] Gunsteren W F, Billeter S R, Eising A A, et al. Biomolecular Simulation: The GROMOS96 Manual and User Guide[M]. Zürich: Vdf Hochschulverlag AG an der ETH Zürich, 1996.

[93] Tang X, Huston K J, Larson R G. Molecular dynamics simulations of structure–Property relationships of Tween 80 surfactants in water and at interfaces[J]. The Journal of Physical Chemistry B, 2014, 118(45):12907-12918.

[94] 安燕, 刘云, 闫海科. 磁化水及其溶液表面性质的研究[J]. 贵州工业大学学报, 1998, (5): 103-106.

[95] Lucassen J, van Den Tempel M. Dynamic measurements of dilational properties of a liquid interface[J]. Chemical Engineering Science, 1972, 27(6): 1283-1291.

[96] Barnes G T, Gentle I R. Interfacial Science: An Introduction[M]. Beijing: Science Press, 2012.

第6章　源头抑制煤矿粉尘的泡沫抑尘技术研究

泡沫抑尘技术是将发泡剂按一定比例与水混合后形成发泡剂溶液，然后将空气引入发泡剂溶液并产生泡沫，最后利用专用喷头将泡沫喷射于尘源，通过覆盖、润湿和黏结等作用，实现对粉尘的源头抑制。该技术具有降尘效率高、耗水量小的独特优势[1]，发展前景广阔。本章介绍高效可靠制备泡沫的自吸空气-发泡剂低阻产泡技术、高效利用泡沫的精准喷射技术、泡沫抑尘技术的现场应用等内容。

6.1　自吸空气式泡沫制备技术

传统的抑尘泡沫制备技术存在工艺复杂、安全可靠性低、适用性差、产泡能力弱和运行成本高等问题，严重限制了其在煤矿井下的应用。其主要原因是泡沫发生器结构复杂，目前大多数发生器需要使用压缩空气来产生泡沫[2-4]。专用空气压缩机、压缩空气管道和软管增加了泡沫系统的复杂性，并增加了其操作难度。传统的泡沫发生器还需要其他专用设备，例如用于将发泡剂添加到高压水管中以形成发泡剂溶液的计量泵，使系统更加复杂。此外，传统泡沫发生器的能量利用方式粗放，气液介质发泡过程的能量损失大，导致泡沫出口能量不足，且泡沫生成效率低[5]。最主要的是，许多采煤机和迎头没有压缩空气软管，这进一步限制了现有发泡设备的适用范围，使其无法满足综采工作面对粉尘控制的需求。

为了解决上述问题，提出了自吸空气-发泡剂旋流产泡的新思路，即以小流量压力水射流为动力，利用射流卷吸效应及其形成的负压作用，自动吸入环境空气和发泡剂，转变泡沫制备中所需物质要素的供给方式；采用旋流方法及其构件降低气液发泡介质的流动阻力及能量损失，同时保证气液混合强度，实现产泡过程中能量要素的集约化利用，提高产泡能力和泡沫出口能量。遵循这一新思路，发明了一种用于粉尘控制的自吸空气式泡沫发生器，并使用专门设计的实验装置对其性能进行研究和评估，以监测流量、工作压力、空气自吸能力、泡沫膨胀率和发泡剂吸入能力。

在上述思路的指引下，运用射流力学、液气射流泵和气液两相流等理论，研发了自吸空气-发泡剂旋流产泡技术。本节介绍自吸空气-发泡剂旋流产泡装置的设计原理、发泡装置内紊动射流特性，并对其工作过程进行理论分析。

6.1.1 自吸空气-发泡剂旋流产泡装置设计原理

1. 结构组成

根据前述基本思路，设计自吸空气-发泡剂旋流产泡装置如图 6.1 所示。其主要构成部件为射流喷嘴、吸气室（含吸气孔）、吸液室、混合室、扩散增压室、旋流发泡室和泡沫出流室，下面分别进行介绍。

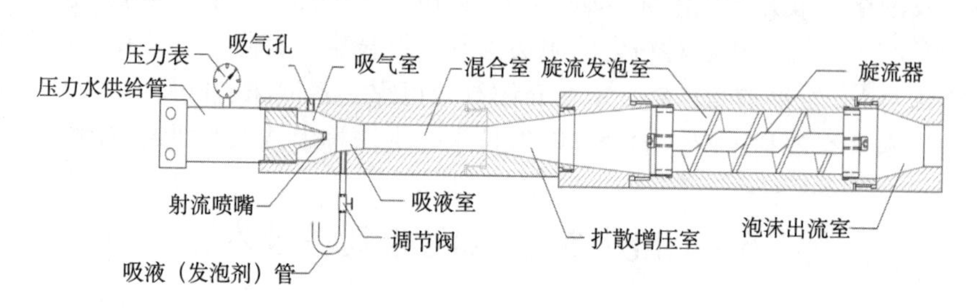

图 6.1 自吸空气式泡沫发生器结构

射流喷嘴用于将压力水的压力能转变为动能，是形成高速射流的关键部件；吸气室的作用是利用射流的卷吸效应及其负压作用连续吸入外界环境空气，其入口内螺纹与射流喷嘴外螺纹连接，出口与吸液室相连，设有吸气孔；吸液室相当于混合室与吸气室之间的过渡段，其作用是按一定比例吸入发泡剂，同时引导空气顺畅地进入混合室，即具有吸发泡剂和引导空气流动的双重作用；混合室（喉管）是射流发生破碎及与空气和发泡剂进行传能传质的场所，其作用是保障空气和发泡剂的稳定吸入，并使气液两相混合；扩散增压室的作用是将从混合室流入的混合流体的一部分动能转化为压能，使气体在扩散室内再次得到压缩，为下一阶段产泡创造条件；旋流发泡室中设置有螺旋结构的旋流器，用于强化气液发泡介质的相互作用而生成泡沫；泡沫出流室即发泡装置的出口端，其作用是对旋流发泡室生成的泡沫适当增速后输出，以供泡沫抑尘终端使用。为使泡沫流体平缓增速，减少断面收缩过程中的阻力损失，将泡沫出流室设计为双级收缩结构。图 6.2 为制造的泡沫发生器实物图。

2. 工作原理

该射流式泡沫发生器的发泡过程涉及三个材料元素：水、空气和发泡剂，其发泡过程非常复杂。从能量关系和装置功能的角度出发，其物理过程可分为四个阶段，即射流负压吸气与吸液阶段、射流破碎与气液混合阶段、扩散增压初步成泡阶段、旋流强化产泡与增速输出阶段，如图 6.3 所示。

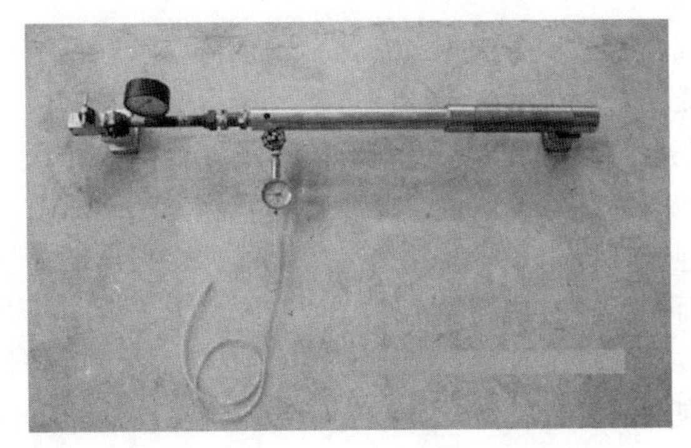

图6.2　自吸空气式泡沫发生器实物图

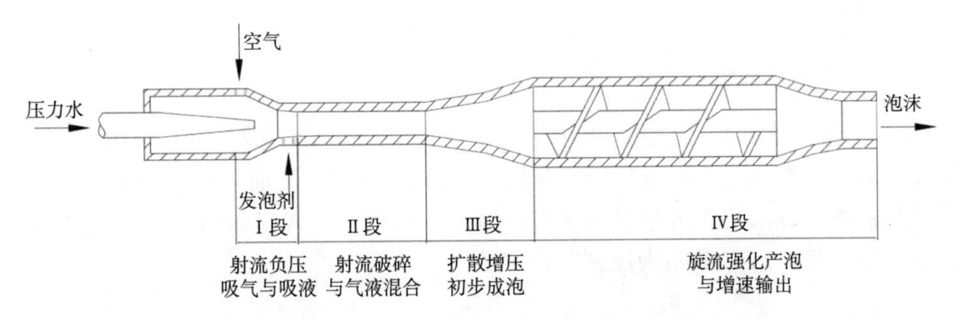

图6.3　自吸空气-发泡剂旋流产泡装置工作原理示意图

射流负压吸气与吸液阶段发生在吸气室和吸液室中。作为工作流体，压力水从喷嘴射出形成有限空间内的高速射流。射流在靠近喷嘴较近范围内是致密的，由于射流边界层和气体之间的卷吸效应，射流将吸气室和吸液室中的空气带入混合室（喉管），在两个腔室中产生负压，从而自动吸入外界环境中的空气和储罐中的发泡剂。在这一阶段，射流与空气和发泡剂做相对运动（三种物质均为连续介质）。

射流破碎与气液混合阶段发生在喉管中。受发泡装置壁面摩擦等外部因素的干扰，压力水射流在流出喷嘴一定距离后将产生脉动和表面波。由于射流中颗粒的湍流和扩散作用，表面波的振幅将连续增加。当振幅超过射流的半径时，射流会破裂成不连续的介质——液滴；高速运动的液滴飞散于空气和发泡剂中，并通过与气体和发泡剂分子的撞击将其能量传递给后者，即液体和空气相互混合。在这个阶段，空气和发泡剂得以加速，同时空气被压缩（仍然为连续介质）。需要指出的是，为确保射流在喉管内破碎，需保证喉管有足够的长度。

扩散增压初步成泡阶段发生在扩散增压室中。进入扩散增压室后，混合流体的动能转化为压能（即压力增加）。随着该过程的发展，一部分空气被高能液滴进一步压缩，直到在扩散室的后部被切成小气泡为止。此时，液滴重新聚合为连续介质，与发泡剂混合形成用于产泡的液相，这部分空气以分散介质的形式分散在液相中，从而形成相对稀疏的气泡流（即液相中含有少量气泡），即为初步成泡。需要指出的是，在该阶段之后，仍然有相当多的空气尚未转化为气泡。

旋流强化产泡与增速输出阶段发生在旋流发泡室和泡沫出流室中。为了使气液介质充分产生泡沫，提出了一种用旋转流动的方法来增加空气与液体之间的相互作用强度，从而在旋转流动的湍流剪切效应和发泡剂溶液的促进作用下产生大量由液膜分离的致密气泡（泡沫）；在此阶段，大多数空气被转化为气泡，实现压力水、空气和发泡剂的高效发泡。在最后一步，泡沫在泡沫出流室加速，然后流出，供泡沫抑尘系统的终端使用。至此，带有空气和发泡剂自吸的旋流产泡过程全部完成。

3. 空气自吸流量的理论分析

下面结合图 6.4，运用能量方程分析空气与发泡剂的吸入过程。设距吸气孔较远处的控制断面为 *s-s*，发泡剂容器中自由液面为控制断面为 *s′-s′*，吸气孔横截面为控制断面 *a-a*，吸液孔横截面为控制断面 *b-b*，吸液室入口截面为控制断面 *c-c*，混合室（喉管）入口截面为控制断面 *d-d*。

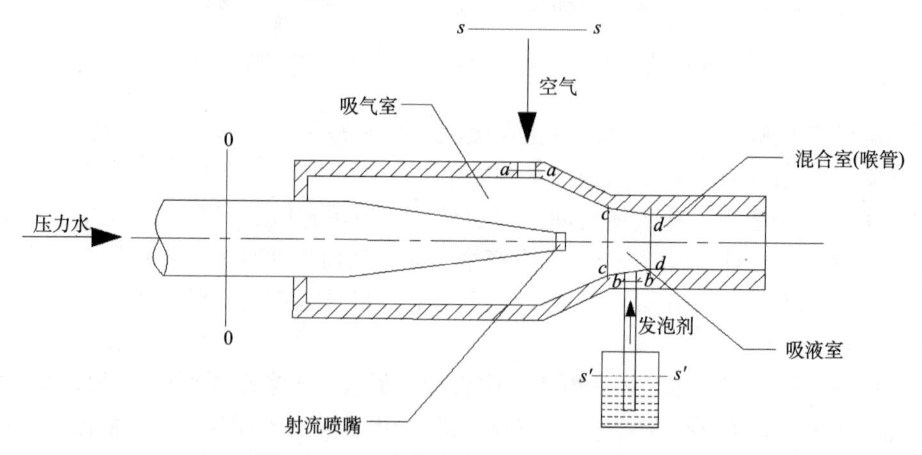

图 6.4　自吸空气式泡沫发生器的原理图

关于 *s-s* 断面与 *d-d* 断面的能量方程：

$$p_{\text{atm}}+\frac{\alpha_{\text{ks}}\rho_g u_{\text{gs}}^2}{2}=p_t+\frac{\xi_{a1}\rho_g u_{\text{ga}}^2}{2}+\frac{\xi_{a2}\rho_g u_{\text{ga}}^2}{2}+\frac{\alpha_{\text{kc}}\rho_g u_{\text{gc}}^2}{2}+\frac{\alpha_{\text{kd}}\rho_g u_{\text{gd}}^2}{2} \tag{6.1}$$

式中，ρ_g 为气体密度；u_{gs}、u_{ga}、u_{gc}、u_{gd} 为空气在 *s-s*、*a-a*、*c-c*、*d-d* 断面上的平均流速，m/s；p_{atm}、p_t 为大气压和喉管入口处的静压强，Pa；α_{ks}、α_{kc}、α_{kd} 为 *s-s* 断面、*c-c* 断面、*d-d* 断面的动能修正系数；ξ_{a1}、ξ_{a2} 为吸气孔入口（断面突然

缩小)、吸气孔出口（断面突然扩大）的局部阻力系数。

对 a-a 断面与 c-c 断面以及 d-d 断面列出空气的连续性方程：

$$A_a \cdot u_{\rm ga} = A_c \cdot u_{\rm gc} = A_d \cdot u_{\rm gd} \tag{6.2}$$

式中，A_a、A_c、A_d为 a-a 断面、c-c 断面、d-d 断面的截面积。

由于 s-s 断面远远大于 a-a 断面，以至于可视为无限大，即 $u_{\rm gs}$=0m/s，故式(6.1)可简化为

$$\frac{2(p_{\rm atm}-p_t)}{\rho_g} = (\xi_{a1}+\xi_{a2})\cdot u_{\rm ga}^2 + \alpha_{\rm kc}u_{\rm gc}^2 + \alpha_{\rm kd}u_{\rm gd}^2 \tag{6.3}$$

由式（6.2）有 $u_{\rm gc}$=（$A_a \cdot u_{\rm ga}$）/A_c和 $u_{\rm gd}$=（$A_a \cdot u_{\rm ga}$）/A_d，故可根据（6.3）推导出 $u_{\rm ga}$的表达式如下：

$$u_{\rm ga} = \frac{\sqrt{\dfrac{2(p_{\rm atm}-p_t)}{\rho_g}}}{\sqrt{\xi_{a1}+\xi_{a2}+\dfrac{\alpha_{\rm kc}A_a^2}{A_c^2}+\dfrac{\alpha_{\rm kd}A_a^2}{A_d^2}}} \tag{6.4}$$

因 $A_a = \dfrac{\pi d_3^2}{4}$、$A_c = \dfrac{\pi d_4^2}{4}$、$A_d = \dfrac{\pi d_m^2}{4}$，$d_m$是混合室的直径。因此，式（6.4）可以表示为

$$u_{\rm ga} = \frac{\sqrt{\dfrac{2(p_{\rm atm}-p_t)}{\rho_g}}}{\sqrt{\xi_{a1}+\xi_{a2}+\dfrac{\alpha_{\rm kc}d_3^4}{d_4^4}+\dfrac{\alpha_{\rm kd}d_3^4}{d_m^4}}} \tag{6.5}$$

本节中用 q_g表示标准大气压和常温条件下空气流经吸入孔的体积流量。根据式（6.5），q_g可表示为

$$q_g = A_a \cdot u_{\rm ga} = \frac{\pi}{4}\cdot\frac{\sqrt{\dfrac{2(p_{\rm atm}-p_t)}{\rho_g}}}{\sqrt{\dfrac{1}{d_3^4}(\xi_{a1}+\xi_{a2})+\alpha_{\rm kc}\dfrac{1}{d_4}+\alpha_{\rm kd}\dfrac{1}{d_m}}} \tag{6.6}$$

从式（6.6）可以推导出：吸气量 q_g 主要取决于喉管入口处的真空度（$p_{\rm atm}$−p_t)、吸气孔直径 d_3、吸液室入口直径 d_4、喉管直径 $d_{\rm m}$，q_g随真空度、吸气孔直径、吸液室入口直径和喉管直径的增大而增大。当发泡装置几何参数确定后，q_g就仅受 p_t影响：$p_t > p_{\rm atm}$时，装置将不能吸入外界空气；$p_t = p_{\rm atm}$时，q_g=0；$p_t < p_{\rm atm}$时，具备吸气能力，且 p_t越小，q_g越大。

4. 发泡装置内紊动射流特性分析

1）流动结构

如前所述，由于提出利用射流来实现空气和发泡剂的自动吸入，所以有必要对压力水在发泡装置内的射流特性进行分析。

射流是指从各种形式的排泄口（孔口或喷嘴等）喷出，射入周围同一种或另一种流体域内的一股流体。作为流体研究的一个重要分支，射流在航空航天、水利水电、农业灌溉、水力采煤、射流切割等许多领域有着广泛的应用。根据不同标准，一般可将射流进行如表 6.1 所示的分类。

表 6.1　射流的分类

分类标准	射流类型	定义
按流态	层流射流	射流出口 $Re<30$，处于层流状态
	紊动射流（湍射流）	射流出口 $Re\geqslant 30$，处于紊流状态
射流边界条件	自由射流	无限空间中的射流，不受固体边壁限制
	非自由射流（有限空间射流）	有限空间中的射流，受到固体边壁限制
按周围环境流体性质	淹没射流	工作介质与周围环境介质相同，如水射入水中
	非淹没射流	工作介质与周围环境介质不同，如水射入空气
按驱动压力（P_d）	低压射流	$0.5\text{MPa}\leqslant P_d\leqslant 20\text{MPa}$
	中压射流	$20\text{MPa}<P_d\leqslant 70\text{MPa}$
	中高压射流	$70\text{MPa}<P_d\leqslant 140\text{MPa}$
	高压射流	$140\text{MPa}<P_d\leqslant 400\text{MPa}$
按射流产生的原动力	纯射流（动量射流）	以射流出口的动量为原动力的射流
	浮力羽流	形成射流的原动力为浮力（如烟流）
	浮射流	形成射流的原动力为动量和浮力

由表 6.1 可知，只有当射流的速度很小（雷诺数很低）时才属于层流射流。根据射流力学理论，射流的雷诺数可用公式表示为

$$Re=\frac{2b_0u_0}{\nu_i} \tag{6.7}$$

式中，b_0 为射流特征半厚度，m；u_0 为射流初始流速，m/s；ν_i 为流体的运动黏度，m^2/s。

在本节中，压力水为工作流体，射流喷嘴的出口为圆形，设其直径为 d_0，则可近似认为 $b_0=d_0/2$、$u_0=q_0/A_1$（A_1 为喷嘴出口截面积），故式（6.7）可变换为

$$Re = \frac{4q_0}{\pi d_0 v_0} \tag{6.8}$$

式中，q_0 为压力水流量，m^3/s；v_0 为水的运动黏度，m^2/s。

本节中，压力水流量 $q_0>0.2m^3/h=5.56\times10^{-5}m^3/s$，喷嘴直径 $d_0\geqslant 1mm=10^{-3}m$，查得常温（20℃）下 $v_0=1.01\times10^{-6}m^2/s$，故根据式（6.8）可算得 $Re=7.01\times10^4\gg30$，即发泡装置内的射流属紊动射流范畴。同时，本节中射流的驱动压力<20MPa，以其出口动量为原动力，射入与射流出口尺度在同一个数量级的有限空间内，根据表 6.1 的标准，它又属有限空间、非淹没、低压和动量射流范畴。

射流自喷嘴喷射出来后，根据其流动的不同形态特征，运用流体力学和紊动射流力学的相关理论[6, 7]，可将发泡装置内的紊动射流划分为几个区段，如图 6.5 所示。在射流出口后一定距离内射流中心部分未受到掺混影响而保持原出口流速，这一区域称作核心区（图 6.5 中 ACB）。从喷嘴孔口至核心区（势流核）末端之间的这一段称为射流的起始段。从喷嘴喷出的射流与周围环境流体相接触的边界形成速度不连续的间断面，由紊流力学可知，这些速度间断面是不稳定的，势必产生波动，并发展成涡旋，涡旋通过分裂、变形、卷吸和合并等作用过程，形成大量随机的小尺度涡旋和一部分有序的大尺度涡旋，从而发展成为具有强烈紊动掺混效应的混合区（图 6.5 中 AC、AD、管壁与 x 轴所围区域和 BC、BE、管壁及 x 轴所围区域）。随着紊动的发展，这些涡旋把周围环境中的空气卷吸到射流中，被卷吸并与射流一起运动的流体不断增多，使得混合区随着射流向下游流动而向内向外扩展，直到射流的全断面都发展成紊流。紊动充分发展以后的区段即为射流的主体段。主体段横断面的速度分布各不相同，射流中心速度沿轴向递减。此外，在起始段和主体段之间有一个过渡段，但因过渡段长度相对于其他两个区段较短，在实际问题的分析中通常将其忽略。

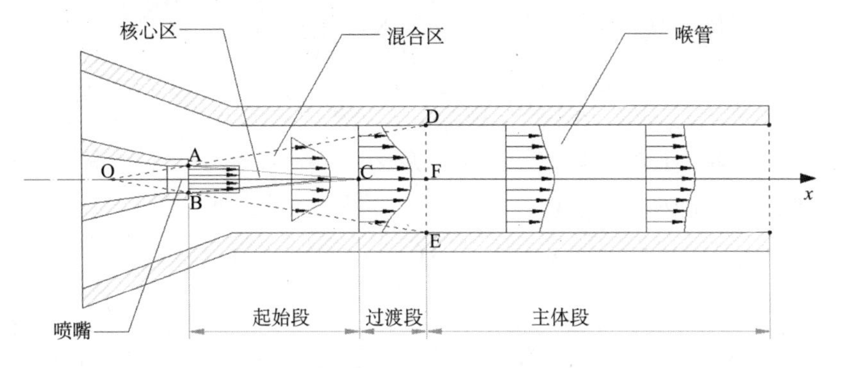

图 6.5　紊动射流在发泡装置内的流动结构示意图

2）基本方程

紊动射流本质上是紊流在一定条件下的一种运动形式。而紊流又是黏性流体的一种运动状态，所以描述黏性流体的连续性方程和运动方程（Navier-Stokes 方程）也适用于紊流及紊动射流。由于紊流中任意一点处各物理量都是随机变化的，试图直接求解其瞬时的运动状况是不可能的，也是没有必要的，因此对紊流的各物理量取时间平均是解决紊流运动问题的重要途径[7]。据此，采用时均法处理方式，将黏性流体连续性方程和运动方程中的各个变量看作由时均值和脉动值组成的随机变量（即 $u_i = \overline{u_i} + u_i'$），然后取时间平均，得到紊流的基本方程。

根据黏性流体力学知识，不可压缩黏性流体的连续性方程为

$$\frac{\partial u_i}{\partial x_i} = 0 \tag{6.9}$$

式中，u_i 为 i 方向的瞬时流速。

将 $u_i = \overline{u_i} + u_i'$ 代入式（6.9），然后取时间平均，可得时均流动的连续性方程：

$$\overline{\frac{\partial u_i}{\partial x_i}} = \overline{\frac{\partial\left(\overline{u_i} + u_t'\right)}{\partial x_i}} = \frac{\partial \overline{u_i}}{\partial x_i} = 0 \tag{6.10}$$

式中，$\overline{u_i}$ 为 i 方向的时均流速；u_i' 为 i 方向的脉动流速。

由于 $\frac{\partial u_i}{\partial x_i} = \frac{\partial \overline{u_i}}{\partial x_i} + \frac{\partial u_i'}{\partial x_i} = 0$，将式（6.9）减式（6.10），可得脉动流速的连续性方程：

$$\frac{\partial u_i'}{\partial x_i} = 0 \tag{6.11}$$

式（6.11）表明，脉动流速同样满足连续性方程。

对于不可压缩黏性流体，瞬时流动的 Navier-Stokes 方程可写为

$$\rho \frac{\partial u_i}{\partial t} + \rho u_j \frac{\partial u_i}{\partial x_i} = \rho F_i - \frac{\partial p}{\partial x_i} + \mu \frac{\partial^2 u_i}{\partial x_i x_j} \tag{6.12}$$

式中，F_i 为质量力；ρ为水的密度；u_j 为 j 方向的瞬时流速；p 为射流流动中某一点的压强；μ 为流体动力黏度。

将 $u_i = \overline{u_i} + u_i'$ 和 $p = \overline{p} + p'$ 代入式（6.12），变换可得

$$\rho \frac{\partial\left(\overline{u_i} + u_i'\right)}{\partial t} + \rho\left(\overline{u_j} + u_j'\right) \frac{\partial\left(\overline{u_i} + u_i'\right)}{\partial x_i} = \rho F_i - \frac{\partial\left(\overline{p} + p'\right)}{\partial x_i} + \mu \frac{\partial^2\left(\overline{u_i} + u_i'\right)}{\partial x_i x_j} \tag{6.13}$$

对其两端取时间平均，由式（6.11）变换整理可得

$$\rho\frac{\partial\overline{u_i}}{\partial t}+\rho\overline{u_j}\frac{\partial\overline{u_i}}{\partial x_i}+\rho\overline{u_j'\frac{\partial u_i'}{\partial x_i'}}=\rho\overline{F_i}-\frac{\partial\overline{p}}{\partial x_i}+\mu\frac{\partial^2\overline{u_i}}{\partial x_i x_j}\tag{6.14}$$

由微积分知识，式中等号左边第三项可改写为

$$\overline{u_j'\frac{\partial u_i'}{\partial x_j}}=\frac{\partial}{\partial x_j}\left(\overline{u_i'u_j'}\right)-\overline{u_i'\frac{\partial u_j'}{\partial x_j}}\tag{6.15}$$

再由式（6.11）可知，上式等号右边第二项为 0，故整理式（6.15）可得

$$\overline{u_j'\frac{\partial u_i'}{\partial x_j}}=\frac{\partial}{\partial x_j}\left(\overline{u_i'u_j'}\right)\tag{6.16}$$

将式（6.16）代入式（6.14），可得

$$\rho\frac{\partial\overline{u_i}}{\partial t}+\rho\overline{u_j}\frac{\partial\overline{u_i}}{\partial x_j}=\rho\overline{F_i}-\frac{\partial\overline{p}}{\partial x_i}+\frac{\partial}{\partial x_j}\left(\mu\frac{\partial\overline{u_i}}{\partial x_j}-\rho\overline{u_i'u_j'}\right)\tag{6.17}$$

式（6.17）即为紊流的时均运动方程，亦被称作雷诺方程，其中 $-\rho\overline{u_i'u_j'}$ 表示脉动对时均流动的影响，作为应力在式（6.17）中出现，故被称作雷诺应力，这是雷诺方程较之 Navier-Stokes 方程特有的一项[8]。式（6.10）和式（6.17）共同构成紊流时均运动的基本方程组。如前所述，紊动射流属于紊流的运动形式之一。因此，式（6.10）和式（6.17）也可作为紊动射流的基本方程组。

3）速度与压力分布

对于有限空间内的紊动射流，不仅需要求解其速度场（速度分布），还应求解压力场（压力分布）。为此，以前文中紊动射流的基本方程组为基础建立控制方程组，运用计算流体力学软件 ANSYS FLUENT 14.5 对发泡装置内紊动射流的速度场和压力场进行了数值计算，模拟结果如图 6.6 和图 6.7 所示。

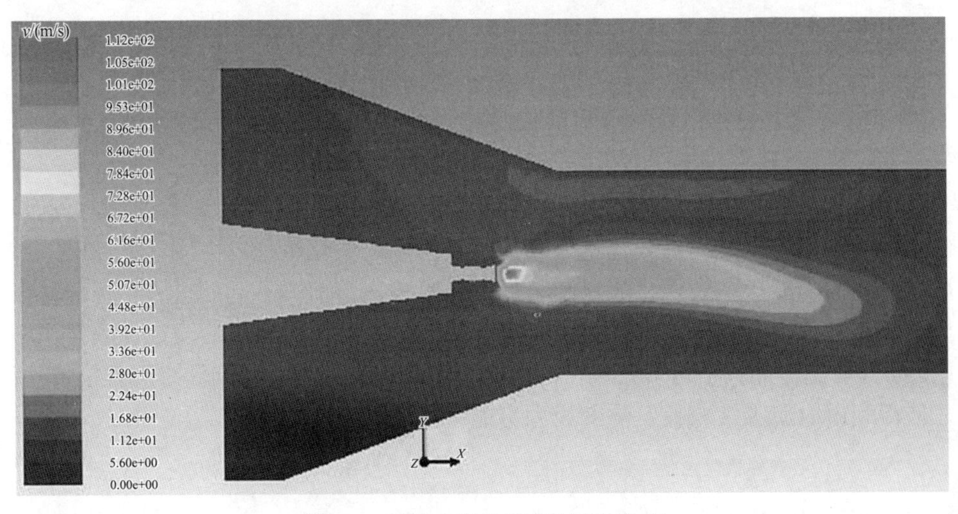

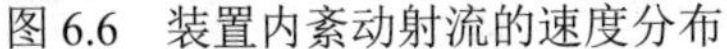
图 6.6　装置内紊动射流的速度分布

图 6.7　装置内紊动射流的压力分布

为进一步掌握发泡装置内射流的速度和压强变化趋势，通过 FLUENT 导出射流中心轴线上时均速度与压力的散点数据，利用 Origin 软件得到图 6.8 和图 6.9。

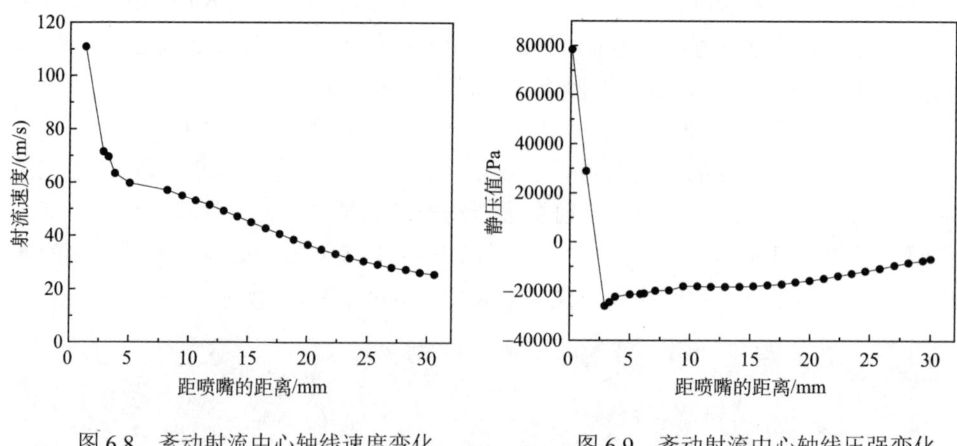

图 6.8　紊动射流中心轴线速度变化

图 6.9　紊动射流中心轴线压强变化

从图 6.6 和图 6.8 可以看出，射流速度在喷嘴处最大，然后沿程衰减，同时，中心轴线上的速度呈现出先迅速下降后缓慢下降的变化特征。由图 6.7 和图 6.9 可知，射流的静压强表现出先迅速降低，在喷嘴出口前方不远处进入负压区，直至负压绝对值达到最大，然后缓慢上升，并在距喷嘴一定距离后又逐渐恢复到正压。结合前文中的分析可以推断，正是由于发泡装置内紊动射流具有的负压特性，才使得利用射流吸气与吸发泡剂成为可能。

6.1.2　射流自吸空气特性实验研究

1. 实验设计

图 6.10 表示自吸空气式泡沫发生器实验研究图。将蓄水池用作水源，由 3WP14-15/25 柱塞泵输送，工作压力为 0～10.5MPa，工作流量为 0～1.0m³/h。这些参数可由内置变频器调节。实验中测量了不同流速和压力下的空气吸入量、发泡剂吸入量和泡沫体积流量。仪器包括电磁流量计、压力传感器、涡街流量计、微小电磁流量计、机械秒表、泡沫箱和刻度量筒。表 6.2 列出了它们的规格。

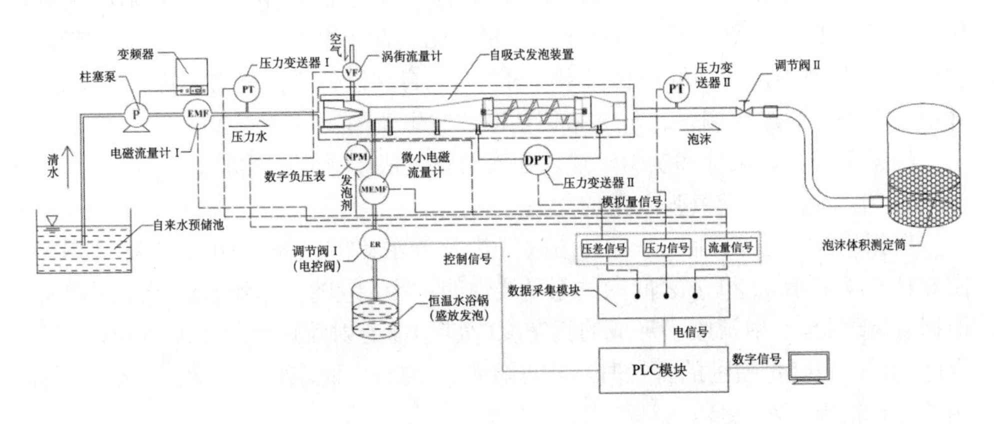

图 6.10　自吸空气式泡沫发生器实验研究图

表 6.2　实验装置的主要仪器参数

序号	设备名称	测量范围	测量精度
1	电磁流量计	0～1.0m³/h	0.5%
2	压力传感器	0～15MPa	1.0%
3	涡街流量计	0～55m³/h	1.0%
4	微小电磁流量计	1～80kg/h	0.1kg
5	量筒	2000mL	1mL
6	机械秒表	15min	0.1s

2. 实验过程

（1）按照图 6.10 将实验装置组装好，确保每个连接点牢固可靠，密封良好。

（2）使用变频器改变柱塞泵的水流量（q_w）；使用电磁流量计测量 q_w 的值；使用压力传感器测量压力（p_w）。

（3）将 q_w 和 p_w 保持在给定的值，使用涡旋流量计测量空气吸入量（q_g）。然后打开止回阀，用微小电磁流量计测量发泡剂吸入量（q_a）。

（4）使用秒表测量填充泡沫箱所需的时间（用刻度圆筒校准 25L），并计算泡沫量（q_f）。

（5）更改 q_w 和 p_w，并重复步骤（2）、（3）和（4）。

3. 实验结果及讨论

1）实验结果

为了评估泡沫发生器的吸气性能，用吸入空气的流量（q_g）表征绝对吸气量。用空气/水之比（即空气流量与高压水流量之比）表征相对空气吸入能力，表示为 q_g/q_w。在本节中，使用泡沫膨胀率（FER）来合理评估产泡能力，定义为 q_f/q_w，并用发泡剂的添加比例（q_a/q_w）来评估泡沫发生器的发泡剂添加性能。

根据上述测试条件和实验陈述，在实验室完成了预定的实验。

2）工作流量与空气吸入量的关系

根据数据可以得到工作流量与吸气量及气水比的关系（图 6.11）。其中，图 6.11（a）显示 q_w 和 q_g 之间的关系是线性的，吸气量随工作流量的增加而增加。根据射流理论，水射流喷嘴形成的真空度（负压）随着射流速度的增加而升高[9, 10]。也就是说，当确定喷嘴的直径时，q_g 将随着 q_w 的增大而增大。因此，理论分析与相关实验结果非常吻合。

图 6.11（b）显示了 q_w 和 q_g/q_w 之间的关系。一开始，q_g/q_w 随 q_w 的增加而逐渐增加，然后在 q_w≈0.4m³/h 时达到稳定状态。当 q_w>0.6m³/h 时，q_g/q_w 缓慢下降。

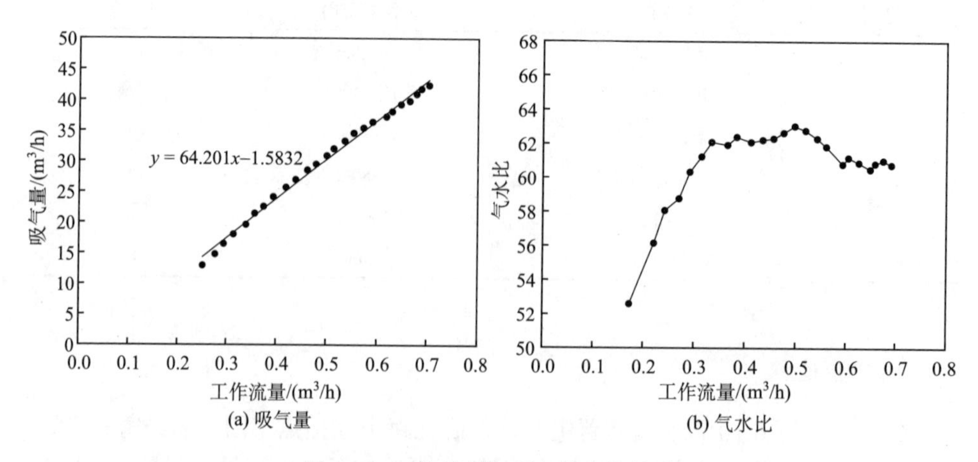

(a) 吸气量 (b) 气水比

图 6.11 工作流量与吸气能力的关系

从以上分析可以推断，泡沫发生器合理的工作流量范围是 0.4～0.6m^3/h，这意味着与许多传统的发泡设备（流量大于 1.5m^3/h）相比，耗水量降低了 60%以上[11, 12]。

3）工作压力与空气吸入量的关系

如图 6.12（a）所示，p_w和 q_g之间的关系可由下式给出：

$$q_g = -0.2626p_w^2 + 6.0215p_w + 7.3508 \tag{6.18}$$

表明 q_g随着 p_w的增加而增加，并在 p_w= 11.49 MPa 时达到最大值，此时可以根据式（6.18）计算出 q_g = 41.9m^3/h。

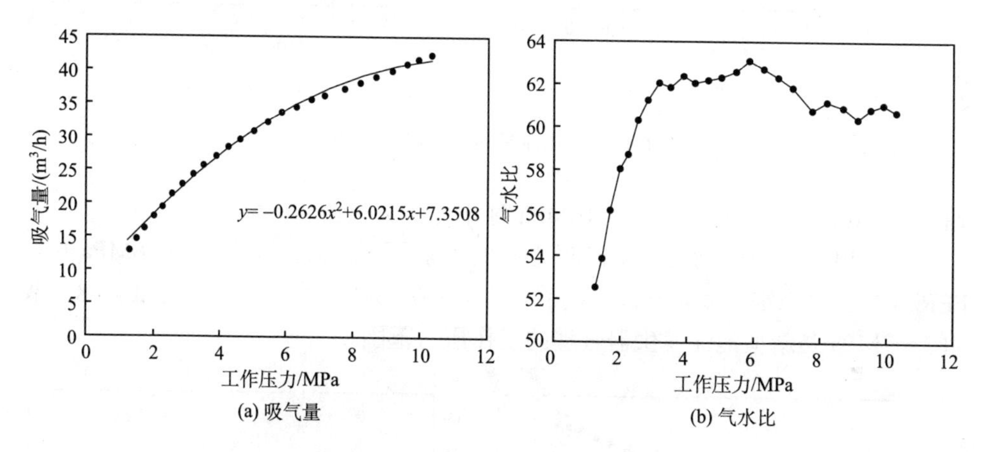

图 6.12　工作压力与吸气能力的关系

图 6.12（b）中 p_w与气水比（q_g/q_w）之间的关系表明，该比值会逐渐增加，直到 p_w=3.16MPa，然后保持相对稳定，最终在 p_w =5.86MPa 时达到峰值（63.1），当 p_w>7.0MPa 时开始逐渐下降。因此，可以推断出该设备合理的工作压力范围为 3.0～7.0MPa。

4）工作流量（q_w）与泡沫产量（q_f）的关系

图 6.13（a）表明 q_w与 q_f之间存在线性关系，即泡沫产量随水流量的增加而增加。

图 6.13（b）表示了 q_w 和泡沫膨胀率（FER）之间的关系。说明泡沫膨胀率在达到 61.3 之前始终随着 q_w的增加而增加，当 q_w=0.393m^3/h，FER 开始保持稳定，而在超过 0.589m^3/h 后 FER 逐渐下降。这证实了 0.4～0.6m^3/h 是新型泡沫发生器的合理工作流量。

5）工作压力（p_w）与泡沫产量（q_f）的关系

如图 6.14（a）所示，p_w与 q_f之间的最佳拟合线可以表示为

$$q_f = -0.2671p_w^2 + 5.9587p_w + 7.2059 \tag{6.19}$$

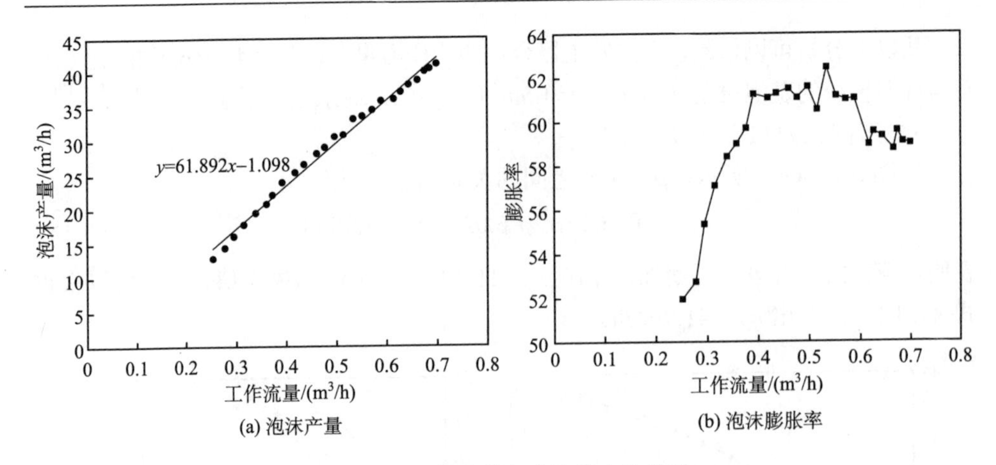

图 6.13 工作流量与产泡能力的关系

通过式（6.19）可以得出 p_w=11.16MPa 时 q_f 达到最大值 40.4m³/h。

图 6.14（b）表示了 p_w 与 FER 之间的关系。它表示当 p_w 达到 3.16MPa 后，FER 保持相对稳定。稳定一段时间后，当 p_w >7.13MPa 时，它开始降低。这也表明 3～7MPa 是新型泡沫发生器合理的工作压力范围。

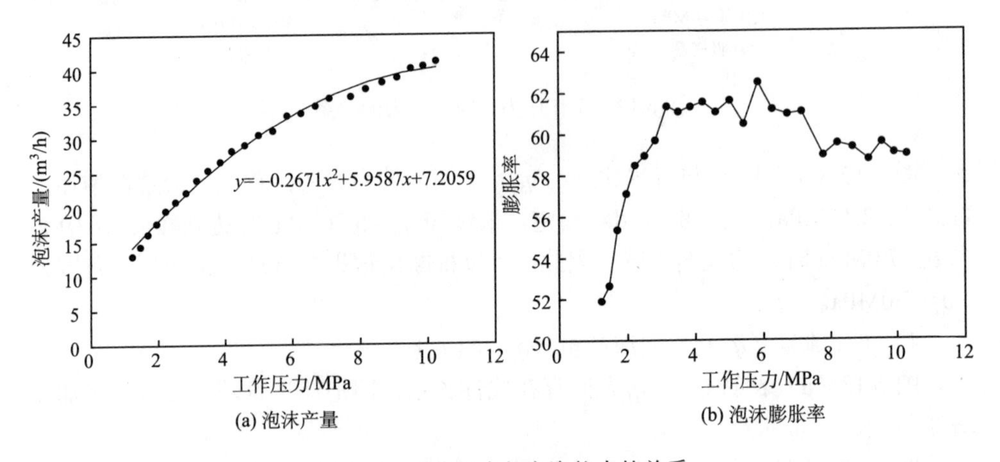

图 6.14 工作压力与产泡能力的关系

6）工作流量（q_w）与发泡剂吸入量（q_a）的关系

图 6.15（a）表示了 q_w 与 q_a 之间的线性关系，即 q_a 随着 q_w 的增加而增加。如上所述，新型泡沫发生器的 q_w 远小于目前常用的设备，因此发泡剂的消耗量可显著降低至 4～6kg/h。

如图 6.15（b）所示，新型泡沫发生器最佳添加比例为 0.7%～1.0%。与许多传统的发泡设备（添加比例大于 2%）相比[13,14]，该泡沫发生器将发泡剂的消耗降低了 50%以上。

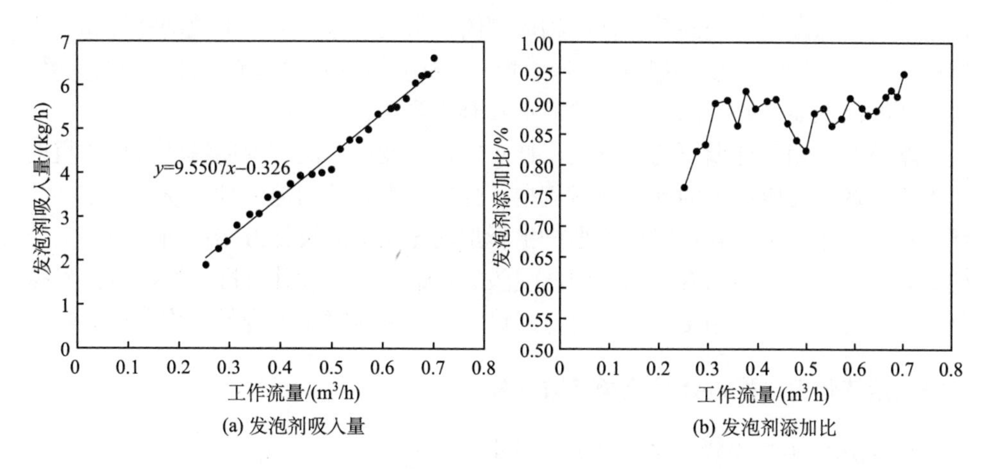

(a) 发泡剂吸入量　　(b) 发泡剂添加比

图 6.15　工作流量与发泡剂添加性能的关系

4. 前景展望小结

该发泡装置有效地完成了空气自吸、自动添加发泡剂和产泡三项功能。其合理工作参数为：工作流量为 0.4～0.6m^3/h，工作压力为 3.0～7.0MPa。供水量仅为常规发泡装置所需水量的 30%，从根本上解决了工作场所中过量的水对环境造成的恶化问题。此外，该装置能够很好地适用于缺水的地下煤矿。

与传统的泡沫发生装置相比，所研发的新型泡沫发生装置消耗的发泡剂更少，吸气量和发泡剂添加比例分别为 41.9m^3/h 和 0.7%～1.0%，从而显著降低了泡沫制备成本，并且其操作方便可靠，安装调试时间短，劳动密集型操作少，降低了劳动力成本。综上，有理由相信，这种新型泡沫发生器将极大地促进泡沫抑尘技术的大规模应用，使其成为保护煤矿工人健康和安全的有效手段。

6.2　抑尘泡沫定向射流精准喷射技术

目前煤矿井下泡沫除尘技术所采用的喷射工艺较为粗放，具体体现在：泡沫喷射流型不合理，部分泡沫无法与粉尘相互作用，导致泡沫利用率较低；泡沫喷头设计粗糙，缺乏依据和针对性，致使泡沫破碎严重，泡沫流场连续性不高。这使得泡沫浪费严重，泡沫喷出后实际上用于除尘的部分较少，在一定程度上增加了除尘成本，降低了泡沫利用率，大大限制了泡沫抑尘技术在矿井的推广应用。

以往的泡沫抑尘技术研究大多围绕着如何建立泡沫发生系统及泡沫除尘效果考察方面，针对泡沫喷射技术的研究并不多。泡沫喷射装备主要包括泡沫喷嘴及喷嘴安装支架，其中，泡沫喷嘴是最主要的部分。喷嘴是形成泡沫射流的终端设备，对泡沫除尘系统的整体性能构成制约，影响着泡沫射流的流动特性和动力特性。因此，研究和优化喷嘴的几何结构，分析喷嘴结构和射流特性之间的关系，对于研发出性能良好、满足需求的喷嘴具有重要意义。

本节在前期现场调研的基础上，针对掘进作业中广泛使用的纵轴式掘进机的产尘特点及目前所使用的泡沫喷射流型，提出更为高效的泡沫抑尘喷射流型——环形泡沫封闭流场，并针对该流型提出新型泡沫喷头的设计方案；通过截割头结构研究与理论计算相结合，确定泡沫喷头的设计思路和设计标准；通过数值模拟分析比较与实验印证相结合的研究方式最终确定泡沫喷头的理想结构及尺寸。

6.2.1　泡沫喷射流型设计及流场参数计算

1. 泡沫喷射流型设计——环形泡沫封闭流场

由纵轴式采掘机械的产尘特点可知，采掘作业尘源为环形，而近尘源泡沫治理技术要求泡沫射流流场应尽量与采掘作业产尘源贴合，并且在最大程度上保持连续。由于客观条件的限制，目前在采掘机械上尚无法安装能够单独形成封闭式喷射流场的喷射元件，因此需选择多个泡沫喷射元件来形成动态封闭式泡沫射流流场。

泡沫喷头是形成泡沫流场的喷射元件，泡沫喷射流型直接由泡沫喷头的类型决定。目前能够形成高贴合度泡沫流场的泡沫喷头主要有平扇形泡沫喷头和实心锥形泡沫喷头。单个平扇形泡沫喷头喷射范围较大，多个平扇形泡沫喷头可以形成多边形泡沫射流场从而实现对纵轴式采掘机械破碎部分的多边形封闭包裹泡沫射流流场（图 6.16），但是该流场对掘进机截割头和采煤机滚筒的贴合度显然不够高，而且平扇形喷头喷出的相当一部分泡沫未参与构成封闭包裹泡沫射流流场，直接导致泡沫的浪费。同理，多个实心锥形喷头的合理排列能够形成圆阵列封闭泡沫射流流场（图 6.17），相比于平扇形泡沫喷头，实心锥形喷头泡沫射流流场的贴合度较高，但单个实心锥形喷头扩展范围较小，若要形成封闭泡沫射流流场需要数量较多的实心锥形喷头，而由于采掘机械结构的客观限制，无法在采掘机械前部安装太多的喷头，并且掘进机截割头和采煤机滚筒的上部和下部安设的泡沫喷头非常容易与煤岩碎块撞击而损坏。此外，实心锥形喷头数量太多使现场设备安装变得复杂，同时也增加了经济成本。

综合平扇形泡沫喷头和实心锥形泡沫喷头的特点，提出了环形泡沫封闭射流流场对采掘尘源封闭式包裹的理念（图 6.18），若要达到以上效果，单个喷头应能形成弧面形泡沫射流场。下面将对形成弧面形泡沫射流场的新型泡沫喷头的外形进行选择和设计。

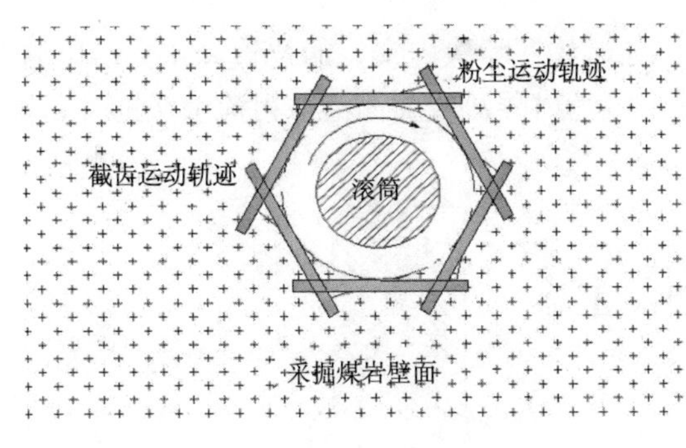

图 6.16　多边形封闭泡沫射流流场

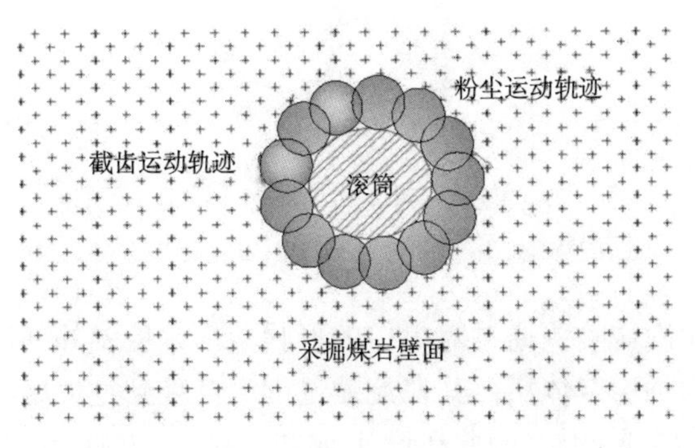

图 6.17　圆阵列封闭泡沫射流流场

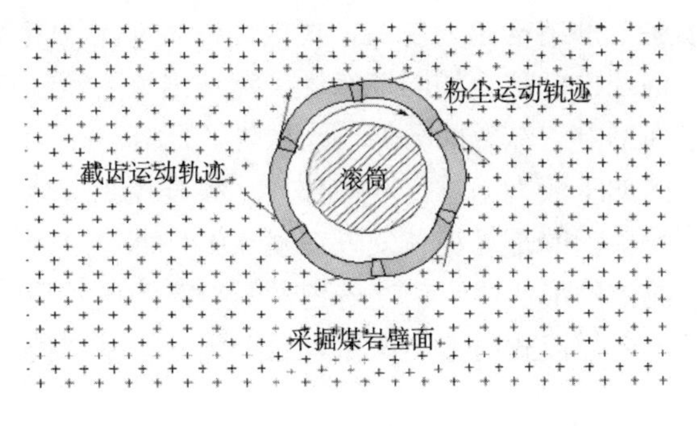

图 6.18　环形泡沫封闭射流流场

2. 泡沫喷头外形设计及流场参数初步计算

1）弧面形流场泡沫喷头外形设计

目前射流领域使用的喷头按导流体的添设位置可分为内导流式和外导流式射流喷头。

内导流式射流喷头即导流体固定于喷头的内部，其几何形态对于管口出流的形态有一定的影响，导流体在喷头内安设的位置离喷头出口越近，其对泡沫流场形态的影响越大。图6.19为内导流式弧面泡沫射流喷头的外形和内部结构示意图。

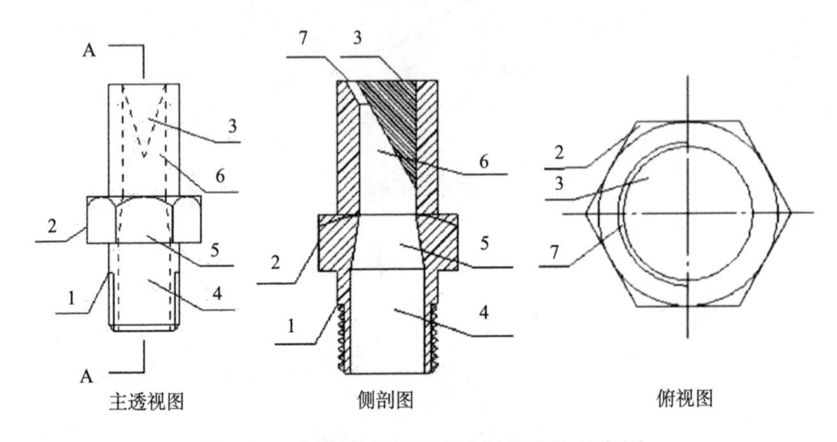

图 6.19　内导流式弧面泡沫射流喷头示意图

1-螺纹连接头；2-弧扇喷嘴体；3-导流体；4-入口段；5-渐变喉部；6-出口段；7-弧扇出口

内导流式弧面泡沫喷头通过对喷口的形状塑形来控制外部流场的流型，由于泡沫是一种热力学不稳定体系，其在流动过程中会受到过大压力的挤压和严重的撞击，造成气液分离或雾化。因此在设计泡沫喷头时，为避免泡沫发生雾化应减少泡沫所受的冲击和挤压，不应利用喷头内部的突变结构改变泡沫的流动方向[15]。内导流式弧面泡沫喷头内部结构较为复杂，直接导致内部流场紊乱程度增大，易引发泡沫雾化。由于泡沫内外部流场的连续性，泡沫出流前紊动较大会使外部泡沫流场分布不均，进而影响泡沫空间分布的一致性。此外，由于客观条件的限制，内导流式弧面喷头的加工较为困难，其内部尺寸很难控制。

外导流式射流喷头指的是导流体安设在喷头的外部，对于此类喷头，射流流场形态主要由外导流体的形状决定，在确定所需射流流场外形的前提下，外导流式射流喷头的设计较内导流式射流喷头更容易。因此，本节将对外导流式弧面泡沫喷头进行设计。

图 6.20 为凹弧面外导流式泡沫射流喷头的外形和内部结构示意图，图 6.21 为凸弧面外导流式泡沫射流喷头的示意图。以实际工况参数为依据，对以上两种弧面泡沫射流喷头的参数进行计算。

泡沫喷头的结构参数需要由泡沫射流流场几何参数确定，而泡沫射流流场的几何参数需根据采掘机械截割头、滚筒和截齿的外形结构和尺寸来确定。在实际应用时，泡沫降尘技术主要利用工作面压风管路的供风和降尘水路的供水来混合发泡，因此泡沫射流可近似看作不可压缩流。虽然泡沫射流属于低压射流范畴，

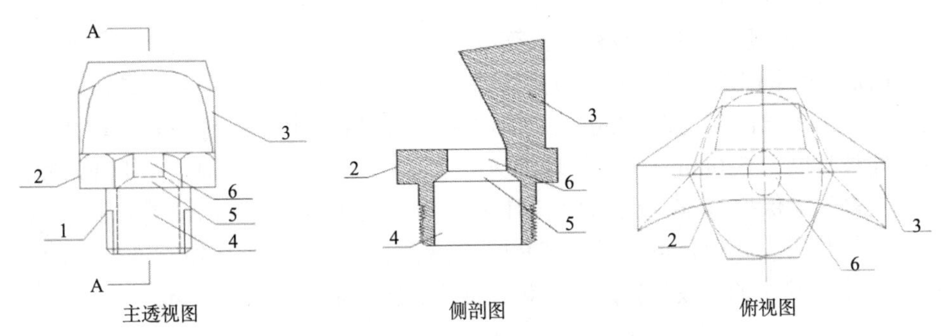

图 6.20　凹弧面外导流式泡沫射流喷头示意图

1-螺纹连接头；2-喷嘴体；3-导流体；4-入口段；5-渐变喉部；6-出口段

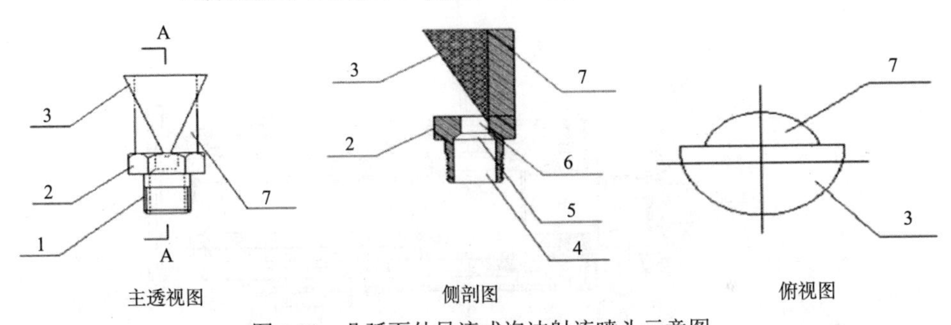

图 6.21　凸弧面外导流式泡沫射流喷头示意图

1-螺纹连接头；2-弧扇喷嘴体；3-导流体；4-入口段；5-渐变喉部；6-出口段；7-扩展段

但由于泡沫射程需满足实际要求，如采掘降尘泡沫需喷射至采掘机械前端和煤岩壁面，为了达到一定的出流速度，泡沫喷头的口径不能太大。下面以国内使用较多的纵轴式掘进机为应用对象设计外导流式弧面泡沫喷头的关键尺寸。图 6.22 中标出了弧面形泡沫喷头在悬臂式纵轴掘进机的安设位置及泡沫射流场作用范围，从该图中可以清晰地看到泡沫从截割臂位置喷出并至少需喷射至掘进截割头的最前端。

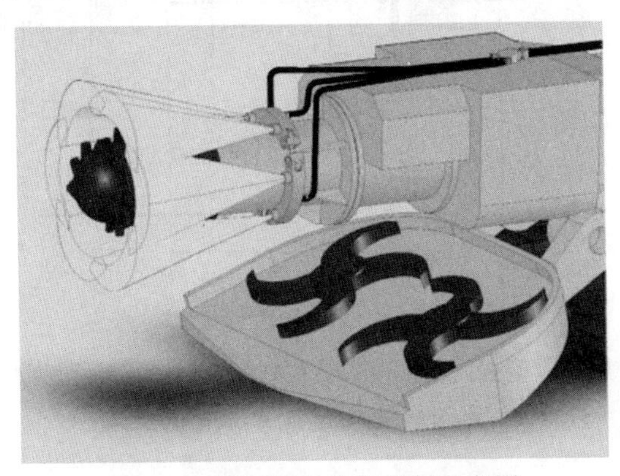

图 6.22　弧面泡沫作用范围示意图

2）泡沫流场分析及参数初步计算

EBZ160 型掘进机截割头及截割臂的结构及尺寸如图 6.23 所示，截割头底部至截割头最前端的长度为 825mm。EBZ160 型掘进机采用的是伸缩式截割臂，其最大伸长长度为 550mm，但在现场泡沫降尘设备实际安装中，泡沫喷头通常固定于截割臂伸缩保护筒外，因此伸缩部长度的变化对于泡沫喷头的位置无影响。作者所在的科研团队模拟搭建了以 EBZ160 型掘进机为原型的模拟实验系统（图 6.24），泡沫喷头的安设位置距离掘进机截割头模型最前端 1309mm。

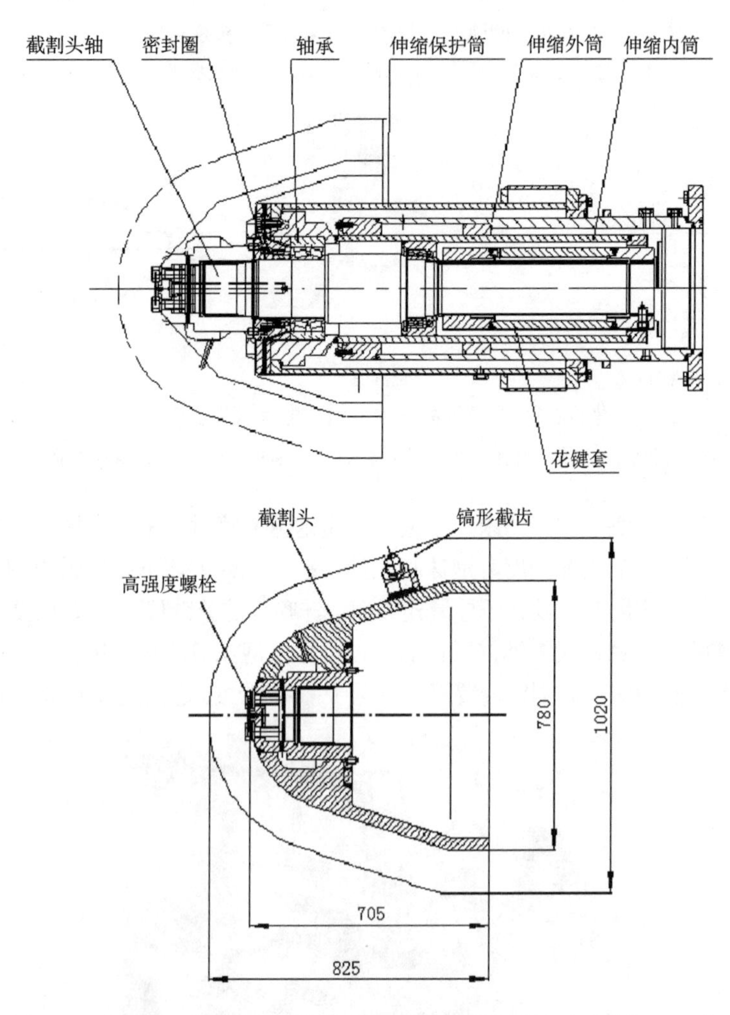

图 6.23　EBZ160 型掘进机截割头及截割臂的结构及尺寸（单位：mm）

图 6.24　EBZ160 型掘进机截割部等比例模型

该模拟系统的工况参数为：水流量为 $0.5m^3/h$，空气流量为 20～$70m^3/h$，泡沫发泡倍数为 30，即经泡沫喷头喷出的泡沫量为 $15m^3/h$。泡沫流是一种常见的流体，一些学者指出[16]：工程问题中是否考虑流体的压缩性，尚需视具体情况而定。流体的压缩性取决于流速与当地音速之比，即马赫数，当马赫数 $Ma\leqslant0.5$ 时，流动中密度变化即可忽略。在以上工况下，泡沫可近似看作不可压缩流。根据现场的实际情况，泡沫喷头的安装个数以 4 个为宜，但在前期设计中尚无法确定喷嘴的布置方式，此处以最简单情况为例对喷头尺寸进行初步估算。泡沫喷头安设角度应保证泡沫离开喷头出口瞬间的喷射方向平行于或稍向截割臂方向。经计算，每个喷头的泡沫喷射量为 $3.75m^3/h$。首先不考虑泡沫喷头的导流体，则该泡沫射流为圆柱形对称自由紊动不可压缩射流。若要使泡沫水平喷射距离不小于 1309mm，则需保证泡沫在喷头的出口达到一定的速度。结合图 6.22 对泡沫喷头喷射流型进行说明，泡沫自喷头喷出后的理想流线应平行于截割头截齿，如图 6.25 中流线 AD 所示。但实际情况下泡沫在空气中运动时受重力影响，因此泡沫流场会呈现出抛物线形流线。以截割纵剖面为例，若泡沫射流可达 A 点和 B 点处则泡沫场与掘进煤岩壁面构成的封闭泡沫流场可将整个掘进截割头及截割臂前部包裹。

泡沫为气液两相流，其中液体水为连续相，气体为离散相。由图 6.25 可看出该泡沫射流为水平射流，由于泡沫的密度远小于水，泡沫水包气的自身物理特性使其在空气中运动受到空气阻力和气流的扰动影响较大。在计算泡沫喷头出口速度时，假设泡沫在空气中运动时受到的空气阻力与单相水射流相同，则该射流可近似为轴对称自由射流，其流场结构示意图如图 6.26 所示。

就泡沫射流喷头在掘进机上的安装位置而言，整个泡沫喷射流程较短，因此泡沫射流受空气阻力较小，此处忽略空气阻力，则该泡沫射流场的出口速度 v_f 可用式（6.20）进行求解：

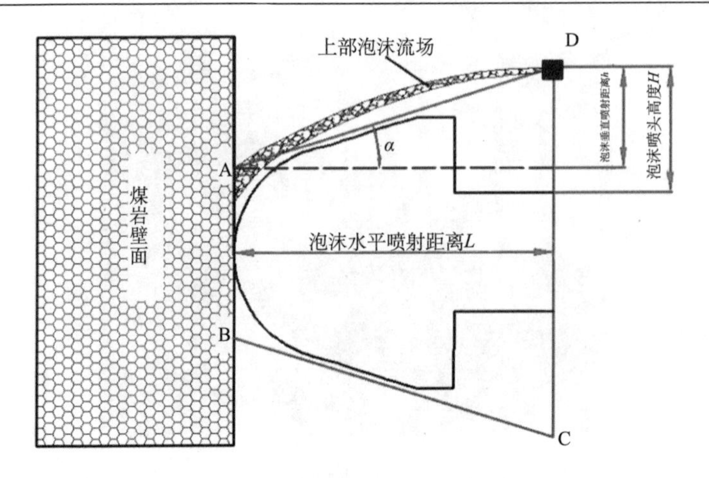

图 6.25　泡沫喷射流场示意图

$$\begin{cases} v_f t = L \\ \dfrac{1}{2} g t^2 = h \end{cases} \tag{6.20}$$

图 6.25 中，泡沫理想喷射流线与水平方向夹角 α=17°，泡沫水平喷射距离 L 为 1309mm，则泡沫流场垂直喷射高度 h 为

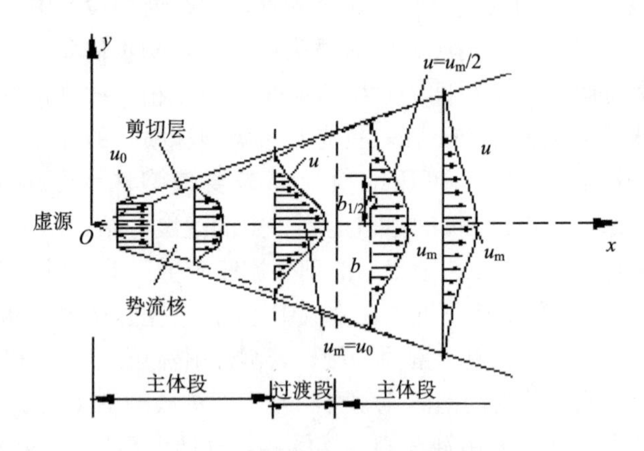

图 6.26　流场结构示意图

$$h = L \times \tan\alpha = 1309\text{mm} \times \tan 17° = 400\text{mm} \tag{6.21}$$

在 AutoCAD 中对图 6.25 中泡沫垂直喷射距离 h 和泡沫喷头高度 H 进行等比例绘测和计算，得到喷头安装高度 H 为

$$H = h \times \frac{63}{50.4} = 500\text{mm} \tag{6.22}$$

将式（6.21）代入式（6.20）中计算得泡沫出流速度 v_f 为

$$v_f = 4.58\text{m/s} \tag{6.23}$$

以上计算的假设条件为泡沫喷头安装在掘进机截割臂最上处，因此在该情况下计算的泡沫出流速度 v_f 为泡沫喷头的最小理论出流速度。若泡沫喷头布置在掘进机截割臂两侧及下部，泡沫喷头的喷射速度应适当增大，并且泡沫喷头安设在截割臂下部时，泡沫喷射角度应向截割臂内侧倾斜，从而使泡沫在垂直方向的喷射分速度抵消泡沫受重力影响所致的流形变化，在该情况下的泡沫喷射速度为泡沫喷射的最大速度。

在泡沫的最小喷射速度下，泡沫喷头的出口截面积 A_{fn} 应为

$$A_{fn} = \frac{V_f}{v_f} = \frac{3.75}{4.58 \times 3600} = 2.27 \times 10^{-4}\,\text{m}^2 \tag{6.24}$$

式中，V_f 表示单位时间内单个泡沫喷头的泡沫喷射量，即 $3.75\text{m}^3/\text{h}$。则泡沫喷头的直径 D_{fn} 为

$$D_{fn} = 2 \times \sqrt{\frac{2.27 \times 10^{-4}}{\pi}} = 0.017\text{m} = 17\text{mm} \tag{6.25}$$

在井下泡沫喷射管路所使用的高压胶管内径为 34mm，因此泡沫喷头入口结构为收缩型管嘴。对于收缩型管嘴泡沫喷头，其实际流量 Q_r 小于理论流量 Q_t，二者的比值 μ 为泡沫喷头的流量系数，即

$$\mu = \frac{Q_r}{Q_t} \tag{6.26}$$

泡沫喷头的流量系数还可用式（6.27）表示：

$$\mu = \varepsilon \cdot \varphi \tag{6.27}$$

式中，ε 为泡沫喷头截面积收缩系数；φ 为泡沫喷头流速系数。

ε 可用式（6.28）表示：

$$\varepsilon = \frac{A_r}{A_t} \tag{6.28}$$

式中，A_r 为泡沫喷头的实际加工截面积，m^2；A_t 为泡沫喷头的理论计算截面积，m^2。

φ 可用式（6.29）表示：

$$\varphi = \frac{v_r}{v_t} \tag{6.29}$$

式中，v_r 为射流的实际出口速度，m/s；v_t 为射流的理论计算出口速度，m/s。

常见喷头的流场系数如表 6.3 所示。

表 6.3　不同种类泡沫喷头的出流系数

种类	收缩系数 ε	流速系数 φ	流量系数 μ
薄壁孔口	0.64	0.97	0.62
外伸管嘴	1.00	0.82	0.82
内伸管嘴	1.00	0.71	0.71
收缩管嘴 $\theta = 13° \sim 14°$	0.98	0.96	0.95
扩张管嘴 $\theta = 5° \sim 7°$	1.00	0.45	0.45
流线型管嘴	1.00	0.98	0.98

实验表明，收缩管嘴泡沫喷头的流速系数 φ 随着收缩角 θ 增大而增大，而泡沫喷头的流量系数 μ 随着收缩角 θ 增大而先增大后减小，当收缩角 $\theta = 13° \sim 14°$ 时，流量系数 μ 达最大值，此时 μ=0.95。

泡沫喷头实际出口截面积 A_{ft} 为

$$A_{ft} = \frac{A_{fn}}{0.98} = \frac{2.27 \times 10^{-4}}{0.98} = 2.32 \times 10^{-4}\,\text{m}^2 \tag{6.30}$$

则泡沫喷头的实际出口直径为

$$D_{ft} = 2 \times \sqrt{\frac{A_{ft}}{\pi}} = 2 \times \sqrt{\frac{2.32 \times 10^{-4}}{\pi}} = 17.2\text{mm} \tag{6.31}$$

考虑到泡沫运动过程中受到的空气阻力因素，需缩小喷头出口截面积 A_{ft}，即缩短泡沫喷头的直径 D_{ft}，此处将泡沫的理论直径 D_{ft} 降至 14mm，则泡沫实际出流速度 v_{ft} 为

$$v_{ft} = \frac{V_f / \mu}{A_{ft}} = \frac{3.75 / 0.95}{\pi \times 0.007^2 \times 3600} = 7.13\text{m/s} \tag{6.32}$$

为了实现泡沫场对截割粉尘的包裹，除了要求泡沫出流达到一定速度外，单个泡沫喷头形成的弧面泡沫流场的扩散角也需满足一定要求。考虑到泡沫喷头在掘进机截割臂上的客观安装条件限制，泡沫喷头在截割臂下方安装较为困难，因此本节选择采用在掘进机截割臂两侧布置喷头的方式，如图 6.27 所示。

以单个弧面泡沫喷头为例，安装于 A 点的弧面泡沫喷头形成的泡沫流场 AA_1A_2 如图 6.28 所示。

若要使用 4 个弧面泡沫喷头实现对掘进截割头的完全包裹，则该泡沫流场 A_1A_2 两点间的距离应不小于图 6.27 中掘进截割头纵向最大轮廓线弦长 EF。经计算

$$\text{EF} = 1020\text{mm} / (2 \times \sqrt{2}) = 361\text{mm} \tag{6.33}$$

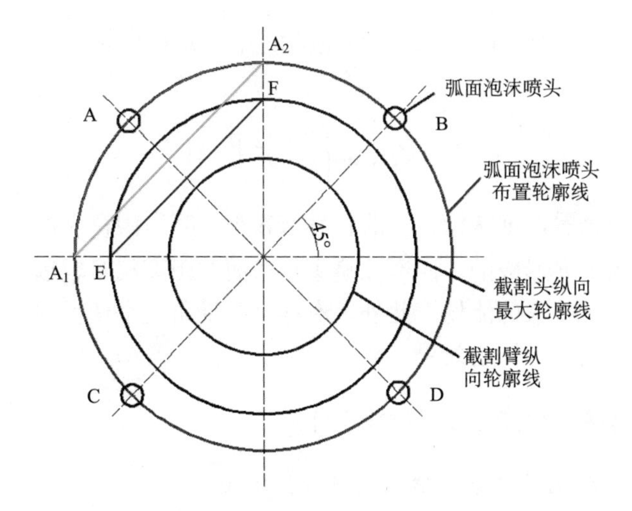

图 6.27　弧面泡沫喷头布置示意图

图 6.28　弧面泡沫流场三维示意图

则弦长 A_1A_2 的理论最小值为 396mm，由弧面泡沫流场的俯视图（图 6.29）可以看出，在该条件下弧面泡沫流场的最小泡沫锥角为 β。为了使泡沫流场对整个掘进机截割头进行包裹，则喷头安装点 A 距离弦 A_1A_2 的距离应为喷头安装点 A 与掘进截割头纵向最大轮廓线的距离 L' 。掘进机截割头长度 L_r =825mm，则

图 6.29　弧面泡沫流场俯视图

$$L' = L - L_r = 1309\text{mm} - 825\text{mm} = 484\text{mm} \tag{6.34}$$

最小泡沫锥角 β 为

$$\beta = 2 \times \arctan\left(\frac{361/2}{484}\right) = 41^\circ \tag{6.35}$$

从数值大小来看，泡沫锥角 β 的临界值较小，其原因在于泡沫射流场是由单点以一定扩散角扩展形成的，而泡沫喷头与壁面的距离相对较远，因此较小的泡沫锥角即可形成所要求的流场。此外，泡沫喷头锥角较小使得泡沫流场集束性较好，因此连续性较高，抑尘效果好。

6.2.2 弧面泡沫喷头性能比较及结构设计

1. 外导流式弧面泡沫射流喷头性能模拟比较

图 6.30 和图 6.31 分别为凹弧面和凸弧面外导流式泡沫射流喷头的泡沫流场模拟结果。从两图中均可以明显看出泡沫喷头出口附近的泡沫连续性非常好，但随着喷射距离的增加，凸弧面外导流式泡沫射流喷头形成的泡沫流场破碎程度明显大于凹弧面外导流式泡沫射流喷头形成的泡沫流场破碎程度。

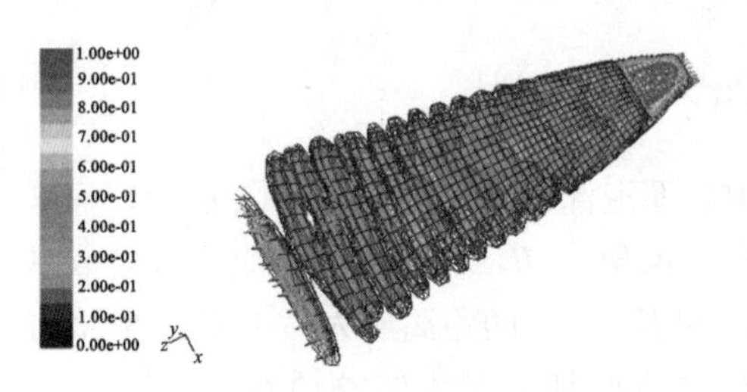

图 6.30 凹弧面外导流式泡沫喷头计算流场内泡沫体积分数云图

图 6.31 凸弧面外导流式泡沫喷头计算流场内泡沫体积分数云图

图 6.32 和图 6.33 分别为垂直于凹弧面和凸弧面外导流式泡沫射流喷头所形成的流场方向的一系列截面，从图中可以清晰地看出凹弧面外导流式泡沫射流喷头所形成的流场发展过程中流型变化不是很大，而凸弧面外导流式泡沫射流喷头所形成的流场形态在整个喷射过程中变化较大，在离喷头距离较远的截面处，泡沫流场破碎非常严重，已经变成一系列的散点。此外，从泡沫流场截面可以看出，凹弧面外导流式泡沫喷头所形成的泡沫流场截面厚度逐渐变小，但形状变化不大，而凸弧面外导流式泡沫喷头所形成的泡沫流场截面由半圆弧形逐渐变为散点，并且圆弧的曲率半径不断变大，泡沫流场与截割头的贴合度越来越差。

通过以上泡沫流场的比较，发现凸弧面外导流式泡沫射流喷头对泡沫流场的集束性不够，形成的泡沫流场连续性不高。经分析，其原因在于凸形导流体对于泡沫流场的冲击较大，泡沫流场在初期塑形过程中产生了很大的紊动，对后期泡沫流场的稳定性产生了很大的影响，因此凹形弧面射流喷头设计更为合理，后续将对外流场塑形较好的凹形弧面射流喷头尺寸进行设计研究。

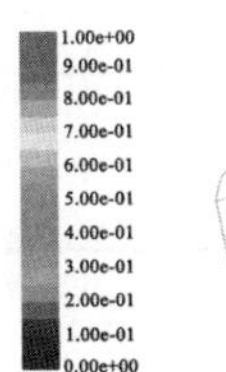

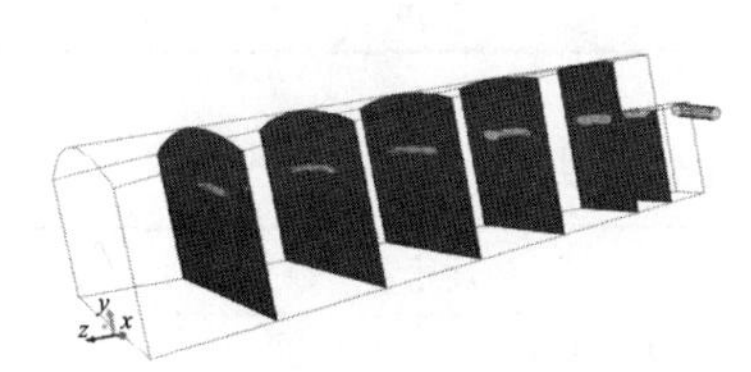

图 6.32　凹弧面外导流式泡沫喷头流场沿喷射方向截面系列

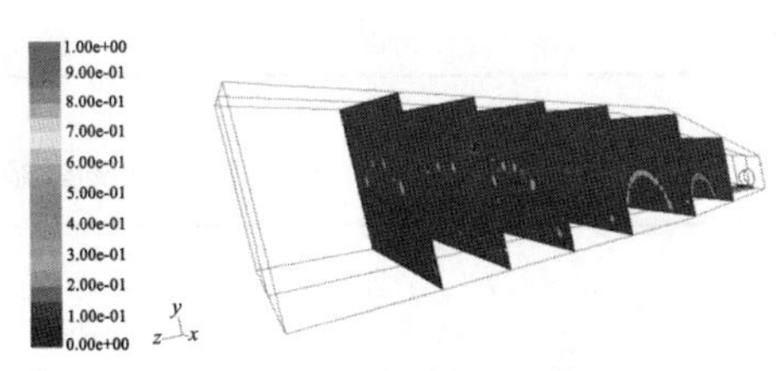

图 6.33　凸弧面外导流式泡沫喷头流场沿喷射方向截面系列

2. 凹弧面外导流式泡沫射流喷头结构尺寸设计

在凹弧面外导流泡沫喷头的结构参数中，喷口速度 v_{ft}、喷头出口直径 D_{fn}、弧面导流体的曲率半径 R_{fb}、导流长度 L_{fb} 和喷口与导流体夹角 γ 对于泡沫流场的形态影响很大。由于泡沫喷口速度 v_{ft} 及喷头出口直径 D_{fn} 在此处为选定值，在接下来的模拟研究中将对弧面泡沫喷头结构参数中的弧面导流体的曲率半径 R_{fb}、导流长度 L_{fb} 和喷口与导流体夹角 γ 进行变动，以研究这些参数对弧面泡沫流场的影响。若对以上三个参数进行全面实验，则模拟工作量非常大，为了提高研究效率，本节引入了正交实验方法对模拟方案进行设计。弧面导流体的曲率半径 R_{fb}、导流长度 L_{fb} 和喷口与导流体夹角 γ 各取 3 个代表值，弧面导流体的曲率半径 R_{fb} 取 A1（350mm）、A2（450mm）、A3（550mm），导流长度 L_{fb} 取 B1（30mm）、B2（40mm）、B3（50mm），喷口与导流体夹角 γ 取 C1（20°）、C2（25°）、C3（30°），如表 6.4 所示，则模拟方案可用 L_9（3^4）正交表表示，为了满足 L_9（3^4）正交表及实验分析的客观要求，增加 1 个影响因素，即导流板宽度 ς，ς 均取 50mm，因此 ς 对泡沫流场基本无影响，泡沫喷头正交模拟方案如表 6.5 所示。

以泡沫流场扩展角、连续段长度、流场截面形变度作为评价标准对泡沫流场模拟结果进行比较。其中，泡沫流场扩展角需满足 6.2.1 节中的理论计算值，即 δ 应不小于理论最小泡沫锥角 β；泡沫流场连续段长度越大，泡沫流场的连续性越好，泡沫喷头的集束性越高；泡沫流场截面的形变度越小，泡沫流场的稳定性越高。为了简化比较过程中对凹弧面外导流泡沫参数的描述，以方案 1 为例，用〈350-30-20-50〉代表结构尺寸为 R_{fb}=350mm，L_{fb}=30mm，γ=20°，ς=50mm 的凹弧面外导流泡沫喷头。

表 6.4　弧面导流体尺寸参数

水平	R_{fb} /mm	L_{fb} /mm	γ /（°）	ς /mm
1	350	30	20	50
2	450	40	25	50
3	550	50	30	50

表 6.5　泡沫喷头正交模拟方案

方案编号	方案类型	尺寸			
		R_{fb} /mm	L_{fb} /mm	γ /（°）	ς /mm
1	A1 B1 C1	350	30	20	50
2	A1 B2 C2	350	40	25	50
3	A1 B3 C3	350	50	30	50
4	A2 B1 C2	450	30	25	50
5	A2 B3 C1	450	50	20	50
6	A2 B2 C3	450	40	30	50
7	A3 B1 C3	550	30	30	50
8	A3 B2 C1	550	40	20	50
9	A3 B3 C2	550	50	25	50

1）泡沫喷头扩散角比较

在 Contours（云图）面板中选择泡沫的 Phases→Volumes fraction（相体积分数），对模拟结果进行比较。图 6.34 为方案 1～9 凹弧面外导流式泡沫喷头出口处泡沫相体积分数云图的局部放大图。

在测定凹形弧面泡沫喷头的扩展角时，应以泡沫离开泡沫喷头后的泡沫扩展角度为准，下面以〈350-30-20-50〉泡沫喷头为例说明凹形弧面泡沫喷头的扩散角的测定方法。

在泡沫喷嘴弧面导流板端面和泡沫流场中（z=30 和 z=60 处）设定两个等值面，显示两个截面上的泡沫体积分布散点图，如图 6.35 所示。

在图 6.35 中，泡沫体积分数大于 0.1 的区域内的散点横坐标最大值与最小值之差即为该截面泡沫流场横向宽度。z=30 处的散点横坐标最大值与最小值之差为 44mm，z=60 的散点横坐标最大值与最小值之差为 60mm，则〈350-30-20-50〉泡沫喷头所形成的泡沫流场的扩展角 δ 为

$$\delta=2\times\arctan\left(\frac{60-44}{2\times30}\right)=30^\circ \tag{6.36}$$

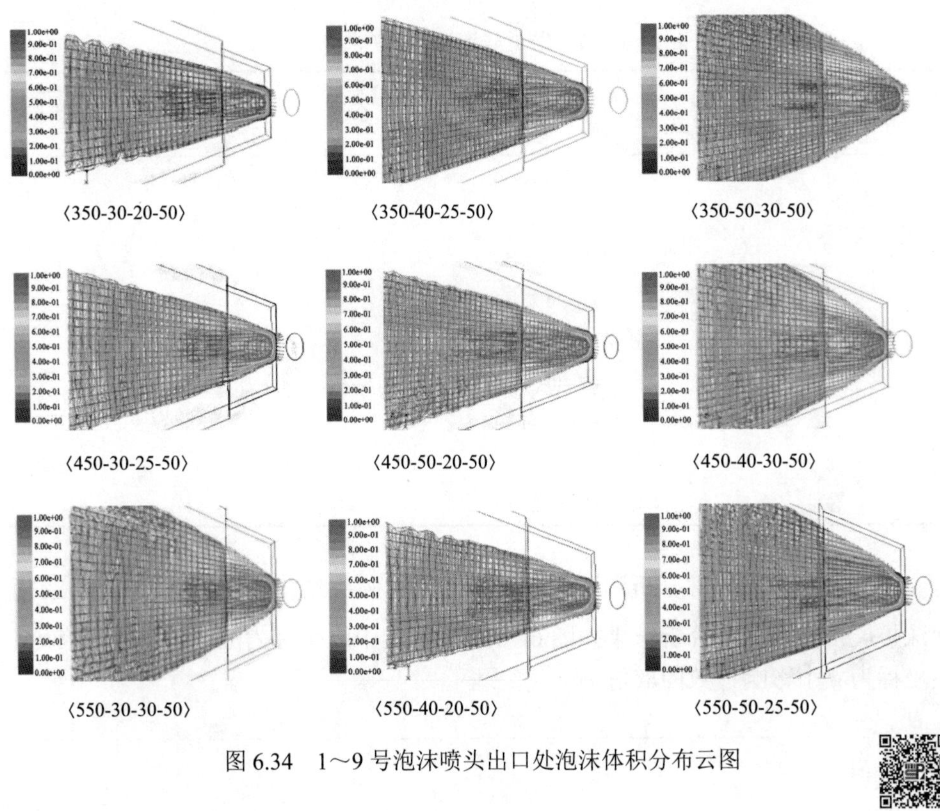

图 6.34　1～9 号泡沫喷头出口处泡沫体积分布云图

图 6.35　z=30 和 z=60 处泡沫体积分数散点图

以此方法对 1～9 号泡沫喷头的扩展角进行计算，则 1～9 号泡沫喷头的扩展角如表 6.6 所示。

表 6.6　1～9 号泡沫喷头扩展角

泡沫喷头编号 N	泡沫喷头结构尺寸 $\langle R_{fb}-L_{fb}-\gamma-\varsigma \rangle$	泡沫喷头扩展角 δ /(°)
1	〈350-30-20-50〉	30
2	〈350-40-25-50〉	37
3	〈350-50-30-50〉	59
4	〈450-30-25-50〉	35
5	〈450-50-20-50〉	37
6	〈450-40-30-50〉	64
7	〈550-30-30-50〉	58
8	〈550-40-20-50〉	30
9	〈550-50-25-50〉	53

通过正交分析软件分析凹弧面外导流式泡沫喷头结构尺寸 $\langle R_{fb}-L_{fb}-\gamma-\varsigma \rangle$ 对泡沫扩展角的影响，分析结果如图 6.36 所示，其中纵坐标为泡沫喷头的扩展角，横坐标为 4 个影响参数的取值。

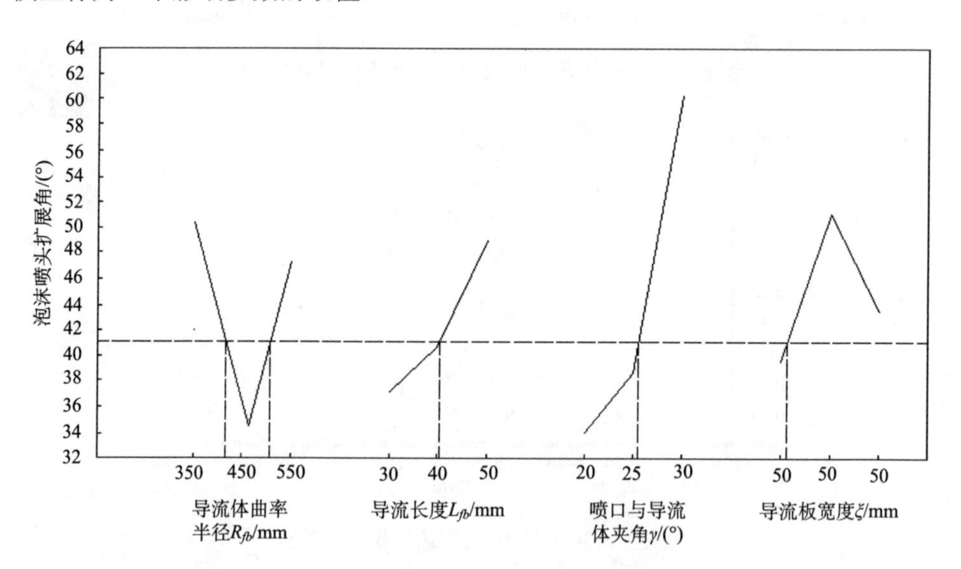

图 6.36　模拟结果正交分析曲线

由正交分析曲线可以看出，当弧面导流体曲率半径 R_{fb} <450mm 时，凹弧面外导流式泡沫喷头的扩展角呈递减趋势；当弧面导流体曲率半径 R_{fb} >450mm 时，凹弧面外导流式泡沫喷头的扩展角呈递增趋势。凹弧面外导流式泡沫喷头的扩展角始终随着导流长度 L_{fb} 和泡沫喷口与导流体夹角 γ 的增大而增大，当导流长度 L_{fb} <40mm 时，泡沫喷头扩展角递增速度较缓，当导流长度 L_{fb} >40mm 时，泡沫喷头扩展角增长幅度明显加快。同样的，当喷口与导流体夹角 γ>25°时，凹弧面外导流式泡沫喷头的扩展角增长速度加快。

由图 6.36 可以看出，在所选取的泡沫喷头关键参数范围内，存在多种满足要求（泡沫扩展角大于最小泡沫锥角）的尺寸组合。为了达到泡沫流场对掘进机截割头的最佳包裹，同时又最大程度地节省泡沫的用量，将泡沫扩展角选定为理论计算最小值 44°，则由图 6.36 可以选定两种方案，即〈420-41-26-50〉和〈510-41-26-50〉。下面对以上两个尺寸方案泡沫喷头的流场进行模拟，通过比较流场的连续性及流场截面的形变率来选择泡沫喷头的最佳尺寸。

2）泡沫喷头流场连续性及形变度比较

图 6.37（a）和（b）分别为结构尺寸为〈420-41-26-50〉和〈510-41-26-50〉的凹弧面外导流式泡沫喷头所形成的泡沫流场的泡沫相云图俯视图，图 6.38 为泡沫相云图在 x=0 处的截面，图 6.39 为泡沫相云图在沿 z 轴方向上所取的一系列截面。

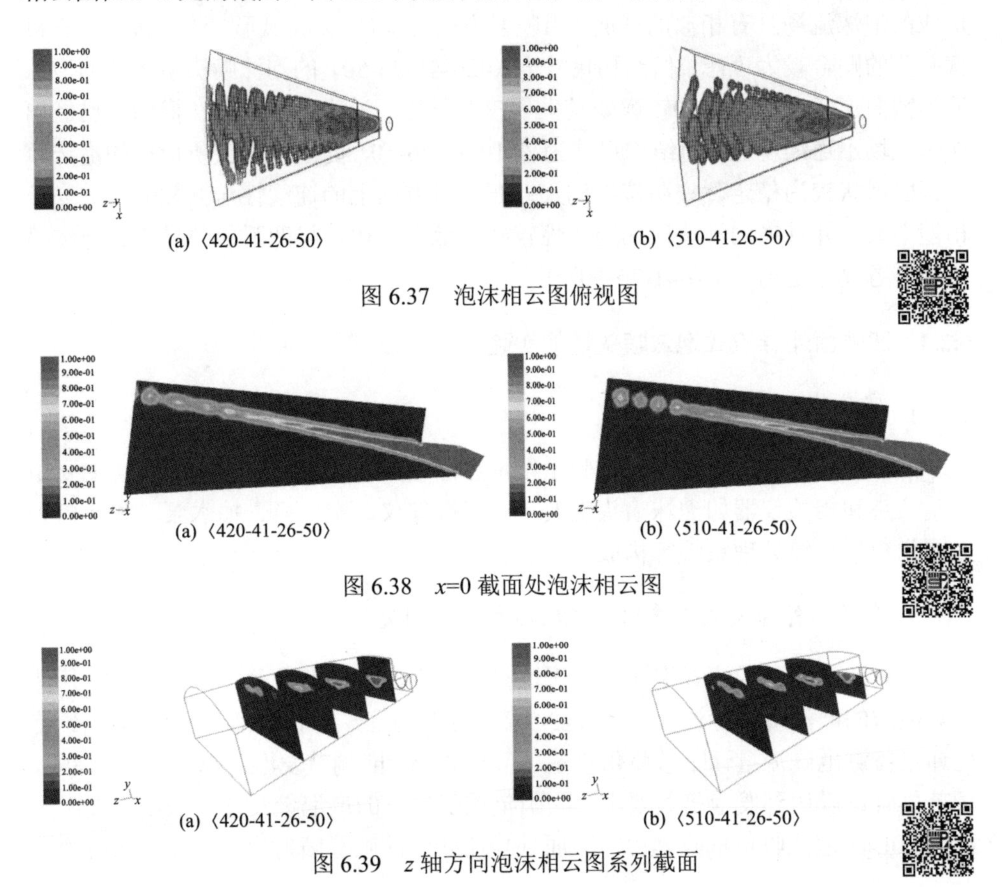

(a)〈420-41-26-50〉　(b)〈510-41-26-50〉

图 6.37　泡沫相云图俯视图

(a)〈420-41-26-50〉　(b)〈510-41-26-50〉

图 6.38　x=0 截面处泡沫相云图

(a)〈420-41-26-50〉　(b)〈510-41-26-50〉

图 6.39　z 轴方向泡沫相云图系列截面

由图 6.37 可以看出结构尺寸为〈420-41-26-50〉的泡沫喷头形成的泡沫流场两翼在距离喷头较短距离处产生了明显的波动式不连续断面，而结构尺寸为〈510-41-26-50〉的泡沫喷头形成的泡沫流场在右翼出现了一定的波动式不连续断面，这说明弧面导流体曲率半径不同的两种凹弧面外导流式泡沫喷头所形成的泡沫流场虽然扩展角相同，但较小的导流体曲率半径会导致凹弧面导流体对两翼泡沫的冲击力变大，这直接表现为图 6.38 中结构尺寸为〈420-41-26-50〉的泡沫喷头形成的泡沫流场在中心线上的连续性优于结构尺寸为〈510-41-26-50〉的泡沫喷头形成的泡沫流场。其原因在于：两种尺寸的喷头在泡沫喷射量相同的前提下，导流体曲率半径较小的泡沫喷头所形成的泡沫流场中的两翼泡沫作用于弧面导流体后受到更大中心方向的冲击力，因此泡沫向流场中心汇聚的作用较强，泡沫中心线处的泡沫流量更大，所以中心线处的流场连续性更好，而两翼泡沫流场连续性较差。同时，从图 6.38 也可以直接看出结构尺寸为〈420-41-26-50〉的泡沫喷头所形成的泡沫流场在中心线处的厚度也稍大于结构尺寸为〈510-41-26-50〉的泡沫喷头形成的泡沫流场的厚度。由图 6.39 可以看出，两种结构尺寸的泡沫喷头所形成的泡沫流场具有相似的截面（沿喷射方向），均呈类圆弧形，该形状对掘进机截割头的贴合较为理想，但结构尺寸为〈420-41-26-50〉的泡沫喷头所形成的泡沫流场截面形状在距离喷头较远处发生了较大形变，说明泡沫流场在横向上已经出现了流场不连续现象，而结构尺寸为〈510-41-26-50〉的泡沫喷头所形成的泡沫流场截面形状较为稳定，说明该结构尺寸在喷射方向上的连续性与〈420-41-26-50〉相差不大，并且横向泡沫流场连续性较好。综上所述，将凹弧面外导流式泡沫喷头的参考尺寸定为〈510-41-26-50〉。

6.2.3 凹弧面外导流式泡沫喷头性能实验

1. 实验装置

凹弧面外导流式泡沫喷头实验系统示意图如图 6.40 所示。该实验系统主要由实验喷头和相关仪器如泡沫喷头支架、高速摄像仪、空压机、抽水泵、智能控制及图像数据采集处理系统等构成。

2. 凹弧面外导流式泡沫喷头流场参数实验研究

在对凹弧面外导流式泡沫喷头流场参数进行实验研究之前，需在实验室条件下对泡沫的产泡量进行测定，以对发泡倍数予以验证。理论发泡倍数为 30 倍，首先通过监测电磁流量计示数将供水量调节至 0.5m^3/h，调节发泡剂添加比例为 8‰，调节供气量以达到发泡倍数要求。为确定该工况下的产泡量及发泡倍数，采用容积为 50L 的泡沫收集桶收集由凹弧面外导流式泡沫喷头喷射出的泡沫。利用秒表对泡沫注满收集桶的时间进行测定，同时观察涡街流量计测定的供气量示数，并计算出气水比，间接计算出该工况下泡沫的发泡倍数。实验测定参数及计算出的发泡倍数如表 6.7 所示。

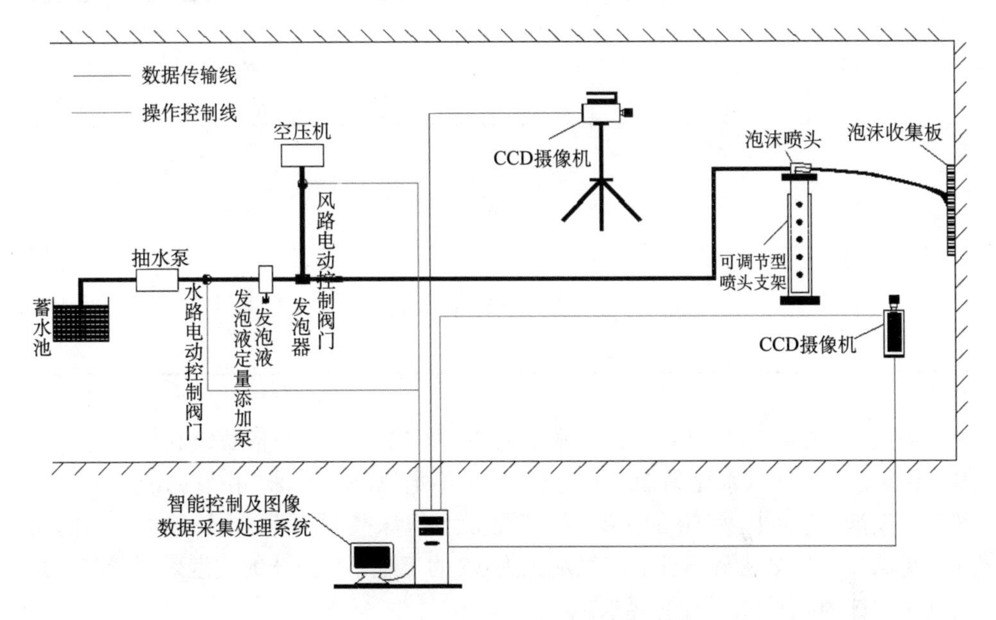

图 6.40　泡沫喷头性能测试实验系统

表 6.7　除尘泡沫在供水量为 0.5m³/h、不同气水比下的发泡倍数

供水量/（m^3/h）	气水比	注满时间/s			发泡倍数
		测定次数	测定时间	平均时间	
0.5	20	1	186	183	7.87
		2	178		
		3	185		
0.5	25	1	74	74	19.46
		2	78		
		3	69		
0.5	30	1	65	62	23.23
		2	60		
		3	61		
0.5	35	1	46	46	31.30
		2	48		
		3	44		

续表

供水量/（m³/h）	气水比	注满时间/s			发泡倍数
		测定次数	测定时间	平均时间	
0.5	40	1	68	69	20.87
		2	72		
		3	67		
0.5	45	1	83	84	17.14
		2	86		
		3	83		
0.5	50	1	211	207	6.96
		2	196		
		3	214		

由表 6.7 中数据可以看出，气水比为 20 和 50 时，发泡倍数较其他工况小得多，其原因在于：气水比为 20 的工况下气量不足以产生泡沫，由管路流出的水大部分未发泡；气水比为 50 的工况下气量过大，泡沫壁非常薄，由管路喷射出的大部分泡沫在出口处破碎雾化。在气水比为 35 的工况下，泡沫的发泡效果最佳，并达到了泡沫喷头性能实验的要求。

以上一节模拟计算出的凹弧面外导流式泡沫喷头尺寸〈510-41-26-50〉为参考标准对可调型凹弧面泡沫喷头及支架进行调节，实验过程中测试的泡沫喷头尺寸如表 6.8 所示。

表 6.8　凹弧面泡沫喷头测试尺寸

实验编号	泡沫喷头尺寸
1	〈510-41-26-50〉
2	〈500-41-26-50〉
3	〈520-41-26-50〉
4	〈510-37-26-50〉
5	〈510-45-26-50〉
6	〈510-41-23-50〉
7	〈510-41-29-50〉

采用高速摄像仪对泡沫喷头的喷射工况进行拍摄，凹弧面泡沫喷头泡沫流场如图 6.41 所示。

图 6.41　凹弧面泡沫喷头泡沫流场

通过实验对凹弧面泡沫喷头流场的扩展角及连续长度进行测定，测定结果如表 6.9 所示。

表 6.9　泡沫流场工况参数

泡沫喷头编号	测定次数	泡沫流场扩展角/（°）	泡沫流场连续长度/mm	
			连续长度	均值
1	1	41.4	634	633
	2	41.6	628	
	3	41.2	637	
2	1	40.5	647	651
	2	39.8	655	
	3	40.3	650	
3	1	42.6	691	685
	2	41.9	680	
	3	42.4	684	
4	1	39.4	632	626
	2	40.3	609	
	3	39.1	637	
5	1	39.4	657	658
	2	38.8	662	
	3	40.0	655	
6	1	35.7	697	703
	2	35.3	705	
	3	36.1	707	
7	1	44.2	572	574
	2	44.6	567	
	3	43.7	583	

由表 6.9 中的测定结果可以看出，所加工的泡沫喷头的射流工况与之前的计算结果稍有差别，泡沫喷头尺寸为〈520-41-26-50〉时，泡沫流场扩展角可以满足要求，且泡沫流场的连续段长度较大，因此凹弧面外导流式泡沫喷头的最佳尺寸最终选定为〈520-41-26-50〉。以该尺寸加工出的弧面泡沫喷头及流场效果如图 6.42 所示。

图 6.42　凹弧面泡沫喷头及流场效果

在完成弧面泡沫喷头的基础上，设计了弧面泡沫喷头的泡沫流量分布性能测定实验系统，如图 6.43 所示。通过布置在掘进机截割头模型前的泡沫分流槽板和泡沫收集盒完成泡沫的收集。

图 6.43　泡沫流量分布测试系统

实验测定步骤如下：

（1）连接好实验管路，确保系统能够正常运行。对泡沫集纳盒进行称重，记录首重。

（2）先关闭测试泡沫喷头的分管路，开启发泡系统。待泡沫流稳定后，开启测试泡沫喷头的管路阀门，开始收集泡沫，用秒表记录收集时间。

（3）停止发泡系统，用电子秤依次对收集泡沫后的集纳盒称重。

（4）为确保测定结果准确，重复步骤（1）～（3），重复实验前需仔细清洗泡沫集纳盒并使用吹风机对集纳盒进行干燥。

（5）整理实验结果，对泡沫分布量进行计算和汇总。

泡沫分布测试结果如图 6.44 所示。泡沫集纳盒内的泡沫分布量低于 0.010kg/s 的不予统计。

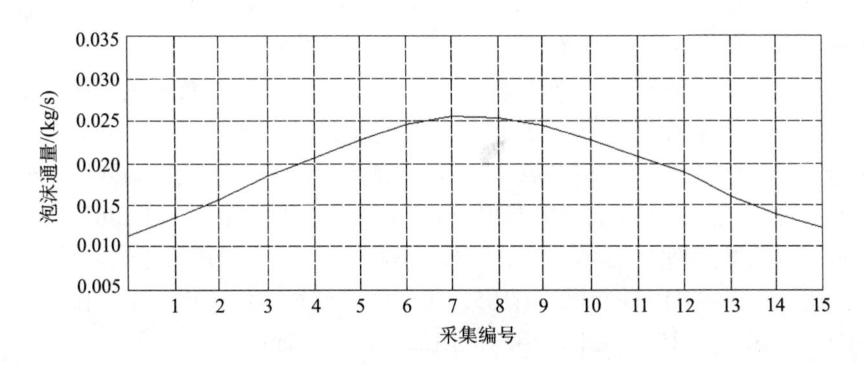

图 6.44　泡沫分布量曲线

由图 6.44 可以看出，弧面泡沫喷头的泡沫量呈正态分布趋势，泡沫分布量曲线近似以中线处为轴对称，中线处的泡沫量最多，两侧呈缓慢递减趋势，其原因在于弧面导流体对冲击于两侧的泡沫有向中线方向的反作用力，使得两侧泡沫向中线处汇聚。从泡沫分布量的均匀度来看，整个泡沫流场分布量没有太大的起伏，说明弧面喷头的泡沫分布性能良好。

6.3　泡沫抑尘技术现场应用

随着矿井的开采方法和采煤工艺朝着高效、集约化生产的方向发展，产尘量大大增加，粉尘危害不断加剧，尘肺病死亡人数已经超过了事故死亡人数，煤尘爆炸事故也时有发生。因此，迫切需要高效的防尘技术及装备。作者及其团队研发的泡沫抑尘技术，近年来在西山、淮北、淮南、平顶山、枣庄、阳泉、水城、朔州等矿区的数十个国有重点煤矿获得广泛应用，有效改善了作业场所的劳动卫生条件，遏制了尘肺病和煤尘爆炸的发生，取得了显著的社会和经济效益。本节主要介绍泡沫抑尘技术在综采工作面和综掘工作面的应用实例。

6.3.1　综采工作面泡沫抑尘应用

1. *矿井及采煤工作面概述*

朱仙庄煤矿位于安徽省北部宿州市东 12km 处，1983 年 4 月正式投产，校定生产能力 2.45Mt/a，是淮北矿业集团的主力生产矿井之一，煤种为 1/3 焦煤、气煤，享有“环保煤”之美誉。矿井主采煤层为 8#煤和 10#煤，井田面积 26.3km^2，开采深度–1000～–290m，轴部为二叠系煤系地层，四周被奥陶系和石炭系灰岩所包围；绝对瓦斯涌出量为 61.51m^3/min，相对瓦斯涌出量为 14.37m^3/t，且曾发生过瓦斯动力现象，2011 年被鉴定为煤与瓦斯突出矿井。

II1051 综采工作面位于矿井南部二水平，是 II5 采区的首采工作面，上限标高为–441.5m、下限标高为–514m；煤层平均厚度 2.16m，倾角 11°～30°，平均 20°；伪顶为泥岩，直接顶为中细粒粉砂岩，基本顶为粉砂岩，直接底为砂质泥岩，老底为砂泥岩互层。该工作面倾向长度 135m，走向长度 1250～1310m；机、风巷平行布置，长度分别为 1246.571m、1311.364m；采用 U 形通风方式，进风路线：新鲜风流→……→II1051 机巷→II1051 工作面，回风路线：II1051 工作面乏风风流→II1051 风巷→II5 回风上山→……南二回风井→地面。

II1051 综采工作面的煤尘爆炸指数为 34%，具有爆炸危险性。高浓度粉尘既危害采煤工人的身体健康，也是煤尘爆炸的危险源。特别是该工作面所采煤层含有白砂岩等坚硬夹矸，采煤机经常需要强行截割岩石，所产生岩尘的疏水性更强、呼吸性粉尘所占比重更大，煤层注水和喷雾降尘等技术难以奏效。

2. *综采工作面产尘特性分析*

1）综采工作面粉尘产生源

综采工作面的产尘源分布于割煤、移架、支护、输煤和转载等生产工序，其中，采煤机割煤工序是综采工作面最大的尘源，其产尘量占采煤工作面总产尘量的 85%以上。因而，控制采煤机割煤时的粉尘是重中之重。

2）粉尘主要性质测试

（1）分散度和游离 SiO_2 含量测定。为了掌握 II1051 综采工作面粉尘的基本性质，从该工作面采集采煤机割煤作业时的粉尘样，在实验室采用 BT-1600 型图像颗粒分析系统和红外分光光度计分别测定粉尘样的分散度和游离 SiO_2 含量。分散度测试结果表明，该粉尘样中粒径为 1～2μm 的尘粒占 11.5%，2～5μm 的尘粒占 64.5%，即 5μm 以下的呼吸性粉尘占 70%以上。游离 SiO_2 含量测定结果表明，煤尘的平均游离 SiO_2 含量为 2.96%，而岩尘的游离 SiO_2 含量则高达 15.83%。可见，该工作面的粉尘分散度大，且游离 SiO_2 含量高，对人体的危害性很大。

（2）湿润性测试。采用 HARKE-SPCA 型接触角测定仪测定了 II1051 综采工作面煤样与水的接触角及煤样与不同浓度 KJC-II 型发泡剂溶液的接触角，测得煤样与水的接触角达 84°～90°，浸润性差，如图 6.45 所示；向水中加入 0.4%～1% 的发泡剂后，接触角则降为 22°～30°，即煤样对液体的亲和性大大提高，浸润性变为良好，如图 6.46 所示。这一结果说明，向水中添加发泡剂可以显著提升降尘介质的湿润性。

图 6.45　煤样与水的接触角

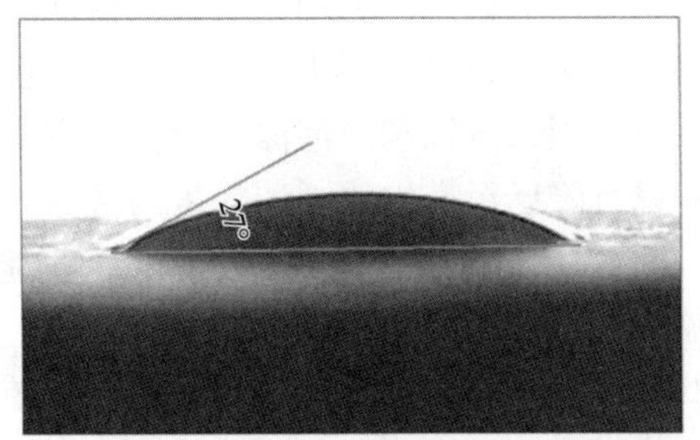

图 6.46　煤样与发泡剂的接触角

3. 综采工作面自吸式泡沫抑尘系统构建

图 6.47 所示为 II1051 综采工作面配备的 MG550/1380-WD 型双滚筒采煤机，该采煤机采用双向割煤方式，每个滚筒的截割功率为 550kW，割煤时的最大截深达 1000mm。该工作面没有可随采煤机移动的压风管路可用，使用定量泵添加发泡剂不仅使系统趋于复杂，而且存在安全隐患。因此，自吸空气-发泡剂旋流产泡技术就成为在该采煤面实施泡沫抑尘的最佳选择（甚至是唯一选择）。

图 6.47　II1051 工作面使用的采煤机

图 6.48　自吸式泡沫发生装置

图 6.48 为安装于采煤机上的自吸式发泡装置。以该发泡装置为核心，结合该工作面的实际，构建如图 6.49 所示的自吸式泡沫抑尘系统。其工艺流程如下：利用快速接头将压力水管与工作面防尘供水管路连通，打开控制开关，将压力水引入系统，观察压力表读数并通过调节阀将水压调至适当压力，压力水经主供水管、支供水管通入安设于采煤机左、右滚筒附近的自吸空气-发泡剂旋流产泡装置，通过该发泡装置稳定连续地产生具有较高出口压力的泡沫；利用分流器将泡沫分成两股进入各自的输送管并输入扇形喷头，最后通过扇形喷头将泡沫呈扇状喷射至采煤机滚筒截齿处；利用调节阀调控泡沫产生流量，直至扇形喷头喷射出的扇状泡沫将采煤机滚筒截割尘源充分覆盖和包裹。

该抑尘系统以利用泡沫在尘源处直接抑制粉尘为出发点和落脚点，在思路上是对以沉降已经产生的浮游粉尘为目标的传统降尘技术的转变。

图 6.50 为自主设计的用于采掘面抑尘的扇形泡沫喷头，它由快速接头、半圆形喷腔、锥形导流片和扇形喷槽等构成。其中，扇形喷槽由锥形叶片和半圆形喷腔共同围成。从自吸空气-发泡剂旋流产泡装置制备的泡沫输入喷头后，通过扇形喷槽将泡沫呈扇形喷射至滚筒截齿上，从而直接抑制割煤产尘。

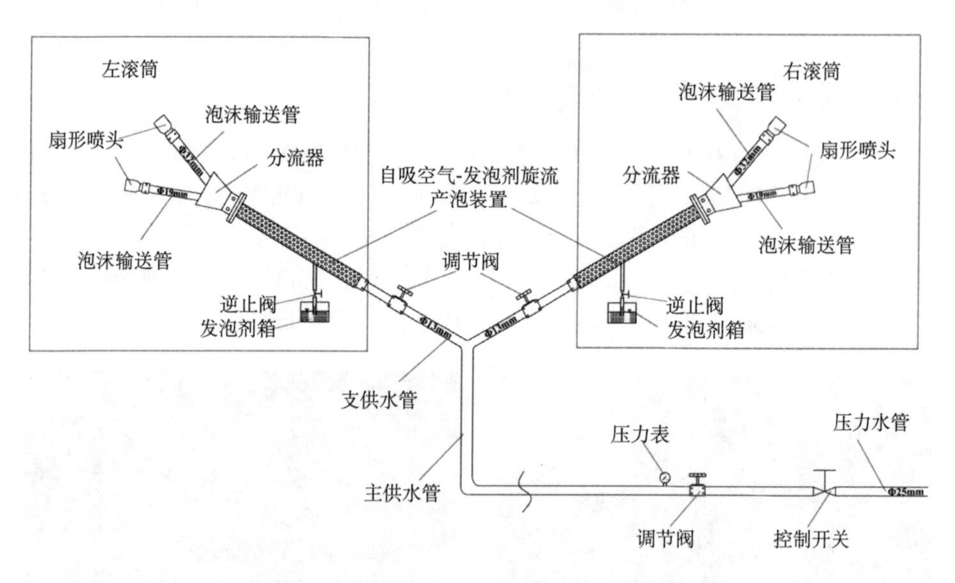

图 6.49　综采工作面自吸式泡沫抑尘系统示意图

由于采煤机割煤作业中的粉尘产生于滚筒截齿处，故泡沫的作用范围应该是截割滚筒四周，特别是滚筒截齿割煤的切线方向（绝大多数粉尘沿截齿运动的切线方向甩出）。经多次实地勘察，决定采用一大一小两只扇形喷头对滚筒尘源进行包裹，如图 6.51 所示。其中，入口直径 38mm、出口喷槽宽 6mm 的扇形喷头 I

喷射泡沫对滚筒上半部截齿进行覆盖和包裹；入口直径 19mm、出口喷槽宽 4mm 的扇形喷头Ⅱ喷射泡沫对滚筒下半部的截齿进行覆盖和包裹。

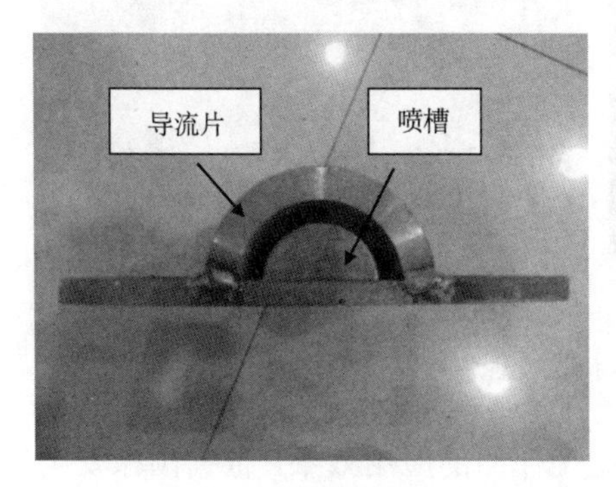

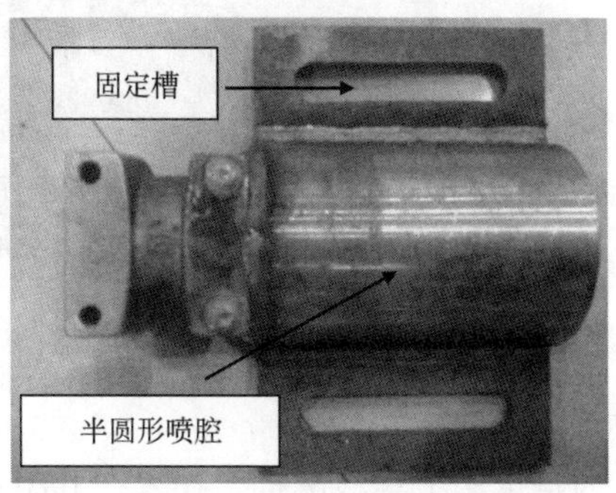

图 6.50　抑尘专用扇形泡沫喷头

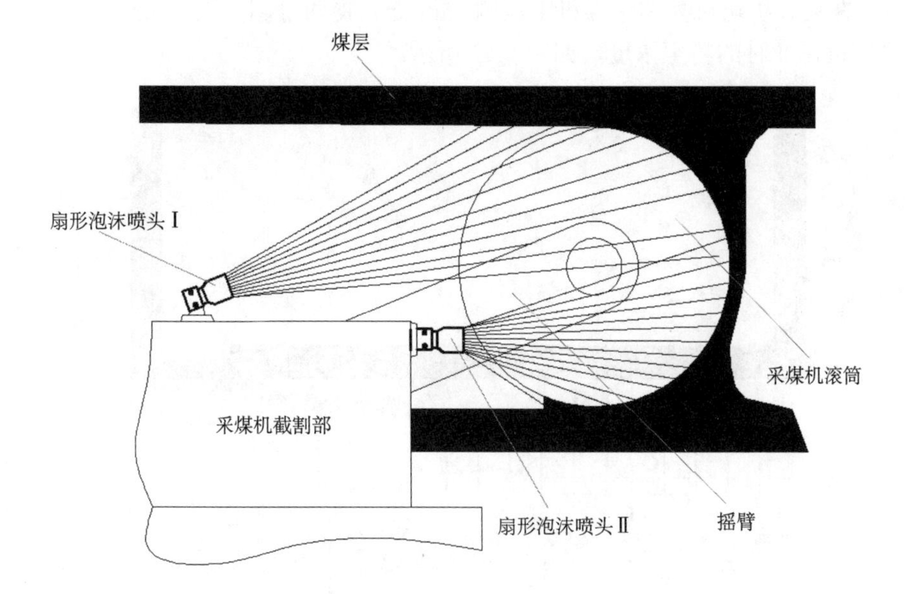

图 6.51　采煤机滚筒附近泡沫喷头布置示意图

4. 综采工作面泡沫抑尘效果考察与分析

1）效果考察

在Ⅱ1051 综采工作面构建自吸式泡沫抑尘系统后，进行工业性实验。结果表明，该抑尘系统运行后，工作面粉尘浓度显著降低，如图 6.52 所示。

(a) 喷雾降尘

(b) 泡沫抑尘

图 6.52 Ⅱ1051 综采工作面水雾与泡沫降尘效果直观对比

为定量化考察泡沫抑尘技术在Ⅱ1051 工作面的应用效果，依据国家安全生产行业标准《煤矿井下粉尘综合防治技术规范》(AQ 1020—2006) 关于粉尘检测的要求，在采煤机司机处和采煤机下风侧 15m 处布置两个测尘点，以测量不同条件下采煤机作业时的粉尘浓度，如图 6.53 所示。

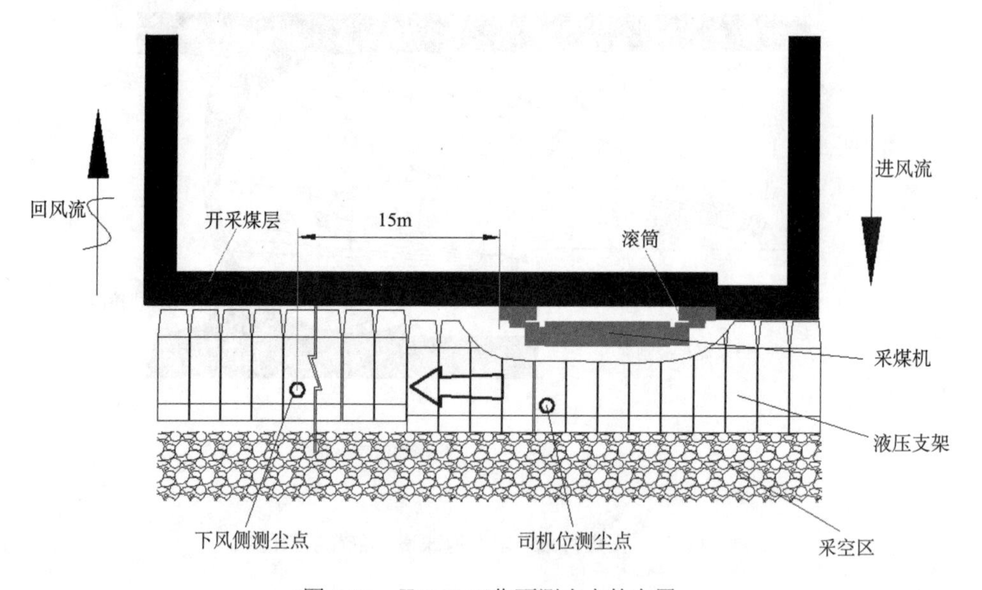

图 6.53 Ⅱ1051 工作面测尘点的布置

采用 CCGZ-1000 型直读式测尘仪，分别测量干式割煤、喷雾降尘、泡沫抑尘三种情形下的总粉尘（全尘）和呼吸性粉尘（呼尘）浓度，实测数据列于表 6.10 和表 6.11；为便于后续粉尘浓度和降尘效率的统计分析，计算了各情形下粉尘浓度的标准差，一并列于表 6.10 和表 6.11 中。

表 6.10　采煤机司机处粉尘浓度实测数据　（单位：mg/m^3）

采煤机司机处	干式割煤		喷雾降尘		泡沫抑尘	
	全尘	呼尘	全尘	呼尘	全尘	呼尘
粉尘浓度	875.1	358.3	598.6	287.8	89.2	46.5
	948.7	402.1	672.5	310.4	123.9	61.8
	914.4	374.8	651.2	293.9	109.4	52.3
平均浓度	912.7	378.4	640.8	297.4	107.5	53.5
标准差	30.1	18.1	31.1	9.5	14.2	6.3

表 6.11　采煤机下风侧 15m 处粉尘浓度实测数据　（单位：mg/m^3）

采煤机下风侧 15m 处	无防尘措施		喷雾降尘		泡沫抑尘	
	全尘	呼尘	全尘	呼尘	全尘	呼尘
粉尘浓度	985.8	401.6	719.4	324.6	115.7	54.2
	1128.2	452.5	785.1	383.2	153.1	76.4
	1024.3	469.5	736.7	352.8	135.2	63.9
平均浓度	1046.1	441.2	747.1	353.5	134.7	64.8
标准差	60.1	28.8	27.8	23.9	15.3	9.1

2）结果分析

（1）　粉尘浓度差异的合并 t 检验。

为验证采取不同措施时粉尘浓度差异的显著性（即非随机误差引起），有必要对测量的原始数据进行合并 t 检验（Pooled t-test），检验方法如下[16]：

检验假设

$$H_0：\mu_1-\mu_2=0，H_1：\mu_1-\mu_2\neq 0$$

选取检验统计量 t，该假设检验问题的拒绝域为

$$t=\frac{\left(\overline{c_i}-\overline{c_j}\right)-0}{\sqrt{S_p^2\cdot\left(\dfrac{1}{n_1}+\dfrac{1}{n_2}\right)}}>t_\alpha(n_1+n_2-2) \tag{6.37}$$

式中，S_p 为 c_i 和 c_j 的协方差，$S_p=\sqrt{\dfrac{(n_1-1)S_i^2+(n_2-1)S_j^2}{n_1+n_2-2}}$；$\alpha$ 为显著性水平，取 α=5%，即置信水平$(1-\alpha)$=95%。

由 $\alpha=0.05$，$n_1=n_2=3$，查 t 分布表得 t_α（n_1+n_2-2）= $t_{0.05}$（4）=2.132，根据表 6.10 和表 6.11 表中粉尘浓度的标准差，可求得相应的 S_p，进而可根据式（6.37）计算得到干式作业、喷雾降尘和泡沫抑尘三种情形下统计量 t 的值，如表 6.12 和

表 6.13 所示。

表 6.12　采煤机司机处粉尘浓度合并 t 检验计算结果

粉尘类别	干式作业与喷雾	喷雾与泡沫	干式作业与泡沫
全尘	$t_{dry-water}$=49.15＞ $t_{0.05}$（4）=2.132	$t_{water-foam}$ =108.5＞ $t_{0.05}$（4）=2.132	$t_{dry-foam}$=88.26＞ $t_{0.05}$（4）=2.132
呼尘	$t'_{dry-water}$=21.31＞ $t_{0.05}$（4）=2.132	$t'_{water-foam}$=85.91＞ $t_{0.05}$（4）=2.132	$t'_{dry-foam}$=166.0＞ $t_{0.05}$（4）=2.132

表 6.13　采煤机下风侧 15m 处粉尘浓度合并 t 检验计算结果

粉尘类别	干式作业与喷雾	喷雾与泡沫	干式作业与泡沫
全尘	$t_{dry-water}$=43.70＞ $t_{0.05}$（4）=2.132	$t_{water-foam}$ =129.3＞ $t_{0.05}$（4）=2.132	$t_{dry-foam}$=137.6＞ $t_{0.05}$（4）=2.132
呼尘	$t'_{dry-water}$=17.05＞ $t_{0.05}$（4）=2.132	$t'_{water-foam}$=67.89＞ $t_{0.05}$（4）=2.132	$t'_{dry-foam}$=81.45＞ $t_{0.05}$（4）=2.132

由表 6.12 和 6.13 可知，在显著性水平 α=0.05 下，拒绝原假设 H_0: $\mu_1-\mu_2=0$，接受假设 H_1: $\mu_1-\mu_2\neq0$，即干式作业、喷雾降尘和泡沫抑尘三种情形下粉尘浓度的差异是由不同降尘技术导致的，而非由随机误差引起。

（2） 粉尘浓度置信区间估计。

根据数理统计理论[17]，粉尘浓度的置信区间可按下式进行求解：

$$c=\left(\bar{c}-\frac{S_c}{\sqrt{n}}t_{\alpha/2}(n-1),\ \bar{c}+\frac{S_c}{\sqrt{n}}t_{\alpha/2}(n-1)\right) \tag{6.38}$$

式中，c 为粉尘浓度；S_c 为 c 的标准差；α 为显著性水平，取 α=5%，即置信水平 $(1-\alpha)$=95%。

根据表 6.10 和表 6.11 中实测数据及式（6.38），求得无防尘措施（干式作业）、喷雾降尘和泡沫抑尘三种情形下的平均粉尘浓度置信区间，计算结果列于表 6.14 中。

表 6.14　采煤面平均粉尘浓度置信区间

测尘点	干式作业		喷雾降尘		泡沫抑尘	
位置	全尘	呼尘	全尘	呼尘	全尘	呼尘
司机处	（837.9, 987.5）	（333.4, 423.4）	（563.5, 718.1）	（273.8, 321.0）	（72.2, 142.8）	（37.8, 69.2）
下风侧 15m 处	（896.8, 1195.4）	（369.7, 512.7）	（678.0, 816.2）	（294.1, 412.9）	（96.7, 172.7）	（42.2, 87.4）

从表 6.14 可以看出，泡沫抑尘与干式作业相比，总粉尘和呼吸性粉尘的平均浓度置信区间均没有重叠区域，这充分印证了泡沫抑尘技术的有效性。而采煤机喷雾降尘与干式作业相比，呼吸性粉尘的平均浓度置信区间略有重合，这说明喷雾降尘技术对呼吸性粉尘的捕获能力较弱。

（3）平均降尘效率的计算。

各防尘措施的降尘效率可依据下式计算：

$$\overline{\eta} = \frac{(\overline{c_0} - \overline{c_1})}{\overline{c_0}} \times 100\% \tag{6.39}$$

式中，$\overline{\eta}$ 为某防尘措施的平均降尘效率，%；$\overline{c_0}$ 为采取某种防尘措施前的平均粉尘浓度，mg/m^3；$\overline{c_1}$ 为采取某种防尘措施后的平均粉尘浓度，mg/m^3。

根据式（6.38）及式（6.39），可得司机处泡沫的总粉尘降尘效率（$\overline{\eta_{tf}}$）为

$$\overline{\eta_{tf}} = \frac{912.7 - 107.5}{912.7} \times 100\% = 88.2\%$$

呼吸性粉尘降尘效率（$\overline{\eta_{rf}}$）为

$$\overline{\eta_{rf}} = \frac{378.4 - 53.5}{378.4} \times 100\% = 85.9\%$$

同法可算得，在司机处，采煤机喷雾技术的 $\overline{\eta_{tw}}$ =29.8%、$\overline{\eta_{tw}}$ = 21.4%。采煤机司机处泡沫抑尘和喷雾降尘的平均降尘效率比较如图 6.54 所示。

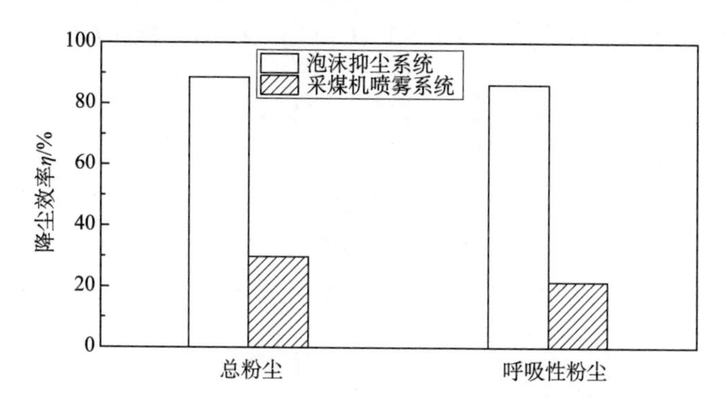

图 6.54　采煤机司机处泡沫与喷雾的降尘效率比较

根据表 6.11 及式（6.39），可算得采煤机下风侧 15m 处泡沫抑尘系统对总粉尘的降尘效率（$\overline{\eta'_{tf}}$）为

$$\overline{\eta'_{tf}} = \frac{1046.1 - 134.7}{1046.1} \times 100\% = 87.1\%$$

呼吸性粉尘的降尘效率（$\overline{\eta'_{r}}$）为

$$\overline{\eta'_{rf}} = \frac{441.2 - 64.8}{441.2} \times 100\% = 85.3\%$$

同法可得，在下风侧 15m 处，采煤机喷雾系统的 $\overline{\eta'_{tw}}$ =28.6%、$\overline{\eta'_{rw}}$ = 19.9%。采煤机下风侧 15m 处泡沫抑尘和喷雾降尘的平均降尘效率比较如图 6.55 所示。

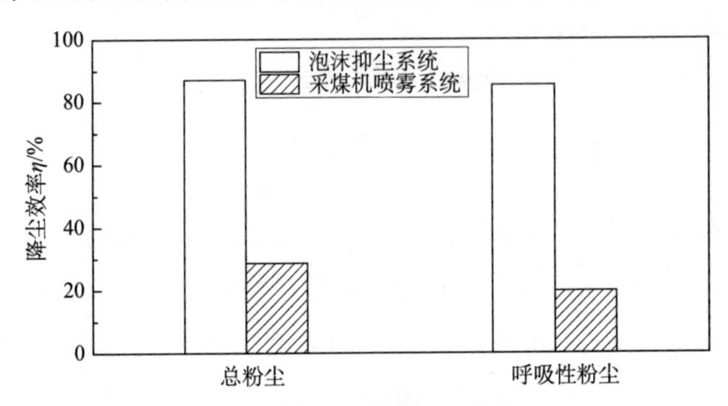

图 6.55 采煤机下风侧 15m 处泡沫与喷雾的降尘效率比较

（4）降尘效率置信区间估计。

根据数理统计理论[18]，降尘效率的置信区间可按下式进行求解：

$$\eta=\left(\bar{\eta} - \frac{S_\eta}{\sqrt{n}} t_{\alpha/2}(n-1),\ \bar{\eta} + \frac{S_\eta}{\sqrt{n}} t_{\alpha/2}(n-1)\right) \tag{6.40}$$

式中，S_η 为 η 的标准差；α 为显著性水平，取 α=5%，即置信水平(1–α)=95%。显然，η 是关于 C_1 和 C_0 的函数，即 η =1–(C_1/C_0)，根据文献[19]有

$$S_\eta = \frac{1}{\sqrt{N}} \frac{C_1}{C_0} \sqrt{\frac{S_{C1}^2}{(\overline{C_1})^2} + \frac{S_{C0}^2}{(\overline{C_0})^2} - 2\frac{S_{C_0C_1}}{\overline{C_0}\,\overline{C_1}}} \tag{6.41}$$

式中，S_{C0} 为 C_0 的标准差；S_{C1} 为 C_1 的标准差；S_{C0C1} 为 C_0 与 C_1 的协方差。

依据表 6.10、表 6.11 中数据和式（6.40）、式（6.41），可求得喷雾和泡沫在采煤机司机处及下风侧 15m 处的降尘效率置信区间，如表 6.15 所示。

表 6.15 II1051 综采工作面降尘效率置信区间

测尘点	喷雾降尘		泡沫抑尘	
	全尘	呼尘	全尘	呼尘
司机处	（28.0%, 31.5%）	（19.6%, 23.2%）	（86.1%, 90.3%）	（85.2%, 86.5%）
下风侧 15m	（26.5%, 30.7%）	（14.0%, 25.7%）	（86.0%, 88.2%）	（83.0%, 87.6%）

由表 6.15 可以推断，自吸式泡沫抑尘系统沉降总粉尘的效率是采煤机喷雾系统的 2.8～3.2 倍，沉降呼吸性粉尘的效率是喷雾系统的 3.4～4.5 倍。

6.3.2　综掘工作面泡沫抑尘应用

1. 掘进工作面概述

810 轨道上山位于朱仙庄煤矿北部十采区，该巷于 2012 年 12 月 15 日开始施工，巷道设计全长 915.49m（平），按 297°18′29″方位施工。围岩以砂质泥岩、细粒砂岩和粉砂岩为主（最大硬度系数 $f>9.0$），巷道净宽 4.6m，净高 3.6m，净断面积达到 $16.56m^2$，属典型的大断面硬岩综掘工作面。

掘进机截割煤岩作业是综掘工作面最大的产尘源。810 轨道上山的巷道断面大，围岩干燥坚硬，断层及裂隙发育，加之采用 EBZ318H 纵轴式掘进机进行铣削式截割破岩，一次切割深度达 300～400mm，掘进过程中产尘量很大，总粉尘浓度可达 $2000mg/m^3$。此外，该掘进工作面采用 ZBKG-30 型局部通风机进行压入式通风，供风量 260～$630m^3/h$，在该通风方式下，粉尘随风流沿巷道排出缓慢，易造成巷道内大范围、长时间受污染。

2. 综掘工作面泡沫抑尘系统构建

1）泡沫抑尘系统构建

以自吸空气-发泡剂旋流产泡为核心技术，结合该掘进工作面实际情况，构建如图 6.56 所示的综掘工作面自吸式泡沫抑尘系统。为使系统结构更加紧凑、占地空间更小，并进一步适应井下条件，将开关球阀、压力表、自吸空气-发泡旋流产泡装置安设于发泡剂储液罐外壁，构成一体化的泡沫制备装置。图 6.57 显示了所提出的发泡设备的安装方式。它主要包括发泡剂单元（560mm×460mm×220mm，重 40kg）和两个集成式泡沫发生器（布置在发泡装置两侧）。该单元和泡沫发生器通过流入软管和针形阀连接。

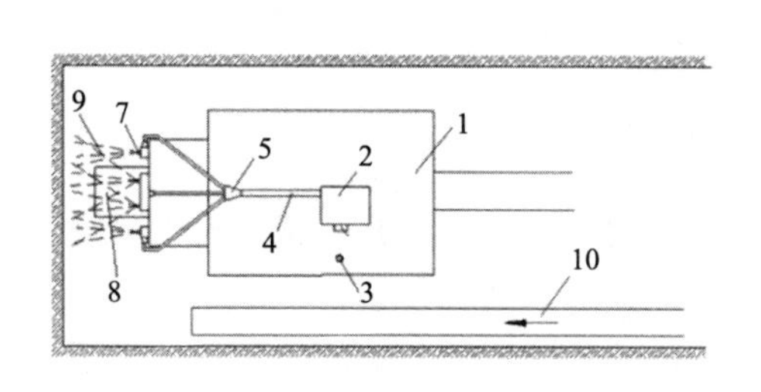

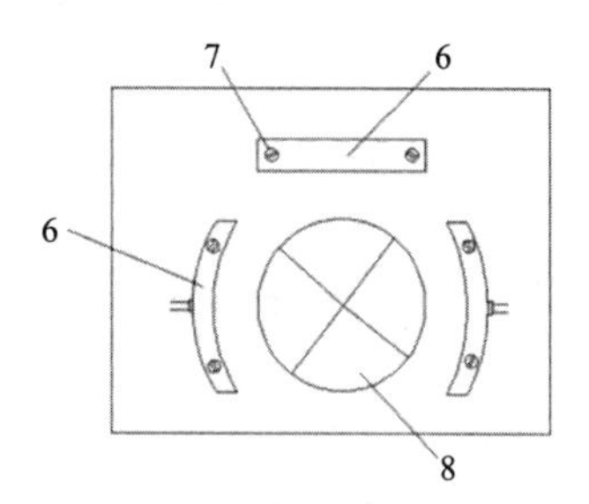

图 6.56　掘进机泡沫抑尘系统的安装和布置

1-掘进机机身；2-泡沫发生器；3-司机；4-皮带；5-泡沫分流器；6-喷嘴支架；7-泡沫喷嘴；8-截割头；9-排出泡沫；10-分流

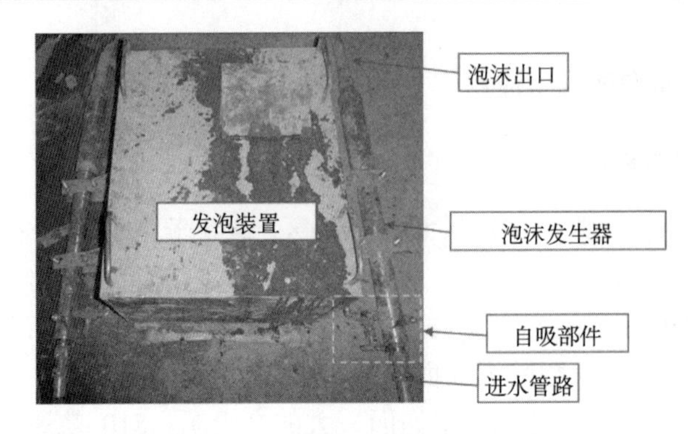

图 6.57　泡沫生产设备的安装方式

图 6.58 是安装在 EBZ318H 纵轴式掘进机上的抑尘系统的示意图。利用四个磁铁将泡沫生成设备连接到司机处旁边的掘进机上，以便及时、方便地进行控制。将直径 50mm 的地下高压水管用 T 形阀分成两根直径为 19mm 的管道，分别连接到两个泡沫发生器上。然后，使用两个直径为 25mm 的管道将泡沫运送到支架和喷嘴。两个泡沫发生器的工作水流量为 $1m^3/h$，泡沫产生速率为 $60m^3/h$。

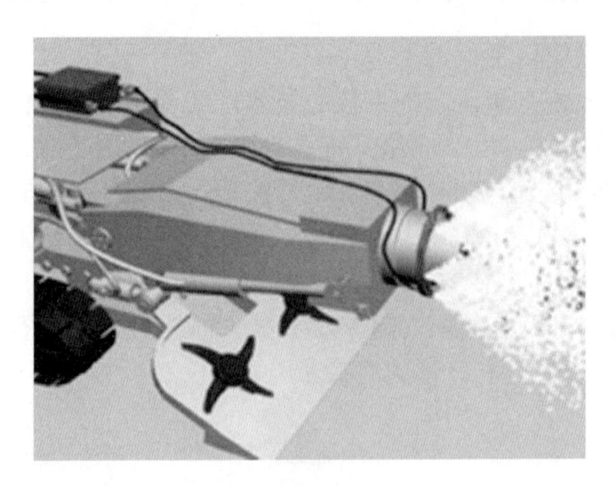

图 6.58　安装在 EBZ318H 纵轴式掘进机上的抑尘系统示意图

其工艺流程如下：掘进机开始截割煤岩作业时，打开球阀，将供水管路中的压力水引入系统，利用调压阀控制水压，通过泡沫制备装置一体化实现吸气、吸发泡剂及气液两相的旋流发泡，生成的泡沫增速后流入泡沫输送管，经四通分配给三路泡沫输送支管，各支管末端均与一只扇形喷头连接，三只扇形喷头从截割部上方和左右两侧将泡沫以扇状喷射至截齿上（图 6.59）；通过调压阀调节自吸式发泡装置的产泡量，直至喷射出的泡沫将截割头充分包裹（图 6.59）。

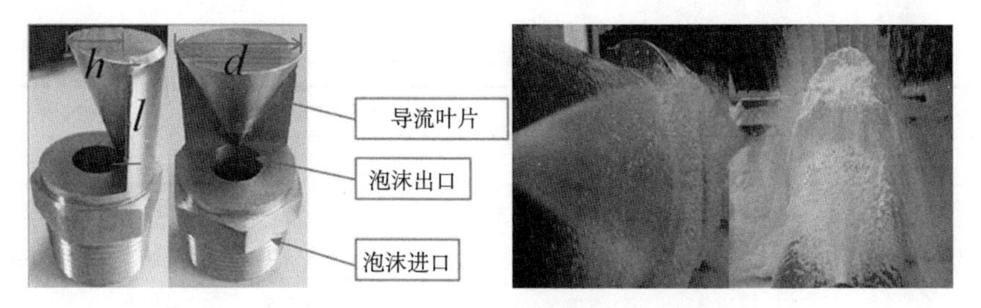

图 6.59　弧形扇状喷头的结构和喷雾

2）粉尘监测系统构建

为了定量化考察自吸空气式泡沫抑尘技术在 810 轨道上山全岩综掘工作面的应用效果，依据国家安全生产行业标准《煤矿井下粉尘综合防治技术规范》（AQ 1020—2006）关于粉尘检测的要求，在掘进机司机侧和机组后回风侧 5m 处（距巷道底板 1.5m）布置两个测尘点，以测量掘进机作业时的粉尘浓度，如图 6.60 所示。

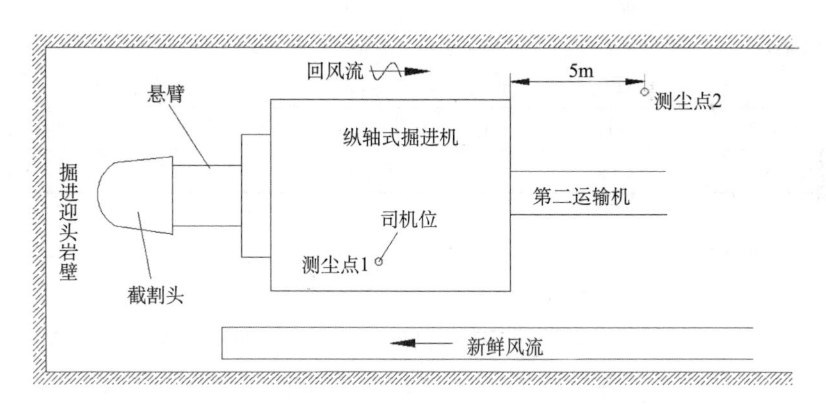

图 6.60　810 轨道上山综掘工作面测尘点布置

3. 综掘工作面泡沫抑尘实验结果与分析

1）实验结果

当掘进机进行截割作业时，采用 4 台 CCGZ-1000 型直读式测尘仪同时检测两个测尘点的总粉尘（全尘）和呼吸性粉尘（呼尘）浓度，分别测得无防尘措施（干式作业）、喷雾降尘、泡沫抑尘三种情形下的总粉尘与呼吸性粉尘的五组数据，如表 6.16 和表 6.17 所示；为便于后续粉尘浓度和降尘效率的统计分析，计算了各情形下粉尘浓度的标准差，一并列于表 6.16 和表 6.17 中。

表 6.16 掘进机司机处粉尘浓度实测数据 （单位：mg/m^3）

司机右侧	干式作业		喷雾降尘		泡沫抑尘	
	全尘	呼尘	全尘	呼尘	全尘	呼尘
测量数据	1295.3	683.4	972.8	490.8	181.9	87.2
	1157.8	495.1	820.0	432.7	126.6	74.7
	1216.2	528.5	882.1	462.5	153.9	83.8
平均浓度	1223.1	569.0	891.6	462.0	154.1	81.9
标准差	56.3	64.9	62.7	23.7	22.6	5.3

表 6.17 机组后回风侧 5m 处粉尘浓度实测数据 （单位：mg/m^3）

回风侧 5m	干式作业		内外喷雾		泡沫抑尘	
	全尘	呼尘	全尘	呼尘	全尘	呼尘
测量数据	968.5	435.8	629.5	276.8	125.8	61.5
	829.3	367.4	536.7	269.1	98.4	49.8
	847.2	371.1	581.4	293.6	108.3	54.3
平均浓度	881.7	391.4	582.5	279.8	110.8	55.2
标准差	61.8	31.4	37.9	10.2	11.3	4.8

2）结果分析

（1）粉尘浓度差异的合并 t 检验。

为验证采取不同措施时粉尘浓度差异的显著性（即由非随机误差引起），有必要对测量的原始数据进行合并 t 检验（Pooled t-test），计算得到无防尘措施（干式作业）、喷雾降尘和泡沫抑尘三种情形下统计量 t 的值，如表 6.18 和表 6.19 所示。

表 6.18 掘进机司机处粉尘浓度合并 t 检验计算结果

粉尘类别	干式作业与喷雾	喷雾与泡沫	干式作业与泡沫
全尘	$t_{dry-water}=42.94>$ $t_{0.05}(4)=2.132$	$t_{water-foam}=107.4>$ $t_{0.05}(4)=2.132$	$t_{dry-foam}=163.2>$ $t_{0.05}(4)=2.132$
呼尘	$t'_{dry-water}=15.31>$ $t_{0.05}(4)=2.132$	$t'_{water-foam}=91.72>$ $t_{0.05}(4)=2.132$	$t'_{dry-foam}=71.78>$ $t_{0.05}(4)=2.132$

表 6.19　回风侧 5m 处粉尘浓度合并 t 检验计算结果

粉尘类别	干式作业与喷雾	喷雾与泡沫	干式作业与泡沫
全尘	$t_{dry\text{-}water}$=41.79＞ $t_{0.05}$（4）=2.132	$t_{water\text{-}foam}$ =90.97＞ $t_{0.05}$（4）=2.132	$t_{dry\text{-}foam}$=116.73＞ $t_{0.05}$（4）=2.132
呼尘	$t'_{dry\text{-}water}$=23.10＞ $t_{0.05}$（4）=2.132	$t'_{water\text{-}foam}$=79.55＞ $t_{0.05}$（4）=2.132	$t'_{dry\text{-}foam}$=70.94＞ $t_{0.05}$（4）=2.132

由表 6.18 和表 6.19 可知，掘进机干式作业、喷雾降尘和泡沫抑尘三种情形下粉尘浓度的差异确由防尘技术的不同导致，而非由随机误差引起。

（2） 粉尘浓度置信区间估计。

根据表 6.16 和表 6.17 中实测数据及式（6.38），求得无防尘措施（干式作业）、喷雾降尘和泡沫抑尘三种情形下的平均粉尘浓度置信区间，计算结果列于表 6.20 中。

表 6.20　掘进面平均粉尘浓度置信区间

测尘点	干式作业		喷雾降尘		泡沫抑尘	
位置	全尘	呼尘	全尘	呼尘	全尘	呼尘
司机处	（1083.2, 1363.0）	（407.8, 730.2）	（735.8, 1047.4）	（403.1, 520.9）	（72.2, 142.8）	（37.8, 69.2）
回风侧 5m 处	（759.2, 1066.2）	（300.4, 456.4）	（546.0, 734.9）	（272.1, 322.7）	（89.0, 125.1）	（41.6, 65.4）

从表 6.20 可以看出，掘进机干式作业和泡沫抑尘两种情形下的总粉尘和呼吸性粉尘平均浓度的置信区间均没有重叠区域，这证明泡沫抑尘技术具有高效捕获岩尘的优良特性；而喷雾降尘与干式作业两种情形下呼吸性粉尘的平均浓度置信区间有小部分重叠区域，这也说明掘进机喷雾对岩尘的沉降作用有限。

（3）平均降尘效率计算。

① 掘进机司机工作地点。由表 6.16 可知，810 轨道上山全岩综掘工作面实施泡沫抑尘后，司机处总粉尘的平均浓度从 1223.1mg/m^3 降至 154.1mg/m^3，呼吸性粉尘的平均浓度从 569.0mg/m^3 降低到 81.9mg/m^3，粉尘治理效果显著。表 6.16 数据和式（6.39），可求解得到泡沫抑尘系统的平均降尘效率为$\overline{\eta_{tf}}$ =87.4%、$\overline{\eta_{rf}}$ =85.6%；掘进机喷雾系统的平均降尘效率为$\overline{\eta_{tw}}$ =27.1%、$\overline{\eta_{tw}}$ =18.8%，图 6.61 为二者的柱状图比较。

② 机组后回风侧 5m 处。由表 6.17 可知，810 轨道上山全岩综掘工作面实施泡沫抑尘后，机组后 5m 处的回风侧平均总粉尘浓度从 881.7mg/m^3 降至

110.8mg/m^3，平均呼吸性粉尘浓度从 391.4mg/m^3 降低到 55.2mg/m^3。根据表 6.17 数据和式（6.39），可求解得到泡沫抑尘系统的平均降尘效率为$\overline{\eta_{tf}}$ =87.4%、$\overline{\eta_{rf}}$ =85.9%；掘进机喷雾系统的降尘效率为$\overline{\eta_{tw}}$ =33.9%、$\overline{\eta_{tw}}$ =28.5%，图 6.62 为二者的柱状图比较。

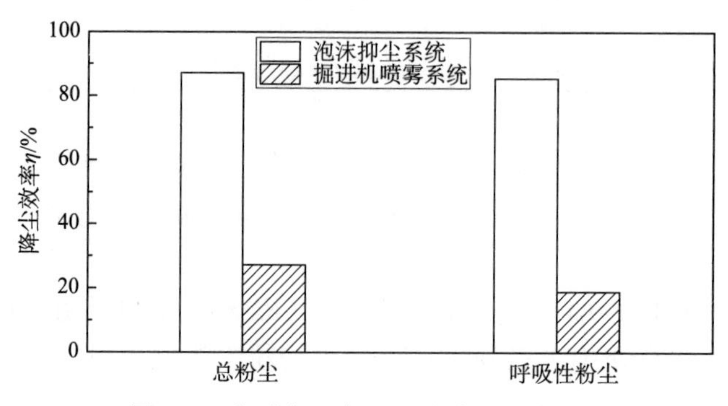

图 6.61　掘进机司机处平均降尘效率比较

（4）降尘效率置信区间估计。

依据表 6.16 和表 6.17 中数据和式（6.40）、式（6.41），求得喷雾和泡沫在掘进机司机处及机组后回风侧 5m 处的降尘效率置信区间如表 6.21 所示。

表 6.21　810 轨道上山综掘工作面降尘效率置信区间

测尘点	喷雾降尘		泡沫抑尘	
	全尘	呼尘	全尘	呼尘
司机处	（24.6%, 29.6%）	（7.38%, 30.2%）	（85.1%, 89.6%）	（83.6%, 87.6%）
回风侧 5m 处	（31.4%, 36.4%）	（18.9%, 38.1%）	（86.7%, 88.1%）	（85.3%, 86.5%）

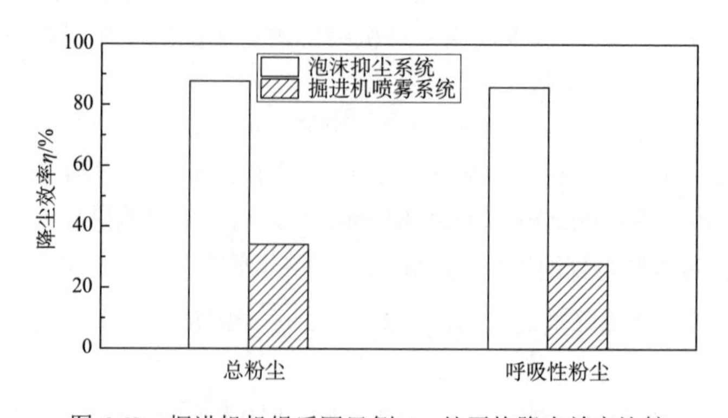

图 6.62　掘进机机组后回风侧 5m 处平均降尘效率比较

由表 6.21 可得，自吸式泡沫抑尘系统沉降总粉尘的效率是掘进机喷雾系统的 2.4～3.5 倍，而沉降呼吸性粉尘的效率是后者的 2.9～4.5 倍；采用泡沫抑尘新技术后，810 轨道上山作业环境得到极大改善（图 6.63）。现场测得自吸式泡沫抑尘装备的耗水量为 0.5～0.6m^3/h，仅相当于喷雾系统的 10%～20%；而发泡剂用量仅为 5～6kg/h，运行成本较传统泡沫降尘设备减少 50%～70%。

图 6.63　实施泡沫抑尘后的 810 轨道上山

6.4 本 章 小 结

本章运用射流力学、流体力学、喷射技术原理等理论和实验测试、数值模拟、现场测试等研究手段，围绕抑尘泡沫高效可靠制备、泡沫高效低成本利用和泡沫抑尘技术现场应用三个方面展开研究，取得的主要成果如下：

（1）提出了自吸空气-发泡剂旋流产泡原理与方法，即以小流量压力水为动力，利用紊动射流卷吸效应及其形成的负压作用自动吸入空气和发泡剂，取消压风管路和定量泵，采用旋流方法使气液介质在低阻下完成充分发泡，并保证吸气吸液负压的形成。该原理与方法实现了从人为供风发泡向自吸空气产泡的重要转变，解决了泡沫制备困难、安全可靠性低、制备成本高和出口能量低的难题。

（2）研发了抑尘泡沫定向射流精准喷射技术。以环形泡沫流场作为泡沫抑尘喷射流型，该流型与截割头环状尘源的贴合度高，所需喷头数量少；提出了弧面射流泡沫喷头的外形设计理念，并研制了外导流式弧面泡沫喷头，形成了可定向包裹截割尘源的环形泡沫射流场；通过数值模拟与实验验证相结合的研究方式，获得了外导流式弧面泡沫喷头的理想结构尺寸。该技术解决了抑尘泡沫喷射流型不合理、利用方式粗放（利用率较低）和运行成本较高的难题。

（3）在朱仙庄煤矿Ⅱ1051综采工作面和810轨道上山岩巷综掘工作面成功进行了泡沫抑尘技术的应用。实践证明，自吸空气产泡原理是正确的，其方法与装备是适用的，实现了泡沫高效低耗制备的目标。自吸空气式泡沫抑尘系统完全适应综采、综掘工作面条件，抑制总粉尘和呼吸性粉尘的效率达到85%和80%以上，是采煤机（掘进机）喷雾系统降尘效率的2.5倍以上，实现了泡沫的精准高效利用，显著改善了采掘工作面的劳动环境，保障了触尘矿工的安全与健康。

参考文献

[1] 王德明. 矿尘学[M]. 北京: 科学出版社, 2015.

[2] Page S J, Volkwein J C. Foams for dust control[J]. Engineering Mining, 1986, 10: 50-52.

[3] Zhao T C. Technology of Dust Control in Underground Mines[M]. Beijing: China Coal Industry Publishing House, 2007.

[4] Park C K. Abatement of Drill Dust by the Application of Foams and Froths[M]. Montreal: McGill University, 1971.

[5] 王和堂. 自吸空气-发泡剂旋流产泡原理及矿山抑尘应用[M]. 徐州: 中国矿业大学出版社, 2016.

[6] 刘沛清. 自由紊动射流理论[M]. 北京: 北京航空航天大学出版社, 2008.

[7] 章梓雄, 董曾南. 粘性流体力学. 2版[M]. 北京: 清华大学出版社, 2011.

[8] 董志勇. 射流力学[M]. 北京: 科学出版社, 2005.

[9] Lu H Q. Jet Technology Theory and Application[M]. Wuhan: Wuhan University Press, 2004.

[10] Gao B, Kou Z. Mechanism research of negative pressure produced for jet device based on fluent[J]. Coal Mine Mach, 2012, 7: 77-79.

[11] Ren W, Wang D, Wu B, et al. Foam dust control technology for mines[J]. Coal Science and Technology, 2009, 11: 30-32.

[12] Song J G. Research and practices on dust control technology with carrier compressed air foam[J]. Coal Engineering, 2010, 9: 82-85.

[13] 国家煤矿安全监察局. 直读式粉尘浓度测量仪通用技术条件: MT/T 163—2019[S]. 2019.

[14] Seibel R J. Dust Control at a Transfer Point Using Foam and Water Sprays[M]. Pittsburgh: U. S. Department of the Interior, Bureau of Mines, 1976.

[15] 王兵兵. 防治矿尘用扇形泡沫喷头的实验研究[D]. 徐州: 中国矿业大学, 2009.

[16] John A R. Mathematical Statistics and Data Analysis[M]. New York: Thomson Press, 2011.

[17] 周圣武, 李金玉, 周长新. 概率论与数理统计. 2版[M]. 北京: 煤炭工业出版社, 2007.

[18] 盛骤, 谢式千, 潘承毅. 概率论与数理统计. 4版[M]. 北京: 高等教育出版社, 2010.

[19] Rej R. NIST/SEMATECH e-Handbook of statistical methods[J]. Clinical Chemistry, 2003, 49(6): 1033.

第 7 章　综掘和综采工作面粉尘精准防控技术研究

综掘、综采工作面是煤矿井下产尘量最大、粉尘危害最严重和防治难度最大的作业场所。因此，综掘、综采工作面防尘是矿井粉尘防治的重中之重。本章介绍煤矿常用的实心锥喷嘴的雾化特性和典型水基介质的雾化特性；以我国最普遍的压入式通风综掘工作面为切入点，阐述压入式通风流场对掘进机外喷雾流场的影响规律和以梯级雾化分区分级防尘降尘为核心的综掘工作面粉尘精准防控技术；介绍基于尘源点分布和粉尘运移特性的综采工作面粉尘分源立体防控技术。

7.1　实心锥喷嘴雾化特性实验研究

喷雾降尘是目前应用最广泛的降尘方法之一[1-3]，具有系统简单、使用方便、成本低等优点。近年来，国内外专家学者在喷雾降尘技术方面开展了大量研究，如 Charinpanitkul 和 Tanthapanichakoon 开发了一个确定性模型来预测露天喷雾除尘效率[4]；Nie 等设计了一种新型外喷雾除尘装置[5, 6]；Faschingleitner 和 Höflinger 评估了在散装固体处理中使用封闭式喷雾系统抑制扬尘的方法[7]；一些学者还研究了气水两相喷雾系统及其影响因素[8,9]；通过研究喷嘴的雾化性能（喷雾范围和雾滴尺寸）得到最佳的喷嘴和喷雾压力[10]，并对高压喷雾下的降尘性能进行了研究。调查研究发现，前人研究多为高压喷雾，但在煤矿应用过程中，并不普遍具备这种高压条件，存在一定的局限性，而中低压喷雾压力在许多场合也有较好的降尘能力。因此，有必要研究低压和中压条件下的雾化特性。另外，喷嘴结构是决定雾化形态的重要因素，实心锥旋流雾化是目前应用最广泛的一种雾化方式，但过去对于其雾化特性的定量化研究还不够。因此，本节通过实验研究实心锥喷嘴的雾化特性。

7.1.1　实验方案

1. 系统组成

本实验选用美国 TSI 公司生产的激光相位多普勒测速与粒子分析系统（PDPA）。如图 7.1 和图 7.2 所示，激光束被多色光束分离器分成 6 束[图 7.2（a）]。光电检测模块（PDM）接收来自光纤探针[图 7.2（b）]的光信号，并将其转换为电信号发送到信号处理器（FSA）[图 7.2（c）]，利用信号处理器提取所需的信息（频率、相位、突发传输时间和突发到达时间）并将其传输到计算机。FLOWSIZER 中显示的数据用于绘制雾滴粒径和速度分布图。

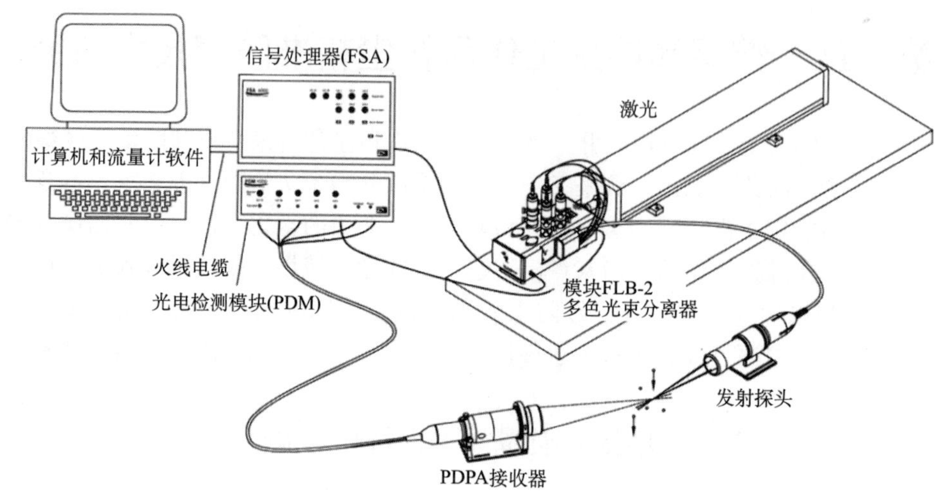

图 7.1　激光相位多普勒测速与粒子分析系统

（a）激光和多色光束分离器

（b）发射探头和接收器

（c）信号处理器

图 7.2　PDPA 实物图

移动坐标架由微机控制，可以使用 6 束激光进行三维测量。只有在电压、水压和激光强度均在安全范围内时，PDPA 才被激活。

2. 实验原理

多普勒效应是指物体辐射的波长因为光源和观测者的相对运动而产生变化，在运动的波源前面，波被压缩，波长变得较短，频率变得较高，在运动的波源后面，产生相反的效应，波长变得较长，频率变得较低，波源的速度越高，所产生的效应越大。根据光波红/蓝移的程度，可以计算出波源循着观测方向运动的速度。

相位多普勒粒子分析仪所依据的基本光学原理是 Lorenz-Mie 散射理论，一般包括激光器、入射光学单元、接收光学单元、信号处理器和数据处理系统等几部分。如同声波的多普勒效应一样，光源与物体相对运动也具有多普勒效应。在相位多普勒粒子分析仪中，依靠运动微粒的散射光与照射光之间的频差来获得速度信息，而通过分析穿越激光测量体的球形粒子反射或折射的散射光产生的相位移动来确定粒径的大小。

3. 实验方案

（1）准备阶段：选用实心锥喷嘴，孔径 1.5mm；打开冷却水阀，使冷却水流入包含激光发生装置的水流通道中，对激光产生装置进行冷却；打开激光发生装置，经过多色光束分离器将一道激光分成六道激光（红、绿、蓝各两道），激光经发射探头射出；通过对光装置，使三组激光汇聚到一个交点上，并使该交点在激光接收装置中的投影与预划刻度线重合，完成对光；打开储水装置的开关，使喷雾水流经水泵进行增压。

（2）实验阶段：使用微机控制的移动坐标架，选择离喷嘴轴向距离分别为 15cm、25cm、45cm 处的雾场中心位置作为雾化参数的采样点，在实验中，测量了喷雾雾滴在 X、Y、Z 方向的三个分量速度 V_x、V_y、V_z。如图 7.3 所示，Y 和 Z 方向位于水平面，X 方向是垂直方向。

采用激光相位多普勒测速与粒子分析系统（PDPA）对低压和中压喷雾条件下的雾滴粒径、雾滴速度进行测定。

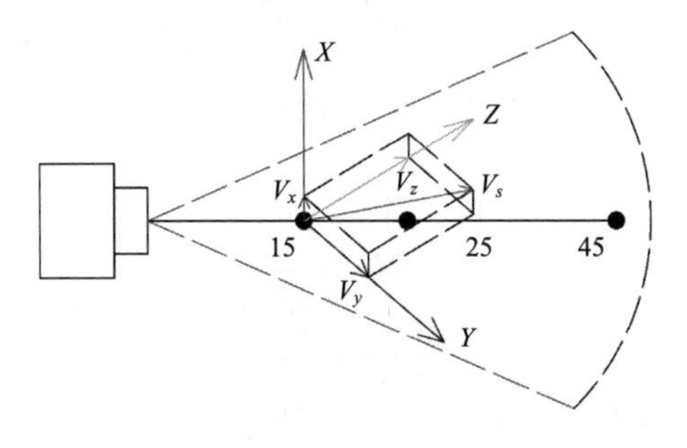

图 7.3　速度分量 V_x、V_y 和 V_z 的空间相对位置（单位：cm）

实验分为以下三组：

低压组 1：喷雾压力为 1.0MPa、1.5MPa、2.0MP；

低压组 2：喷雾压力为 2.5MPa、3.0MPa、3.5MP；

中压组：喷雾压力为 4.0MPa、4.5MPa、5.0MPa。

4. 数据处理

通过 FLOWSIZER 软件绘制不同喷雾压力下雾滴粒径和速度的最佳拟合曲线。该软件具有灵活的绘图功能，可绘制柱状图、散点图、平滑线图等，且绘图可立即在下拉列表中显示。

7.1.2 结果与讨论

1. 雾滴粒径和分布特征

1）雾滴粒径参数说明

为了方便起见，将平均雾滴直径用作表征雾化特性的参数，用雾滴粒径均匀的喷雾场近似取代实际的不均匀喷雾场。 在这个假设的均匀喷雾场中，雾滴的直径称为平均直径[2]。有很多方法可以表示雾滴的平均直径，此处使用以下五个平均直径作为描述参数，它们是液体喷雾领域中最常用的平均直径[2, 11, 12]。

（1）长度平均直径 D_{10}，由式（7.1）给出。

$$D_{10}=\frac{\int_{D_{\min}}^{D_{\max}} D\mathrm{d}N}{\int_{D_{\min}}^{D_{\max}} \mathrm{d}N} \tag{7.1}$$

（2）表面积平均直径 D_{20}，由式（7.2）给出。

$$D_{20}=\left(\frac{\int_{D_{\min}}^{D_{\max}} D^2\mathrm{d}N}{\int_{D_{\min}}^{D_{\max}} \mathrm{d}N}\right)^{\frac{1}{2}} \tag{7.2}$$

（3）体积平均直径 D_{30}，由式（7.3）给出。

$$D_{30}=\left(\frac{\int_{D_{\min}}^{D_{\max}} D^3\mathrm{d}N}{\int_{D_{\min}}^{D_{\max}} D^2\mathrm{d}N}\right)^{\frac{1}{3}} \tag{7.3}$$

（4）索特平均直径 D_{32}，由式（7.4）给出。

$$D_{32}=\frac{\int_{D_{\min}}^{D_{\max}} D^3 \mathrm{d}N}{\int_{D_{\min}}^{D_{\max}} D^2 \mathrm{d}N} \tag{7.4}$$

（5）De Brouckere 平均直径 D_{43}，由式（7.5）给出。

$$D_{43}=\frac{\int_{D_{\min}}^{D_{\max}} D^4 \mathrm{d}N}{\int_{D_{\min}}^{D_{\max}} D^3 \mathrm{d}N} \tag{7.5}$$

式中，N 为直径为 D 的雾滴数量，通常取 $D_{\min}=0$。

2）平均雾滴粒径分析

图 7.4 显示了在距离喷嘴出口 15cm、25cm 和 45cm 的采样处，喷雾场中心轴平均雾滴粒径（D_{10}）的变化曲线。

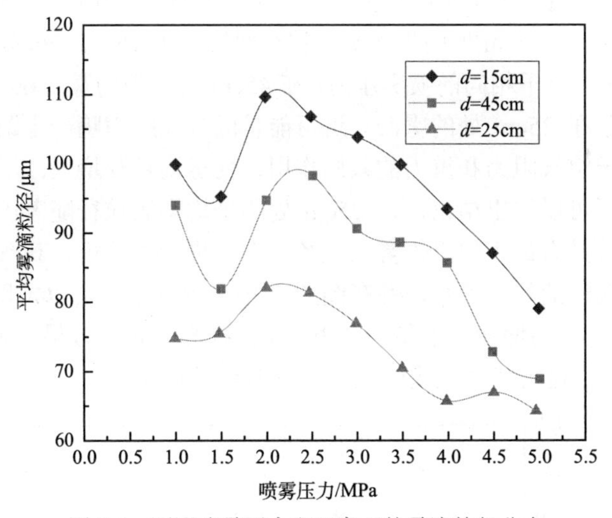

图 7.4　不同喷雾压力和距离下的雾滴粒径分布

对于低压组 1（1.0MPa、1.5MPa 和 2 MPa 喷雾压力）：如图 7.4 所示，当喷雾压力在 1.0～2.0MPa 时，平均雾滴粒径具有随喷雾压力的增加而增大的趋势，此外，喷雾场出现波动现象。具体为在 15cm 处，在 1.5MPa 下的雾滴平均粒径的最小值为 95.289μm；在 25cm 处，雾滴大小随喷雾压力的增加而相对平滑地增大；在 45cm 处，曲线具有与 15cm 处相同的趋势，在 1.5MPa 时的最小值为 82.430μm。

对于低压组 2（2.5MPa、3.0MPa 和 3.5MPa 喷雾压力）和中压组（4.0MPa、4.5MPa 和 5.0MPa）：从图 7.4 中可以看出，当喷雾压力大于 2.0MPa 时，平均雾滴粒径会随着喷雾压力的增加而减小。此外，平均雾滴粒径在喷雾场不同位置的波动程度不同。在 15cm 处，雾滴的平均粒径随喷雾压力的增加而平滑减小，并在 5.0MPa 时达到最小值 78.810μm；类似地，在 25cm 处，在 5.0MPa 的喷雾压力下，平均雾滴粒径逐渐减小至最小值 64.254μm；在 45cm 处，曲线表现出显著的斜率波动现象，随着喷雾压力的增加，在 5.0MPa 时曲线达到最小值 69.511μm。

3）雾滴粒径的空间分布特征

将距离喷嘴 15cm 或 25cm 的测量位置定义为“近场”。对于小于 2MPa 压力条件下的近场喷雾，观察到平均雾滴粒径曲线呈振荡变化（图 7.4），这表明平均雾滴粒径在该条件下不仅仅受到喷雾压力的影响。当压力大于 2.0MPa 时，平均雾滴粒径随压力的增加而减小，近似呈单调递减变化。

将距喷嘴 45cm 的测量位置定义为“远场”。与 15cm 和 25cm 处的喷雾场相比，虽然 45cm 处的平均雾滴粒径随喷雾压力的增加呈现下降趋势（图 7.4），但斜率呈变化状，推测 45cm 处的喷雾场是不稳定的。为了减少工业生产过程中的粉尘，应形成一个包含大量小粒径雾滴的稳定喷雾场，特别是对于恒定的粉尘源。

如图 7.4 所示，45cm 处的平均雾滴粒径曲线介于 15～25cm 处的平均雾滴粒径大小。这意味着对于相同的喷雾压力，在 45cm 处的平均雾滴粒径小于 15cm 处的雾滴，而大于在 25cm 处的雾滴。这可能是因为在距喷嘴一定距离后雾滴逐渐聚结，并且由于空气阻力和重力的共同作用，使雾滴粒径增大。

从以上分析可以得出结论，在 25cm 处的平均雾滴粒径随着压力的增加而稳定地减小，并且具有最小的平均雾滴直径。为了进一步分析，获取 25cm 处在不同压力下雾滴粒径的特征参数，并在图 7.5 中进行展示。可以发现，D_{10}、D_{30}、D_{32} 和 D_{43} 都随压力的增加趋于稳定减小，从而提高了雾化效果。在 4MPa 下，只有 D_{20} 略有增加，这可能是光线或风等环境因素引起的。

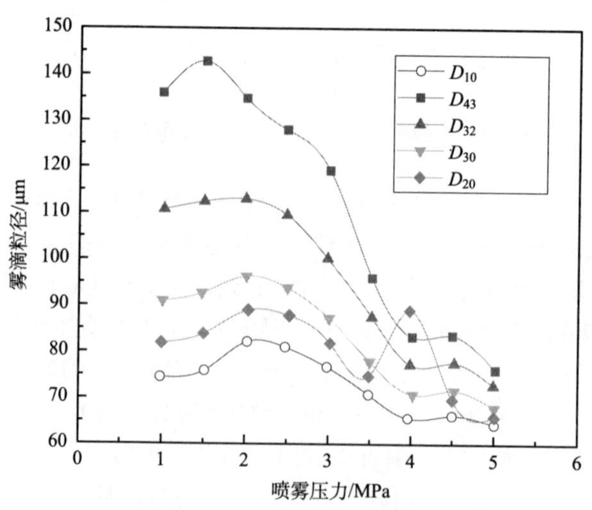

图 7.5　测距 25cm 处雾滴粒径特征参数

2. 雾滴粒径的区间分布

如图 7.6 所示，在相同的压力下，随着测点处雾滴大量被检测，雾化雾滴粒径逐渐趋于均匀。其中雾滴粒径分布基本对称，中间高两边低。0～30μm 雾滴的比例略有增加，30～60μm 雾滴的比例先增大后减小，60～90μm 雾滴的比例逐渐增加，90～120μm 和 120～150μm 雾滴的比例逐渐降低。然而，在 45cm 测点，粒径大于 150μm 的雾滴比例增加。这可能是因为 45cm 处的雾滴速度很小，在长距离运动过程中发生了碰撞和凝结。

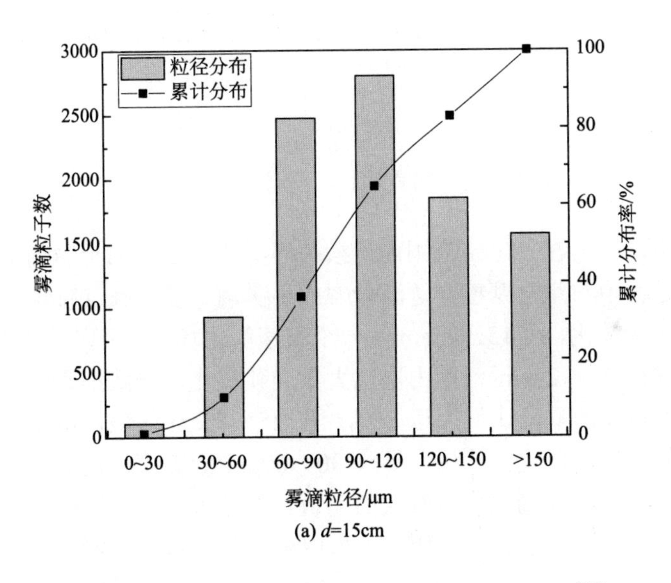

(a) d=15cm

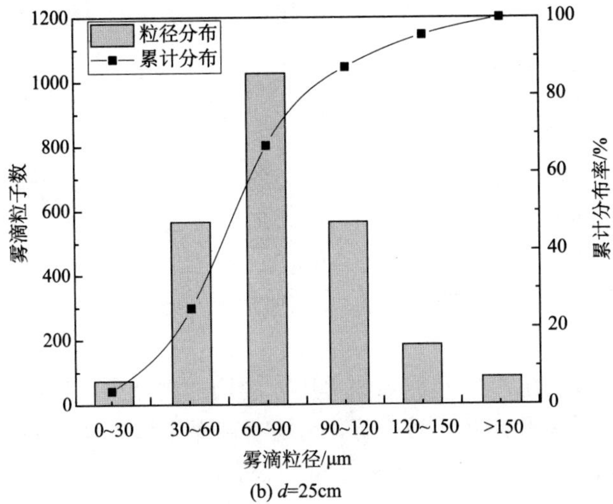

(b) d=25cm

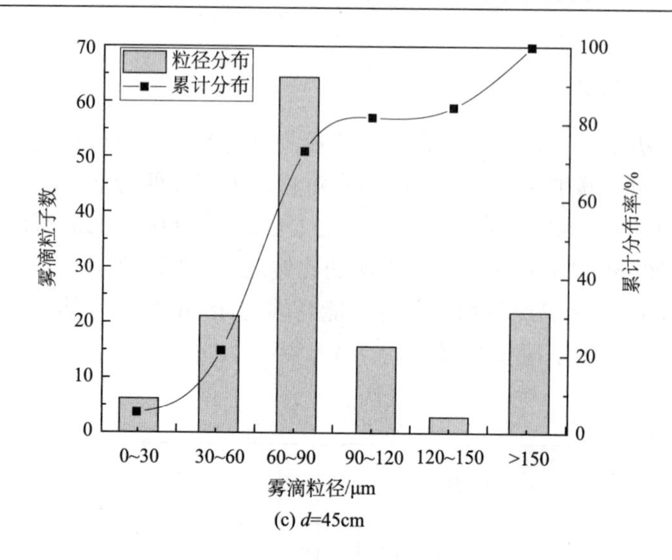

(c) d=45cm

图 7.6　不同喷射距离下雾滴粒径分布图

结果表明，喷雾在 25cm 范围内连续破碎雾化，这是由于喷嘴喷射的大雾滴在高速运动过程中与空气摩擦，逐渐分裂成小雾滴。喷雾在 15cm 喷雾场内雾化为较缓慢的初步雾化，而 15～25cm 是一个高速雾化场。未来得及在 15cm 雾化场破碎的雾滴，在 15～25cm 范围内出现大量连续雾化，导致细雾滴的数量逐渐增加，如小于 90μm 的雾滴比例高达 66%。在 25～45cm 区域，由于喷射距离远，雾滴速度降低，形成低速雾化场，导致 30～60μm 的雾滴出现部分惰性凝结，比例降低；90～120μm 雾滴仍保持较大的动量，继续破碎雾化，但效果较差，因此 60～90μm 粒径比例高度集中，两侧粒径比例降低；同时，粒径大于 150μm 的雾滴比例增加。

3. 雾滴速度和分布特征

1）分量速度分布

图 7.7 表示 X 轴向雾滴速度与喷雾压力的关系，图中负半轴表示雾滴下落时速度。从图中可以看出，V_x 随喷雾压力的增加而增大，在距喷嘴不同距离处，雾滴速度有显著差异。当喷雾压力大于 2.0MPa 时，25cm 处的 V_x 最大，45cm 处最小。随着喷雾压力的增加，25cm 处的 V_x 迅速增加，15cm 处的 V_x 增加缓慢，45cm 处 V_x 则处于中间。

从图 7.8 可以看出，V_y 也随着喷雾压力的增加而增大，近场喷雾（15cm 和 25cm 测点）速度的变化趋势大致平行，远场喷雾变化趋势呈单调增加。在相同喷雾压力下，15cm 处的 V_y 最大，45cm 处的 V_y 最小。

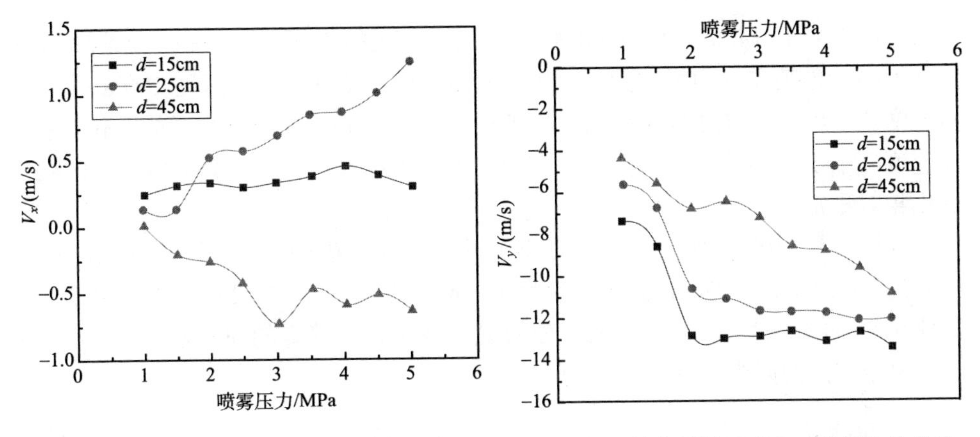

图 7.7　X 轴向雾滴速度与喷雾压力的关系　　图 7.8　Y 轴向雾滴速度与喷雾压力的关系

如图 7.9 所示，在 Z 方向上的分量速度也随着喷雾压力的增加而增加。在相同喷雾压力下，15cm 处的 V_z 最大，45cm 处最小。25cm 处的 V_z 随压力的增加而迅速增加，其趋势与 15cm 处的变化趋势基本一致；而在 45cm 处，随着喷雾压力的升高，V_z 的增长速度最慢。

2）空间速度分布

空间速度 V_s 是 X、Y、Z 方向上的速度之和，它们之间的数学关系是 $V_s=\sqrt{V_x^2+V_y^2+V_z^2}$ 。

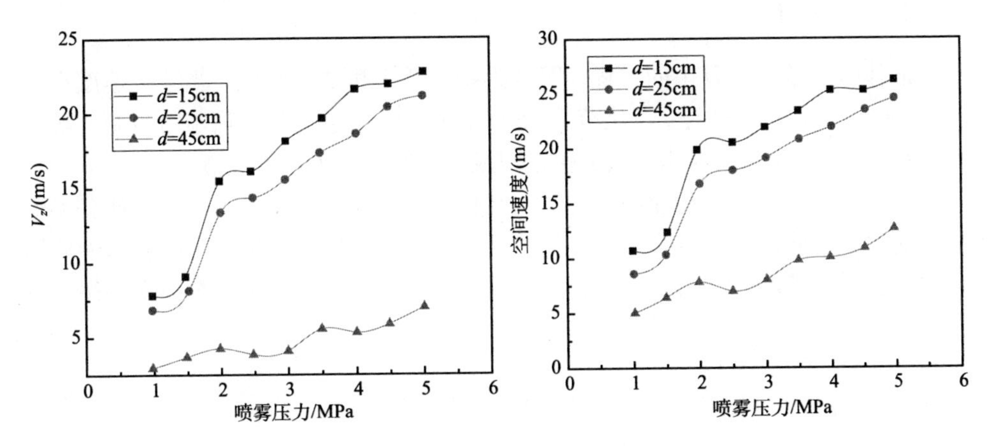

图 7.9　Z 轴向雾滴速度与喷雾压力的关系　　图 7.10　不同喷雾压力下雾滴空间速度分布

图 7.10 为距喷嘴 15cm、25cm 和 45cm 处雾滴在喷雾场轴线上的合成速度变化曲线。结果表明，随着压力的增加，喷雾场不同位置的 V_s 值均增大。

对于近场喷雾（15cm 和 25cm 处），15cm 处的喷雾速度大于 25cm 处的速度。

当喷雾压力从 1.0MPa 上升到 2.0MPa 时，15cm 处的 V_s 从 10.579m/s 迅速增加到 19.961m/s；当喷雾压力增加到 5.0MPa 时，V_s 达到 26.205m/s；超过 2MPa 后，雾滴速度几乎以 2.1m/(MPa·s)的线性趋势增长。在 25cm 处，V_s 有相同的变化规律，但速度略小于 15cm 处。结果表明，随压力的增加，近场喷雾雾滴速度增长率的变化相对稳定。

远场喷雾（45cm 处）的 V_s 明显小于近场喷雾（图 7.10）。更准确地说，喷雾压力为 2.0MPa 时，45cm 处的 V_s 仅为 15cm 处的 39.3%，是 25cm 处的 46.3%。即使在 5.0MPa 喷雾压力下，45cm 处的 V_s 仍仅为近场喷雾的 50%左右。

单个雾滴的降尘效率可表示为[13]

$$\eta_s = 0.266\ln\frac{u_r \rho D_p^2}{9\mu_1 D_w} + 0.59 \tag{7.6}$$

式中，η_s 为单个雾滴的降尘效率；u_r 为粉尘和雾滴的相对速度，m/s；ρ 为粉尘颗粒密度，kg/m^3；D_p 为粉尘颗粒直径，m；D_w 为雾滴直径，m；μ_1 为空气的动力黏度，N·s/m^2。

由式（7.6）可知，增大 u_r 可获得更高的 η_s。随着雾滴速度的增加，相对速度也随之增大，从而提高了喷雾降尘的效率。因此，为了通过水喷雾或其他液体喷雾来控制粉尘源，必须使雾滴具有较高的运动速度。可以认为近场喷雾比远场喷雾具有更好的降尘性能。

4. 理论分析

液体雾化是一个复杂的过程，可分为初次雾化和二次雾化。当喷雾速度小于 50m/s 时，初次雾化的主要雾化范围为 2～6cm[14]。由于雾化喷嘴与粉尘源的实际距离往往大于 10cm，因此二次雾化过程成为实验研究关注的焦点。

对于喷雾，雾滴的动能由压力势能转化而来，使雾滴相对于周围气体获得更高的速度。因此，二次雾化是通过气液之间强烈的剪切作用来实现的，这种剪切作用主要受雾滴的气动力、表面张力和黏性力的影响。前两个影响因素遵循以下公式[14, 15]：

$$F = CS\frac{\rho_g U_d^2}{2} \tag{7.7}$$

$$\gamma = \pi D_w \sigma \tag{7.8}$$

$$U_{db} = \sqrt{\frac{8\sigma}{C_D \rho_g D_w}} \tag{7.9}$$

式中，F 为气动力，N；γ 为表面张力，N；U_{db} 为雾滴破碎时的临界相对速度，m/s；C 为阻力系数；S 为雾滴投影面积，m^2；ρ_g 为空气密度，kg/m^3；U_d 为雾滴与气流之间的相对速度，m/s；D_w 为雾滴直径，m；σ 为表面张力系数，N/m；C_D 为断裂条件常数。

由于水的低黏度，雾滴变形主要取决于气动力和表面张力。在气液相互作用过程中，雾滴表面在非均匀压力扰动下发生变形，产生振动波。当气动力大到能克服表面张力时，雾滴的表面振动波会逐渐增强，直至将其分裂成更小的雾滴；当气动力小于表面张力时，表面振动波趋于平缓直至稳定，不会发生破裂。然而，雾化不仅是雾滴的破碎过程，也是雾滴间碰撞团聚的过程。因此，对喷雾的研究应从雾滴破碎和团聚两个方面进行分析。

式（7.7）表明，气动力主要与相对速度有关，而在自由空间中，相对速度主要受雾滴速度的影响，雾滴速度越大，气动力越大。式（7.9）由式（7.7）和式（7.8）计算得到。当雾滴速度达到临界速度 U_{db} 时，$F \geqslant \gamma$。如图 7.4 所示，在相同压力下，最大粒径出现在 15cm 处，最小粒径出现在 25cm 处，45cm 处粒径介于两者之间的。也就是说，随着喷射距离的增加，雾滴粒径先减小后增大，这符合雾滴粒径分布。结果表明，在 15cm 处，雾滴的速度超过了临界速度，雾滴一直破碎至 25cm。但是，25～45cm 的雾滴由于其与空气之间的摩擦，速度减小未达到临界值，因此雾滴不会破裂。如图 7.7 所示，雾滴 X 轴向的速度从 25cm 处的正轴变为 45cm 处的负轴，这表明雾滴开始失去正向速度，其运动受到重力的影响。该喷雾场段，喷雾过程主要以雾滴碰撞和团聚为主，使粒径增大。

在 1.0～1.5MPa 的 15cm 处，雾滴破裂超过临界速度，导致气动力大于表面张力，雾滴粒径减小。1.5～2.0MPa 的喷雾压力下，虽然雾滴速度超过临界速度，但粒径变大，同时速度变化剧烈（图 7.10），这是由于泵即将达到一个更合适的工况，脉冲作用明显，导致雾滴速度分布不均匀。雾滴之间的速度差导致了大范围的碰撞团聚，破碎效果不理想。

在 25cm 处，由于雾滴粒径的减小，所需的临界速度增加。1.0～2.0MPa 的喷雾压力下，增大后的速度仍未达到临界速度，并受泵运行工况的影响，不能进一步破碎雾滴。相反，由于长距离运动，雾滴冷凝导致粒径增大。大于 2MPa 喷雾压力下，在 15cm 和 25cm 处喷雾速度随压力近似为线性变化（图 7.10），表明泵运行稳定，达到最佳工况。速度增加，达到临界速度，在该速度下，雾滴破碎，因此雾滴粒径继续减小（图 7.4）。

7.2　典型水基降尘介质喷雾特性实验研究

水喷雾降尘是指将水分散成雾滴喷向尘源的抑制和捕捉粉尘的方法与技术，而通过磁化技术或者向水中加入表面活性剂形成水基降尘介质，是提升喷雾降尘性能的主要技术措施。为进一步改进喷雾降尘技术，国内外学者进行了大量研究，如 Amanbaev[16]计算了雾滴和粉尘间的捕获系数；程卫民等[17]研究了喷雾压力对雾化性能的影响；Nie 等[5]研制了液压支架二次喷雾抑尘装置。但由于水表面张力大，粉尘不易被润湿，呼吸性降尘效率低，通常在水中添加表面活性剂，以增强润湿能力并改善粉尘颗粒的亲水性[18-20]。因此，不同类型和浓度的表面活性剂对溶液表面张力、接触角、荷电性和呼吸性粉尘降尘效率的影响已被广泛研究[21-24]；Mei 和 Raynor[25]、Amiri 和 Dadkhah[26]及 Beattie 等[27]证明了水在磁场作用下的表面张力显著降低；赵振保[28]研究了磁化水的物理化学性质；Zhou 等[29]研究表明磁场与表面活性剂相结合可以有效地提高除尘效率。然而，对于新型喷雾介质中的降尘问题，大多数学者研究的是溶液化学性质对降尘效果的影响，很少考虑物理喷雾雾化过程。因此，为填补不同喷雾介质雾化特性差异研究的空白，本节介绍典型水基降尘介质的喷雾特性。

7.2.1　实验方案

1. 实验仪器

图 7.11 为激光相位多普勒测速与粒子分析系统（PDPA），PDPA 利用米氏散射和多普勒效应实时测量流场中的颗粒粒径和速度，该系统具有测量精度高、实时动态响应快、测试数据量大等优点。喷雾雾化装置由水箱、水泵、压力表、胶管、喷嘴座和喷嘴组成。胶管内径为 19mm，采用了工程应用中常用的旋流实心锥形喷嘴。为保证雾化效果、满足井下防堵塞要求及井下耗水量的限制，喷嘴孔径为 1.8mm。图 7.12 为喷嘴的喷雾图。

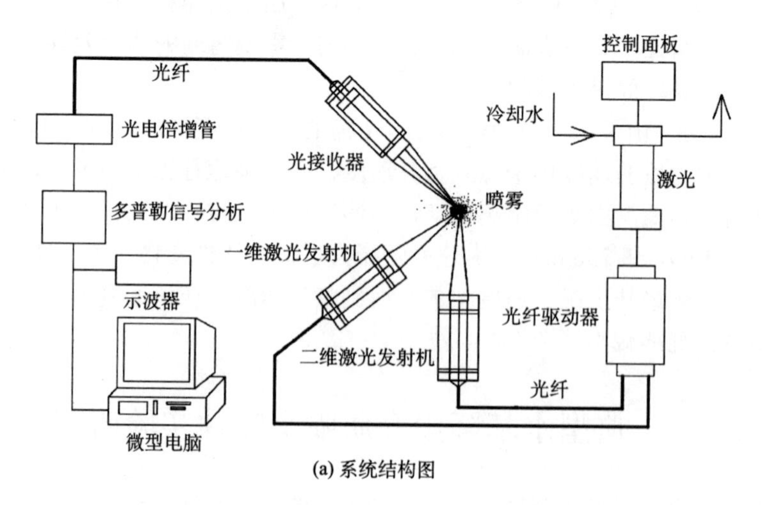

(a) 系统结构图

(b) 激光和多色分束器

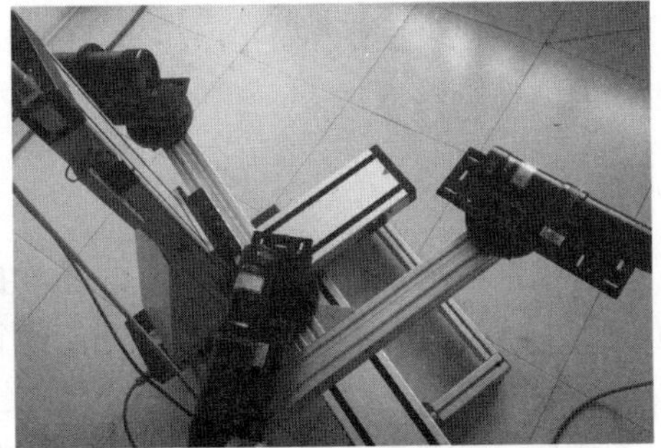

(c) 发射探头和接收器

图 7.11　相位多普勒粒子分析仪

图 7.12　喷嘴的喷雾图

2. 实验材料

（1）自来水：直接从水龙头获取自来水，无须进一步处理。

（2）磁化水：自来水流经磁化装置，自动切割磁场进行磁化获得磁化水。装置材质为铜铁合金，长方体构型。磁铁选用 N52 条形磁铁（60mm×20mm×10 mm），表面磁场强度为 380mT。在装置的两侧各平行放置两块磁铁，从而在装置内部形成交错通达的磁场，覆盖整个水流通道。装置内部的实际磁场强度为 200.10mT。

（3）表面活性剂溶液：将应用广泛、活化性能好的表面活性剂十二烷基苯磺酸钠加入自来水中得到表面活性剂溶液。张丹丹等[30]实验证明，对于十二烷基苯磺酸钠，当表面活性剂质量浓度为 0.025%时，可获得良好的表面张力。所以设定溶液质量浓度为 0.025%。

（4）磁化表面活性剂溶液：0.025%的表面活性剂溶液流过磁化装置，得到磁化表面活性剂溶液。

3. 实验方法

对于这些典型的水基介质，在 1.5MPa、2.0MPa 和 2.5MPa 压力下，在距喷嘴 10cm、15cm、20cm、25cm 和 40cm 五个测量点处，使用 PDPA 测量其雾化场中心轴线处的雾滴速度和粒径。实验数据来自用于处理和分析的 FLOWSIZER 软件。为了减少实验误差，提高实验数据的准确性，每个实验连续测试三次，并取实验数据的平均值。

7.2.2　结果与讨论

1. 雾滴颗粒平均直径

液体雾化的复杂性和各种因素的影响，使得研究其分布特性和讨论雾化特性非常困难。因此，Mugele 和 Evans 在 1950 年提出平均喷雾雾滴直径这一概念。平均直径的一般公式如式（7.20）所示。

$$D_{pq} = \left(\frac{\int_{D_{\min}}^{D_{\max}} D^p \mathrm{d}N}{\int_{D_{\min}}^{D_{\max}} D^q \mathrm{d}N} \right)^{\frac{1}{p-q}} \tag{7.10}$$

式中，N 是直径为 D 的雾滴数，通常取 $D_{\min}=0$。

为了更好地研究四种典型水基介质对雾滴粒径的影响，首先对自来水喷雾的平均雾滴直径进行分析，了解基本粒径分布特征及压力和测量距离对雾滴粒径的影响。

由图 7.13 可知，在相同的压力和测点下，$D_{10}<D_{20}<D_{30}<D_{32}<D_{43}$。同一压力，同一类型平均直径一般随着测点距离的增大而减小。但在 1.5MPa 时，40cm 处的五种平均直径均大于 25cm 处的平均直径。在 2.0MPa 时，40cm 处只有 D_{32} 和 D_{43} 略大于 25cm 处平均直径，而在 2.5MPa 下，随着测量距离的增加，平均直径均减小（表 7.1）。

在 1.5MPa 下，40cm 测点完全处于喷雾惰性凝结区。由于雾滴的团聚作用或细小雾滴的蒸发，导致 40cm 处的平均粒径增大；在 2.0MPa 时，40cm 测点超出雾化区域，刚好处于冷凝区；而在 2.5MPa 下，40cm 喷雾场完全处于雾化区内，雾滴粒径继续减小。在增大压力的过程中，五种平均直径变化趋势趋于平稳，表明喷雾效果变得更加稳定，雾滴粒径分化更加清晰（图 7.13）。

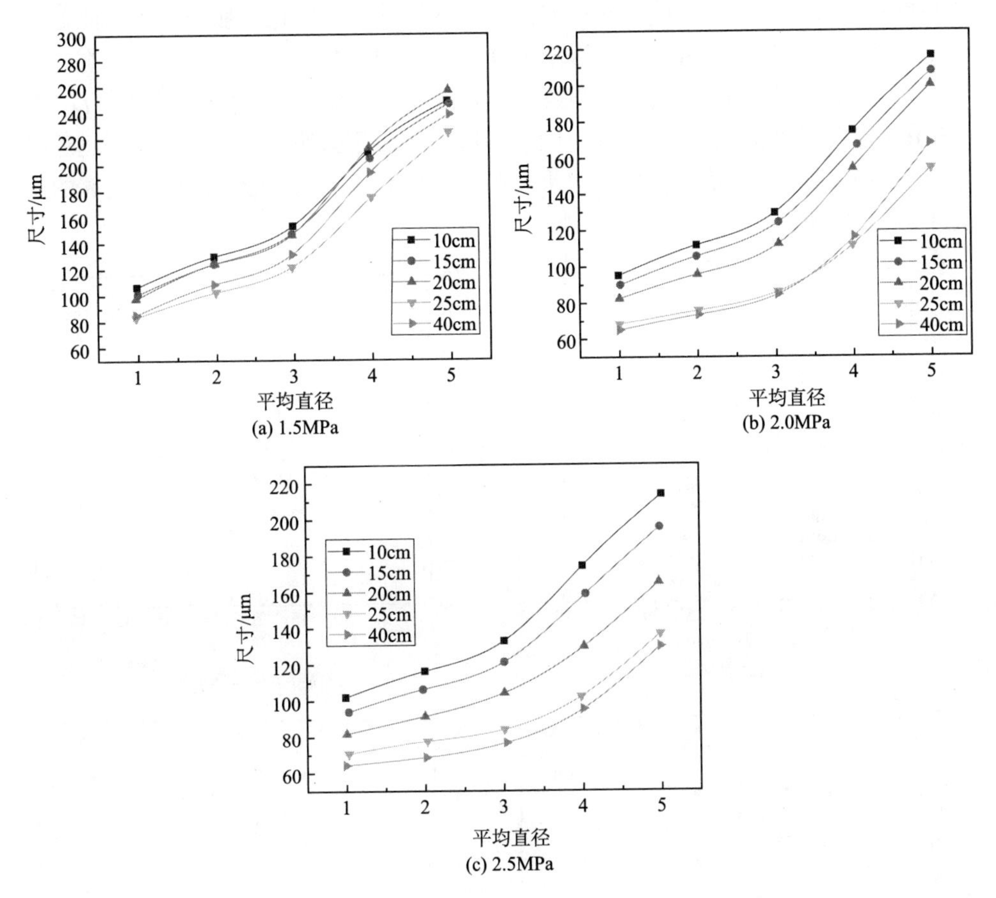

(a) 1.5MPa　(b) 2.0MPa　(c) 2.5MPa

图 7.13　自来水喷雾在 1.5MPa、2.0MPa、2.5MPa 时的五种平均直径

1-D_{10}；2-D_{20}；3-D_{30}；4-D_{32}；5-D_{43}

表 7.1　25cm 和 40cm 处的五种平均直径

压力/MPa	测量点/cm	D_{10}/μm	D_{20}/μm	D_{30}/μm	D_{32}/μm	D_{43}/μm
1.5	25	84.25	102.21	122.34	175.30	224.75
	40	85.69	108.16	131.46	194.21	237.94
2.0	25	66.78	74.67	85.28	111.24	154.29
	40	63.20	71.91	84.21	115.54	168.42
2.5	25	70.85	77.00	84.97	103.59	136.42
	40	64.73	70.20	77.93	96.08	130.39

结果表明，随着喷雾压力的增加，喷雾特性发生明显变化，较高的喷雾压力使喷雾速度和动能增大，喷雾与空气的相互作用增强，雾化更加彻底。因此，雾化范围变大，长距离喷雾凝结点逐渐向 40cm 以外的地方移动。

图 7.14 显示了由 D_{32} 表征的四种水基介质的雾化效果。对于自来水，D_{32} 在 1.5MPa 时略有增加，超出 20cm 范围后下降。随着压力的增加，雾滴粒径迅速减小[图 7.14（a）]。然而，相较于自来水喷雾，表面活性剂溶液和磁化水喷雾的变化更为复杂。

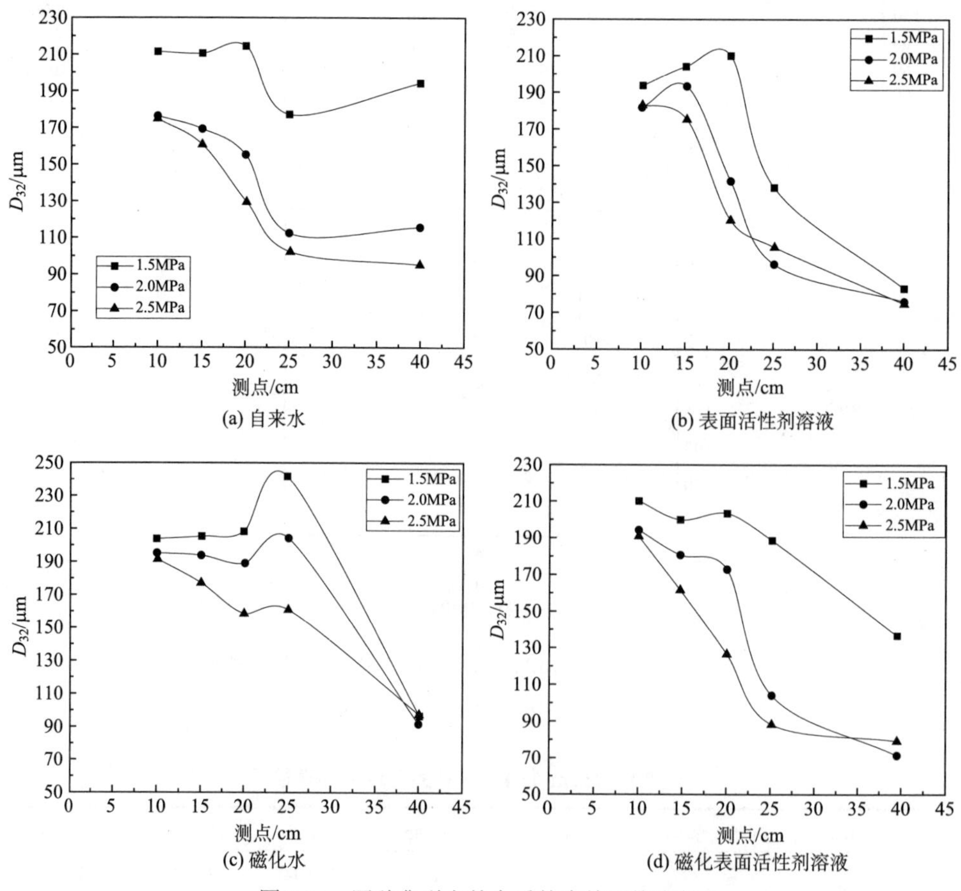

(a) 自来水　(b) 表面活性剂溶液　(c) 磁化水　(d) 磁化表面活性剂溶液

图 7.14　四种典型水基介质的索特平均直径

对于表面活性剂溶液，在 1.5MPa 下，随着喷雾距离的增加，D_{32} 在 20cm 处增加到 210.91μm，然后迅速减小；在 2.0MPa 下，在 15cm 左右达到峰值（194.45μm）；而在 2.5MPa 下，D_{32} 随着距离的增加单调减小。40 cm 测量点在 1.5MPa、2.0MPa 和 2.5MPa 下的粒径分别为 84.10μm、76.78μm 和 76.72μm[图 7.14（b）]。

表面活性剂溶液是通过添加表面活性剂来改善水体本身的界面化学性质，降低水的表面张力，减小表面自由能，增加黏性。在喷雾过程中，喷雾场 20cm 范围内，雾滴大量密集存在。在 1.5MPa 时，雾滴速度与自来水的基本相似，但由于表面张力较小，雾滴颗粒以聚集碰撞为主；在 2.0MPa 时，由于雾滴速度的增加，碰撞次数减少，但与自来水相比，雾滴的表面能较小，速度较大，更容易突破雾滴的表面张力，因此表面活性剂溶液在 15cm 范围内的雾滴粒径增加；在 2.5MPa 时，喷雾压力较高，雾滴颗粒破碎速度超过凝结速度，粒径继续减小。20cm 范围外的喷雾主要是雾滴与空气的摩擦破裂，雾滴粒径迅速减小。

磁化水雾滴粒径随喷雾距离的增加先略有减小，然后迅速增大，最后迅速减小。在 25cm 附近达到峰值，1.5MPa、2.0MPa 和 2.5MPa 下的粒径分别为 242.08μm、204.44μm 和 161.98μm。在 40cm 处，D_{32} 分别为 96.17μm、92.26μm 和 98.38μm [图 7.14（c）]。与表面活性剂溶液性质的变化不同，磁化水通过磁场破坏水体之间的氢键，降低水的表面张力和黏度。较低的溶液黏度和较高的喷雾压力使水管内的水流湍流流动加剧，自来水、管道和喷嘴之间的摩擦更加剧烈，从而提高了喷雾效果。因此 1.5MPa 条件下，雾滴凝结与破碎达到平衡，其平均粒径基本不变。然后，随着压力的增加，颗粒粒径逐渐减小，变化幅度逐渐减小。

磁化表面活性剂溶液在 1.5MPa 时雾化最差。在 2.0MPa 和 2.5MPa 下，40cm 测点的 D_{32} 分别为 73.344μm 和 80.04μm，略优于磁化水和表面活性剂溶液[图 7.14（d）]。磁化表面活性剂溶液曲线也与其他三种喷雾类型极为相似：1.5MPa 时，类似于磁化水；2.0MPa 时，类似于表面活性剂溶液；2.5MPa 时，类似于自来水。结果表明，活化、磁化和水压对磁化表面活性剂溶液的雾化效果有不同程度的影响。1.5MPa 和 2.0MPa 时，磁化起主要作用；2.5MPa 时，雾化效果基本上受喷雾压力的影响。

总体而言，雾化效果受喷雾压力和喷雾类型的影响，且喷雾压力可稳定喷雾雾化情况。对于水喷雾，在 1.5MPa 和 2.0MPa 时，40cm 测点处出现冷凝。然而，其他三种水基介质在 20cm 外呈现出广泛连续雾化，40cm 处的雾化效率和粒径均优于自来水。在 2.0MPa 和 2.5MPa 时，磁化表面活性剂溶液的雾化效果优于磁化水和表面活性剂溶液。

2. *雾滴粒度分布*

图 7.15 比较了 2.0MPa 压力下 10cm 测点处四种水基介质喷雾的粒度分布。自来水喷雾粒度分布累计曲线斜率最大，说明四种水基介质中自来水喷雾效果最好，其次是磁化表面活性剂溶液和表面活性剂溶液，磁化水效果最差。对于自来水、表面活性剂溶液、磁化表面活性剂溶液和磁化水，90μm 以下雾滴的累计比例分别为 61.83%、51.24%、53.01%和 37.80%。对于 30μm 以下的小雾滴，自来水、表面活性剂溶液、磁化水和磁化表面活性剂溶液的比例分别为 5.22%、5.61%、2.12%和 5.75%。

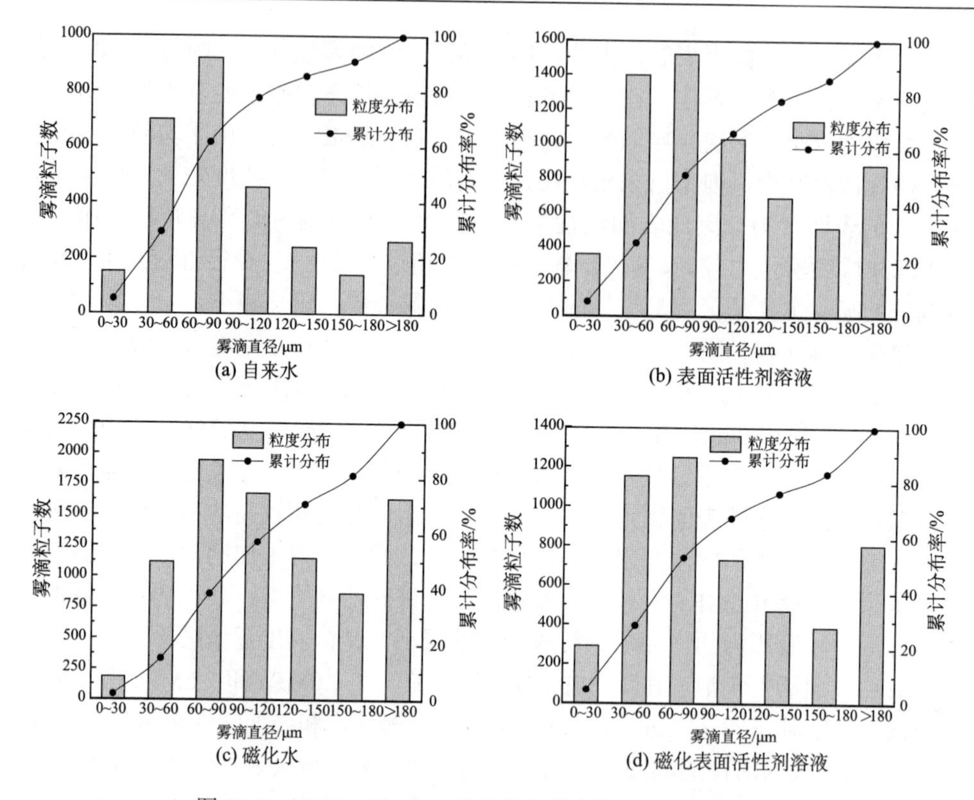

(a) 自来水　(b) 表面活性剂溶液

(c) 磁化水　(d) 磁化表面活性剂溶液

图 7.15　2.0MPa 下 10cm 处四种典型水基介质的粒度分布

图 7.16 比较了 2.0MPa 压力下 15cm 测点处四种水基介质喷雾的粒度分布。粒径的累计分布曲线斜率显示自来水雾化效果最好，其次是磁化表面活性剂溶液、磁化水，最后是表面活性剂溶液。自来水、磁化表面活性剂溶液、磁化水和表面活性剂溶液中 90μm 以下的雾滴颗粒比例分别为 63.15%、59.15%、56.12%和 52.70%。自来水、磁化表面活性剂溶液、磁化水和表面活性剂溶液中粒径小于 30μm 的雾滴颗粒比例分别为 5.63%、7.12%、6.57%和 5.60%。

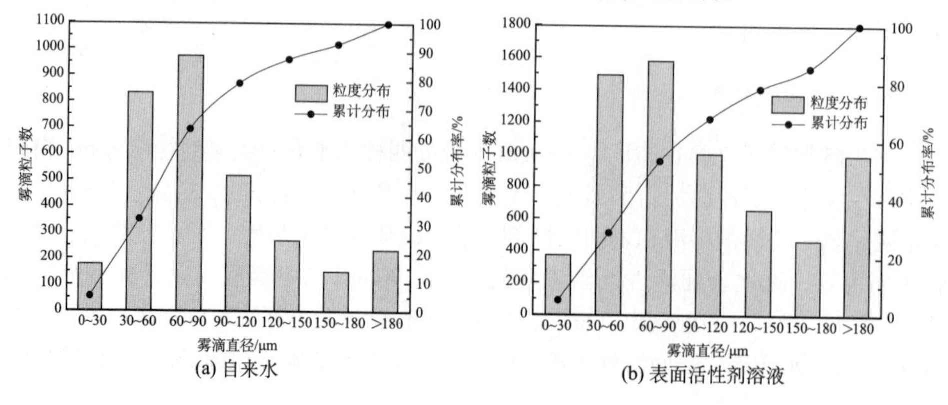

(a) 自来水　(b) 表面活性剂溶液

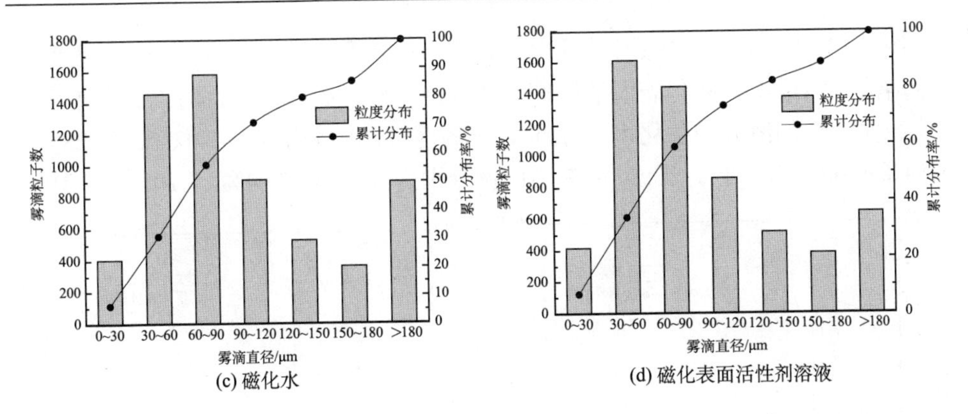

(c) 磁化水　　(d) 磁化表面活性剂溶液

图 7.16　2.0MPa 下 15cm 处四种典型水基介质的粒度分布

图 7.17 比较了 2.0MPa 压力下 20cm 测点处四种水基介质喷雾的粒度分布。从曲线斜率来看，自来水雾化效果最好，其次是表面活性剂溶液，然后是磁化表面活性剂溶液，最后是磁化水，90μm 以下的雾滴比例分别为 74.01%、68.26%、66.07%和 53.18%，直径小于 30μm 的雾滴比例分别为 4.99%、6.51%、8.07%和 2.80%。

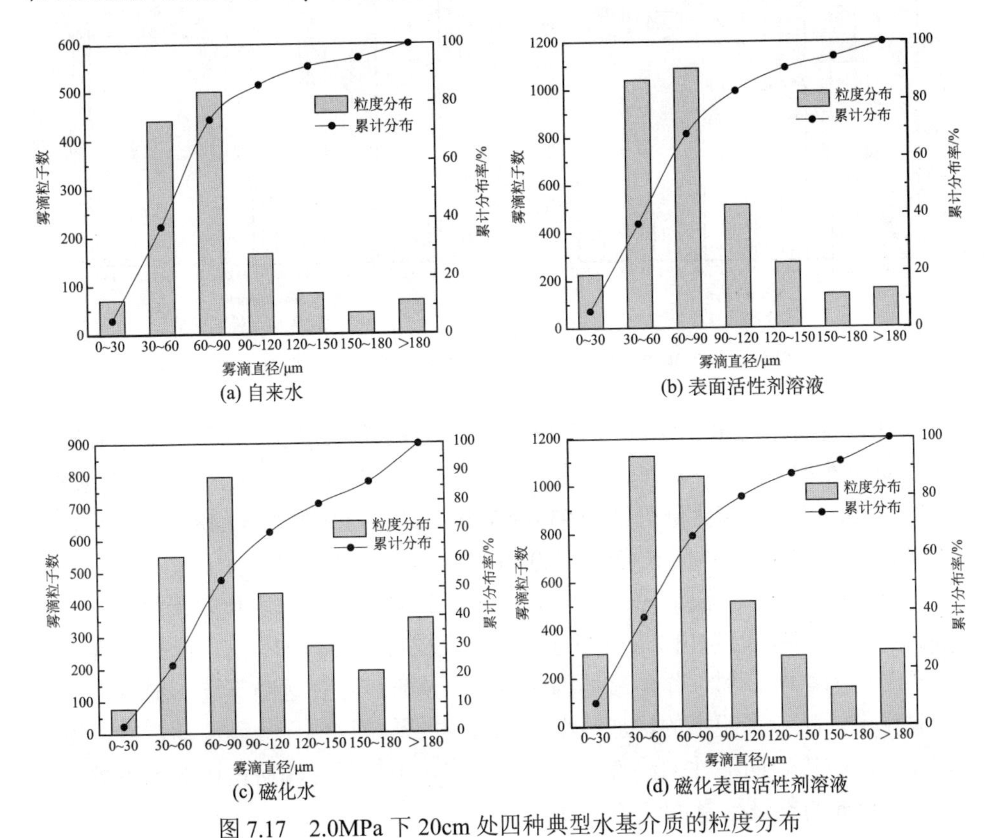

(a) 自来水　　(b) 表面活性剂溶液

(c) 磁化水　　(d) 磁化表面活性剂溶液

图 7.17　2.0MPa 下 20cm 处四种典型水基介质的粒度分布

图 7.18 显示了 2.0MPa 压力下 25cm 测点处的雾化效果，由好到差为表面活性剂溶液、自来水、磁化表面活性剂溶液和磁化水。表面活性剂溶液、自来水、磁化表面活性剂溶液和磁化水 90μm 以下的雾滴比例分别为 91.92%、87.28%、83.64%和 60.95%，小于 30μm 的雾滴比例分别为 6.96%、7.04%、7.70%和 7.21%。

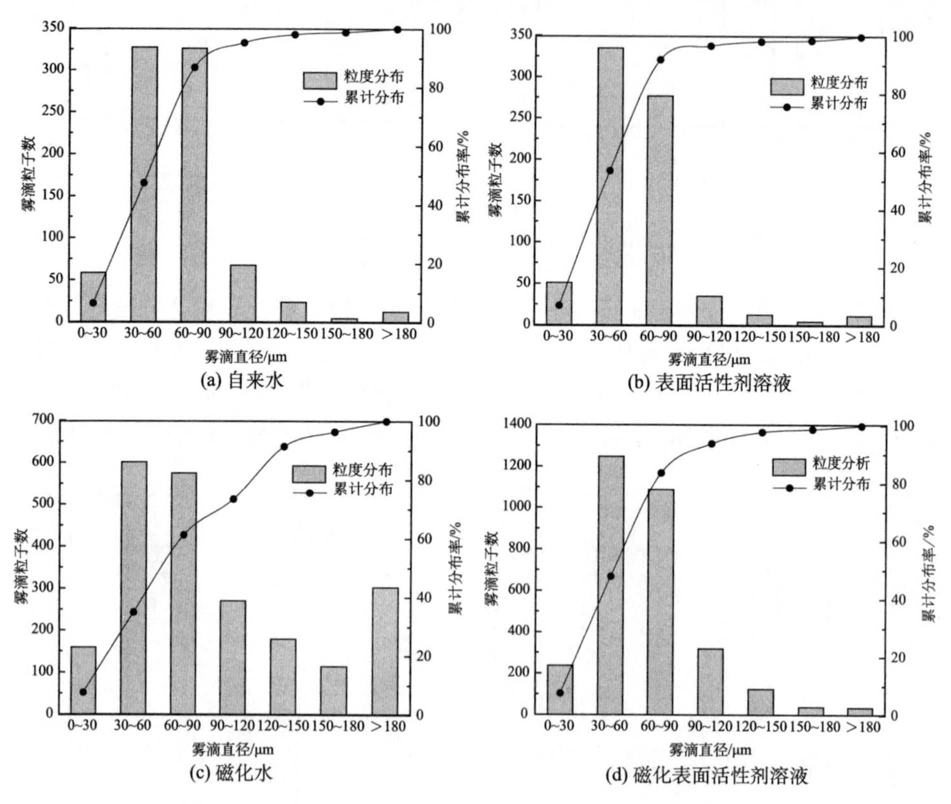

(a) 自来水　(b) 表面活性剂溶液　(c) 磁化水　(d) 磁化表面活性剂溶液

图 7.18　2.0MPa 下 25cm 处四种典型水基介质的粒度分布

图 7.19 显示了 2.0MPa 压力下 40cm 测点处的粒度分布。雾化效果由好到差先是表面活性剂溶液，然后是磁化表面活性剂溶液，再是磁化水，最后是自来水，对应的 90μm 以下雾滴比例分别为 97.45%、96.52%、93.05%和 89.48%，小于 30μm 的雾滴比例分别为 6.83%、6.43%、7.04%和 9.94%。

因此，在 2.0MPa 条件下，喷雾场 25cm 范围内，自来水雾化效果最好，小于 90μm 的雾滴最多，而超出 25cm 喷雾范围，大粒径雾滴增加。这可能由于雾滴运动主要受重力影响，惯性作用减弱因而雾滴不易破碎，在远喷雾场形成冷凝区。对于磁化水，随喷雾距离的增加，小于 30μm 的雾滴比例无规则波动，雾化稳定性较差，而磁化表面活性剂溶液性质更为稳定，小粒径雾滴所占比例稳步增加，且小于 60μm 的雾滴数量占优势（表 7.2）。

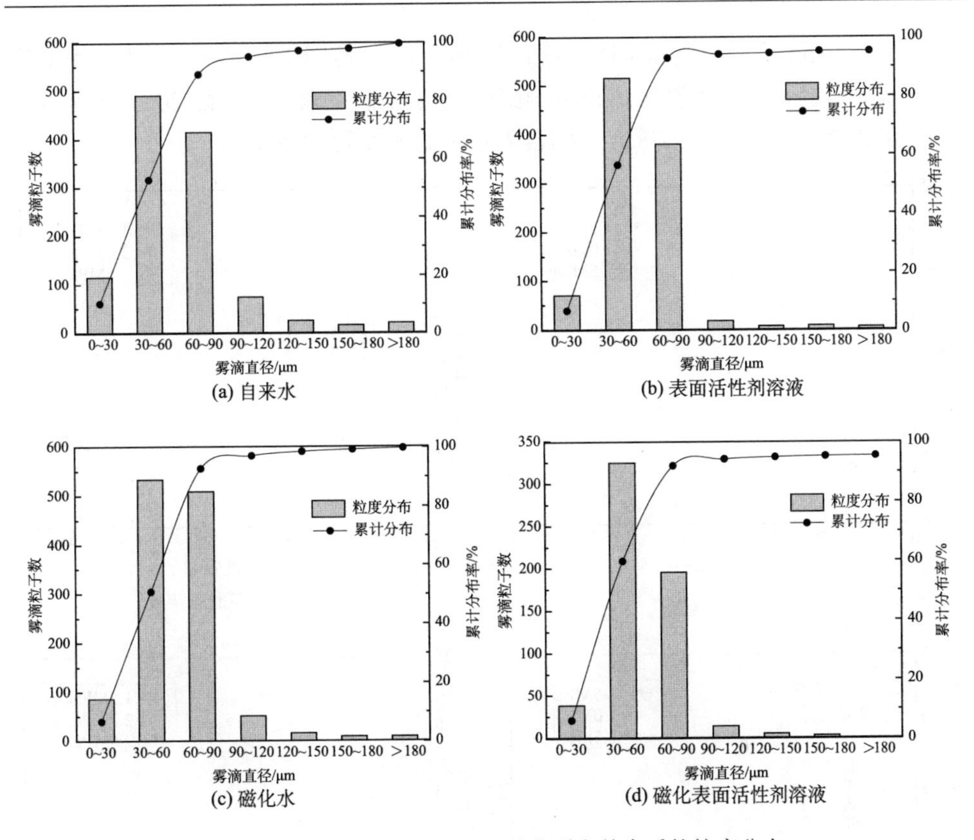

(a) 自来水　(b) 表面活性剂溶液

(c) 磁化水　(d) 磁化表面活性剂溶液

图 7.19　2.0MPa 下 40cm 处四种典型水基介质的粒度分布

表 7.2　2.0MPa 下小于 60μm 的颗粒比例　（单位：%）

水基介质	10cm	15cm	20cm	25cm	40cm
自来水	29.66	32.12	37.30	47.28	53.03
表面活性剂溶液	27.43	28.53	36.73	53.48	59.02
磁化水	15.14	28.53	36.73	53.48	59.02
磁化表面活性剂溶液	28.44	34.57	38.27	48.19	62.78

因此，对于喷雾降尘，25cm 喷雾场范围内自来水喷雾效果较为理想，超出该范围，磁化水和表面活性剂溶液喷雾效果更好，如果想要稳定的喷雾效果，则应采用活性磁化水。

3. 喷雾场雾滴速度

对于所有喷雾介质，图 7.20 显示了给定测点处的雾滴速度，均随着喷雾压力的增加而增加。图 7.20（a）显示自来水喷雾雾滴速度随着喷雾距离的增加而逐渐减小，在 20cm 范围内迅速下降，然后在 20～40cm 范围内缓慢下降，表明喷雾存在急速喷雾区和缓速喷雾区，20cm 范围内速度下降率较大，超出 20cm 则基本不变。在 2.5MPa 条件下，20cm 处的自来水雾滴速度为 11.54m/s。

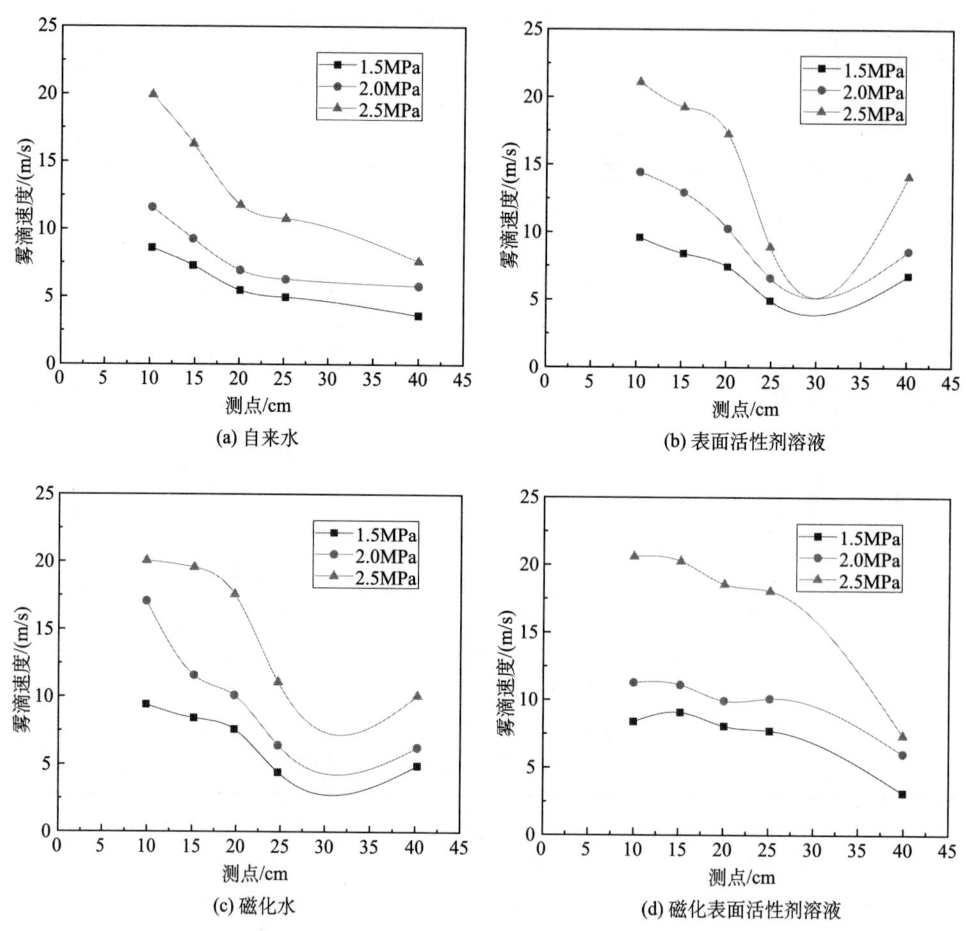

图 7.20　四种典型水基介质的雾滴速度随压力和测点距离的变化规律

磁化水和表面活性剂溶液的速度变化更为复杂。20cm 范围内速度缓慢下降，20～25cm 开始突变，速度下降更为迅速。对于 2.5MPa 条件下的表面活性剂溶液和磁化水，在 20cm 处雾滴速度分别为 17.52m/s 和 17.66m/s，在 25cm 处分别为 8.80m/s 和 11.39m/s，速度分别降低了 49.78%和 35.50%。但速度并没有随着距离的增大而持续降低，在 25～40cm 范围内，雾滴速度随着喷雾距离增加而增加，尤其是表面活性剂溶液[图 7.20（b）]。在测量范围内，磁化表面活性剂溶液的雾滴速度基本呈下降趋势，在 20cm 处出现极值，随着压力的增加，速度分别为 8.19m/s、10.01m/s、18.64m/s[图 7.20（d）]。

因此，在相同的压力和测点下，其他三种介质的雾滴速度普遍高于自来水，磁化表面活性剂溶液始终比其他水基介质更稳定。

7.3 表面活性剂自动添加装置性能实验研究

表面活性剂是一种两亲性物质，能够在少量的条件下降低水的表面张力，已被广泛用作喷雾降尘中的润湿剂或泡沫抑尘中的发泡剂。过去主要采用电动定量泵添加表面活性剂[31]，它在采掘工作面使用时有电气安全隐患；消防等其他领域应用的传统射流添加装置存在添加比例高、供水流量大的缺陷。因此，研制了一种用于矿井防尘的新型表面活性剂自动添加装置，本节将对其性能进行实验研究。

7.3.1 实验方案

1. *表面活性剂自动添加装置*

图 7.21 为设计的新型表面活性剂自动添加装置结构图，主要由主管道、过滤器、射流器、支管、截止阀、止回阀、针阀、软管接头和吸入软管组成。射流器是自动添加装置的核心部分，如图 7.22 所示。在煤矿井下使用时，主管道入口与压力水管相连，主管道出口与泡沫发生器相连。当管路中的水流过自动添加装置时，在射流形成的负压作用下，发泡剂自动泵入，与压力水混合，形成均匀的发泡液。支管上的截止阀可以同时调节射流器的空腔真空压力和出口压力，使发泡剂连续稳定地被吸入。可通过针阀微调发泡剂加入量，实现高精度自动添加发泡剂。在图 7.21 中，如果截止阀和支管被移除，它就成为消防行业和其他领域中使用的传统喷射添加设备。

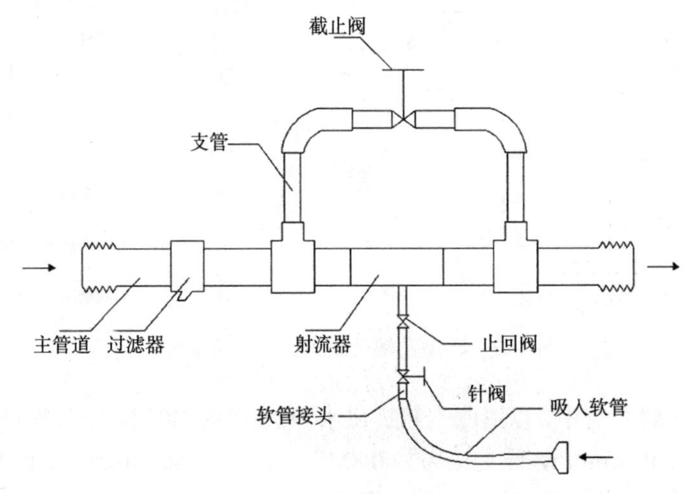

图 7.21　新型表面活性剂自动添加装置结构

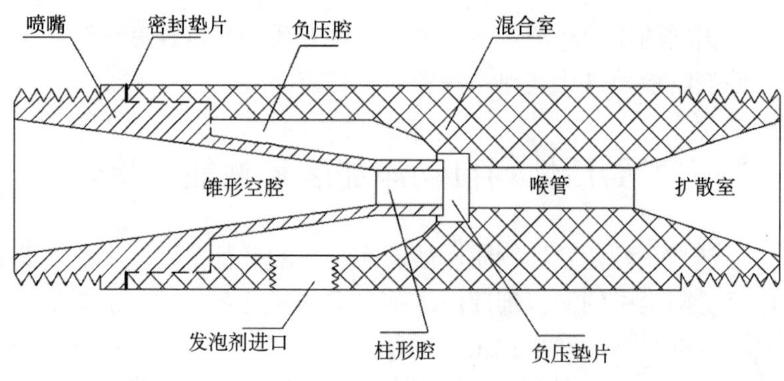

图 7.22　射流器的结构剖面图

该装置具有结构简单、体积小、重量轻、调节精度高、操作方便、本质安全（不需要电力）等优点。特别适用于添加小比例发泡剂及煤矿井下受限空间。

2. 实验系统

图 7.23 为在实验室自建的测试系统。如上所述，当阀门 1 打开时，该系统就是连接到压力管道上的表面活性剂添加装置；当阀门 1 关闭时，系统成为传统的添加装置。因此，可以通过打开和关闭阀门 1 来比较两个系统的运行性能。出口压力（P_3）可通过调节阀 2 来改变。然后，在不同的出口压力下测量不同的进口压力、负压（关闭阀 3）和表面活性剂吸入量。

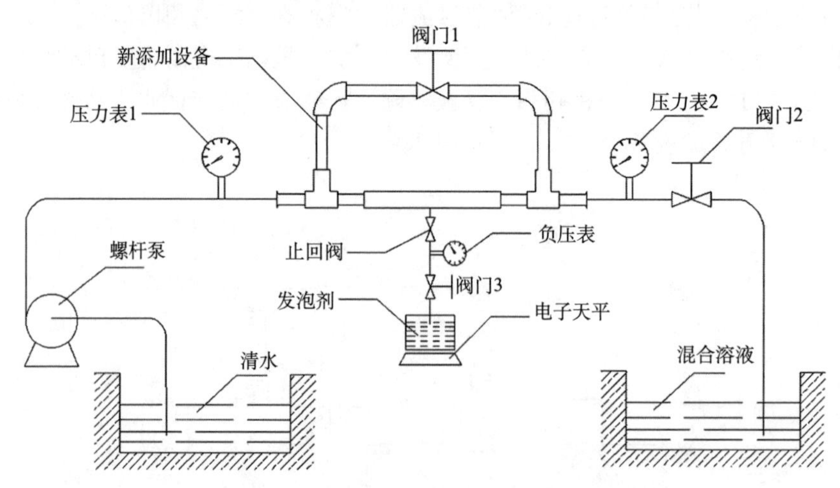

图 7.23　新型发泡剂添加装置的测试系统

在上述实验系统中，以清水水箱提供水源，XC040B02ZF 型号螺杆泵为动力。螺杆泵流量为 0～5m^3/h，额定压力为 0.8MPa，转速为 400r/min。工作流量通过自带变频电机改变。

在实验系统中，测量仪器主要由两个压力表、一个负压表、一个量筒、一个水桶、一个机械秒表和一个电子天平组成。压力表的布置如图 7.24 所示。这些测量仪器的规格见表 7.3。

图 7.24　新型添加装置压力表布置图

表 7.3　测试系统的主要仪器参数

序号	仪器名称	测量范围	精度等级
1	压力表 1	0～1.6MPa	0.25MPa
2	压力表 2	0～0.6MPa	0.25MPa
3	负压表	−0.1～0MPa	1.60MPa
4	钢瓶	0～1000mL	1 mL
5	机械秒表	0～15min	0.1 s
6	电子天平	0～15kg	0.5 g

3. 实验过程

（1）按照图 7.23 连接实验系统的各个部分，并确保连接牢固且密封良好。

（2）改变螺杆泵的出口流量，并使用以下方法测量水的质量流量（q_1）。关闭吸水软管上的阀门 3，用秒表测量射流添加装置出口排出一桶（用量筒标定为 15.64L）工作流体所用时间，根据测量结果算出质量流量 q_1。

（3）保持 q_1 为一定值，调节阀门 2 改变添加装置的出口压力（P_3），然后打开阀 3。在每组实验中使 P_3 升高 0.02MPa，并测量表面活性剂吸入量、进口压力和负压表（真空表）的值，直到负压为零即添加装置无法吸入表面活性剂为止。添加装置负压增大会导致吸入表面活性剂流量增加，这可以通过监测负压值来观察。通过秒表和电子天平来测量表面活性剂吸入量，从而得到随时间推移测量试剂减少量的方法。此外，将试剂流量除以水的质量流量（q_1）可以得到添加比例。因此，对这两种液体的质量进行测定和观察，以确定表面活性剂的低比例添加。

（4）保持 q_1 恒定，打开阀门 1，然后重复步骤（3）。

（5）改变螺杆泵的出口压力，并重复步骤（2）、（3）和（4）。

（6）记录以上方案的实验数据。

7.3.2　结果与讨论

1. 实验结果

实验在煤炭资源与安全开采国家重点实验室完成，实验数据列于表 7.4。

表 7.4　发泡剂添加装置的实验结果

工作流量/（kg/min）	调节量	测试量			计算量	
	出口压力/MPa	进口压力/MPa	腔体真空度/MPa	吸入管量/（kg/min）	压力差/MPa	添加比例
29.885 关闭阀门 1	0.02	0.18	0.095	3.450	0.16	0.115
	0.04	0.19	0.095	3.371	0.15	0.113
	0.06	0.19	0.094	2.731	0.13	0.091
	0.08	0.20	0.072	2.153	0.12	0.072
	0.10	0.20	0.048	1.814	0.10	0.061
	0.12	0.21	0.030	1.196	0.09	0.040
	0.14	0.23	0.005	0.480	0.09	0.016
29.885 打开阀门 1	0.02	0.08	0.094	3.296	0.06	0.110
	0.04	0.12	0.094	2.965	0.08	0.099
	0.06	0.13	0.070	2.587	0.07	0.087
	0.08	0.14	0.044	1.885	0.06	0.063
	0.10	0.17	0.022	1.123	0.07	0.038
	0.12	0.18	0.012	0.383	0.06	0.013
33.514 关闭阀门 1	0.02	0.20	0.096	3.648	0.18	0.109
	0.04	0.21	0.096	3.555	0.17	0.106
	0.06	0.21	0.089	3.265	0.15	0.097
	0.08	0.22	0.094	2.948	0.14	0.088
	0.10	0.22	0.092	2.827	0.12	0.084
	0.12	0.22	0.078	2.385	0.10	0.071
	0.14	0.22	0.044	1.513	0.08	0.045
	0.16	0.23	0.017	0.439	0.07	0.013

续表

工作流量 /（kg/min）	调节量	测试量			计算量	
	出口压力 /MPa	进口压力 /MPa	腔体真空度 /MPa	吸入管量 /（kg/min）	压力差 /MPa	添加比例
33.514 打开阀门 1	0.02	0.13	0.096	3.439	0.11	0.103
	0.04	0.14	0.094	3.324	0.10	0.099
	0.06	0.15	0.093	3.096	0.09	0.092
	0.08	0.16	0.088	2.677	0.08	0.080
	0.10	0.17	0.064	2.047	0.07	0.061
	0.12	0.19	0.034	1.262	0.07	0.038
	0.14	0.20	0.006	0.394	0.06	0.012
35.545 关闭阀门 1	0.02	0.30	0.096	3.373	0.28	0.095
	0.04	0.33	0.085	3.578	0.29	0.101
	0.06	0.33	0.092	3.437	0.27	0.097
	0.08	0.35	0.092	3.555	0.27	0.100
	0.10	0.35	0.092	3.395	0.25	0.096
	0.12	0.35	0.092	3.241	0.23	0.091
	0.14	0.36	0.095	3.084	0.22	0.087
	0.16	0.36	0.092	2.702	0.20	0.076
	0.18	0.36	0.080	2.073	0.18	0.058
	0.20	0.37	0.054	1.435	0.17	0.040
	0.22	0.38	0.046	1.183	0.16	0.033
35.545 打开阀门 1	0.02	0.12	0.096	3.408	0.10	0.096
	0.04	0.13	0.096	3.084	0.09	0.087
	0.06	0.13	0.091	2.766	0.07	0.078
	0.08	0.15	0.080	2.448	0.07	0.069
	0.10	0.17	0.068	2.081	0.07	0.059
	0.12	0.21	0.034	1.334	0.09	0.038
	0.14	0.22	0.013	0.798	0.08	0.022
40.103 关闭阀门 1	0.02	0.30	0.094	3.654	0.28	0.091
	0.04	0.31	0.093	3.551	0.27	0.089
	0.06	0.32	0.094	3.489	0.26	0.087
	0.08	0.33	0.094	3.555	0.25	0.089
	0.10	0.34	0.093	3.405	0.24	0.085
	0.12	0.35	0.092	3.202	0.23	0.080
	0.14	0.35	0.090	2.535	0.21	0.063
	0.16	0.36	0.088	2.498	0.20	0.062

续表

工作流量/（kg/min）	调节量	测试量			计算量	
	出口压力/MPa	进口压力/MPa	腔体真空度/MPa	吸入管量/（kg/min）	压力差/MPa	添加比例
40.103 关闭阀门 1	0.18	0.37	0.088	2.281	0.19	0.057
	0.20	0.38	0.065	2.037	0.18	0.051
	0.22	0.39	0.034	1.327	0.17	0.033
	0.24	0.40	0.022	0.850	0.16	0.021
40.103 打开阀门 1	0.02	0.21	0.094	3.352	0.19	0.084
	0.04	0.21	0.092	3.578	0.17	0.089
	0.06	0.22	0.093	3.244	0.16	0.081
	0.08	0.23	0.092	2.803	0.15	0.070
	0.10	0.24	0.090	2.466	0.14	0.061
	0.12	0.25	0.082	2.401	0.13	0.060
	0.14	0.26	0.065	1.912	0.12	0.048
	0.16	0.27	0.020	0.798	0.11	0.020

2. 出口压力与腔室负压之间的关系

图 7.25（a）～（d）为在不同的工作流量（q_1）下，新型射流添加装置（阀门 1 打开）和传统的射流添加装置（阀门 1 关闭）之间的性能比较。由该图可以看出，在一定的工作流量下，腔室负压随着出口压力的减小而增大，并且当出口压力小于一定值时，负压不再增加，稳定在超过 0.09MPa 的一个区间值内。根据相关研究，当腔体内的负压大于 0.09MPa 时将发生气蚀现象。从图 7.25 可以推断，新型射流添加装置更难以产生空化[液体内局部压力降低时，液体内部或液固交界面上蒸气或气体空穴（空泡）的形成、发展和溃灭的过程]，因此性能更加稳定。

图 7.25（e）为新型表面活性剂添加装置在不同工作流量下的腔室负压与出口压力的关系。可以推断，流量越大，越容易发生空化。实验表明，表面活性剂添加装置的合理背压（出口压力）为 0.12～0.18MPa。从图 7.25 可以看出，在这个背压范围内，新的添加装置未发生空化，而传统的添加装置相对容易发生空化。

3. 压差与吸入管流量的关系

由于煤矿给水管路长，水压相对较低，许多需要高压水源的设备无法满足要求，设备被迫加装增压器。图 7.26（a）～（d）是不同工作流量（q_1）下新型射流添加装置与传统射流装置的比较，图 7.27（a）～（d）是进口压力（p_1）与吸

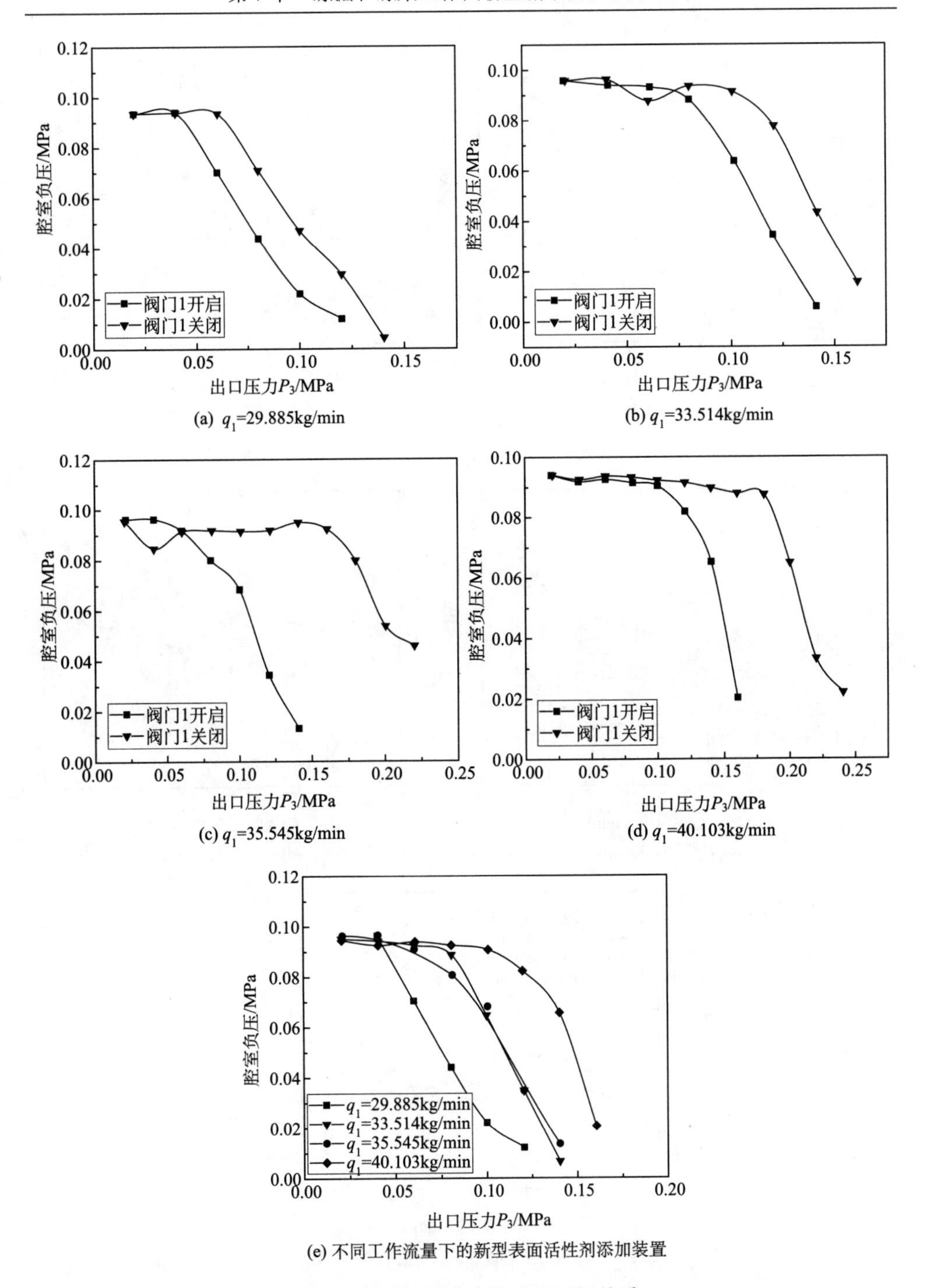

(a) q_1=29.885kg/min

(b) q_1=33.514kg/min

(c) q_1=35.545kg/min

(d) q_1=40.103kg/min

(e) 不同工作流量下的新型表面活性剂添加装置

图 7.25 出口压力与腔室负压间关系

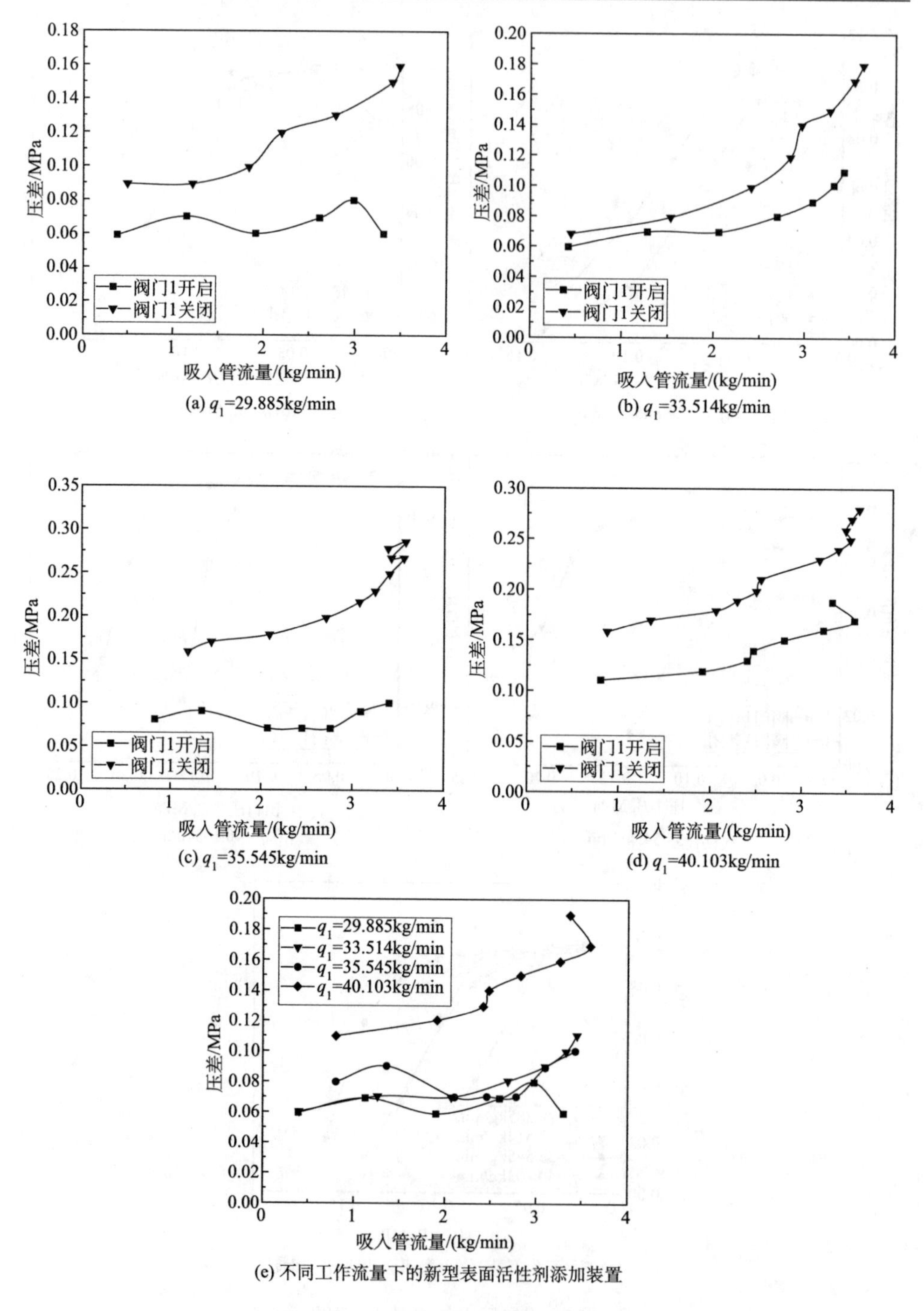

(a) q_1=29.885kg/min

(b) q_1=33.514kg/min

(c) q_1=35.545kg/min

(d) q_1=40.103kg/min

(e) 不同工作流量下的新型表面活性剂添加装置

图 7.26　压差与吸入管流量间的关系

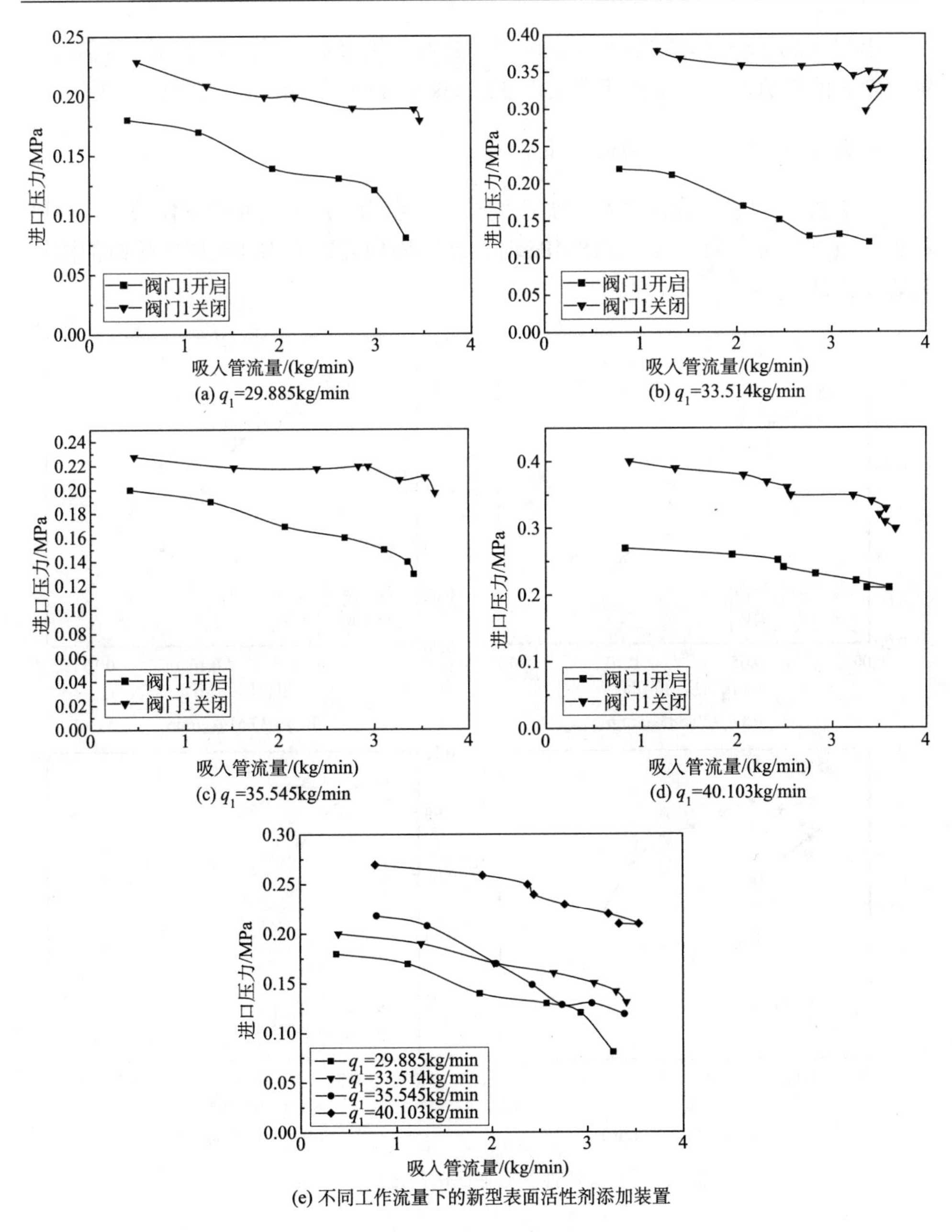

图 7.27　进口压力与吸入管流量间的关系

入管流量的关系。可以看出，在相同的吸入管流量下，新型射流添加装置具有较小的压差和较低的进口压力。这意味着新型表面活性剂添加装置在应用中对水压的要求较低，能耗较小，能充分适应井下普通水源。

由图 7.26（e）和图 7.27（e）可知，随着工作流量的增加，进口压力和压差都有增大的趋势，但当工作流量接近 33.333kg/min（约 $2m^3/h$）时变化不大。

4. 添加比例与出口压力的关系

图 7.28 表明了表面活性剂添加比例与出口压力（P_3）之间的变化关系。可以看出，当出口压力为 0.12～0.18MPa 时，新型添加装置的添加比例比传统的添加装置要低得多。

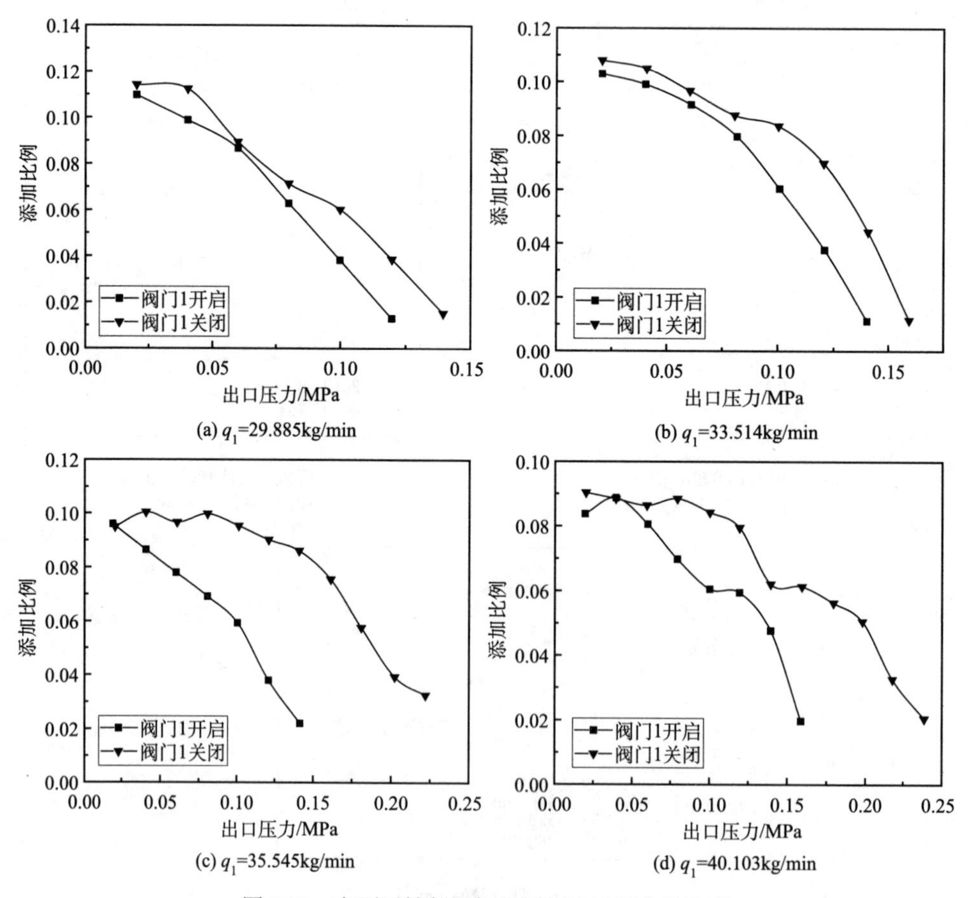

(a) q_1=29.885kg/min　(b) q_1=33.514kg/min　(c) q_1=35.545kg/min　(d) q_1=40.103kg/min

图 7.28　表面活性剂添加比例与出口压力的关系

5. 阀门 3 的开度与吸入管流量间的关系

为实现表面活性剂低比例连续稳定添加，应调节阀门 3 的闭合度。由于阀门 3 回程共计 3.3 圈，每次旋转设定为闭合度的 30%。当阀门 3 完全打开时，记录闭合度为 0；当阀门 3 完全关闭时，记录为 100%。

根据泡沫制备系统的发泡条件，选择出口压力（P_3）为 0.12MPa，工作流量为 33.514kg/min 或 35.545kg/min，实验原始数据见表 7.5。

表 7.5　低比例调节时射流添加装置的实验数据

实验工况	调节量		测量值	计算值
	阀门 1 状态	阀门 3 关度/%	吸入管流量/（kg/min）	添加比例
q_1=33.514kg/min P_3=0.12MPa	开启	0	1.262	0.0377
		10	1.248	0.0372
		20	1.230	0.0367
		30	1.157	0.0345
		40	0.991	0.0296
		50	0.719	0.0215
		60	0.395	0.0118
		70	0.175	0.0052
		80	0.068	0.0020
		90	0.037	0.0011
		100	0	0
	关闭	0	2.385	0.0712
		10	2.366	0.0706
		20	2.329	0.0695
		30	2.188	0.0653
		40	2.014	0.0601
		50	1.790	0.0534
		60	1.448	0.0432
		70	0.908	0.0271
		80	0.382	0.0114
		90	0.070	0.0021
		100	0	0
q_1=35.545kg/min P_3=0.12MPa	开启	0	1.334	0.0375
		10	1.331	0.0374
		20	1.305	0.0367
		30	1.227	0.0345
		40	1.087	0.0306
		50	0.762	0.0215
		60	0.469	0.0132
		70	0.221	0.0062

续表

实验工况	调节量		测量值	计算值
	阀门 1 状态	阀门 3 关度/%	吸入管流量/（kg/min）	添加比例
q_1=35.545kg/min P_3=0.12MPa	开启	80	0.107	0.0030
		90	0.039	0.0011
		100	0	0
	关闭	0	3.241	0.0912
		10	3.227	0.0908
		20	3.160	0.0889
		30	3.025	0.0851
		40	2.815	0.0792
		50	2.499	0.0703
		60	2.033	0.0572
		70	1.521	0.0428
		80	0.857	0.0241
		90	0.277	0.0078
		100	0	0

根据表 7.5 的数据，对新型添加装置与传统添加装置的低比例调节进行比较。如图 7.29 所示，新型射流添加装置的曲线比较平缓，可以在低比例（0.1%～1%）下实现高精度和稳定的调整；而传统装置的调节能力相对较差。对于新型表面活性剂添加装置，当阀门 3 的闭合度为 60%时，比例可调节到 1%左右，并可以稳定地控制在 1%以下。

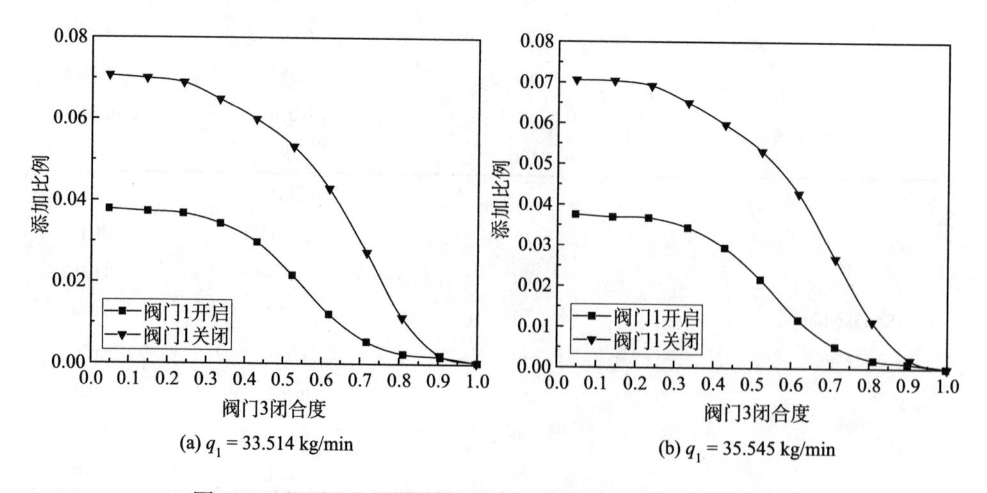

(a) q_1 = 33.514 kg/min　　(b) q_1 = 35.545 kg/min

图 7.29　新型添加装置与传统添加装置低比例调节间的比较

7.4　压入式通风对外喷雾流场影响数值模拟研究

在综掘工作面，掘进机内外喷雾系统是抑制截割粉尘最常用的方法[32-34]。内喷雾系统布置于截割头，水喷雾直接喷至截割点形成“湿切割”，外喷雾系统布置在掘进机壳体上，以水雾覆盖粉尘源从而促进粉尘沉降。但内喷雾经常由于密封圈失效和喷嘴堵塞而失去作用。因此，外喷雾在抑制粉尘方面起着至关重要的作用。在综掘工作面，特别是高瓦斯矿井，常采用压入式通风来排放和稀释瓦斯，但产生的高速气流会使雾滴运动轨迹偏离煤/岩壁上的截割尘源、失去抑尘作用，导致矿井气载粉尘浓度增加。目前，综掘工作面气流对喷雾流场的影响鲜有人关注。因此，本节采用计算流体力学（CFD）软件 ANSYS FLUENT，研究不同水压条件下压入式通风与喷雾流场的相互作用，探究压入式气流对外喷雾流场的扰动规律。

7.4.1　模型和方法

运用流体力学理论建立了三维（3D）稳态气流模型和喷雾流模型。

1. *基本假设*

使用以下假设建立模型：

（1）假定气流是完全稳定的湍流。

（2）巷道中的空气是黏性且不可压缩的。

（3）温度场恒定。

（4）为了提高计算效率，本节研究只考虑了掘进机和风筒。

（5）掘进机在 10s 内静止不动。

2. *矿井气流模型*

在流体力学中，气流遵循质量守恒定律、牛顿第二定律和热力学第一定律。可以给出以下三个控制方程，分别是连续性方程、Navier-Stokes 方程和能量方程：

$$\frac{\partial \rho}{\partial t} = \nabla \cdot (\rho \bar{V}) = 0 \tag{7.11}$$

$$\rho\left(\frac{\partial \boldsymbol{V}}{\partial t} + \boldsymbol{V} \cdot \nabla \boldsymbol{V}\right) = -\nabla p + \mu \nabla^2 \boldsymbol{V} + \boldsymbol{F} \tag{7.12}$$

$$\rho\left(\frac{\partial E}{\partial t} + E \cdot \nabla E\right) = K \nabla^2 T + W_s + S_E \tag{7.13}$$

式中，ρ 为流体密度；$\bar{V}$ 为流体速度；$\boldsymbol{V}$=（v_x,v_y,v_z）为流动粒子的速度矢量；p

为压力梯度；μ 为流体黏度；$\boldsymbol{F}$=（F_x,F_y,F_z）为体积力矢量；E 为流动介质能量；K 为电导率系数；W_s 表示为通过表面应力完成的功；S_E 为黏性耗散阶段；T 表示温度。

巷道中的气流是典型的湍流。采用二元方程 κ-ε 湍流模型来模拟湍流，该湍流模型被广泛用于解决煤矿开采中的工程问题。

3. 喷雾流场模型

喷雾流场模型主要取决于喷嘴类型，同时喷嘴类型是影响喷雾抑尘效果的主要因素之一。根据雾化原理，常见喷嘴雾化类型包括压力旋流雾化和气液两相雾化、冲击射流雾化和离心雾化。其中压力旋流雾化喷嘴是地下矿山应用过程中最典型的喷嘴，具有结构简单、成本低廉、安装灵活等优点。因此，选取压力旋流喷嘴作为雾化器，该类雾化主要受空气和液膜之间的相互作用。通常认为，空气动力的不稳定性会导致液膜破裂，一旦形成雾滴，就可以通过阻力、碰撞、聚结和二次破碎等作用形成喷雾。

喷雾总速度由喷雾压力决定：

$$U=K_v\sqrt{\frac{2\Delta P}{\rho_l}} \tag{7.14}$$

式中，K_v 为速度系数；ΔP 为压力差；ρ_l 为通过喷雾器的流体密度。

在这里，雾滴破碎可以通过泰勒模拟破碎（TAB）模型描述，该模型应用于低 Weber 数流。雾滴变形方程如下：

$$F-k_x-d\frac{\mathrm{d}x}{\mathrm{d}t}=m\frac{\mathrm{d}^2x}{\mathrm{d}t^2} \tag{7.15}$$

式中，F 为空气对液滴的作用力；d 为喷嘴出口直径；t 为时间；k_x 为湍动能；m 为雾滴质量；x 为雾滴的赤道从其球形时的位置开始的位移。

ANSYS FLUENT 通过在拉格朗日参考系中，对粒子上的力平衡进行积分来预测雾滴轨迹。这种力平衡使粒子惯性等于作用在粒子上的力：

$$\frac{\mathrm{d}\boldsymbol{u}_p}{\mathrm{d}t}=F_D\left(\boldsymbol{U}-\boldsymbol{u}_p\right)+\frac{\boldsymbol{U}\left(\rho_p-\rho\right)}{\rho_p}+\boldsymbol{F}_{\text{other}} \tag{7.16}$$

$$F_D=\frac{18\mu C_{\mathrm{D}}Re}{\rho_p d_p^2 24} \tag{7.17}$$

式中，$\boldsymbol{F}_{\text{other}}$ 表示附加加速度（力/单位粒子质量）；$F_D\left(\boldsymbol{U}-\boldsymbol{u}_p\right)$ 表示拖曳力和单位粒子质量；$\boldsymbol{U}$ 表示流体相速度；$\boldsymbol{u}_p$ 表示粒子速度；C_{D} 代表阻力系数；μ 代表流体的分子黏度；ρ 代表流体的密度；ρ_p 代表颗粒的密度；d_p 代表颗粒直径；Re 代表雷诺数。

这种双向耦合是通过交替求解离散相和连续相方程直到两个相的解都停止变化来实现的，如图 7.30 所示。动量变化和质量变化方程如下：

$$F=\sum\left\{\frac{18\mu C_{\mathrm{D}}Re}{\rho_p d_p{}^2 24}(\boldsymbol{U}-\boldsymbol{u}_p)+\boldsymbol{F}_{\mathrm{other}}\right\}\dot{m}_p\Delta t \tag{7.18}$$

$$M=\frac{\Delta m}{m_{p,0}}\dot{m}_{p,0} \tag{7.19}$$

式中，$\dot{m}_p$ 为粒子的质量流速；Δt 为时间步长；m 为粒子与气体的质量流速差；Δm 为粒子与气体的质量流速差。

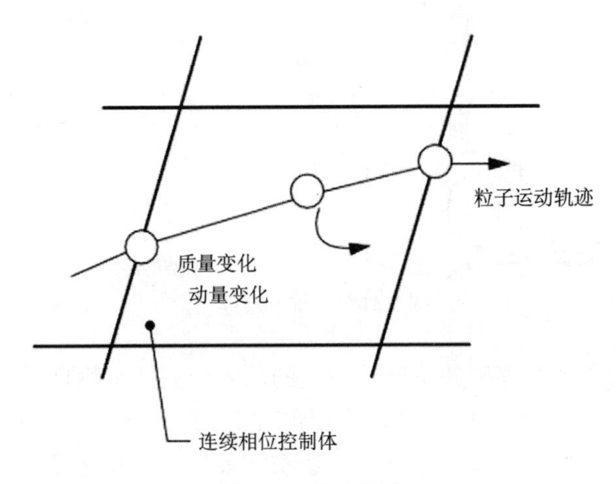

图 7.30　双向耦合

4. 几何模型和参数

物理模型应基于实际巷道情况才能保证结果是有意义的，其中巷道的长、宽、高分别为 20m、5m、4m。掘进机由截割头和掘进机主体构成，在物理模型构建时将其简化，视为由几种规则几何形状构建而成。风筒的直径为 0.8m，位于巷道的顶部，如图 7.31 所示。风流入口和掘进面之间的距离为 4m。为了将新鲜空气输送到巷道，将风筒的风量设置为 $500\mathrm{m}^3/\mathrm{min}$。

一些基础的边界条件如下：速度参数用于控制来自风筒的气流，设置为速度入口边界条件。如图 7.31 所示，速度出口位于 EFGH 面上，以确保风流在巷道出口充分流动，并且巷道和掘进机的壁面选择无滑壁面边界条件。而在雾滴模拟中，掘进面、巷道和掘进机的壁面都采用“陷落”边界条件，这意味着此处停止了雾滴轨迹计算。同时，在 EFGH 面上应用“逃逸”边界条件。

模型的几何构建和生成使用前处理软件 GAMBIT 2.4.6。由于模型的几何复杂性，使用六面体网格和四面体网格对计算域的网格进行划分，如图 7.32（a）所示。为了确保喷雾流场的准确性，对喷雾流场中的网格进行了加密，如图 7.32（b）所示。巷道模型的计算域网格空间总数为 1192697。

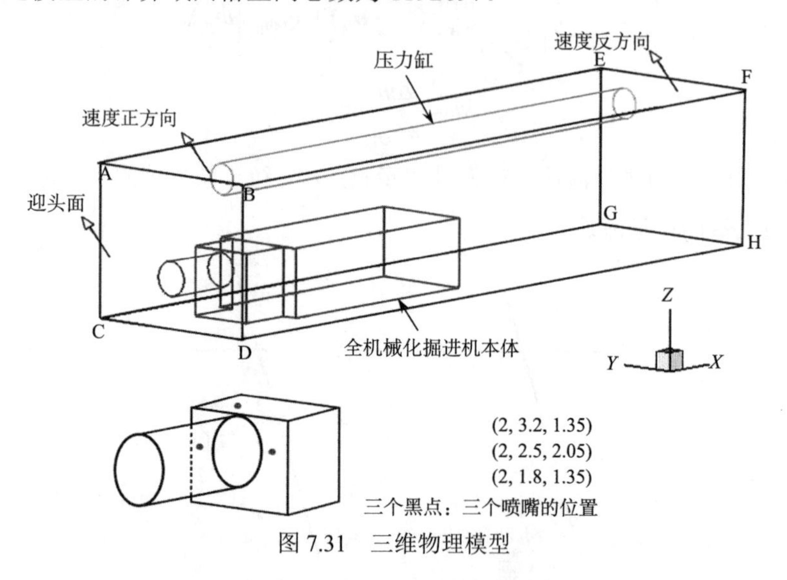

图 7.31　三维物理模型

如前所述，选择在煤矿井下广泛应用的压力旋流式喷嘴用于模拟。在物理模型中，设置三个喷嘴（图 7.31），坐标分别为（2,3.2,1.35）、（2,2.5,2.05）和（2,1.8,1.35），该布局与外喷雾系统的实际分布相符。除喷嘴类型外，其他参数（例如喷嘴出口直径和雾化角）也会影响降尘喷雾的效果。选择煤矿常用且具有代表性的喷嘴参数，喷嘴的直径设置为 1mm，喷雾角度为 60°，速度方向为–*X* 轴方向。基于上述设定参数，研究压入式风流对抑尘喷雾的影响。在本研究中，喷雾压力从 0.6～3MPa 进行一系列梯度变化设置。

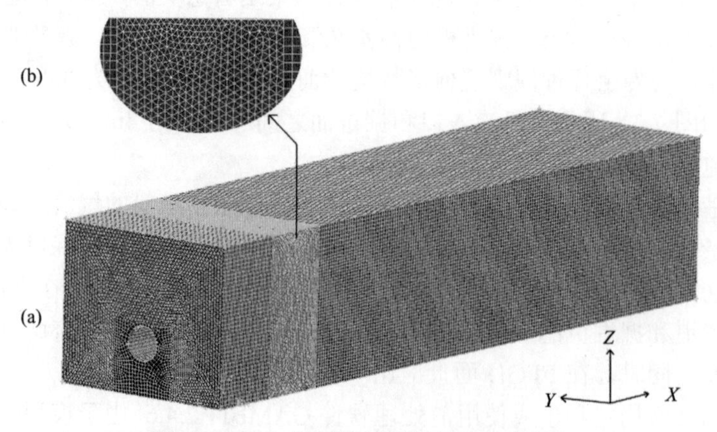

图 7.32　CFD 模型的计算网格和加密网格

7.4.2 结果与讨论

在巷道中，气流运移在改变空气环境和抑制粉尘方面起到重要作用，同时也对喷雾流场产生影响。

1. 模型验证

八矿是一个大型国有煤矿，位于中国中部河南省平顶山矿区，建于 1966 年 10 月 12 日，占地面积 43.8km^2，年生产煤炭 3 亿 t。$E_{9.10}$-21050 巷道以 19.90m^2（4.9m 宽和 3.9m 高）的拱形断面掘进，它是八矿的主要巷道之一。该巷道的煤层瓦斯相对涌出量为 11.5m^3/t，属高瓦斯煤层（相对瓦斯涌出量大于 10m^3/t），必须采用大风量以稀释和排除瓦斯，防止瓦斯爆炸。

在这项研究中，分别测量了八矿 $E_{9.10}$-21050 掘进巷道六个测点的风速，六个测点的 *X*、*Y*、*Z* 坐标分别为（3,2,3）、（6,2,3）、（9,2,3）、（12,2,3）、（15,2,3）和（18,2,3）。为了保证风流流场和喷雾流场的高度准确，通过对比八矿 $E_{9.10}$-21050 巷道中测量得到的实测数据和模拟得到的模拟数据，对模型进行验证。

模拟数据与实测数据如图 7.33 所示。模拟数据与实测数据吻合良好，平均差异约为 8.25%，小于 15%，表明气流流场的模拟结果准确。

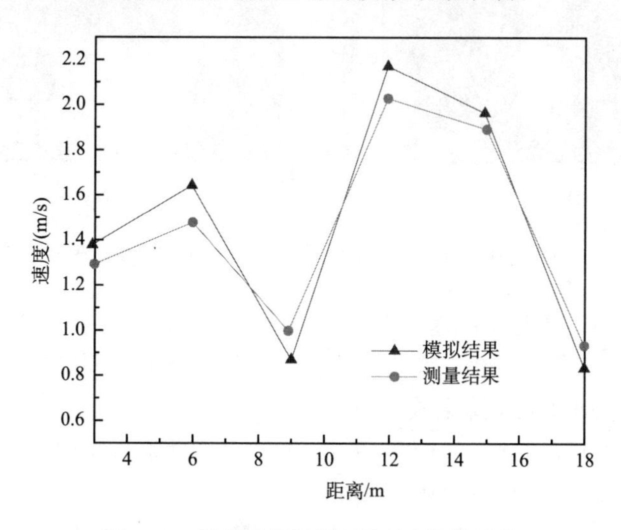

图 7.33　模拟结果和测量结果之间的比较

2. 气流场模拟分析

在引入喷雾流场参数之前，仅对气流进行分析。高速气流从风筒朝掘进面喷出，形成高速射流流场。随着风流移动距离的增加，射流风流场中的风速减小，形成速度梯度并扰动周围的空气。当它到达掘进面时，气流将变得混乱并形成一系列涡流，而喷雾轨迹将主要受到这些涡流的影响。

为了研究沿 X 方向的气流速度分布，图 7.34 显示了四个巷道横断面（X=0.1 m、0.5m、1m、2m）的速度分布情况。四个横截面均处于喷雾流场内，喷雾流场范围为 X 轴方向 0～2m。

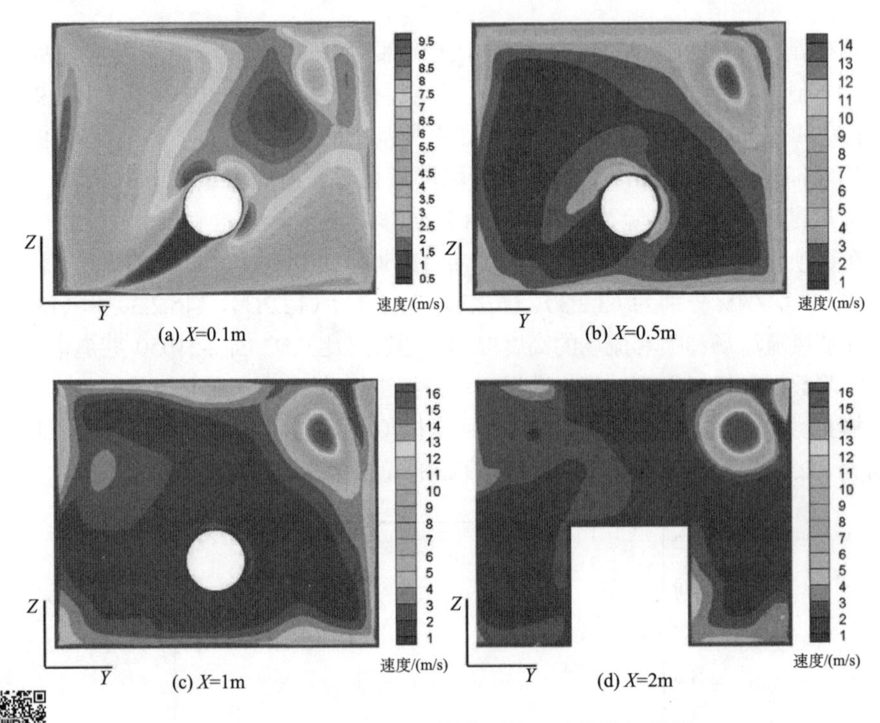

图 7.34　沿 X 方向不同横截面的风速的模拟结果

（1）在 $X = 0.1$m 时，风速为 5～9m/s。由于气流和掘进面之间的相互作用，在此截面观察到大量的涡流。喷雾流场会受到风流场的强烈影响，喷雾雾滴的轨迹被强制改变从而降低了降尘效率。

（2）在 $X = 0.5$m、$X = 1$m 和 $X = 2$m 时，对气流进行全面分析。各截面速度分布与 $X = 0.1$m 相似但又有不同，各截面的右上方存在一个较大的速度梯度场。在 $X = 1$m 和 $X = 2$m 时，最大速度为 16m/s。当沿 X 方向返回时，在 $X = 0.5$m 时，最大速度降低到 14m/s。在靠近巷道壁和掘进机主体的区域，存在一个小的速度梯度场，其速度范围在 1～7m/s。除以上两个区域外，速度范围大致为 1～3m/s，可以忽略不计。因此，在这些区域中，可以形成稳定的喷雾流场，这意味着气流干扰可被完全忽略。

3. 喷雾流场模拟分析

从 0.6MPa 到 3.0MPa 变化，以 0.2MPa 的压力梯度递增，分析不同喷雾压力条件下的喷雾流场特性，为确保流场的有效性，每种压力下喷雾持续 10s。 图 7.35 为雾滴的运动矢量图。图 7.36、图 7.37 和图 7.38 为不同压力下的 3D 喷雾流场。雾滴运动轨迹由雾滴停留时间着色。平面 abcd 表示掘进面煤壁，白色区域表示掘进机。

1）气流对喷雾流场的影响

如图 7.35 所示，当喷雾压力为 1.0MPa 时，大多数雾滴的矢量方向指向掘进面，小部分雾滴偏离该方向朝向煤壁。随着喷雾压力的增加，越来越多的雾滴运动到掘进机周围而不是掘进面。当水喷雾压力增加到 2.8MPa 时，大部分雾滴的运动方向会偏离掘进面。

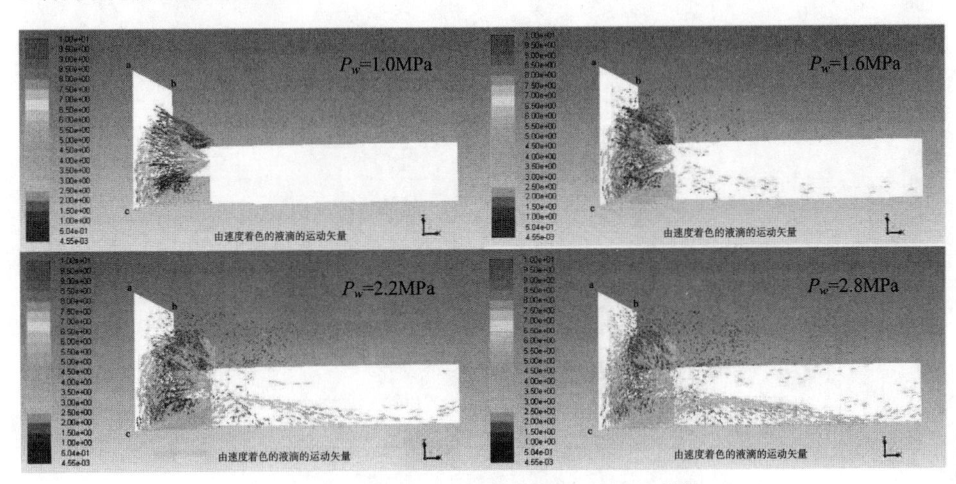

图 7.35　不同喷雾压力下雾滴的运动矢量图（单位：m/s）

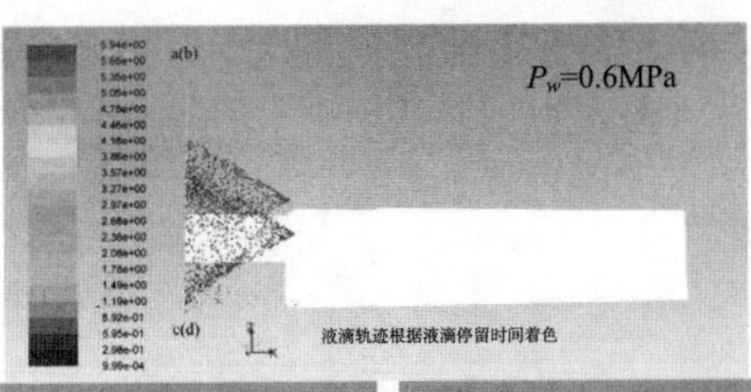

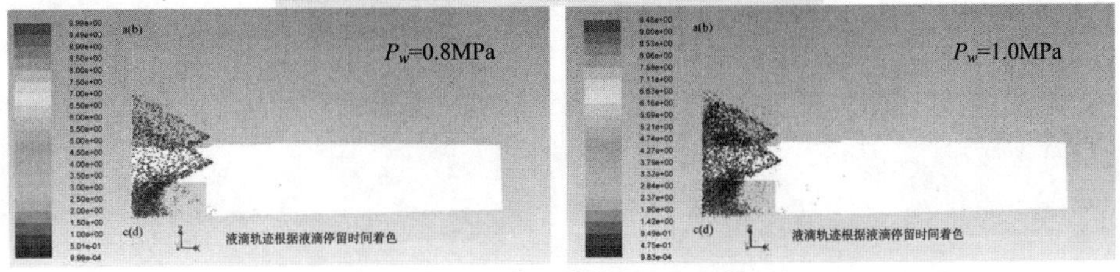

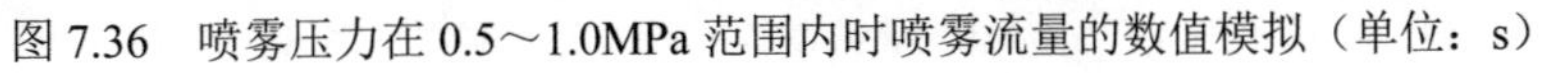

图 7.36　喷雾压力在 0.5～1.0MPa 范围内时喷雾流量的数值模拟（单位：s）

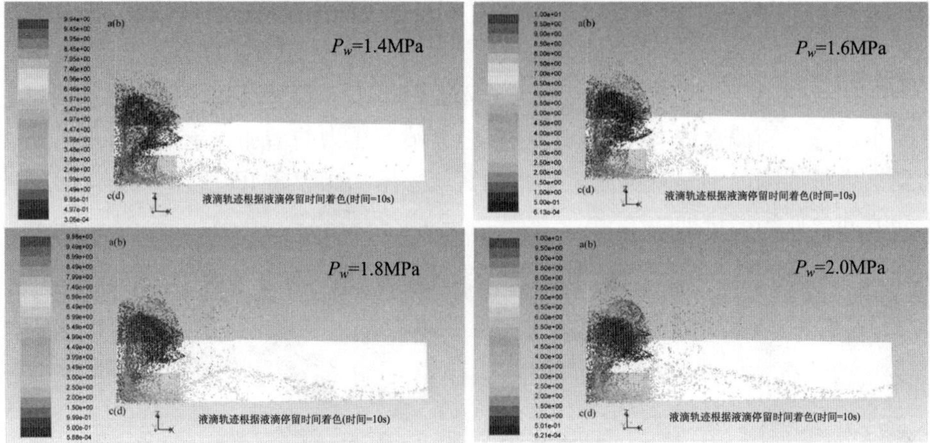

图 7.37　喷雾压力在 1.0～2.0MPa 范围内时喷雾流量的数值模拟（单位：s）

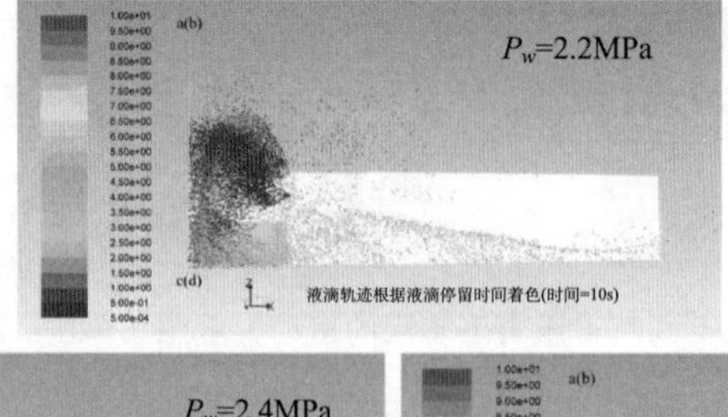

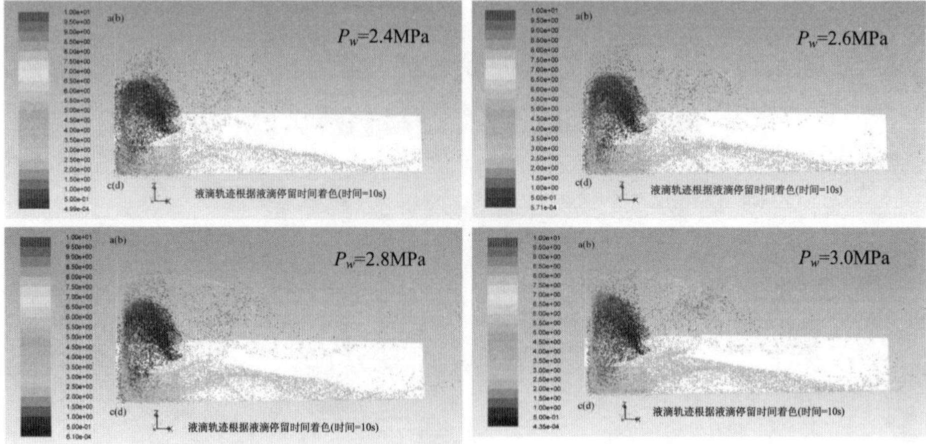

图 7.38　喷雾压力在 2.0～3.0MPa 范围内时喷雾流量的数值模拟（单位：s）

从图 7.36、图 7.37、图 7.38 可以看出，随着喷雾压力的增加，喷雾流场受到周围气流的强烈干扰，同时喷雾会不断扩散从而覆盖更大的区域。部分喷雾流场分析如下。

当喷雾压力为 0.6MPa 时，喷雾流场轮廓为圆锥形，风流对喷雾流场的干扰微乎其微。在 10s 时，雾滴的释放时间为 0～1.19s，说明喷雾的时间越接近 10s，雾滴在流场图中就越有可能存在。

当喷雾压力为 1.2MPa 时，由于风流和喷雾流的相互作用，部分雾滴在掘进机机身附近扩散。随着喷雾压力的增加，喷雾流场的分布更加紊乱。例如，一些雾滴甚至到达掘进机主体的后部。

当喷雾压力分别为 2.6MPa、2.8MPa 和 3.0MPa 时，由于高速风流较强烈的扰动，掘进工作面前方产生明显的边界区域，该区域的雾滴很少。

在不同的喷雾压力条件下，通过对雾滴特性的分析，包括雾滴的平均直径和平均速度、滞留在掘进面和巷道底部的雾滴质量及位于目标区域的雾滴质量，可以综合研究确定喷雾流场形成的原因。该目标区域可被认为是最佳抑尘区域。此外，通过研究得到最佳喷雾压力，有利于实现最大的抑尘效率。

2）喷雾雾滴的特性

喷雾由无数微小的雾滴组成，而喷雾流场的性能取决于雾滴的特性，主要包括雾滴的尺寸分布和平均直径。

当喷雾压力分别为 1.0MPa、2.4MPa 和 3.0MPa 时，从模拟结果中提取雾滴尺寸分布数据，如表 7.6 所示。由表 7.6 可知，当喷雾压力为 1.0MPa 时，尺寸大于 0.3mm 的雾滴几乎占雾滴总质量的 97%；当喷雾压力为 3.0MPa 时，直径小于 0.3mm 的雾滴质量约占 96%；当喷雾压力为 2.4MPa 时，粒径在 0.1～0.4mm、0.2～0.3mm 和 0.3～0.4mm 的雾滴分布相对均匀。由此可以推断，在 2.4MPa 的喷雾压力下，喷雾雾滴尺寸分布更为合理。

表 7.6　不同喷雾压力下的雾滴尺寸分布

雾滴尺寸范围/mm	质量比例/%		
	Pw=1.0MPa	Pw=2.4MPa	Pw=3.0MPa
0～0.1	0	0.26	0.67
0.1～0.2	0.28	40.98	44.16
0.2～0.3	3.21	33.36	51.78
0.3～0.4	48.82	25.40	3.39
>0.4	47.69	0	0

如图 7.39 所示，提取了 10s 时不同喷雾压力下的雾滴平均直径。当雾滴直径减小时，重力将减小，雾滴更容易受到周围环境风流的影响。图 7.39 的总体趋势表明雾滴直径随着喷雾压力的增加而逐渐减小。雾滴是通过雾化形成的，也就是说空气动力的不稳定性导致了水射流的破碎。在更高的喷雾压力条件下，会发生更高程度的雾化并形成大量较小的雾滴。例如，当喷雾压力为 0.6MPa 时，平均雾滴直径为 0.812mm，但是当喷雾压力为 3.0MPa 时，平均雾滴直径为 0.153mm。当喷雾压力增加时，雾滴直径总体呈减小趋势，平均直径下降速率迅速减小，0.6～0.8MPa 的雾滴粒径差约为 0.333mm，在 2.8～3.0MPa 之间出现非常小的差异，为 0.008mm。

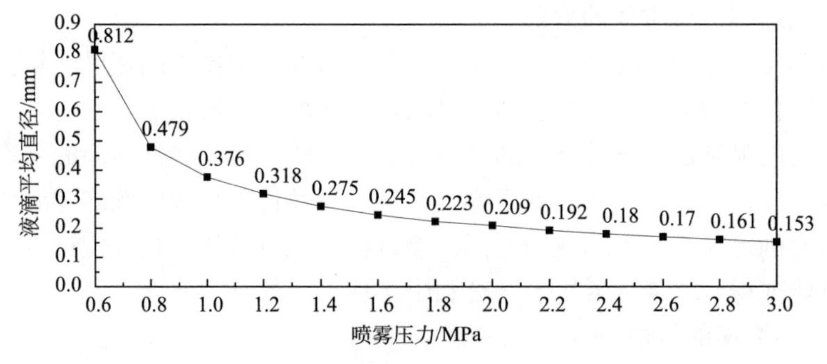

图 7.39　不同喷雾压力下雾滴的平均直径

为了找到更明显的数据来准确展示在掘进面附近的喷雾流场与高速气流之间的相互作用，研究了尺寸为 0.5m×5m×4m 的特殊区域，其中 0.5m 表示到掘进面的距离，称为“目标区域 A”。通过分析位于目标区域 A 中雾滴的平均速度（从模拟结果中提取并显示在图 7.40 中），讨论不同喷雾压力下喷雾流场的差异性。

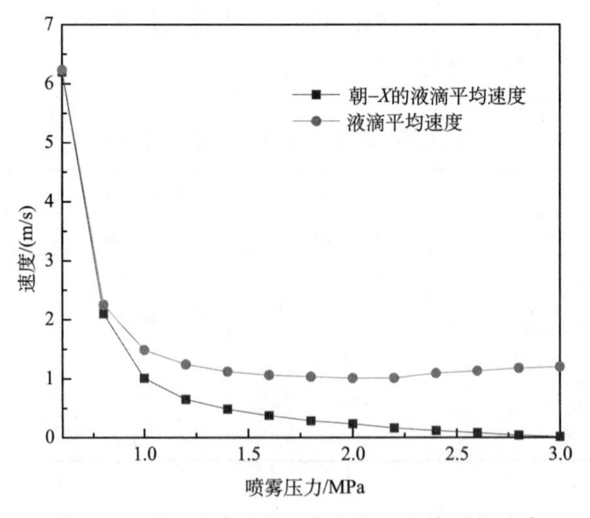

图 7.40　不同喷雾压力下雾滴的–X 方向平均速度

沿–X 轴方向的平均速度总体呈下降趋势，如图 7.40 所示，当喷雾压力为 0.6MPa 时，–X 轴方向速度达到 6.200m/s，平均雾滴速度达到 6.223m/s。然而，当喷雾压力为 3.0MPa 时，–X 轴方向速度仅为 0.014m/s。结合平均雾滴直径的分析，能够确定为什么在不同压力条件下速度会有如此显著的变化。当喷雾压力较大时，虽然雾滴沿–X 轴方向以高速喷射，但空气对雾滴的阻力作用更加显著，雾滴维持射流速度的能力减弱，因此沿–X 方向平均速度随着喷雾压力的增加而逐渐降低。

当喷雾压力在 0.6～2.0MPa 时，由于空气阻力的存在，雾滴速度随喷雾压力的增大而大大降低。当喷雾压力在 2.0～3.0MPa 时，小直径雾滴随风流运动而运动，雾滴速度呈略微增大的趋势。

3）煤壁和巷道底部捕获的雾滴质量

当喷雾压力为 2.6MPa、2.8MPa 和 3.0MPa 时，在掘进面的前部有一个明显的边界区域，如图 7.38 所示。在 t=10s 的不同喷雾压力下，从模拟结果中提取出掘进面和巷道底部捕获的雾滴质量，如图 7.41 所示。

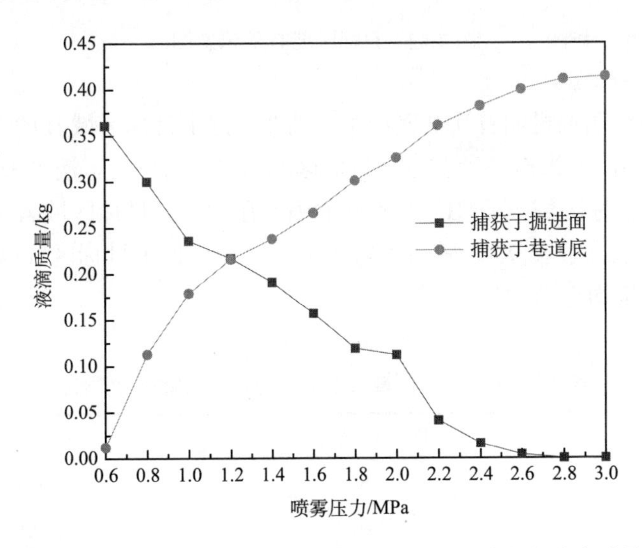

图 7.41　在不同喷雾压力下掘进面和巷道底部截留的雾滴质量

掘进工作面捕获了一小部分雾滴（质量小于 0.01kg），该部分雾滴的质量几乎可以忽略不计。这是因为雾滴的平均直径和平均速度都非常小，雾滴靠近掘进面很容易被高速风流形成的风墙阻挡。掘进面捕获的雾滴质量总体呈下降趋势，这与巷道底部捕获的雾滴质量总体趋势完全不同。当喷雾压力为 0.6MPa 时，仅有 0.012kg 的雾滴被巷道底部捕获，但是当喷雾压力为 3.0MPa 时，则有 0.414kg

的雾滴被捕获。随着喷雾压力的增加，雾滴更容易受到周围气流的影响，而风流朝向掘进面附近的地面，因此更多的雾滴流向巷道底部。

4）位于目标区域的雾滴质量

进行采煤活动时，掘进机截割头会产生大量粉尘。因此，截割头附近的雾滴浓度决定了抑尘效率。在截割头附近设立一个特殊区域，定义为“目标区域B”。该区域的形状是空心圆柱体，高度为0.4m，内径为0.8m，外径为1.6m，包围在切割头上（切割头的直径为0.8m），如图7.42所示。

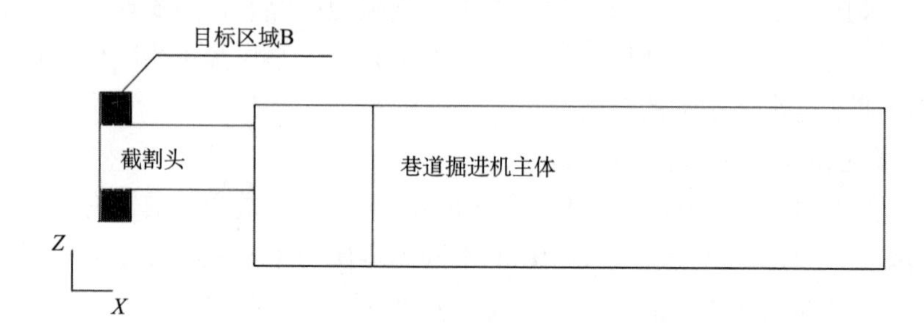

图7.42 目标区域B的示意图

对于截割头在掘进面首次截割产生的粉尘，位于目标区域B的雾滴对抑尘起着决定性的作用。如果雾滴没有位于目标区域A中，则认为雾滴失去了抑尘功能。因此，仅关注目标区域A和B。在不同的喷雾压力下，目标区域A和目标区域B中的雾滴质量汇总于表7.7，随着喷雾压力的增加，位于目标区域A和目标区域B的雾滴的质量均逐渐增加。

表7.7 位于目标区域A和目标区域B中的雾滴质量

水压/MPa	区域A雾滴/g	区域B雾滴/g
0.6	2.89	0.31
0.8	6.23	0.46
1.0	12.8	1.00
1.2	15.9	1.54
1.4	20.5	2.04
1.6	25.6	2.62
1.8	31.8	3.01

续表

水压/MPa	区域 A 雾滴/g	区域 B 雾滴/g
2.0	35.8	4.29
2.2	49.2	6.01
2.4	52.3	6.56
2.6	58.2	6.82
2.8	62.9	6.66
3.0	67.7	7.09

然后，定义一个特殊系数“*H*”，等于目标区域 B 的雾滴质量和目标区域 A 的质量的比值。*H*在一定程度上显示了粉尘抑制的效率，如图 7.43 所示。

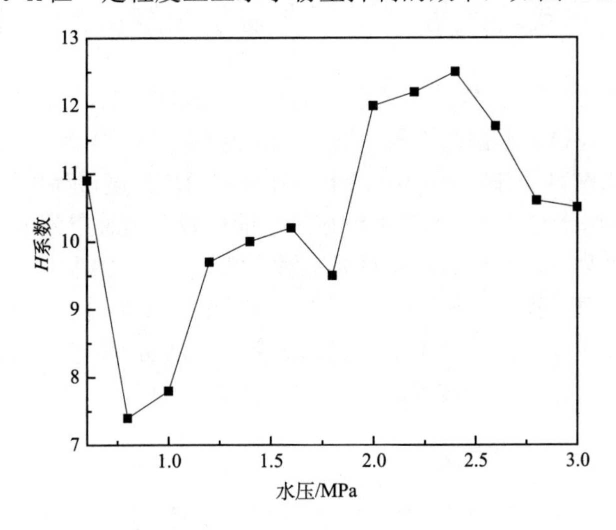

图 7.43　不同喷雾压力下的 *H* 系数

$$H = \frac{M_1}{M_2} \times 100\% \tag{7.20}$$

式中，M_1、M_2分别为位于目标区域 A、B 中的雾滴的质量。

雾化效果对降尘效率的影响分析如下。对于粉尘控制，雾化效果可以通过雾滴速度和雾滴尺寸来表征。以往研究表明，以较小的雾滴尺寸和较高的雾滴速度可以实现较高的除尘效率[35-47]。似乎雾滴尺寸越小且雾滴速度越高，除尘效率越高。然而，粒径越小则越容易受到掘进面气流的干扰，导致雾滴无法到达截割粉尘源，使粉尘抑制率降低。这意味着从源头抑制粉尘是最有效的防控方法。因此，研究重点是掘进机的截割粉尘源处的粉尘抑制，而不是工作空间中的气载粉尘抑制。在掘进面上，最大的粉尘源是掘进机截割煤壁。因此，将靠近掘进面截割煤壁的空间设置为目标区域 A，并将掘进机截割头附近的空间定义为目标区域 B，到达目标区域 B 的喷雾雾滴具有最大的粉尘抑制效果，而目标区域 A 外部的雾滴没有抑尘效果。目标区域中捕获的雾滴越多，抑尘率就越高。因此，推断出将尽可能多的雾滴喷射到目标区域 B 中，可以实现尽可能高的粉尘抑制率。

如图 7.43 所示，当喷雾压力为 0.6MPa、0.8MPa 和 1.0MPa 时，H 首先降低，然后 H 增加直到喷雾压力为 2.4MPa，最后当喷雾压力介于 2.4～3.0MPa 时 H 降低，这意味着当喷雾压力约为 2.4MPa 时 H 达到最大值。另外，雾滴的平均直径为 0.18mm，这在一定程度上也具有较好的雾化效果。根据以上分析，可以认为 2.4 MPa 是抑制煤壁粉尘源处粉尘的最佳喷雾压力。

7.5　压入式通风综掘工作面粉尘精准防控技术研究

综掘工作面是煤矿粉尘危害最严重的地点。我国 95%的煤矿为井工开采，85%以上的尘肺病患者为掘进工人，煤尘爆炸也多数发生在掘进中的煤巷[38]，综掘工作面粉尘浓度可达 1000mg/m^3 以上、呼吸性粉尘浓度最高可达 400mg/m^3 以上，粉尘防治形势十分严峻。据前述综掘工作面气载粉尘时空分布特性研究可知，综掘工作面截割处、回风侧、司机处是三大高浓度粉尘聚集区，是综掘工作面粉尘防治重点，且由于我国高瓦斯/突出矿井众多，新型喷雾技术是实现综掘工作面高效防治的首要选择。因此，本节提出梯级雾化分区防尘降尘基本理论，建立综掘工作面分区分级精准防控技术。

7.5.1　梯级雾化分区除尘方法

喷雾降尘可分为接触过程、捕获过程与沉降过程。接触过程是指在惯性碰撞、拦截、扩散、静电凝结 4 种机理作用下[39, 40]，煤矿粉尘与雾粒发生接触的过程。矿井风流携带煤矿粉尘在雾化区中长时间移动，朝雾粒运动的风流会在离雾粒不远处开始绕雾粒运动，而此时煤矿粉尘是否进行绕流运动取决于煤矿粉尘自身的质量，当质量较大的煤矿粉尘向雾粒移动时，在惯性作用下，煤矿粉尘将不受气流的影响，保持原有的运动状态而与雾粒发生碰撞，该过程称为惯性碰撞，是主要的接触作用机理。捕获过程是指煤矿粉尘与雾粒接触后，需具备一定动能以克服雾粒表面张力，从而被湿润和被雾粒吸附，失去向空中逸散的能力，但煤矿粉尘具有疏水性，与水接触时形成的固-液界面张力大，因此穿越功往往较大，许多煤矿粉尘与雾粒接触后被反弹到气流中，而湿润剂能大幅度降低煤矿粉尘与水接触时形成的表面张力，且煤矿粉尘具有的动能足以克服该表面张力，使得湿润过程能够持续进行。沉降过程是指煤矿粉尘被含湿润剂的雾粒润湿黏附、质量达到一定值后，在重力的作用下沉降，从而达到降尘的目的。

基于前述防尘方法，如图 7.44 所示，将综掘工作面迎头分为三个区域，并分别采用泡沫射流抑尘、空气雾化降尘和压力雾屏隔尘三种雾化方法协同治理，大幅提高除尘效果。基本技术方法如下：在掘进机即将开始截割时先开启负压二次雾化抑尘装置，将高速雾滴经均匀布置在截割臂周围的喷头喷射至截割头处，形成环形雾滴群，润湿截齿及煤岩壁面，并最大限度地包裹截割破碎区，使掘进机截割煤岩产生的粉尘随风飞扬前即与雾滴接触，实现源头抑尘、降尘作用。高速雾滴喷出后在环形集尘罩内形成负压，从而吸入截割头周围含尘空气，粉尘与雾滴二次接触，再次实现降尘、捕尘作用[41]。利用气相压力提高静压水雾化效果，增大雾滴密度，有效提高对呼吸性粉尘的捕获概率及沉降效果，同时喷雾流与回风侧风流方向相反，可削弱回风侧风流对隔尘雾屏成形后效果的影响，隔尘雾屏能够将气流中的残余粉尘阻隔在掘进机司机位前方，以防粉尘向巷道后方继续运移，隔尘雾屏向截割迎头方向倾斜喷射，可以抵抗断面回风风流影响，维持有效形态。隔尘雾屏发生器固定在掘进机机身上，可随掘进机一同向前推进，既能免除人工移动时增加的额外劳动从而提高作业效率，又可始终将粉尘隔绝在工作面迎头处，保证掘进机司机及后部巷道作业人员处在洁净空间内，达到持续隔尘效果[42]。

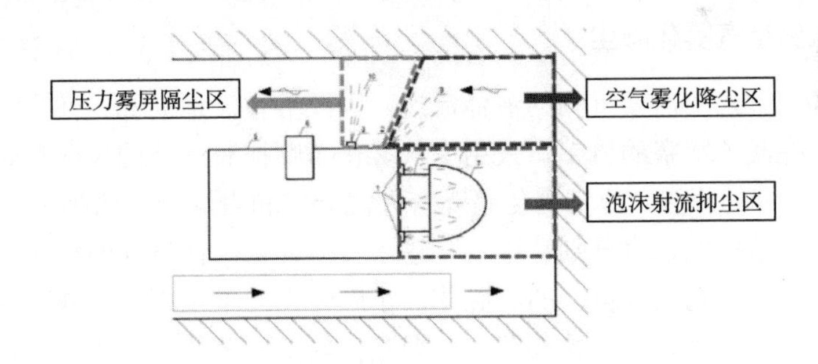

图 7.44　综掘工作面梯级雾化分区除尘原理图

7.5.2　包裹截割头尘源抑尘

综掘机外喷雾的降尘效果很大程度上取决于能否在综掘机截割头周围形成均匀的雾团并将其包裹，以阻止粉尘向截割头周围以外的空间扩散[43]。从综掘机割煤产尘的过程分析可知，截割过程中煤体被截齿挤压粉碎，破碎煤块携带的原生和次生煤尘在降落过程中逸散，从而造成煤尘飞扬，同时由于截割头的旋转，使得飞扬的煤尘随气流围绕截割头运动，在迎头处风筒风流携带下，煤尘向后方巷道扩散。我国大多数综掘机外喷雾系统的喷嘴安装位置是截割头的两耳部，其形成的雾流形状是水平面。从上述分析可知，截割头附近的煤尘以环绕运动为主，这就造成平射雾流的降尘效果差。为了及时有效地捕获综掘机截割头的粉尘，就必须设计出一套喷雾降尘装置，使喷嘴喷出的雾流能将截割煤岩时产生的粉尘完全覆盖，最大限度地发挥喷雾降尘系统的降尘作用。因此，截割头环形包裹抑尘技术（图 7.45）的设计思路是采用水射流雾化理论[39]和环形包裹相结合的方法，通过环形布置喷嘴喷射细水雾，包裹截割头，从而达到源头抑尘的目的。

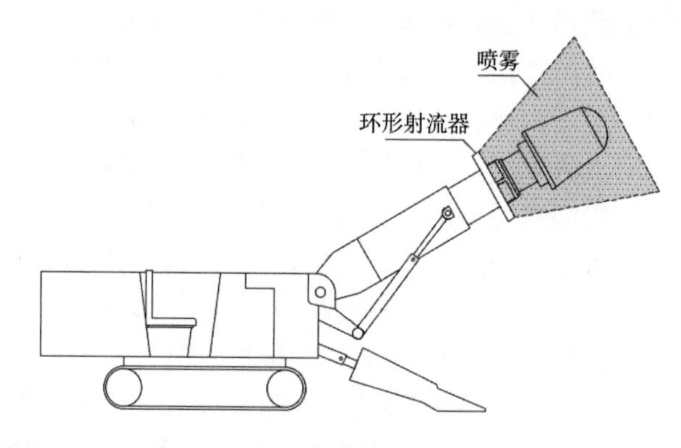

图 7.45　环形包裹抑尘机理示意图

7.5.3　回风侧空气雾化降尘

空气雾化方式不需要过高的液体流速，因此液体流道的孔径通常比直射式喷嘴大，有效降低了堵塞的概率，采用空气雾化喷嘴捕获沉降回风侧粉尘，可实现低耗水、高效率的降尘。空气雾化喷嘴有外混合式和内混合式两种（图 7.46），其工作原理主要是把气、水分别从进气、进水接口导入；在气水两相进入中间的大型腔体后，气体首先进入自己的小腔体，小腔体内部不规则且呈螺旋状，气流在其中因为涡旋气流效应，开始加速；大型腔体内部的节流杆对水流流量和水流速度进行限制，然后由于气压的介入，气流被加速，水流被限速，从而气流与水流之间形成一个较大的速度差值，气压对水流开始细化破碎，在这样的作用下只需

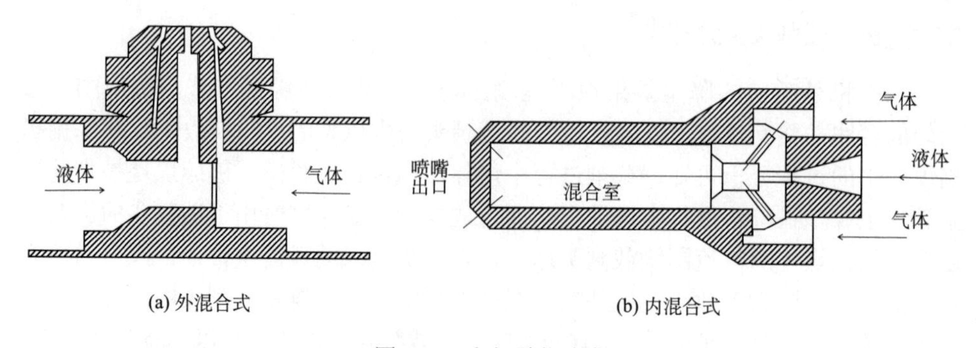

(a) 外混合式　　(b) 内混合式

图 7.46　空气雾化喷嘴

较小的气压就可以对水流起到一个很好的作用力，达到所需要的雾化粒度[44]。此外，在气水压共处的狭小腔体内气压对水流的破碎引起共振，水流进一步破碎细化。最后，在喷嘴出口的前端，因喷嘴被设计成细狭长状，在出口直径减小，流量不变的情况下，水流继续加速进一步被细化，最终达到满足要求的雾化效果[45, 46]。空气雾化的主要优点是可以在较低的水压下获得良好的雾化效果，并且通过调节气体压力，可以根据需要改变雾滴的粒径和雾流场的外形，在气体的冲击下雾滴的空间分布更加均匀。

7.5.4　压力雾屏隔尘

压力雾屏的原理是井下高压水经扇形雾化喷嘴喷出，液体通过喷嘴出口形成射流，射流液体失稳，在气动力、惯性力、表面张力和黏性力的作用下分裂破碎为各种形状、大小的液块和丝状雾滴，这是喷雾的初次破碎，而液体破碎的尺寸和喷嘴结构、气流和环境状态有关，尺寸变化一般在毫米或厘米量级[13]。初次破碎所产生的雾滴由于受到空气阻力的作用，逐渐减速、变形和再次破碎，这也就是喷雾的二次破碎。二次破碎发生在气液两相掺混区，是由空气阻力和雾滴表面张力之间的相互作用引起的，二次破碎产生的雾滴在空气中一方面会继续破碎为更小尺寸的雾滴，另一方面也会相互聚并形成大尺寸雾滴，但喷雾雾滴的尺寸仅在几微米到几百微米之间。扇形喷嘴采用侧边环绕布置，可形成覆盖整个巷道断面的雾屏[47]，由于雾屏不断卷吸含尘气流，使得尘粒不能穿透雾屏，实现全方位喷射除尘。在巷道回风风流的影响下，雾屏中的雾滴自然向后飘散，从而形成雾层，雾层可作为隔尘捕尘的极佳缓冲区，以阻止粉尘从司机处扩散，达到隔尘的目的（图 7.47）。同时掘进工作面的粉尘被除尘风筒带走，改善了掘进司机的作业环境。

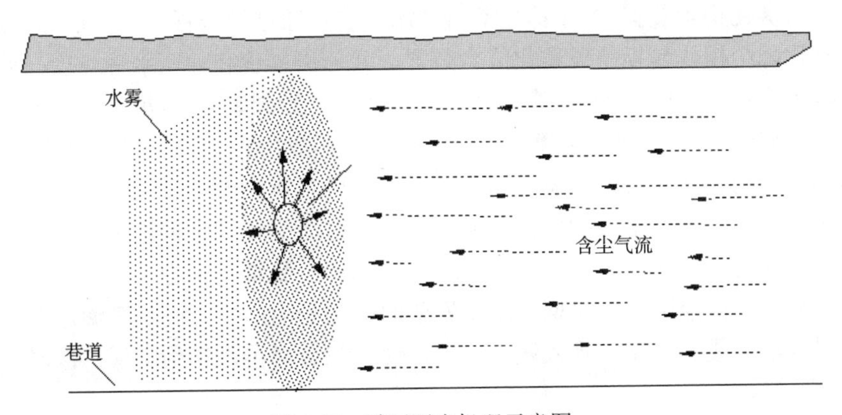

图 7.47　雾屏隔尘机理示意图

7.5.5　梯级雾化分区除尘系统

1. 系统组成与布置

为解决综掘工作面粉尘防治难的问题，实现综掘工作面高浓度粉尘的有效治理，前述方法既可从源头处抑制粉尘产生，提升粉尘治理效果，又能在粉尘浓度较高的回风侧捕获粉尘，并在掘进机司机前方阻隔粉尘，避免粉尘运移逃逸污染中后部巷道。基于此，发明了一种综掘工作面梯级雾化分区除尘系统，具体设计如图 7.48 所示，包括射流雾化抑尘模块、空气雾化降尘模块和动压雾化隔尘模块[48]。

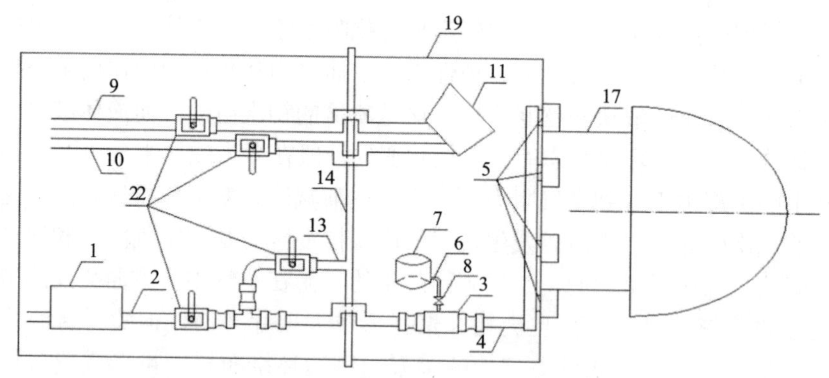

图 7.48　综掘工作面梯级雾化分区除尘系统示意图

1-增压泵；2-高压水管；3-抑尘剂自动添加装置；4-输送管；5-负压二次雾化抑尘装置；6-吸液管；7-抑尘剂容器；8-第一调节阀；9-压风管；10-静压水管；11-空气雾化降尘装置；13-动压水管；14-“L”形隔尘雾屏发生器；17-截割臂；19-综掘机机身；22-阀门

射流雾化抑尘模块包括增压泵、高压水管、抑尘剂自动添加装置、输送管和负压二次雾化抑尘装置，其中抑尘剂自动添加装置通过吸液管与抑尘剂容器连通；空气雾化降尘模块包括空气雾化降尘装置，并与压风管和静压水管连接；动压雾化隔尘模块包括“L”形隔尘雾屏发生器，并通过紧固装置与动压水管相连。

图 7.49 为射流雾化抑尘模块，设置有 6 个扩散角为 25°的射流雾化喷头，喷头两两之间的夹角为 60°，喷头固定在圆环形集尘罩内部，射流雾化喷头及其圆环形集尘罩均匀布设于截割臂根部的圆周上。射流雾化抑尘模块主要针对截割头截割破碎煤岩产尘区域，其中的负压二次雾化抑尘装置将抑尘剂溶液以高速雾滴的形式喷射至破碎区域，早期润湿煤岩壁面抑制粉尘产生，高速雾滴流在圆环形集尘罩内部形成的负压可吸入残余粉尘，使其与雾滴再次作用实现二次降尘。

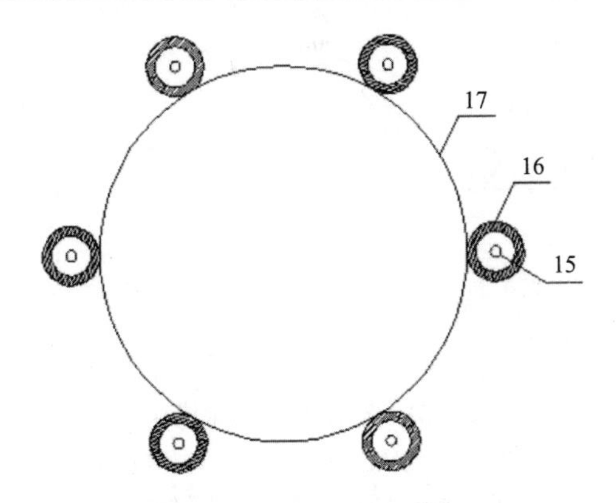

图 7.49 射流雾化抑尘模块

15-射流雾化喷头；16-圆环形集尘罩；17-截割臂

图 7.50 为空气雾化降尘模块，该模块为 3 个扩散角为 40°的锥形喷头布置在综掘机机身最前方，喷射方向在侧剖面投影上与水平面夹角分别为向上 60°、30°、10°，空气雾化降尘模块向工作面回风侧喷射，降低了回风侧风流流速，减缓了粉尘运移速度，同时降低了风流对隔尘雾屏的影响。采用工作面压风可提高静压水雾化效果及喷射速度，增加与粉尘的作用效果。

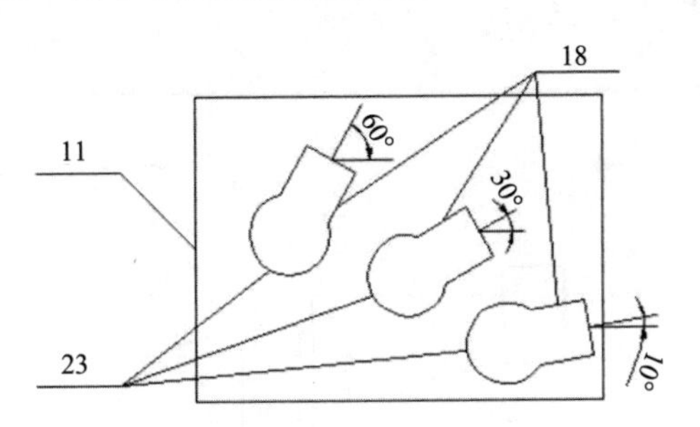

图 7.50 空气雾化降尘模块

11-空气雾化降尘装置；18-锥形喷头；23-球接头

图 7.51 为动压雾化隔尘模块，主要为"L"形隔尘雾屏发生器，分为水平段和竖直段。"L"形隔尘雾屏发生器上固定有若干个扇形雾化喷头，扩散角度为 45°，位于竖直段的第一扇形雾化喷头向左侧喷射；位于水平段的第二扇形雾化喷头向竖直上方喷射且布置间距为 15cm；第三扇形雾化喷头设置在水平段的最右端且喷射方向为与水平面成 30°的右上方，扩散角度为 120°；高压水管、压风管、静压水管和动压水管上均设有第二调节阀，动压雾化隔尘模块产生的隔尘雾屏可避免粉尘向巷道后方逸散，保证隔尘雾屏与粉尘的相对碰撞，提升阻隔效果。

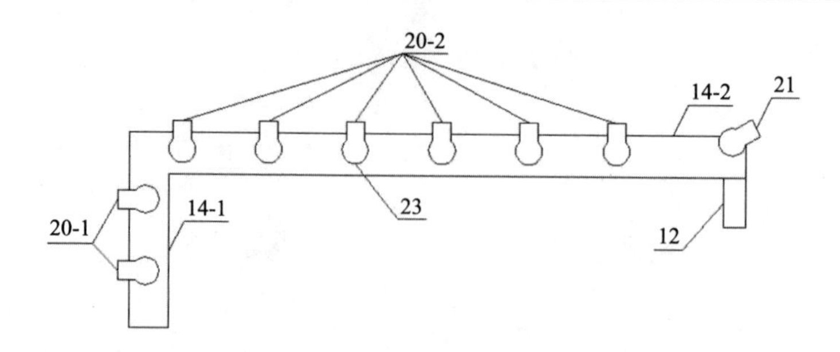

图 7.51　动压雾化隔尘模块

12-紧固装置；14-1-“L”形隔尘雾屏发生器竖直段；14-2-“L”形隔尘雾屏发生器水平段；20-1-第一扇形雾化喷头；20-2-第二扇形雾化喷头；21-第三扇形雾化喷头；23-球接头

梯级雾化分区除尘装置的布置主要如图 7.52，在系统中，负压二次雾化抑尘装置和隔尘雾屏发生器均以动压水为驱动力，空气雾化降尘装置以综掘工作面静压水和压风为驱动力，喷雾溶液采用含抑尘剂溶液，隔尘雾屏发生器布置于掘进机司机位前方 80～100cm，可有效阻隔进入掘进机司机四周的粉尘，改善其工作环境，保障人员身体健康安全。

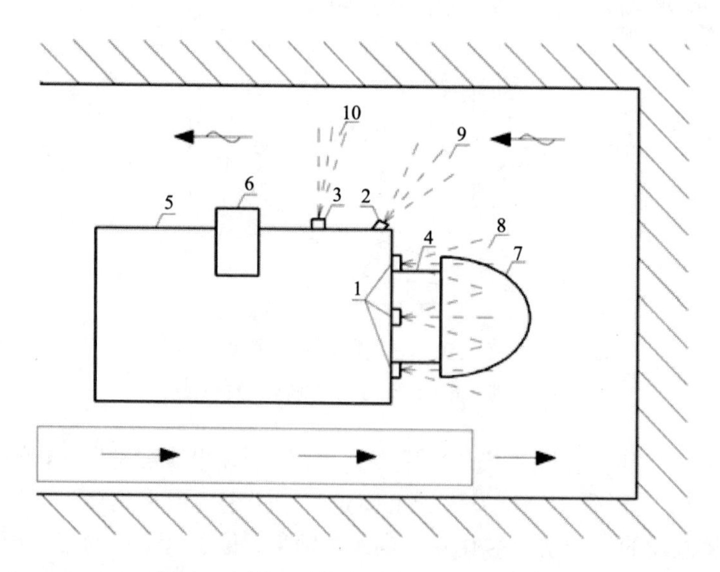

图 7.52　梯级雾化分区除尘装置结构布置

1-射流雾化抑尘装置；2-空气雾化降尘装置；3-隔尘雾屏发生器；4-掘进机截割臂；5-回风侧的掘进机机身；6-掘进机司机位；7-截割头；8-射流雾化抑尘区；9-空气雾化降尘区；10-压力雾屏隔尘区

2. 系统配套装置

1）可调式喷嘴安装支架

在降尘喷嘴的使用过程中发现，无论是使用哪种喷嘴，喷嘴安装后，其喷射的方位就已固定，无法进行改变，导致喷雾的作用点与产尘点不能高度统一。这一问题的根本在于喷嘴安装角度的不可调节，使得喷雾的优势得不到最佳的发挥。为从根本上解决这一问题，使喷雾喷射装置具有角度纠正功能，设计了一种用于矿井综掘工作面粉尘防治的可调式喷射支架[49]，如图 7.53 和图 7.54 所示。

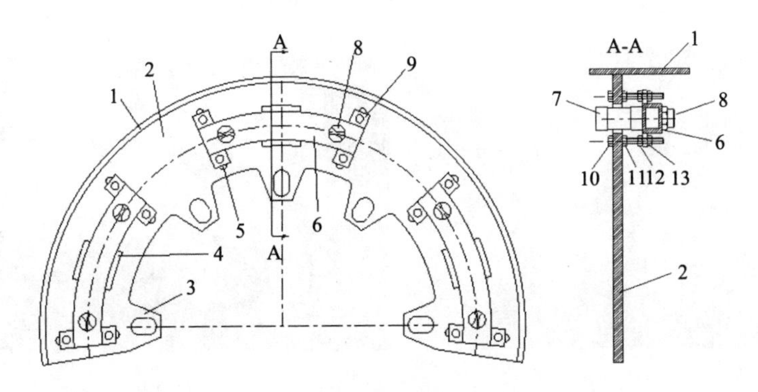

图 7.53　可调式喷射支架结构图

1-挡板；2-支撑板；3-连接耳；4-输入口通孔；5-条形孔；6-喷头安装支管；7-输入管；8-喷头；9-支管固定耳；10-加长螺栓；11、12、13-调节螺母

图 7.54　可调式喷射支架实物图

可调式喷嘴安装支架的关键在于支架本体含有球形凹槽，将雾化喷嘴的进液端改造成球状后，喷嘴就可在支架本体上转动，进而达到调节角度的目的。喷嘴安装角度的调节范围较其他方法扩大很多，且调节方便。喷嘴与本体之间的固定通过法兰来实现，如图 7.55 所示。图 7.56 为现场应用实物图。

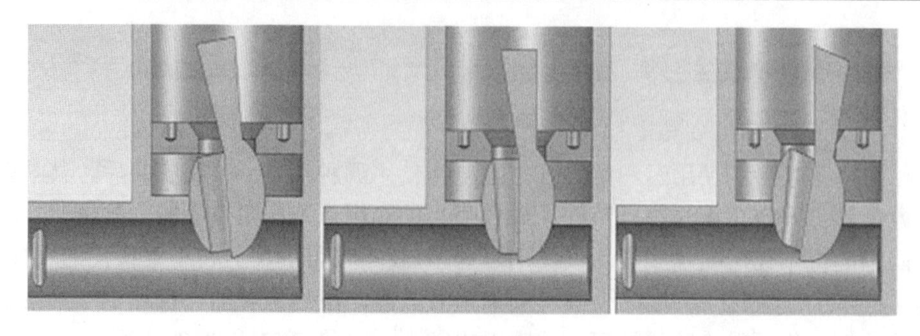

图 7.55　喷嘴安装角度的调节

（a）截割头

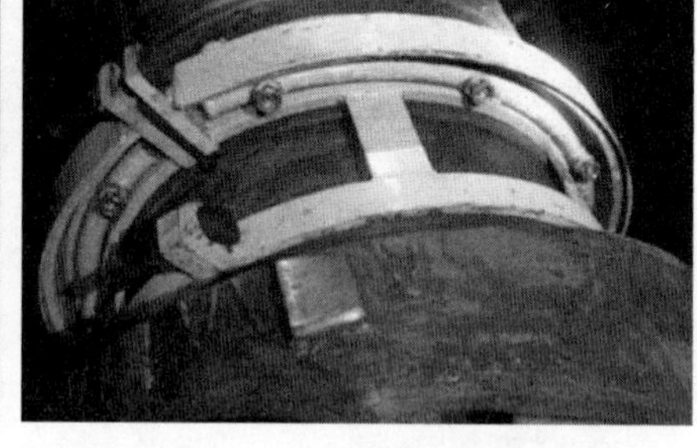

（b）环形射流器装设后

图 7.56　现场应用实物图

2）防堵塞的高压雾化降尘喷嘴

掘进面高压水射流抑尘的主要部件为射流喷嘴，而现有的降尘喷嘴大多采用微孔喷雾，喷嘴直径很小，由于井下防尘用水中常常含有杂质和铁锈，喷嘴容易出现堵塞的现象，从而造成喷雾降尘系统的失效，因此，雾化喷嘴的实用性值得研究。为此，设计了一款防堵塞的高压雾化降尘喷嘴[50]，如图 7.57 所示。

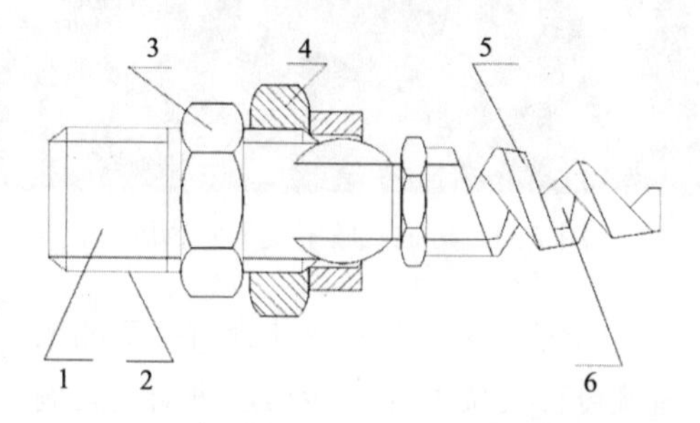

图 7.57　防堵塞的高压雾化降尘喷嘴结构图

1-压力水导入口；2-螺纹连接头；3-紧固螺母；4-喷嘴体；5-螺旋线体；6-旋流通道

该喷嘴采用螺旋旋流雾化方式，螺旋线体内部围成旋流通道，其旋流通道为渐缩结构，末端喷流角度为 60°～120°，出口通径为 2～4mm。当压力水进入旋流通道，与连续变小的螺旋线体相切和碰撞后，变成小雾滴，经旋流通道不断加速和深度雾化后喷出。整个液体通道无任何叶片和导流片的阻碍，是一个典型的畅通通道，在同等流量的情况下，该喷嘴的最大畅通直径是常规雾化喷嘴的 2 倍以上，可以最大程度上减少喷嘴堵塞现象的发生。由于该喷嘴为大通径结构，可以显著增加压力水的有效流量，从而产生更大的雾化量，对于提升源头粉尘抑制效果具有积极作用。图 7.58 为防堵塞高压雾化喷嘴的射流实况图。

图 7.58　防堵塞高压雾化喷嘴的射流实况图

7.6　综采工作面粉尘分源立体防控技术研究

综采工作面是煤矿井下最大产尘点，在无任何防尘措施条件下，综采工作面采煤机作业时粉尘总浓度可达 2500～3000mg/m^3[51]，液压支架移架作业引起的局部粉尘也可达 800mg/m^3，破碎机、转载点等周边粉尘浓度约为 150mg/m^3[52]，综采工作面以多粉尘源为主要特征，表现为产尘量大、分布范围广、粉尘特性不一等特点。基于对综采工作面产尘特点的认识和把握，本节提出分源治理、防降结合的粉尘治理思路，设计了以泡沫源头抑尘为核心的综采工作面粉尘分源立体防控技术。

7.6.1　采煤机割煤泡沫抑尘

泡沫抑尘系统（图 7.59）主要包括泡沫制备装置[53]（图 7.60）、输送管路、柔性支架和喷头等构件，其中核心的泡沫制备装置中又集成了发泡剂储液箱、射流吸液装置和泡沫发生器。

将采煤工作面防尘供水系统中的压力水接入高压水管，经调压阀调至适当压力后，依靠发泡剂添加装置自动将储液罐中的发泡剂吸入供水管路，形成发泡剂溶液，再由安设于采煤机上的自吸空气旋流产泡装置制备出气液两相泡沫，然后利用分流器将泡沫分成两股进入各自的泡沫输送管并输入扇形喷头，最后通过扇形喷头将泡沫呈扇状喷射至采煤机左右滚筒截割尘源，直接抑制割煤产尘。

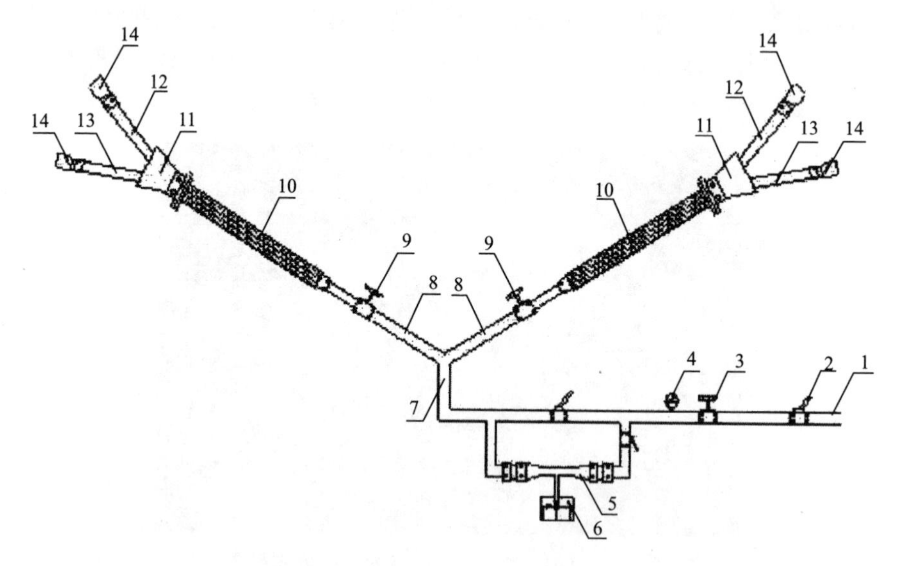

图 7.59　综采工作面自吸空气式泡沫抑尘系统示意

1-高压水管；2-控制阀；3-调压阀；4-压力表；5-发泡剂添加装置；6-储液罐；7-主供液管；8-支供液管；9-调节阀；10-自吸空气旋流产泡装置；11-分流器；12-泡沫输送管Ⅰ；13-泡沫输送管Ⅱ；14-扇形喷头

图 7.60　现场使用的自吸式泡沫发生装置

7.6.2　移架自动喷雾降尘

液压支架移架是综采工作面的第二大产尘点。升架过程中，顶板岩层或煤层被挤压破碎，堆积在支架顶梁上的碎岩碎煤随降架落下而产尘。移架过程中，顶梁和掩护梁上的碎矸从架间缝隙中掉下、顶板冒落或碎矸移动产生大量的粉尘。为实时有效治理移架粉尘，在支架上安装移架自动喷雾降尘系统，实现喷雾与支架降柱移架的联动[54, 55]，通过中高压喷雾完全覆盖支架下风流。液压支架自动喷雾降尘系统主要由液压支架自动喷雾控制装置、降柱移架喷雾架、高压管路及配件等组成。当液压支架降柱移架时，喷雾自动打开，当支架升架时喷雾关闭，喷雾压力在 4.0～8.0MPa 内可调，通过调节喷雾压力使移架喷雾达到最佳效果，令降柱移架工作处于密实的喷雾场中。液压支架移架自动喷雾如图 7.61 所示。

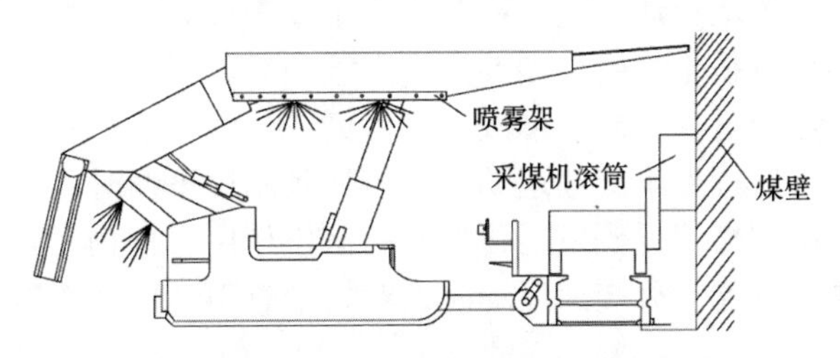

图 7.61　液压支架移架自动喷雾示意图

7.6.3　回风巷尘控自动喷雾降尘

回风巷喷雾可以有效降低粉尘浓度，净化矿井环境。为了净化回风巷的含尘风流，采用尘控自动喷雾降尘装置。该装置由粉尘浓度传感器、矿用本安型控制箱、热释光控传感器、通信软电缆、移动橡套软电缆、防爆电磁阀等组成，当粉尘浓度超过设定值后，控制箱通过继电器控制电磁阀的电源，从而控制打开或关闭。当有人通过时，传感器感应人体发出的热量并转换成电信号，该信号输入热释电红外控制电路，再通过继电器控制电磁阀的电源，从而控制打开或关闭。根据实际情况设置粉尘浓度超限值，有人通过装置下方时可自动停止或延时喷雾，从而实现无人情况下的回风巷粉尘浓度超限自动喷雾降尘[56, 57]。回风巷尘控自动喷雾装置安装示意图如图 7.62 所示。

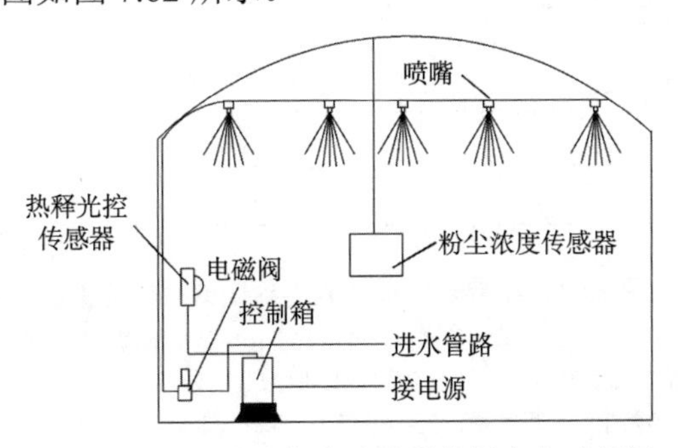

图 7.62　回风巷尘控自动喷雾装置安装示意图

7.6.4　转载点封闭式控除尘

皮带输送机转载点是井下煤炭运输过程中的最大产尘点，转载点处粉尘的产生原因有以下几个方面：

（1）来煤水分含量低，煤的处理过程中粉尘飞扬较为严重。原煤失水后，细颗粒粉尘在生产运输过程中不能黏附在粗颗粒上从而分离出来形成粉尘。

（2）煤块、物料在空气中高速运动时，会带动周围空气随其流动，使煤流表面的细小粉尘随其运动，形成煤流的尘化现象[58]。

（3）胶带输送机运行速度快，机头、机尾高差过大，使得原煤在转载点处做抛物线运动，小颗粒粉尘将会长期漂浮于空气中难以降落；已经沉降的粉尘在较大煤块的冲击下还会再次扬起，形成二次污染。

（4）煤块下落过程做不连续运动，当煤遇到刚性平面时，由于要恢复原来的堆积状态，使疏松的煤流受到下层传送带的挤压作用，把物料间隙中的空气猛烈挤压出来，当这些气流向外高速运动时，对粉尘有剪切压缩作用，能够带动细小粉尘一起逸出[59]。

转载点处粉尘逸散飞扬是造成粉尘污染的主要原因，因此在转载点处加设封闭罩对转载点进行封闭，将粉尘控制在受限空间内避免其外逸是治理粉尘问题的直接手段。但多数转载点不具备安设密闭罩的条件，硬密封影响视线和检修；而不进行封闭的转载点，使用传统喷雾技术降尘效率较低且耗水量大[59]。为了破解这一难题，发明了转载点封闭式控除尘系统[60]（图 7.63），提出了皮带输送机转载点封闭式控除尘方法[61]（图 7.64）。

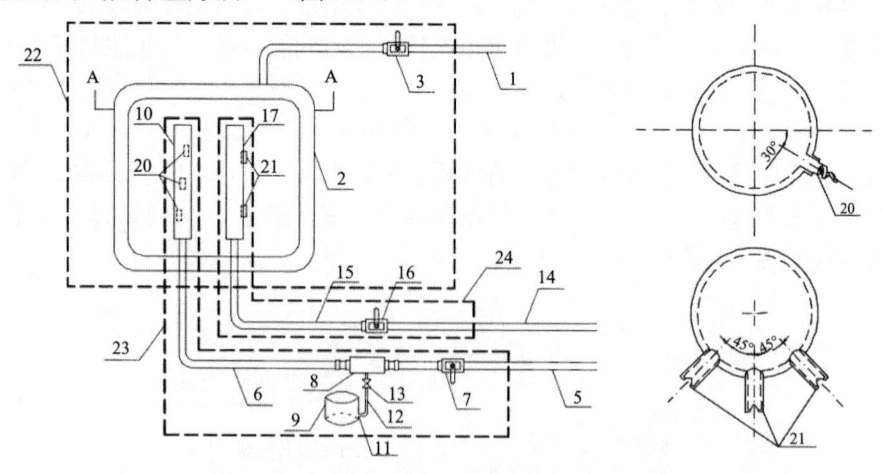

图 7.63　皮带输送机转载点封闭式控除尘系统

1-压风管；2-环形阻尘风幕发生器；3-风量调节阀；5-供水管Ⅰ；6-黏尘剂溶液输配管；7-调节阀；8-射流添加装置；9-黏尘剂贮存罐；10-黏尘剂喷射装置；11-出液口；12-吸液管；13-针形阀；14-供水管Ⅱ；15-压水管；16-调节阀；17-微孔喷雾装置；20-黏尘剂专用喷嘴；21-高压雾化喷嘴；22-封闭控尘模块；23-黏尘剂抑尘模块；24-雾化降尘模块

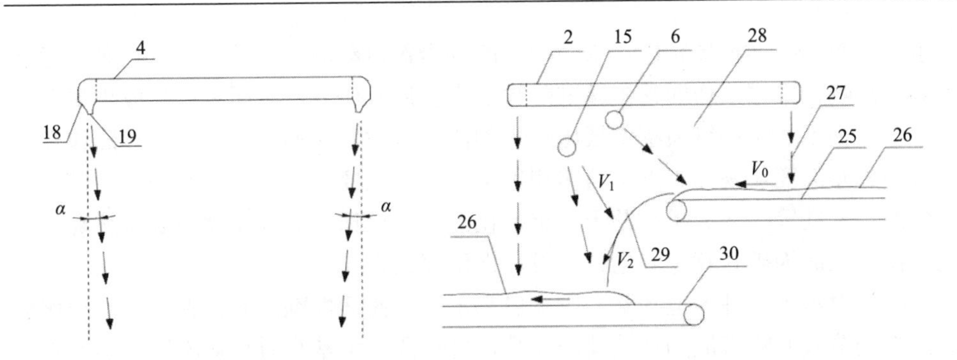

图 7.64　皮带输送机转载点封闭式控除尘方法

4-麻类编织物顶盖；18-圆弧形引气段；19-喷气缝；25-上部皮带；26-煤流；27-风幕；28-控尘空间；29-抛煤下落迹线；30-下部皮带；其余数字含义同图 7.63；α 指空气幕与竖直方向所成的夹角；V_0 指上皮带运煤方向；V_1 指雾滴喷射方向；V_2 指煤尘运移方向

皮带输送机转载点封闭式控除尘系统包括封闭控尘模块、黏尘剂抑尘模块和雾化降尘模块。封闭控尘模块包括与压风管相连的环形阻尘风幕发生器，压风管上设有风量调节阀，环形阻尘风幕发生器上固定有顶盖；黏尘剂抑尘模块包括与供水管Ⅰ相连的黏尘剂溶液输配管，黏尘剂溶液输配管上依次设置调节阀、射流添加装置、黏尘剂贮存罐和黏尘剂喷射装置，黏尘剂贮存罐下方留有出液口，出液口通过吸液管与射流添加装置相连，吸液管上设有针形阀；雾化降尘模块包括与供水管Ⅱ相连的压水管，压水管上设置有调节阀和微孔喷雾装置。本系统解决了转载点粉尘扩散问题，提高了除尘效率，避免了产尘区域受外界环境扰动，可从根本上降低粉尘产生量。

环形阻尘风幕发生器形成的风幕和上部顶盖实现了对产尘区域的立体式封闭，阻止了粉尘向外界扩散，还可防止周围环境气流对粉尘、雾滴的扰动；圆弧形引气段可卷吸喷气缝周围的空气，增加风幕含气量。黏尘剂与压力水混合后经由黏尘剂溶液输配管输送到黏尘剂喷射装置内，通过黏尘剂专用喷嘴喷出，对上部皮带末端物料进行全面覆盖，抑制粉尘产生；高压雾化喷嘴向下落过程及落煤点喷射，既能捕获抛物下落过程中因惯性飞扬起来的粉尘，又能润湿下部皮带上的煤流，防止煤碰撞破碎二次产尘。本方法既解决了转载点粉尘扩散问题，提高了除尘效率，又避免了产尘区域受外界环境扰动，可从根本上降低粉尘产生量，尤其适用于煤矿井下和地面选煤厂转载点的抑尘工作。

7.7　本 章 小 结

本章采用实验室实验、数值模拟、理论分析等方法，围绕不同工况条件和不同水基介质的喷雾流场特性、水力驱动的抑尘剂自动添加装置、压入式风流对外喷雾的影响、采掘工作面粉尘精准防控等内容展开研究，主要工作和成果如下：

（1）揭示了实心锥喷嘴中低压喷雾的流场特性，包括喷雾流场中雾滴粒径和速度的分布及变化规律、近场喷雾和远场喷雾的主要差异、喷雾流场在中低压范围内的稳定性等。该成果有助于从定量化的层面认识实心锥喷嘴中低压喷雾的客观规律，从而为矿井喷雾降尘方案设计提供理论指导。

（2）揭示了四种典型水基介质（自来水、表面活性剂溶液、磁化水、磁化表面活性剂溶液）喷雾流场特性及差异性，包括四种水基介质喷雾流场中雾滴大小和速度的分布及变化规律、水基介质喷雾特性的差异及其形成原因、水基介质喷雾流场的稳定性和适用性。该成果定量比较了典型水基介质喷雾流场的特征参数，为矿井喷雾降尘材料的优选提供了理论依据。

（3）发明了一种并联射流式表面活性剂添加装置。该装置以小流量压力水作为驱动力，无须电泵，消除了电气安全隐患；具有并联分流优势，可实现表面活性剂低比例稳定添加，添加比例较传统装置减少 50%以上；形成的负压较稳定，不易发生空化现象，工作过程压力损失小，降低了系统对供水压力的需求。

（4）揭示了压入式风流对综掘工作面外喷雾流场的扰动规律。压入式风流与掘进迎头煤壁作用产生大量的涡流，阻碍雾滴的前进；当喷雾压力增大时，平均雾滴直径逐渐减小，喷雾雾滴受到的涡流干扰增强，直至无法到达粉尘源；在本章实验条件下，以源头抑尘为目标的最佳喷雾压力约为 2.4MPa。

（5）发明了压入式通风综掘工作面梯级雾化分区防尘降尘技术。梯级布局射流雾化抑尘区、空气雾化降尘区和压力雾屏隔尘区对综掘工作面截割处、回风侧、司机处三个高浓度粉尘区进行精准防控，配套设计由射流雾化抑尘模块、空气雾化降尘模块和压力雾屏隔尘模块组成的梯级雾化分区除尘系统，实现了综掘工作面粉尘“抑、降、隔”三位一体的高效防控。该成果开拓了综掘工作面粉尘精准防控的新局面。

（6）构建了一套综采工作面粉尘分源立体化防控技术。针对割煤、移架、回风巷、输煤转载点四个产尘源，分别布局采煤机割煤泡沫抑尘、移架自动喷雾降尘、回风巷尘控自动喷雾降尘、转载点封闭式控除尘技术进行针对性治理。该研究为综采工作面粉尘精准化治理供了可行方案。

参 考 文 献

[1] Wang H T, Du Y H, Wei X B, et al. An experimental comparison of the spray performance of typical water-based dust reduction media[J]. Powder Technology, 2019, 345: 580-588.

[2] 王德明. 矿尘学[M]. 北京: 科学出版社, 2015.

[3] Xu G, Chen Y P, Eksteen J, et al. Surfactant-aided coal dust suppression: A review of evaluation

method sand influencing factors[J]. Science of the Total Environment, 2018, 639: 1060-1076.
[4] Charinpanitkul T, Tanthapanichakoon W. Deterministic model of open-space dust removal system using water spray nozzle: Effects of polydispersity of water droplet and dust particle[J]. Separation and Purification Technology, 2011, 77(3): 382-388.
[5] Nie W, Ma X, Cheng W M, et al. A novel spraying/negative-pressure secondary dust suppression device used in fully mechanized mining face: A case study[J]. Process Safety and Environmental Protection, 2016, 103: 126-135.
[6] Nie W, Liu Y H, Wang H, et al. The development and testing of a novel external-spraying injection dedusting device for the heading machine in a fully-mechanized excavation face[J]. Process Safety and Environmental Protection, 2017, 109: 716-731.
[7] Faschingleitner J, Höflinger W. Evaluation of primary and secondary fugitive dust suppression methods using enclosed water spraying systems at bulk solids handling[J]. Advance Powder Technology, 2011, 22: 236-244.
[8] Prostański D. Use of air-and-water spraying systems for improving dust control in mines[J]. Journal of Sustainable Mining, 2013, 12(2): 29-34.
[9] 王鹏飞, 程卫民, 周刚, 等. 供气压力对煤矿井下气水喷雾降尘的影响[J]. 煤炭学报, 2016, 41(z1): 137-143.
[10] Cheng W M, Ma Y Y, Yang J L, et al. Effects of atomization parameters of dust removal nozzles on the dedusting results for different dust sources[J]. International Journal of Mining Science and Technology, 2016, 26: 1025-1032.
[11] Mugele R, Evans H D. Droplet size distributions in sprays[J]. Industrial and Engineering Chemistry Research, 1951, 43 (6): 1317-1324.
[12] 曹建明. 液体喷雾学[M]. 北京: 北京大学出版社, 2013.
[13] 宋会江. 扇形喷嘴的雾化特性研究[J]. 连铸, 2011, 3: 31-33.
[14] Ren T, Wang Z W, Graeme C, et al. CFD modelling of ventilation and dust flow behavior above an underground bin and the design of an innovative dust mitigation system[J]. Tunnelling and Underground Space Technology, 2014, 141: 241-254.
[15] 张炳林. 综合自动化防尘技术浅谈[J]. 煤, 2014, 23(12): 43-44.
[16] Amanbaev T R. Method for computing the coefficient of particle capture by a drop moving in a dust-laden gas[J]. Theoretical Foundations of Chemical Engineering, 2008, 42 (3): 324-330.
[17] 程卫民, 周刚, 左前明, 等. 喷嘴喷雾压力与雾化粒度关系的实验研究[J]. 煤炭学报, 2010, 35(8): 1308-1313.
[18] 刘博, 张明军, 文虎. 煤尘抑尘剂的研究应用现状及发展趋势[J]. 煤矿安全, 2018, 49(8): 206-209.
[19] Li Q, Lin B, Zhao S, et al. Surface physical properties and its effects on the wetting behaviors of respirable coal mine dust[J]. Powder Technology, 2013, 233(2): 137-145.
[20] Liu Y M, Xu Y Y, Li S D, et al. Experimental study on wettability of coal dust in addition of surfactants[J]. Alied Mechanics and Materials, 2013, (448-453): 1403-1407.
[21] Yao Q, Xu C, Zhang Y, et al. Micromechanism of coal dust wettability and its effect on the selection and development of dust suppressants[J]. Process Safety and Environmental Protection,

2017, 111: 726-732.

[22] Zhou G, Qiu H, Zhang Q, et al. Experimental investigation of coal dust wettability based on surface contact angle[J]. Journal of Chemistry, 2016: 1-8.

[23] Tessum M W, Raynor P C, Keating-Klika L. Factors influencing the airborne capture of respirable charged particles by surfactants in water sprays[J]. Journal of Occupational and Environmental Hygiene, 2014, 11(9): 571-582.

[24] Organiscak J A. Examination of water spray airborne coal dust capture with three wetting agents[J]. Transactions of Society for Mining Metallurgy and Exploration Inc. , 2013, 334(1): 427-434.

[25] Mei W T, Raynor P C. Effects of spray surfactant and particle charge on respirable coal dust capture[J]. Safety and Health at Work, 2017, 8(3): 296-305.

[26] Amiri M C, Dadkhah A A. On reduction in the surface tension of water due to magnetic treatment[J]. Colloids and Surfaces A: Physicochemical and Engineering Aspects, 2006, 278(1-3): 252-255.

[27] Beattie, J K, Djerdjev A M, Gray-Weale A, et al. pH and the surface tension of water[J]. Journal of Colloid and Interface Science, 2014, 422 (19): 54-57.

[28] 赵振保. 磁化水的理化特性及其煤层注水增注机制[J]. 辽宁工程技术大学学报(自然科学版), 2008, (2): 192-194.

[29] Zhou Q, Qin B, Wang J, et al. Effects of preparation parameters on the wetting features of surfactant-magnetized water for dust control in Luwa mine, China[J]. Powder Technology, 2017, 326: 7-15.

[30] 张丹丹, 赵维梅, 肖代明, 等. 十二烷基苯磺酸钠表面张力的研究[J]. 辽宁化工, 2012, (7): 678-679.

[31] Zhou G, Fan T, Xu M, et al. The development and characterization of a novel coagulant for dust suppression in open-cast coal mines[J]. Adsorption Science and Technology, 2018, 36(1-2): 608-624.

[32] Kissell F N. Handbook for Dust Control in Mining[M]. Pittsburgh: U. S. Department of Human Health Services, 2003.

[33] Ji Y L, Ren T, Wynne P, et al. A comparative study of dust control practices in Chinese and Australian longwall coal mines[J]. International Journal of Mining Sicence and Technology, 2016, 26(2): 199-208.

[34] Hu S Y, Huang Y S, Feng G R, et al. Investigation on the design of atomizat-ion device for coal dust suppression in underground roadways[J]. Process Safety and Environmental Protection, 2019, 129: 230-237.

[35] Gang Z, Min C W, Wen N, et al. Extended theoretical analysis of jet and atomization under high-pressure spraying and collecting dust mechanism of droplet[J]. Journal of Chongqing University, 2012, 35(3): 121-126.

[36] 王鹏飞, 刘荣华, 汤梦, 等. 煤矿井下喷雾降尘影响因素的试验研究[J]. 安全与环境学报, 2015, 15(6): 62-67.

[37] 王鹏飞, 刘荣华, 汤梦, 等. 煤矿井下高压喷雾雾化特性及其降尘效果实验研究[J]. 煤炭学

报, 2015, 40(9): 2124-2130.
[38] 马素平，寇子明. 喷雾降尘效率及喷雾参数匹配研究[J]. 中国安全科学学报，2006，5: 84-88.
[39] 程卫民，聂文，周刚，等. 煤矿高压喷雾雾化粒度的降尘性能研究[J]. 中国矿业大学学报, 2011, 40(2): 185-189.
[40] 中国煤炭工业劳动保护科学技术学会. 矿井粉尘防治技术[M]. 北京：煤炭工业出版社, 2007: 61-84, 97-105.
[41] 黄俊. 水射流除尘技术[M]. 西安：西安交通大学出版社, 1993.
[42] 张小燕. 微细水雾除尘系统设计及试验研究[J]. 工业安全与环保, 2001, 27(8): 1-4.
[43] Peng H T, Wen N, Cai P, et al. Development of a novel wind-assisted centralized spraying dedusting device for dust suppression in a fully mechanized mining face[J]. Environmental Science and Pollution Research, 2019, 26: 3292-3307.
[44] 王和堂，周文东，王德明，等. 一种综掘工作面梯级雾化分区除尘方法：中国，10830195. 6[P]. 2019-04-30 https://kns.cnki.net/kns8/defaultresult/index.
[45] 聂文，彭慧天，晋虎，等. 喷雾压力影响采煤机外喷雾喷嘴雾化特性变化规律[J]. 中国矿业大学学报, 2017, 46(1): 41-47.
[46]王鹏飞，李泳俊，刘荣华，等. 内混式空气雾化喷嘴雾化特性及降尘效率研究[J]. 煤炭学报, 2019, 44(5): 1570-1579.
[47] 蒋仲安，许峰，王亚朋，等. 空气雾化喷嘴雾化机理及影响因素实验分析[J]. 中南大学学报(自然科学版), 2019, 50(10): 2360-2367.
[48] 王和堂，周文东，王德明，等. 一种综掘工作面阶梯雾化分区除尘系统：中国，10814992. 5[P]. 2019-07-30 https://kns.cnki.net/kns8/defaultresult/index.
[49] 王德明，韩方伟，张义坤，等. 一种用于矿井综掘面粉尘防治的可调式喷射支架：中国，10105170. 7[P]. 2014-01-15. https://kns. cnki. net/kns8/defaultresult/index.
[50] 余贵军，刘春旺，裴刚. 防堵塞的高压雾化降尘喷嘴：中国，20391186. 7[P]. 2017-12-12. https://kns. cnki. net/kns8/defaultresult/index.
[51] 王峰，冯博，王乃国. 综采面截割-移架尘源粉尘沉积附壁规律研究[J]. 煤炭技术，2019, 38(10): 97-99.
[52] Cai P, Nie W, Hua Y, et al. Diffusion and pollution of multi-source dusts in a fully mechanized coal face[J]. Process Safety and Environmental Protection, 2018, 118: 93-105.
[53] Wang H T, Wang D M, Lu X X, et al. Experimental investigations on the performance of a new design of foaming agent adding device used for dust control in underground coal mines[J]. Journal of Loss Prevention in the Process Industries, 2012, 25(6): 1075-1084.
[54] 王春森，张明鹏. 液压支架移架降尘装置的设计[J]. 内蒙古煤炭经济, 2019, 18: 198-199.
[55] 徐日，吕纯涛，王强. 综放移架尘源负压卷吸装置的设计与应用[J]. 煤, 2019, 28(9): 38-40.
[56] 莫樊，郁钟铭，吴桂义. 回风巷断面突然扩大段风流净化水幕喷雾系统的设计[J]. 中国煤炭, 2014, 40(10): 127-131.
[57] 王英，李明彦，安波，等. 高压喷雾除尘系统在邢东矿综采工作面中的应用[J]. 中国矿业, 2014, 23(10): 138-143.
[58] 陆新晓，王德明，任万兴，等. 泡沫降尘技术在转载点的应用[J]. 煤矿安全，2011，42(11):

65-67.
[59] 王和堂, 周文东, 王德明. 一种皮带输送机转载点封闭式控除尘系统: 中国, 10310908. 6[P]. 2019-3-12. https://kns. cnki. net/kns8/defaultresult/index.
[60] 王和堂, 周文东, 王德明. 一种皮带输送机转载点封闭式控除尘系统及除尘方法: 中国, 10310913. 7[P]. 2019-3-8. https://kns. cnki. net/kns8/defaultresult/index.
[61] Zhao T C. Technology of Dust Control in Underground Mines[M]. Beijing: China Coal Industry, 2007.

后　记

作者长期从事煤矿粉尘防治理论与技术的研究，提出了煤矿粉尘源头抑制与精准防控的学术思想，开展了较深入的基础研究和技术研发工作，在煤矿粉尘抑制方面取得了新进展和新成果。作者对此进行了系统总结、归纳和凝练，同时参考和借鉴国内外文献资料，完成了本书，以期进一步推动煤矿粉尘防治领域的科技进步。

本书选题新颖，坚持理论密切联系实际的原则，在撰写过程中力求系统性、科学性、先进性和实用性的统一，注重图文并茂，尽量采用质朴的语言，深入浅出地介绍基础研究和技术研发的相关成果，以更好地传播知识和推动煤矿粉尘学科的发展。本书与国内外同类书籍相比，主要具有以下特色与创新。

（1）提出了煤矿粉尘源头抑制与精准防控的学术思想。作者基于对国内外煤矿粉尘防治现状、存在问题和未来趋势的研判与思考，认为源头抑尘、精准降尘是煤矿粉尘高标准防治的必由之路和发展方向。源头抑尘旨在打破过去的先起尘、再捕尘或除尘的被动模式，以预防和减少气载粉尘形成为主要目标，将粉尘消灭在萌芽状态。精准降尘旨在变革过去的大水漫灌式向作业场所施加降尘介质的粗放模式，以降尘介质精准作用于尘源为目标，基于作业场所粉尘特性（浓度、粒径、速度等）精准设计降尘介质（如雾粒）的特征参数（流量、粒径、速度等），实现以最少的降尘材料、最少的水电能耗达到最优的降尘效果。

（2）初步构建了煤矿源头抑尘与精准降尘的内容体系。在源头抑尘、精准降尘学术思想指导下，一方面开展了较深入的基础研究，从煤岩截割产尘特性及影响机制，到综掘/综采气载粉尘时空分布演化规律，从煤尘润湿特性及其改善原理，到矿山抑尘泡沫基础特性，在本书中都进行了较全面的阐述，为源头抑尘与精准降尘奠定了理论基础；另一方面开展了较深入的技术装备研发工作，从源头抑制煤矿粉尘的泡沫抑尘技术与装备，到综掘、综采工作面分区分级精准防控技术，在本书中也进行了较系统的总结，形成了源头抑尘与精准降尘的一些关键技术，从而初步构建了煤矿粉尘源头抑制与精准防控的内容体系。

（3）反映了煤矿粉尘源头抑制与精准防控的最新研究成果。本书较全面地阐述了近年来在煤矿粉尘源头抑制与精准防控方面的研究工作及成果，如首次介绍了煤岩截割产尘机理的“粉化核”假说、镐形截齿截割产尘试验系统、煤体理化性质和截割参数对产尘特性的影响及作用机制，首次系统介绍了抑尘泡沫的基础特性，包括抑尘泡沫形态特征及影响因素、抑尘泡沫性能定量评估方法、抑尘泡沫性能影响因素、抑尘泡沫性能增强原理与方法，介绍了由自吸空气式泡沫制备技术、泡沫定向射流精准喷射技术组成的泡沫源头抑尘技术。此外，对呼吸性煤尘润湿特性、阴-非离子表面活性剂协同增效润湿煤尘的机理、磁化提高表面活性剂性能的机理、压入式风流对外喷雾场的扰动规律、综掘工作面梯级雾化精准防控粉尘技术等新成果都进行了介绍，丰富和发展了煤矿粉尘防治理论与技术体系。

编 后 记

《博士后文库》是汇集自然科学领域博士后研究人员优秀学术成果的系列丛书。《博士后文库》致力于打造专属于博士后学术创新的旗舰品牌，营造博士后百花齐放的学术氛围，提升博士后优秀成果的学术和社会影响力。

《博士后文库》出版资助工作开展以来，得到了全国博士后管委会办公室、中国博士后科学基金会、中国科学院、科学出版社等有关单位领导的大力支持，众多热心博士后事业的专家学者给予积极的建议，工作人员做了大量艰苦细致的工作。在此，我们一并表示感谢！

《博士后文库》编委会